新编中等职业学校电子类专业基础课程通用系列教材

模拟电路技术基础

课程教学 · 学法指导 · 例题解析 · 同步练习 · 模拟试题

主　编　欧小东　龚建辉　肖慧君

副主编　刘　粤　罗照真　张月鹏　周鑫寿

電子工業出版社

Publishing House of Electronics Industry

北京 · BEIJING

内 容 简 介

本书分为主册和附册两部分。主册包括理论教学模块和实训项目教学模块。理论教学模块以章、节为单元，在综合和紧扣全国多个省份职教高考考试大纲的基础上，按知识讲解与实践应用、经典例题解析、同步练习3个环节对知识进行分解和阐述，达到系统学习+学法指导+巩固练习三位一体的目的。实训项目教学模块包含元器件的识别与检测、单元电路的安装与检测和功能性电路的安装与检测，共计13个项目。附册为7套单元测试试卷，方便授课教师对学生进行考核检查。

本书内容包括半导体器件、基本放大器、负反馈放大器、直接耦合放大器和集成运算放大器、正弦波振荡器、低频功率放大器、直流稳压电源与晶闸管应用电路。主体内容为39个单元的知识系统学习与同步指导、近100例的经典例题解析示范、每章的同步练习题，以及7套单元测试试卷。

本书是为电子类专业学生对口升学考试量身编写的集教学、教辅功能于一体的创新教材，也可作为大中专院校电子类、机电类专业的学习指导用书和相关专业教师的教学参考用书。

图书在版编目（CIP）数据

模拟电路技术基础 / 欧小东，龚建辉，肖慧君主编. 一北京：电子工业出版社，2023.5

ISBN 978-7-121-45550-6

Ⅰ. ①模… Ⅱ. ①欧… ②龚… ③肖… Ⅲ. ①模拟电路－职业教育－教材 Ⅳ. ①TN710

中国国家版本馆CIP数据核字（2023）第080488号

责任编辑：蒲　玥　　特约编辑：田学清
印　　刷：三河市华成印务有限公司
装　　订：三河市华成印务有限公司
出版发行：电子工业出版社
　　　　　北京市海淀区万寿路173信箱　邮编　100036
开　　本：880×1 230　1/16　印张：22.5　字数：654千字　插页：32
版　　次：2023年5月第1版
印　　次：2024年9月第4次印刷
定　　价：66.00元

凡所购买电子工业出版社图书有缺损问题，请向购买书店调换。若书店售缺，请与本社发行部联系，联系及邮购电话：（010）88254888，88258888。

质量投诉请发邮件至 zlts@phei.com.cn，盗版侵权举报请发邮件至 dbqq@phei.com.cn。

本书咨询联系方式：（010）88254485；puyue@phei.com.cn。

前　言

伴随着我国从制造业大国向制造业强国的转型，职教高考必将在全国各地不断升温。《国家职业教育改革实施方案》强调，全力提高中等职业教育发展水平，建立职教高考制度，大力推进高等职业教育高质量发展，推动具备条件的普通本科高校向应用型高校进行转变，开展本科层次职业教育试点，持续完善高层次应用型人才培养体系。职业教育将迎来发展的春天。

职业学校广大教师和应考生在教学与学习的过程中，深感手边的教学资料非常有限，匹配的专业课程教材和复习资料更是匮乏。现有的教材存在知识点分解不细、解题示范太少等缺陷，不适合职业高中层次的学生进行自主学习。因此急需一套针对学生实际情况，以课程教学为表现形式，知识点全面且有层次，学法指导通俗易懂，例题选取全面，紧扣新考试大纲，集课程教学、学法指导和复习于一体的教学用书。

26 年来，编者一直从事对口升学“电工技术基础”“电子技术基础”等高考科目的教学和考前辅导工作，拥有丰富的教学指导和辅导经验及系统完备的专业资料。应新职教高考升学复习的需要，现将编者的“模拟电路”课程教学资料科学、系统地整理成册，编成本书，奉献给同行教师和莘莘学子。

本书的特点如下。

（1）适用人群定位准确：目前，一线教师普遍认为现行中职电子专业使用的专业课程教材存在“一刀切”的现象，教材内容与培养目标的定位几乎都存在不匹配问题。不匹配的表现为：用于技能班的教学内容偏深、偏难，教材中实训方面的内容不系统且偏少，无法体现“理论够用为度，强化技能训练”的原则；用于职教高考班的教学内容存在不系统、不全面、内容太浅的问题，教师必须额外补充大量教材中没有的课程内容和练习。本书是为电子类专业学生对口升学考试量身编写的，填补了同类图书的空白。

（2）广泛的适用性：真正做到有教学理论可依，有解题经验可学。本书参考了湖南、湖北、广东、江苏、北京等多个省市的考纲和部分考题，具有广泛的适用性。

（3）学习要求明确：充分体现了能力本位的特色，根据教育部颁发的教学大纲，综合参考了多省市考纲后提出明确的学习要求。

（4）知识同步指导：将全书知识化整为零，对每节的知识点进行指导分析和学法说明，并在内容选取上对教材和考纲做了前瞻性的预测，在深度和广度上做了适度的拓展，确保内容的长效性。

（5）经典例题解析：通过大量典型的例题解析，帮助学生理解和巩固基本概念，提高解题能力。本书对精选的例题做到了翔实全面的讲解，注重理论联系实际，不但阐述了解题的过程，突出了解题的思路、方法和技巧，而且对学生易出错处加以点评，很适合学生自学。

（6）同步练习题和单元测试试卷相结合：这是一个将全书知识点化零为整、融会贯通的环节。本书选择了大量适合中等职业教育的题目，供学生练习、巩固和提高；题目难度符合普通学生学习，还适当选择了一些具有相当难度的题目，可以进一步提高学生的解题能力，因此也更适合对口升学学生进行备考复习；书中附有各章节同步练习题与单元测试试卷的参考答案，以方便查验。

（7）内容完整全面：理论教学模块和实训项目教学模块内容系统、翔实。同步练习题、单元测试试卷从不同形式、不同层面帮助学生巩固知识、融合知识和运用知识，全面检查学生的学习及复习备考情况。题材选取上围绕课程的重点、难点和考点，翔实、系统且全面。

本书由欧小东、龚建辉、肖慧君任主编，刘粤、罗照真、张月鹏、周鑫寿任副主编。本书在编写过程中得到了湖南师范大学工学院孙红英、杨小钨两位教授的悉心指导，以及郴州综合职业中专学校领导和同事的大力支持。在此，一并向他们表示诚挚的感谢。

由于编者水平有限，加之编写时间仓促，书中难免有不妥之处，敬请专家和读者批评指正。

编　者

目　录

理论教学模块

实训项目教学模块

理论教学模块

第1章　半导体器件

教学微课

本章学习要求

（1）了解半导体的基本知识，理解本征半导体和掺杂半导体的导电特性，掌握 PN 结的单向导电性。

（2）理解半导体二极管的伏安特性和主要参数，以及限幅和钳位原理与应用电路。

（3）掌握稳压二极管、发光二极管、光电二极管、变容二极管的特性、应用与检测方法等。

（4）掌握半导体三极管的结构、工作电压、基本连接方式和电流分配关系。

（5）熟练掌握半导体三极管的放大作用，共发射极电路的输入、输出特性曲线，主要参数及温度对参数的影响。

（6）了解绝缘栅场效应管的工作原理、特性曲线和主要参数。

本章简单介绍本征半导体和掺杂半导体的导电特性，讨论 PN 结的形成及单向导电性，在此基础上介绍半导体二极管、半导体三极管和场效应管。

1.1　半导体的基本知识

1.1.1　半导体及其特性

自然界中物质的导电能力是不同的，按其导电能力的强弱，可分为三大类：导电能力特别强的物质称为导体，如常见的金属、电解液等，其电阻率通常为 10^{-4}～$10^{1}\Omega\cdot mm^2/m$；导电能力特别差，即几乎不导电的物质称为绝缘体，如陶瓷、橡胶、胶木等，其电阻率通常为 10^{13}～$10^{26}\Omega\cdot mm^2/m$；而导电能力介于导体和绝缘体之间且导电性能奇特的物质称为半导体，如硅、锗、硒与一些金属氧化物和硫化物等，其电阻率通常为 10^{1}～$10^{13}\Omega\cdot mm^2/m$。

半导体的特性如下。

（1）热敏性：当环境温度变化时，金属导体的电阻率变化很小，但半导体的电阻率会显著下降（温度每升高 10℃，半导体的电阻率会降至原来的二分之一左右），导电能力大大增强。对温度变化非常敏感的特性称为半导体的热敏性。热敏性会降低半导体器件的工作性能，但也可以利用热敏性制成各种热敏元器件，如热敏电阻等。

（2）光敏性：当光照变化时，金属导体的电阻率几乎不变，但半导体的电阻率会显著下降（例如，对于硫化镉，一般在灯光照射环境下，它的电阻率是移去灯光后的几十分之一），导电能力大大增强。对光照变化非常敏感的特性称为半导体的光敏性。利用半导体的光敏性可以制成各种光敏元器件，如光敏电阻和光电二极管等。

（3）杂敏性：在金属导体中，即使掺入千分之一的杂质，其电阻率的变化也是微不足道的；而在半导体硅中，只要掺入亿分之一的硼，其电阻率就会下降为原来的几万分之一。对杂质异常敏感的特性称为半导体的杂敏性，这是半导体最突出、最显著的特性。利用杂敏性，通过控制掺杂的方法可以制造出二极管、三极管等各种不同用途和功能的半导体器件。

为了能够理解上述特性，必须了解半导体的结构和导电特性。

1.1.2　本征半导体

1．半导体的共价键结构

在电子元器件中，用得最多的半导体材料是硅（Si）和锗（Ge）。硅和锗的原子都是单晶体晶格结构构成的晶体，因此半导体管也叫晶体管。硅和锗都是4价元素，原子的最外层轨道上有4个价电子，价电子带4个单位的负电荷，原子核带4个单位的正电荷，故原子呈电中性，如图1-1（a）所示；邻近原子组成共价键结构，如图1-1（b）所示。共价键结构中的每个价电子同时受到相邻两个原子核的束缚，维持一种相对稳定的平衡状态，故它既不像导体中那样容易挣脱，又不像绝缘体中那样被束缚得很紧，因此半导体的导电能力介于导体和绝缘体之间。

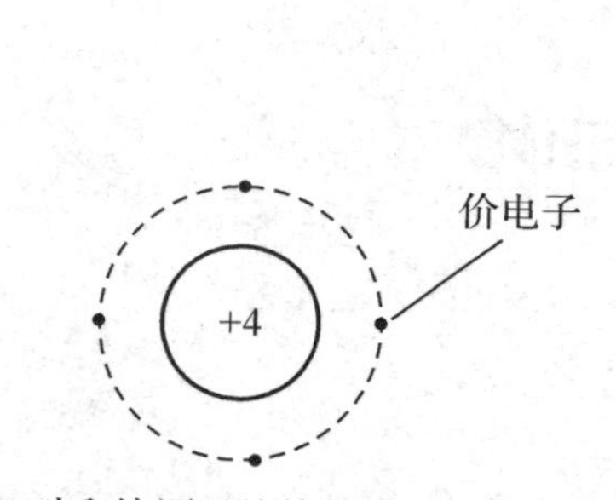

（a）硅和锗原子的简化结构模型

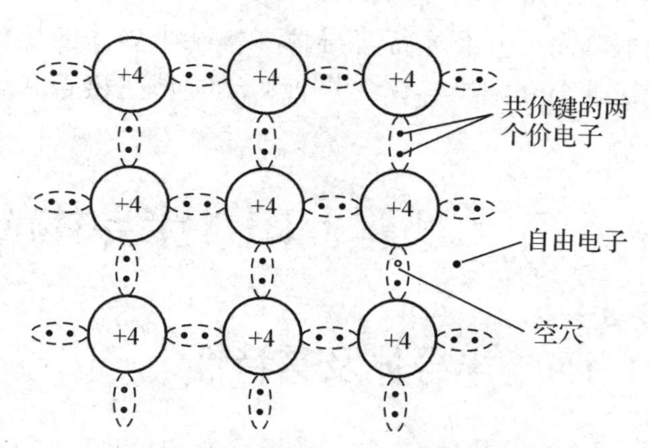

（b）晶体的共价键结构和电子-空穴对的产生

图1-1　硅、锗原子结构模型及共价键结构示意图

2．本征半导体的特性

完全纯净的、结构完整的半导体称为本征半导体。

（1）本征半导体的本征激发与复合。

在一定温度或一定强度的光照下，本征半导体的硅和锗中的极少数价电子获得足够的能量后，就能挣脱共价键结构的束缚，成为带单位负电荷的自由电子，同时在原来的键位上留下相同数量的带单位正电荷的空位（俗称空穴，空穴的出现是半导体导电区别于导体导电的

一个主要特征），这种现象称为本征激发。由于自由电子与空穴总是相伴而生、成对出现的，所以也称自由电子-空穴对，如图 1-1（b）所示。有的自由电子因能量不足而再与空穴相遇时，又会重新被俘获，重新结合，使自由电子-空穴对消失，这种现象称为复合。自由电子-空穴对永远处在既激发又复合的动态运动中，但在一定的温度条件下，自由电子-空穴对的数量相对稳定，达到动态平衡。

动态平衡的本征半导体中自由电子-空穴对的浓度随温度或光照的升高（增强）而急剧升高，相应的导电能力也越强。

（2）本征半导体的导电特性。

自由电子-空穴对能形成定向运动。例如，在外加电场的作用下，邻近原子的价电子能够跳过来填补这个空穴，这时空穴就转移到邻近的那个原子上了，这个新产生的空穴又会被其邻近原子的价电子填补。这样依次递补，形成带负电荷的价电子依次填补空穴的运动，称为价电子填补空穴的运动。空穴的运动方向与价电子的运动方向相反。

我们把能够运载电荷的粒子称为载流子。金属导体中只有一种载流子，即自由电子。在本征半导体中，自由电子带单位负电荷，空穴带单位正电荷，因此本征半导体中有两种载流子，即自由电子和空穴。尽管本征半导体中有两种载流子，但这两种载流子的浓度之和仍远远低于金属导体中自由电子的浓度，因此本征半导体的导电能力远远弱于金属导体。

两种导电方式：如图 1-2 所示，在本征半导体的两端加上电压，就会有电流产生。该电流由两部分组成，即逆外电场方向运动的自由电子产生的电子电流和顺外电场方向运动的空穴产生的空穴电流。由于自由电子和空穴所带电荷的极性相反，它们的运动方向也相反，因此形成的电流方向是一致的，即总电流为二者之和。

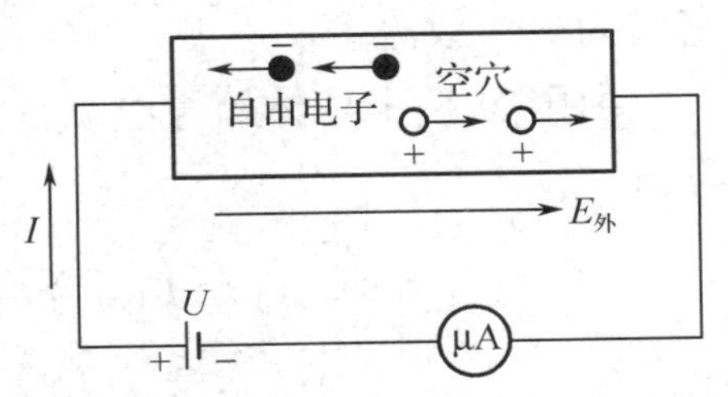

图 1-2　本征半导体的两种导电方式

1.1.3　掺杂半导体

本征半导体中虽有两种载流子，但本征激发的载流子数目极其有限，导电能力很弱且导电能力的强弱也不好控制。实际的半导体器件都是通过在本征半导体中掺入微量的杂质来弥补上述不足的。在本征半导体中，两种载流子的浓度相等，但掺入微量的杂质后，两种载流子的浓度就不再相等了。根据掺入杂质的不同，增加的载流子或者是空穴，或者是自由电子，因而掺杂半导体有空穴型（P 型）和电子型（N 型）之分。

1. P 型半导体

在本征硅的晶体内掺入微量的 3 价元素硼（B）时，未改变硅单晶的共价键结构，只使某些晶格结点的硅原子被硼原子取代，如图 1-3（a）所示。每掺入一个硼原子，就能额外获得一个空穴。虽然此时本征激发仍然存在，如图 1-3（b）所示，但微量硼元素产生的空穴数量相比于自由电子-空穴对在数量上的优势是巨大的，空穴的浓度远远高于自由电子的浓度。也就是说，在 P 型半导体中，空穴为多数载流子（简称多子），自由电子为少数载流子（简称少子）。

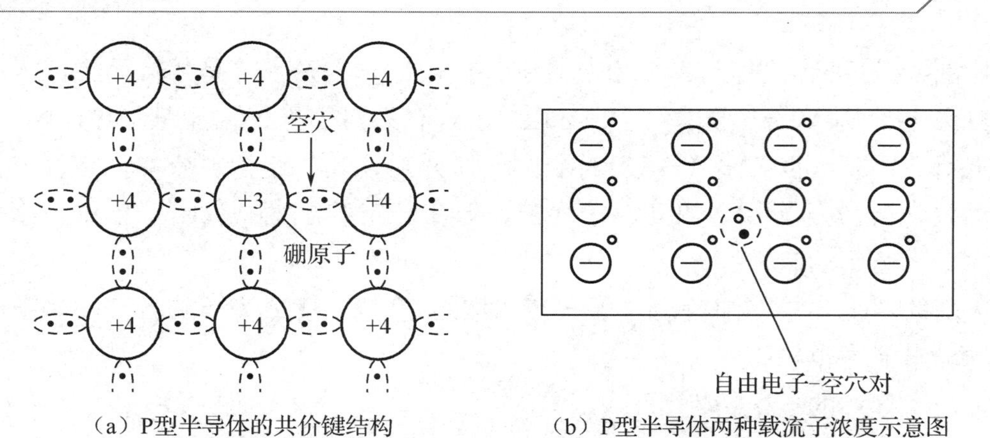

（a）P型半导体的共价键结构　　（b）P型半导体两种载流子浓度示意图

图 1-3　P 型半导体的共价键结构和载流子浓度示意图

P 型半导体的导电以空穴为主，形成的电流主要是空穴电流，故称空穴型半导体。

2. N 型半导体

在本征硅的晶体内掺入微量的 5 价元素磷（P）时，便会发生另一种情况。每掺入一个磷原子，就能额外获得一个自由电子，如图 1-4（a）所示。同理，自由电子的浓度也将远远高于空穴的浓度，如图 1-4（b）所示。也就是说，在 N 型半导体中，自由电子为多数载流子，空穴为少数载流子。

由于 N 型半导体的导电以自由电子为主，形成的电流主要是电子电流，所以称电子型半导体。

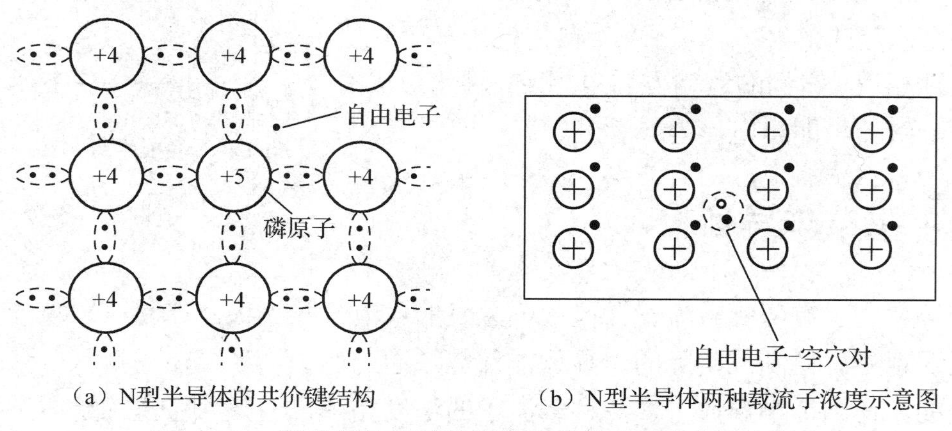

（a）N型半导体的共价键结构　　（b）N型半导体两种载流子浓度示意图

图 1-4　N 型半导体的共价键结构和载流子浓度示意图

还需要强调的是，在掺杂半导体中，本征激发虽然存在，但由本征激发产生的载流子浓度远远低于掺杂所带来的载流子浓度。另外，无论是 P 型半导体还是 N 型半导体，就整块半导体而言，掺杂并未破坏整块半导体的正、负电荷的平衡状态，它仍是呈电中性的，即对外是不带电的。只有在掺杂半导体的两端加上电压时，才有电流产生，才能反映出其导电特性。

知识小结

（1）热敏性、光敏性、杂敏性是半导体的三大特性。

（2）在本征半导体中，自由电子和空穴相伴产生，数目相同，当温度升高时，所激发的自由电子-空穴对的数目增加，半导体的导电能力增强。

（3）半导体中存在两种载流子，一种是带负电荷的自由电子，另一种是带正电荷的空穴，它们都可以运载电荷形成电流。

（4）掺杂半导体分为以下两种。

① P 型半导体：在本征硅（或锗）中掺入少量硼元素（3 价）所形成的半导体。其中，多数载流子为空穴，少数载流子为自由电子。

② N 型半导体：在本征硅（或锗）中掺入少量磷元素（5 价）所形成的半导体。其中，多数载流子为自由电子，少数载流子为空穴。

1.2　PN 结的形成及特性

在一块完整的晶片上，通过掺杂工艺，可以一边形成 P 型半导体，另一边形成 N 型半导体。在 P 型和 N 型半导体结合面的两侧会因物理过程形成一个特殊的带电薄层，这个带电薄层称为 PN 结。PN 结是构成半导体二极管、三极管、场效应管、可控硅和半导体集成电路等元器件的基础，其最基本的特性是单向导电性。

1.2.1　PN 结的形成过程

1．扩散运动建立内电场

P 型半导体的多数载流子——空穴的浓度远高于 N 型半导体，N 型半导体的多数载流子——自由电子的浓度远高于 P 型半导体。因为存在浓度差，所以多数载流子必将从浓度高的区域向浓度低的区域运动，即 P 区的空穴向 N 区扩散，N 区的自由电子向 P 区扩散，这种多数载流子因浓度上的差异而形成的定向运动称为扩散运动。

通常，扩散是从浓度差最大的交界面开始的，扩散的过程是：P 区的空穴进入 N 区后，便与 N 区的自由电子复合；N 区的自由电子进入 P 区后，便与 P 区的空穴复合，如图 1-5（a）所示。扩散的结果是 P 区和 N 区交界处原来呈现的电中性遭到破坏。P 区一侧失去空穴，留下了带负电荷的杂质离子层；N 区一侧失去电子，留下了带正电荷的杂质离子层。杂质离子层虽然也带电，但由于物质结构，它们并不能移动，所以不能参与导电。因此，扩散的结果是在交界的两侧形成了一个带异性电荷的薄层（厚度：0.5μm～0.75mm），此薄层称为空间电荷区，即所谓的 PN 结，如图 1-5（b）所示。在空间电荷区，多数载流子已经扩散到对方并被复合掉了，或者说消耗尽了，因此又称空间电荷区为耗尽层。空间电荷区中的正、负离子层形成一个空间电场，称为内电场，用 ε_0 表示。空间电荷区中的正、负离子层产生的电位差称为接触电位差或势垒电位差（硅材料：ε_0=0.6～0.7V；锗材料：ε_0=0.2～0.3V）。空间电荷区以外的 P 区和 N 区仍是电中性的。

2．内电场对载流子的作用

（1）阻碍多数载流子继续扩散。

多数载流子（空穴和自由电子）的扩散运动形成的电流分别称为空穴扩散电流和电子扩

散电流。二者扩散运动方向相反，形成的扩散电流方向却是一致的，总扩散电流为空穴扩散电流与电子扩散电流之和。内电场因多数载流子的扩散运动而形成，但扩散运动的方向与内电场的方向相反，因此内电场的建立反过来会阻碍多数载流子继续扩散，从而阻碍空间电荷区进一步变厚，如图 1-6（a）所示。

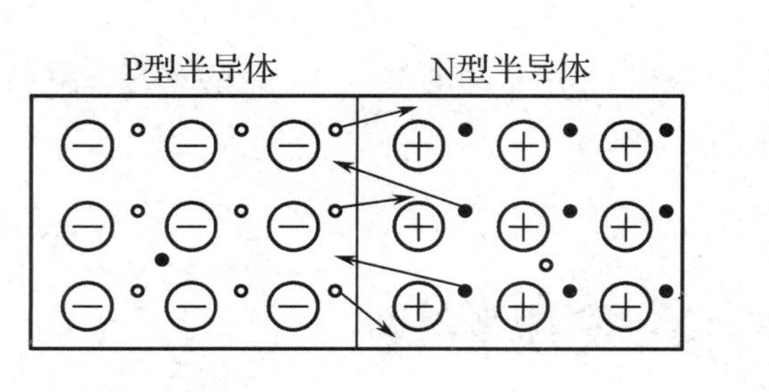

（a）多数载流子的扩散运动

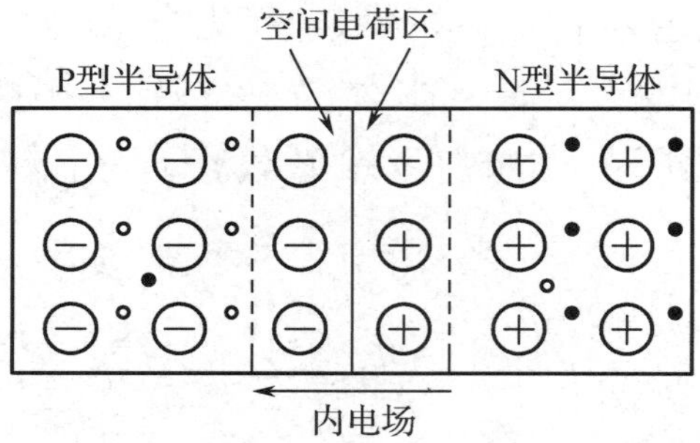

（b）空间电荷区的形成和内电场的建立

图 1-5　PN 结的形成过程

（2）帮助少数载流子漂移。

P 区的少数载流子（自由电子）和 N 区的少数载流子（空穴）一旦到达空间电荷区的边缘，就被内电场拉向对方，形成与扩散运动相反的运动，少数载流子在内电场作用下的这种定向运动称为漂移运动。因为漂移运动的方向与内电场对少数载流子的作用力的方向一致，所以内电场会帮助少数载流子漂移，使空间电荷区进一步变薄，如图 1-6（b）所示。漂移运动形成的电流称为漂移电流。P 区和 N 区的漂移运动方向相反，但由于载流子的带电性质也相反，所以形成的漂移电流方向是一致的，总漂移电流为电子漂移电流与空穴漂移电流之和。

综上所述，PN 结同时存在着机理不同、方向相反的两种电流——多数载流子的扩散电流（缘于多数载流子浓度不均）和少数载流子的漂移电流（缘于内电场），PN 结的宏观电流为二者之差。

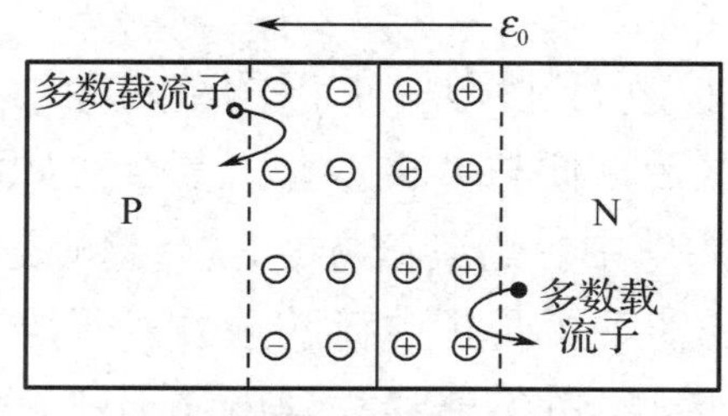

（a）内电场阻碍多数载流子继续扩散

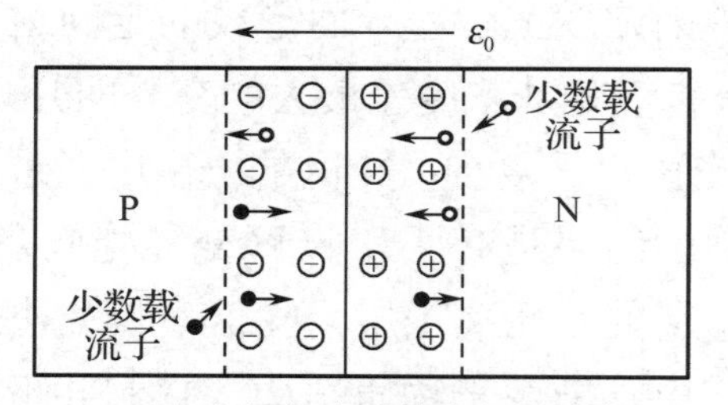

（b）内电场帮助少数载流子漂移

图 1-6　内电场对载流子的作用

（3）PN 结的形成过程。

PN 结的内电场阻碍多数载流子继续扩散，使扩散电流不断减小；帮助少数载流子加强漂移，使漂移电流不断增大。当扩散电流的减小与漂移电流的增大达到大小相等、方向相反而互相抵消，即处在动态平衡状态时（称平衡 PN 结），交界面处再无电流，PN 结的厚度也处于稳定状态，PN 结便形成了。

必须强调说明的是，当温度升高时，PN 结的接触电位差 ε_0 会减小，其温度系数约为 −2.5mV/℃，这是半导体的热敏性的体现，是由半导体对温度敏感所致的。

1.2.2　PN 结的单向导电性

通过前面的分析可知，在无外加电场时，通过 PN 结的扩散电流等于漂移电流，PN 结中无电流流过，PN 结的厚度保持一定而处于稳定状态。但如果打破动态平衡，在 PN 结两端加上极性不同的电压，那么 PN 结会呈现正向导通、反向截止的单向导电性。

1. PN 结正向偏置

在 PN 结两端外加电压，称给 PN 结加偏置。当给 PN 结的 P 端接高电位、N 端接低电位时，称 PN 结外加正向电压或 PN 结正向偏置，简称正偏，如图 1-7（a）所示。

当 PN 结正向偏置时，外电场与内电场方向相反，从而削弱了内电场。内电场的削弱打破了 PN 结的动态平衡：多数载流子的扩散运动大于少数载流子的漂移运动，多数载流子的扩散电流大于少数载流子的漂移电流，空间电荷区变薄。此时，PN 结中形成了以扩散电流为主的正向电流，又因为扩散电流是由高浓度的多数载流子形成的，所以正向电流 I 较大，PN 结呈现的电阻较小，称 PN 结为导通状态。

正向电压的稍微升高会造成 PN 结接触电位差的微小减小，导致 PN 结的正向电流急剧增大，为防止 PN 结过流烧毁，电路中必须串接限流电阻 R。

2. PN 结反向偏置

当给 PN 结的 P 端接低电位、N 端接高电位时，称 PN 结外加反向电压或 PN 结反向偏置，简称反偏，如图 1-7（b）所示。

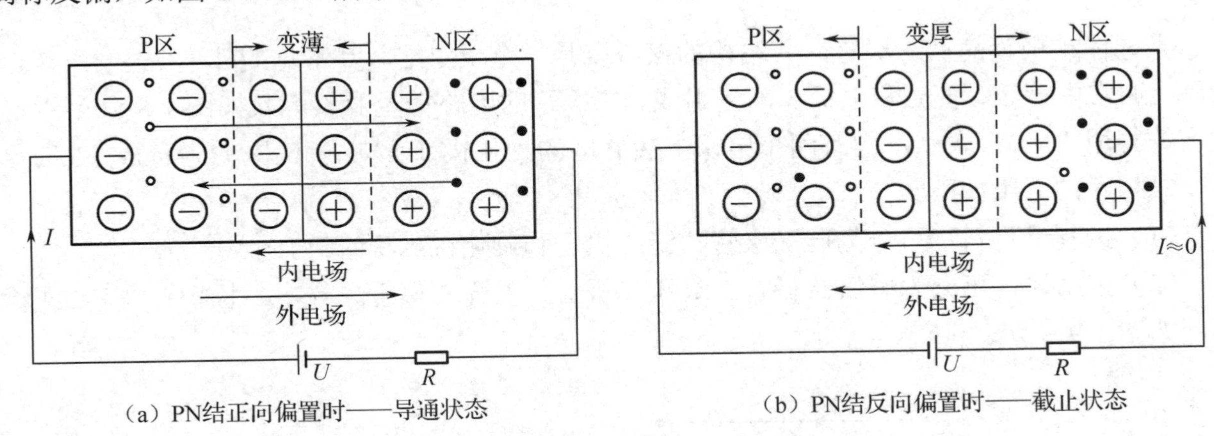

（a）PN结正向偏置时——导通状态　　（b）PN结反向偏置时——截止状态

图 1-7　PN 结的单向导电性

当 PN 结反向偏置时，外电场与内电场方向相同，从而增强了内电场。内电场的增强打破了 PN 结的动态平衡：多数载流子的扩散运动小于少数载流子的漂移运动，多数载流子的扩散电流小于少数载流子的漂移电流，空间电荷区变厚。此时，PN 结中形成了以漂移电流为主的反向电流（扩散电流趋于零），又因为漂移电流是由浓度极低的少数载流子形成的，所以反向电流 I 极小（在常温下，锗管为 μA 级、硅管为 nA 级），PN 结呈现的电阻很大，几乎不导电，称 PN 结为截止状态。

反向电流实质是少数载流子的漂移电流。在一定的温度条件下，少数载流子浓度低且非常稳定，因此在反向偏压大于一定数值且小于反向击穿电压数值的范围内，反向电流基本保持不变，因而又称反向电流为反向饱和电流。反向电流受温度的影响很大，温度越高，反向电流越大。

我们把 PN 结正向偏置时导通、反向偏置时截止的特性称为 PN 结的单向导电性。

知识小结

（1）半导体中的载流子有扩散和漂移两种运动方式。多数载流子因浓度上的差异而形成的运动称为扩散运动，少数载流子在内电场作用下的定向运动称为漂移运动。

（2）PN 结是构成半导体二极管、三极管、场效应管、可控硅和半导体集成电路等元器件的基础，其最基本的特性是单向导电性。

（3）PN 结的单向导电性是指 PN 结正向偏置时处于导通状态、反向偏置时处于截止状态。

1.3 半导体二极管

首先在 PN 结两侧的中性区各引出一条金属电极引线，然后进行封装，就构成最简单的半导体二极管。本节介绍二极管的结构与类型、伏安特性、主要参数、应用电路和质量检测方法。

1.3.1 二极管的结构与类型

半导体二极管简称二极管，其结构的核心就是一个 PN 结，其常见的外形如图 1-8（a）所示，通常由管芯、管壳和电极 3 部分组成。二极管的电路符号及其等效如图 1-8（b）所示，文字符号用“VD”表示。它有两个电极：接 P 区的为正极（A），接 N 区的为负极（K）。

二极管的分类如下。

（1）按制造材料：可分为硅二极管、锗二极管和砷化镓二极管等。

（2）按用途：可分为整流二极管、稳压二极管、发光二极管、光电二极管、变容二极管等，如图 1-9 所示。

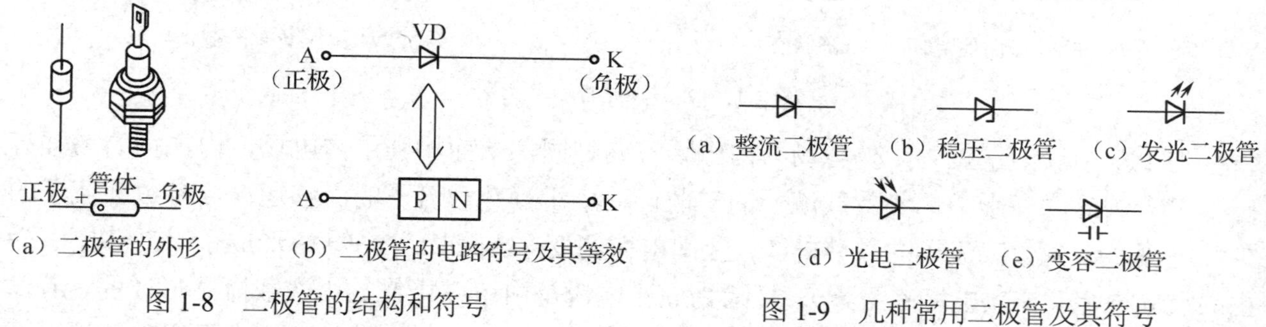

（a）二极管的外形　（b）二极管的电路符号及其等效

图 1-8　二极管的结构和符号

（a）整流二极管　（b）稳压二极管　（c）发光二极管　（d）光电二极管　（e）变容二极管

图 1-9　几种常用二极管及其符号

（3）按管芯结构：可分为点接触型二极管、面接触型二极管、平面型二极管，如图 1-10 所示。

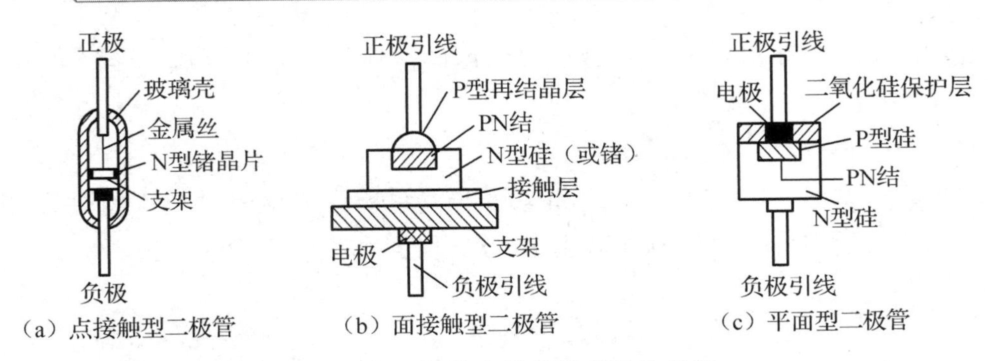

（a）点接触型二极管　（b）面接触型二极管　（c）平面型二极管

图 1-10　二极管的几种管芯结构类型

点接触型二极管的特点：PN 结面积很小，故极间电容很小，适用于小电流整流和高频的检波、调制，以及数字系统中的开关电路。例如，2AP1 是点接触型锗二极管，其最大整流电流为 16mA、最高工作频率为 150MHz。但点接触型二极管不能通过大电流和承受较高的反向电压。

面接触型二极管的特点：PN 结面积大，极间电容很大，故能通过较大的电流，不宜用于高频电路中，主要用于低频整流电路中。例如，2CP1 是面接触型硅二极管，其最大整流电流为 400mA、最高工作频率仅为 3kHz。

平面型二极管的特点：PN 结面积和极间电容均有大有小，当 PN 结面积较大时，适用于大功率整流；当 PN 结面积较小时，适用于数字系统中的开关电路。例如，2CZ20 是大功率整流二极管，其最大整流电流为 20A、最高工作频率只有 3kHz。又如，2CK72 是硅材料的开关二极管。

1.3.2　二极管的特性和主要参数

1．伏安特性曲线

所谓二极管的伏安特性曲线，就是指二极管两端所加电压与流过二极管的电流之间的关系曲线。图 1-11 所示为两种不同偏置下的二极管的伏安特性曲线测试电路，测绘得到的硅和锗二极管的伏安特性曲线如图 1-12 所示。由伏安特性曲线可知，二极管属于非线性器件。下面以图 1-12 中硅二极管（*AOB* 曲线）的正向特性和反向特性来分析曲线各部分的物理意义。

（1）正向特性。

说明：测试电路是直流，实际应从交直流共存的工作环境考虑，故在分析和特性曲线的标注上，电压和电流均是小写字母加大写下标的形式。以后遇到相似问题时同理。

如图 1-12 所示，正向特性可分为正向死区（*Oa* 段），正向非线性区（*aa'*段）和正向线性区（*a'A* 段）。

正向死区：当外加正向电压低于 U_{th} 时，外电场不足以克服内电场对多数载流子扩散的阻力，PN 结仍处于截止状态，正向电流 $i_F \approx 0$。U_{th} 称为死区电压或阈值电压（硅管：U_{th}=0.5V；锗管：U_{th}=0.1V）。

正向非线性区：外加正向电压高于死区电压后，正向电流将随着正向电压的升高按指数规律同步增大。此区域相应的电压值：硅管为 0.5～0.6V，锗管为 0.1～0.2V。

正向线性区：正向电流与正向电压呈陡峭的线性关系，由于此时二极管的正向电阻变得很小，正向电压稍微升高就会导致 PN 结的正向电流急剧增大，为防止 PN 结过流烧毁，电

路必须有限流措施，限制电流在 A 点数值以内。此区域相应的电压值：硅管为 0.6～0.7V，锗管为 0.2～0.3V。

（2）反向特性。

当给二极管外加反向电压时，电流和电压的关系称为二极管的反向特性，测试电路如图 1-11（b）所示。反向特性分为反向截止区（Ob 段）和反向击穿区（bB 段）。

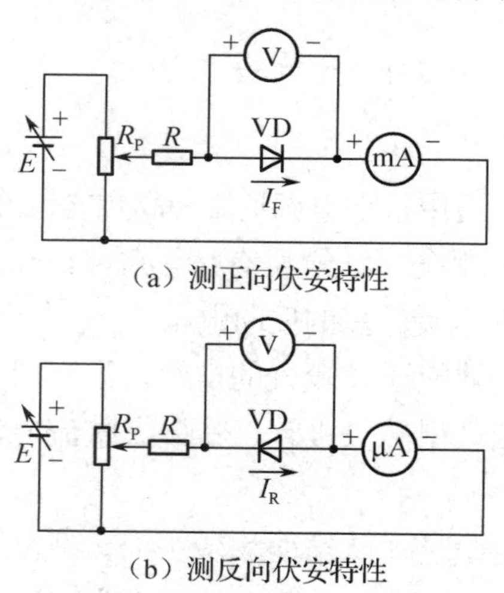

图 1-11　两种不同偏置下的二极管的伏安特性曲线测试电路

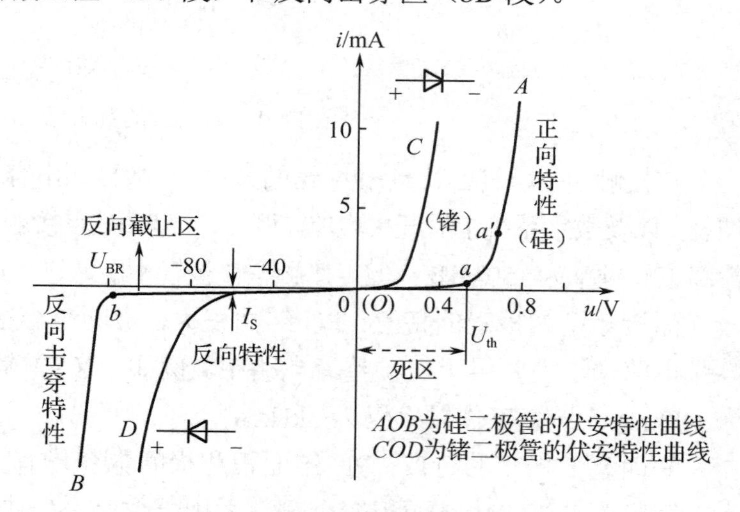

图 1-12　硅和锗二极管的伏安特性曲线

反向截止区：当给二极管外加反向电压时，反向电流很小（$I_R≈-I_S≈0$），而且在相当宽（Ob 段）的反向电压范围内，反向电流几乎不变。I_S 称为二极管的反向饱和电流。工作于此区域的二极管呈现出很大的反向电阻，在电路中相当于断开的开关。

反向击穿区：当反向电压的值增大到 U_{BR} 时，反向电压稍有升高，反向电流就会急剧增大，此现象称为反向击穿。我们把电击穿对应的阈值电压 U_{BR} 称为反向击穿电压。各类二极管的反向击穿电压差异很大，通常为几伏到几百伏。

反向击穿的类型有电击穿和热击穿。根据物理过程的不同，电击穿又分为齐纳击穿和雪崩击穿。电击穿是可逆击穿，当反向电压降低后，管子仍可恢复正常。稳压二极管同时兼有两种电击穿类型，它就是利用二极管的反向击穿特性来实现稳压的。但一般的二极管不允许工作在反向击穿区。

齐纳击穿指外电场增大到一定数值后，可以把大量的价电子直接从共价键中拉出来，形成大量的自由电子-空穴对而参与导电，使反向电流急剧增大。

在雪崩击穿中，自由电子-空穴对获得足够的动能后，撞击其他原子，产生更多的自由电子-空穴对，撞出来的载流子再撞击其他原子，如同高山雪崩一样，导致反向电流急剧增大。一般整流二极管的电击穿类型多为雪崩击穿。

如果反向电流与反向电压的乘积超出了二极管的容许耗散功率，就会引起热击穿，此过程是不可逆的，将导致二极管永久性损坏。

2. 二极管的温度特性

二极管对温度非常敏感。实验表明，随着温度的升高，二极管的正向压降会减小，正向伏安特性左移，即二极管的正向压降具有负的温度系数（约为-2mV/℃）；温度升高，反向饱

和电流会增大，反向伏安特性下移。温度每升高 10℃，反向饱和电流大约增大为原来的 2 倍。

3. 二极管的主要参数

（1）最大整流电流 I_{FM}。

最大整流电流指二极管长时间工作时允许通过的最大正向电流的平均值。

（2）最高反向工作电压 U_{RM}。

最高反向工作电压指二极管长时间工作时能承受的最高反向工作电压。此值一般为反向击穿电压 U_{BR} 的 1/2～2/3。使用中，二极管两端的反向电压不得超过 U_{RM}，否则可能会击穿二极管。

（3）反向饱和电流 I_S。

反向饱和电流指管子没有击穿时的反向电流值。I_S 受温度的影响很大，在同等条件下，其值越小，说明二极管的单向导电性越好。

（4）最高工作频率（f_{max}）。

最高工作频率指二极管长时间工作时允许的最高工作频率。当二极管的工作频率高于 f_{max} 时，二极管的单向导电性将受损。f_{max} 主要取决于 PN 结结电容的大小，结电容越小，f_{max} 的值越大。

（5）二极管的直流电阻和交流电阻。

① 直流电阻 R_D（也称静态电阻）。

直流电阻 R_D 是指二极管两端的电压与流过二极管的电流之比，即

$$R_D = \frac{U_D}{I_D}$$

如图 1-13（a）所示，当二极管工作于 Q 点时，U_{DQ}=0.7V，I_{DQ}=15mA，因此

$$R_D = \frac{U_D}{I_D} = \frac{0.7V}{15mA} \approx 47\Omega$$

必须指出的是，二极管的直流电阻随着二极管工作点的改变而改变。直流电阻的大小与 Q 点的斜率成反比，即 $R_D = \frac{1}{\tan\theta}$。在用万用表测量二极管的正向直流电阻时，由于不同挡位的内阻（挡位越大，对应的内阻值越大）不同，所以二极管工作的 Q 点的斜率也不同，所测出的正向直流电阻也不同。通常二极管的正向直流电阻在几欧到几千欧之间。在测量二极管的反向直流电阻时，由于斜率近乎为零，所以 R_D 很大，通常在几百千欧以上。

② 交流电阻 r_d（也称动态电阻）。

交流电阻 r_d 是指在 Q 点附近，二极管两端的电压的变化量与电流的变化量之比，即

$$r_d = \frac{\Delta u}{\Delta i} = \frac{1}{\tan\theta'}$$

如图 1-13（b）所示，当二极管工作于 Q 点附近时，$\Delta u \approx 0.3V$，$\Delta i \approx 25mA$，因此

$$r_d = \frac{1}{\tan\theta'} = \frac{\Delta u}{\Delta i} \approx \frac{0.3V}{25mA} = 12\Omega$$

如果要求 Q 点的交流电阻，则可依据公式 $r_d \approx \frac{U_T}{I_{DQ}}$ 求取，其中 U_T 为 PN 结电压的数值。

必须指出的是，二极管的交流电阻的大小与 Q 点的选择有关，I_{DQ} 越小，对应的斜率越

小，r_d越大。通常二极管的正向交流电阻很小，在几 Ω 到几十 Ω 之间；反向交流电阻很大，在几百 kΩ 以上。

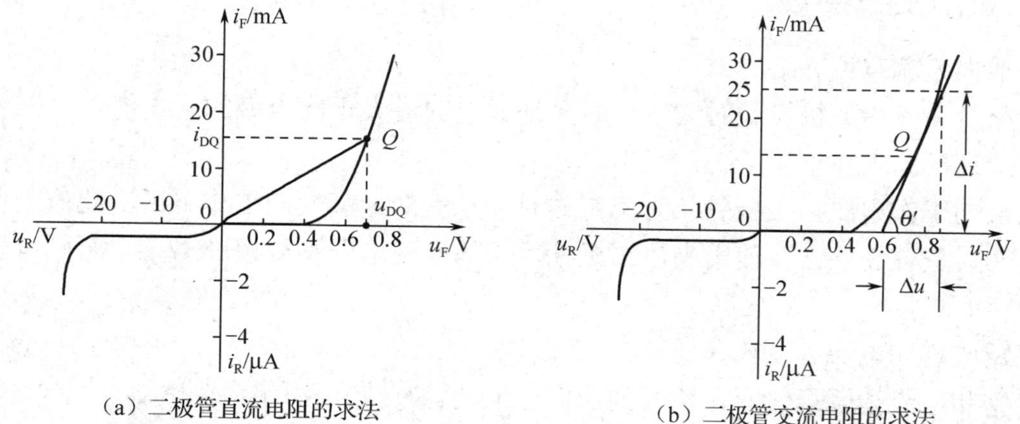

（a）二极管直流电阻的求法

（b）二极管交流电阻的求法

图 1-13　图解二极管的直流电阻和交流电阻

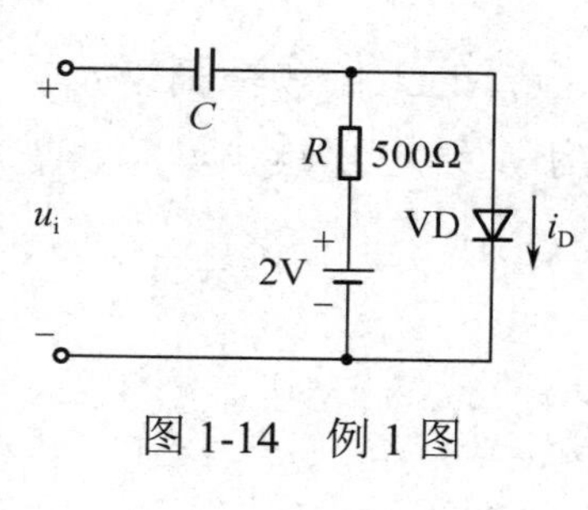

图 1-14　例 1 图

【例 1】 如图 1-14 所示，二极管的导通电压 U_D=0.7V，常温下 PN 结电压 U_T≈26mV，电容 C 对交流信号可视为短路；输入 u_i 为正弦波，有效值为 10mV。试求二极管中的静态电流和交流（动态）电流的有效值分别为多少？

【解答】 流过二极管的静态电流 I_{DQ} 为

$$I_{DQ}=\frac{2V-U_D}{R}=\frac{2V-0.7V}{500\Omega}=2.6mA$$

其动态电阻 r_d 为

$$r_d\approx\frac{U_T}{I_{DQ}}\approx\frac{26mV}{2.6mA}=10\Omega$$

故动态电流的有效值 I_d 为

$$I_d=\frac{U_i}{r_d}=\frac{10mV}{10\Omega}=1mA$$

1.3.3　二极管应用电路

利用二极管的单向导电性，在模拟电路中，可以对交流信号进行整流、限幅和钳位；在数字电路中，可以对脉冲信号进行波形整形或波形变换。本节对二极管的限幅和钳位应用电路进行介绍，整流应用电路将在第 7 章中介绍。

关于理想二极管的说明：理想二极管的正向电阻为零，正向压降为零，相当于闭合的开关；反向电阻为无穷大，反向电流为零，相当于断开的开关。理想二极管实际上并不存在，仅是为分析计算方便，对二极管进行理想化处理后的电路模型而已。如果没有特殊说明，书中提到的二极管均要考虑二极管的正向压降和反向电流等因素。

1．二极管限幅电路

限幅电路的功能是将输入波形中不需要的部分削掉，因此也称削波电路。通常利用二极管和三极管的非线性构成二极管限幅电路与三极管限幅电路。根据二极管与负载的连接关系，

二极管限幅电路可分为串联限幅电路和并联限幅电路；根据限幅的方向，可分为上限幅电路、下限幅电路和双向限幅电路。二极管限幅电路的 5 种基本类型的组成结构如图 1-15 所示。具体说明如下。

在图 1-15（a）中，二极管与负载并联且输出信号正半周被限幅，属并联上限幅电路。

在图 1-15（b）中，二极管与负载并联且输出信号负半周被限幅，属并联下限幅电路。

在图 1-15（c）中，二极管与负载串联且输出信号正半周被限幅，属串联上限幅电路。

在图 1-15（d）中，二极管与负载串联且输出信号负半周被限幅，属串联下限幅电路。

在图 1-15（e）中，两个二极管与负载反向并联，因此输出信号的正、负半周均被限幅，属双向限幅电路。

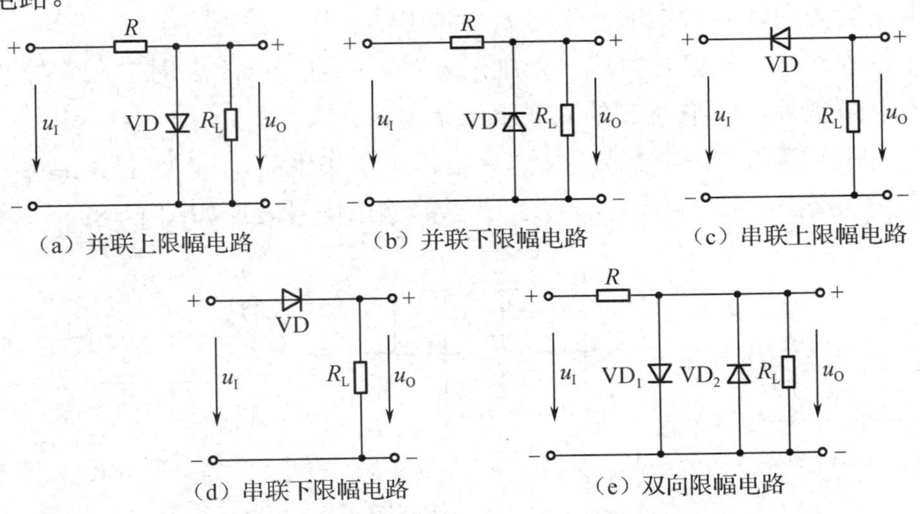

图 1-15　二极管限幅电路的 5 种基本类型的组成结构

【例 2】 由理想二极管构成的限幅电路和输入信号波形分别如图 1-16（a）、（b）所示，分析限幅电路的类型，并根据输入信号波形画出输出信号波形。

【解析】 由于理想二极管（正向压降为零，反向电流为零）与负载串联，在输入信号的正半周，二极管截止，所以该电路是限幅电平为零的串联上限幅电路。R 为泄放电阻，为电路中可能接入的电容提供放电回路。

【解答】 串联限幅电路是利用二极管截止起限幅作用的。在输入信号正半周，$u_I>0$→VD 截止→u_O=0；在输入信号负半周，$u_I\leqslant0$→VD 导通→u_O= u_I。画出的输出信号波形如图 1-16（c）所示。

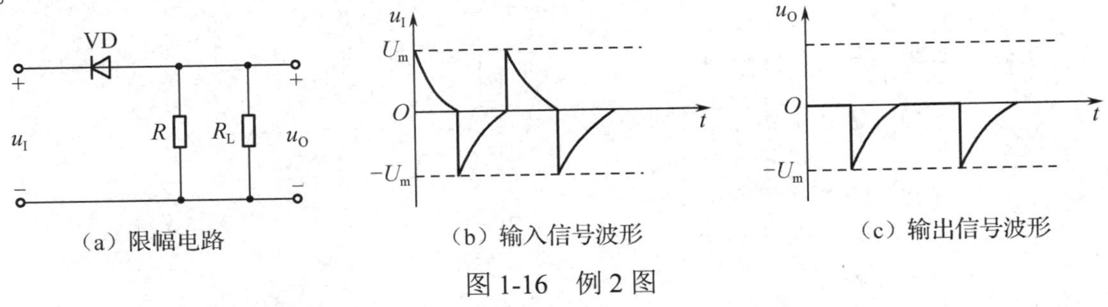

图 1-16　例 2 图

【例 3】 由理想二极管构成的限幅电路如图 1-17（a）所示，已知 E=5V，$u_i=10\sin\omega t$（V）。试分析该限幅电路的类型，画出 u_O 的波形并标出幅值。

【解答】 根据组成结构可知，该电路是限幅电平为 5V 的串联下限幅电路。

输出与输入的关系分析：当 u_i>5V 时，二极管导通，此时 u_O=u_i；当 $u_i\leqslant$5V 时，二极管截止，此时回路无电流，u_O=5V。定性画出的 u_O 的波形如图 1-17（b）所示。

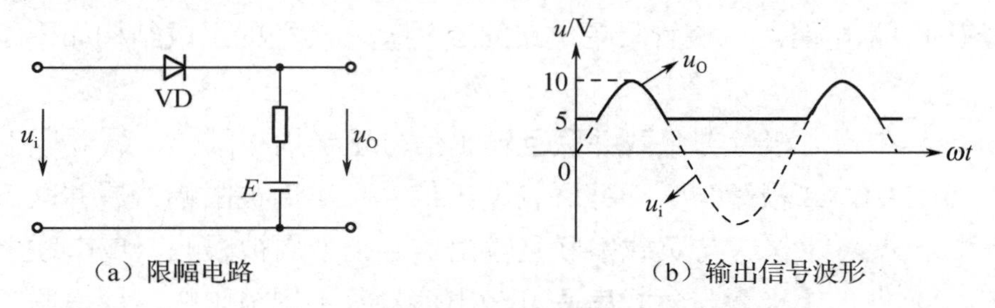

（a）限幅电路 （b）输出信号波形

图 1-17 例 3 图

【例 4】 由理想二极管构成的限幅电路和输入信号波形分别如图 1-18（a）、（b）所示，分析该限幅电路的类型，并根据输入信号波形画出输出信号波形。

【解析】 由于理想二极管与负载（未画出）并联，且当 $u_I \leqslant E$ 时二极管导通，实现输出限幅，所以该电路是限幅电平为 E 的并联下限幅电路。

【解答】 并联限幅电路是利用二极管导通起限幅作用的：输入信号 $u_I>E$→VD 截止→$u_O=u_I$；输入信号 $u_I \leqslant E$→VD 导通→$u_O=E$。画出的输出信号波形如图 1-18（c）所示。

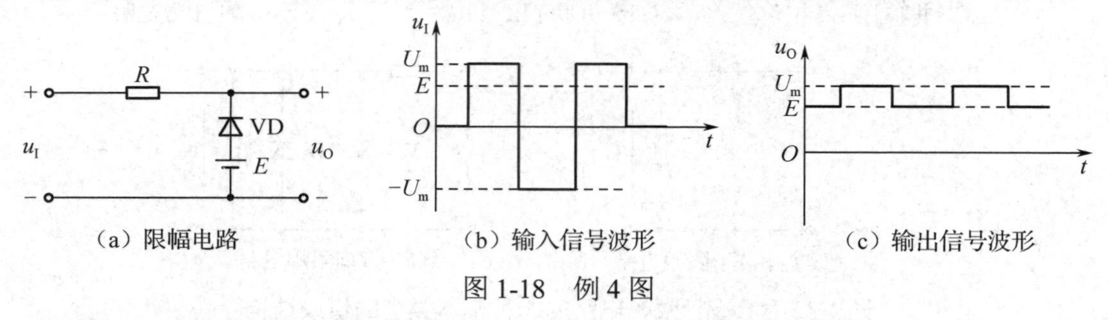

（a）限幅电路 （b）输入信号波形 （c）输出信号波形

图 1-18 例 4 图

【例 5】 由硅管构成的限幅电路如图 1-19（a）所示。已知 $u_i=5\sin\omega t$（V），二极管导通电压 U_D=0.7V。试分析该限幅电路的类型，画出 u_i 与 u_O 的波形，并标出幅值。

【解答】 电路类型是限幅电平为±3.7V 的双向限幅电路。当输入信号 $u_i \geqslant 3.7$V 时，VD_1 导通→u_O=3.7V；当输入信号 $u_i \leqslant -3.7$V 时，VD_2 导通→u_O=−3.7V；当输入信号为 $-3.7\text{V} \leqslant u_i \leqslant 3.7$V 时，$u_O=u_i$。画出的输出信号波形如图 1-19（b）所示。

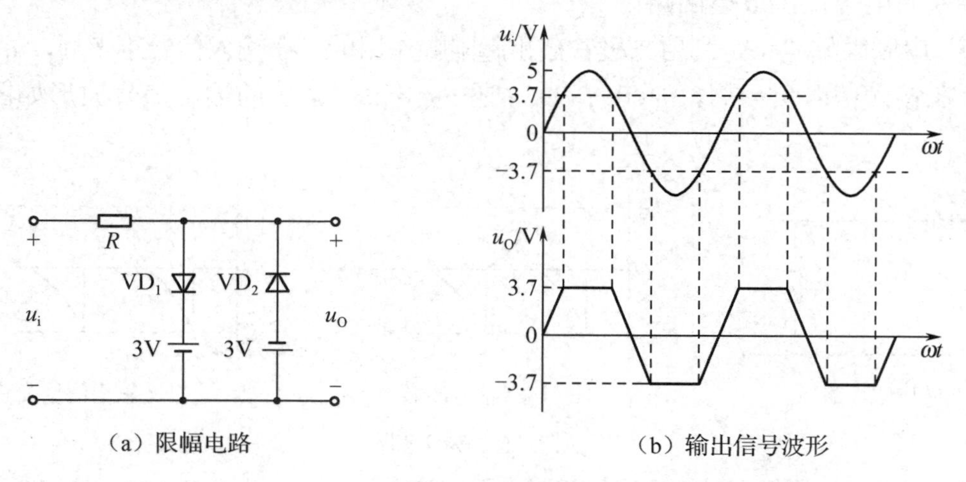

（a）限幅电路 （b）输出信号波形

图 1-19 例 5 图

【例 6】 由理想二极管构成的电路和输入信号波形分别如图 1-20（a）、（b）所示。在 0ms<t<5ms 的时间间隔内，试绘出 u_O 的波形。

【解答】 当 u_I<6V 时，VD 截止，u_O=6V；当 u_I≥6V 时，VD 导通，输出电压 u_O 取决于 u_I，以及 R_1 和 R_2 的分压，即

$$u_O = \frac{u_I - 6V}{R_1 + R_2} R_2 + 6V = \left(\frac{u_I - 6}{200 + 200} \times 200 + 6 \right) V = \left(\frac{1}{2} u_I + 3 \right) V$$

画出的输出信号波形如图 1-20（c）所示。

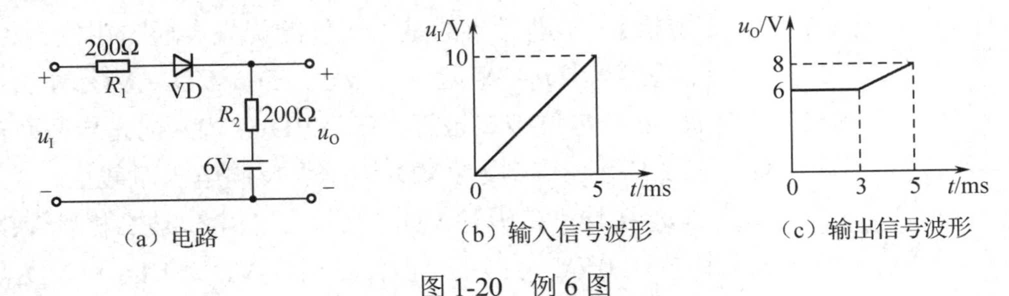

图 1-20　例 6 图

2. 二极管钳位电路

将电路中某点的电位钳制在固定的数值上，或者把输入信号的底部或顶部钳制在规定电平上的电路称为钳位电路。下面通过具体电路对二极管的钳位原理予以说明。

【例 7】 由理想二极管构成的电路如图 1-21 所示，试判断各分图中的二极管是导通状态还是截止状态，并求出 AB 两端的电压 U_{AB}。

【解析】 可运用戴维南定理的思路来判断各二极管是导通状态还是截止状态。先假定二极管内部的 PN 结开路，再分别计算二极管阳极和阴极的开路电位差 U_{AK}。若 U_{AK} 满足导通条件，则说明二极管是导通状态，其管压降为零（理想二极管）或 U_D（实际二极管）；若 U_{AK} 不满足导通条件，则说明二极管是截止状态，二极管两端的电压可依据基尔霍夫定律通过外围电路求得。

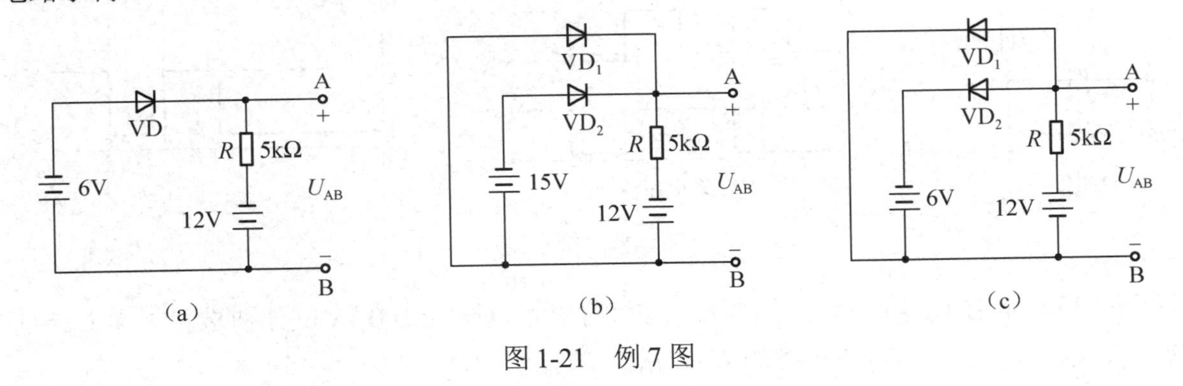

图 1-21　例 7 图

【解答】 在图 1-21（a）中：将 VD 的 PN 结开路，以 B 端为电位参考点，则 VD 的阳极电位为−6V，阴极电位为−12V，U_{AK}=6V，因高于死区电压，所以判定 VD 正向导通，对导通后的 VD 做短路线处理，故 U_{AB}=−6V（U_{AB} 被钳位在−6V 上）。

在图 1-21(b)中：用相同的方法处理后，VD_1 的阳极电位为 0，阴极电位为−12V，U_{AK1}=12V，故 VD_1 导通；VD_2 的阴极电位为−12V，而其阳极电位为−15V，U_{AK2}=−3V，故 VD_2 反向截止。将 VD_1、VD_2 分别做短路线和开路线处理后可得 U_{AB}=0（U_{AB} 被钳位在 0 上）。

在图 1-21(c)中：用相同的方法处理后，VD_1 的阳极电位为 12V，阴极电位为 0，U_{AK1}=12V；VD_2 的阳极电位为 12V，阴极电位为−6V，U_{AK2}=18V。两管单独作用时都具备导通条件，但共同作用时属于并联关系，这必然涉及优先导通与钳位的问题。因为 $U_{AK2}>U_{AK1}$，所以 VD_2 优先导通，VD_2 导通后，A 端电位被钳位在 $V_A=-6V$ 上，使 VD_1 反偏而截止。将 VD_1、VD_2 分别做开路线和短路线处理后可得 $U_{AB}=-6V$（U_{AB} 被钳位在-6V 上）。

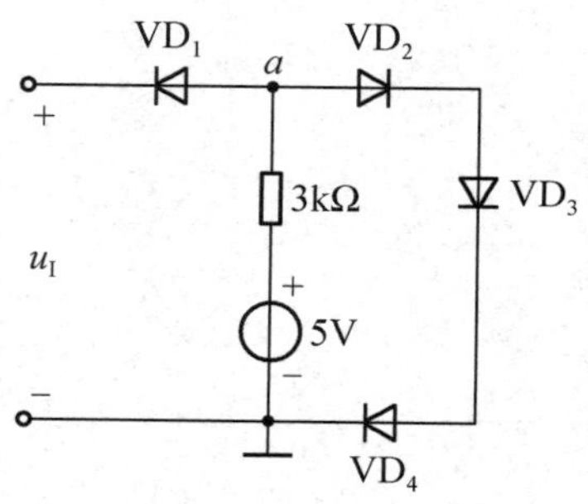

图 1-22　例 8 图

【例 8】 如图 1-22 所示，试分析当 $u_I=3V$ 时，哪些二极管导通？当 $u_I=0$ 时，哪些二极管导通？（设二极管的正向压降为 0.7V）。

【解析】 本题考察的是二极管的优先导通与钳位。

【解答】 当 $u_I=3V$ 时，二极管 VD_2、VD_3、VD_4 外加正向电压而导通，a 点电位被二极管 VD_2、VD_3、VD_4 优先导通而钳位（限幅）在 2.1V 上；二极管 VD_1 因承受反向电压而截止。

当 $u_I=0$ 时，二极管 VD_1 导通，a 点电位被二极管 VD_1 优先导通而钳位在 0.7V 上；不足以使二极管 VD_2、VD_3 和 VD_4 导通，故二极管 VD_2、VD_3 和 VD_4 截止。

【例 9】 如图 1-23（a）所示，其输入电压 u_{I1} 和 u_{I2} 的波形如图 1-23（b）所示，二极管的导通电压 $U_D=0.7V$。试画出输出电压 u_O 的波形，并标出幅值。

【解答】 u_{I1} 和 u_{I2} 只要有一个为 0.3V，因优先导通与钳位作用，u_O 就都为 1V；只有在 u_{I1} 和 u_{I2} 都为 3V 时，u_O 才为 3.7V。画出的输出电压 u_O 的波形如图 1-23（c）所示。

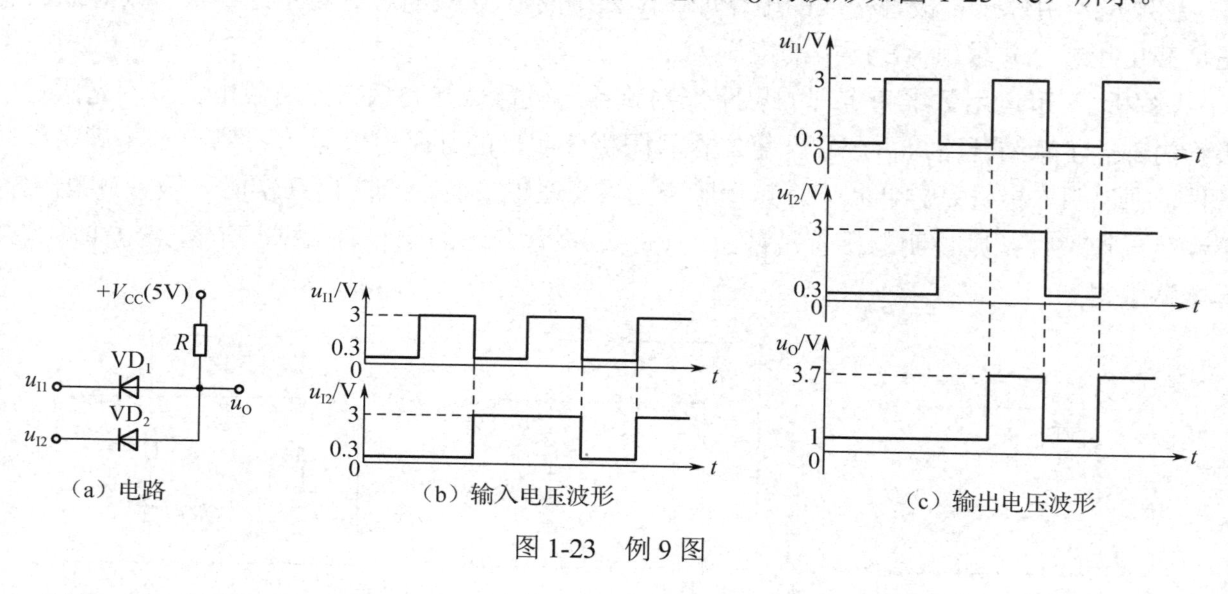

图 1-23　例 9 图

【例 10】 如图 1-24 所示，已知各二极管的导通电压均为 0.7V，分别求：①当 $U_A=U_B=0$ 时的 U_O、I_D；②当 $U_A=U_B=3V$ 时的 U_O、I_D。

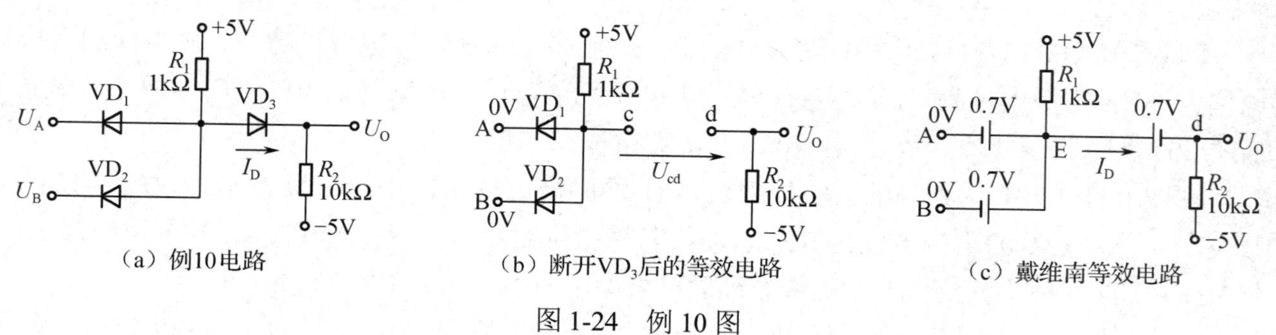

图 1-24　例 10 图

【解析】 此类型题通常运用戴维南定理的方法来求解，即先断开待求支路（VD_3），判断

二极管 VD_3 可能的导通情况，只有这样才能进行下一步的分析和计算。

【解答】 ① 当 $U_A=U_B=0$ 时，如图 1-24（b）所示，断开二极管 VD_3，求二极管断开点之间的电压 U_{cd}。

显然，二极管 VD_1、VD_2 均导通，c 端电位被 VD_1、VD_2 钳位在 0.7V 上，又因为 R_2 上无电流路径，所以 d 端电位为−5V。由此得开路电压 U_{cd}=5.7V，因为高于导通电压 0.7V，所以 VD_3 导通。接入 VD_3，画出相应的戴维南等效电路，如图 1-24（c）所示。根据等效电路得

$$U_O = V_E - U_{D3} = 0.7\text{V} - 0.7\text{V} = 0\,,\qquad I_D = I_{R2} = \frac{V_d - (-5\text{V})}{R_2} = \frac{5\text{V}}{10\text{k}\Omega} = 0.5\text{mA}$$

② 同上，当 $U_A=U_B=3$V 时，二极管 VD_1、VD_2 仍导通，c 端电位被 VD_1、VD_2 钳位在 3.7V 上，因为 R_2 上无电流路径，故 d 端电位为−5V，则开路电压 U_{cd}=8.7V，因为高于导通电压 0.7V，所以 VD_3 导通。故有

$$U_O = V_E - U_{D3} = 3.7\text{V} - 0.7\text{V} = 3\text{V}\,,\qquad I_D = I_{R2} = \frac{V_d - (-5\text{V})}{R_2} = \frac{8\text{V}}{10\text{k}\Omega} = 0.8\text{mA}$$

【例 11】 如图 1-25（a）所示，其输入方波如图 1-25（b）所示，设二极管的正向电阻为 r_D、反向电阻为 R_D，且电路满足 $R_D \gg R \gg r_D$，充电时间常数 $\tau_{充} = r_D C \leqslant t_p$，放电时间常数 $\tau_{放} = R_D C \gg t_p$。试定性画出输出信号 u_O 的波形，并分析电路的功能。

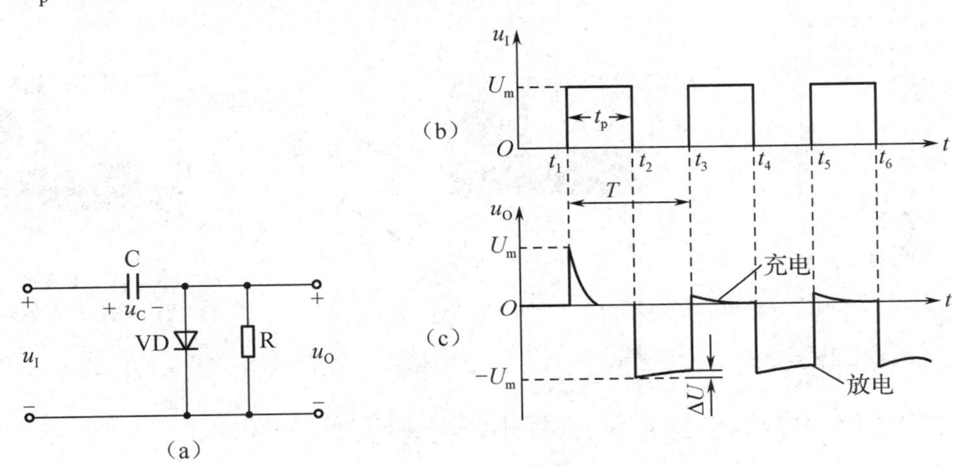

图 1-25　例 11 图

【解答】 电容 C 与二极管 VD 和电阻 R 组成的并联电路相串联，在输入脉冲信号的作用下，形成对电容 C 的充放电过程。通过给定条件可知充电时间常数很小，即充电极快；放电时间常数很大，即放电极慢；且任何时刻均满足 $u_I=u_C+u_O$。定性画出的输出信号 u_O 的波形如图 1-25（c）所示。

观察输出信号 u_O 的波形，输出信号与输入信号的波形几乎一致，但波形的顶部都被固定在零电平附近了。因此，这是一个顶部钳位电路，其功能就是将输入信号的顶部对齐。如果将二极管接反，那么功能就变成了将输入信号的底部对齐，即底部钳位电路。

1.3.4　二极管的简易检测方法

在使用二极管时，除了注意它的极性不能接错，还得确保管子型号和质量没有问题。二极管最基本的特性是单向导电性。在实际应用中，通常利用万用表来测定二极管的极性，并

根据正/反向电阻的测量数值来判定其性能的好坏。图 1-26（a）所示为指针式万用表欧姆挡等效电路。由图 1-26（a）可知，黑表笔与欧姆挡内置电池的正极相连，是高电位端；红表笔与欧姆挡内置电池的负极相连，是低电位端。

检测内容和方法如下。

步骤 1：二极管极性的判定。

万用表测试条件：挡位选择 $R\times100\Omega$或 $R\times1\text{k}\Omega$挡，表笔插接无误，并进行电气调零。

如图 1-26（b）、（c）所示，将红、黑表笔分别接二极管的两个电极，若测得的阻值很小（几千欧以下），则黑表笔所接电极为二极管的正极、红表笔所接电极为二极管的负极；若测得的阻值很大（几百千欧以上），则黑表笔所接电极为二极管的负极、红表笔所接电极为二极管的正极。

步骤 2：二极管性能好坏的判定。

万用表测试条件：挡位选择 $R\times1\text{k}\Omega$挡，表笔插接无误，并进行电气调零。

（1）若测得的反向电阻很大（几百千欧以上）、正向电阻很小（几千欧以下，且挡位越大，阻值越小），则表明二极管性能良好。

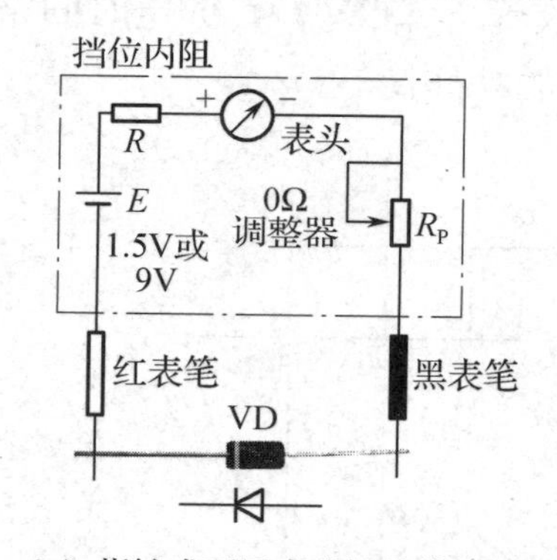

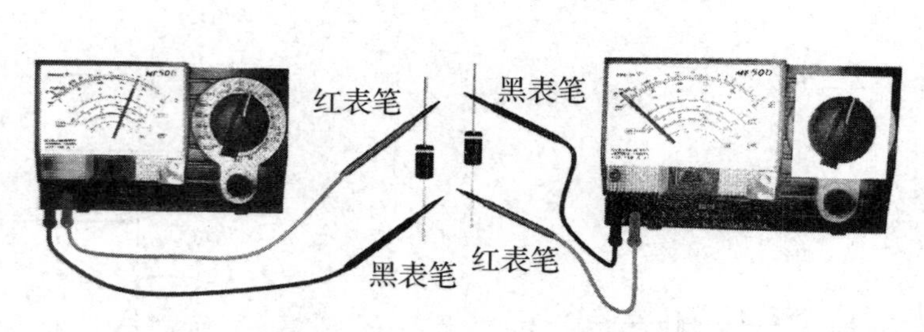

（a）指针式万用表欧姆挡等效电路　（b）正向电阻小，偏转角度大　（c）反向电阻大，偏转角度小

图 1-26　指针式万用表欧姆挡等效电路和用万用表检测二极管的原理

（2）若测得的反向电阻和正向电阻都很小，则表明二极管短路，已损坏。

（3）若测得的反向电阻和正向电阻都很大，则表明二极管断路，已损坏。

（4）若正向电阻为几千欧至几十千欧、反向电阻为几百千欧，即正、反向电阻差异不大，单向导电性能差，则说明二极管质量不佳。

知识拓展

用数字式万用表检测二极管

数字式万用表的红表笔接触内部电池的正极、黑表笔接触内部电池的负极，这与指针式万用表欧姆挡内部电池的接法正好相反。

（1）极性与质量的判别。

将数字式万用表的红表笔插入 VΩ 孔、黑表笔插入 COM 孔并置于二极管测量挡(⊣▷⊢))),两表笔分别接二极管的两个电极，若显示“1”以下的数字，则说明二极管正向导通，红表笔接的是正极、黑表笔接的是负极。此时显示的数字为二极管的正向压降，单位为 V。若显示的数字为“1”，则说明二极管处于反向截止状态，红表笔接的是负极、黑表笔接的是正极。如果两次测量都显示“001”或“000”并且蜂鸣器响，则说明二极管已经击穿；如果两次测量的正、反向电阻值均为“1”，则说明二极管开路；如果两次测量的数值相近，则说明管子质量很差。

（2）硅管与锗管的判别。

将万用表置于二极管测量挡（→⊢ ·))），红表笔接二极管的正极、黑表笔接二极管的负极，若显示电压为 0.5～0.7V，则说明被测管是硅管；若显示电压为 0.1～0.3V，则说明被测管是锗管。

知识小结

（1）二极管内有一个 PN 结，因此它具有单向导电性。

（2）二极管按制造材料分为硅二极管、锗二极管和砷化镓二极管等；按用途分为整流二极管、稳压二极管、发光二极管、光电二极管、变容二极管等；按管芯结构分为点接触型二极管、面接触型二极管、平面型二极管。

（3）二极管因伏安特性是非线性的，所以是非线性器件。二极管的阈值电压：硅管约为 0.5V，锗管约为 0.2V；导通时的正向压降：硅管约为 0.7V，锗管约为 0.3V。

（4）二极管的反向击穿有电击穿和热击穿两种。

（5）二极管的主要参数有最大整流电流 I_F、最高反向工作电压 U_{RM}、反向饱和电流 I_S、最高工作频率 f_{max}、直流电阻和交流电阻。

（6）二极管限幅电路的功能是将输入波形中不需要的部分削掉，因此也称削波电路。

1.4　特种二极管及其应用

二极管的类型很多，除前面讨论的普通二极管外，还有多种具备各种用途的二极管，如稳压二极管、发光二极管、光电二极管、变容二极管等。

1.4.1　稳压二极管

稳压二极管均为硅管，是一种能长期工作在反向击穿状态下，具有很陡峭的反向击穿特性，能稳定两端电压的二极管。

1．稳压二极管的符号和伏安特性

稳压二极管主要有 2CW、2DW 系列。它的文字符号为 VZ，其外形和电路符号如图 1-27（a）所示。图 1-27（b）所示为稳压二极管的伏安特性曲线。它的正向特性曲线与普通二极管相似，反向击穿特性曲线却要比普通二极管更为陡峭。稳压二极管微小的 ΔU_Z 变化，就能引起很大的 ΔI_Z 变化，我们正是利用其反向电流在很大范围内变化时两端电压基本不变的原理来实现稳压的。通过限流电阻的限流，使其功率消耗不超过额定值，稳压二极管就能长期安全地工作。必须说明的是，普通二极管的正向线性区和反向击穿区也具有稳压特性，只是反向击穿特性曲线的陡峭程度远不及通过特殊工艺处理后的稳压二极管。

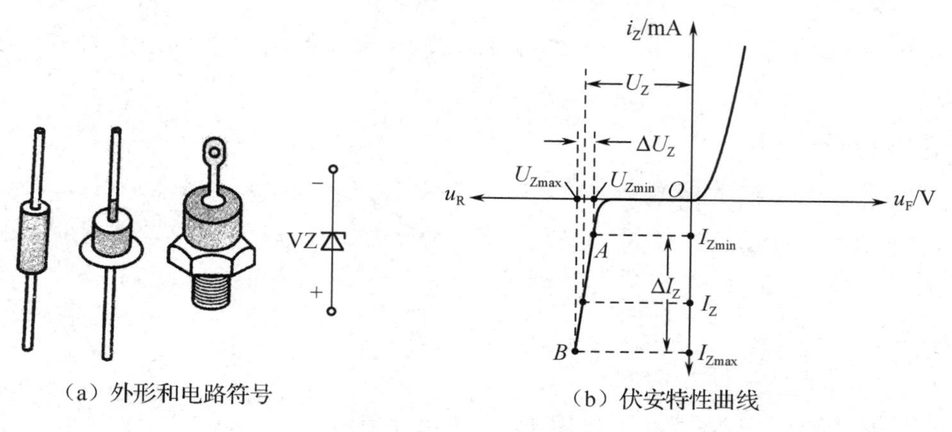

（a）外形和电路符号　　（b）伏安特性曲线

图 1-27　稳压二极管

2．稳压二极管的主要参数

（1）稳定电压 U_Z。

稳定电压 U_Z 也叫击穿电压，是稳压二极管正常工作状态下管子两端的电压值。不同型号的稳压二极管，该值一般不同，即便是同一型号的稳压二极管，稳定电压值也有微小偏差。稳定电压的值为 3～300V。

（2）稳定电流 I_Z。

稳定电流有最大稳定电流 I_{Zmax}、最小稳定电流 I_{Zmin} 和稳定电流 I_Z。

最大稳定电流 I_{Zmax}：稳压二极管正常工作时允许通过的最大电流。工作中，实际的稳定电流不得超过此值，否则会损坏稳压二极管。

最小稳定电流 I_{Zmin}：稳压二极管正常工作时必须达到的最小电流。工作中，实际的稳定电流不得小于此值，否则稳压二极管进入不了反向击穿状态。

稳定电流 I_Z：稳压二极管正常工作时稳定电流的参考值，要求 $I_{Zmin}<I_Z<I_{Zmax}$。

（3）最大耗散功率 P_{Zmax}。

最大耗散功率 P_{Zmax} 指稳压二极管正常工作时所能承受的最大耗散功率。稳压二极管工作时的耗散功率 P_Z 等于稳定电压 U_Z 与稳定电流 I_Z 的乘积，即 $P_Z=U_ZI_Z$。使用中，要求 P_Z 必须小于 P_{Zmax}，若超过这个数值，则稳压二极管将被烧毁。常见的稳压二极管的最大耗散功率 P_{Zmax} 多为 0.5W 或 1W。

（4）动态电阻 r_z。

动态电阻 r_z 指稳压二极管击穿后，其两端电压变化量与电流变化量的比值，即

$$r_z = \frac{\Delta U_Z}{\Delta I_Z}$$

r_z 的大小表征了反向击穿特性曲线的陡峭程度，其值越小，反向击穿特性曲线越陡峭，稳压二极管的稳压性能越好。

（5）温度系数 K。

温度系数 K 指温度变化 1℃所引起的稳定电压的相对变化量，即

$$K = \frac{\Delta U_Z}{U_Z} / \Delta T\ (\%/℃)$$

温度对稳压二极管的特性有影响。U_Z 小于 5V 的稳压二极管是齐纳击穿，U_Z 为负温度系数；U_Z 大于 8V 的稳压二极管是雪崩击穿，U_Z 为正温度系数；U_Z 在 6V 左右的稳压二极管，

两种击穿兼而有之，其温度系数最小，因此受温度的影响最小。在实际应用中，要对稳压二极管进行温度补偿，常将正温度系数和负温度系数的两种稳压二极管串联使用。

3. 稳压二极管的检测

稳压二极管的检测与普通二极管相同，只是其正向电阻比普通二极管大，可通过检测单向导电性判断其好坏。用万用表直接测稳压二极管的稳定电压值很困难，误差也大，通常先模拟稳压二极管的在路正常工作状态，然后测其端电压，从而得到其稳定电压值。

稳压二极管的应用将在第 7 章中介绍。

1.4.2　发光二极管

1. 发光二极管（LED）的结构、符号和外形

LED 是一种能将电能转化成光能的半导体器件。LED 通常用砷化镓、磷化镓等材料制成。当 LED 中采用特殊工艺的 PN 结通入正向电流时，在自由电子与空穴直接复合的过程中，过剩的能量以一定波长的光释放出来。发光颜色由半导体的材料决定，常见的有红光、绿光、黄光（红光与绿光混色后呈现出的光色）、蓝光、白光及人眼看不见的红外光。LED 的文字符号为 VL，其电路符号和外形如图 1-28（a）所示。其中，BS205 是双色 LED，1、3 之间通入正向电流时发红光，2、3 之间通入正向电流时发绿光，1、3 和 2、3 之间均通入正向电流时发混色光即黄光。LED 常用于直观显示电路的通、断及工作状态，也可以用于照明和进行信息变换。

2. LED 的伏安特性曲线

LED 的正向特性与普通二极管相似，但正向管压降比普通二极管高，为 1.6～3V，正向电流在几 mA 至几十 mA 之间；反向击穿特性曲线比普通二极管更为陡峭，反向击穿电压一般也比普通二极管低，约 5V。使用 LED 时必须注意的是，管压降不同的 LED 不允许并联，否则将导致管压降高的 LED 不能正常发光。LED 的伏安特性曲线如图 1-28（b）所示。

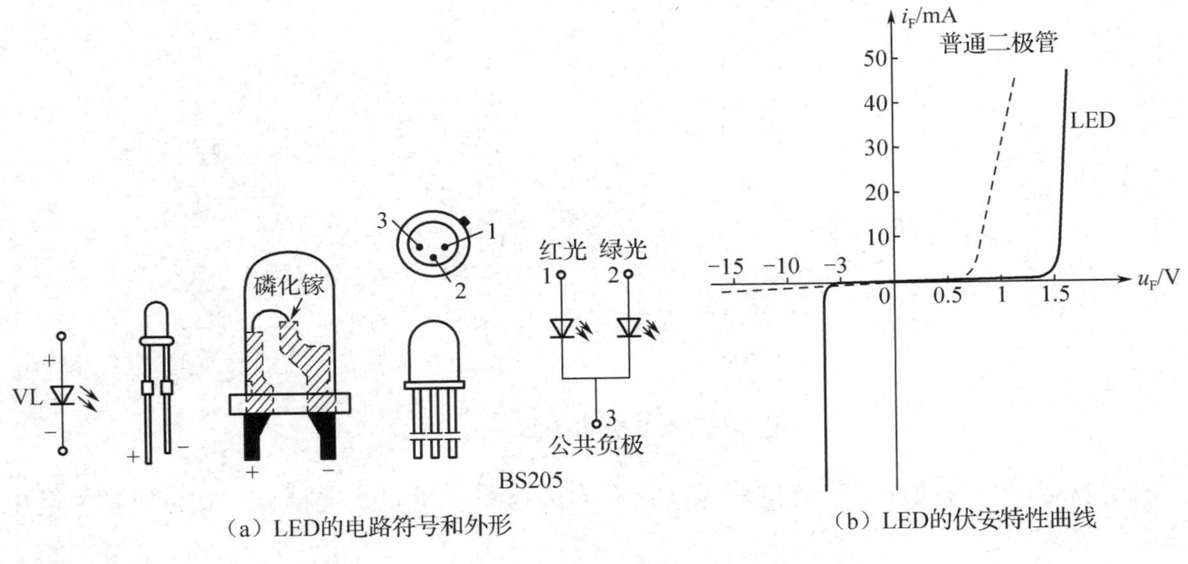

（a）LED的电路符号和外形

（b）LED的伏安特性曲线

图 1-28　LED

3．LED 的特性参数

LED 的特性参数主要包括电性能参数和光性能参数，请参阅有关的半导体手册。

4．LED 应用电路

（1）LED 驱动电路。

为 LED 正常发光提供偏置的电路称为 LED 驱动电路。图 1-29 所示为 LED 驱动电路的几种类型。可见，LED 的数目可以是一个或多个，联结方式也可以多种多样。LED 驱动电路中各器件的参数应根据具体情况灵活调整。例如，设图 1-29（c）中的 LED 为同一型号，正常发光时的管压降为 U_F，电流为 I，则限流电阻为

$$R = \frac{V_{CC} - 3U_F}{I}$$

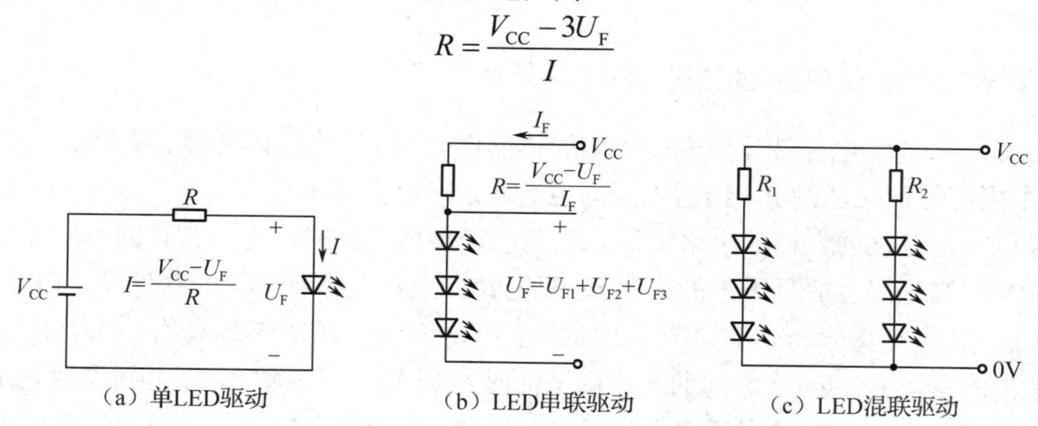

图 1-29　LED 驱动电路的几种类型

（2）LED 的光电耦合应用。

LED 的重要用途之一是光电耦合。光电耦合是以光作为媒介来实施信号的传输的（也称耦合）。在以光缆为信号传输媒介的系统中，可利用 LED 将电信号转变为光信号，通过光缆传输至接收端，接收端的光电二极管将光信号恢复为电信号。如图 1-30 所示，发送端的一个 0～5V 的脉冲信号通过 500Ω 的电阻作用于 LED，这个驱动电路可使 LED 产生一串光信号（LED 的亮与灭），并作用于光缆；在接收端，光缆中的光照射在光电二极管上，可以在接收电路的输出端恢复出原 0～5V 的脉冲信号。

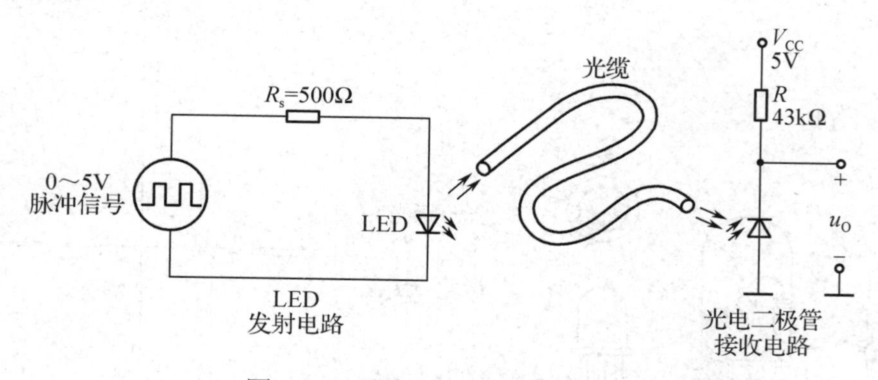

图 1-30　光电耦合系统中的 LED

由于发送端与接收端只有光的联系，没有电的联系，所以光电耦合方式可以解决两电路间的电气隔离问题。

5. LED 的检测

LED 的检测与普通二极管相似，只需检测单向导电性便可判断其好坏。但 LED 的正向管压降为 1.6～3V，因此挡位选择通常为 $R\times1\Omega$挡（适用于低管压降 LED，能提供较大的驱动电流）或 $R\times10k\Omega$挡（适用于高管压降 LED，能提供较高的偏置电压）。性能正常的 LED 在被检测时会发出弱光，肉眼即可观察到。

1.4.3　光电二极管

1. 光电二极管的外形、符号及工作原理

光电二极管也称光敏二极管，是一种利用光电效应将光信号转换成电信号的半导体器件。光电二极管也具有和普通二极管一样的单向导电性，但它的 PN 结比较特殊，其 P 区要比 N 区薄得多。为了获取光线，在它的管壳上设有光线射入的玻璃窗口，也有的干脆将管壳采用透明材料封装，这样，光线可直接照射管芯。

光电二极管主要有 2AU、2CU、2DU 系列。它的文字符号为 VL，其外形和电路符号如图 1-31（a）所示。

光电二极管工作在反向偏置状态下。在反向偏置状态下，当无光照射时，它呈现出很大的反向电阻，因而反向电流极小（≤0.1μA）；当管芯受到光照时，光能被 PN 结吸收，能激发出大量的自由电子-空穴对，这些载流子参与导电的结果是反向电流激增。这种因光照而形成的电流称为光电流，它的大小与光照的强度和光的波长有关。光电二极管典型应用电路如图 1-31（b）所示，u_O 正比于流过光电二极管的电流。可见，光电二极管能将光的变化转换为电的变化，实现光电信号的转换。

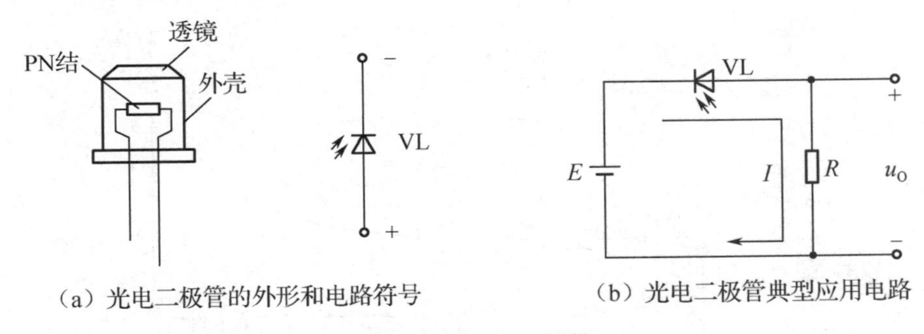

（a）光电二极管的外形和电路符号　　（b）光电二极管典型应用电路

图 1-31　光电二极管

2. 光电二极管的主要参数

（1）最高工作电压 U_{RM}。

最高工作电压指光电二极管在无光照条件下，反向电流不超过 0.1μA 时所能承受的最高反向电压。U_{RM} 的值越大，说明管子的性能越好。

（2）暗电流 I_D。

暗电流指光电二极管在无光照时，在最高反向工作电压作用下所测得的反向电流。I_D 越小，说明管子对光的敏感度越高，管子性能就越好。

（3）光电流 I_L。

光电流指光电二极管在光照时产生的光电流。在同等光照条件下，I_L 越大，说明管子

的性能越好。

3. 光电二极管的应用

光电二极管广泛用于制造光电传感器、光电耦合器和光电控制器等。在如图 1-31（b）所示的电路中，光的变化引起光电二极管电流的变化，该电流流经取样电阻 R 后产生正比于光照的输出电压 u_O。

4. 光电二极管的使用与检测

在使用光电二极管时，尽量选用暗电流小、光电流大的产品，安装时注意极性不能接反。可采用对比法进行光电二极管的质量检测，只需检测单向导电性便可判断其正、负极。

光电二极管正、负极的检测与普通二极管相似，挡位选择 R×1kΩ挡。性能好坏的检测可采用对比法，即在有光照和无光照（遮光处理）两种情况下检测光电二极管的反向电阻的阻值差异，阻值差异越大，说明管子的性能越好。

1.4.4 变容二极管

PN 结结电容的大小除了与制造工艺和本身的结构尺寸有关，还与外加电压的高低有关。随着反向电压的升高，普通二极管的结电容变化不大，但经特殊工艺制造的变容二极管的结电容会显著减小，利用该特性工作的变容二极管本质上是一个受反向电压控制的可变电容器。

变容二极管主要有 2AC、2CC、2EU 系列。它的文字符号为 VD，其电路符号、外形，以及结电容与反向电压的关系如图 1-32 所示。

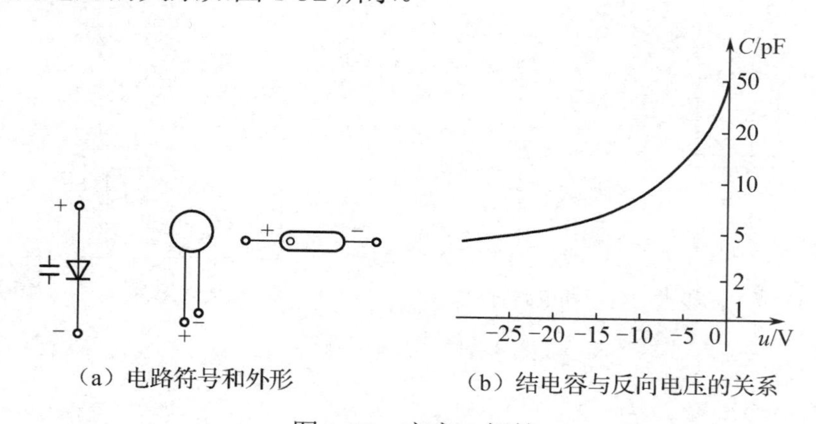

（a）电路符号和外形　　（b）结电容与反向电压的关系

图 1-32　变容二极管

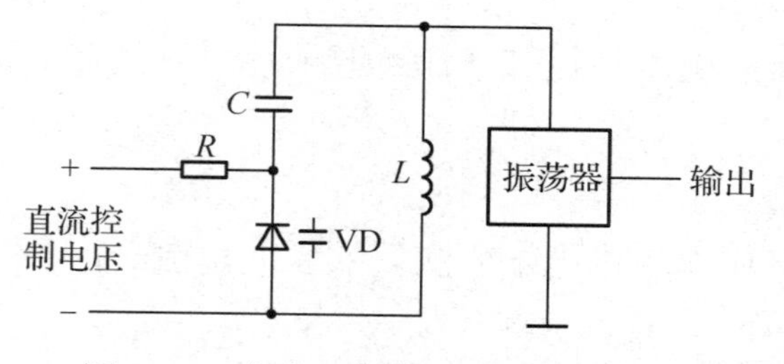

图 1-33　变容二极管在调谐中的应用

变容二极管广泛应用于电子调谐、直接调频、自动频率控制、调相和倍频等高频电子电路中。在图 1-33 中，振荡器的选频电路由电感、电容和变容二极管共同构成，改变直流控制电压，就改变了变容二极管的反向电压与结电容，从而改变振荡器的振荡频率。

知识小结

（1）稳压二极管、光电二极管、变容二极管工作在反向偏置状态，发光二极管（LED）工作在正向偏置状态。

（2）稳压二极管均为硅管，是具有很陡峭的反向击穿特性曲线，能稳定两端电压的二极管。

（3）发光二极管是一种能将电能转化成光能的半导体器件，通常用砷化镓、磷化镓等材料制成。

（4）光电二极管是一种将光信号转变成电信号的半导体器件，广泛用于制造光电传感器、光电耦合器和光电控制器等。

（5）变容二极管的结电容会随反向电压的升高而显著减小，本质上是一个受反向电压控制的可变电容器。

1.5　半导体三极管

半导体三极管也称双极型晶体三极管，简称三极管。它是通过一定的制作工艺将两个 PN 结结合在一起的器件，两个 PN 结的相互作用和内部结构的特点使其拥有电流放大作用和开关作用，可以用来放大微弱的信号和作为无触点开关，因而广泛应用于放大电路和数字电路中。可以说，正是因为三极管的出现，才促使了电子技术质的飞跃。本节围绕三极管的电流放大作用这个核心问题来讨论它的基本结构、工作原理、伏安特性曲线及主要参数。

1.5.1　三极管的基本结构和类型

1. 三极管的构造特点和分类

三极管是由两个背靠背的 PN 结构成的，在工作过程中，两种载流子（自由电子和空穴）都参与导电，故称为双极型晶体三极管。两个 PN 结把半导体分成 3 个区域。根据 3 个区域排列的不同，三极管的类型也不同，分为 NPN 和 PNP 两种类型。

无论是 NPN 型还是 PNP 型三极管，都分为 3 个区，分别称为发射区、基区和集电区；由 3 个区各引出一个电极（对于高频管和开关管，可能另有一个接地，起屏蔽作用），分别称为发射极（E 或 e）、基极（B 或 b）和集电极（C 或 c）；发射区和基区之间的 PN 结称为发射结，集电区和基区之间的 PN 结称为集电结，如图 1-34 所示，其中发射极箭头所示方向表示发射极电流的流向。在电路中，三极管用文字符号 VT 表示。

三极管的种类很多，按半导体基片材料可分为 NPN 型和 PNP 型，按功率的大小可分为小功率管（≤1W）和大功率管（>1W），按工作频率的高低可分为分低频管（300kHz 以下）、中频管（300kHz～3MHz）、高频管（3～30MHz）和超高频管（30MHz 以上），按管芯所用半导体材料可分为锗管和硅管，按制造结构和工艺可分为合金管与平面管，按用途可分为放

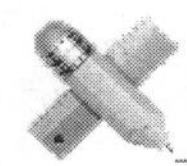

大管和开关管。由于功率大小不同，因而三极管的体积和封装形式也不同。三极管常见的有金属、玻璃、塑料等封装形式。常见三极管的外形及封装如图 1-35 所示。

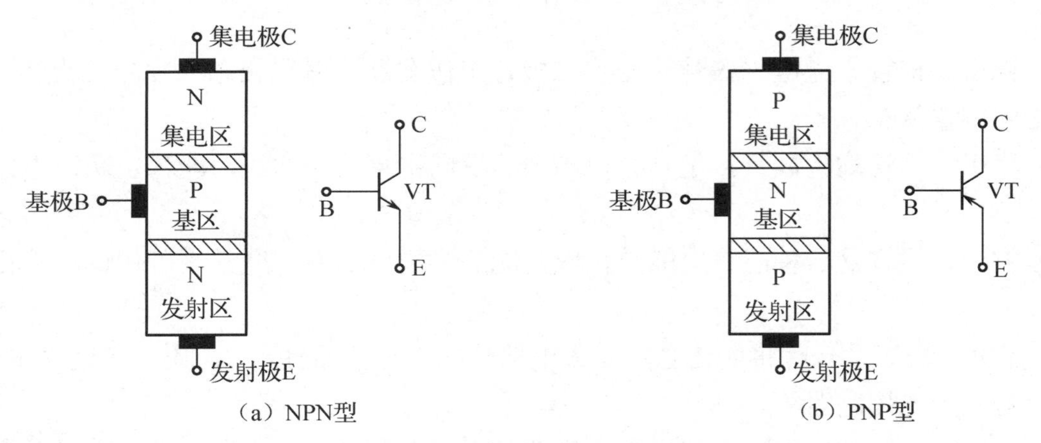

图 1-34　两类三极管的结构示意图及电路符号

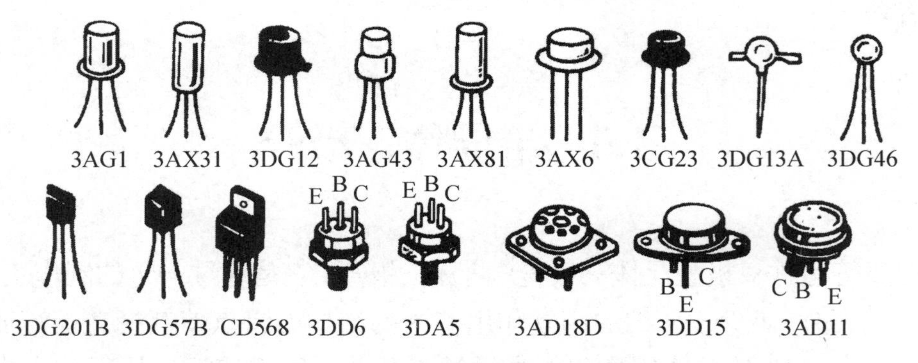

图 1-35　常见三极管的外形及封装

具有电流放大作用的三极管的内部结构必须具备如下条件。

（1）发射区掺杂浓度远高于基区掺杂浓度，以便有足够的载流子供“发射”。

（2）基区很薄，掺杂浓度很低，以减少载流子在基区的复合机会。

（3）集电结的面积比发射结的面积大，以便收集载流子。

2. 三极管的电流分配关系和放大作用

上面介绍了三极管具有电流放大作用的内部结构必须具备条件。为实现三极管的电流放大作用，还必须具有一定的外部条件，就是要给三极管的发射结加上正向偏置电压，给集电结加上反向偏置电压。下面以 NPN 管为例，通过实验测试的数据来说明三极管各极间电流的分配关系和电流放大作用。

NPN 管电流的分配关系和放大作用测试电路如图 1-36（a）所示。其中，V_{BB}为基极电源，与基极电阻 R_B 和三极管的基极 B、发射极 E 组成基极-发射极回路（称为输入回路），V_{BB}使发射结正偏；V_{CC}为集电极电源，与集电极电阻 R_C 和三极管的集电极 C、发射极 E 组成集电极-发射极回路（称为输出回路），V_{CC}使集电结反偏。在图 1-36（a）中，发射极 E 是输入回路和输出回路的公共端，因此称这种接法为共发射极放大电路。

电路接通后，调节可变电阻 R_B 的阻值，可以改变基极偏置电压，从而改变基极电流。调节 R_B 分别取 I_B 为 0μA、10μA、20μA、30μA、40μA、50μA，读取相对应的集电极电流 I_C 和发射极电流 I_E，以及断开发射极后的 I_B、I_C、I_E 的数值，并填入表 1-1 中。

表 1-1　三极管各极电流测试数据

I_B/μA	−10	0	10	20	30	40	50
I_C/mA	0.01	0.01	0.56	1.14	1.74	2.33	2.91
I_E/mA	0	0.01	0.57	1.16	1.77	2.37	2.96

从实验结果中可得如下几条重要规律。

（1）电流分配关系：三极管的发射极电流等于基极电流与集电极电流之和，符合基尔霍夫节点电流定律，用公式表示为

$$I_E = I_B + I_C$$

另外，从表 1-1 中还可以看出，I_E和 I_C几乎相等，都远远大于基极电流 I_B。

（2）直流电流放大作用：当改变基极电流时，集电极电流也随之改变，但集电极电流与基极电流的比值近乎为一个常数。我们把这种特性称为三极管的直流电流放大作用。I_C与 I_B的比叫作三极管的直流电流放大系数$\overline{\beta}$，用公式表示为

$$\overline{\beta} = \frac{I_C}{I_B}$$

可见，集电极电流受控于基极电流。基极电流的微小变化可以控制集电极电流的较大变化，这就是三极管的电流放大原理。因此，三极管是电流控制器件。

例如，从表 1-1 的第 4 列和第 5 列的实验数据可知，此时 I_C与 I_B的比值分别为

$$\overline{\beta} = \frac{I_C}{I_B} = \frac{1.14\text{mA}}{20\mu\text{A}} = 57 \qquad \overline{\beta} = \frac{I_C}{I_B} = \frac{1.74\text{mA}}{30\mu\text{A}} = 58$$

（3）交流电流放大作用：当基极电流有一个较小的变化量ΔI_B时，集电极电流就会有一个较大的变化量ΔI_C与之对应，且它们的比值近乎为一个常数。我们把这种特性称为三极管的交流电流放大作用。ΔI_C与ΔI_B的比叫作三极管的交流电流放大系数β，用公式表示为$\beta = \dfrac{\Delta I_C}{\Delta I_B}$，或者是$\beta = \dfrac{\Delta i_C}{\Delta i_B}$，两式的物理意义不同，但结果相同。

例如，从表 1-1 的第 4 列和第 5 列的实验数据可知，此阶段内ΔI_C与ΔI_B的比值分别为

$$\beta = \frac{\Delta I_C}{\Delta I_B} = \frac{I_{C5} - I_{C4}}{I_{B5} - I_{B4}} = \frac{(1.74 - 1.14)\text{mA}}{(30 - 20)\mu\text{A}} = \frac{0.6\text{mA}}{10\mu\text{A}} = 60$$

强调：

① 三极管的$\overline{\beta}$与β的物理意义是有严格区别的。$\overline{\beta}$衡量三极管对静态（直流）电流的放大作用，β衡量三极管对动态（交流）电流的放大作用。它们的共同之处是通过很小的基极电流控制很大的集电极电流。一般情况下，$\beta > \overline{\beta}$；在频率较低时，二者在数值上基本相等，无须严格区分。

② 当 I_E=0 时，I_C=$-I_B$=I_{CBO}。

I_{CBO}称为集电极–基极反向饱和电流，与温度有关，数值一般很小。

③ 当 I_B=0 时，I_C=I_E=I_{CEO}。

I_{CEO}称为集电极–发射极反向饱和电流，又叫穿透电流。I_{CEO}越小，三极管的温度稳定性越好。通常硅管的温度稳定性比锗管好。

④ 当 I_B≠0 时，$I_C = \beta I_B + I_{CEO}$，$I_{CEO} = (1+\beta) I_{CBO}$。

通过如图 1-36（b）所示的放大状态下三极管内部载流子的运动规律和传输过程可进一

步理解三极管的电流放大原理。

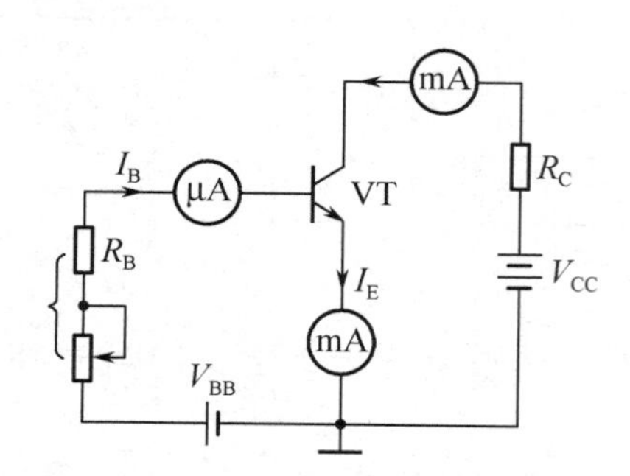

（a）NPN管电流的分配关系和放大作用测试电路

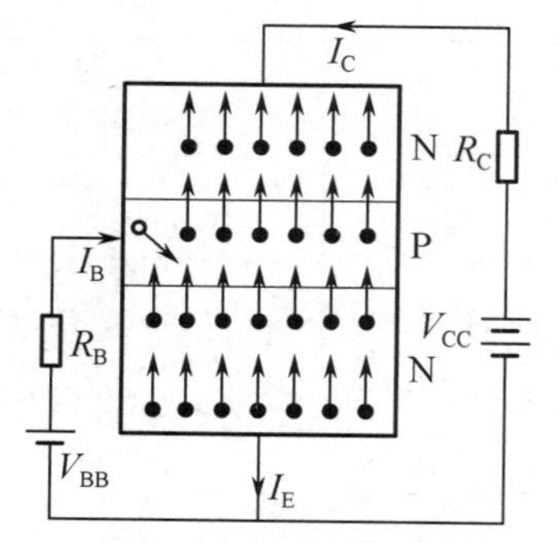

（b）放大状态下三极管内部载流子的运动规律和传输过程

图 1-36　三极管测试电路和载流子的传输演示图

三极管内部载流子的传输过程（以 NPN 管为例）如下。

（1）发射区向基区注入自由电子的过程。

由于发射结为正向偏置，所以 N 区的多数载流子——自由电子很容易越过发射结扩散到基区，从而形成发射极电流 I_E。

（2）电子在基区的扩散与复合过程。

由于基区很薄，掺杂浓度很低，所以从发射区扩散到基区的自由电子因有极少数与基区的空穴复合而形成基极电流 I_B，基区被复合掉的空穴由电源补充。大部分未被复合掉的自由电子因电场力被吸引到集电结的边缘。基区的厚度与掺杂浓度决定了在基区被复合掉的自由电子数和被集电结收集的自由电子数的比例，从而决定了电流放大倍数的高低。

（3）集电区收集扩散过来的自由电子的过程。

由于集电结加有较高的反向偏置电压，所以聚集到集电结边缘的大量自由电子在反向偏置电压的作用下顺利通过集电结进入集电区，并被集电区收集，形成集电极电流 I_C。

在应用中，可以通过外电路控制基极电流 I_B 的大小，这就控制了在基区被复合掉的自由电子数；扩散与复合的比例关系又决定了集电区收集的自由电子数，从而决定了集电极电流 I_C 的大小。这就是三极管电流放大作用的实质。前面提到，三极管要具有电流放大作用，还必须满足外部工作条件，即发射结正偏、集电结反偏。对于 NPN 管，必须满足 $V_C>V_B>V_E$ 的偏置条件；对于 PNP 管，必须满足 $V_C<V_B<V_E$ 的偏置条件。

3. 三极管放大器的基本连接方法

利用三极管的电流放大作用可以构成放大器。所谓放大器，就是指把微弱的电信号（电压或电流）放大到所需的程度，以满足负载的要求。根据基尔霍夫电流定律，产生电流的前提是闭合回路，因此信号源将信号输入放大器，经放大后输出给负载，必须有两个输入端和两个输出端，故放大器是一个四端网络，其方框图如图 1-37 所示。

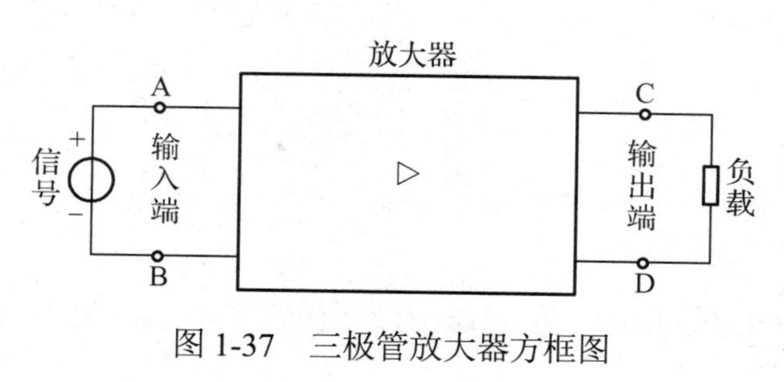

图 1-37　三极管放大器方框图

三极管只有 3 个电极（3 端），那么，如何将三极管接成一个四端网络的放大器呢？解决

的方法是公用，即用三极管的第 1 个极作为“输入端”，第 2 个极作为“输出端”，第 3 个极作为输入回路与输出回路的“公共端”。在命名时，哪个极作为公共端就称共哪个极接法。这样，三极管放大器就有了 3 种接法（或称 3 种组态），即共发射极接法、共集电极接法和共基极接法，如图 1-38 所示。

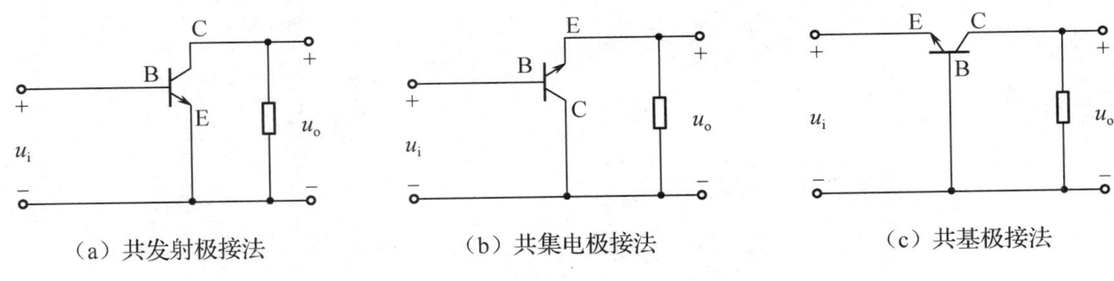

图 1-38　三极管放大器的 3 种接法

共发射极接法：基极作为输入端，集电极作为输出端，发射极作为输入回路与输出回路的公共端，如图 1-38（a）所示。这种接法应用最为普遍，是后期学习的重点。

共集电极接法：基极作为输入端，发射极作为输出端，集电极作为输入回路与输出回路的公共端，如图 1-38（b）所示。这种接法也称射极输出器，具有电流放大倍数高、阻抗匹配性能好的特点。

共基极接法：发射极作为输入端，集电极作为输出端，基极作为输入回路与输出回路的公共端，如图 1-38（c）所示。这种接法的高频特性好。

1.5.2　三极管的伏安特性曲线

三极管的伏安特性曲线是用来表示各个电极间的电压和电流之间的相互关系的，它反映出三极管的性能，是分析放大电路的重要依据。三极管的伏安特性曲线可由实验测得，也可在三极管图示仪上直观地显示出来。三极管放大器有输入和输出两个回路，相应地，有输入和输出两种伏安特性曲线，下面以共发射极接法的 NPN 管为例，对三极管的伏安特性曲线予以分析。

1．输入特性曲线

三极管的输入特性曲线是指当 u_{CE} 为一定值时，加在三极管基极与发射极之间的电压 u_{BE} 和它产生的基极电流 i_B 之间的关系曲线，可用函数关系式表示为 $i_B = f(u_{BE})\big|_{u_{CE}=常数}$。

（1）输入特性曲线的制作。

三极管输入特性曲线的测试电路如图 1-39（a）所示。

测试时，先调节 R_{P2}，使 u_{CE}=0；然后调节 R_{P1}，让 u_{BE} 从零开始逐渐升高，记录 u_{BE} 和 i_B 的对应值，并在以 u_{BE} 为横轴、i_B 为纵轴的直角坐标系中对测试数据进行描点和连线，将各组数据连成平滑的曲线，即 u_{CE}=0 时该三极管的输入特性曲线，如图 1-39（b）所示。

通过给定一个不同的 u_{CE} 值（如 0.5V、1V、1.5V、2V 等），便可得到一条不同的输入特性曲线，方法与过程同前。因此，三极管的输入特性曲线有无数条。

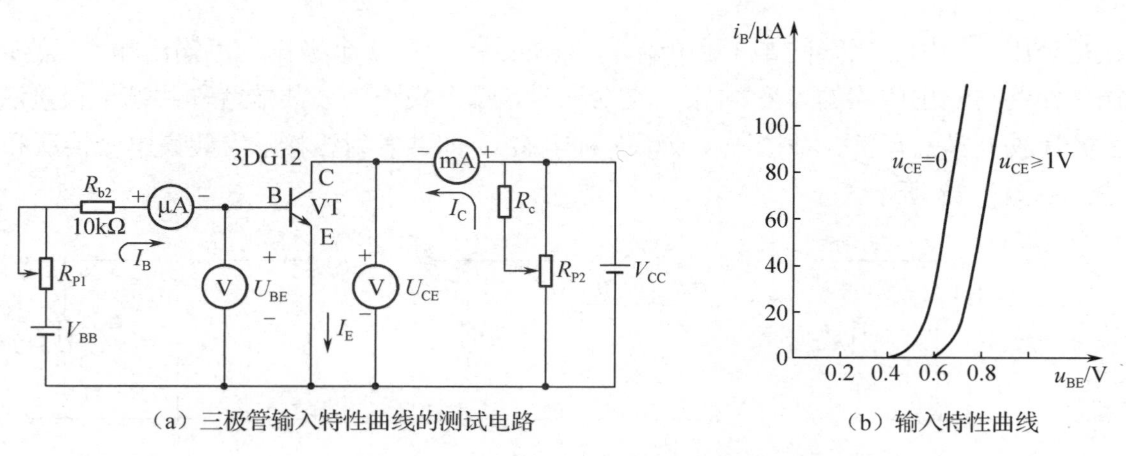

（a）三极管输入特性曲线的测试电路　　（b）输入特性曲线

图 1-39　三极管共发射极输入特性

（2）输入特性曲线的分析。

① 当 u_{CE}=0 时，三极管的输入特性曲线和二极管的正向伏安特性曲线形状一样，也有死区、非线性区和线性区。这是因为集电结实质上就是一个 PN 结，情况如两个二极管的正向并联。

硅管的死区电压 U_T 约为 0.5V，发射结导通电压 U_{BE} 为 0.6～0.7V；锗管的死区电压 U_T 约为 0.1V，导通电压 U_{BE} 为 0.2～0.3V。

② u_{CE}=1V 时的输入特性曲线与 u_{CE}=0 时的输入特性曲线形状一样，只是曲线向右平移了一段距离。原因是当 u_{CE}=1V 时，三极管已经导通，从发射区向基区注入的自由电子大部分被集电结收集并形成 i_C；只有少数自由电子与基区的空穴复合形成 i_B。故在相同的 u_{BE} 的作用下，u_{CE}=1V 时的 i_C 值小于 u_{CE}=0 时的 i_C 值，导致输入特性曲向右平移。

③ 当 u_{CE}<1V 时，输入特性曲线只在 u_{CE}=1V 的曲线左侧平移。

④ 当 u_{CE}>1V 以后，各条曲线几乎与 u_{CE}=1V 时的输入特性曲线重合。这是因为三极管导通后，i_C 只受控于 i_B，几乎与 u_{CE} 无关。

当三极管工作在放大状态时，u_{CE} 总是高于 1V 的（集电结反偏）。因此，在实际应用中，一般只作 u_{CE}=1V 的这条输入特性曲线即可，在运用图解法分析三极管放大器时，也只需对 u_{CE}=1V 的输入特性曲线展开分析即可。

2．输出特性曲线

三极管的输出特性曲线是指当 i_B 为一定值时，输出回路中集电极和发射极之间的电压 u_{CE} 与集电极电流 i_C 之间的关系曲线，可用函数关系式表示为 $i_C = f(u_{CE})\Big|_{i_B=\text{常数}}$。

（1）输出特性曲线的制作。

三极管输出特性曲线的测试电路如图 1-40（a）所示。

测试时，先调节 R_{P1}，使 i_B=0；然后调节 R_{P2}，让 u_{CE} 从零开始逐渐升高，记录 u_{CE} 和 i_C 的对应值，并在以 u_{CE} 为横轴、i_C 为纵轴的直角坐标系中对测试数据进行描点和连线，将各组数据连成平滑的曲线，即 i_B=0 时该三极管的输出特性曲线，如图 1-40（b）所示。

通过给定一个不同的 i_B 值（如 20μA、40μA、60μA、80μA 等），便可得到一条不同的输出特性曲线，方法与过程同前。因此，三极管的输出特性曲线也有无数条，它们共同组成一组曲线族，如图 1-40（b）所示。

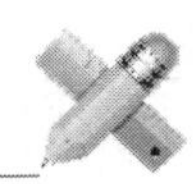

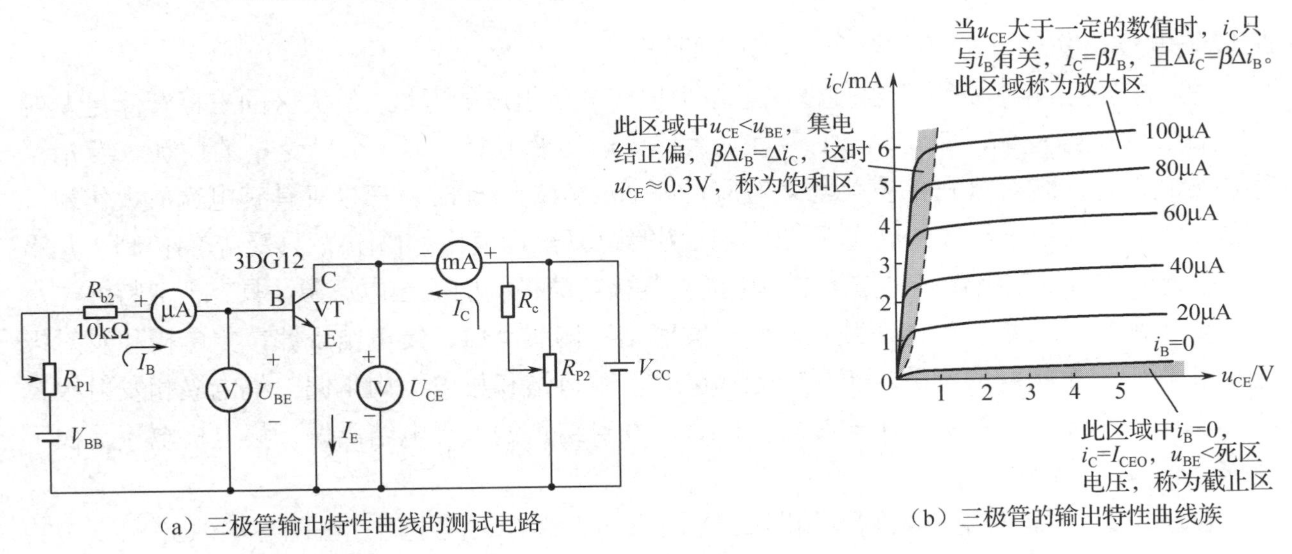

（a）三极管输出特性曲线的测试电路　　（b）三极管的输出特性曲线族

图 1-40　三极管的输出特性

（2）输出特性曲线的分析。

① 当 u_{CE} 从零开始升高时，i_C 随着 u_{CE} 的升高而迅速增大；当 $u_{CE}\approx u_{BE}$ 时，曲线增长速度减缓。这是因为当 $u_{CE}<u_{BE}$ 时，集电结处于正偏状态，收集自由电子的能力很弱，故 i_C 很小；随着 u_{CE} 的升高，集电结收集自由电子的能力迅速增强，故 i_C 迅速增大，i_C 受 u_{CE} 的影响很大。

② 当 $u_{CE}>u_{BE}$ 以后，输出特性曲线基本与 u_{CE} 轴平行，i_C 不再跟随 u_{CE} 的升高而增大，基本保持为一个恒定值。究其原因，即当 $u_{CE}>u_{BE}$ 以后，集电结处于反偏状态，三极管已进入放大状态，i_C 只受控于 i_B，因此在 i_B 保持不变的情况下，输出特性曲线基本与 u_{CE} 轴平行。

（3）输出特性曲线的 3 个工作区。

如图 1-40（b）所示，我们把输出特性曲线分成 3 个工作区，即截止区、放大区和饱和区。它们分别对应三极管的截止状态、放大状态和饱和状态。下面分析 3 个工作区各自的特点。

① 截止区：$i_B=0$ 的特性曲线以下所包含的区域。在这个区域中，集电结反偏；$u_{BE}\leqslant0$，发射结零偏或反偏，即 $v_C>v_E\geqslant v_B$；电流 i_C 很小，为集电极-发射极反向饱和电流 I_{CEO}。三极管工作在截止区时，集电极、发射极之间相当于一个断开的开关。

② 饱和区：各条特性曲线的 $u_{BE}=u_{CE}$ 的点的集合线［见图 1-40（b）中的虚线，也称临界饱和线］左侧与 i_C 线性增长段所包含的区域［见图 1-40（b）中的阴影部分］。在饱和区，$u_{CE}<u_{BE}$，发射结、集电结均处于正偏状态，即 $v_B>v_C>v_E$，集电结没有收集载流子的能力，各 i_B 值所对应的特性曲线几乎重合在一起。当 u_{CE} 升高时，i_C 随之增大；而当 i_B 变化时，i_C 却基本不变。因此，工作在饱和区的三极管失去了电流放大作用。

规定：$u_{CE}=u_{BE}$ 即 $u_{CB}=0$ 时的状态称为临界饱和状态。此时，u_{CE} 称为临界饱和电压，用 U_{CES} 表示；i_C 称为集电极临界饱和电流，用 I_{CS} 表示；i_B 称为基极临界饱和电流，用 I_{BS} 表示。两电流的关系式为 $I_{CS}=\beta I_{BS}$；当 $u_{CE}<u_{BE}$ 时为深饱和状态，此时的 $i_C<\beta I_{BS}$。我们把三极管饱和状态时的 u_{CE} 称为饱和压降，由于饱和压降与临界饱和电压的数值很接近，所以习惯上也用 U_{CES} 表示。

因此，当集电极电流 $i_C\geqslant I_{CS}$ 时，认为管子已处于饱和状态；当 $i_C<I_{CS}$ 时，说明管子处于放大状态。当管子深度饱和时，硅管的 u_{CE} 约为 0.3V，锗管约为 0.1V。由于深度饱和时 $u_{CE}\approx0$，

所以集电极和发射极之间相当于一个闭合的开关。

③ 放大区：由各条输出特性曲线近似平坦部分所组成的区域。放大区的三极管满足发射结正偏、集电结反偏，即 $v_C>v_B>v_E$。在放大区，i_C 几乎不变，其大小只受 i_B 的控制。当 i_B 有微小变化时，i_C 就有 β 倍的变化与之对应，即 $\Delta i_C=\beta\Delta i_B$。此时，三极管具有电流放大作用。在放大区，$\beta$ 约等于常数，i_C 几乎按一定比例等距离平行变化。由于 i_C 只受 i_B 的控制，几乎与 u_{CE} 无关，所以三极管可看作集电极电流受基极电流控制的受控电流源，具有恒流特性。

综上所述，三极管工作在截止区时，发射结零偏或反偏、集电结反偏，集电极和发射极之间相当于一个断开的开关；工作在饱和区时，发射结和集电结均正偏，集电极和发射极之间相当于一个闭合的开关；工作在放大区时，发射结正偏、集电结反偏，集电极电流受控于基极电流。

【例 12】 用直流电压表测量如图 1-41 所示的三极管放大电路：在图 1-41（a）中，VT_1 各电极的对地电位分别为 $V_x=+10V$、$V_y=0$、$V_z=+0.7V$；在图 1-41（b）中，VT_2 各电极的对地电位分别为 $V_x=+0$、$V_y=-0.3V$、$V_z=-5V$。试判断 VT_1 和 VT_2 各是何类型、何材料的管子？x、y、z 各是何电极？

【解析】 工作在放大区的 NPN 型三极管应满足 $V_C>V_B>V_E$，PNP 型三极管应满足 $V_C<V_B<V_E$。因此在分析时，应先找出中间电位值的电极，确定为基极；再找出与基极电位差等于二极管导通压降的电极——发射极，剩余电极即集电极；最后根据基极和发射极的电位差值（+0.3V 或+0.7V）判断管子的材料。

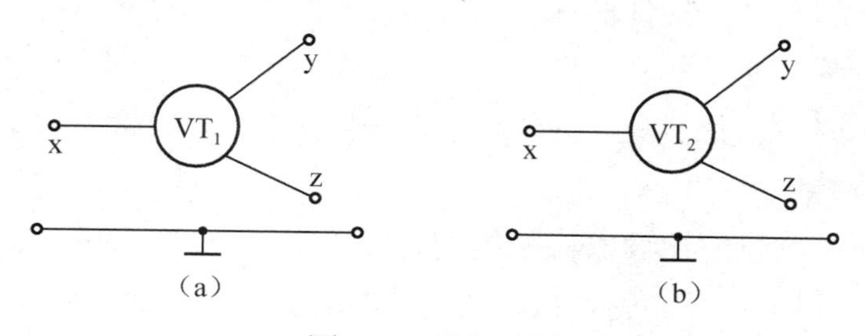

图 1-41　例 12 图

【解答】 在图 1-41（a）中，中间电位值电极 z 与 y 的电位差为 0.7V，可确定为硅管；z 为基极、y 为发射极、x 为集电极；且 $V_x>V_z>V_y$，满足 $V_C>V_B>V_E$ 的关系，判定管型为 NPN 型。

在图 1-41（b）中，中间电位值电极 y 与 x 的电位差为−0.3V，可确定为锗管；y 为基极、x 为发射极、z 为集电极；且 $V_z<V_y<V_x$，满足 $V_C<V_B<V_E$ 的关系，判定管型为 PNP 型。

【例 13】 在如图 1-42 所示的各电路中，已知三极管均为硅管，$\beta=30$。试分析各三极管的工作状态。

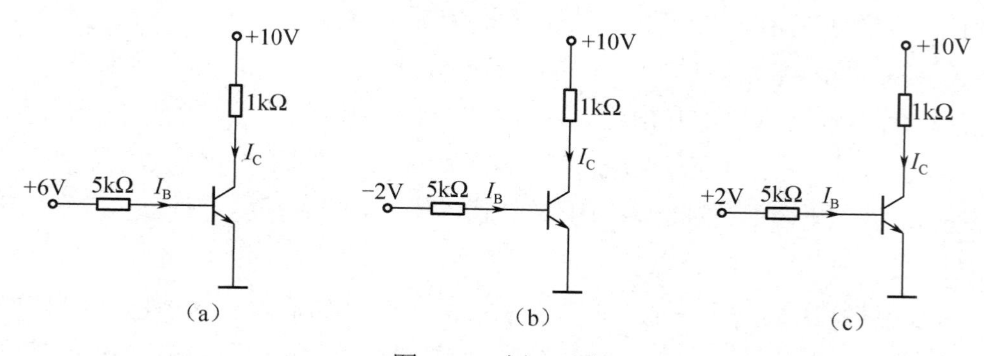

图 1-42　例 13 图

【解答】 在图 1-42（a）中，基极偏置电源+6V 高于管子的导通电压，故管子的发射结正偏，管子导通，此时有以下结果。

基极电流为$I_B=\dfrac{(6-0.7)\text{V}}{5\text{k}\Omega}=\dfrac{5.3\text{V}}{5\text{k}\Omega}=1.06\text{mA}$。

集电极电流为$I_C=\beta I_B=30\times1.06\text{mA}=31.8\text{mA}$。

集电极临界饱和电流为$I_{CS}=\dfrac{(10-U_{CES})\text{V}}{1\text{k}\Omega}=\dfrac{9.3\text{V}}{1\text{k}\Omega}=9.3\text{mA}$。

因为$I_C>I_{CS}$，所以管子工作在饱和区。

在图 1-42（b）中，基极偏置电源-2V 低于管子的导通电压，因为管子的发射结和集电结均反偏，所以管子工作在截止区。

在图 1-42（c）中，基极偏置电源+2V 高于管子的导通电压，故管子的发射结正偏，管子导通，此时有以下结果。

基极电流为$I_B=\dfrac{(2-0.7)\text{V}}{5\text{k}\Omega}=\dfrac{1.3\text{V}}{5\text{k}\Omega}=0.26\text{mA}$。

集电极电流为$I_C=\beta I_B=30\times0.26\text{mA}=7.8\text{mA}$。

集电极临界饱和电流为$I_{CS}=\dfrac{(10-U_{CES})\text{V}}{1\text{k}\Omega}=\dfrac{9.3\text{V}}{1\text{k}\Omega}=9.3\text{mA}$。

因为$I_C<I_{CS}$，所以管子工作在放大区。

1.5.3 三极管的主要参数

三极管的参数是衡量三极管性能的重要标志，是评价三极管的优劣和选用三极管的依据，也是计算和调整三极管放大电路时必不可少的根据。三极管的主要参数分为放大特性参数、直流特性参数、极限参数和频率特性参数 4 类。除此之外，温度对三极管的参数也有很大的影响。

1. 三极管的放大特性参数

（1）共射直流电流放大系数$\overline{\beta}$。

$\overline{\beta}$表示在一定的集电极-发射极电压下，集电极电流和基极电流之比，即

$$\overline{\beta}=\frac{I_C}{I_B}\bigg|_{U_{CE}=\text{常数}}$$

这个参数表明了三极管对直流电流的放大能力。在三极管手册中，常用H_{FE}表示$\overline{\beta}$。

（2）共射交流电流放大系数β。

β表示在一定的集电极-发射极电压下，集电极电流的变化量和基极电流的变化量之比，即$\beta=\dfrac{\Delta I_C}{\Delta I_B}\bigg|_{U_{CE}=\text{常数}}$或$\beta=\dfrac{\Delta i_C}{\Delta i_B}\bigg|_{u_{CE}=\text{常数}}$，两式的物理意义不同，但结果相同。

这个参数表明了三极管对交流电流的放大能力。在三极管手册中，常用h_{fe}表示β。

上述两个共射电流放大系数$\overline{\beta}$和β的含义虽不同，但当三极管工作于输出特性曲线的放大区的平坦部分时，两者差异极小，故在今后的估算中，常做$\overline{\beta}=\beta$处理。由于制造工艺上的分散性，同一类型三极管的β值差异很大。常用的小功率三极管的β值一般为 20～200。β过小，管子的电

流放大作用小；β 过大，管子的工作稳定性差。一般选用 β 为40～100的管子较为合适。

（3）共基直流电流放大系数 $\overline{\alpha}$。

$\overline{\alpha}$ 表示在一定的集电极-基极电压下，集电极电流和发射极电流之比，即

$$\overline{\alpha}=\frac{I_C}{I_E}\bigg|_{U_{CB}=\text{常数}}$$

这个参数表明了三极管在共基极接法时的直流电流放大能力。由于 $I_C<I_E$，所以 $\overline{\alpha}<1$，即在共基极接法时，三极管没有直流电流放大能力。

与之对应的还有共基交流电流放大系数 α，其定义方法与 β 相同，此处不再详述。

2．三极管的直流特性参数

直流特性参数是用于衡量三极管温度特性的重要参数。

（1）集电极-基极反向饱和电流 I_{CBO}。

I_{CBO} 是指发射极开路、集电极与基极之间加反向电压时产生的电流，也是集电结的反向饱和电流。可以用如图1-43所示的电路测量 I_{CBO}。手册上给出的 I_{CBO} 都是在规定的反向电压之下测出的，当反向电压改变时，I_{CBO} 的数值可能稍有改变。另外，I_{CBO} 是少数载流子电流，随着温度的升高而按指数规律上升，影响三极管工作的稳定性。作为三极管的性能指标，I_{CBO} 越小越好。一般情况下，硅管的 I_{CBO} 比锗管小得多；大功率管的 I_{CBO} 较大，使用时应予以注意。

（2）集电极-发射极反向饱和电流 I_{CEO}。

I_{CEO} 是指基极开路、集电极与发射极之间加电压时的集电极电流。由于这个电流由集电极穿过基区流到发射极，故称为穿透电流。I_{CEO} 的测量电路如图1-44所示。根据三极管的电流分配关系，$I_{CEO}=(1+\beta)I_{CBO}$，故 I_{CEO} 也要受温度的影响而改变，且 β 大的三极管的温度稳定性较差。

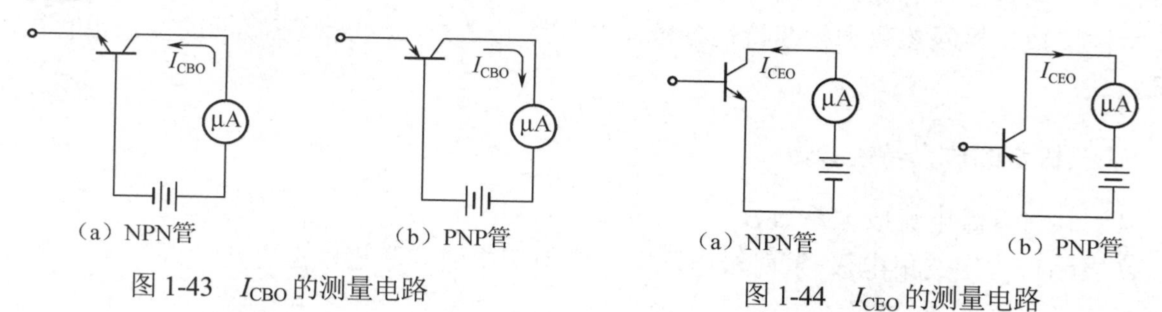

（a）NPN管　（b）PNP管

图1-43　I_{CBO} 的测量电路

（a）NPN管　（b）PNP管

图1-44　I_{CEO} 的测量电路

3．三极管的极限参数

极限参数是三极管为了安全而在使用过程中不得超过的限度参数。

（1）集电极最大允许电流 I_{CM}。

I_{CM} 表示 β 值减小到正常值的2/3时的集电极电流。通常 i_C 不应超过 I_{CM}，如果超过了 I_{CM}，那么三极管的 β 就要显著减小到(表现为输出特性曲线间的间距变小)，甚至可能损坏三极管。

（2）反向击穿电压。

① 集电极-发射极反向击穿电压 $U_{(BR)CEO}$。

$U_{(BR)CEO}$ 是指基极开路时集电极和发射极之间所能承受的最高反向工作电压。$U_{(BR)CEO}$ 在几十伏至几百伏之间，使用时如果超出这个电压，则将导致集电极电流 i_C 急剧增大，这种现象称为击穿，从而造成管子永久性损坏。选择时必须符合电源 $V_{CC}<U_{(BR)CEO}$ 的条件。

② 集电极-基极反向击穿电压 $U_{(BR)CBO}$。

$U_{(BR)CBO}$ 是指发射极开路时集电结所能承受的最高反向工作电压。$U_{(BR)CBO}$ 通常比 $U_{(BR)CEO}$ 要高些，在几十 V 至几百 V 之间。

③ 发射极-基极反向击穿电压 $U_{(BR)EBO}$。

$U_{(BR)EBO}$ 是指集电极开路时发射结所能承受的最高反向工作电压。小功率管的 $U_{(BR)EBO}$ 通常只有几 V。

综上所述，三极管的 3 个反向击穿电压满足关系式 $U_{(BR)CBO}>U_{(BR)CEO}>U_{(BR)EBO}$。

（3）集电极最大允许耗散功率 P_{CM}。

集电结允许的最大功率损耗值称为集电极最大允许耗散功率 P_{CM}。

三极管的电流 i_C 与电压 u_{CE} 的乘积称为集电极耗散功率 P_C，这个功率导致集电结发热，温度升高。而三极管的结温是有一定限度的，一般硅管的结温为 100～150℃，锗管的结温为 70～100℃，超过这个限度，管子的性能就要变坏，甚至烧毁。因此，根据管子的允许结温定出了集电极最大允许耗散功率 P_{CM}，工作时管子的消耗功率必须小于 P_{CM}。

P_{CM}、$U_{(BR)CEO}$ 和 I_{CM} 这 3 个极限参数决定了三极管的安全工作区。图 1-45 是根据 3DG4 管的 3 个极限参数（P_{CM}=300mW，I_{CM}=30mA，$U_{(BR)CEO}$=30V）在输出特性的坐标系上画出的 $P_{CM}=i_Cu_{CE}$ 的曲线，称为集电极最大允许功率损耗线（也称允许管耗线）。由图 1-45 可知，曲线的左下方均满足 $P_C<P_{CM}$，为安全工作区；右上方均满足 $P_C>P_{CM}$，为过损耗区。

4．三极管的频率特性参数

由于发射结和集电结的电容效应，三极管在高频工作时的放大性能变差。频率特性参数是用来衡量三极管在高频放大时性能优劣的主要参数。

（1）共发射极截止频率 f_β。

三极管的 β 值是随信号频率的升高而减小的。β 与 f 的特性曲线如图 1-46 所示。低频时，β 基本保持为常数，用 β_0 表示低频时的 β 值；当频率升高到一定的值后，β 开始减小，把 β 减小到 β_0 的 0.707 倍时的频率称为共发射极截止频率 f_β。应当说明的是，对于频率为 f_β 或高于 f_β 的信号，三极管仍然有电流放大作用。

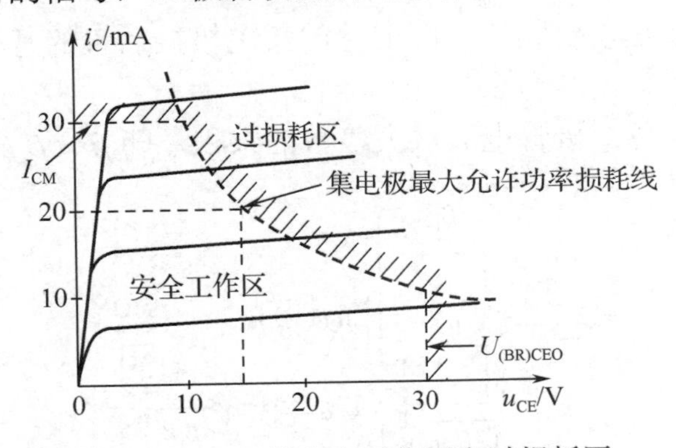

图 1-45　3DG4 的安全工作区和过损耗区

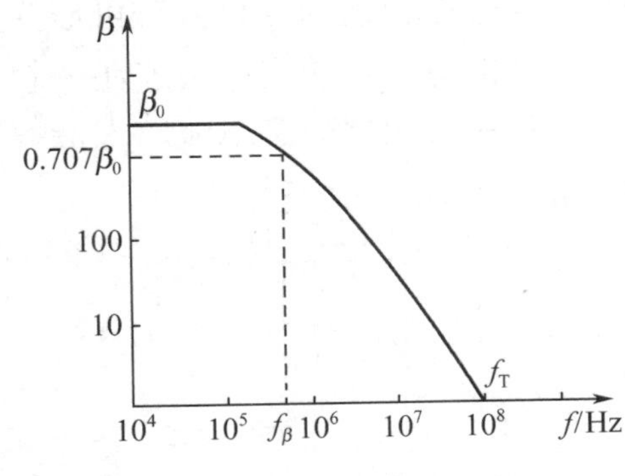

图 1-46　β 与 f 的特性曲线

（2）特征频率 f_T。

三极管的 β=1 时对应的频率称为特征频率 f_T。

在高于 f_β 的频率范围内，β 与 f 的乘积是不变的，近似满足 $f_T=\beta f$。因此，知道了 f_T 就可以近似确定一个 f（当 $f>f_\beta$ 时）对应的 β 值。通常高频三极管都用 f_T 表征其高频放大特性。

5．温度对三极管参数的影响

几乎所有三极管的参数都与温度有关，因此温度因素不容忽视。温度对下列 4 个参数的影响最大。

（1）温度对 I_{CBO} 的影响：I_{CBO} 是由少数载流子形成的，与 PN 结的反向饱和电流一样，受温度的影响很大。无论硅管或锗管，作为工程上的估算，一般都按温度每升高 10℃，I_{CBO} 增大为原来的 2 倍来考虑。

（2）温度对 β 的影响：当温度升高时，β 随之增大。实验表明，不同类型的三极管的 β 随温度的增长情况是不同的。一般认为以 25℃时测得的 β 值为基数，温度每升高 1℃，β 增大 0.5%～1%。

（3）温度对 i_C 的影响：因为 $i_C=\beta i_B+(1+\beta)I_{CBO}$，而 $I_{CEO}=(1+\beta)I_{CBO}$，所以温度升高也会使集电极电流 i_C 增大。换言之，集电极电流 i_C 随温度的变化而变化。

（4）温度对发射结电压 u_{BE} 的影响：与二极管的正向特性一样，温度每升高 1℃，$|u_{BE}|$ 降低 2～2.5mV，具有负温度系数特性。

1.5.4　特种三极管及其应用

1．复合三极管

所谓复合三极管，就是指 2 个（或 3 个）通过达林顿接法的方式连接起来的作为单管使用的三极管。采用复合三极管的意义有两个：其一，复合后可极大地增大三极管的 β 值（适用于单管 β 值过小的场合）；其二，在功率放大电路中，便于 NPN 型和 PNP 型大功率三极管的配对（适用于需要改变大功率管的导电极性的场合）。

三极管的复合方法如图 1-47 所示。复合三极管的特征说明如下。

（1）复合三极管的管型与前管保持一致。

（2）同型管的正确复合接法可概括为射接基、集相连，即前管的发射极接后管的基极，两管的集电极连在一起。

（3）异型管的正确复合接法可概括为集接基、射集连，即前管的集电极接后管的基极，前管的发射极与后管的集电极连在一起。

（4）复合三极管的总电流放大倍数约等于各三极管电流放大倍数的乘积，即 $\beta\approx\beta_1\beta_2$。

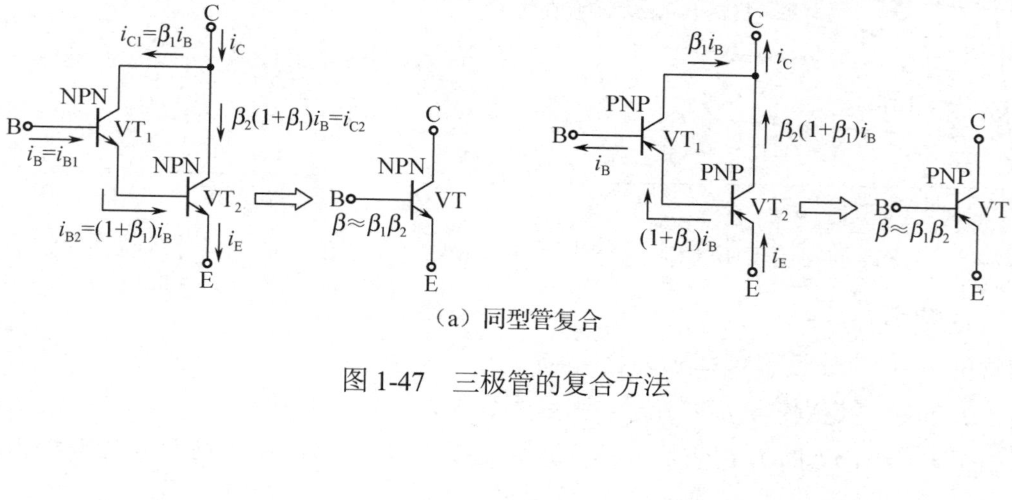

（a）同型管复合

图 1-47　三极管的复合方法

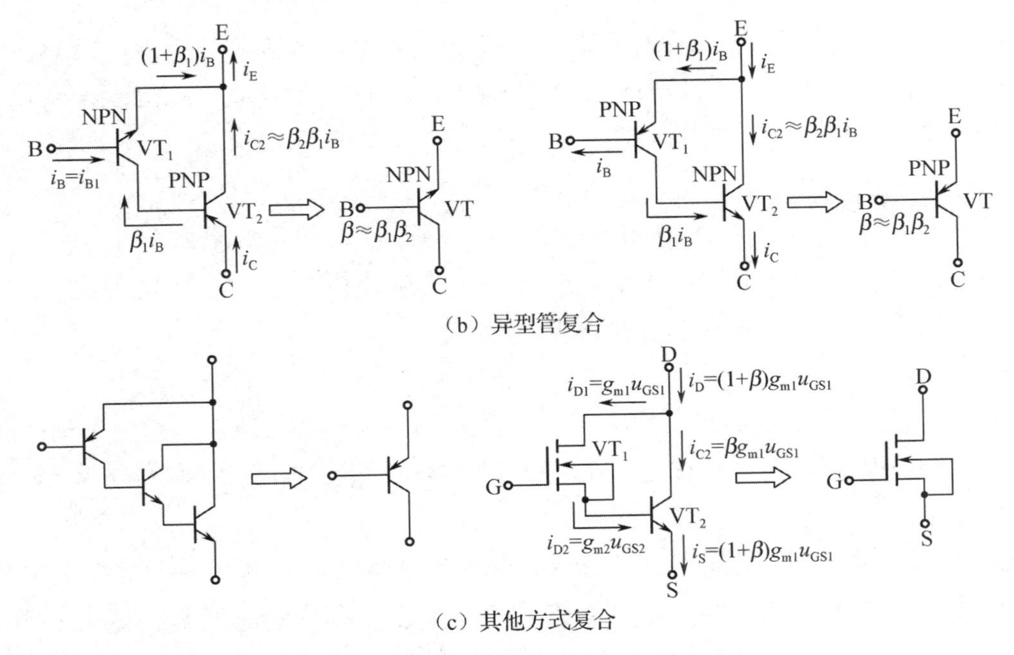

（b）异型管复合

（c）其他方式复合

图 1-47　三极管的复合方法（续）

2．光电三极管

光电三极管也称光敏三极管，它除具备光电二极管的光电转换特性之外，还能对转换后的电信号进行电流放大。光电三极管一般仅引出集电极和发射极，其外形与发光二极管一样，其实物图、符号和等效电路如图 1-48 所示。

图 1-49 所示为光电三极管的光电转换应用电路。其中电阻 R 的作用是将电流转换为电压，电路的工作原理可简述为：光照↑→i↑→iR↑→u_O↑。由于输出 u_O 正比于光照强度，所以实现了光电转换。

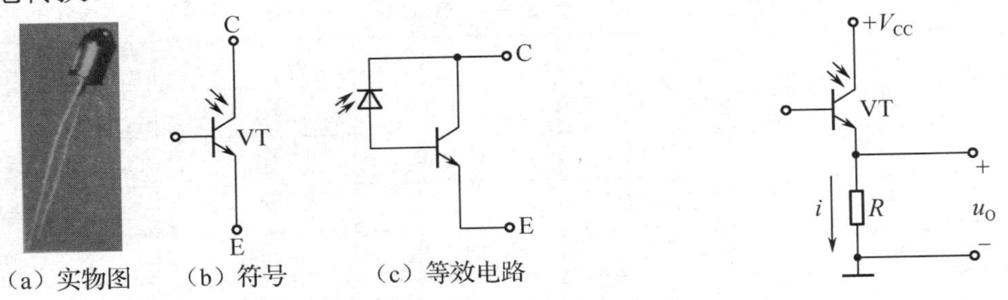

（a）实物图　（b）符号　（c）等效电路

图 1-48　光电三极管

图 1-49　光电二极管的光电转换应用电路

3．光电耦合三极管

光电耦合器件是一种将发光管与光电管封装在一个固定光路内的光电器件。通过固定的光路将发光管发出的光信号传送给光电二极管或光电三极管，实现光电转换后传送给负载。光电耦合器件的类型有光电耦合二极管和光电耦合三极管，其电路结构如图 1-50 所示。

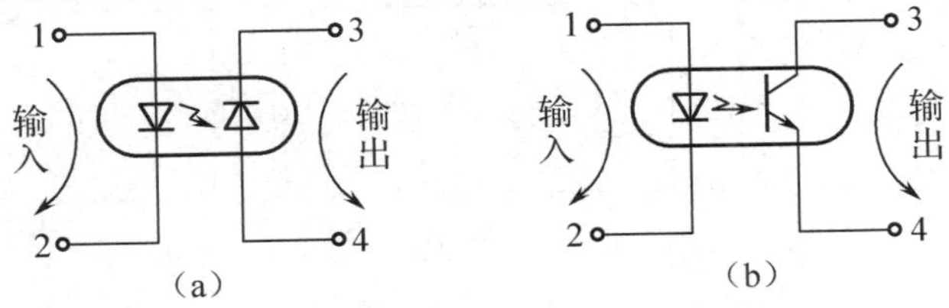

（a）　（b）

图 1-50　光电耦合器件的电路结构

光电耦合器件的输入回路与输出回路之间只有光的单向传输，并无电的联系，具有抗干扰能力强、电气隔离性能好、信号单向传输的特点。因此在要求电气隔离和信号单向传输的场合，光电耦合器件得到了广泛的应用。

4．片状三极管简介

片状三极管是一种外形扁、体积小、贴焊安装于电路板铜箔上的新型器件，广泛应用于彩色电视、计算机和移动通信等电子设备中。

（1）片状三极管的封装。

额定功率为 100～200mW 的小功率三极管多为 SOT-23 形式封装，如图 1-51（a）所示；额定功率为 1～1.5W 的大功率三极管多为 SOT-89 形式封装，如图 1-51（b）所示。

（2）带阻片状三极管。

在三极管的管芯内已经配置了一只或两只偏置电阻的片状三极管称为带阻片状三极管，如图 1-52 所示。这种内部配置偏置电阻的方式可减少设计和安装时所需元器件的数量，可进一步促进电子产品的小型化。带不同阻值的带阻片状三极管已发展成熟，成为完整的系列，方便我们灵活选择。部分带阻片状三极管的型号、管型和内偏置电阻参数如表 1-2 所示。

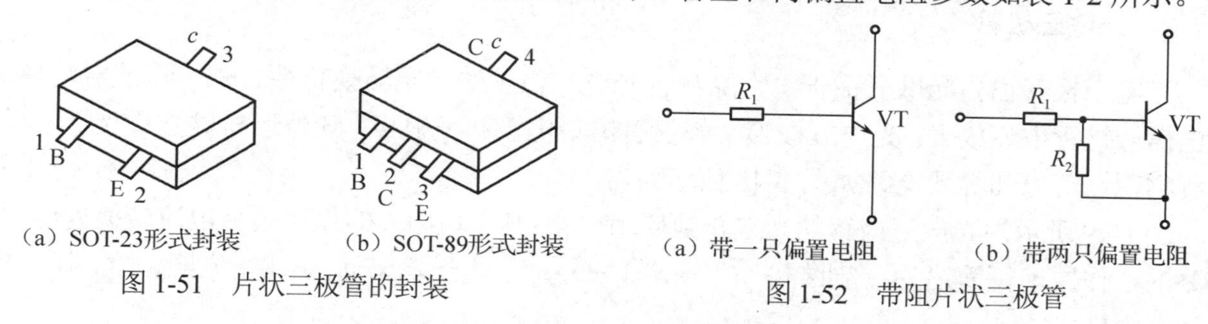

（a）SOT-23形式封装　（b）SOT-89形式封装

图 1-51　片状三极管的封装

（a）带一只偏置电阻　（b）带两只偏置电阻

图 1-52　带阻片状三极管

表 1-2　部分带阻片状三极管的型号、管型和内偏置电阻参数

型　号	极　性	R_1/R_2	型　号	极　性	R_1/R_2
DTC114E	NPN	10kΩ/10kΩ	DTC143X	NPN	4.7kΩ/10kΩ
DTC124E	NPN	22kΩ/22kΩ	DTC363E	NPN	6.8kΩ/6.8kΩ
DTC114	NPN	47kΩ/47kΩ	DTA114Y	PNP	10kΩ/47kΩ
DTC114WK	NPN	47kΩ/22kΩ	DTA114E	PNP	100kΩ/100kΩ
DTC114T	NPN	R_1=10kΩ	DTA123Y	PNP	2.2kΩ/2.2kΩ
DTC124T	NPN	R_1=22kΩ	DTA143X	PNP	4.7kΩ/22kΩ

（3）复合双三极管。

复合双三极管是一种在一个封装内包含两只三极管（带或不带偏置电阻）的新型器件，常见封装形式有 SOT-36、SOT-25、UM-6 等，如图 1-53 所示。

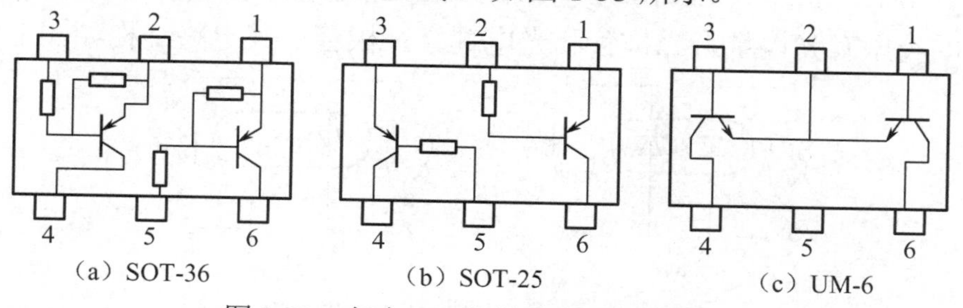

（a）SOT-36　（b）SOT-25　（c）UM-6

图 1-53　复合双三极管的常见封装形式

1.5.5　三极管的判别与质量估测

1．三极管管型和电极的判别

用万用表判别三极管的管型和电极的步骤为：①找基极，定管型；②判别集电极和发射极。

（1）基极和管型的判别。

图 1-54 是三极管的结构示意图，对于 PNP 或 NPN 管型，在测量其极间电阻时，均可看成是两个反向串联的 PN 结。显然，PNP 管型的基极是两个 PN 结的公共阴极，NPN 管型的基极是两个 PN 结的公共阳极。

判别过程：万用表挡位选择 $R\times1\text{k}\Omega$或 $R\times100\Omega$挡，用红表笔和任一引脚相接（假设它是基极 B），用黑表笔分别和另外两个引脚相接，如果两次测得的阻值都很小，则红表笔所连接的就是基极，而且是 PNP 型的管子（假如交换表笔，则两次测得的阻值都很大）。同理，如果按上述方法测得的阻值均较大，则红表笔所连接的是 NPN 管的基极；若两次测得的阻值一大一小，则假设是错误的，需要重新假设并进行测试。

如果按上述方法找不到基极，则说明三极管已损坏（PN 结短路或开路），后续的集电极和发射极的判别已无意义。

（2）集电极和发射极的判别。

判别原理：NPN 管的偏置条件为 $V_C>V_B>V_E$，PNP 管的偏置条件为 $V_C<V_B<V_E$。找到基极判定管型后，利用万用表欧姆挡的内置电池充当电源，利用欧姆挡的内阻和人体电阻充当三极管的偏置电阻，根据管型对三极管进行两次对比测量，通过是否符合偏置条件来判别三极管的集电极和发射极。图 1-55 是人体电阻正确接入方式的示意图，即把假设的集电极和基极紧紧捏住，但两引脚不能相碰。

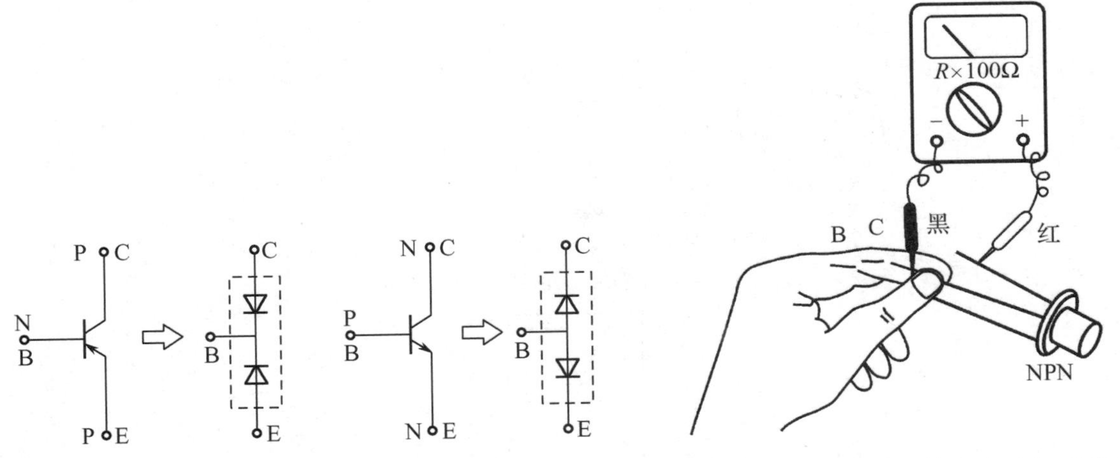

图 1-54　三极管的结构示意图　　图 1-55　人体电阻正确接入方式的示意图

NPN 管集电极和发射极的判别过程如下。

如图 1-56 所示，在两次测量中，一次满足三极管的偏置条件，因此电流大，指针偏转角度大［见图 1-56（a）］；另一次不满足三极管的偏置条件，因此电流小，指针偏转角度小［见图 1-56（b）］。在两次测量中，对于指针偏转角度大的那一次，黑表笔所接为集电极。

PNP 管集电极和发射极的判别过程如下。

如图 1-57（a）、（b）所示，在两次测量中，指针偏转角度大的那一次满足三极管的偏置条件，红表笔所接为集电极。

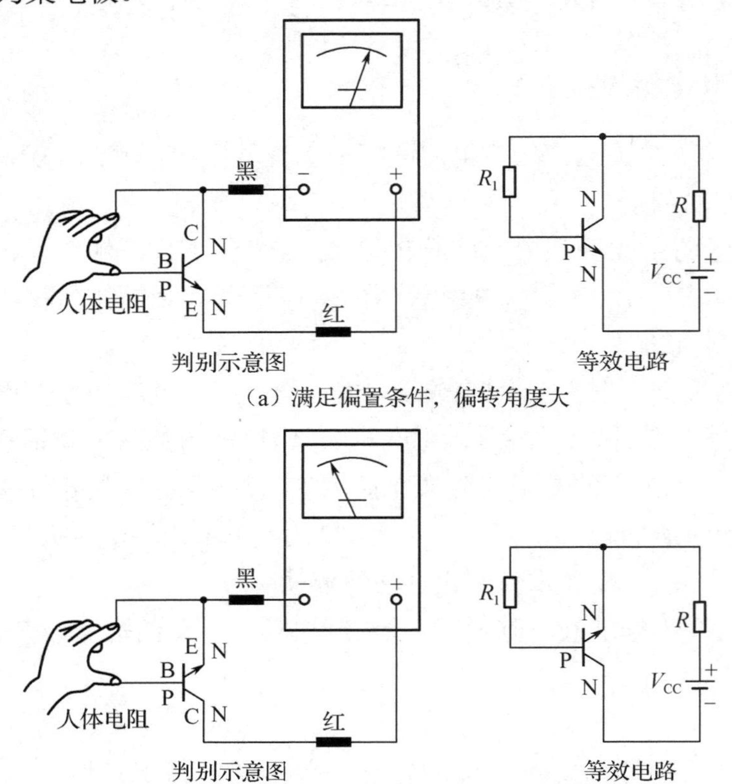

图 1-56　NPN 管集电极和发射极的判别原理

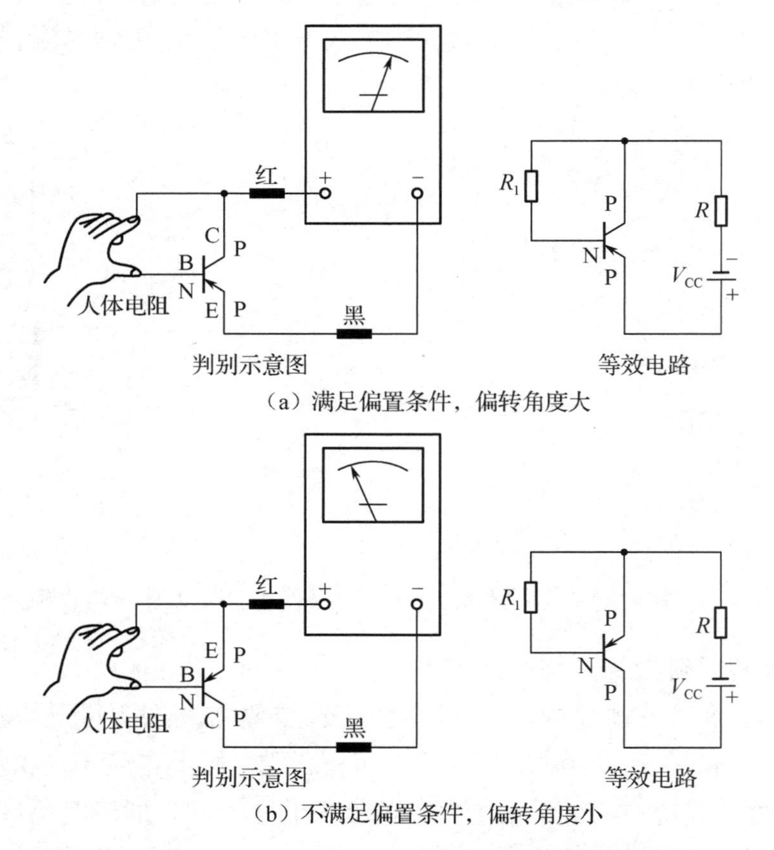

图 1-57　PNP 管集电极和发射极的判别原理

2. 硅管和锗管的判别

判别硅管和锗管的测试电路如图 1-58 所示。

当万用表显示电压值为 0.6～0.7V 时，说明是硅管；当显示电压值为 0.2～0.3V，是锗管。

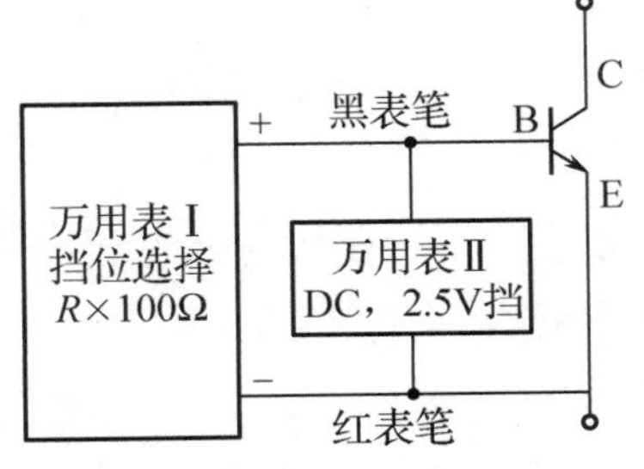

图 1-58　判别硅管和锗管的测试电路

3. 三极管好坏的判别

万用表挡位选择 R×1kΩ或 R×100Ω挡，分别测量三极管集电结与发射结的正向电阻和反向电阻，只要有一个 PN 结的正、反向电阻异常，就可判别三极管已损坏。

4. 三极管β大小的好坏判别

将三极管插入万用表面板上用于判断三极管的 C 引脚和 E 引脚的测试电路插孔中，可大致读出三极管β值的大小。万用表显示的阻值越小，该管的β值越大。

5. 三极管 I_{CEO} 的大小估计

用万用表检查三极管的穿透电流 I_{CEO} 是通过测试集电极与发射极之间的阻值来估计的，阻值一般在几百千欧以上，其值越大，表示 I_{CEO} 越小。

知识小结

（1）半导体三极管也称双极型晶体三极管，简称三极管。基极电流的微小变化可以控制集电极电流的较大变化，这就是三极管的电流放大原理，因此，三极管是电流控制器件。

（2）三极管具备电流放大作用应满足的条件如下。

内部条件：①发射区掺杂浓度远高于基区掺杂浓度；②基区很薄，掺杂浓度很低；③集电结的面积比发射结的面积大。

外部条件：发射结正偏，集电结反偏。

（3）三极管放大器有共发射极、共基极和共集电极 3 种接法（或称 3 种组态）。

（4）三极管的输入特性曲线是指当 u_{CE} 为一定值时，加在三极管基极与发射极之间的电压 u_{BE} 和它产生的基极电流 i_B 之间的关系曲线；输出特性曲线是指当 i_B 为一定值时，输出回路中集电极和发射极之间的电压 u_{CE} 与集电极电流 i_C 之间的关系曲线。

（5）三极管工作在截止区时，发射结零偏或反偏、集电结反偏，集电极和发射极之间相当于一个断开的开关；工作在饱和区时，发射结和集电结均正偏，集电极和发射极之间相当于一个闭合的开关；工作在放大区时，发射结正偏、集电结反偏，集电极电流受控于基极电流。

（6）三极管的主要参数分为放大特性参数、直流特性参数、极限参数和频率特性参数 4 类。另外，温度对三极管的参数也有很大的影响。

（7）常见的特种三极管有复合三极管、光电三极管、光电耦合三极管、片状三极管等。

（8）用万用表判别三极管的管型和电极的步骤为：①找基极，定管型；②判别集电极和发射极。

1.6 场效应管

场效应管是场效应晶体管（缩写为 FET）的简称，是一种利用电场效应来控制固体材料导电能力的有源元器件。场效应管是一种电压控制器件，它通过控制栅源电压的高低来改变漏极电流的大小，从而实现信号放大。它与普通半导体三极管的主要区别是：三极管是电流控制器件，工作时内部的两种极性载流子（自由电子和空穴）均参与导电，故称为双极型晶体管；而场效应管则是电压控制器件，工作时内部参与导电的只有多数载流子（自由电子或空穴），因此又称为单极型器件。场效应管的外形及封装如图 1-59 所示。

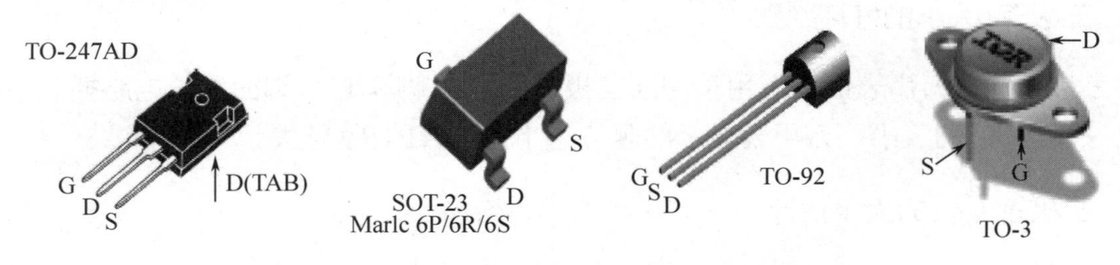

图 1-59 场效应管的外形及封装

场效应管最大的优点是输入端的电流几乎为零，具有极大的输入电阻（10^7～$10^{15}\Omega$），能满足大内阻的微弱信号源对放大器输入阻抗的要求，因此是理想的前置输入级器件。同时，它具有噪声低、功耗低、热稳定性好、易于大规模集成等优点，被广泛应用于各种放大电路、数字电路中。

场效应管按结构的不同可分为结型和绝缘栅型；从工作性能上可分为耗尽型和增强型；根据所用基片（衬底）材料的不同，又可分为 P 沟道和 N 沟道两种导电沟道。因此，有结型 P 沟道/N 沟道、绝缘栅耗尽型 P 沟道/N 沟道及增强型 P 沟道/N 沟道 6 种类型的场效应管。

1.6.1 结型场效应管

结型场效应管（JFET）是利用半导体内的电场效应工作的，也称为体内场效应器件。它分为 N 沟道和 P 沟道两种类型，具有 3 个电极，在功能上与三极管的基极、发射极和集电极相类似，但场效应管的漏极和源极可以互换，这是三极管所不具备的。

1．结型场效应管的结构与电路符号

两种结型场效应管的结构与电路符号分别如图 1-60（a）、（b）所示。

在一个 N 型半导体棒的两端加上电压，由于半导体材料的导电作用，在半导体棒中会通过一定的电流。为了控制这个电流，在 N 型半导体棒的两端及其两侧的 P 型区都引出电极，就构成 N 沟道结型场效应管，如图 1-60（a）所示。其中，在 N 型半导体棒两端引出的两个电极分别称为源极（S）和漏极（D），将在两个 P 型区引出的两个电极连在一起，作为一个电极，称为栅极（G）。由于在 N 型半导体棒的两侧制作了 P 型区，因此存在两个分开的 PN 结，利用结内电场工作，故取名为结型场效应管。P 沟道结型场效应管的构成与 N 沟道结型

场效应管的构成类似，只是所用杂质半导体的类型要反过来，即在 P 型半导体棒两侧制作两个 N 型区，从而得到 P 沟道结型场效应管，如图 1-60（b）所示。另外，这两种结型场效应管的电路符号中的箭头方向表示栅极与沟道间 PN 结的正偏方向。例如，箭头指向沟道表明栅极为 P 型、沟道为 N 型，是 N 沟道结型场效应管。结型场效应管的沟道上、下对称，因此漏、源两极可互换使用。

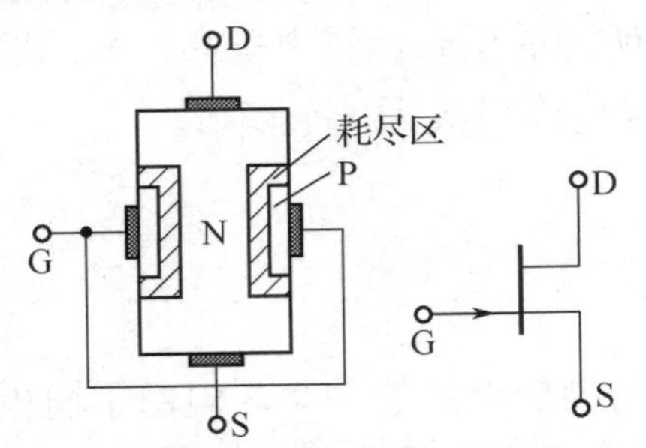

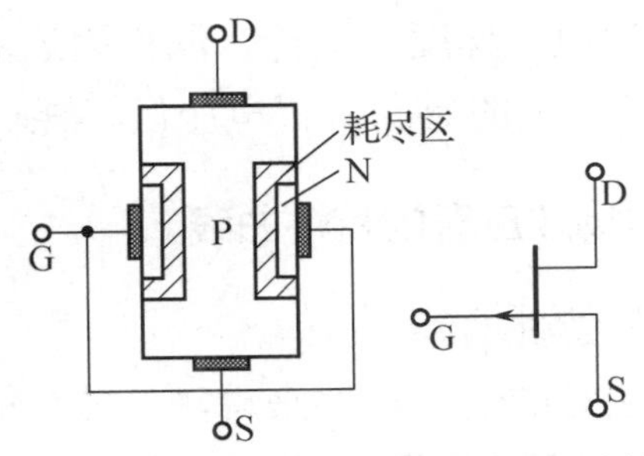

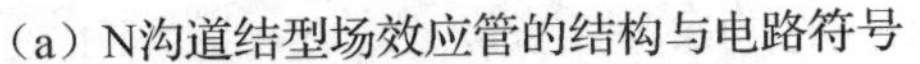

（a）N沟道结型场效应管的结构与电路符号　　（b）P沟道结型场效应管的结构与电路符号

图 1-60　结型场效应管的结构与电路符号

2. 结型场效应管的工作原理

图 1-61 所示为结型场效应管外加电压时的工作情况。当源极和漏极间加上电压 u_{DS} 时，由于半导体材料的导电作用，漏极与源极之间通过一定的电流，称为漏极电流 i_D。在栅极与源极间加上电压 u_{GS}，其极性使两个 PN 结处于反向工作状态，因此，PN 结具有非常小的反向电流，结型场效应管有几百兆欧以上的输入电阻。电压 u_{GS} 能起到控制电流 i_D 的作用，其原理分析如下。

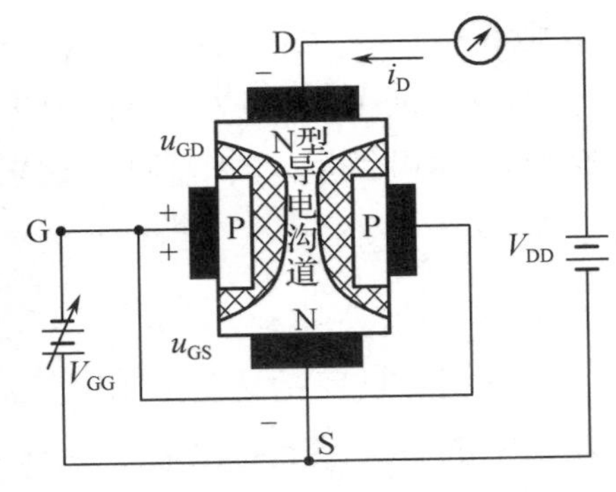

图 1-61　结型场效应管外加电压时的工作情况

在场效应管两侧的 PN 结中有两个耗尽区，若在栅极和源极之间加反向电压（栅源反向电压），则由于结内电场增强而使耗尽区加宽，因此，漏极电流只能从耗尽区之间很窄的一条通道流过，这个通道称为导电沟道。若栅源反向电压升高，即 PN 结的反向偏置电压 u_{GS} 升高，内电场增强，则耗尽区加宽（由于$|u_{GD}|>|u_{GS}|$，所以耗尽区靠近漏极的一端更宽），致使导电沟道变窄，这就影响了漏极和源极之间的电阻，即沟道电阻增大，从而使漏极电流变小。若 PN 结的反向偏置电压 u_{GS} 继续升高，两耗尽区继续加宽，则 i_D 继续减小。当 $u_{GS} \leqslant U_{GS(off)}$ 时，两边的耗尽区完全会合，这时沟道为全夹断情形，简称夹断，此时 $i_D=0$。产生夹断时的栅源反向电压 u_{GS} 称为夹断电压，用 $U_{GS(off)}$ 表示。

反之，若栅源反向电压降低，内电场削弱，耗尽区也变窄，沟道将变宽，则沟道电阻减小，从而使漏极电流增大。因此，电压 u_{GS} 起着控制漏极电流 i_D 的作用。在工作中，始终保持 PN 结是反向偏置状态，改变栅源反向电压所产生的电场，使耗尽区的宽度发生变化，影响沟道电阻，从而达到控制漏极电流的目的，即通过 PN 结反向栅源电压 u_{GS} 对耗尽区宽度的控制作用来改变导电沟道的宽度，从而控制漏极电流 i_D 的大小。

综上所述，结型场效应管的基本工作原理可概括如下。

（1）当栅源电压 $u_{GS}=0$ 时，两个 PN 结的耗尽区比较窄，中间的 N 型导电沟道比较宽，沟道电阻小。

（2）当 $u_{GS}<0$ 时，两个 PN 结反向偏置，PN 结的耗尽区变宽，中间的 N 型导电沟道相应变窄，沟道导通电阻增大。

（3）当 $U_{GS(off)}<u_{GS}\leqslant 0$ 且 $u_{DS}>0$ 时，可产生漏极电流 i_D。i_D 的大小将随栅源反向电压 u_{GS} 的变化而变化，从而实现栅源反向电压对漏极电流的控制作用。

u_{DS} 的存在使得漏极附近的电位高、源极附近的电位低，即沿 N 型导电沟道从漏极到源极形成一定的电位梯度。这样，漏极附近的 PN 结所加的反向偏置电压高，耗尽区宽；源极附近的 PN 结所加的反向偏置电压低，耗尽区窄，导电沟道成为一个楔形。

3．结型场效应管的特性曲线

（1）转移特性曲线。

从场效应管的输入特性来看，应该是栅源电压与栅极电流的关系，但由于栅极电流基本为零，讨论它的输入特性是没有意义的。故分析在一定的漏源电压 u_{DS} 下，栅源电压 u_{GS} 对漏极电流 i_D 的控制作用，称为转移特性，也叫漏栅特性，即

$$i_D = f(u_{GS})\big|_{u_{DS}=\text{常数}}$$

3DJ 系列结型场效应管的转移特性如图 1-62（a）所示。其中 $u_{GS}=0$ 时的漏极电流称为漏极饱和电流，记作 I_{DSS}。I_{DSS} 下标中的第二个 S 表示栅源间短路的意思。

当将结型场效应管用在放大器中，并工作在 $U_{GS(off)}<u_{GS}\leqslant 0$ 范围内时，图 1-62（a）中的转移特性可以用一个近似公式来表示：

$$i_D \approx I_{DSS}\left(1-\frac{u_{GS}}{U_{GS(off)}}\right)^2$$

这样，只要给定 I_{DSS} 和 $U_{GS(off)}$，就可以把转移特性中的其他点估算出来。例如，设图 1-62（a）中的 $I_{DSS}=5\text{mA}$，$U_{GS(off)}=-3.4\text{V}$，现要求 $u_{GS}=-2\text{V}$ 时的 i_D，可把 3 个数据代入上式，通过估算得到 $i_D \approx 5\times\left(1-\dfrac{2}{3.4}\right)^2 \text{mA} \approx 0.85\text{mA}$。

（2）输出特性曲线。

输出特性也称漏极特性，是在一定的栅源电压 u_{GS} 下，u_{DS} 与 i_D 的关系曲线，即

$$i_D = f(u_{DS})\big|_{u_{GS}=\text{常数}}$$

i_D 随 u_{DS} 的变化规律如图 1-62（b）所示。它与半导体三极管的输出特性是很相似的，所不同的是场效应管以栅源之间的偏压为参变量，而半导体三极管则以基极电流 i_B 为参变量。在输出特性曲线中，场效应管的工作区可分为 4 个。

① 可变电阻区。当 $U_{GS(off)}<u_{GS}\leqslant 0$，$u_{DS}\leqslant u_{GS}-U_{GS(off)}$ 时，N 沟道结型场效应管工作在可变电阻区。这个区域的特点是对于每个固定的 u_{GS}，i_D 随 u_{DS} 线性增长，其比例系数是沟道电阻 R_{DS}。对于不同的栅源电压 u_{GS}，沟道电阻 R_{DS} 也不同，故称它为可变电阻区。u_{GS} 越高（负电压越低），导电沟道的截面积越大，沟道电阻越小，i_D 随 u_{DS} 变化的斜率越大，形成图 1-62（b）中可变电阻区中的一组曲线。当管子工作于此区域时，由于 u_{DS} 很低，所以漏极和源极之间相当于闭合的开关，对应三极管的饱和区。

② 恒流区。当 $U_{GS(off)}<u_{GS}\leqslant 0$，$u_{DS}>u_{GS}-U_{GS(off)}$ 时，N 沟道结型场效应管工作在恒流区。在这个区域里，i_D 随 u_{GS} 的升高而增大，但几乎不随 u_{DS} 变化，是一组近乎平行 u_{DS} 轴的曲线。

这个区域也称为线性放大区或饱和区。由于 i_D 只受 u_{GS} 控制，而与 u_{DS} 近似无关，所以表现出类似于三极管的正向受控作用，对应三极管的放大区。场效应管作为放大器件就工作在这个区域。

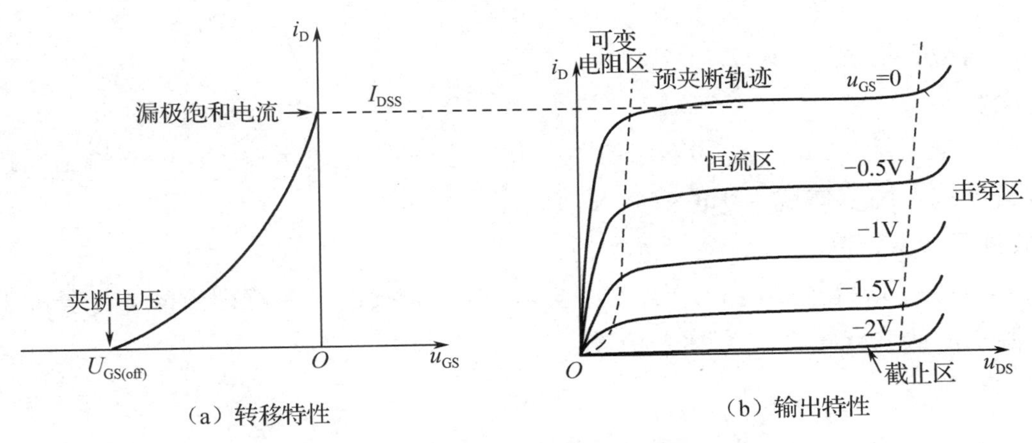

图 1-62　N 沟道结型场效应管的特性曲线

③ 截止区。当 $u_{GS}<U_{GS(off)}$，$i_D=0$ 时，N 沟道结型场效应管工作在截止区，此时漏极和源极之间相当于断开的开关。

④ 击穿区。当 u_{DS} 高于某值时，i_D 急剧增大，这是由于靠近漏极的耗尽区内的电场太强（耗尽区承受的反向电压等于 $u_{DS}+|u_{GS}|$），发生了雪崩击穿。进入雪崩击穿后，管子不能正常工作，甚至很快被烧坏，对应三极管的过损耗区，因此场效应管不允许工作在这个区域。

【例 14】 在如图 1-63 所示的电路中，已知场效应管的 $U_{GS(off)}=-5V$。试问在下列 3 种情况下，管子分别工作在哪个区？

①$U_{GS}=-8V$，$U_{DS}=4V$；②$U_{GS}=-3V$，$U_{DS}=4V$；③$U_{GS}=-3V$，$U_{DS}=1V$。

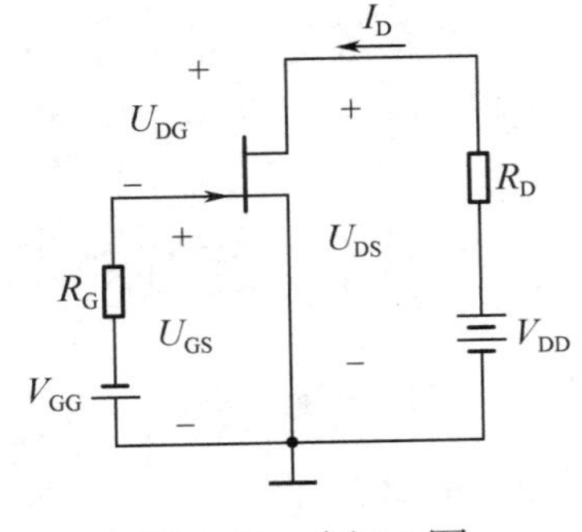

图 1-63　例 14 图

【解答】 ① 因为 −8V<−5V，满足 $U_{GS}<U_{GS(off)}$，所以管子工作在截止区。

② 因为 $U_{GS}-U_{GS(off)}=2V$，$U_{DS}>U_{GS}-U_{GS(off)}$，且 $U_{GS}>U_{GS(off)}$，即同时满足 $U_{GS(off)}<U_{GS}\leqslant 0$ 和 $U_{DS}>U_{GS}-U_{GS(off)}$的条件，所以管子工作在恒流区。

③ 因为 $U_{GS}-U_{GS(off)}=2V$，$U_{DS}<U_{GS}-U_{GS(off)}$，且 $U_{GS}>U_{GS(off)}$，同时满足 $U_{GS(off)}<U_{GS}\leqslant 0$ 和 $U_{DS}\leqslant U_{GS}-U_{GS(off)}$的条件，所以管子工作在可变电阻区。

4．结型场效应管的主要参数

（1）直流参数。

① 夹断电压 $U_{GS(off)}$。

当 u_{DS} 为某一固定值时，使 i_D 接近于零或等于一个微小电流（如 1μA 或 10μA）时的栅源电压 u_{GS} 称为夹断电压 $U_{GS(off)}$。

② 漏极饱和电流 I_{DSS}。

在 $u_{GS}=0$ 的条件下，$u_{DS}>|U_{GS(off)}|$时的沟道电流称为漏极饱和电流 I_{DSS}。它表示管子用作放大器时可能输出的最大电流。

③ 直流输入电阻 R_{GS}。

R_{GS} 是指在漏源之间短路的条件下，栅源之间所加电压 U_{GS} 与栅极电流 I_G 之比，即

$$R_{GS}=\frac{U_{GS}}{I_G}$$

结型场效应管的 $R_{GS}>10^7\Omega$。

（2）交流参数。

场效应管是用低频跨号 g_m 和输出电阻 r_d 等交流参数来表示输入回路与输出回路各变化量之间的关系的，用以体现管子的控制及放大作用。

① 低频跨导 g_m。

g_m 表示 u_{GS} 对 i_D 的控制能力，定义为当 u_{DS} 为一定值时，漏极电流的变化量与引起这个变化的栅源电压的变化量之比，称为跨导，即

$$g_m=\frac{\Delta i_D}{\Delta u_{GS}}\bigg|_{u_{DS}=\text{常数}} \quad \text{或} \quad g_m=\frac{\mathrm{d}i_D}{\mathrm{d}u_{GS}}\bigg|_{u_{DS}=\text{常数}}$$

它是衡量场效应管的放大作用的重要参数，具有电导量纲，单位为 μS（μA/V）或 mS（mA/V）。对于结型场效应管，跨导 g_m 为 0.1～10mS，特殊的可接近于 20mS。

② 输出电阻 r_d。

r_d 也叫漏极输出电阻，表示 u_{DS} 对 i_D 的控制能力，定义为当 u_{GS} 为一定值时，u_{DS} 的变化量与相应的 i_D 的变化量之比，即

$$r_d=\frac{\Delta u_{DS}}{\Delta i_D}\bigg|_{u_{GS}=\text{常数}} \quad \text{或} \quad r_d=\frac{\mathrm{d}u_{DS}}{\mathrm{d}i_D}\bigg|_{u_{GS}=\text{常数}}$$

在恒流区，i_D 几乎不随 u_{DS} 而变，因此 r_d 很大，在几十千欧到几百千欧之间。在可变电阻区，r_d 约为几百欧。

1.6.2 绝缘栅场效应管

目前应用最广泛的绝缘栅场效应管是一种金属（Metal）-氧化物（Oxide）-半导体（Semiconductor）结构的场效应管，简称 MOS 管。绝缘栅场效应管分为 N 沟道增强型、N 沟道耗尽型、P 沟道增强型、P 沟道耗尽型 4 种类型。绝缘栅型和结型场效应管的主要区别在于它们产生场效应的机理不同。结型是利用耗尽区内电场的大小来影响导电沟道，从而控制漏极电流的。而绝缘栅型则是利用半导体表面电场效应产生的感应电荷的多少来改变导电沟道，以达到控制漏极电流的目的的。所谓耗尽型，就是指当 $u_{GS}=0$ 时存在导电沟道，$i_D\neq0$（显然，前面讨论的结型场效应管就属于耗尽型）；所谓增强型，就是指当 $u_{GS}=0$ 时没有导电沟道，即 $i_D=0$。例如，对于 N 沟道增强型，只有当 $u_{GS}>0$ 时才可能有 i_D。N 沟道结型场效应管只有耗尽型，因为当 $u_{GS}>0$ 时，两个 PN 结处于正向偏置状态，场效应管失去原有的控制作用和性能。因此，结型场效应管只能用于 $u_{GS}\leq0$ 而不能用于 $u_{GS}>0$ 的情形，即结型场效应管没有增强型。

P 沟道和 N 沟道 MOS 管的工作原理相似，本节着重讨论 N 沟道增强型 MOS 管，并简单指出耗尽型管的特点。

1. N 沟道增强型 MOS 管

（1）结构。

N 沟道增强型 MOS 管的结构如图 1-64（a）所示，它以一块杂质浓度较低，电阻率较高的 P 型薄硅片作为衬底，在衬底上扩散两个高掺杂的 N^+型区，各用金属导线引出电极，分别称为源极 S 和漏极 D。隔离两个 N^+型区的间隙表面覆盖着绝缘层（二氧化硅或氮化硅），在绝缘层上用蒸发和光刻工艺做成一个电极，称为栅极 G。栅极和其他电极（包括衬底）都是绝缘的，因此叫作绝缘栅型。

图 1-64（b）是 N 沟道增强型 MOS 管的电路符号。P 沟道增强型 MOS 管以 N 型半导体为衬底，并制作两个高掺杂浓度的 P^+型区作为源极 S 和漏极 D，其电路符号如图 1-64（c）所示，衬底 B 的箭头方向是区别 N 沟道和 P 沟道的标志（箭头向着管内的表示 N 沟道；反之，则为 P 沟道）。

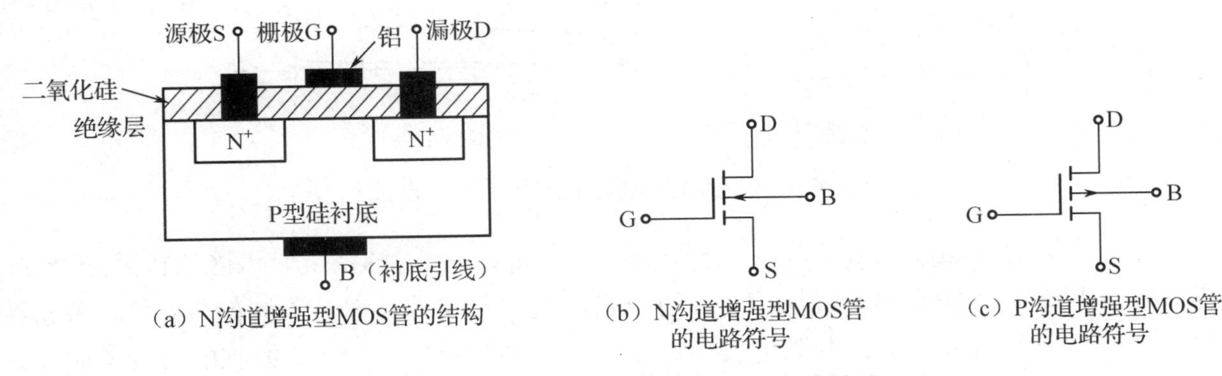

（a）N沟道增强型MOS管的结构　（b）N沟道增强型MOS管的电路符号　（c）P沟道增强型MOS管的电路符号

图 1-64　增强型 MOS 管的结构和电路符号

（2）工作原理。

如图 1-65 所示，当 u_{GS}=0 时，由于漏极和源极之间有两个背向的 PN 结，不存在导电沟道，所以即使漏极和源极之间的电压 u_{DS}≠0，i_D 也为 0，只有 u_{GS} 升高到某一值时，在由栅极指向 P 型硅衬底的电场的作用下，衬底中的自由电子被吸引到两个 N^+型区之间构成了漏极和源极之间的导电沟道，电路中才有电流 i_D。对应此时的 u_{GS} 称为开启电压 $U_{GS(th)}$。在一定的 u_{DS} 下，u_{GS} 越高，电场作用越强，导电沟道越宽，沟道电阻越小，i_D 越大，这就是增强型管子的含义。

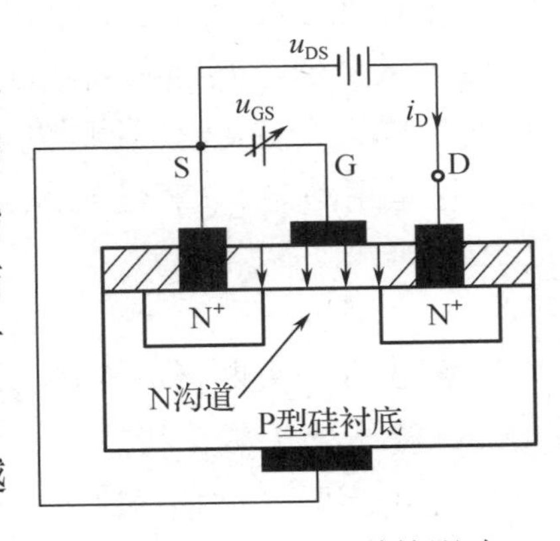

图 1-65　u_{GS} 对沟道的影响

（3）特性曲线。

① 转移特性。

转移特性是指当 u_{DS} 为固定值时，i_D 与 u_{GS} 之间的关系，表示 u_{GS} 对 i_D 的控制作用，即

$$i_D = f(u_{GS})\big|_{u_{DS}=常数}$$

由于 u_{DS} 对 i_D 的影响较小，所以不同的 u_{DS} 所对应的转移特性曲线基本上是重合在一起的，如图 1-66（a）所示。这时 i_D 可以近似表示为

$$i_D \approx I_{DSS}\left(1-\frac{u_{GS}}{U_{GS(th)}}\right)^2$$

式中，I_{DSS} 是 $u_{GS}=2U_{GS(th)}$ 时的 i_D 值。

② 输出特性。

输出特性是指当 u_{GS} 为一固定值时，i_D 与 u_{DS} 之间的关系，即

$$i_D = f(u_{DS})\big|_{u_{GS}=常数}$$

同三极管一样，输出特性可分为 4 个区，即可变电阻区、恒流区、截止区和击穿区。如图 1-66（b）所示。

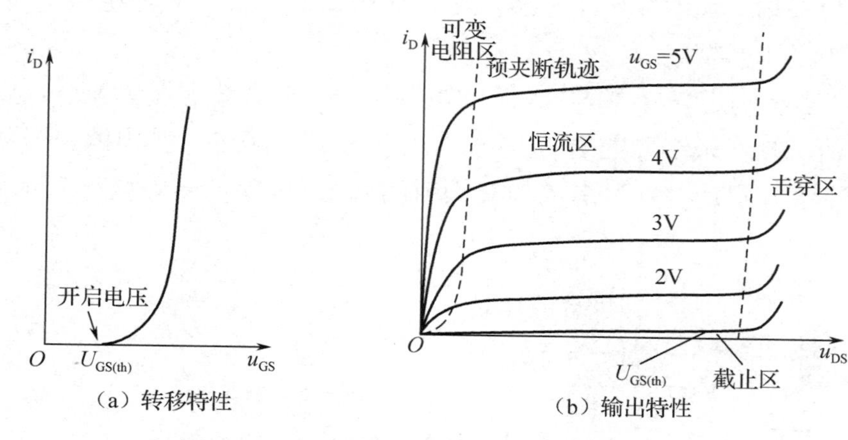

图 1-66　N 沟道增强型 MOS 管的特性曲线

可变电阻区对应 $u_{GS}>U_{GS(th)}$，u_{DS} 很低，$u_{GD}=u_{GS}-u_{DS}>U_{GS(th)}$ 的情况。该区的特点是若 u_{GS} 不变，则 i_D 随着 u_{DS} 的升高而线性增大，可以看成是一个电阻，对应不同的 u_{GS} 值，各条特性曲线直线部分的斜率不同，即阻值发生改变。因此该区是一个受 u_{GS} 控制的可变电阻区，工作在这个区的场效应管相当于一个压控电阻。

恒流区也称饱和区、放大区。该区对应 $u_{GS}>U_{GS(th)}$，u_{DS} 较高的情况。该区的特点是若 u_{GS} 固定为某个值，则随着 u_{DS} 的升高，i_D 几乎不变，特性曲线近似为水平线，因此称为恒流区。而对应同一个 u_{DS} 值，不同的 u_{GS} 值可感应出不同宽度的导电沟道，产生不同大小的漏极电流 i_D。这里用跨导 g_m 来表示 u_{GS} 对 i_D 的控制作用。g_m 定义为

$$g_m = \frac{\Delta i_D}{\Delta u_{GS}}\bigg|_{u_{DS}=常数}$$

截止区（夹断区）对应 $u_{GS}\leqslant U_{GS(th)}$ 的情况。该区的特点是由于没有感生出沟道，故电流 $i_D=0$，管子处于截止状态。

在击穿区（过损耗区），当 u_{DS} 升高到某一值时，栅极和漏极之间的 PN 结会反向击穿，使 i_D 急剧增大，如果不加以限制，则会使管子损坏。

2．N 沟道耗尽型 MOS 管

N 沟道耗尽型 MOS 管的结构与增强型一样，所不同的是它在制造过程中，在二氧化硅绝缘层中掺入了大量的正离子。当 $u_{GS}=0$ 时，由正离子产生的电场就能吸收足够的自由电子而产生原始导电沟道，如果加上正向 u_{DS} 电压，就可在原始导电沟道中产生电流。N 沟道耗尽型 MOS 管的结构、电路符号分别如图 1-67（a）、（b）所示，图 1-67（c）所示为 P 沟道耗尽型 MOS 管的电路符号。对比几种电路符号可知：①箭头指向为内的为 N 沟道，反之为 P 沟道；②沟道用虚线表示增强型，用实线表示耗尽型；③N 沟道称 NMOS 管，P 沟道称 PMOS 管。

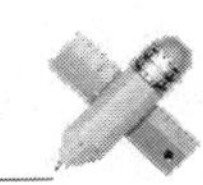

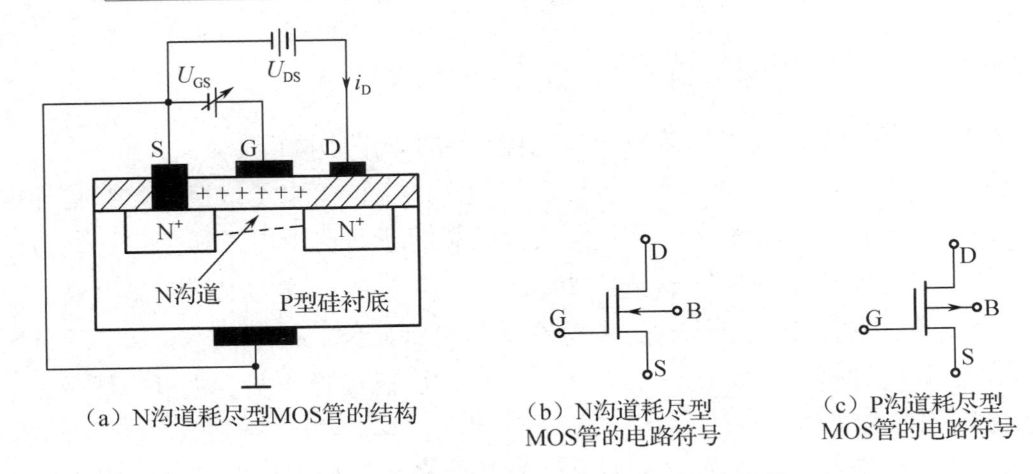

（a）N沟道耗尽型MOS管的结构　（b）N沟道耗尽型MOS管的电路符号　（c）P沟道耗尽型MOS管的电路符号

图 1-67　耗尽型 MOS 管的结构和电路符号

N 沟道耗尽型 MOS 管的特性曲线如图 1-68 所示，其输出特性曲线也可分为可变电阻区、恒流区、截止区和击穿区。

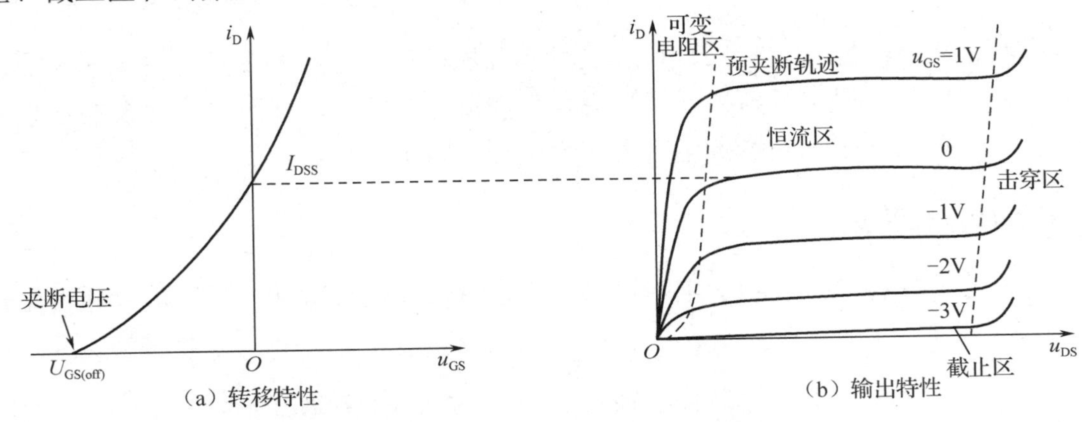

（a）转移特性　（b）输出特性

图 1-68　N 沟道耗尽型 MOS 管的特性曲线

由恒流区的转移特性曲线可得出以下结论。

（1）当 u_{GS}=0 时，存在感生导电沟道，此时 $i_D=I_{DSS}$。

（2）当 u_{GS} 正向升高时，将增强由绝缘层中的正离子所产生的电场，感生导电沟道加宽，i_D 将增大。

（3）当 u_{GS} 为反向电压时，将削弱由绝缘层中的正离子所产生的电场，感生导电沟道变窄，i_D 将减小，当 u_{GS} 达到某一负电压值 $U_{GS(off)}$时，会完全抵消由绝缘层中的正离子所产生的电场，感生导电沟道消失，使 $i_D \approx 0$。$U_{GS(off)}$称为夹断电压。

在 $u_{GS}>U_{GS(off)}$后，漏源电压 u_{DS} 对 i_D 的影响较小。它的特性曲线的形状与增强型 MOS 管类似。

可见，耗尽型 MOS 管的 u_{GS} 值在正、负一定范围内都可控制管子的 i_D，因此，此类管子使用较灵活，在模拟电子技术中得到了广泛应用。增强型场效应管在集成数字电路中被广泛采用，可利用 $u_{GS}>U_{GS(th)}$和 $u_{GS}<U_{GS(th)}$来控制场效应管的导通与截止，使管子工作在开关状态，数字电路中的半导体器件就工作在此种状态下。

3．MOS 管的主要参数

MOS 管的主要参数与结型场效应管的主要参数相似，这里不再赘述。

4．场效应管与普通半导体三极管（三极管）的比较

通过本节前面的学习，现将场效应管与三极管的不同归纳如下。

（1）场效应管的导电沟道中只有一种极性的载流子（自由电子或空穴）参与导电，故称为单极型晶体管。而在三极管里有两种不同极性的载流子（自由电子和空穴）参与导电。

（2）场效应管是通过栅源电压 u_{GS} 来控制漏极电流 i_D 的，称为电压控制器件。三极管是利用基极电流 i_B 来控制集电极电流 i_C 的，称为电流控制器件。

（3）场效应管的源极 S、栅极 G、漏极 D 分别对应三极管的发射极 E、基极 B、集电极 C，它们的作用相似。

（4）场效应管的输入电阻很大，有较高的热稳定性、抗辐射性和较低的噪声。而三极管的输入电阻较小，温度稳定性差，抗辐射及噪声的能力也较弱。

（5）场效应管的跨导 g_m 较小，而三极管的 β 值很大。在同样的条件下，场效应管的放大能力比不上三极管。

（6）在制造时场效应管，如果其衬底没有和源极接在一起，那么也可将漏极和源极互换使用。而三极管的集电极和发射极互换使用称为倒置工作状态，此时 β 将变得非常小。

（7）工作在可变电阻区的场效应管可作为压控电阻来使用。

5．各种场效应管特性的比较

表 1-3 总结了 6 种场效应管的电路符号、转移特性和输出特性。读者可以通过比较予以区别。

表 1-3　6 种场效应管的电路符号、转移特性和输出特性

结构类型		工作方式	电路符号	工作时所需电压的极性		转移特性	输出特性
				u_{DS}	u_{GS}		
结型	N沟道	耗尽型	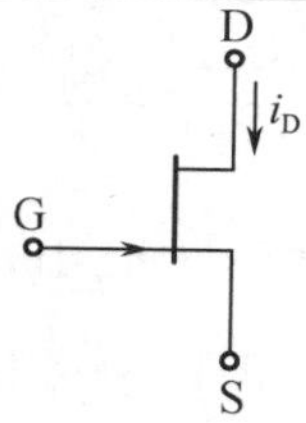 D, i_D, G, S	+	−	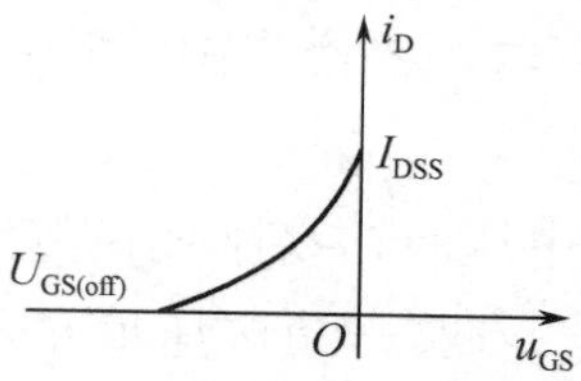 i_D, I_{DSS}, $U_{GS(off)}$, O, u_{GS}	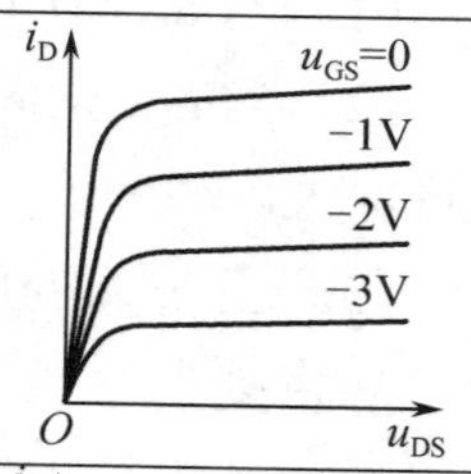 i_D, u_{GS}=0, −1V, −2V, −3V, O, u_{DS}
结型	P沟道	耗尽型	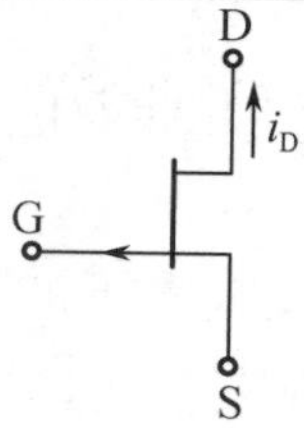 D, i_D, G, S	−	+	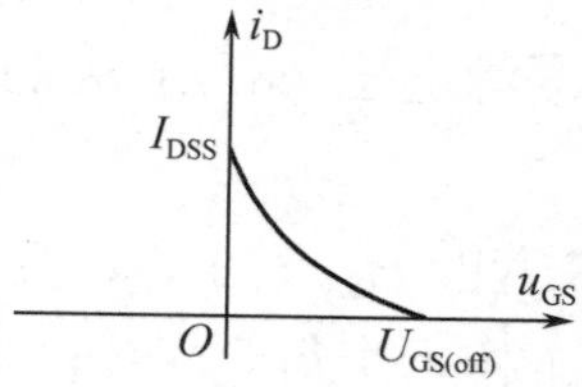 i_D, I_{DSS}, u_{GS}, O, $U_{GS(off)}$	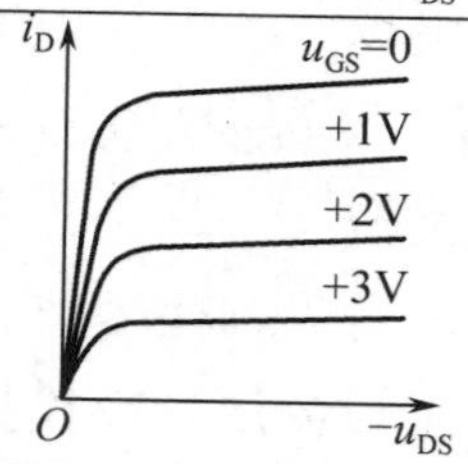 i_D, u_{GS}=0, +1V, +2V, +3V, O, $-u_{DS}$
绝缘栅型	N沟道	增强型	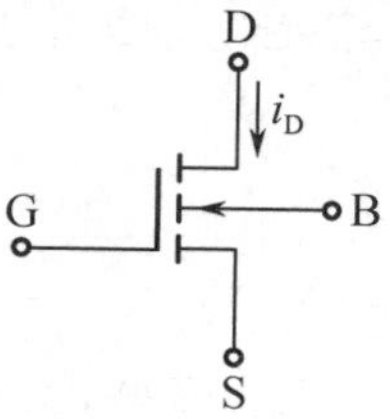 D, i_D, G, B, S	+	+	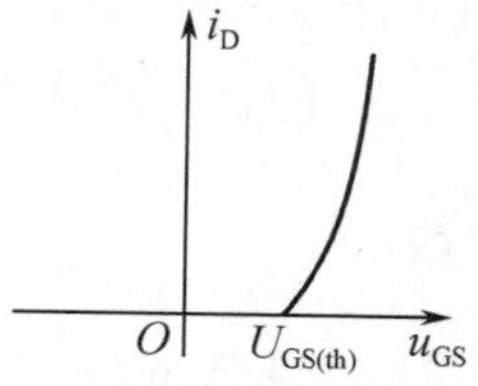 i_D, O, $U_{GS(th)}$, u_{GS}	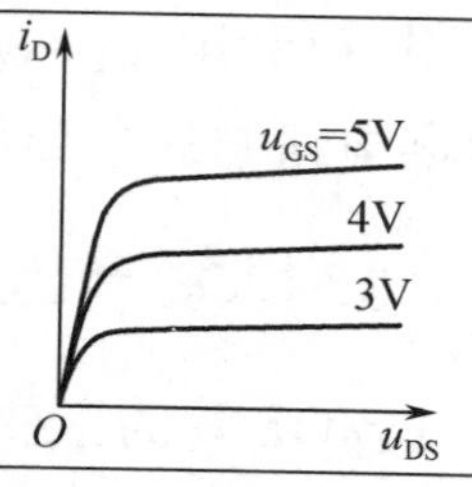 i_D, u_{GS}=5V, 4V, 3V, O, u_{DS}

续表

结构类型		工作方式	电路符号	工作时所需电压的极性		转移特性	输出特性
绝缘栅型	P 沟道	增强型	D, i_D, G, B, S	−	−	i_D, $U_{GS(th)}$, O, u_{GS}	i_D, u_{GS}=−6V, −5V, −4V, O, $-u_{DS}$
	N 沟道	耗尽型	D, i_D, G, B, S	+	−, +	i_D, I_{DSS}, $U_{GS(off)}$, O, u_{GS}	i_D, 0.2V, u_{GS}=0, −0.2V, −0.4V, O, u_{DS}
	P 沟道		D, i_D, G, B, S	−	+, −	i_D, O, $U_{GS(off)}$, u_{GS}	i_D, −1V, u_{GS}=0, +1V, +2V, O, $-u_{DS}$

6．场效应管的测试及使用注意事项

（1）结型场效应管的引脚识别与检测。

步骤一，找栅极。场效应管的栅极相当于三极管的基极，场效应管的源极和漏极分别对应三极管的发射极与集电极。将万用表置于 R×1kΩ 挡，两表笔分别测量每两个引脚间的正、反向电阻。当某两个引脚间的正、反向电阻相等且均为数 kΩ 时，说明这两个引脚分别为漏极 D 和源极 S（可互换），余下的一个引脚即栅极 G。对于有 4 个引脚的结型场效应管，另一个引脚是屏蔽极（使用中必须接地）。

步骤二，判管型。用万用表的黑表笔碰触管子的一个电极，用红表笔分别碰触另外两个电极。若两次测出的阻值都很小，则说明均是正向电阻，该管属于 N 沟道场效应管，黑表笔接的是栅极。制造工艺决定了场效应管的源极和漏极是对称的，可以互换使用，并不影响电路的正常工作，因此不必加以区分。源极与漏极间的电阻约为几 kΩ。

步骤三，性能估测。首先将万用表拨到 R×100Ω 挡，将红表笔接源极 S、黑表笔接漏极 D，相当于给场效应管加上了 1.5V 的电源电压。这时表针指示的是漏极和源极之间的电阻。然后用手捏住栅极 G，将人体的感应电压作为输入信号加到栅极上。由于管子的放大作用，u_{DS} 和 i_D 都将发生变化，也相当于漏极和源极之间的电阻发生了变化，可观察到表针有较大幅度的摆动。如果用手捏住栅极时表针的摆动幅度很小，则说明管子的放大能力较弱；若表针不动，则说明管子已经损坏。

（2）场效应管使用注意事项。

① 结型场效应管的栅源电压不能接反，可以在开路状态下保存；而 MOS 管在不使用时，由于它的输入电阻非常大，所以需要将各电极短路，以免因外电场的作用而使管子损坏。

② 在焊接时，电烙铁外壳必须装有外接地线，以防止由于电烙铁带电而损坏管子。对于

少量焊接，也可以将电烙铁烧热后拔下插头或切断电源后焊接。尤其在焊接 MOS 管时，要按源极→漏极→栅极的先后顺序进行焊接，并且要断电焊接，而拆卸时则按相反顺序进行。

③ MOS 管不能用万用表来检查，必须用测试仪，并且只有在接入测试仪后才能去掉各电极短路线。在测量完毕而取下管子时，应先短路再取下，关键在于避免栅极悬空。

④ 有些 MOS 管将衬底引出，故有 4 个引脚，这种管子的漏极与源极可互换使用。但有些 MOS 管在内部已将衬底与源极接在一起，只引出 3 个电极，这种管子的漏极与源极不可互换使用。

⑤ 相同沟道的结型场效应管和耗尽型 MOS 管在相同的电路中可以通用。

知识小结

（1）场效应管的分类：

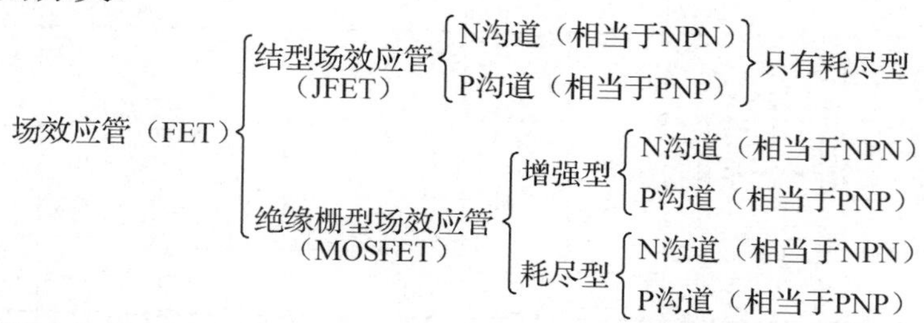

（2）场效应管利用电场强弱来改变导电沟道的宽窄，在基本上不取用信号电流的情况下，实现对漏极电流的控制，因此它属于电压控制器件。根据电场对导电沟道控制方法的不同，场效应管可分为结型和绝缘栅型两种。结型场效应管是利用 PN 结反向电压对耗尽区宽度的控制来改变导电沟道的宽窄，从而控制漏极电流的大小的；而绝缘栅型场效应管则是利用栅源电压的高低来控制导电沟道的宽度，以达到控制漏极电流的目的的。

（3）按半导体材料的不同，场效应管有 N 沟道和 P 沟道两种。N 沟道场效应管的导电载流子是自由电子，而 P 沟道场效应管的导电载流子则是空穴。不同沟道场效应管的电源极性和电流方向不同。按场效应管的特性来分，栅源电压为零时有较大漏极电流的称为耗尽型场效应管；反之，在有一定的栅源电压之后才有漏极电流的称为增强型场效应管。

1.7　半导体器件同步练习题

一、填空题

1．半导体是一种导电能力介于__________与 __________之间的物体，半导体材料具有__________性、__________性和__________性。

2．在杂质半导体中，多数载流子的浓度主要取决于__________，而少数载流子的浓度则与__________有很大的关系。

3．当给 PN 结加正向电压时，空间电荷区会__________；当给 PN 结加反向电压时，空间电荷区会____________。

4．二极管按 PN 结面积大小的不同分为点接触型、面接触型和平面型，________型二极管适用于高频、小电流的场合，________型二极管适用于低频、大电流的场合。

5．________型晶体管有两种载流子参与导电，________型晶体管只有多数载流子参与导电。

6．当温度升高时，由于二极管内部少数载流子的浓度________，因而少数载流子漂移而形成的反向电流________，二极管反向伏安特性曲线向________移。

7．硅管的导通电压比锗管________，反向饱和电流比锗管________。

8．二极管最主要的特性是________，它反映正向特性的主要参数是__________、反映反向特性的主要参数是__________。

9．理想二极管模型是将二极管看作一个开关：加正向电压时________，此时正向压降为________；加反向电压时________，此时________为零。

10．用模拟万用表 $R\times100\Omega$ 或 $R\times1\text{k}\Omega$ 挡测试一个正常二极管时的指针偏转角度很大，判定黑表笔接的是二极管的________极、红表笔接的是二极管的________极。

11．硅二极管的正极电位是−9V，负极电位是−8.3V，则该二极管处于________状态。

12．如图 1-69 所示，VD 为硅管，U_I=10.7V，则 U_O=________V。

13．二极管电路如图 1-70 所示，设 VD_1、VD_2、VD_3 均为普通硅二极管，其导通电压恒为 0.7V，输入电压 U_I=5V，若要满足 $I_{D3}=0.5I_{D1}$，则 R_1 的大小为________。

14．半导体稳压二极管的稳压功能是利用 PN 结__________特性来实现的。

15．发光二极管（LED）能将________信号转换为________信号，它工作时需要加________偏置电压。

16．三极管电流放大系数 β 反映了放大电路中________极电流对________极电流的控制能力。

17．三极管的特性曲线主要有________曲线和________曲线两种。

18．在某放大电路中，三极管 3 个电极的电流如图 1-71 所示，已测量出 I_1=−1.2mA，I_2=−0.02mA，I_3=1.22mA，由此可知对应电极：①是__________；②是__________；③是__________。

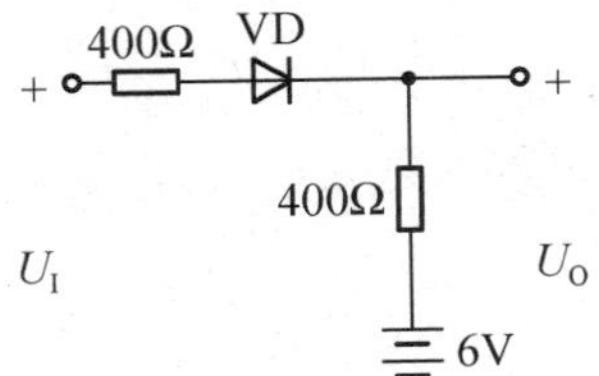

图 1-69　电路

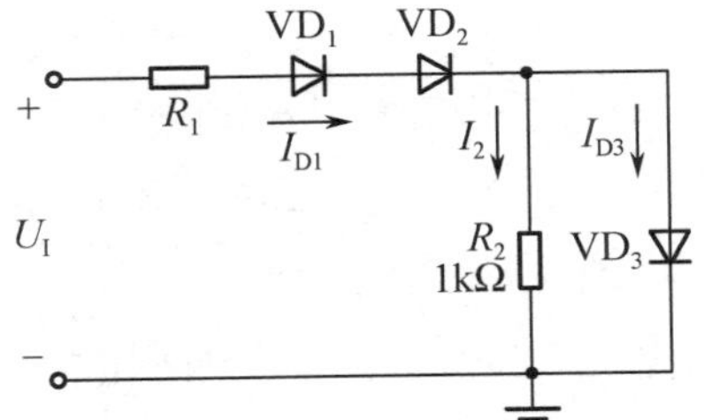

图 1-70　二极管电路

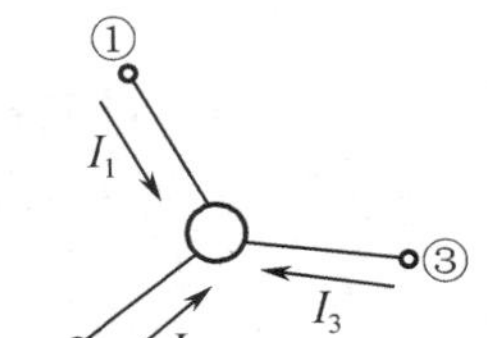

图 1-71　三极管 3 个电极的电流

19．某三极管的交流电流放大系数 β=80，当 i_B=20μA 时，i_C=1.6mA，若想使 i_C=3.2mA，则 i_B 应调为________μA。

20．只有当三极管工作在________区时，$i_C=\beta i_B$ 才成立；当三极管工作在________区时，$i_C\approx0$，相当于开关的________状态；当三极管工作在________区时，$u_{CE}\approx0$，相当于开关的________状态。

21．三极管是_________控制器件，控制作用用_________参数表征；场效应管是______控制器件，控制作用用_________参数来表征。

22．已知三极管 3 个引脚的对地电位分别为 1.5V、0.8V、3.3V，则此管为_________型三极管。

23．已知一放大电路中某三极管的 3 个引脚的电位分别为 3.5V（①脚）、2.8V（②脚）、5V（③脚），则①脚是_______、②脚是________、③脚是________，管型是_________，材料是_________。

24．场效应管_________控制_________，具有输入电阻_________、栅极电流_________、噪声_________的特点。

25．N 沟道增强型场效应管在 $u_{GS}=0$ 时，漏极电流 i_D 等于_________ A。

26．场效应管同三极管相比，其输入电阻_________，热稳定性_________。

二、判断题

题号	1	2	3	4	5	6	7	8	9	10	11	12	13	14	15
答案															

1．P 型半导体中不能移动的杂质离子带负电，说明 P 型半导体呈负电性。

2．P 型半导体可通过在纯净半导体中掺入 5 价磷元素获得。

3．在用万用表不同欧姆挡测量同一个二极管时，所测得的阻值是不同的。

4．当 PN 结正向偏置时，其内、外电场方向一致。

5．二极管的反向击穿电压与温度有关，温度升高，反向击穿电压升高。

6．二极管在反向电压超过最高反向工作电压 U_{RM} 时损坏。

7．二极管在使用中必须防止进入电击穿区而被烧坏。

8．I_{CEO} 受温度影响较大，I_{CEO} 大的三极管的工作性能不够稳定。

9．由二极管的伏安特性曲线可知，其交流电阻总等于直流电阻。

10．三极管只有在发射结和集电结均加反向偏压时才起放大作用。

11．三极管的集电区、发射区所用的半导体材料相同，因此，可将三极管的集电极、发射极互换使用。

12．三极管只要工作在线性放大区就有 $V_C>V_B>V_E$。

13．有两个三极管：一个管子的 $\beta=150$、$I_{CEO}=300\mu A$，另一个管子的 $\beta=50$、$I_{CEO}=10\mu A$，其他参数相同，用作放大器时选用后者比较合适。

14．双极型三极管和单极型三极管的导电机理相同。

15．结型场效应管的工作实质是通过改变 u_{GS} 来控制沟道电阻的大小，从而实现 u_{GS} 对 i_D 的控制。

三、单项选择题

1．本征半导体的自由电子浓度_____空穴浓度，N 型半导体的自由电子浓度_____空穴浓度，P 型半导体的自由电子浓度_____空穴浓度。（　　）

A．等于，高于，低于　　B．低于，等于，高于

C．等于，低于，高于　　D．无法确定

2．PN 结加反向电压引起反向电流增大的主要原因是（　　）。

A．反向电压升高　B．温度升高　C．PN 结变宽　D．PN 结变窄

3．对 PN 结中的正、负离子（电荷）描述正确的是（　　）。

A．带电且参与导电　B．带电但不参与导电

C．不带电，不导电　D．不确定

4．当给 PN 结两端加正向电压时，其正向电流是由（　　）运动形成的。

A．多子扩散　B．少子扩散　C．少子漂移　D．多子漂移

5．在用万用表检测某二极管时，发现其正、反电阻分别等于 1Ω 和 50kΩ，说明该二极管（　　）。

A．已经击穿　B．完好　C．性能不佳　D．无法判断

6．当环境温度升高时，二极管的反向电流将（　　）。

A．减小　B．增大　C．不变　D．不确定

7．在用万用表欧姆挡测量小功率二极管的性能好坏时，应把欧姆挡拨到（　　）。

A．$R\times100\Omega$ 或 $R\times1\text{k}\Omega$ 挡　B．$R\times1\Omega$ 挡

C．$R\times10\text{k}\Omega$ 挡　D．$R\times10\Omega$ 挡

8．若用万用表测量二极管的正、反向电阻的方法来判断二极管的好坏，则好的管子应为（　　）。

A．正、反向电阻相等　B．正向电阻大，反向电阻小

C．反向电阻比正向电阻大很多　D．正、反向电阻都为无穷大

9．由理想二极管组成的电路 1 如图 1-72 所示，其中 A、B 两端的电压应为（　　）。

A．−12V　B．−6V　C．+6V　D．+12V

10．由理想二极管组成的电路 2 如图 1-73 所示，其中 A、B 两端的电压应为（　　）。

A．−12V　B．−6V　C．+6V　D．−12V

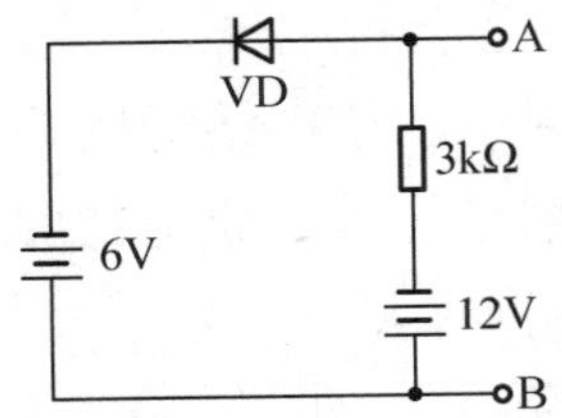

图 1-72　由理想二极管组成的电路 1

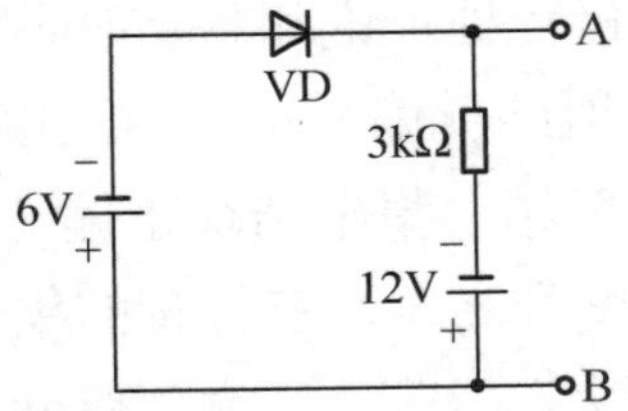

图 1-73　由理想二极管组成的电路 2

11．二极管 VD 和灯泡 HL 相串联的电路如图 1-74 所示。设电源电压 $u=\sqrt{2}U\sin\omega t$（V），且二极管的正向压降及反向漏电流均可忽略，则灯泡两端的电压平均值 U_{AB} 为（　　）。

A．$0.5U$　B．$0.707U$　C．$0.45U$　D．U

12．电路如图 1-75 所示，其中，VD 为理想二极管，$u_{\text{i}}=6\sin\omega t$（V），则输出电压的最大值 U_{om}=（　　）。

A．6V　B．−3V　C．3V　D．9V

13．当温度升高时，二极管的正向特性曲线和反向特性曲线分别（　　）。

A．左移，下移　B．右移，上移　C．左移，上移　D．右移，下移

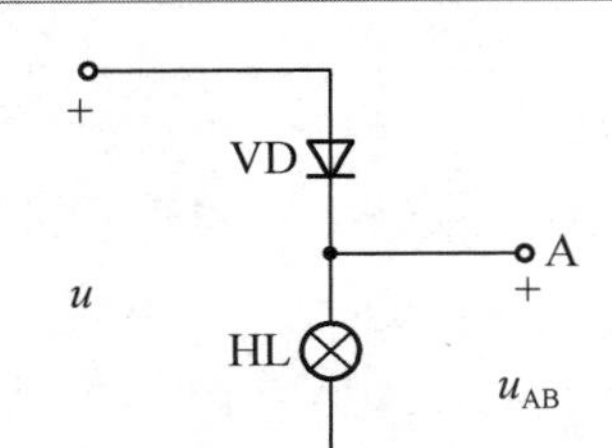

图 1-74 二极管 VD 和灯泡 HL 相串联的电路

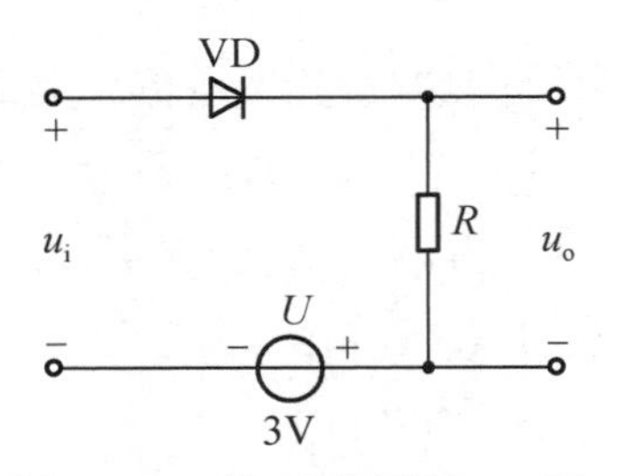

图 1-75 单项选择题 12 图

14．加在二极管上的正向电压从 0.6V 升高 10%，流过的电流增大量（　　）。

A．大于 10%　　B．小于 10%　　C．等于 10%　　D．不变

15．正弦电流经过二极管整流后的波形为（　　）。

A．矩形方波　　B．等腰三角波　　C．脉动直流　　D．仍为正弦波

16．硅二极管正偏，当正偏电压分别为 0.7V 和 0.5V 时，二极管呈现的电阻值（　　）。

A．相同　　B．0.5V 时的电阻大

C．不一定　　D．0.7V 时的电阻大

17．在测量二极管反向电阻时，若用手把引脚捏紧，则电阻示值将会（　　）。

A．变大　　B．变小　　C．不变化　　D．不确定

18．两个正常的二极管，一个类型为 2CW15，另一个为 2AP9，它们的反向电流分别为 I_1 和 I_2，则有（　　）。

A．$I_1>I_2$　　B．$I_1<I_2$　　C．$I_1=I_2$　　D．无法比较

19．稳压二极管应工作在（　　）电压下，光敏二极管应工作在（　　）电压下。

A．正向　　B．反向　　C．不确定

20．以下将电能转化为光能的器件是（　　）。

A．光电二极管　　B．光电三极管

C．发光二极管　　D．无法确定

21．当三极管处于饱和状态时，集电结和发射结的偏置情况为（　　）。

A．发射结反偏、集电结正偏　　B．发射结、集电结均反偏

C．发射结、集电结均正偏　　D．发射结正偏、集电结反偏

22．当温度升高时，三极管的集−基反向饱和电流 I_{CBO} 将（　　）。

A．增大　　B．减小　　C．不变　　D．不确定

23．用万用表测得 PNP 三极管 3 个电极的电位分别是 V_C=6V、V_B=0.7V、V_E=1V，则三极管工作在（　　）状态。

A．放大　　B．截止　　C．饱和　　D．损坏

24．某三极管的各极电位分别是 V_B=−6.3V、V_E=−7V、V_C=−4V，据此可以判定该三极管是（　　）。

A．NPN 管，工作在饱和区　　B．PNP 管，工作在放大区

C．PNP 管，工作在截止区　　D．NPN 管，工作在放大区

25．对放大电路中的三极管进行测量，各极电位分别为 V_B=2.7V、V_E=2V、V_C=6V，则该管工作在（　　）。

A．放大区　　B．饱和区　　C．截止区　　D．无法确定

26．用万用表测量一个三极管，测得 V_E=−3V，U_{CE}=6V，U_{BC}=−2.4V，则该管是（　　）。

A．PNP 型，处于放大工作状态　　B．PNP 型，处于截止状态

C．NPN 型，发射结已开路　　D．NPN 型，处于截止状态

27．用万用表测量一电子线路中的三极管，测得 V_E=−3V、U_{CE}=6V、U_{BC}=−5.3V，该管是（　　）。

A．PNP 型，处于放大工作状态　　B．PNP 型，处于截止工作状态

C．NPN 型，处于放大工作状态　　D．NPN 型，处于截止工作状态

28．测得某 PNP 型三极管各极电位分别为 V_B=−2V、V_E=−2.3V、V_C=−2V，则该管工作于（　　）。

A．放大状态　　B．饱和状态　　C．截止状态　　D．损坏状态

29．对于工作在放大区的三极管，如果当 i_B 从 12μA 增大到 22μA 时，i_C 从 1mA 变为 2mA，则此三极管的 β 值约为（　　）。

A．100　　B．83　　C．91　　D．10

30．测得三极管 3 个电极的静态电流分别为 0.06mA、3.66mA、3.6mA，则该管的 β 值约为（　　）。

A．70　　B．40　　C．50　　D．60

31．对于某工作在放大状态的三极管，当基极电流 i_B 由 60μA 减小到 50μA 时，集电极电流 i_C 由 2.3mA 减小到 1.5mA，则此三极管的动态电流放大系数 β 为（　　）。

A．37.5　　B．38.3　　C．80　　D．57.5

32．某三极管的发射极电流等于 1mA、基极电流等于 20μA，则它的集电极电流等于（　　）。

A．0.98mA　　B．1.02mA　　C．0.8mA　　D．1.2mA

33．已知某三极管的穿透电流 I_{CEO}=0.32mA，集−基反向饱和电流 I_{CBO}=4μA，如果要获得 2.69mA 的集电极电流，则基极电流 i_B 应为（　　）。

A．0.3mA　　B．2.4mA　　C．0.03mA　　D．2.37mA

34．用万用表 R×1kΩ 的欧姆挡测量某个能正常放大的三极管，若用红表笔接触一个引脚，用黑表笔接触另两个引脚时测得的电阻均较大，则该三极管为（　　）。

A．PNP 型　　B．NPN 型　　C．条件不充分，无法确定

35．两个 β 相同的三极管组成复合管后，其电流放大系数约为（　　）。

A．β　　B．2β　　C．β^2　　D．$1+\beta$

36．如果在 NPN 型三极管放大电路中测得发射结为正向偏置，集电结也为正向偏置，则此管的工作状态为（　　）。

A．放大状态　　B．饱和状态　　C．截止状态　　D．不确定

37．对于三极管放大作用的实质，下面说法正确的是（　　）。

A．三极管可以把小能量放大成大能量

B．三极管可以把小电流放大成大电流

C．三极管可以把低电压放大成高电压

D．三极管可以用较小的电流控制较大的电流

38. 3DG6 型三极管的 P_{CM}=100mW，I_{CM}=20mA，$U_{(BR)CEO}$=30V，如果将它安装在 i_C=15mA，u_{CE}=20V 的电路中，则该管（　　）。

A．被击穿　　　　　　　　　　B．工作正常

C．功耗太高，过热甚至烧坏　　D．无法确定

39．若三极管的集电结反偏、发射结正偏，则当基极电流减小时，该三极管（　　）。

A．集电极电流减小　　　　　　B．集电极与发射极电压$|u_{CE}|$下降

C．集电极电流增大

40. 测得工作在放大状态的某三极管的电流如图 1-76 所示，那么第②个电极的电流大小、方向和引脚（自左至右）分别为（　　）。

A．6mA，流进，E、B、C　　　B．6mA，流出，B、C、E

C．6mA，流进，B、C、E　　　D．6mA，流出，B、E、C

41．根据图 1-77 中已标出的各三极管电极的电位，判断处于饱和状态的三极管是（　　）。

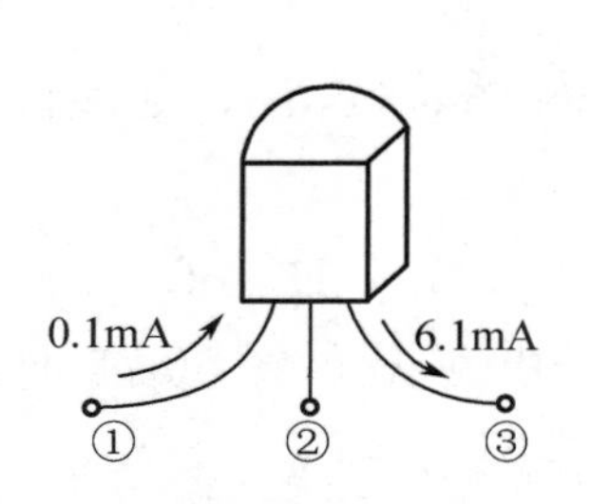

图 1-76　单项选择题 40 图

2.4V
2V
2.6V
A

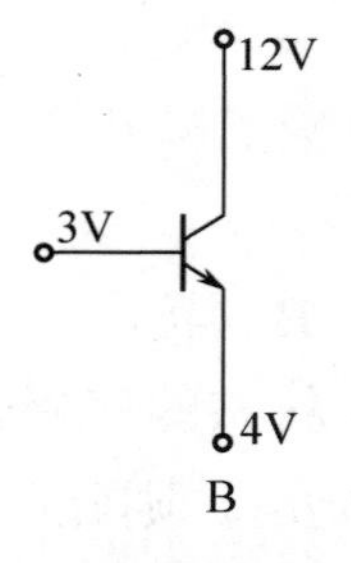

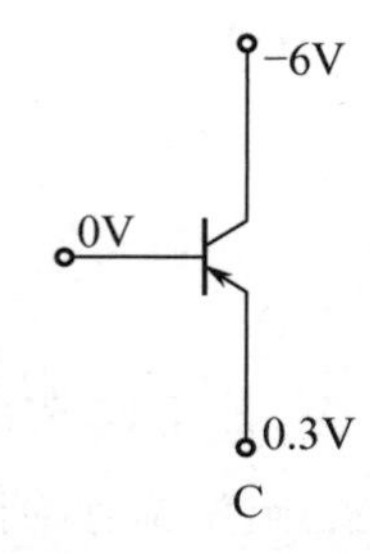

图 1-77　单项选择题 41 图

42．3DG6C 三极管的极限参数为 P_{CM}=100mW，I_{CM}=16mA，$U_{(BR)CEO}$=20V，在下列几种情况下，能正常工作的是（　　）。

A．u_{CE}=8V，i_C=15mA　　　　B．u_{CE} =20V，i_C =15mA

C．u_{CE} =10V，i_C =8mA　　　　D．u_{CE} =3V，i_C =25mA

43．如图 1-78 所示，P 沟道增强型 MOS 管的电路符号为（　　）。

A:

B:
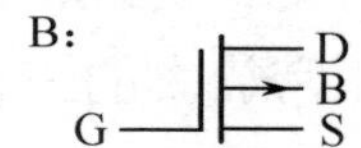

C:
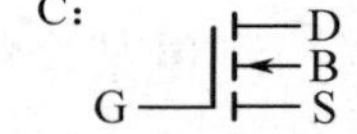

D:
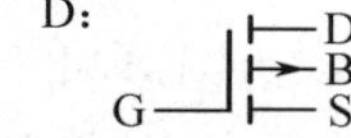

图 1-78　单项选择题 43 图

44．当场效应管工作在恒流区即放大状态时，漏极电流 i_D 主要取决于（　　）。

A．栅极电流　　B．栅源电压　　C．漏源电压　　D．栅漏电压

45．MOS 管的输入电流（　　）。

A．较大　　B．较小　　C．为零　　D．无法判断

四、简答题

1．什么是半导体？半导体有哪些特性？

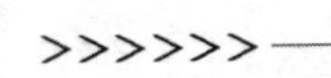

2．什么是 PN 结？PN 结最基本的特性是什么？

3．能否将 1.5V 的干电池以正向接法接到二极管两端？为什么？

4．某人用测电位的方法测出三极管 3 个引脚的对地电位分别为：引脚①12V、引脚②3V、引脚③3.7V，试判断管子的类型及各引脚所属电极。

5．要使三极管工作在放大状态，它的两个 PN 结应如何偏置？将集电极电阻换成一个阻值较大的电阻，若管子仍工作在放大区，则集电极电流 I_C 是否会显著减小？为什么？

6．有甲、乙两个三极管，甲管的 β=200、I_{CEO}=200μA，乙管的 β=50、I_{CEO}=10μA，其他参数大致相同，你认为哪个管子的性能较好？

7．某个三极管的 P_{CM}=100mW，I_{CM}=20mA，$U_{(BR)CEO}$=15V，问在下列几种情况下，哪种属于正常工作状态：①u_{CE}=3V，i_C=10mA；②u_{CE}=2V，i_C=40mA；③u_{CE}=6V，i_C=20mA。

8．在如图 1-79 所示的电路中，试判断各三极管分别工作在截止区、放大区还是饱和区，并说明理由。

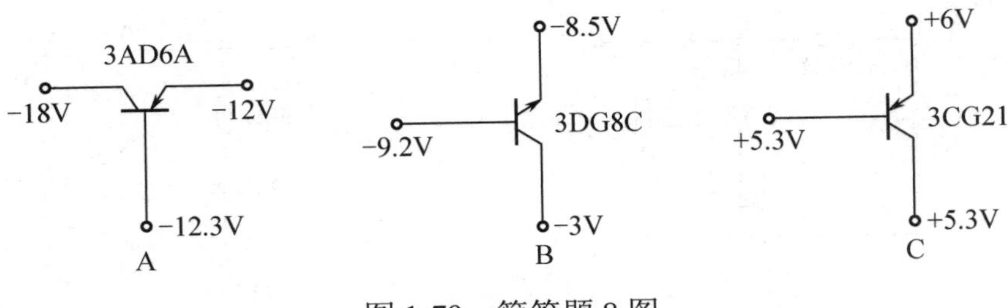

图 1-79　简答题 8 图

9．如图 1-80 所示，试判断各管的工作状态。

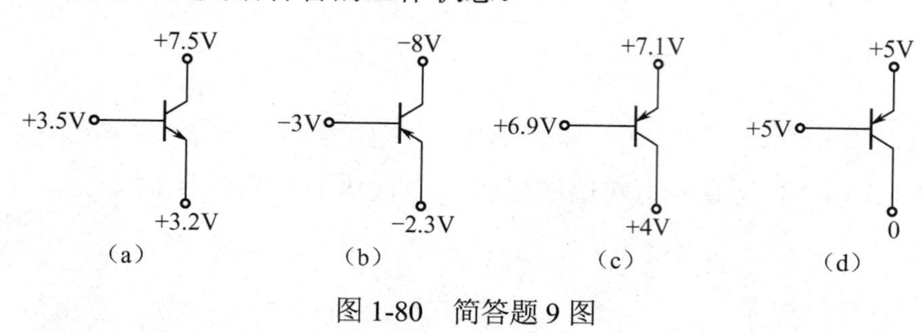

图 1-80　简答题 9 图

10. 为什么 MOS 管的输入电阻比结型场效应管的输入电阻大？增强型 MOS 管和耗尽型 MOS 管的区别是什么？

五、计算题

1．写出如图 1-81 所示的各电路的输出电压值（设二极管导通电压 U_D=0.7V）。

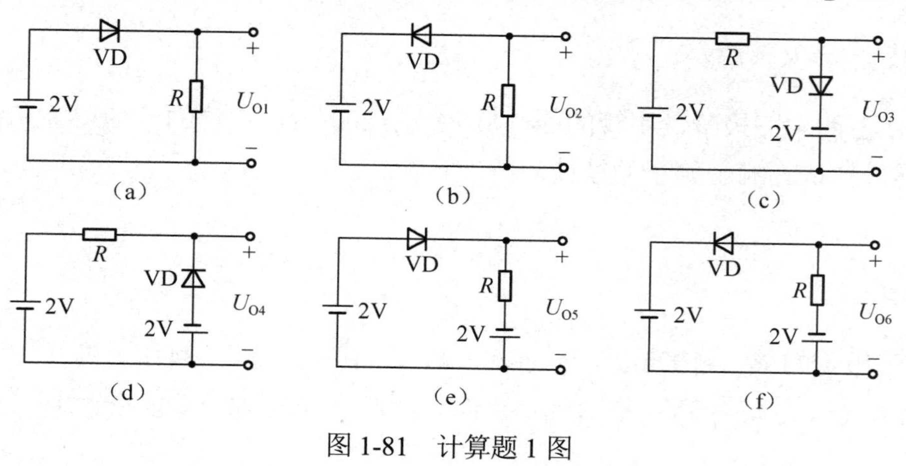

图 1-81　计算题 1 图

2．分析如图 1-82 所示的电路中的各硅二极管是导通还是截止？试求出 AO 两端间的电压 U_{AO}。

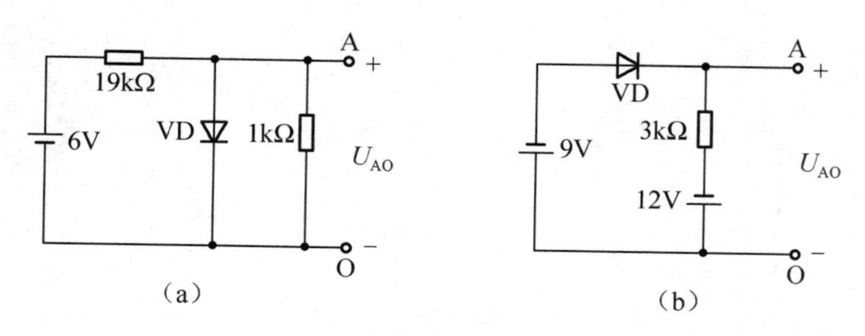

图 1-82　计算题 2 图

3．在如图 1-83 所示的电路中，二极管是锗管，试分析二极管的状态，并求流过电阻 R 的电流和 AB 两端之间的电压 U_{AB}。

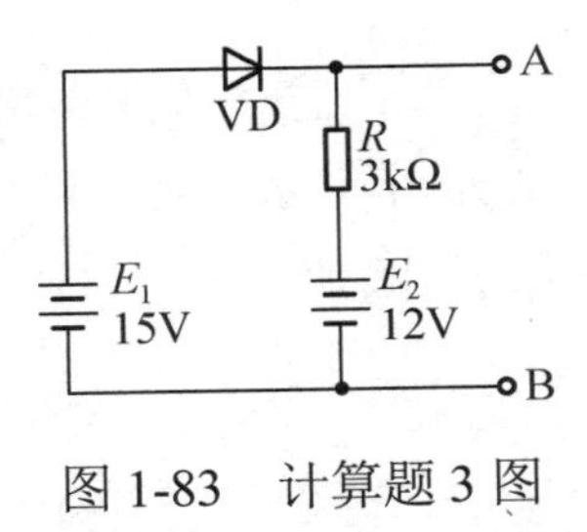

图 1-83　计算题 3 图

六、综合题

1．如图 1-84 所示，在 a、b 两端之间加上正弦交流电，分析 R_1、R_2 上的电流分别是直流电还是交流电？

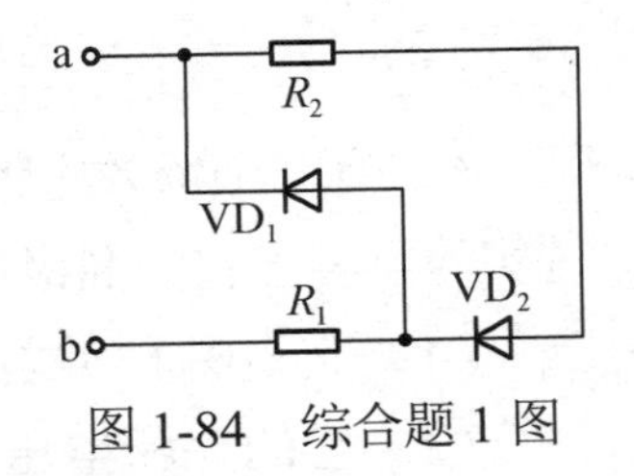

图 1-84　综合题 1 图

2．二极管组成如图 1-85 所示的电路。已知 u_I 为正弦信号且幅值 $U_{im}>U_R$，二极管的导通压降 U_D 可忽略，定性画出 u_O 的波形。

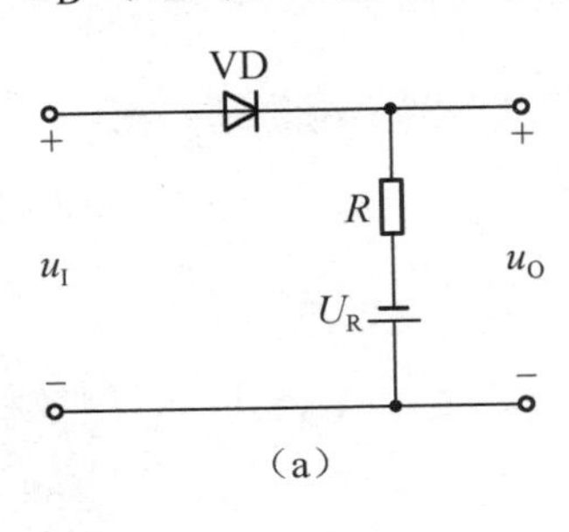

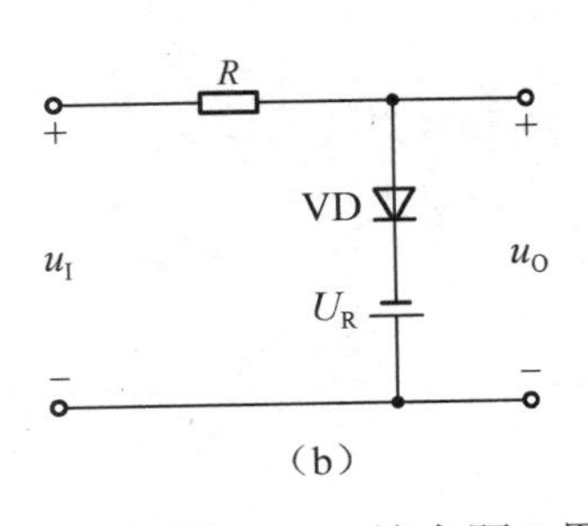

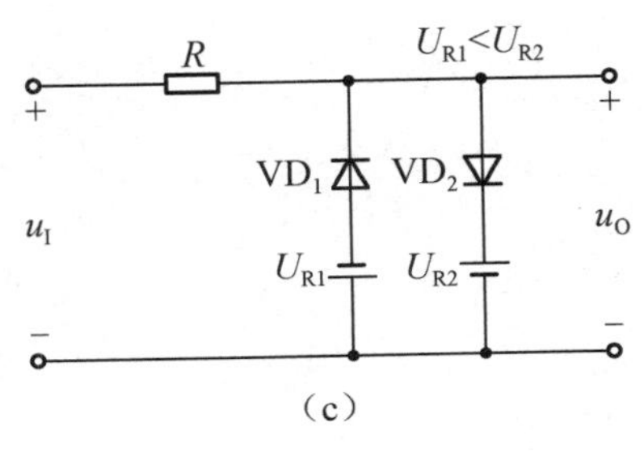

图 1-85　综合题 2 图

3．电路如图 1-86 所示，设二极管是理想的：①画出它的传输特性曲线；②若输入电压 $u_i=20\sin\omega t$（V），试根据传输特性，在空载的情况下画出一个周期内的输出电压 u_o 的波形。

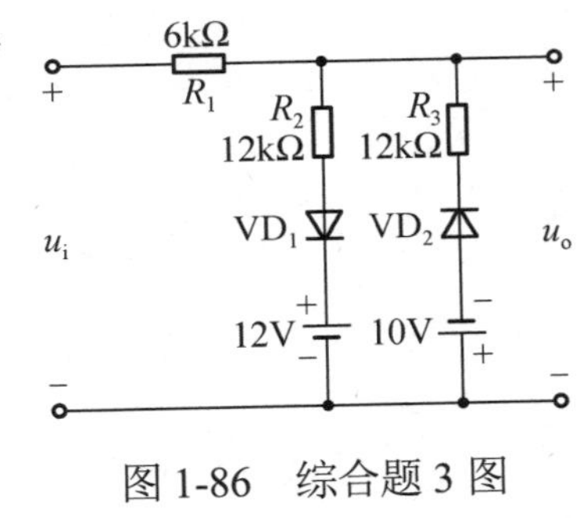

图 1-86　综合题 3 图

4．某三极管的输出特性曲线如图 1-87 所示，从中确定该管的主要参数：I_{CEO}，$U_{(BR)CEO}$，P_{CM}，β（u_{CE}=10V，i_C=2mA）。

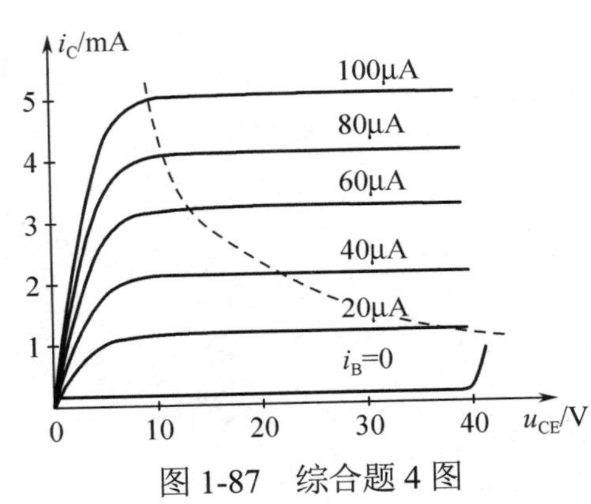

图 1-87　综合题 4 图

5．电路如图1-88所示，当三极管导通时，u_{BE}=0.7V，β=50。试分析在u_I为0、1V、3V几种情况下三极管的工作状态及输出电压u_O的值。

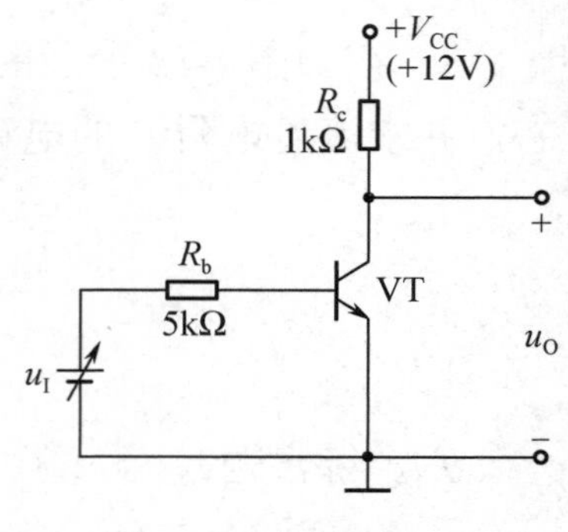

图1-88　综合题5图

6．有一个场效应管，但不知道它是什么类型的，通过实验，测出它的漏极特性曲线如图1-89所示。

（1）它是哪种类型的场效应管？

（2）它的夹断电压$U_{GS(off)}$（或开启电压$U_{GS(th)}$）大约是多少？

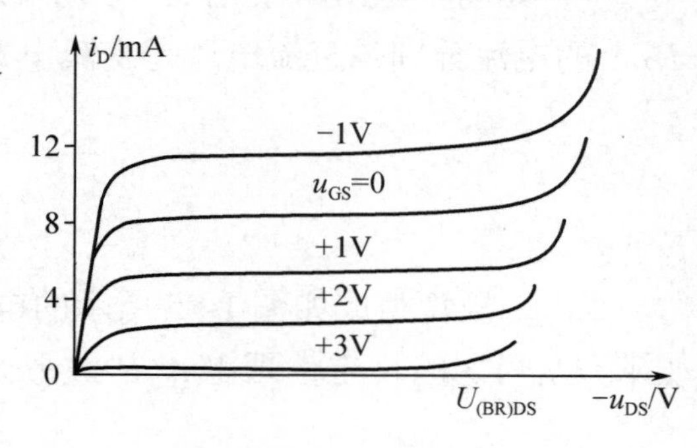

图1-89　综合题6图

参考答案

第 2 章　基本放大器

本章学习要求

（1）熟练掌握基本放大器（含 NPN 和 PNP 型三极管构成的共发射极与共集电极电路）的组成原则和其中各元器件的作用；会分析和判断电路是否具有放大作用，并能说出理由。

（2）能熟练运用基尔霍夫定律对各类放大器的静态参数（I_{BQ}、I_{CQ}、U_{CEQ} 等）进行估算，理解放大器信号放大过程中产生失真的原因、类型及消除方法。

（3）能掌握并运用微变等效电路法对各类放大器的动态参数（$\dot{A}_u$、R_i、R_o 等）进行估算。

（4）了解温度对静态工作点的影响，正确理解分压式电流负反馈偏置放大器和集电极-基极电压负反馈偏置放大器稳定静态工作点的原理。

（5）了解场效应管构成的放大电路的组成原则，能基本掌握相应的分析和计算方法。

（6）熟悉多级放大器的耦合方式，理解放大器幅频特性和通频带的概念。

所谓放大器（也称放大电路），就是指把微弱的电信号（电压、电流或功率）转变为较强的电信号的电子电路。它广泛应用于各种电子设备中，如音响设备、视听设备、精密仪器、自动控制系统等。放大器的本质是能量的控制与转换，即输入电信号控制放大器，把直流电能转换为符合负载要求的输出电信号。本章研究的是小信号状态下的电压、电流放大器，即基本放大器。

2.1　基本放大器的组成及工作原理

2.1.1　基本放大器的基础知识

1．放大器的基本结构

放大器的基本结构如图 2-1 所示。基本放大器（A）由有源元器件（一个或多个三极管、场效应管、运放等）、电源、电阻、电容、电感、变压器共同构成。在图 2-1 中，u_s 是信号源，它向放大器提供被放大的信号；R_L 是负载，它接受放大器的输出信号；1、2 是放大器的输入端，u_i 是放大器的输入信号电压，i_i 是放大器的输入信号电流；3、4 是放大器的输出端，u_o 是放大器的输出信号电压，i_o 是放大器的输出信号电流。

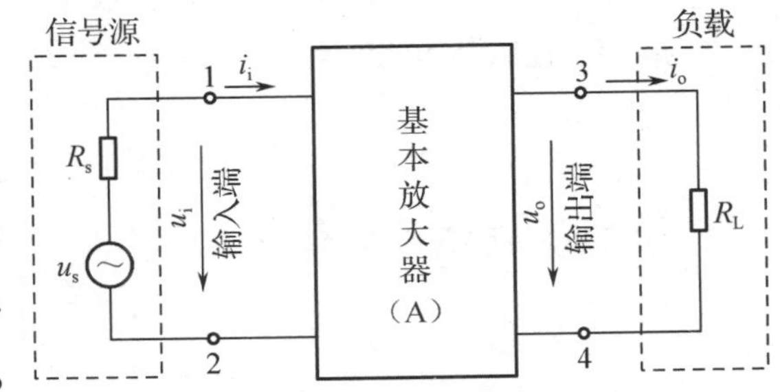

图 2-1　放大器的基本结构

2．放大器的分类

（1）按放大的对象，可分为电压放大器、电流放大器和功率放大器。

（2）按信号的频率，可分为直流放大器、低频放大器、中频放大器和高频放大器等。

（3）按信号的强弱，可分为小信号放大器和大信号放大器。

（4）按工作状态，可分为甲类放大器、乙类放大器、甲乙类放大器和丙类放大器等。

（5）按三极管的组态方式，可分为共发射极放大器、共基极放大器和共集电极放大器。

（6）按三极管的偏置方式，可分为固定偏置放大器、分压式电流负反馈偏置放大器和集电极-基极电压负反馈偏置放大器。

（7）按电路的级数，可分为单级放大器和多级放大器。

（8）按通频带，可分为选频（窄带）放大器和宽带放大器。

3．对放大器的基本要求

（1）要有足够的放大能力。

放大倍数是衡量放大器放大能力的参数。放大倍数有电压放大倍数、电流放大倍数和功率放大倍数。

（2）非线性失真要小。

放大器输出的信号与输入的信号相比，波形会有畸变，这种现象称为非线性失真。非线性失真分为幅频失真和相频失真两类，分别是由于三极管输入、输出特性曲线的非线性，以及放大器相频特性的非线性造成的。

（3）要有合适的静态工作点和通频带。

（4）工作性能要稳定，受温度、电源波动的影响要小。

（5）要有合适的输入电阻和输出电阻。

4．衡量放大器性能指标的参数

我们常用以下参数来作为评价放大器性能指标的重要参考。

（1）放大倍数。

放大倍数是输出信号的变化量与输入信号的变化量之比。在实际应用中，常被定义为输出信号与输入信号的有效值之比。放大倍数有以下 3 种。

① 电压放大倍数 A_u：

$$A_u = \frac{U_o}{U_i}$$

② 电流放大倍数 A_i：

$$A_i = \frac{I_o}{I_i}$$

③ 功率放大倍数 A_p：

$$A_p = \frac{P_o}{P_i} = A_u \cdot A_i$$

（2）放大器的增益 G。

在实际应用中，为了表示和计算的方便，放大器的放大能力常用放大倍数的对数值来表示，称为增益，它的单位为贝尔（符号为B）。又因为贝尔的单位过大，所示常用十分之一贝尔，即分贝（dB）来度量，下面是用分贝表示放大倍数的表达式。

① 功率增益 G_p：

$$G_p = 10\lg A_p \text{（dB）}$$

② 电压增益 G_u：

$$G_u = 20\lg A_u \text{（dB）}$$

③ 电流增益 G_i：

$$G_i = 20\lg A_i \text{（dB）}$$

因为$10\lg A_p = 10\lg\dfrac{P_o}{P_i} = 10\lg\left(\dfrac{U_o^2/R}{U_i^2/R}\right) = 10\lg\dfrac{U_o^2}{U_i^2} = 20\lg\dfrac{U_o}{U_i}$，所以电压增益与电流增益的表达式前的系数都是 20，功率增益表达式前的系数是 10。

表 2-1 说明了放大器的放大倍数与增益分贝数的关系。

表 2-1　放大器的放大倍数与增益分贝数的关系

放大倍数	分贝数	放大倍数	分贝数
1000	60	10^{-3}	−60
100	40	10^{-2}	−40
10	20	10^{-1}	−20
2	6	0.25	−12
$\sqrt{2}$	3	0.5	−6
1	0	$1/\sqrt{2}$	−3

【例 1】 某三级放大器的各级电压放大倍数分别为 A_{u_1}=20，A_{u_2}=40，A_{u_3}=10，求总的电压放大倍数 A_u 和电压增益 G_u。

【解析】 多级放大器总的电压放大倍数为各级电压放大倍数的乘积，总的电压增益为各级电压增益之和，可通过查表求出结果。

【解答】 方法一：总的电压放大倍数为 $A_u = A_{u_1} \cdot A_{u_2} \cdot A_{u_3} = 20\times40\times10 = 8000$，总的电压增益为 $G_u = 20\lg A_u = 20\lg 8000$，查表可知 $\lg 8000$=3.9，即总的电压增益为 78dB。

方法二：仔细观察表 2-1 可知，放大倍数乘 2，对应的分贝数加 6，放大倍数乘 2^3，对应的分贝数加 18，无须查表，也可求出结果，即

$$G_u = 20\lg 8000 = 20\lg(1000\times2^3) = 60+18 = 78\text{（dB）}$$

方法三：$G_u = 20\lg A_{u_1} + 20\lg A_{u_2} + 20\lg A_{u_3} = 20\lg 20 + 20\lg 40 + 20\lg 10$

$$= 26+32+20 = 78\text{（dB）}$$

（3）输入电阻和输出电阻。

放大器的输入电阻和输出电阻均为交流等效电阻，等效电路如图 2-2 所示。

输入电阻 R_i 是指从放大器的输入端向放大器看过去，放大器所呈现出来的交流等效电阻，即

$$R_i = \frac{U_i}{I_i}$$

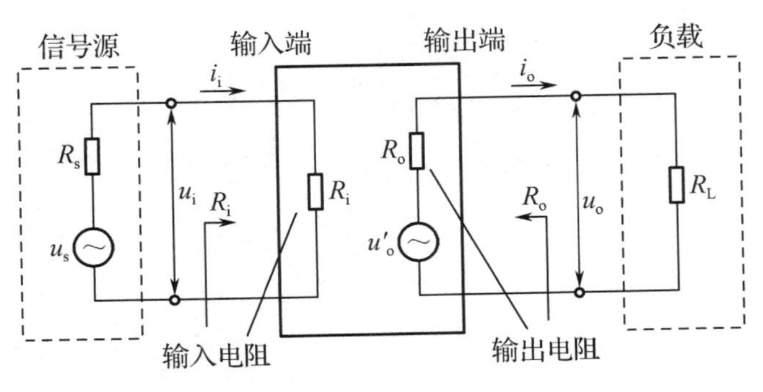

图 2-2　等效电路

① R_i 与 R_s 对信号源 U_s 构成分压关系，

即净输入电压$U_i = U_s \dfrac{R_i}{R_s + R_i}$，因此，$R_i$越大，放大器的净输入电压越高；②信号源提供的电流为$I_i = \dfrac{U_s}{R_s + R_i}$，因此，$R_i$越大，放大器索取的电流越小，信号源的负担越轻。基于以上两点，放大器的输入电阻R_i越大越好。

输出电阻R_o是指断开负载后，从放大器的输出端向放大器看过去，放大器所呈现出来的交流等效电阻。输出电阻的定义体现了戴维南定理的全电路思想。

R_o的大小体现了放大器带负载的能力。负载获得的电压信号$U_o = U'_o \dfrac{R_L}{R_o + R_L}$，因此，$R_o$越小，负载获得的输出电压越高。另外，当负载变化时，R_o越小，输出电压的波动也越小，放大器带负载的能力越强。因此，放大器的输出电阻R_o越小越好。

（4）通频带。

通频带是衡量放大器对信号频率适应能力的性能指标。

由于放大器中含有电容元器件（耦合电容、分布电容、三极管结电容），当频率太高或太低时，电压放大倍数都将降低，所以交流放大器只能在中间某一频率范围（简称中频段）内工作。

图2-3（a）所示为电压放大倍数A_u与频率f的关系曲线，称为幅频特性。可见，在低频段，A_u有所降低，这是因为当频率降低时，耦合电容和发射极旁路电容的容抗不可忽略，信号在电容上的电压降升高，因此造成A_u降低。高频段A_u降低的原因是三极管的β值减小和电路的分布电容、三极管结电容的影响。

在如图 2-3（a）所示的幅频特性中，中频段的电压放大倍数为A_{u_m}。当电压放大倍数减小到$\dfrac{1}{\sqrt{2}}A_{u_m} \approx 0.707A_{u_m}$时，所对应的两个频率分别称为上限截止频率$f_H$和下限截止频率$f_L$，$f_H$-$f_L$的频率范围称为放大电路的通频带BW（也称带宽），即

$$BW = f_H - f_L$$

由于一般$f_L \ll f_H$，故BW≈f_H。通频带越宽，表示放大器的工作频率范围越大。

对于频带很宽的放大电路，如果幅频特性的频率坐标用十进制坐标，则可能难以表达完整。在这种情况下，可用对数坐标来扩大视野，对数幅频特性（也称波特图）如图2-3（b）所示，其横轴表示信号频率，用的是对数坐标；其纵轴表示放大电路的增益分贝值。

由于20lg0.707=−3dB，所以，在工程上通常把f_H-f_L的频率范围称为放大电路的“−3dB”通频带（简称3dB带宽）。

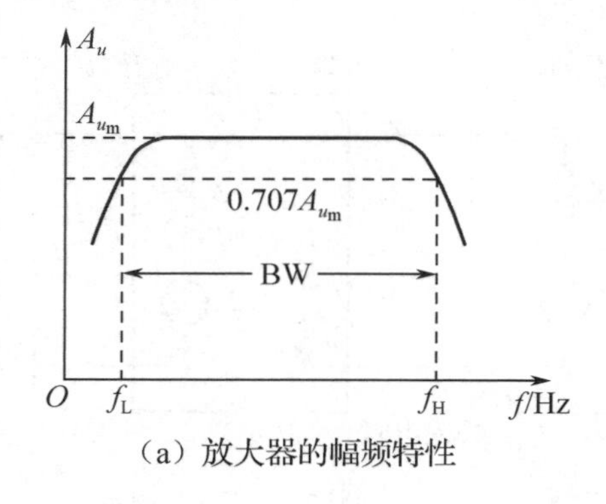

（a）放大器的幅频特性

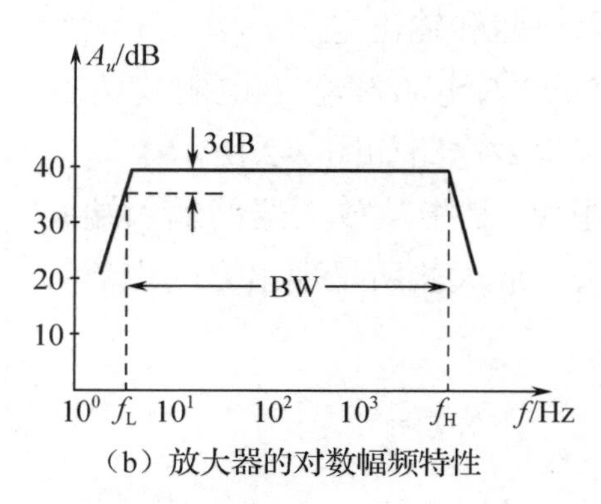

（b）放大器的对数幅频特性

图2-3　通频带

2.1.2 基本放大器的组成

三极管基本共发射极接法的放大电路如图 2-4 所示，外加信号由基极、发射极两端加入放大器，经放大的信号由集电极、发射极两端输出。

电路中各元器件的作用如下。

（1）VT 为放大管，是放大电路的核心。它利用三极管在放大区的电流控制作用，即 $i_C=\beta i_B$ 的电流放大作用将微弱的电信号放大。

（2）V_{BB} 为基极偏置电源，为发射结提供正向偏置电压和基极电流。

（3）R_b 为基极偏置电阻，一般为几十千欧到几百千欧，其作用有：调节基极偏置电流 I_B，使三极管有一个合适的静态工作点；防止交流输入信号被 V_{BB} 短路。

（4）V_{CC} 为集电极直流电源，为集电结提供反向偏置电压和集电极电流，并与 V_{BB} 一起使三极管处于放大状态。V_{CC} 一般在几伏到十几伏之间。

（5）R_c 为集电极负载电阻，一般为几百欧至几千欧，其作用有：使三极管获得正常工作的偏压和偏流；将集电极电流的变化转换为电压的变化，从而实现电压放大。

（6）C_1、C_2 为输入和输出耦合电容，一般是容量为几微法至几十微法的电解电容，其作用有：①隔直流，即隔断信号源、放大器、负载三者之间的直流联系；②耦交流，即保证交流信号能在信号源、放大器、负载三者之间畅通无阻地传输和放大。

（7）R_L 为放大器的负载。它可以是电阻性负载，也可以是后级放大器的等效负载。

（8）u_s 和 R_s 为信号源等效电路，其中，u_s 为信号源电压，R_s 为信号源内阻。它可以是实际的信号源，也可以是前级放大器的等效信号源。

由于采用双电源不现实，所以在实际电路中把 V_{BB} 和 V_{CC} 合二为一，采用单电源 V_{CC} 供电，如图 2-5 所示。

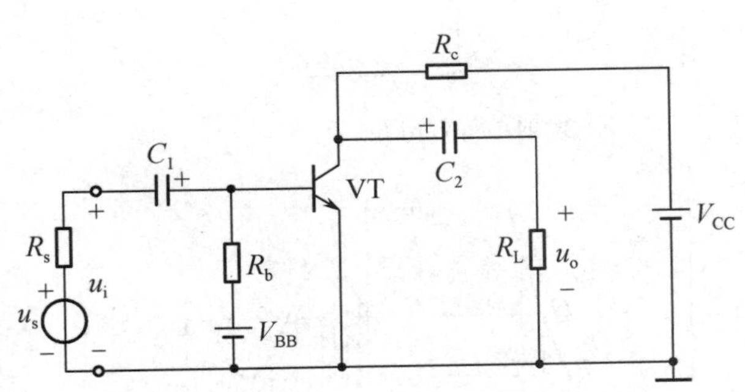

图 2-4 三极管基本共发射极接法的放大电路

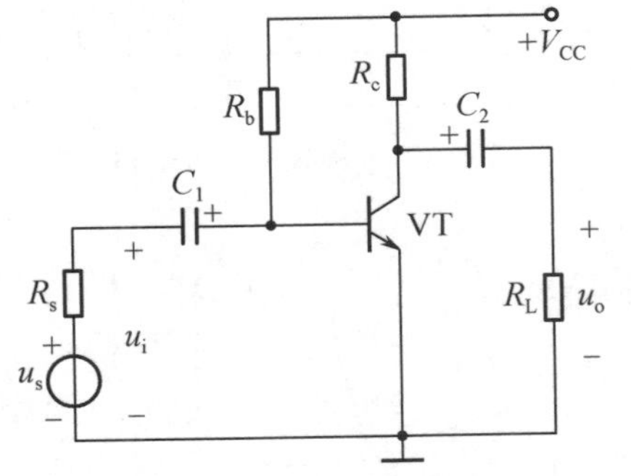

图 2-5 单电源三极管基本共发射极接法的放大电路

2.1.3 基本放大器的直流通路和交流通路

1. 为基本放大电路设置合适的直流偏置的原因

在第 1 章中讨论过，只有工作在放大区的三极管才会满足微小的基极电流变化（输入交流电流 Δi_B）引起极大的集电极电流变化（输出交流电流 Δi_C），即 $\Delta i_C=\beta\Delta i_B$。而且在放大过程中，将 V_{CC} 的直流电能转化为交流电能输出。

小信号交流放大电路的输入信号是很微弱的，电压幅值通常在几十微伏至几十毫伏之间。那么，在小信号交流放大电路中，能否利用微弱的输入交流信号直接加于放大管的基极来实现微弱交流信号的放大呢？由于三极管输入、输出特性的非线性，答案是否定的，即不能。

图 2-6（a）、（b）分别是放大电路的三极管基极未加偏置及其对应的输入回路发射结等效电路。由于 PN 结不仅存在死区，还具单向导电性，所以在输入信号的正半周，只有高于死区电压后，三极管才导通并形成小于半个周期的基极电流；而在整个输入信号的负半周，三极管均截止，无基极电流，如图 2-6（c）所示。显然，基极电流的波形和输入信号的波形相差甚远，产生了严重的非线性失真。当然，由失真的基极电流控制产生的集电极电流自然也是失真的。

解决失真的方法：避开输入特性曲线的死区和输出特性曲线的截止区与饱和区，使三极管在整个输入信号期间都工作在特性曲线的线性段，即给放大三极管加上合适的直流偏置。

在三极管基极与 V_{CC} 之间接入偏置电阻 R_b 后，U_{BEQ}=0.7V，三极管工作于 Q 点（也叫静态工作点，一般选择在线性段的中央附近）。无论有没有输入信号，三极管都已经远离死区。此时的输入信号和基极电流的波形如图 2-6（d）所示。可见，只要选择恰当的 Q 点，就能确保在整个输入信号期间都不产生非线性失真。

在放大电路中，通常存在电容、电感等电抗元器件，信号中既有直流成分又有交流成分。因此，电路可分为直流通路和交流通路来分析，以达到分析简化的目的。在分析静态参数时，需要按直流通路来考虑；在分析动态参数（如电压放大倍数、输入电阻、输出电阻等）时，只能通过交流通路来估算。

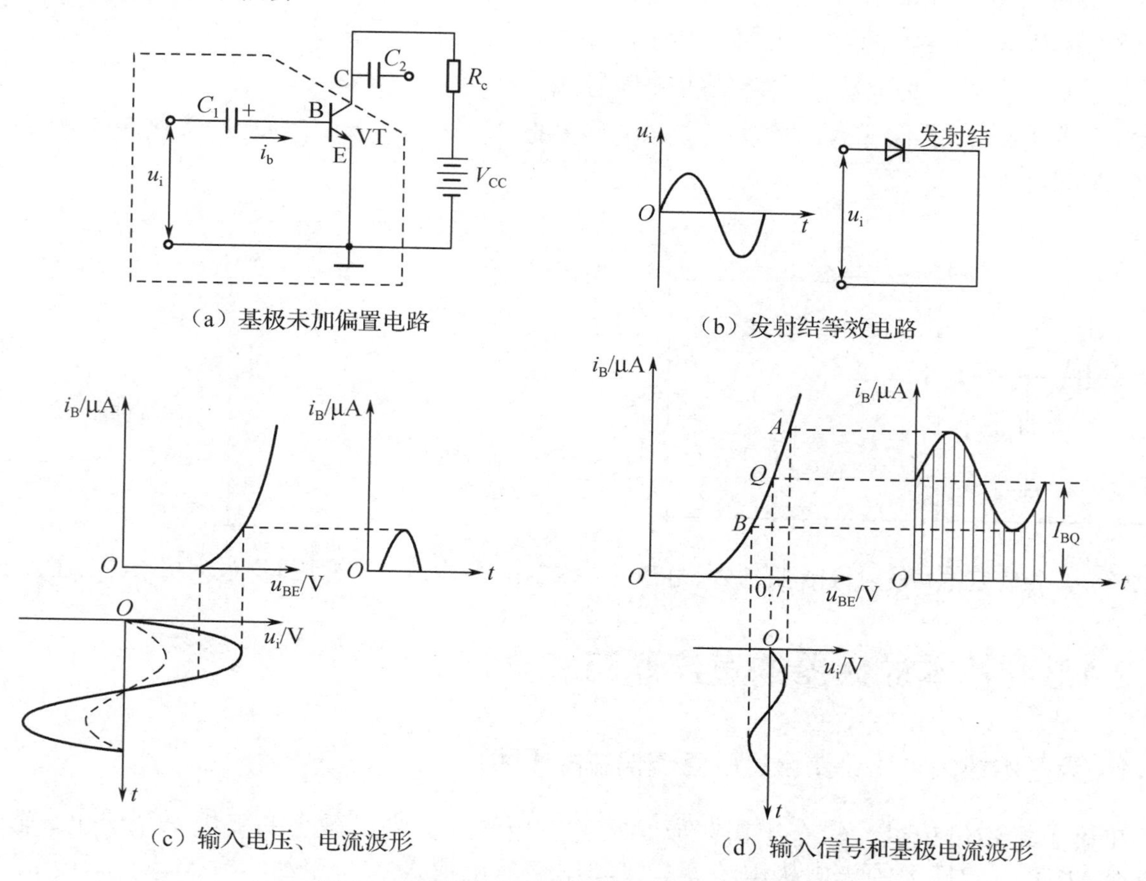

图 2-6　基极无偏置共发射极放大电路分析

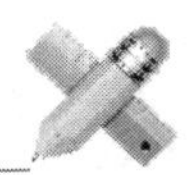

2．静态和直流通路

（1）静态及静态工作点。

所谓静态，就是指放大器未加输入信号（u_i=0）时的工作状态，也称直流工作状态。此时，电路中的 I_B、I_C、U_{BE} 和 U_{CE} 基本保持不变，故名静态。同时，I_B、I_C、U_{BE} 和 U_{CE} 对应在三极管的输入、输出特性曲线上，有一个确定的点，习惯上称为静态工作点，用 Q 表示。为了与其他工作点的数据进行区分，Q 点所对应的数据用 I_{BQ}、I_{CQ}、U_{BEQ} 和 U_{CEQ} 表示。在如图 2-7（a）所示的电路中，只要 V_{CC}、R_b 和 R_c 为定值，Q 就是一个常数，故把这种电路称为固定偏置电路。

（2）直流通路及其画法。

直流通路的定义：放大器中直流成分所能通过的路径。

直流通路的画法：放大器中的所有电容开路、电感短路，整理后即得直流通路，如图 2-7（b）所示。

（3）静态工作点的估算。

可根据直流通路和基尔霍夫电流定律、基尔霍夫电压定律来估算静态工作点。由于 U_{BEQ} 基本上是固定值（硅管：0.7V；锗管：0.3V），所以一般只需求出 I_{BQ}、I_{CQ} 和 U_{CEQ} 这 3 个数值，其公式为

$$I_{BQ}R_b + U_{BEQ} = V_{CC} \Rightarrow I_{BQ} = \frac{V_{CC} - U_{BEQ}}{R_b}，当 V_{CC} \gg U_{BEQ} 时，I_{BQ} \approx \frac{V_{CC}}{R_b}$$

$$I_{CQ} = \beta I_{BQ}$$

$$U_{CEQ} = V_{CC} - I_{CQ}R_c$$

【例 2】 在如图 2-7（b）所示的直流通路中，已知 V_{CC}=12V，硅三极管的β=50，试估算静态工作点。

【解答】

$$I_{BQ} = \frac{V_{CC} - U_{BEQ}}{R_b} = \frac{(12-0.7)\text{V}}{200\text{k}\Omega} = 56.5\mu\text{A}$$

$$I_{CQ} = \beta I_{BQ} = 50 \times 56.5\mu\text{A} = 2.825\text{mA}$$

$$U_{CEQ} = V_{CC} - I_{CQ}R_c = 12\text{V} - 5.65\text{V} = 6.35\text{V}$$

一个放大器的静态工作点的设置是否合适是放大器能否正常工作的前提条件。

3．动态和交流通路

（1）动态的概念。

所谓动态，就是指放大器加入输入信号（$u_i \neq 0$）时的工作状态，也称交流工作状态。此时，电路中的 i_B、i_C、u_{BE} 和 u_{CE} 随输入信号的变化而变化，故名动态。

（2）交流通路及其画法。

交流通路的定义：放大器中交流成分所能通过的路径。由于耦合电容 C_1、C_2 在信号频率不太低的范围内可认为容抗近似为零，所以在交流通路中，电容视为短路。直流电源的内阻极小，其上产生的交流压降可忽略不计，也可视为短路。

交流通路的画法：放大器中的所有电容短路、直流电源短路、电感开路，整理后即得交流通路，如图 2-7（c）所示。

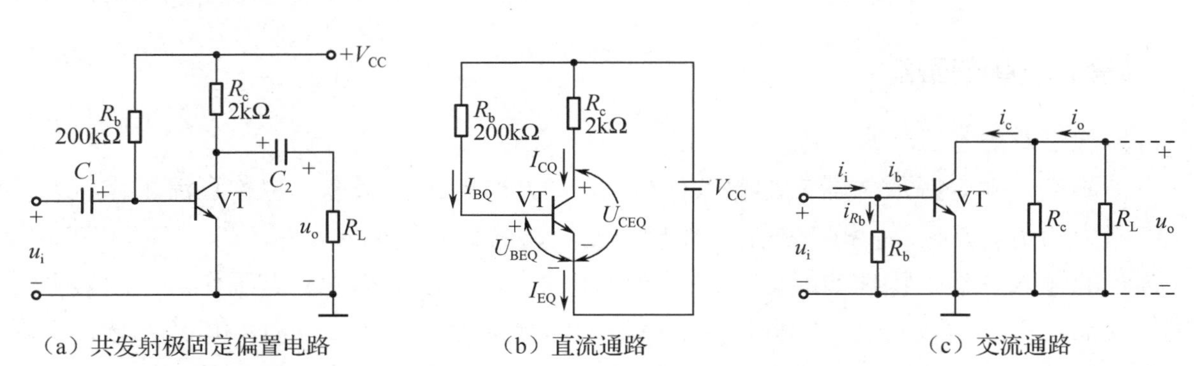

（a）共发射极固定偏置电路　　（b）直流通路　　（c）交流通路

图 2-7　放大器的直流通路和交流通路

4. 放大器中电流及电压符号的使用规定

静态偏置设定后，在没有输入信号时，放大电路中的各极电流和电压均为直流；在有输入信号时，放大电路中的各极电流和电压就变成了在原直流的基础上叠加交流。为了清楚地表示放大器中电流及电压究竟是直流分量、交流分量，还是直流叠加交流分量，特做如下规定。

（1）直流分量。

直流分量用大写字母带大写下标（俗称“大大”）表示。例如，I_B表示基极的直流电流，V_C表示集电极直流电位，U_{CE}表示集电极与发射极之间的直流电压，其他的还有I_C、I_E、V_B、U_{BE}等。

（2）交流分量。

交流分量用小写字母带小写下标（俗称“小小”）表示。例如，i_b表示基极的交流电流，v_c表示集电极交流电位，u_{ce}表示集电极与发射极之间的交流电压，其他的还有i_c、i_e、u_{be}等。

（3）直流叠加交流分量。

直流叠加交流分量用小写字母带大写下标（俗称“小大”）表示。例如，i_B表示$i_B=I_B+i_b$，v_C表示$v_C=V_C+v_c$，u_{CE}表示$u_{CE}=U_{CE}+u_{ce}$，其他的还有i_C、i_E、u_{BE}等。

（4）有效值。

有效值用大写字母带小写下标（俗称“大小”）表示。例如，U_i、U_o分别表示输入、输出交流信号的有效值，其他的还有I_c、U_{be}等。

（5）振幅值。

振幅值用大写字母带小写下标和小写 m 表示。如U_{cem}、I_{cm}等。

5. 共发射极基本放大电路的工作原理

加上合适的直流偏置后的共发射极基本放大电路如图 2-8（a）所示。放大电路在输入电压信号 u_i 的作用下，若三极管能始终工作在特性曲线的放大区，则在放大电路输出端就能获得基本不失真的放大的输出电压信号 u_o。

设输入信号 u_i 为正弦信号，通过耦合电容 C_1 加到三极管的基极和发射极之间，产生电流 i_b，因而基极电流 $i_B=I_{BQ}+i_b$。由于集电极电流受基极电流的控制，所以 $i_C=I_{CQ}+i_c=\beta(I_{BQ}+i_b)$。电阻 R_C 上的压降为 i_CR_C，它随 i_C 成比例地变化。而集电极与发射极之间的管压降 $u_{CE}=V_{CC}-i_CR_C=V_{CC}-(I_{CQ}+i_c)R_C=U_{CEQ}-i_cR_C$ 却随 i_CR_C 的增大而降低。耦合电容 C_2 阻隔直流分量 U_{CEQ}，

将交流分量 $u_{ce}=-i_cR_C$ 送至输出端，这就是放大后的信号电压 $u_o=u_{ce}=-i_cR_C$。u_o 为负，说明 u_i、i_b、i_c 为正半周时，u_o 为负半周，它与输入信号电压 u_i 反相。图2-8（b）～（f）所示为放大电路中各有关电压和电流的信号波形。

综上所述，可归纳以下几点。

（1）当无输入信号时，三极管的电压、电流都是直流分量；有输入信号后，i_B、i_C、u_{CE} 都在原来静态值的基础上叠加了一个交流分量。虽然 i_B、i_C、u_{CE} 的瞬时值是变化的，但它们的方向始终不变，即均是脉动直流量。

（2）输出 u_o 与输入 u_i 频率相同，且 u_o 的幅度比 u_i 大得多，即信号得以放大。

（3）电流 i_b、i_c 与输入 u_i 同相，输出电压 u_o 与输入 u_i 反相，即共发射极放大电路具有“倒相”放大的作用，称为反相放大器。

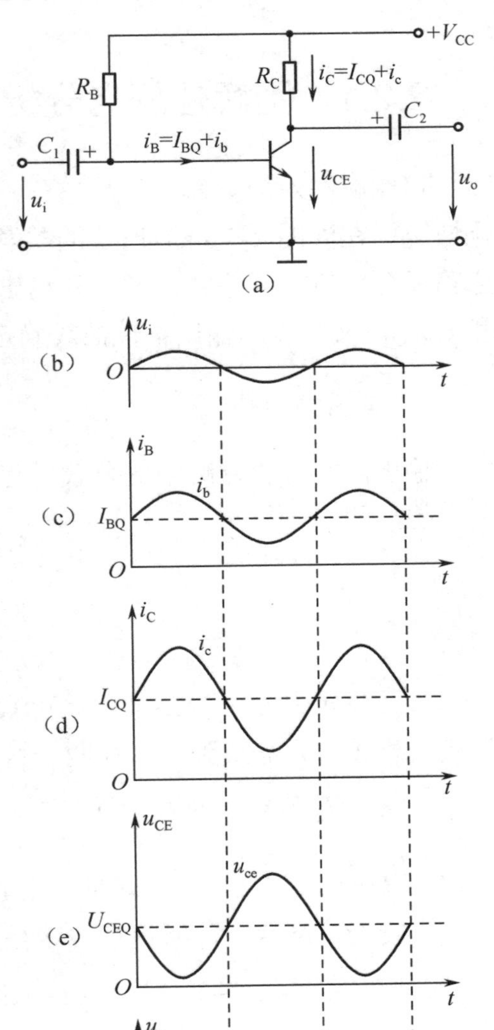

图2-8 放大电路及其中的电压、电流的波形

知识小结

（1）单级低频小信号放大电路是最基本的放大电路，表征放大器的放大能力的参数是放大倍数，即电压、电流和功率3种放大倍数。放大器常采用单电源电路。要不失真地放大交流信号，必须为放大器设置合适的静态工作点，以保证三极管在放大信号时始终工作在放大区。

（2）直流通路的画法：放大器中的所有电容开路、电感短路，整理后即得直流通路。

（3）交流通路的画法：放大器中的所有电容短路、直流电源短路、电感开路，整理后即得交流通路。

2.2 图解法

了解放大器的静态和动态工作情况于放大器的进一步定量分析而言是远远不够的。放大器常用的分析方法有图解法（全称图解分析法）和微变等效电路法。本节对图解法进行介绍。

图解法就是以器件的特性曲线为基础，用作图的方法在特性曲线上分析放大器的工作情况。图解法最大的优点是极具直观性，但对放大倍数、输入/输出电阻等动态指标的定量分析十分困难，特别适用于大信号放大器电路的分析。

2.2.1　图解法静态分析

用图解法对放大器进行静态分析就是在特性曲线上分析静态时放大器的静态工作点的变化情况。在如图 2-9（a）所示的共发射极基本放大器中，只需研究它的直流通路即可。直流通路又分为输入回路直流通路和输出回路直流通路，既可以用输入特性曲线确定 Q 点的 I_{BQ} 和 U_{BEQ}，又可以用输出特性曲线确定 Q 点的 I_{BQ}、I_{CQ} 和 U_{CEQ}。

1．直流负载线

输出回路直流通路中的负载只有 R_c，在输出特性曲线上，U_{CE} 与 I_C 是由输出回路的方程决定的，即

$$\left.\begin{aligned} U_{CE} &= V_{CC} - I_C R_c \\ \text{或}\quad I_C &= \frac{V_{CC} - U_{CE}}{R_c} \end{aligned}\right\}$$

通过公式中 U_{CE} 与 I_C 的关系可知它在输出特性曲线上是一条直线，即直流负载线。要画直流负载线，只需找到 M、N 两个特殊点即可。

短路电流点 M：设 U_{CE}=0 时，则 $I_C = \dfrac{V_{CC}}{R_c}$，因此 M 点的坐标为$(0,V_{CC}/R_c)$。

开路电压点 N：设 I_C= 0 时，则 $U_{CE}=V_{CC}$，因此 N 点的坐标为$(V_{CC},0)$。

连接 M、N 两点，所得直线就是直流负载线，如图 2-9（b）所示。

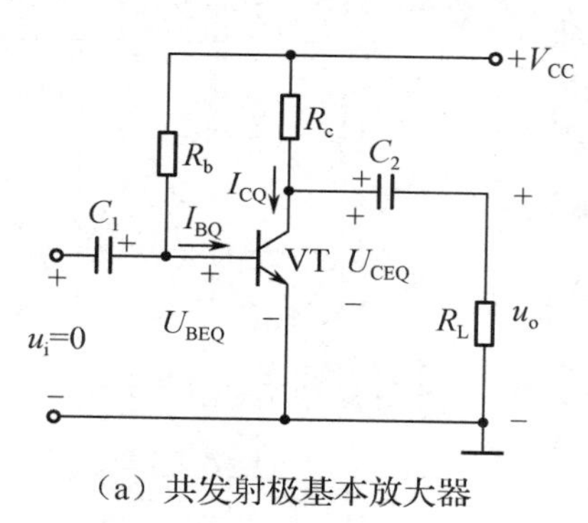

（a）共发射极基本放大器

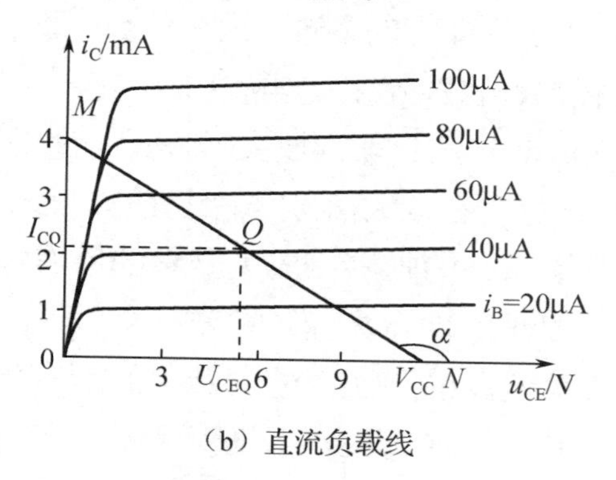

（b）直流负载线

图 2-9　用图解法确定静态工作点的原理

2．在直流负载线上确定静态工作点

由于三极管是电流控制器件，它的集电极电流受基极电流的控制，所以只要找到 I_{BQ}，其他的问题都能迎刃而解。基极电流 I_{BQ} 可以用近似公式 $I_{BQ} \approx V_{CC}/R_b$ 估算出来。

在图 2-9 中，若 R_b=300kΩ，R_c=3kΩ，V_{CC}=12V，则 M 点的坐标为(0,4)，N 点的坐标为(12,0)。连接 M、N 两点，Q 点必在 MN 直线上。根据 $I_{BQ} \approx V_{CC}/R_b$ 可算出 I_{BQ}≈40μA，则 MN 直线与 i_B=40μA 所对应的那条输出特性曲线的交点就是静态工作点 Q。如图 2-9（b）所示，从 Q 点作水平线和垂线分别与纵、横轴相交，可得电流 I_{CQ}（约为 2.1mA）和电压 U_{CEQ}（约为 5.7V）。

【例 3】 某三极管放大电路及其输出特性曲线分别如图 2-10（a）、（b）所示。试求：

（1）在输出特性曲线上画出直流负载线，确定静态工作点数值并估算三极管的 β 值。

（2）若图 2-10（a）中的 R_c 改为 2.5kΩ，其他参数保持不变，则直流负载线和静态工作点的情况如何改变？

【解答】（1）画出放大电路的直流通路，如图 2-10（c）所示。

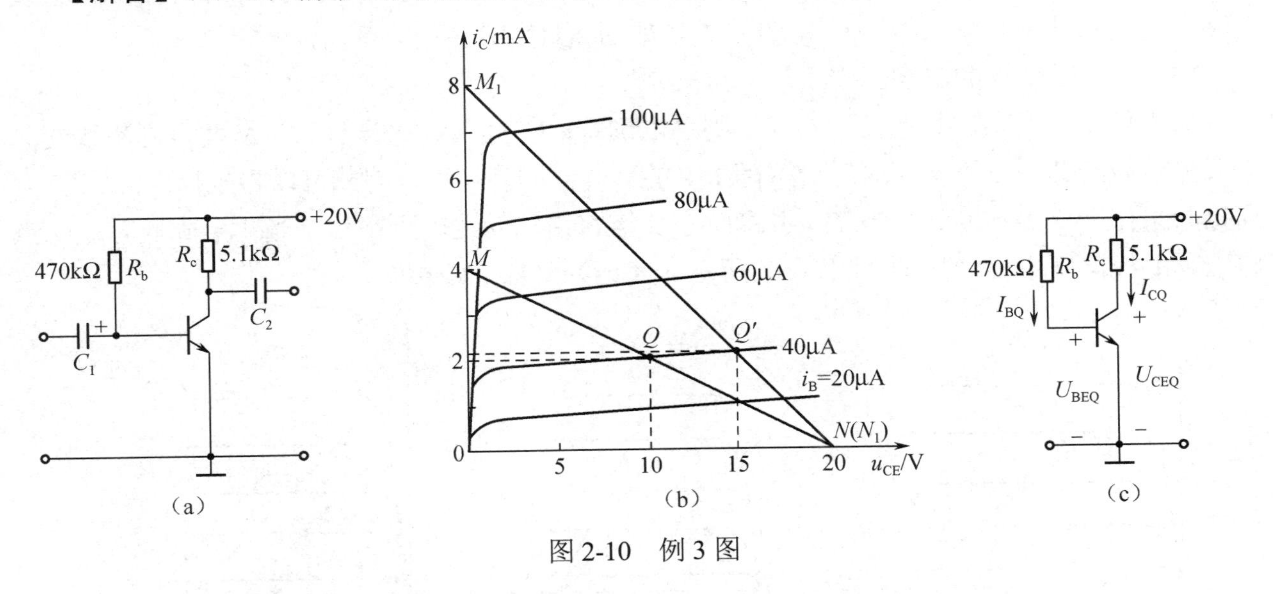

图 2-10　例 3 图

设 U_{CE}=0，则 $I_C=\dfrac{V_{CC}}{R_c}=\dfrac{20V}{5.1k\Omega}\approx 4mA$，即 M 点；设 I_C= 0，则 $U_{CE}=V_{CC}$=20V，即 N 点；连接 M、N 两点，此直线即直流负载线。

确定静态工作点 Q。因为

$$I_{BQ}\approx\frac{V_{CC}}{R_b}=\frac{20V}{470k\Omega}\approx 40\mu A$$

所以，在图 2-10（b）中找出对应 i_B=40μA 的曲线，此曲线与直流负载线 MN 的交点即放大电路的静态工作点 Q。在 Q 处分别作垂线交于横轴、作水平线交于纵轴，可得 U_{CEQ}≈10V，I_{CQ}≈2mA。

此时，三极管的 $\beta\approx\dfrac{I_{CQ}}{I_{BQ}}\approx\dfrac{2mA}{40\mu A}=50$。

（2）若 R_c=2.5kΩ，V_{CC}=20V。同理，设 U_{CE}=0，则 I_C=8mA，即 M_1 点；设 I_C=0，则 U_{CE}=20V，即 N_1 点；连接 M_1、N_1 两点，即得新的直流负载线。由于 I_{BQ}≈40μA 不变，所以此时的静态工作点移至 Q' 处。

3．电路参数对静态工作点的影响

从例 3 的分析中不难发现，当偏置电阻或电源的大小发生变化时，均会使静态工作点发生变化，这些变化对后面要讲述的放大器中的信号失真及其消除具有指导意义，因此下面分别进行讨论。

（1）R_b 对 Q 点的影响。

如果仅 R_b 改变，其他条件不变，则可以确定：①根据 $I_{BQ}\approx V_{CC}/R_b$，I_{BQ} 将随 R_b 的增大而减小；②直流负载线的位置保持不变。因此，当 R_b 增大时，Q 点将沿原直流负载线下移；当 R_b 减小时，Q 点将沿原直流负载线上移，如图 2-11（a）所示（简记为“R_b 上下”）。

（2）R_c 对 Q 点的影响。

如果仅 R_c 改变，其他条件不变，则可以确定：①根据 $I_{BQ} \approx V_{CC}/R_b$，$I_{BQ}$ 将保持不变；②直流负载线的纵坐标值将改变，R_c 越小，直流负载线越陡。因此，当 R_c 增大时，Q 点将沿原 I_{BQ} 线左移；当 R_c 减小时，Q 点将沿原 I_{BQ} 线右移，如图 2-11（b）所示（简记为“R_c 左右”）。

（3）V_{CC} 对 Q 点的影响。

如果仅 V_{CC} 改变，其他条件不变，则可以确定：①直流负载线的 M、N 两点同步改变；②直流负载线的斜率不变，I_{BQ} 和 I_{CQ} 随 V_{CC} 的升高而同步增大。因此可以将坐标原点和 Q 点连接起来作为一条辅助线，当 V_{CC} 升高时，Q 点将沿辅助线向上平移；当 V_{CC} 降低时，Q 点将沿辅助线向下平移，如图 2-11（c）所示（简记为“V_{CC} 平移”）。

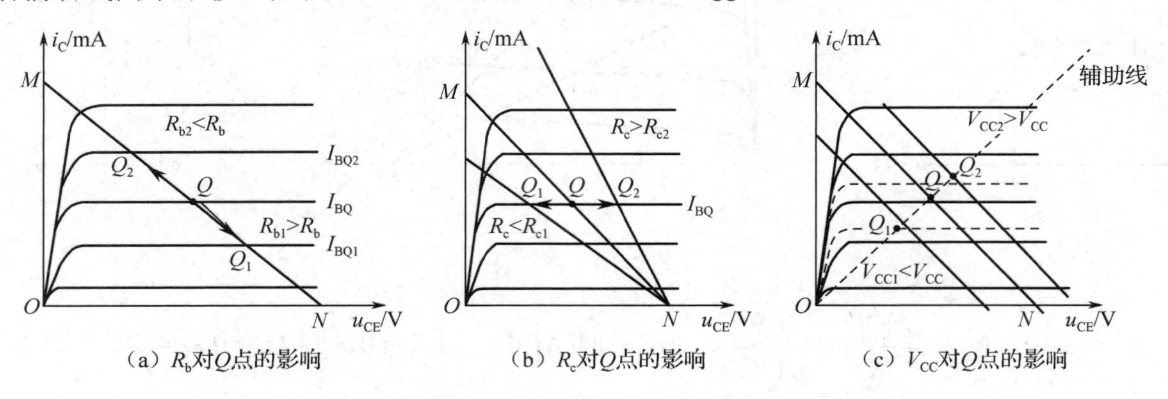

图 2-11　电路参数对 Q 点的影响

2.2.2　图解法动态分析

图解法动态分析是指在静态工作点的基础上加入交流输入信号，从放大器输入和输出特性曲线上分析放大器的工作情况。

1．空载状态下的动态分析

下面结合图 2-10（a）首先分析动态时放大器输入回路的情况。由于正弦交流信号 u_i=0.1sinωtV 的加入，三极管发射结的总电压为 u_{BE}=(0.7+0.1sinωt)V，如图 2-12（a）中的曲线①所示。根据 u_{BE} 的变化规律，可画出图 2-12（a）中的曲线②，即对应的 i_B 波形，可以读出 i_B 在 20～60μA 之间的变化。

然后分析动态时放大器输出回路的情况。由于输出回路的交流通路中只有 R_c，即集电极交流负载电阻 $R_L' = R_c$，所以动态工作点仍将沿着直流负载线在 Q_1 与 Q_2 之间往返变化。与之对应，i_C 在 1～3.2mA 之间往返变化；u_{CE} 在 3～17V 之间往返变化，如图 2-12（b）中的曲线③和④所示。我们把 Q_1 到 Q_2 的范围称为放大器的动态工作范围。

将 $u_{CE}=U_{CEQ}+u_{ce}$ 的波形通过耦合电容 C_2，被隔断直流分量 U_{CEQ} 后的 u_{ce} 就是输出电压 u_o。从图 2-12 中可以看出，当 u_i 处于正半周、u_o 处于负半周时，U_{omin}=|3−10|V=7V；当 u_i 处于负半周、u_o 处于正半周时，U_{omax}=|17−10|V=7V，u_o 与 u_i 反相，输出电压的峰值 U_{om}=7V。已知此时输入电压的峰值 U_{im} 为 0.1V，则放大器空载时有以下结果。

电压放大倍数为 $A_u = -\dfrac{U_{om}}{U_{im}} = -\dfrac{7\text{V}}{0.1\text{V}} = -70$ 或 $A_u = -\dfrac{\Delta u_{CE}}{\Delta u_{BE}} = -\dfrac{14\text{V}}{0.2\text{V}} = -70$（式中的负号表

示 u_o 与 u_i 反相）。

电流放大倍数为 $A_i = \dfrac{\Delta i_C}{\Delta i_B} = \dfrac{(3.2-1)\text{mA}}{(60-20)\mu\text{A}} = 55$（$i_c$ 与 i_b 同相）。

功率放大倍数为 $A_p = |A_u| \times A_i = 70 \times 55 = 3850$。

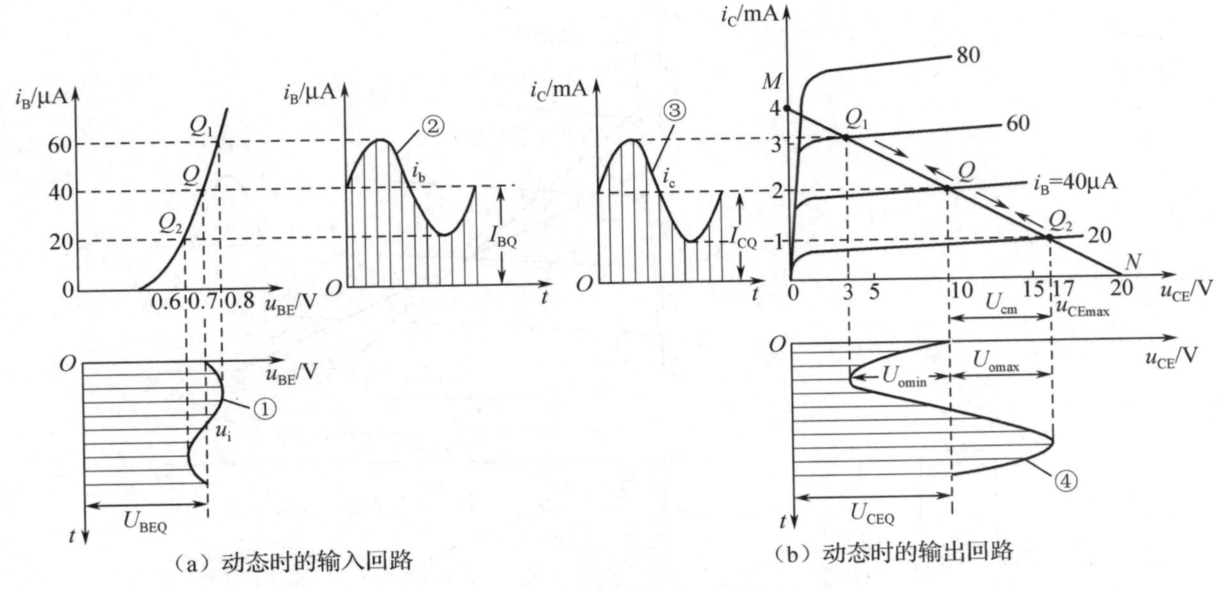

图 2-12　空载状态下的动态图解分析

2．负载状态下的动态分析

下面仍以图 2-10（a）为例，分析接入负载 R_L 后放大器的动态工作情况。图 2-13（a）所示为接入 R_L 后放大器的交流通路。此时，集电极交流负载电阻 $R_L' = R_c // R_L$，因此动态工作点将沿着交流负载线上下往返变化。

图解法静态分析是指根据直流负载电阻 R_c 作直流负载线，其斜率为 $-1/R_c$。同理，负载状态下的图解法动态分析也可根据交流负载电阻 R_L' 作交流负载线，其斜率为 $-1/R_L'$。由于动态时在输入信号过零（u_i=0）瞬间相当于放大器的静态，所以交流负载线必然与直流负载线相交于静态工作点。因此，交流负载线可依据静态工作点画出。

参见图 2-13（b），交流负载线的作图步骤如下。

第一步：在输出特性曲线上作直流负载线 MN，并根据 I_{BQ} 的值确定静态工作点的位置。

第二步：在纵坐标 i_C 轴上确定 $i_C = \dfrac{V_{CC}}{R_L'}$ 辅助点 D 的位置，并连接 D、N 两点，可得斜率为 $-1/R_L'$ 的辅助线 DN。

第三步：过静态工作点作辅助线 DN 的平行线，即交流负载线。

用图解法分析输出端带负载时的放大倍数：从图 2-13（b）中可以看到，放大器接入 R_L 后，i_B 的波形无变化，电压 u_{CE} 与电流 i_C 的变化范围从原来对应于直流负载线的 Q_1Q_2 之间缩小到对应于交流负载线的 $Q'Q''$ 之间。尽管 i_C 的变化量 Δi_c 变化不大，但 u_{CE} 的变化量 Δu_{CE} 减小了许多，说明接入 R_L 后，输出电压 u_o 的幅度会比空载时小。此时，输出电压的峰值 U_{om}=3V，若输入电压的峰值 U_{im} 不变，仍为 0.1V，则接入负载后放大器的电压放大倍数为

$$A_u = -\frac{U_{\text{om}}}{U_{\text{im}}} = -\frac{3\text{V}}{0.1\text{V}} = -30$$

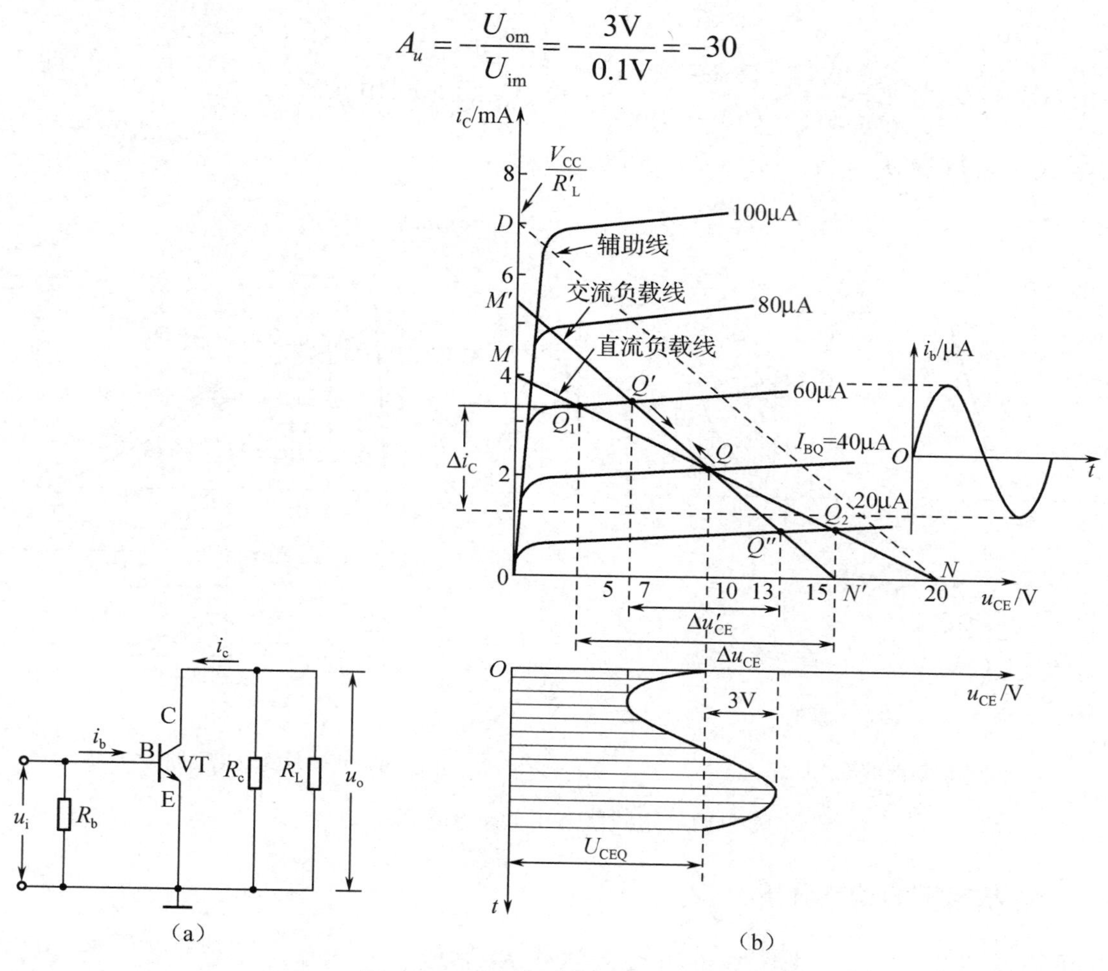

图 2-13　负载状态下的动态分析

3．交流负载线与直流负载线的区别和联系

交、直流负载线是从不同的视角来反映同一电路中电流、电压的变化规律的，因此，它们之间存在着内在的联系，可归纳为如下几点。

（1）直流负载线反映静态时电流、电压的变化关系，主要用于确定静态工作点；交流负载线反映动态时电流、电压的变化关系，它与输出特性一起决定动态时 i_b、i_c 与 u_{ce} 三者之间的变化情况。故在动态下，当依 i_b 画 i_c 和 u_{ce} 的波形时，只能依据交流负载线画出。

（2）交、直流负载线必然都要通过静态工作点。

（3）由于 $R'_L \leqslant R_c$，所以交流负载线比直流负载线更陡。这意味着在相同输入电压的情况下，接入 R_L 后，输出电压 u_o 的幅度会减小，且 R_L 越小，减小得越多。空载时，$R'_L = R_c$，交、直流负载线重合。

2.2.3　非线性失真及消除

由晶体管（三极管或场效应管，本节以三极管为例）特性曲线的非线性引起的失真称为非线性失真。引起非线性失真的根本原因有：①三极管特性曲线的非线性；②静态工作点位置选择不当；③输入信号的幅度过大。下面用图解法对非线性失真产生的原因，以及减小或避免非线性失真的方法予以分析。

1．三极管特性曲线的非线性引起的失真

在放大区内，三极管的非线性失真表现为输入特性曲线弯曲和输出特性曲线间距不匀。

在图 2-14（a）中，加在三极管发射结上的输入电压并无失真，但由于输入特性曲线的非线性，产生的 i_b 电流的波形的正、负半周大小不一致，导致输出信号产生非线性失真。在图 2-14（b）中，三极管输入的 i_b 电流并无失真，但由于输出特性曲线间距不匀（Q 至 Q_1 间距大，β 值大；Q 至 Q_2 间距小，β 值小），产生的 i_c 电流的波形的正、负半周不一致，导致输出电压 u_{ce} 产生非线性失真。

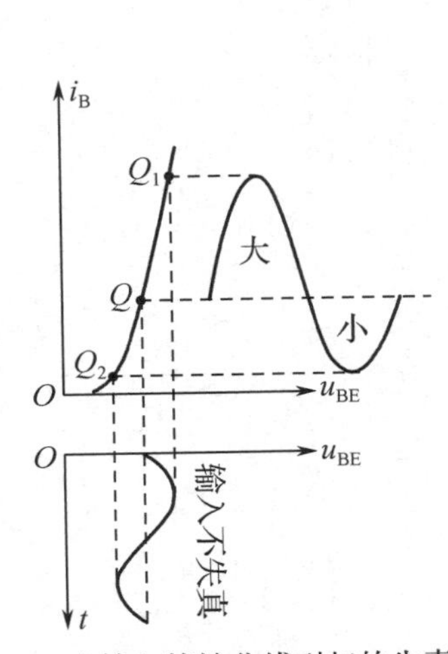

（a）由输入特性曲线引起的失真

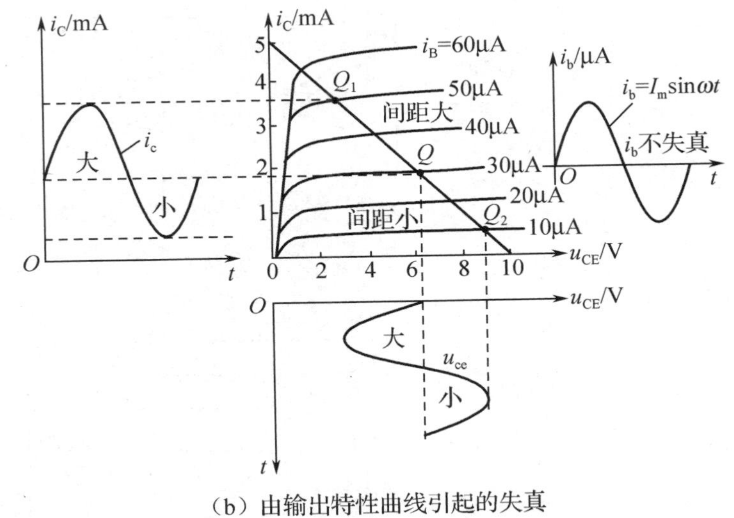

（b）由输出特性曲线引起的失真

图 2-14 三极管特性曲线的非线性引起的失真

2．静态工作点位置选择不当引起的失真

静态工作点的位置不太合适也会引起严重的失真，在大信号输入时尤其明显。

如图 2-15 所示，如果静态工作点的位置过低，如 Q_1，那么在输入特性曲线上，输入电压的负半周就有一段时间进入截止区，使 i_b 的负半周被“削”掉一部分，i_b 的负半周失真又使 i_c 的负半周失真，从而导致 u_{ce} 的正半周也被削去，造成输出失真。该失真是由信号存续期间三极管进入截止区引起的，称为截止失真；同理，如果静态工作点的位置过高，如 Q_2，那么尽管在输入特性曲线上 i_b 的波形完好，但在输出特性曲线上，i_c 的正半周和 u_{ce} 的负半周被削去一部分，造成输出失真。由于失真是由信号存续期间三极管进入饱和区引起的，因此称为饱和失真。

3．输入信号的幅度过大引起的失真

就算静态工作点的位置选择得合适，但如果输入信号的幅度超出了放大器的最大动态范围，那么也会产生失真。如图 2-16 所示，在信号的正、负半周，三极管均有一段时间分别进入了饱和区和截止区，导致输出信号的正、负半周均出现削波现象，这种失真称为双向削波失真。

截止失真、饱和失真和双向削波失真全都是由信号存续期间三极管进入特性曲线的非线性区域引起的，因此都是非线性失真。

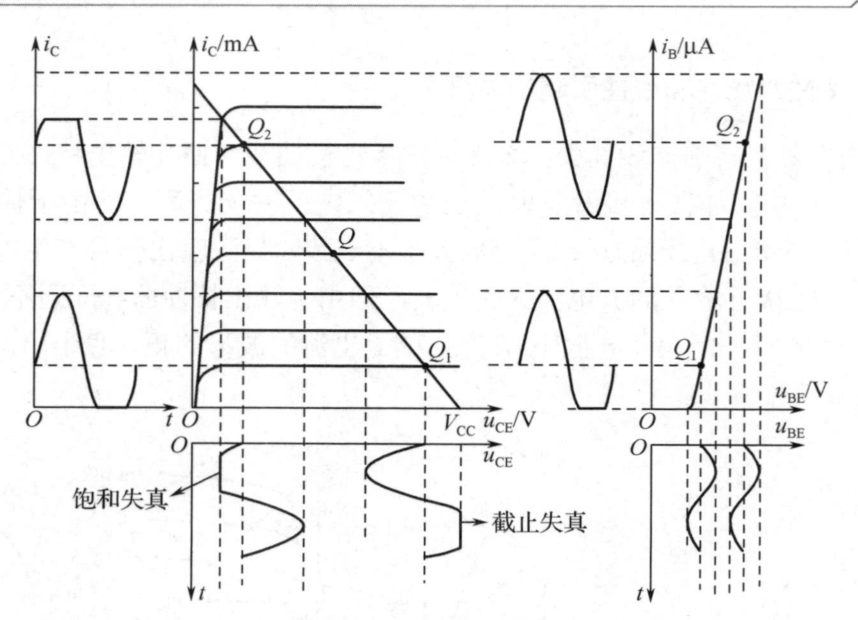

图 2-15　静态工作点位置选择不当引起的失真

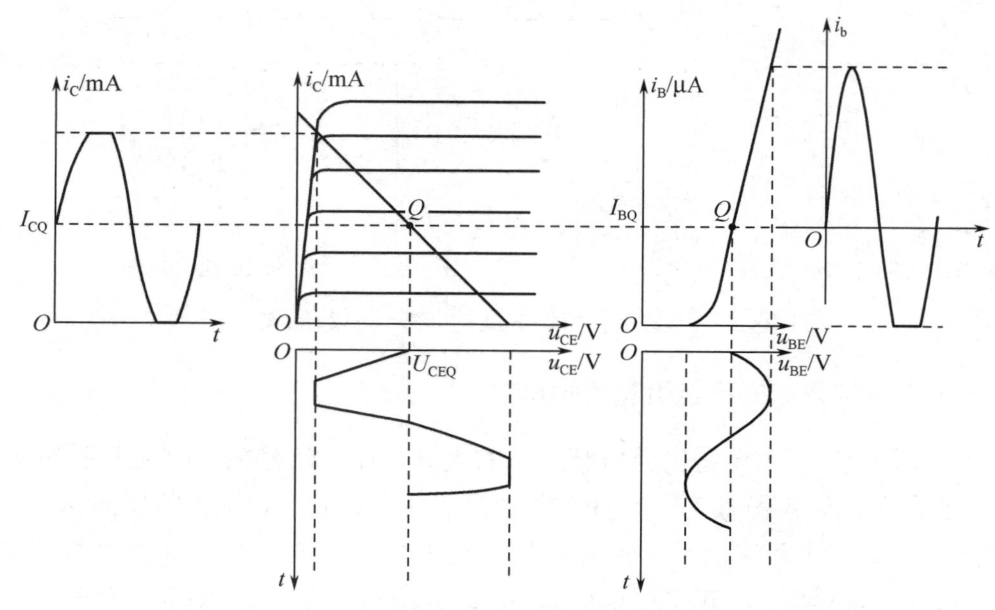

图 2-16　输入信号的幅度过大引起的双向削波失真

4．减小和避免非线性失真的方法

总体原则：首先选择性能良好的三极管，然后选择放大器的静态工作点，应选择在交流负载线线性段的中点附近，确保放大器有最大的动态范围。

对于造成截止失真的原因，从直流负载线上看，是 Q 点的位置太低了；从交流负载线上看，是交流负载线太陡了。因此，避免截止失真的方法是减小 R_b 或增大 R_c。同理，避免饱和失真的方法是增大 R_b 或减小 R_c。

避免双向削波失真的方法：造成该类失真的原因有两个，一是输入信号幅度过大，此时可通过衰减器对输入信号进行适度衰减来克服；二是放大器的动态范围过小，此时可通过提高放大器的供电电压来解决。

必须强调的是，同样是基本共发射极放大器，由于管型的不同导致的失真类型也不一样，所以仅依据输出波形的削波方向来判定失真类型是不够全面的。例如，对于 NPN 管，输入信

号正半周引起的削波失真是饱和失真，表现为 i_c 的正半周和 u_{ce} 的负半周被削波；但如果是PNP 管，则输入信号正半周引起的削波失真是截止失真，同样表现为 i_c 的正半周和 u_{ce} 的负半周被削波。但两种管型避免失真的方法是一致的。

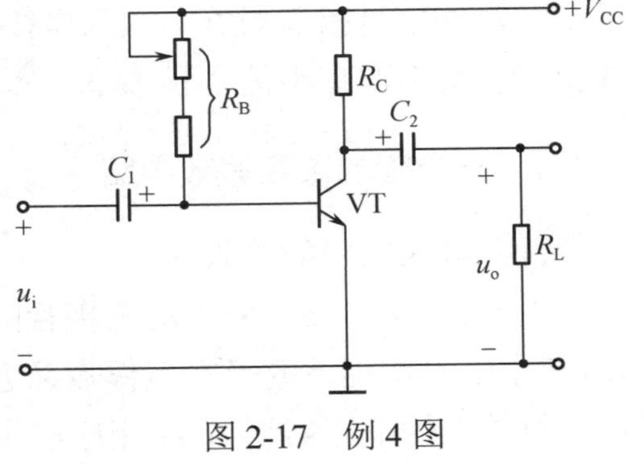

图 2-17　例 4 图

【例 4】 共发射极基本放大电路如图 2-17 所示，已知 V_{CC}=12V，R_C=3kΩ，U_{BE} 忽略不计。

（1）若 R_B=400kΩ，β=50，试求静态工作点。

（2）若要把 I_{CQ} 调到 1.6mA，则 R_B 应调到多大？

（3）若要把 U_{CEQ} 调到 2.4V，则 R_B 应调到多大？

【解答】（1）$I_{BQ}=\dfrac{V_{CC}}{R_B}=\dfrac{12V}{400k\Omega}=30\mu A$，$I_{CQ}=\beta I_{BQ}=50\times 30\mu A=1.5mA$，

$U_{CEQ}=V_{CC}-I_{CQ}R_C=12V-1.5mA\times 3k\Omega=7.5V$。

（2）$I_{BQ}=\dfrac{I_{CQ}}{\beta}=\dfrac{1.6mA}{50}=32\mu A$，$R_B=\dfrac{V_{CC}}{I_{BQ}}=\dfrac{12V}{32\mu A}=375k\Omega$。

（3）因为 $U_{CEQ}=V_{CC}-I_{CQ}R_C$，所以 $I_{CQ}=\dfrac{V_{CC}-U_{CEQ}}{R_C}=\dfrac{(12-2.4)V}{3k\Omega}=3.2mA$，故

$I_{BQ}=\dfrac{I_{CQ}}{\beta}=\dfrac{3.2mA}{50}=64\mu A$，$R_B=\dfrac{V_{CC}}{I_{BQ}}=\dfrac{12V}{64\mu A}=187.5k\Omega$。

知识小结

（1）图解法和微变等效法是分析放大电路的两种基本方法。用图解法可直观地了解放大器的工作原理，关键是会画直流负载线和交流负载线。

（2）电路参数对静态工作点的影响可简记为“R_b 上下、R_c 左右、V_{CC} 平移”。

（3）减小和避免非线性失真的总体原则：①选择性能良好的三极管；②放大器的静态工作点应选择在交流负载线线性段的中点附近。

（4）避免截止失真的方法是减小 R_b 或增大 R_c，避免饱和失真的方法是增大 R_b 或减小 R_c，避免双向削波失真的方法是对输入信号进行适度衰减或提高放大器的供电电压。

2.3　微变等效电路法

微变等效电路法的思路：含有非线性器件（三极管、场效应管）的放大电路是非线性电路，不能采用线性电路的分析方法。但在一定条件下，当输入微弱信号，即交流信号仅在三极管特性曲线上的静态工作点的线性段附近做很小的偏移时，可认为三极管输出与输入的各变量之间呈近似线性关系，这样便可用线性等效电路来替代三极管，从而将放大电路转化为线性电路，使电路的分析和计算得以简化。

因此，所谓微变等效电路法，就是指将非线性器件三极管在一定条件下转化为线性等效电路来分析和计算放大器的各项性能指标。微变等效电路法的不足之处是不能进行静态工作

点的计算，也不具有直观性。

一定条件是指三极管必须工作在近似线性段，即工作范围必须在特性曲线的线性范围内，并且三极管工作在小信号状态下。本节以共发射极为例说明三极管的微变等效电路。

1．三极管的微变等效电路

（1）输入回路的等效。

由如图 2-18（a）所示的三极管的输入特性曲线［输出特性曲线如图 2-18（b）所示］可知，在小信号作用下的静态工作点邻近的 Q_1～Q_2 工作范围内的曲线可视为直线，其斜率不变。在发射结上的电压信号 Δu_{BE} 相应产生基极电流 Δi_B，故可把三极管输入回路的基极和发射极之间的电阻用 r_{be} 来等效代替，即输入电阻 r_{be} 为

$$r_{be}=\left.\frac{\Delta u_{BE}}{\Delta i_B}\right|_{u_{CE}=\text{常数}}=\frac{u_{be}}{i_b}\approx r_b+(1+\beta)r_e$$

式中，r_b 为基区电阻，其值约为 300Ω；r_e 为发射结电阻，定义为发射结电压与流过发射结的电流之比，发射结电压一般约为 26mV；$1+\beta$ 是 r_e 折算到基极回路的折合系数。

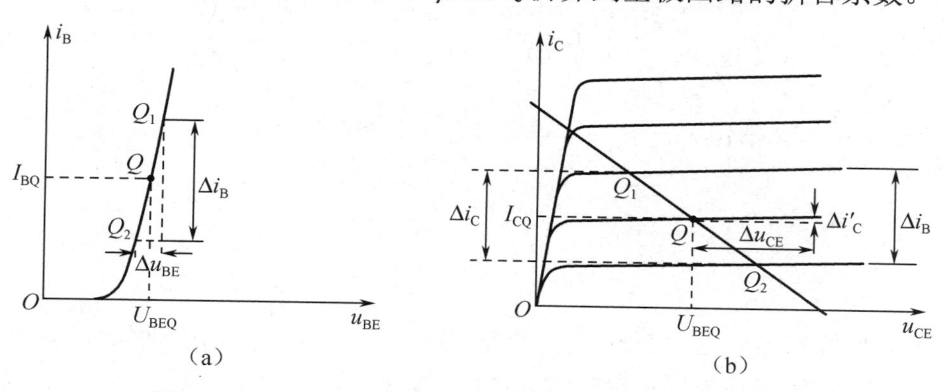

图 2-18　根据三极管的特性曲线求 r_{be}、β 和 r_{ce} 的原理

因此工程中三极管低频小信号下的 r_{be} 的估算公式为

$$r_{be}=300\Omega+(1+\beta)\frac{26\text{mV}}{I_{EQ}\text{（mA）}}$$

三极管输入电阻 r_{be} 一般为几百欧到几千欧，输入回路［见图 2-19（a）］的等效电路如图 2-19（b）所示。

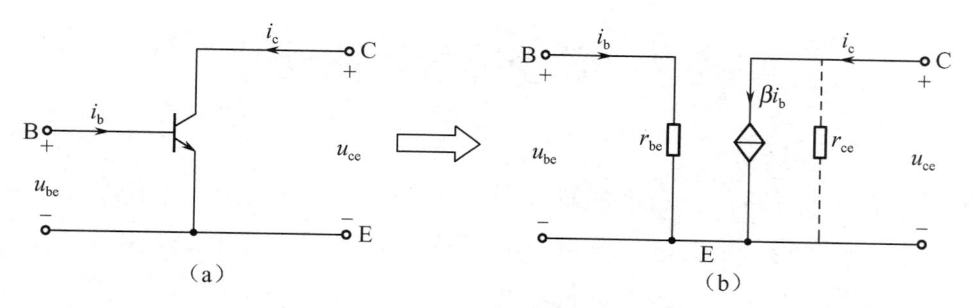

图 2-19　三极管的微变等效电路

（2）输出回路的等效。

由如图 2-19（b）所示的三极管的输出特性曲线可知，在小信号作用下的静态工作点邻近的 Q_1～Q_2 工作范围内，放大区的曲线是一组近似等距的水平线，反映了集电极电流 i_C 只

受基极电流 i_B 的控制而与管子两端的电压 u_{CE} 基本无关，因而三极管的输出回路可等效为一个电流控制电流源，即

$$\Delta i_C = \beta \Delta i_B \quad 或 \quad i_c = \beta i_b$$

实际三极管的输出特性曲线并不是与横轴绝对平行的。当 i_B 为常数时，Δu_{CE} 会引起 $\Delta i'_C$，Δu_{CE} 与 $\Delta i'_C$ 之比定义为三极管的输出电阻 r_{ce}，即

$$r_{ce} = \left.\frac{\Delta u_{CE}}{\Delta i'_C}\right|_{i_B=常数} = \frac{u_{ce}}{i_c}$$

r_{ce} 和受控恒流源 βi_b 并联。由于输出特性曲线近似为水平线，所以 r_{ce} 一般在几百 kΩ 左右，在微变等效电路中可视为开路而不予考虑。图 2-19（b）所示为三极管简化了的微变等效电路。

2．用微变等效电路法分析基本共发射极放大电路

（1）基本共发射极放大电路的交流通路和微变等效电路。

放大电路的交流通路反映了信号的传输过程，通过它可以分析和计算放大电路的多项性能指标。将交流通路中的三极管用微变等效电路来替代可得其微变等效电路。画出如图 2-9（a）所示的基本共发射极放大电路的交流通路和微变等效电路，分别如图 2-20（a）、（b）所示。

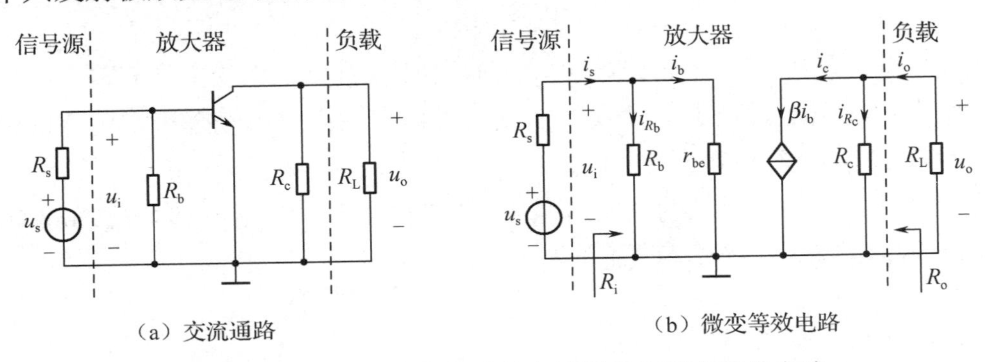

图 2-20 共发射极放大电路的交流通路和微变等效电路

（2）动态性能指标的估算。

① 电压放大倍数 A_u。

电压放大倍数是小信号电压放大电路的主要技术指标。设输入为正弦信号，图 2-20（b）中的交流输入电压 u_i 和交流输出电压 u_o 分别为

$$u_i = i_b r_{be}$$

$$u_o = -\beta i_b \cdot (R_c // R_L) = -\beta i_b R'_L$$

根据电压放大倍数的定义，可得 $A_u = \dfrac{U_o}{U_i} = \dfrac{u_o}{u_i} = \dfrac{-\beta i_b R'_L}{i_b r_{be}} = -\beta \dfrac{R'_L}{r_{be}}$。

说明：①不考虑相移因素，放大电路的输出与输入只有同相和反相两种特殊的相位关系，因此输出与输入的有效值之比、振幅值之比和瞬时值之比的绝对值相等；②A_u 为负号说明输出与输入反相。

当负载开路（未接负载电阻 R_L）时，可得空载时的电压放大倍数 A_{u_o} 为

$$A_{u_o} = \frac{-\beta i_b R_c}{i_b r_{be}} = -\beta \frac{R_c}{r_{be}}$$

比较 A_u 和 A_{u_o} 的表达式可知，放大电路接入负载 R_L 后，电压放大倍数减小了，且 R_L 越

小，电压放大倍数越小。为增大电压放大倍数，希望负载电阻 R_L 大一些。

② 源电压放大倍数 A_{u_s}。

A_{u_s} 定义为输出电压 u_o 与输入信号源电压 u_s 之比，即

$$A_{u_s}=\frac{u_o}{u_s}=\frac{u_o}{u_i}\cdot\frac{u_i}{u_s}=A_u\frac{R_b//r_{be}}{R_s+R_b//r_{be}}=A_u\frac{R_i}{R_s+R_i}$$

式中，$R_i=R_b//r_{be}\approx r_{be}$（通常 $R_b\gg r_{be}$）。可见，R_s 越大，电压放大倍数越小。一般共发射极放大电路为增大电压放大倍数，总希望信号源内阻 R_s 小一些。

③ 输入电阻 R_i。

R_i 定义为放大器的输入电压与输入电流之比，即从放大器的输入端向放大器看过去，放大器所呈现出来的交流等效电阻。图 2-20（b）中的输入电阻为

$$R_i=R_b//r_{be}$$

因为 $R_b\gg r_{be}$，所以 $R_i\approx r_{be}$。前已提及，放大器的输入电阻越大越好。

④ 输出电阻 R_o。

R_o 定义为从放大电路输出端看过去的戴维南等效电路的等效内阻，即断开负载后，向放大器看过去，放大器所呈现出来的交流等效电阻。图 2-20（b）中的输出电阻为

$$R_o=R_c//r_{ce}$$

因为 $r_{ce}\gg R_c$，所以，$R_o\approx R_c$。由此可知，输出电阻越小，负载得到的输出电压越接近于输出信号，或者说输出电阻越小，负载大小变化对输出电压的影响越小，电路的带负载能力就越强，因此输出电阻越小越好。

【例 5】 在如图 2-9（a）所示的共发射极放大电路中，已知 V_{CC}=12V，R_b=300kΩ，R_c=4kΩ，R_L=4kΩ，信号源内阻 R_s=200Ω，三极管的 β=40。

（1）估算静态工作点。

（2）估算电压放大倍数 A_u、A_{u_o} 和 A_{u_s}。

（3）估算输入电阻 R_i 和输出电阻 R_o。

【解答】（1）由直流通路估算静态工作点：

$$I_{BQ}\approx\frac{V_{CC}}{R_b}=\frac{12\text{V}}{300\text{k}\Omega}=40\mu\text{A}$$

$$I_{CQ}=\beta I_{BQ}=40\times40\mu\text{A}=1.6\text{mA}$$

$$U_{CEQ}=V_{CC}-I_{CQ}R_c=12\text{V}-1.6\text{mA}\times4\text{k}\Omega=5.6\text{V}$$

（2）估算电压放大倍数。根据如图 2-20 所示的交流通路和微变等效电路，可得

$$r_{be}=300+(1+\beta)\frac{26\text{mV}}{I_{EQ}(\text{mA})}=300+41\times\frac{26}{1.6}\approx0.966(\text{k}\Omega)$$

$$A_u=-\beta\frac{R_c//R_L}{r_{be}}=-40\times\frac{4//4}{0.966}\approx-82.8$$

$$A_{u_o}=-\beta\frac{R_c}{r_{be}}=-40\times\frac{4}{0.966}\approx-165.6$$

$$A_{u_s}=A_u\frac{R_i}{R_s+R_i}\approx-82.8\times\frac{0.966}{0.2+0.966}\approx-68.6$$

（3）估算输入电阻和输出电阻。根据如图 2-20 所示的交流通路和微变等效电路，可得

$$R_i = R_b // r_{be} \approx r_{be} = 0.966\text{k}\Omega$$
$$R_o = R_c = 4\text{k}\Omega$$

知识小结

（1）微变等效电路法是将非线性器件的三极管在一定条件下转化为线性等效电路来分析和计算放大器的各项性能指标的。一定条件是指：①三极管的工作范围必须在特性曲线的线性范围内；②三极管工作在小信号状态下。

（2）三极管输入电阻的估算公式为 $r_{be} = 300\Omega + (1+\beta)\dfrac{26\text{mV}}{I_{EQ}(\text{mA})}$。

（3）动态性能指标的估算。

①电压放大倍数 $A_u = -\beta\dfrac{R'_L}{r_{be}}$；②源电压放大倍数 $A_{u_s} = A_u\dfrac{R_i}{R_s + R_i}$；③输入电阻 $R_i = R_b // r_{be}$；④输出电阻 $R_o = R_c // r_{ce} \approx R_c$。

2.4 稳定静态工作点的放大电路

前面的讨论已经指出，放大必须有一个合适的静态工作点，以保证有较好的放大效果，并且不引起非线性失真。实践证明，固定偏置放大电路的静态工作点并不稳定。造成静态工作点不稳定的原因有电源电压的波动、电路参数的变化、管子的老化等，但最主要的原因是由半导体的热敏性导致三极管的参数随温度变化引起的。下面讨论影响静态工作点变动的主要原因，以及能够稳定静态工作点的偏置电路。

2.4.1 温度对静态工作点的影响

在固定偏置放大电路中，V_{CC} 及 R_b 一经选定，I_{BQ} 就被确定了。但温度变化会使集电极电流 I_{CQ} 增大，输出特性曲线族将向上平移，这时静态工作点将从 Q 点向上移到 Q_1 点，导致 U_{CEQ} 降低，静态工作点向饱和区移动，如图 2-21 中的虚线所示。

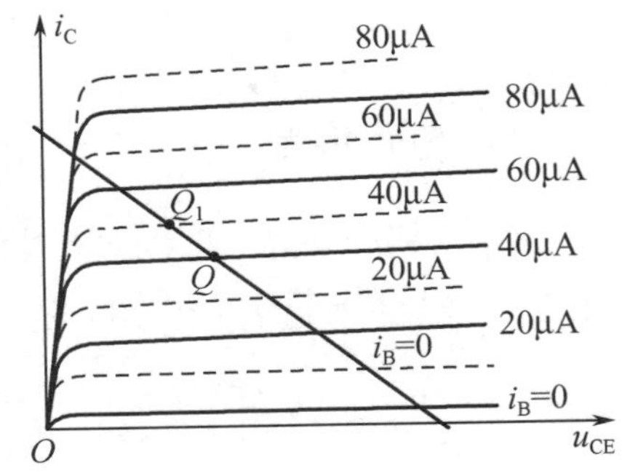

图 2-21 温度对 Q 点的影响

造成静态工作点变动的原因：三极管几乎所有的参数都与温度有关，表现为温度每升高 10℃，I_{CBQ} 将增大一倍左右，β 将增加 0.5%～1%，$|U_{BE}|$ 将降低 2～2.5mV，具有负温度系数的特性。综上所述，可归纳如下：

$$\left.\begin{array}{l} T\uparrow \rightarrow I_{CBO}\uparrow \rightarrow I_{CEO}\uparrow \rightarrow I_{CQ}\uparrow \rightarrow Q\uparrow \\ T\uparrow \rightarrow \beta\uparrow \rightarrow I_{CQ}\uparrow \rightarrow Q\uparrow \\ T\uparrow \rightarrow \text{输入特性曲线左移} \rightarrow I_{BQ}\uparrow \rightarrow I_{CQ}\uparrow \rightarrow Q\uparrow \end{array}\right\}$$

可见，当温度升高时，都集中表现为 I_{CQ} 增大，造成 Q 点上移。

解决的思路：让放大电路的 U_{BEQ} 具备自动调整的功能。当温度升高而使 I_{CQ} 增大时，U_{BEQ} 自动下降，以此来弥补由温度升高造成的影响，从而保持静态工作点的稳定。常用的稳定静态工作点的放大电路有分压式电流负反馈偏置电路和集电极-基极电压负反馈偏置电路。

2.4.2 分压式电流负反馈偏置电路

为了让放大电路的 U_{BEQ} 具备自动调整的功能，可采取以下措施。

（1）针对 I_{CBO} 的影响，可设法使基极电流 I_{BQ} 随着温度的升高而自动减小。

（2）针对 U_{BEQ} 的影响，可设法使发射结的外电压随着温度的升高而自动降低。

图 2-22 是实现上面两项措施的电路，称为分压式电流负反馈偏置电路，它是交流放大器中最常用的一种基本电路。

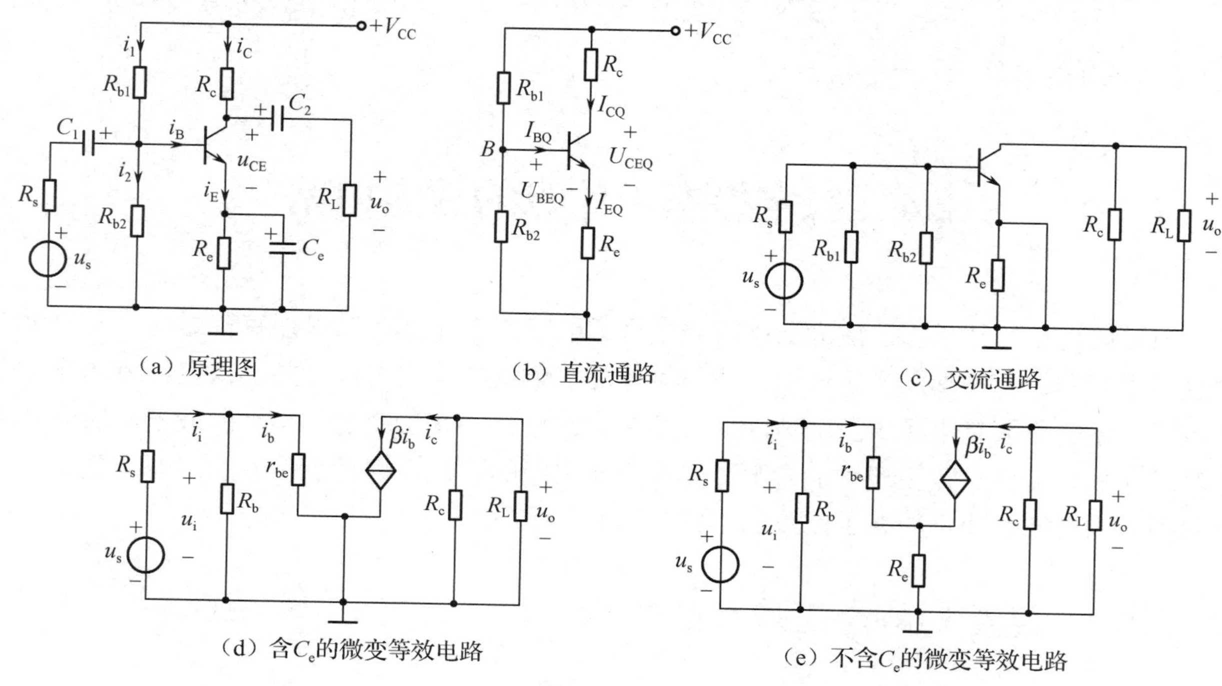

图 2-22 分压式电流负反馈偏置电路

1. 电路特点

（1）利用 R_{b1}、R_{b2} 的分压来固定基极电位。静态时，设流过 R_{b1} 和 R_{b2} 的电流分别为 I_{1Q} 和 I_{2Q}，电路满足 $I_{1Q}≈I_{2Q}$ 的条件且 I_{1Q}、I_{2Q} 均远远大于 I_{BQ}。这样，基极的电位为

$$V_{BQ}=V_{CC}\frac{R_{b2}}{R_{b1}+R_{b2}}$$

因此，基极的电位 V_{BQ} 由 R_{b1} 和 R_{b2} 对电源的分压决定，与温度无关。

（2）利用发射极电阻 R_e 获取反映电流 I_{EQ} 变化的信号，反馈到发射结两端，实现静态工作点的稳定。

通常要求 $V_{BQ} \gg U_{BEQ}$，因此发射极电流为

$$I_{EQ}=\frac{V_{BQ}-U_{BEQ}}{R_e}\approx\frac{V_{BQ}}{R_e}$$

根据 $I_{1Q} \gg I_{BQ}$ 和 $V_{BQ} \gg U_{BEQ}$ 这两个条件，说明 I_{EQ} 和 I_{CQ}（$I_{CQ} \approx I_{EQ}$）是固定的，不仅与温度无关，还几乎与三极管的参数无关。这意味着分压式电流负反馈偏置电路的静态工作点只取决于偏置电路的参数，维修时即使更换不同 β 值的三极管，静态工作点也不会变。

2．稳定静态工作点的原理

当温度升高时，I_{CQ} 增大，电阻 R_e 上的压降 $I_{EQ}R_e$ 升高，即发射极电位 V_{EQ} 升高，而基极电位 V_{BQ} 固定，因此净输入电压 $U_{BEQ}=V_{BQ}-V_{EQ}$ 降低，从而使输入电流 I_{BQ} 减小，最终导致集电极电流 I_{CQ} 减小。这样，在温度变化时，静态工作点便得到了稳定。该电路稳定静态工作点的过程可表示如下：

$$\text{（温度）}T\uparrow\ \text{（或}\beta\uparrow\text{）}\longrightarrow I_{CQ}\uparrow\longrightarrow I_{EQ}\uparrow\longrightarrow V_{EQ}\uparrow\xrightarrow{V_{BQ}\text{不变}}U_{BEQ}\downarrow\longrightarrow I_{BQ}\downarrow\longrightarrow I_{CQ}\downarrow$$

这个稳定过程的实现是基于 $I_{1Q} \gg I_{BQ}$ 和 $V_{BQ} \gg U_{BEQ}$ 这两个条件获得的。I_{1Q} 和 V_{BQ} 选择得越大（高），电路静态工作点的稳定性越好，但同时会造成放大电路放大倍数的减小和三极管动态范围的减小。因此，通常选择如下：

$$I_{1Q} \gg I_{BQ} \Rightarrow \begin{cases} I_{1Q} = (5\sim10)I_{BQ}\text{（硅管）} \\ I_{1Q} = (10\sim20)I_{BQ}\text{（锗管）} \end{cases} \qquad V_{BQ} \gg U_{BEQ} \Rightarrow \begin{cases} V_{BQ} = (3\sim5)U_{BEQ}\text{（硅管）} \\ V_{BQ} = (5\sim10)U_{BEQ}\text{（锗管）} \end{cases}$$

现对发射极旁路电容的作用进行说明。

如图 2-22（e）所示，R_e 的存在使得输入电压 u_i 不能全部加在基极、发射极两端，造成 A_u 和 u_o 的大幅度减小（降低），解决的方法是在 R_e 两端并联一个旁路电容 C_e。对于直流偏置，C_e 相当于开路，仍能稳定静态工作点；而对于交流信号，C_e 相当于短路，R_e 对交流输入信号不产生分压，电路的放大倍数不会减小。一般旁路电容 C_e 取几十 μF 到几百 μF。R_e 越大，稳定性越好。但过大的 R_e 会使 U_{CEQ} 下降，影响三极管的动态范围，通常小信号放大电路中的 R_e 取几百 Ω 到几 kΩ。

3．静态工作点的计算

图 2-22（b）所示为分压式电流负反馈偏置电路的直流通路，由直流通路求静态工作点的方法有两种，分别为估算法和戴维南等效法，现分别予以介绍。

（1）估算法：

$$V_{BQ} = V_{CC}\frac{R_{b2}}{R_{b1}+R_{b2}} \qquad I_{CQ} \approx I_{EQ} = \frac{V_{BQ}-U_{BEQ}}{R_e}$$

$$I_{BQ} = \frac{I_{CQ}}{\beta} \qquad U_{CEQ} = V_{CC} - I_{CQ}R_c - I_{EQ}R_e \approx V_{CC} - I_{CQ}(R_c+R_e)$$

估算法简单快捷，但如果不满足 $I_{1Q} \gg I_{BQ}$ 和 $V_{BQ} \gg U_{BEQ}$ 这两个条件，那么将产生巨大的误差。

（2）戴维南等效法。

戴维南等效法求静态工作点的原理如图 2-23 所示。

由图 2-23（a）求基极开路电压 U_{BB} 和基极等效电阻 R_b，分别为

$$U_{BB} = V_{CC}\frac{R_{b2}}{R_{b1}+R_{b2}} \qquad R_b = \frac{R_{b1}\cdot R_{b2}}{R_{b1}+R_{b2}}$$

则基极电流为$I_{BQ}=\dfrac{U_{BB}-U_{BEQ}}{R_b+(1+\beta)R_e}$，集电极电流为$I_{CQ}=\beta I_{BQ}$，集电极与发射极之间的电压为$U_{CEQ}=V_{CC}-I_{CQ}R_c-I_{EQ}R_e\approx V_{CC}-I_{CQ}(R_c+R_e)$。

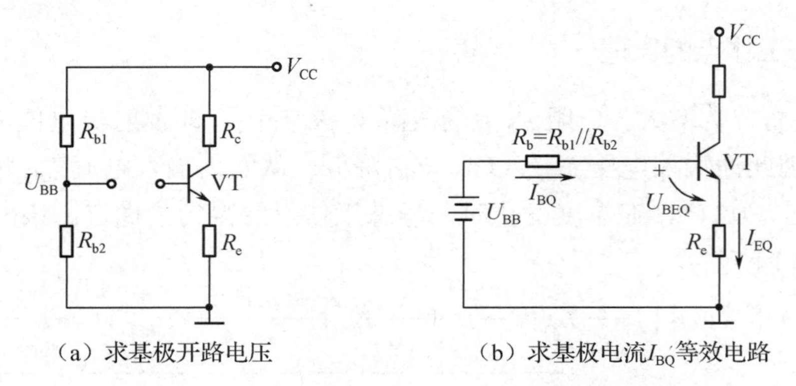

（a）求基极开路电压　　（b）求基极电流I_{BQ}等效电路

图 2-23　戴维南等效法求静态工作点的原理

4．动态参数的计算

首先，画出微变等效电路，如图 2-22（d）所示，其中 R_b=R_{b1}//R_{b2}。

（1）电压放大倍数：

$$u_o=-\beta i_b R_L' \qquad R_L'=R_c//R_L$$

$$u_i=i_b r_{be}$$

$$A_u=\frac{u_o}{u_i}=-\beta\frac{i_b R_L'}{i_b r_{be}}=-\beta\frac{R_L'}{r_{be}}$$

（2）输入电阻为$R_i=R_b//r_{be}=R_{b1}//R_{b2}//r_{be}$。

（3）输出电阻为$R_o=R_c//r_{ce}\approx R_c$。

其次，若电路中无旁路电容 C_e，则对交流信号而言，R_e 未被 C_e 交流旁路掉，其等效电路如图 2-22（e）所示，其中 R_b=R_{b1}//R_{b2}。现分析如下。

（1）电压放大倍数：

$$u_o=-\beta i_b R_L' \qquad R_L'=R_C//R_L$$

$$u_i=i_b r_{be}+(1+\beta)i_b R_e=i_b[r_{be}+(1+\beta)R_e]$$

$$A_u=\frac{u_o}{u_i}=-\beta\frac{i_b R_L'}{i_b[r_{be}+(1+\beta)R_e]}=-\beta\frac{R_L'}{r_{be}+(1+\beta)R_e}$$

（2）输入电阻为$R_i=R_b//r_{be}=R_{b1}//R_{b2}//[r_{be}+(1+\beta)R_e]$。

（3）输出电阻为$R_o=R_c//r_{ce}\approx R_c$。

【例 6】 在如图 2-22（a）所示的电路中，已知 V_{CC}=16V，R_{b1}=15kΩ，R_{b2}=5kΩ，R_c=3kΩ，R_e=2kΩ，R_L=6kΩ，硅三极管的 β=60，设 R_s=0。

（1）分别运用估算法和戴维南等效法估算静态工作点。

（2）画出微变等效电路。

（3）计算电压放大倍数，若 β 由 60 换成 120，则电压放大倍数是否翻倍？为什么？

（4）计算输入、输出电阻。

（5）当 R_e 两端未并联旁路电容时，画出其微变等效电路，计算电压放大倍数，以及输入、输出电阻。

【解答】(1) 估算静态工作点。

① 估算法：

$$V_{BQ} = V_{CC}\frac{R_{b2}}{R_{b1}+R_{b2}} = 16V \times \frac{5k\Omega}{15k\Omega + 5k\Omega} = 4V$$

$$I_{CQ} \approx I_{EQ} = \frac{V_{BQ}-U_{BEQ}}{R_e} = \frac{(4-0.7)V}{2k\Omega} = 1.65mA \qquad I_{BQ} = \frac{I_{CQ}}{\beta} = \frac{1.65mA}{60} = 27.5\mu A$$

$$U_{CEQ} = V_{CC} - I_{CQ}(R_c + R_e) = 16V - 1.65mA \times 5k\Omega = 7.75V$$

② 戴维南等效法，如图 2-23 所示：

$$U_{BB} = V_{CC}\frac{R_{b2}}{R_{b1}+R_{b2}} = 16V \times \frac{5k\Omega}{15k\Omega+5k\Omega} = 4V \qquad R_b = \frac{R_{b1}\cdot R_{b2}}{R_{b1}+R_{b2}} = \frac{15\times 5}{15+5}k\Omega = 3.75k\Omega$$

$$I_{BQ} = \frac{U_{BB}-U_{BEQ}}{R_b+(1+\beta)R_e} = \frac{(4-0.7)V}{[3.75+(1+60)\times 2]k\Omega} \approx 26\mu A \qquad I_{CQ} = \beta I_{BQ} = 60\times 26\mu A = 1.56mA$$

$$U_{CEQ} = V_{CC} - I_{CQ}(R_c + R_e) = 16V - 1.56mA \times 5k\Omega = 8.2V$$

(2) 画出微变等效电路，如图 2-22 (d) 所示。

(3) 计算电压放大倍数。由微变等效电路得，当 β=60 时，$r_{be} = 300\Omega + (1+\beta)\frac{26mV}{I_{EQ}(mA)} = 300\Omega + (1+60)\frac{26mV}{1.56mA} \approx 1.3k\Omega$，此时的电压放大倍数为 $A_u = -\beta\frac{R'_L}{r_{be}} = -60\times\frac{2}{1.3} \approx -92$。

当 β=120 时，$r_{be} = 300\Omega + (1+\beta)\frac{26mV}{I_{EQ}(mA)} = 300\Omega + (1+120)\frac{26mV}{1.56mA} \approx 2.32k\Omega$，此时的电压放大倍数为 $A_u = -\beta\frac{R'_L}{r_{be}} = -120\times\frac{2}{2.32} \approx -103$。

通过计算结果可知：①当三极管换成 β=120 的同类型管时，因为 I_{CQ} 不变，所以静态工作点不变，不影响放大器的正常工作；②根据公式 $r_{be} = 300\Omega + (1+\beta)\frac{26mV}{I_{EQ}(mA)}$ 可知，当 β 改变时，由于 I_{EQ} 基本不变，r_{be} 几乎与 β 同步变化，故 $A_u = -\beta\frac{R'_L}{r_{be}}$ 也基本保持不变。

(4) 计算输入、输出电阻：

$$R_i = R_b // r_{be} = R_{b1} // R_{b2} // r_{be} = (15//5//1.3)k\Omega \approx 0.97k\Omega$$

$$R_o = R_c = 3k\Omega$$

(5) 当 R_e 两端未并联旁路电容时，其微变等效电路如图 2-22 (e) 所示。此时，电压放大倍数为

$$A_u = -\beta\frac{R'_L}{r_{be}+(1+\beta)R_e} = -60\times\frac{2}{1.3+(1+60)\times 2} \approx -0.97$$

输入、输出电阻分别为

$$R_i = R_{b1}//R_{b2}//[r_{be}+(1+\beta)R_e] = (15//5//123.3)k\Omega \approx 3.64k\Omega$$

$$R_o = R_c = 3k\Omega$$

由计算结果可知，去掉旁路电容后，电压放大倍数减小了，输入电阻增大了。这是因为电路引入了串联负反馈，负反馈内容将在第 3 章中讨论。

【例 7】 在如图 2-24 所示的两个放大电路中，已知三极管β=50，U_{BEQ}=0.7V。

（1）试求两个电路的静态工作点。

（2）若两个三极管的β由 50 变更为 100，则各自的静态工作点怎样变化？

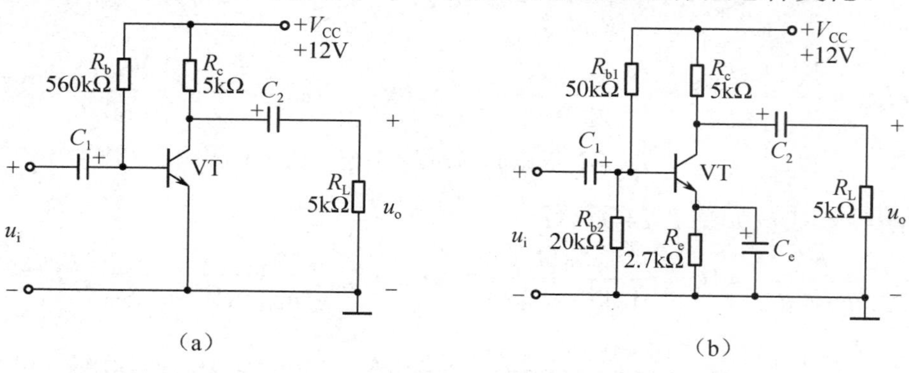

图 2-24　例 7 图

【解答】（1）先计算两个电路的静态工作点。

图 2-24（a）所示为固定偏置放大电路：

$$I_{BQ}=\frac{V_{CC}-U_{BEQ}}{R_b}=\frac{(12-0.7)\text{V}}{560\text{k}\Omega}\approx 20\mu\text{A}$$

$$I_{CQ}=\beta I_{BQ}=50\times 20\mu\text{A}=1\text{mA}$$

$$U_{CEQ}=V_{CC}-I_{CQ}R_c=12\text{V}-1\text{mA}\times 5\text{k}\Omega=7\text{V}$$

图 2-24（b）所示为分压式电流负反馈偏置电路，有

$$V_{BQ}=V_{CC}\frac{R_{b2}}{R_{b1}+R_{b2}}=12\text{V}\times\frac{20\text{k}\Omega}{20\text{k}\Omega+50\text{k}\Omega}\approx 3.4\text{V}$$

$$V_{EQ}=V_{BQ}-U_{BEQ}=(3.4-0.7)\text{V}=2.7\text{V}$$

$$I_{CQ}\approx I_{EQ}=\frac{V_{EQ}}{R_e}=\frac{2.7\text{V}}{2.7\text{k}\Omega}=1\text{mA}$$

$$I_{BQ}=\frac{I_{CQ}}{\beta}=\frac{1\text{mA}}{50}=20\mu\text{A}$$

$$U_{CEQ}\approx V_{CC}-I_{CQ}(R_c+R_e)=12\text{V}-1\text{mA}\times(5\text{k}\Omega+2.7\text{k}\Omega)=4.3\text{V}$$

（2）若两个三极管的β由 50 变更为 100，则在图 2-24（a）中，I_{BQ}=20μA 保持不变，因此有

$$I_{CQ}=\beta I_{BQ}=100\times 20\mu\text{A}=2\text{mA}$$

$$U_{CEQ}=V_{CC}-I_{CQ}R_c=12\text{V}-2\text{mA}\times 5\text{k}\Omega=2\text{V}$$

可见，β增大，导致 I_{CQ} 增大、U_{CEQ} 降低。

在图 2-24（b）中，由于该电路为分压式电流负反馈偏置电路，所以当β增大为原来的 2 倍时，I_{CQ}、U_{CEQ} 均保持不变，此时 $I_{BQ}=\frac{I_{CQ}}{\beta}=\frac{1\text{mA}}{100}=10\mu\text{A}$，即 I_{BQ} 减半。

2.4.3　集电极-基极电压负反馈偏置电路

集电极-基极电压负反馈偏置电路是另一种稳定静态工作点的电路。它具有结构简单、性能良好和工作性能稳定的突出特点。

1．电路特点

集电极-基极电压负反馈偏置电路的结构（原理图）如图 2-25（a）所示。它与固定偏置放大电路相比，区别在于其基极偏置电阻 R_b 不接在电源上而直接接在集电极上。恰恰就是这一点点的改进，使电路的稳定性得到了很大的提升。

2．稳定静态工作点的原理

当温度升高使 I_{CQ} 增大时，集电极电阻 R_c 两端的电压 U_{RCQ} 也将随之升高。因为 $U_{CEQ}=V_{CC}-U_{RCQ}$，所以 U_{RCQ} 的升高将导致 U_{CEQ} 降低。分析图 2-25（b）可知，静态工作点参量 I_{BQ} 与 U_{CEQ} 存在如下关系：

$$I_{BQ}=\frac{U_{CEQ}-U_{BEQ}}{R_b}$$

当 $U_{CEQ}>>U_{BEQ}$ 时，有

$$I_{BQ}\approx\frac{U_{CEQ}}{R_b}$$

I_{CQ} 的增大导致 U_{CEQ} 降低，U_{CEQ} 的降低又将导致 I_{BQ} 减小，最终导致 I_{CQ} 也减小。这样，在温度变化时，静态工作点便得到了稳定。该电路稳定静态工作点的过程可表示为

（温度）$T\uparrow$（或$\beta\uparrow$）$\longrightarrow I_{CQ}\uparrow\longrightarrow U_{RCQ}\uparrow\longrightarrow U_{CEQ}\downarrow\longrightarrow I_{BQ}\downarrow\longrightarrow I_{CQ}\downarrow$

3．静态工作点的计算

图 2-25（b）所示为集电极-基极电压负反馈偏置电路的直流通路，由直流通路列出基极回路基尔霍夫电压定律方程，求静态工作点的过程如下：

$$\begin{aligned}&I_{EQ}R_c+I_{BQ}R_b+U_{BEQ}=V_{CC}\\&(1+\beta)I_{BQ}R_c+I_{BQ}R_b=V_{CC}-U_{BEQ}\end{aligned}\quad\Rightarrow I_{BQ}=\frac{V_{CC}-U_{BEQ}}{R_b+(1+\beta)R_c}$$

$$I_{BQ}=\frac{I_{CQ}}{\beta}\qquad U_{CEQ}=V_{CC}-I_{EQ}R_c\approx V_{CC}-I_{CQ}R_c$$

由静态工作点的计算公式可以看出，该电路与固定偏置放大电路有一个共同的缺点，就是其静态工作点与三极管的β值的大小有关。故在更换β值不同的三极管时，应考虑是否需要调整偏置电路的参数。

在实际应用中，常把这种电路作为多级放大器的第一级，也可以把它作为一般的小信号放大器来使用。下面通过一个典型应用电路来看看它在应用上的特点。

【例 8】某录音机的均衡放大电路如图 2-25（a）所示，已知 V_{CC}=7V，R_b=820kΩ，R_c=22kΩ，V_{CQ}=1.34V，V_{BQ}=0.6V，试求三极管的 β 值。

【解析】 先求出 I_{BQ} 和 I_{EQ}，再求出 $I_{CQ}=I_{EQ}-I_{BQ}$，最后利用公式 $\beta=I_{CQ}/I_{BQ}$ 求出 β 值。

【解答】 因为

$$I_{BQ}=\frac{U_{RBQ}}{R_b}=\frac{V_{CQ}-V_{BQ}}{R_b}=\frac{(1.34-0.6)\text{V}}{820\text{k}\Omega}\approx 1\mu\text{A}$$

$$I_{EQ}=\frac{U_{RCQ}}{R_c}=\frac{(7-1.34)\text{V}}{22\text{k}\Omega}\approx 257\mu\text{A}\qquad I_{CQ}=I_{EQ}-I_{BQ}=(257-1)\mu\text{A}=256\mu\text{A}$$

所以，$\beta=\dfrac{I_{CQ}}{I_{BQ}}=\dfrac{256}{1}=256$。

该电路是录音机的前级录音放大电路，本级既要求有较高的增益，又要求低噪声，因此选择了β值较大的三极管，还将静态工作点定得很低。

画出该电路的交流通路和微变等效电路，分别如图 2-25（c）、（d）所示。

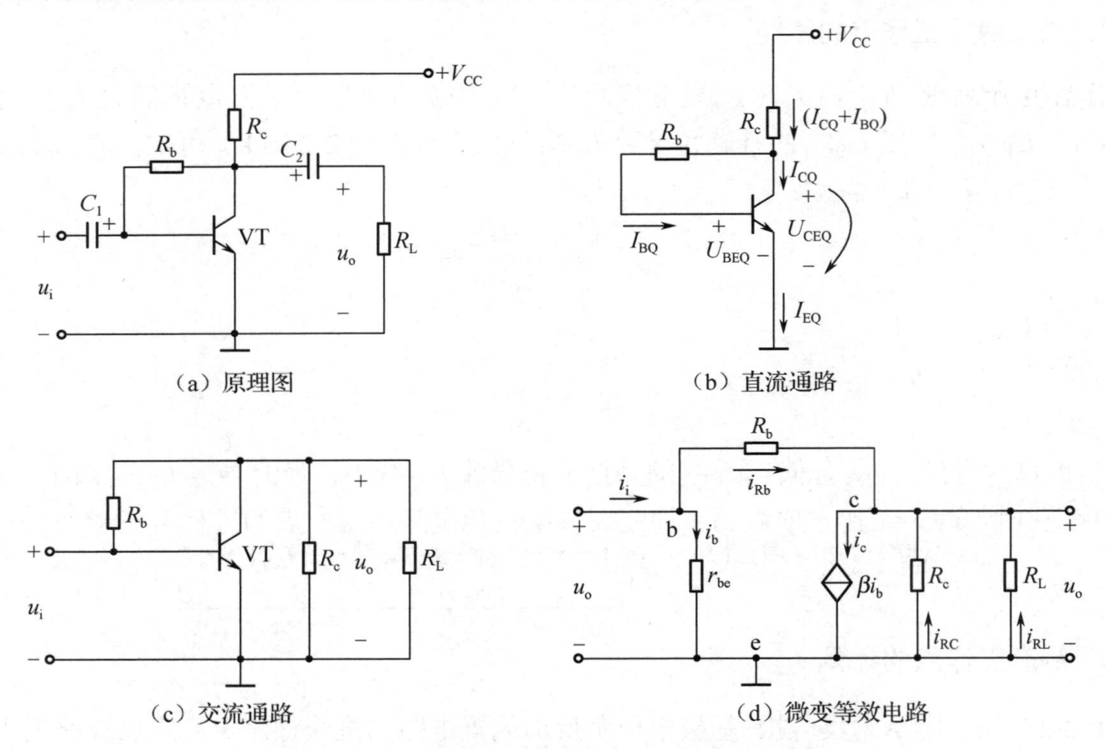

图 2-25　集电极-基极电压负反馈偏置电路

由于交流参数的分析过程需要用到密勒定理，且等效过程过于烦琐，故本书不再展开集电极-基极电压负反馈偏置电路的动态参数分析。

知识小结

（1）造成静态工作点不稳定的原因有电源电压的波动、电路参数的变化、管子的老化等，但最主要的原因是由半导体的热敏性导致三极管的参数随温度变成引起的。

（2）常用的稳定静态工作点的放大电路有分压式电流负反馈偏置电路和集电极-基极电压负反馈偏置电路。

2.5　共集电极和共基极放大器

2.5.1　共集电极放大器

在实际应用中，我们往往还对放大器有一些特殊的要求。例如，在多级放大器的输入级，希望它有较大的输入电阻，以适应各种具有不同内阻的信号源；在多级放大器的输出级，希

望它有较小的输出电阻，以增强它的带负载能力。共集电极放大器是能同时满足上述要求的放大电路。

1. 电路结构特点

阻容耦合共集电极放大器的原理图如图 2-26（a）所示。可见，放大电路的交流信号由三极管的发射极经耦合电容 C_2 输出，因此，共集电极放大器也称为射极输出器。由如图 2-26（b）所示的交流通路可见，输入回路为基极到集电极的回路，输出回路为发射极到集电极的回路。集电极是输入回路和输出回路的公共端。

2. 静态工作点的计算

图 2-26（c）所示为共集电极放大电路的直流通路，可依据基尔霍夫定律确定各静态参数值：

$$I_{BQ}R_b + U_{BEQ} + I_{EQ}R_e = V_{CC} \Rightarrow I_{BQ}[(R_b + (1+\beta)R_e] = V_{CC} - U_{BEQ}$$

$$I_{BQ} = \frac{V_{CC} - U_{BEQ}}{R_b + (1+\beta)R_e}，\quad I_{CQ} = \beta I_{BQ}$$

$$U_{CEQ} = V_{CC} - I_{CQ}R_e \qquad （\beta \gg 1，I_{CQ} \approx I_{EQ}）$$

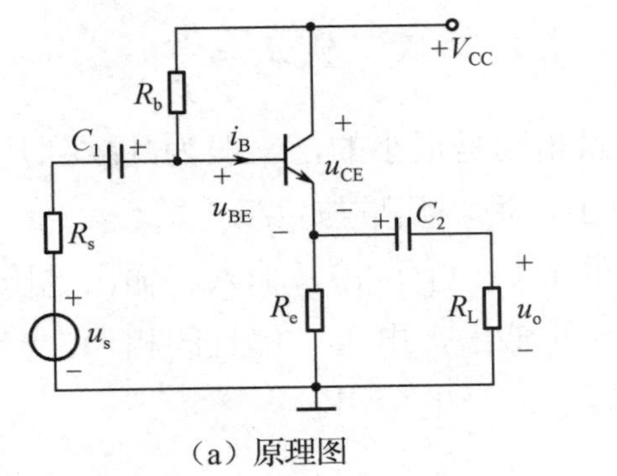

（a）原理图

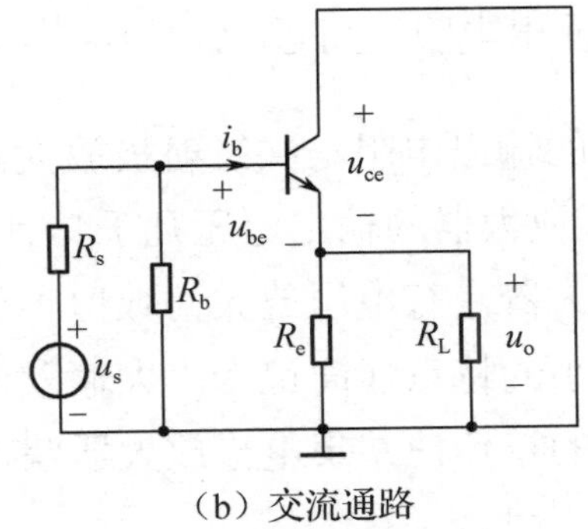

（b）交流通路

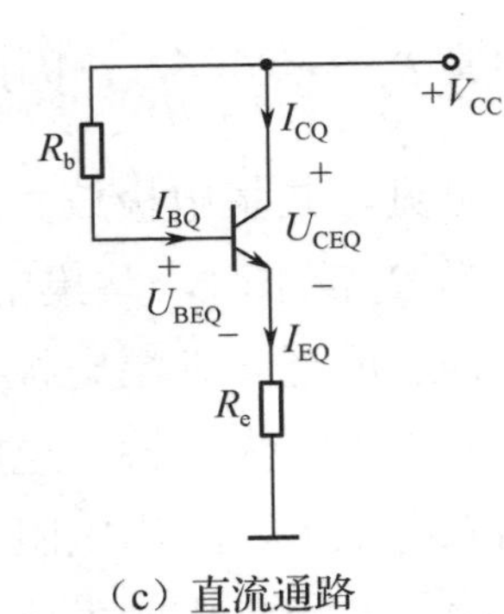

（c）直流通路

图 2-26　共集电极放大电路

3. 动态参数的计算

由如图 2-26（b）所示的交流通路画出微变等效电路，如图 2-27 所示。

（1）电压放大倍数。

由微变等效电路及电压放大倍数的定义得

$$u_o = i_e R'_L = (1+\beta)i_b R'_L \qquad R'_L = R_e // R_L$$

$$u_i = i_b r_{be} + u_o = i_b r_{be} + (1+\beta)i_b R'_L$$

$$A_u = \frac{u_o}{u_i} = \frac{(1+\beta)i_b R'_L}{i_b r_{be} + (1+\beta)i_b R'_L} = \frac{(1+\beta)R'_L}{r_{be} + (1+\beta)R'_L}$$

当 $\beta \gg 1$ 时，$A_u \approx \dfrac{\beta R'_L}{r_{be} + \beta R'_L}$。

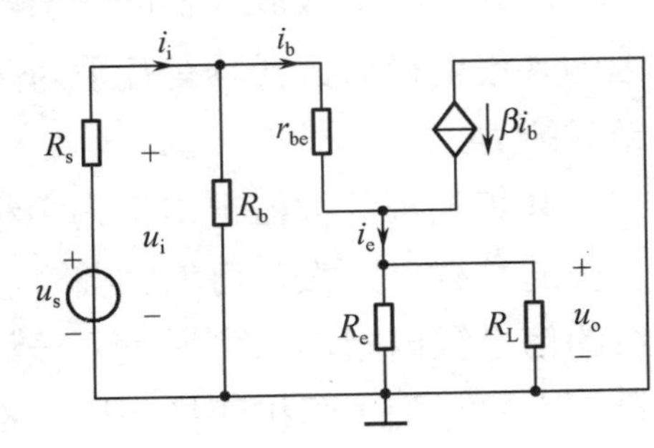

图 2-27　微变等效电路

从上式可以看出：①若 $\beta R'_L \gg r_{be}$，则 $A_u \approx 1$，输出电压 $u_o \approx u_i$，即共集电极放大器的电压放大倍数略小于 1，但非常接近于 1；② A_u 为正数，说明 u_o 与 u_i 相位相同，且大小也基本相等，即输出电压紧紧跟随输入电压的变化而变化。因此，共集电极放大器也称为电压跟随器。

需要指出的是，共集电极放大器的输出交流电流 i_e 是基极输入交流电流 i_b 的 $(1+\beta)$ 倍，输出功率也近似是输入功率的 $(1+\beta)$ 倍，因此共集电极放大器虽无电压放大作用，但具有一定的电流放大作用和功率放大作用。

（2）输入电阻。

由如图 2-27 所示的微变等效电路及输入电阻的定义可得

$$R_i = R_b // [r_{be} + (1+\beta)R'_L] \qquad R'_L = R_e // R_L$$

一般 R_b 和 $[r_{be} + (1+\beta)R'_L]$ 都要比 r_{be} 大得多，因此共集电极放大器的输入电阻比共发射极放大器的输入电阻要大得多，共集电极放大器的输入电阻一般达几十千欧左右。

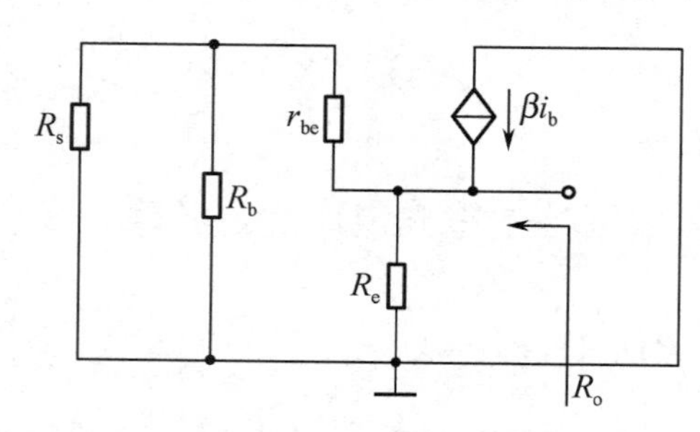

图 2-28　共集电极放大电路的输出电阻的等效电路

（3）输出电阻。

根据输出电阻的定义画出其等效电路，如图 2-28 所示。可见

$$R_o = R_e // \frac{r_{be} + R'_s}{1+\beta} \qquad R'_s = R_b // R_s$$

在一般情况下，$R_b \gg R_s$，因此，$R_o \approx R_e // \dfrac{r_{be} + R_s}{1+\beta}$。而通常 $R_e \gg \dfrac{r_{be} + R_s}{1+\beta}$，因此输出电阻又可近似为 $\dfrac{r_{be} + R_s}{\beta}$。若 $r_{be} \gg R_s$，则 $R_o \approx \dfrac{r_{be}}{\beta}$。

可见，共集电极放大器的输出电阻与共发射极放大器相比是很小的，一般为几欧到几十欧。当 R_o 较小时，共集电极放大器的输出电压几乎具有恒压性，几乎与负载无关。

综上所述，共集电极放大器具有电压放大倍数恒小于 1（接近于 1），输入、输出电压同相，输入电阻大，输出电阻小的特点（简记为“大输入，小输出，电压 1 倍且同相”）。特别是输入电阻大、输出电阻小的特点使共集电极放大器获得了广泛的应用。

（4）共集电极放大器的应用。

因为共集电极放大器的输入电阻大，所以常被用作多级放大电路的输入级。这样既可减轻信号源的负担，又可获得较高的信号电压。这对内阻较大的电压信号来讲更有意义。电子测量仪器的输入级通常采用共集电极放大电路，较大的输入电阻可减小对测量电路的影响。

因为共集电极放大器的输出电阻小，所以常被用作多级放大电路的输出级。当负载变动时，因为共集电极放大器具有几乎为恒压源的特性，输出电压几乎不随负载变动，所以具有很强的带载能力。

共集电极放大器也常作为多级放大电路的中间级。共集电极放大器的输入电阻大，即前一级的负载电阻大，可增大前一级的电压放大倍数；共集电极放大器的输出电阻小，即后一级的信号源内阻小，可增大后一级的电压放大倍数。对多级共发射极放大电路来讲，共集电极放大器起到了阻抗变换作用，不但增大了多级共发射极放大电路总的电压放大倍数，而且改善了多级共发射极放大电路的工作性能。

【例 9】 如图 2-26（a）所示，已知 V_{CC}=12V，R_b=120kΩ，R_e=3kΩ，R_L=6kΩ，R_s=100Ω，硅管的 β=50。试求：①静态工作点；②画出微变等效电路；③电压放大倍数；④输入、输出电阻。

【解答】 ① 估算静态工作点：

$$I_{BQ}=\frac{V_{CC}-U_{BEQ}}{R_b+(1+\beta)R_e}=\frac{(12-0.7)\text{V}}{[120+(1+50)\times 3]\text{k}\Omega}\approx 41\mu\text{A}$$

$$I_{CQ}=\beta I_{BQ}=50\times 41\mu\text{A}=2.05\text{mA}$$

$$U_{CEQ}\approx V_{CC}-I_{CQ}R_e=12\text{V}-2.05\text{mA}\times 3\text{k}\Omega=5.85\text{V}$$

② 画微变等效电路，如图 2-28 所示。

③ 计算电压放大倍数：

$$r_{be}=300\Omega+(1+\beta)\frac{26\text{mV}}{I_{EQ}(\text{mA})}=300\Omega+(1+50)\frac{26\text{mV}}{2.05\text{mA}}\approx 0.95\text{k}\Omega$$

$$A_u=\frac{(1+\beta)R_L'}{r_{be}+(1+\beta)R_L'}=\frac{51\times(3//6)\text{k}\Omega}{[0.95+51\times(3//6)]\text{k}\Omega}\approx 0.99$$

④ 计算输入、输出电阻：

$$R_i=R_b//[r_{be}+(1+\beta)R_L']=120\text{k}\Omega//[0.95+51\times(3//6)]\text{k}\Omega\approx 55.4\text{k}\Omega$$

$$R_o=R_e//\frac{r_{be}+R_S'}{1+\beta}=[3//\frac{0.95+(0.1//120)}{1+50}]\text{k}\Omega\approx 20\Omega$$

【例 10】 如图 2-29（a）、（b）所示，已知信号源内阻 R_s=0，R_b=300kΩ，R_c=R_e=R_L=3kΩ，硅管的 β 均为 50，r_{be} 均为 1kΩ，并已知当 S 断开时，两电路的输出电压有效值均为 U_o=4V。试求：

（1）当 S 闭合时，两电路的输出电压有效值 U_o' 各为多少？

（2）通过比较，说明两电路中的哪一个的输出电压稳定性更好？为什么？

【解答】（1）当 S 闭合时，两个放大器的输出回路的戴维南等效电路均如图 2-29（c）所示。

图 2-29（a）中的输出电阻为 $R_o=R_e//\frac{r_{be}}{1+\beta}=\left[3//\frac{1}{1+50}\right]\text{k}\Omega\approx 19\Omega$，输出电压有效值 U_o' 为

$$U_o'=U_o\frac{R_L}{R_o+R_L}=4\times\frac{3000}{19+3000}\text{V}\approx 3.975\text{V}$$

图 2-29（b）中的输出电阻为 $R_o=R_c=3\text{k}\Omega$，输出电压有效值 U_o' 为

$$U_o'=U_o\frac{R_L}{R_o+R_L}=4\times\frac{3}{3+3}\text{V}=2\text{V}$$

（2）通过比较可知，图 2-29（a）所示的电路的输出电压稳定性更好，原因是共集电极放大器的输出电阻小，具有恒压源的特性，所以带负载能力很强。

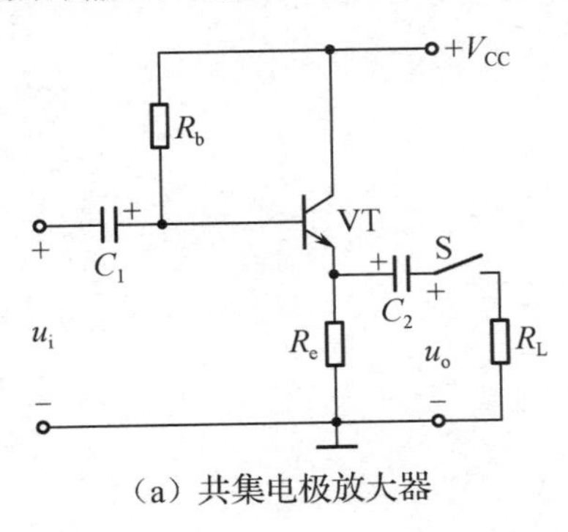

（a）共集电极放大器

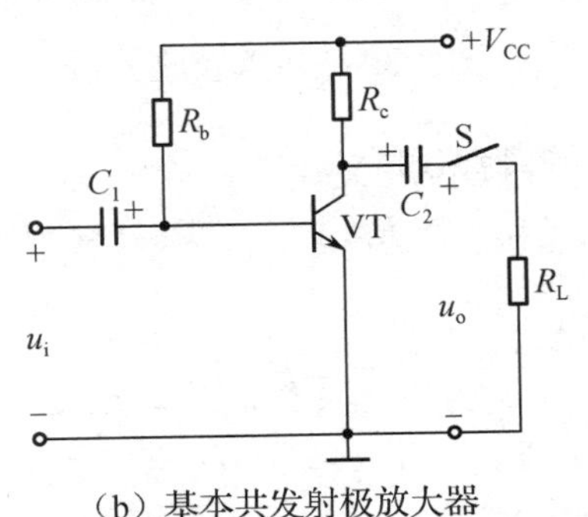

（b）基本共发射极放大器

（c）输出回路的戴维南等效电路

图 2-29　例 10 图

2.5.2 共基极放大器

1．电路结构特点

共基极放大器的原理图如图 2-30（a）所示，信号通过 C_1 从发射极输入，放大后从集电极通过 C_2 输出，基极通过 C_b 交流接地，故称为共基极放大电路。

2．静态工作点的计算

共基极放大器的直流通路如图 2-30（b）所示。该电路采用分压式电流负反馈偏置电路，因而，静态工作点的计算在此不再赘述。

3．动态参数的计算

（1）电压放大倍数。

由如图 2-30（c）所示的交流通路可画出微变等效电路，如图 2-30（d）所示。

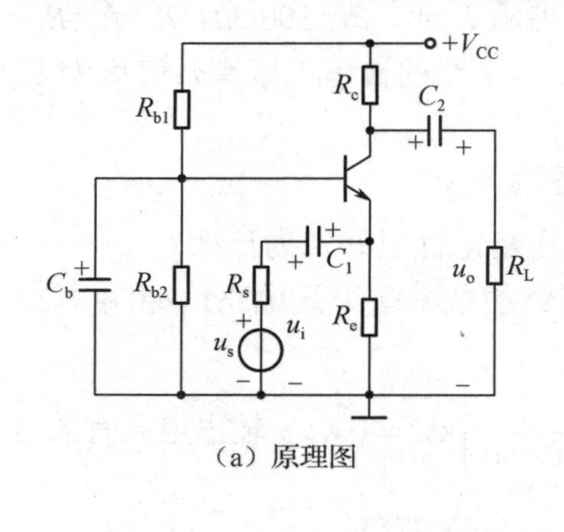

（a）原理图

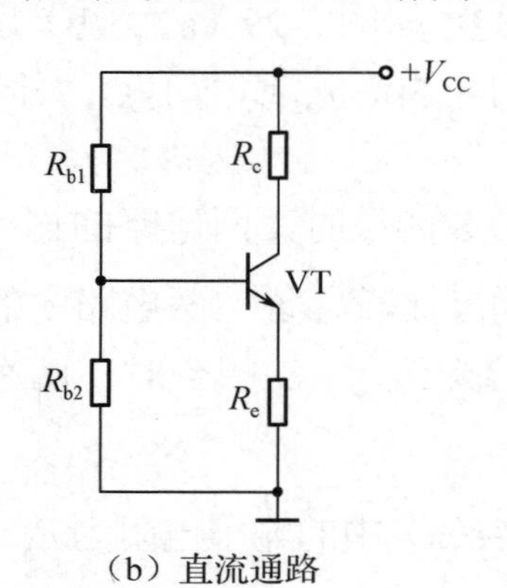

（b）直流通路

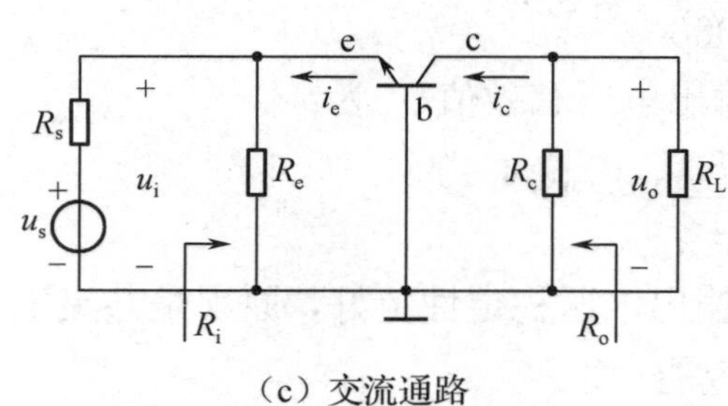

（c）交流通路

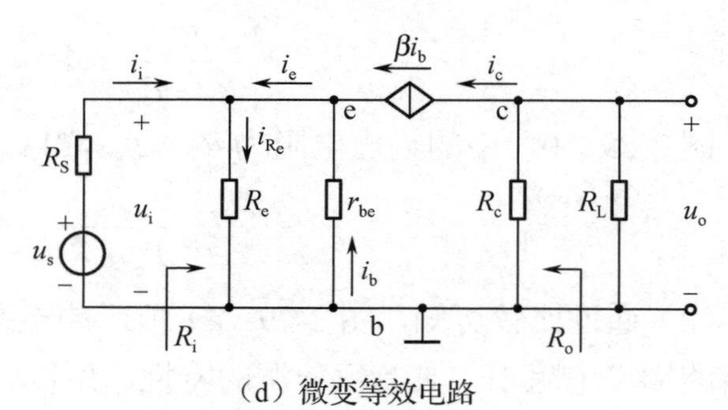

（d）微变等效电路

图 2-30 共基极放大器

由微变等效电路及电压放大倍数的定义得

$$u_o = -\beta i_b R'_L \qquad R'_L = R_c // R_L$$

$$u_i = -i_b r_{be}$$

$$A_u = \frac{u_o}{u_i} = \frac{-\beta i_b R'_L}{-i_b r_{be}} = \beta \frac{R'_L}{r_{be}}$$

从上式可以看出，共基极放大器的 u_o 与 u_i 相位相同。

（2）输入电阻。

由微变等效电路及输入电阻的定义可得

$$R_i = R_e // \frac{r_{be}}{1+\beta}$$

（3）输出电阻：

$$R_o = R_c // r_{ce} \approx R_c$$

（4）共基极放大电路的特点和应用。

理论和实验证明，共基极放大电路具有下列特点：①输入电阻小、输出电阻大；②电流放大倍数接近于 1 且小于 1；③输出电压与输入电压同相；④有较好的高频特性和工作稳定性。

根据其特点，共基极放大电路广泛应用在高频、宽带放大或对稳定性要求较高的电子电路中。

知识小结

（1）共集电极放大器具有电压放大倍数恒小于 1 且接近于 1，输入、输出电压同相，输入电阻大、输出电阻小的特点。

（2）3 种组态电路性能比较。

三极管的 3 种组态的基本放大电路的性能特点不同，可根据需要进行选择。3 种组态电路性能比较可参考表 2-2。

表 2-2　3 种组态电路性能比较

性　能	组　态		
	共 发 射 极	共 集 电 极	共　基　极
输入电阻	小	最大	最小
输出电阻	大	最小	最大
电流放大倍数	大	大	小
电压放大倍数	大（反相）	小（同相，接近于 1）	大（同相）
功率放大倍数	大	较小	大
频率特性	差	好	好
应用情况	中间级	输入级、输出级和中间级，用于阻抗变换	高频或宽带放大电路

2.6　调谐放大器

调谐放大器是一种能够选择某一频率范围进行放大的窄带放大器，也称选频放大器或窄频带放大器。相比于基本共发射极放大器，它用 LC 选频网络替代了原集电极负载电阻 R_c，这是它能够进行频率选择的根本所在。之前介绍的诸多放大器均没有选频功能，因此也称宽带放大器。调谐放大器广泛应用于无线电发射和接收设备中。

2.6.1　调谐放大器的工作原理

图 2-31（a）所示为 LC 并联选频网络，其中 R 为电感支路的直流等效电阻。

（1）阻抗频率特性。

LC 并联选频网络的阻抗频率特性如图 2-31（b）所示，表示选频网络两端呈现的阻抗 Z 与输入的信号频率 f 之间的关系。可见，当 $f<f_0$ 或 $f>f_0$ 时，选频网络失谐，两端呈现出的阻抗很小；只有在 $f=f_0$ 时，LC 选频网络才会发生并联谐振，此时的阻抗最大。谐振时的频率称为并联谐振频率 f_0，也叫固有谐振频率，其值为

$$f_0=\frac{1}{2\pi\sqrt{LC}}$$

可见，固有谐振频率 f_0 只取决于元器件 L、C 的参数。

（2）相位频率特性。

LC 并联选频网络的相位频率特性如图 2-31（c）所示，表示选频网络两端所加的信号电压 u 和流进网络的电流 i 之间的相位差 φ_{ui} 与信号频率 f 之间的变化规律。可见：①当 $f=f_0$ 时，$\varphi_{ui}=0$，电路呈纯阻性；②当 $f<f_0$ 时，$\varphi_{ui}>0$，电路呈感性；③当 $f>f_0$ 时，$\varphi_{ui}<0$，电路呈容性。可见，LC 并联选频网络随信号频率的变化将呈现不同的电抗特性。

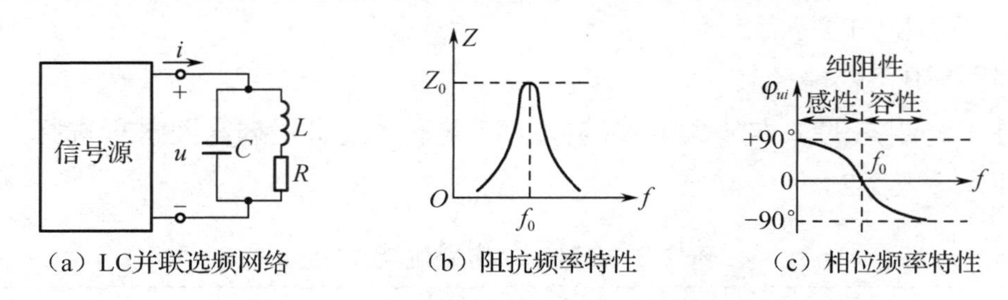

（a）LC并联选频网络　（b）阻抗频率特性　（c）相位频率特性

图 2-31　LC 并联选频网络及其频率特性

（3）选频特性。

阻抗频率特性和相位频率特性统称为 LC 并联选频网络的频率特性。它说明 LC 并联选频网络具有识别不同频率信号的能力，即具有选频特性。选频性能的好坏可以用品质因数（Q）来衡量。品质因数的定义式为

$$Q=\frac{X_{\mathrm{L}}}{R}=\frac{\omega_0 L}{R}=\frac{2\pi f_0 L}{R}$$

图 2-32 所示为阻频特性（阻抗频率特性）与 Q 值的关系。由图 2-32 可知，R 越小，Q 值越大，曲线越尖锐，回路的选频能力越强；R 越大，Q 值越小，曲线越平坦，回路的选频能力越弱。一般 LC 并联选频网络的 Q 值在几十到几百之间。

（4）调谐放大器电路。

图 2-33（a）所示为调谐放大器电路。电路特点是利用 LC 并联选频回路替代了原集电极负载电阻 R_{c}，因为共发射极放大器的电压放大倍数为 $A_u=-\beta\dfrac{Z}{r_{\mathrm{be}}}$，而 Z 的大小又与频率有关，所以电路具有选频放大能力。

工作原理：当信号频率等于固有谐振频率时，即 $f=f_0$，Z 最大，电压放大倍数 A_{u_0} 最大，故放大器的输出电压也最高，如图 2-33（b）所示。这种表示调谐放大器的电压放大倍数与信号频率关系的曲线称为调谐放大器的谐振曲线。

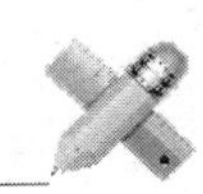

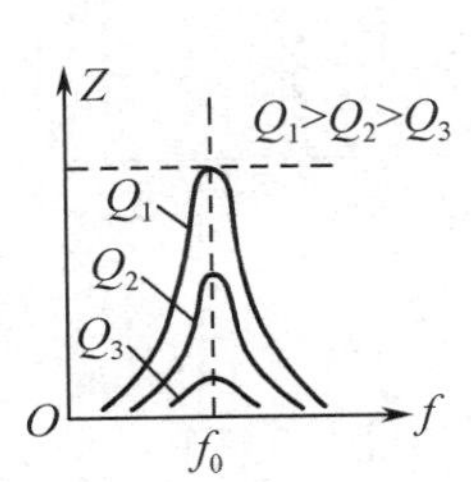

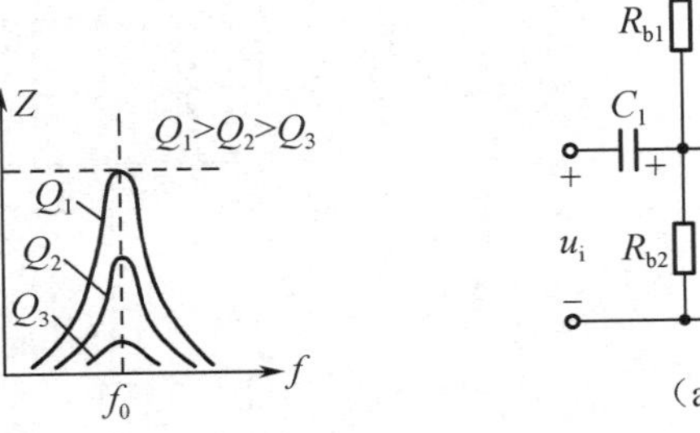

图 2-32 阻频特性与 Q 值的关系

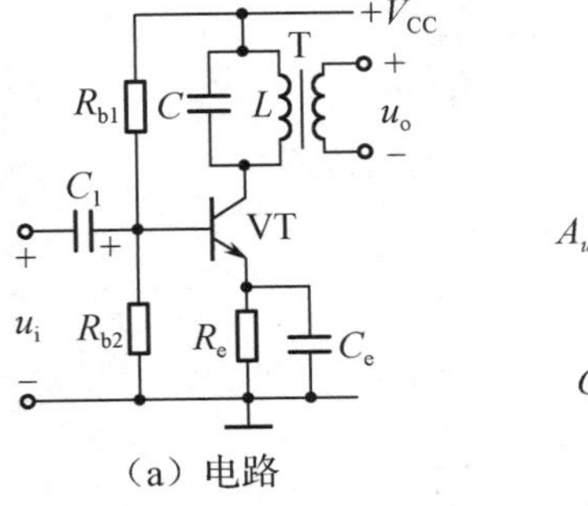

（a）电路

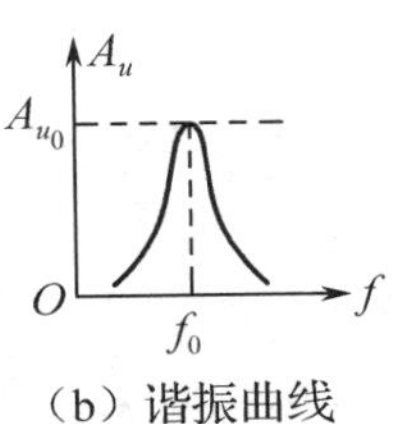

（b）谐振曲线

图 2-33 调谐放大器

2.6.2 调谐放大器的类型

1．单调谐放大器

所谓单调谐，就是指一级放大器中只有一个 LC 并联选频网络。单调谐放大器电路如图 2-34 所示。

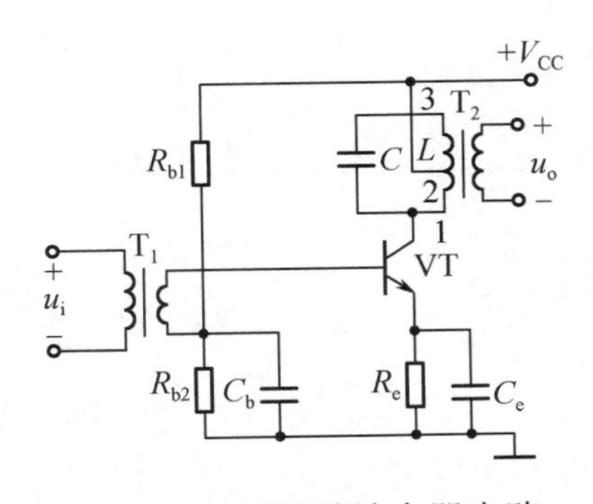

图 2-34 单调谐放大器电路

工作原理：输入信号 u_i 经输入耦合变压器 T_1，通过 C_b 和 C_e 送到三极管的发射结之间，放大后的信号经 LC 谐振回路选频后，由输出变压器 T_2 耦合输出。采用变压器耦合有利于实现前、后级放大器间的阻抗匹配，采用电感抽头馈电方式是为了提高 LC 并联选频网络的 Q 值。

单调谐放大器的通频带和选择性取决于如图 2-33（b）所示的谐振曲线，它与理想的矩形谐振曲线相差甚远。单调谐放大器的优点是工作性能稳定、选择性好，调整也方便；不足之处是谐振曲线为单峰、通频带和选择性难以兼顾、信号失真大，因此只能用于对通频带和选择性要求不高的场合。

2．双调谐放大器

所谓双调谐，就是指一级放大器中有两个 LC 并联选频网络。双调谐放大器分为互感耦合双调谐和电容耦合双调谐两种电路类型，由于它能很好地解决通频带和选择性之间的矛盾，所以应用十分广泛。

（1）互感耦合双调谐。

如图 2-35（a）所示，互感耦合双调谐的电路特点是双调谐回路依靠互感实现耦合。通过调节 L_1、L_2 之间的距离或磁芯的位置来改变耦合程度，从而改善通频带和选择性。电感中间抽头馈电和中间抽头输出是为了提高 LC 并联选频网络的 Q 值与实现前后级间的最佳阻抗匹配。

工作原理：假定 L_1C_1 和 L_2C_2 调谐在信号频率上，输入信号 u_i 通过 T_1 送到 VT 时，集电极信号电流经 L_1C_1 产生并联谐振。此时，由于互感耦合，L_1 中的电流在 L_2C_2 回路电感的抽头处产生很高的输出电压 u_o。

（2）电容耦合双调谐。

如图 2-35（b）所示，电容耦合双调谐的电路特点是通过外接电容 C_k 实现两个调谐回路之间的耦合，只要改变 C_k 的大小就可改变耦合程度，从而改善通频带和选择性。

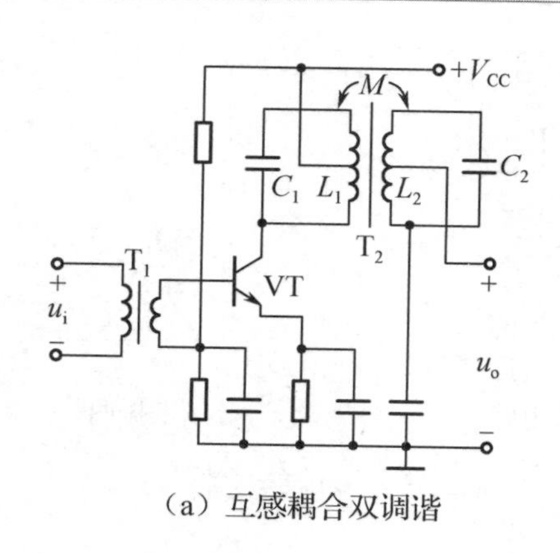

（a）互感耦合双调谐

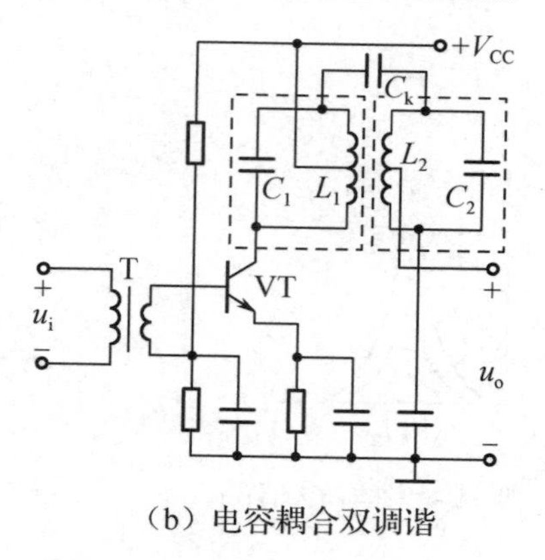

（b）电容耦合双调谐

图 2-35　双调谐放大器

（3）双调谐回路的谐振曲线。

双调谐回路的谐振曲线如图 2-36 所示。可见，选择性和通频带与耦合程度的关系如下。

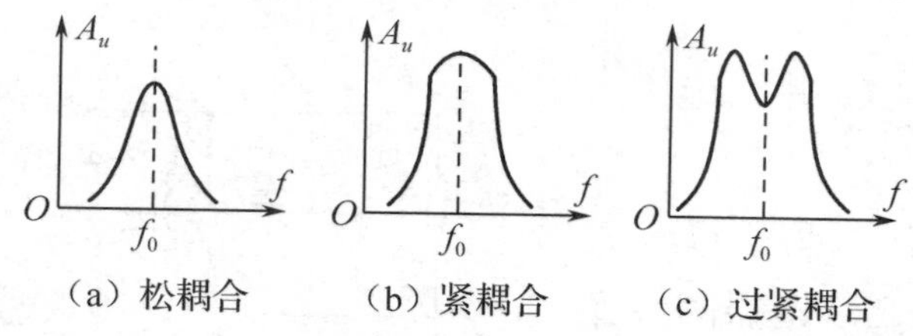

（a）松耦合　（b）紧耦合　（c）过紧耦合

图 2-36　双调谐回路的谐振曲线

当双调谐回路为松耦合时，Q 值较低，输出幅度较小，谐振曲线呈单峰，如图 2-36（a）所示。

当双调谐回路为紧耦合时，中心频率 f_0 处的曲线较平坦，谐振曲线近似为矩形，能同时兼顾通频带和选择性，如图 2-36（b）所示。

当双调谐回路为过紧耦合时，谐振曲线呈双峰，中心频率 f_0 处的凹陷度大（凹陷度与耦合强度成正比，要求凹陷度≤30%），如图 2-36（c）所示。

可见，双调谐回路的谐振曲线在紧耦合时与理想的矩形谐振曲线很接近，具有最好的通频带和选择性。

知识小结

（1）调谐放大器是一种选频放大器，利用 LC 并联谐振电路的选频特性，它能对某一频率范围的信号进行选频和放大。

（2）调谐放大器有单调谐和双调谐两种基本电路。双调谐放大器又分为互感耦合双调谐和电容耦合双调谐两种电路类型。双调谐放大器可以在一定的频带内兼顾通频带和选择性。

2.7　多级放大器

2.7.1　多级放大器的组成和耦合方式

前面所学的放大器都由一个三极管构成，这样的放大器称为单级放大器。单级小信号放大器的输入信号一般为毫伏甚至微伏量级，输出功率也往往在毫伏级以下，是远远不能满足负载需要的。因此，实际的放大器都是由两个或两个以上的单级放大器串接后构成的，称为多级放大器。多级放大电路框图如图 2-37 所示。它通常由输入级、中间级、推动级和输出级

几部分组成。信号源的输入信号只有经多级放大器持续地接力放大后，才能提供足够的电压和电流来驱动终端负载。

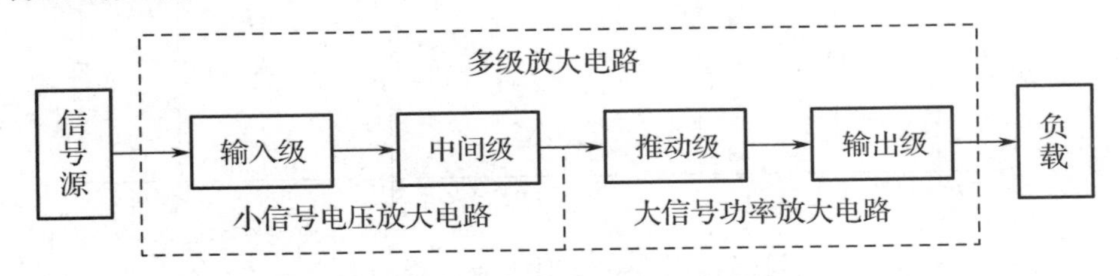

图 2-37　多级放大电路框图

多级放大器的第一级称为输入级，对于输入级，一般采用输入阻抗较大的放大电路，以便从信号源获得较高的电压输入信号并对信号进行放大。中间级的任务是实现电压信号的放大，要求放大倍数很大，因此往往由几级放大电路组成。多级放大器的最后一级是输出级，主要用于以放大电流为主要目的的功率放大，以驱动负载工作。而推动级的作用就是实现小信号到大信号的缓冲和转换。

信号源和放大器之间、放大器中各级之间、放大器与负载之间的连接称为耦合。对级间耦合的基本要求有：①保证前级的电信号能顺利传输给后级；②耦合电路对前、后级放大器静态工作点的影响尽可能小；③电信号在传输过程中的失真要小，传输效率要高。耦合方式有 4 种，即阻容耦合、直接耦合、变压器耦合和光电耦合器耦合。

阻容耦合多应用在分立元器件的多级交流放大电路中；直接耦合特别适合放大变化极其缓慢的信号或直流信号；变压器耦合特别适合多级放大器中需要阻抗变换的场合；光电耦合器耦合的特点在之前相关章节已有说明，能很好地解决放大器的级间电气隔离问题。

2.7.2　阻容耦合放大器

图 2-38 是两级阻容耦合共发射极放大器，两级间的连接通过电容 C_2 将前级的输出电压加在后级的输入电阻上（前级的负载电阻），故称为阻容耦合放大器。

电容有隔直作用，因此两级放大器的直流通路互不影响，即每级的静态工作点各自独立。耦合电容的选择应视信号频率而定，要求在中频段时容抗可以忽略不计。

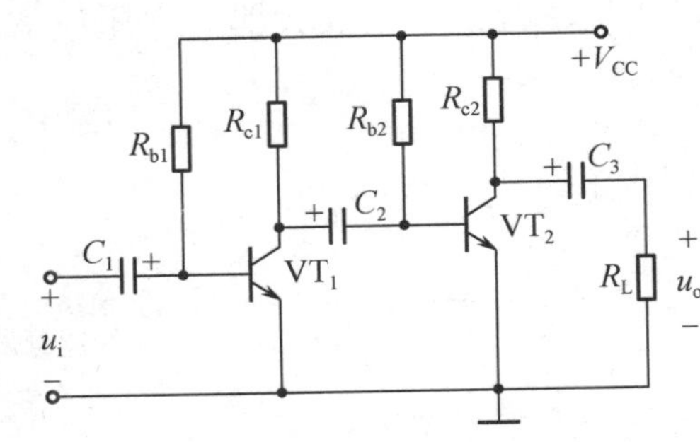

图 2-38　两级阻容耦合共发射极放大器

多级阻容耦合放大器具有如下特点。

优点：①静态工作点互不影响，均可以调整为各自的最佳状态，有利于放大器的分析、设计和调试；②体积小、质量轻；③不存在零点漂移问题。

缺点：①耦合电容对交流信号呈现一定的容抗，在传输过程中，信号会受到一定的衰减；②不能放大变化缓慢的信号和直流分量变化的信号；③在集成电路中，制造大容量的电容很困难，因此无法实现集成化。

阻容耦合放大器的静态参数分析与单级放大器是一样的，此处不再赘述。

1．阻容耦合放大器动态参数分析

画出如图 2-38 所示的两级阻容耦合共发射极放大器的微变等效电路，如图 2-39 所示。

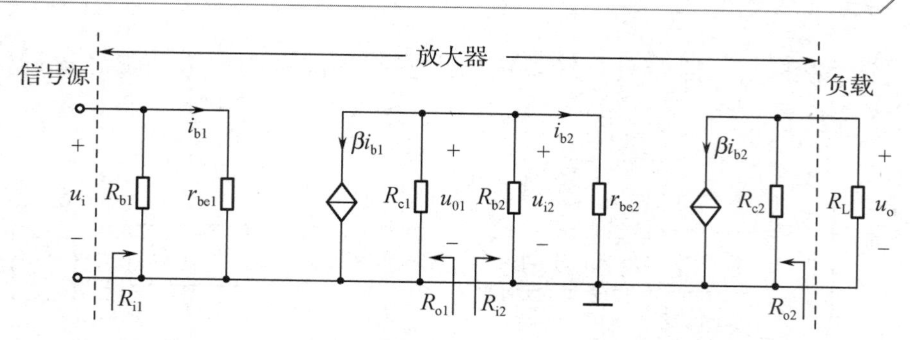

图 2-39　两级阻容耦合共发射极放大器的微变等效电路

第一级、第二级的动态参数计算如下。

第一级电压放大倍数为 $A_{u_1} = -\beta_1 \dfrac{R'_{L1}}{r_{be1}}$（$R'_{L1} = R_{c1}//R_{b2}//r_{be2}$）。

第一级输入电阻为 $R_{i1} = R_{b1}//r_{be1}$，第一级输出电阻为 $R_{o1} = R_{c1}//r_{ce1} \approx R_{c1}$。

第二级电压放大倍数为 $A_{u_2} = -\beta_2 \dfrac{R'_{L2}}{r_{be2}}$（$R'_{L2} = R_{c2}//R_L$）。

第二级输入电阻为 $R_{i2} = R_{b2}//r_{be2}$，第二级输出电阻为 $R_{o2} = R_{c2}//r_{ce2} \approx R_{c2}$。

根据电路的等效理论，可将多级放大器视为一个整体（见图 2-39），此时，总电压放大倍数、总的电压增益、总的输入和输出电阻分别为

$$A_u = A_{u_1} \cdot A_{u_2} \qquad G_u = G_{u_1} + G_{u_2} \ (\text{dB})$$

$$R_i = R_{b1}//r_{be1} \qquad R_o = R_{c2}//r_{ce2} \approx R_{c2}$$

也就是说，多级放大器的输入电阻就是第一级的输入电阻，多级放大器的输出电阻就是最后一级的输出电阻，多级放大器的电压放大倍数为各级电压放大倍数的乘积。

注意：在计算各级电压放大倍数时，必须考虑后级的输入电阻对前级的负载效应，因为后级的输入电阻就是前级放大电路的负载电阻，若不考虑其负载效应，则各级的电压放大倍数仅是空载的电压放大倍数，与实际耦合电路不符，这样得出的总电压放大倍数是错误的。

2．阻容耦合放大器的频率特性

频率特性是指放大器的电压放大倍数与频率之间的关系，又叫频率响应（频响）。

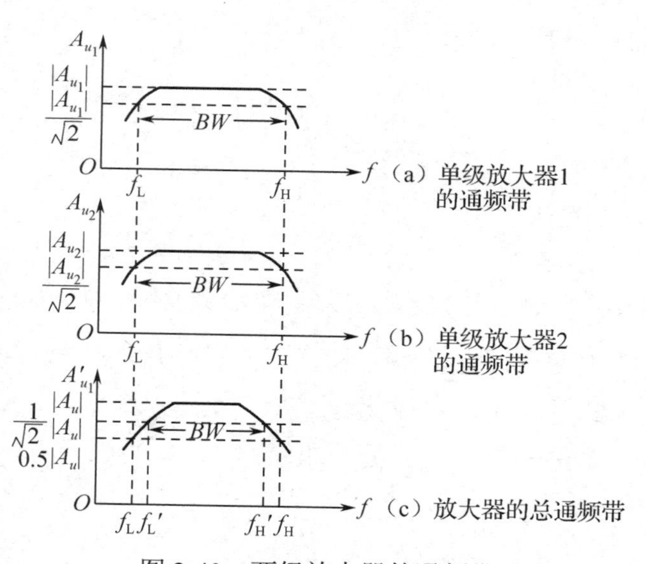

图 2-40　两级放大器的通频带

两个单级放大器的频响曲线（通频带）分别如图 2-40（a）、（b）所示，可分为 3 个频段：中频段信号频率在 f_L 和 f_H 之间，电压放大倍数基本不随信号频率的变化而变化；低频段信号频率低于 f_L，电压放大倍数随频率的下降而减小；高频段信号频率高于 f_H，电压放大倍数随频率的升高而减小。

电压放大倍数在低频段减小的主要原因是耦合电容和发射极旁路电容的容抗增大而对信号的分压作用增大。电压放大倍数在高频段减小的主要原因是三极管结电容和分布电容的容抗减小、分流作用增大；β 值随着频率的升高而减小也是一个重要原因。

放大器的总通频带如图 2-40（c）所示。在 f_L 和 f_H 处的总电压放大倍数为

$$\frac{1}{\sqrt{2}}A_{u_1}\cdot\frac{1}{\sqrt{2}}A_{u_2}=0.707A_{u_1}\times 0.707A_{u_2}=0.5A_u'$$

可见，多级放大器总的电压放大倍数增大了，但两级放大器的 f_L' 和 f_H' 两点间的频率范围比 f_L 和 f_H 两点间的频率范围缩小了，即总通频带比每个单级放大器的通频带都要窄，且级数越多，总通频带越窄。

【例 11】 图 2-41(a)所示为阻容耦合两级放大器(放大电路)，其中，R_{b1}=300kΩ，R_{e1}=3kΩ，R_{b2}=40kΩ，R_{c2}=2kΩ，R_{b3}=20kΩ，R_{e2}=3.3kΩ，R_L=2kΩ，V_{CC}=12V；三极管 VT₁ 和 VT₂ 的 β=50，U_{BEQ}=0.7V。各电容容量足够大。求：①各级的静态工作点；②A_u、R_i 和 R_o。

【解答】 ① 画出直流通路，如图 2-41（b）所示，根据直流通路计算静态工作点。

第一级：$$I_{B1Q}=\frac{V_{CC}-U_{BEQ}}{R_{b1}+(1+\beta_1)R_{e1}}=\frac{(12-0.7)\text{V}}{(300+51\times 3)\text{k}\Omega}\approx 25\mu\text{A}$$

$$I_{C1Q}=\beta_1 I_{B1Q}=1.25\text{mA}$$

$$U_{CE1Q}=V_{CC}-I_{C1Q}R_{e1}=12\text{V}-1.25\text{mA}\times 3\text{k}\Omega=8.25\text{V}$$

第二级：$$V_{B2Q}=V_{CC}\frac{R_{b3}}{R_{b2}+R_{b3}}=12\times\frac{20}{40+20}\text{V}=4\text{V}$$

$$I_{C2Q}\approx I_{E2Q}=\frac{V_{B2Q}-U_{BEQ}}{R_{e2}}=\frac{4-0.7}{3.3}\text{mA}=1\text{mA}\qquad I_{B2Q}=\frac{I_{C2Q}}{\beta_2}=\frac{1\text{mA}}{50}=20\mu\text{A}$$

$$U_{CE2Q}=V_{CC}-I_{CQ}(R_{c2}+R_{e2})=12\text{V}-1\text{mA}\times(2+3.3)\text{k}\Omega=6.7\text{V}$$

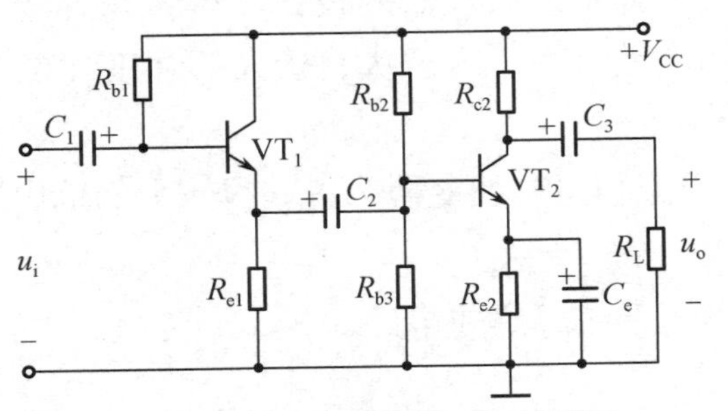
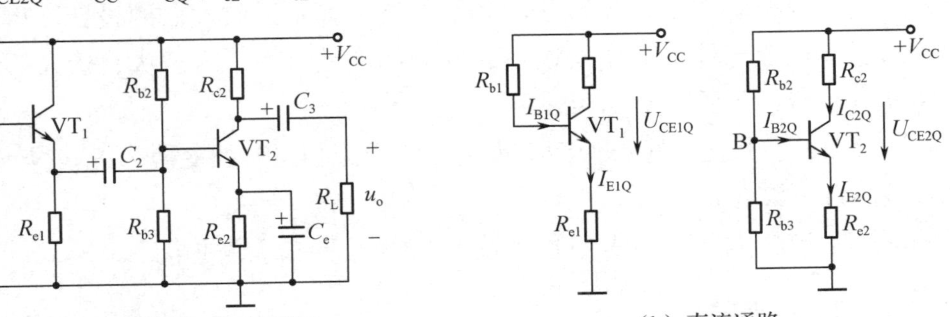

（a）阻容耦合两级放大器（放大电路）　　（b）直流通路

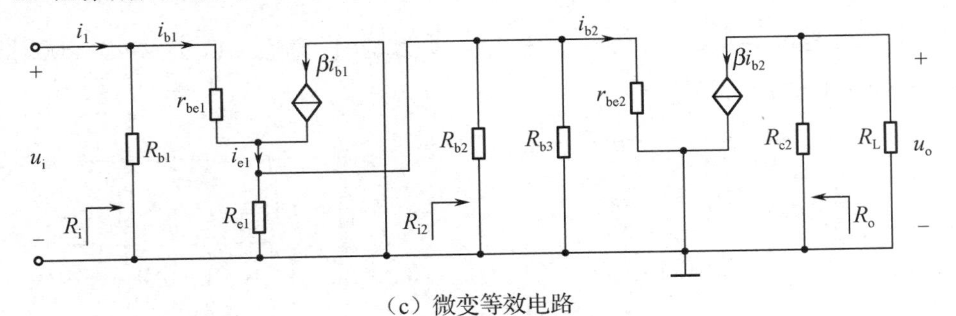

（c）微变等效电路

图 2-41　例 11 图

② 画出该两级放大器的微变等效电路，如图 2-41（c）所示。其中

$$r_{be1}=300\Omega+(1+\beta_1)\frac{26\text{mV}}{I_{E1Q}(\text{mA})}=300\Omega+51\times\frac{26\text{mV}}{1.25\text{mA}}\approx 1.36\text{k}\Omega$$

$$r_{be2}=300\Omega+(1+\beta_2)\frac{26\text{mV}}{I_{E2Q}(\text{mA})}=300\Omega+51\times\frac{26\text{mV}}{1\text{mA}}\approx 1.63\text{k}\Omega$$

$$A_{u_1}=\frac{\beta_1 R'_{L1}}{r_{be1}+\beta_1 R'_{L1}}=\frac{50\times(R_{e1}//R_{b2}//R_{b3}//r_{be2})}{r_{be1}+50\times(R_{e1}//R_{b2}//R_{b3}//r_{be2})}$$

$$=\frac{50\times(3//40//20//1.63)}{[1.36+50\times(3//40//20//1.63)]}\approx 0.97$$

$$A_{u_2}=-\beta_2\frac{(R_{c2}//R_L)}{r_{be2}}=\frac{-50\times(2//2)}{1.63}\approx -30.7$$

因此有

$$A_u=A_{u_1}\cdot A_{u_2}=0.97\times(-30.7)\approx -29.8$$

$$R_i=R_{b1}//[r_{be1}+\beta_1 R'_{L1}]=300\text{k}\Omega//[1.36+50\times(3//40//20//1.63)]\text{k}\Omega\approx 43.8\text{k}\Omega$$

$$R_o=R_{c2}=2\text{k}\Omega$$

2.7.3 其他耦合放大器

1. 变压器耦合放大器

变压器耦合指各级放大器级间通过变压器耦合传输信号，如图 2-42（a）所示，级间通过变压器 T_1 连接，把经放大的输出信号耦合传送给后级，作为后级的输入信号。变压器 T_2 将经第二级放大的输出信号耦合传递给负载 R_L。

变压器具有隔直流、通交流的特性，因此变压器耦合放大器具有如下特点。

（1）各级的静态工作点相互独立，互不影响，有利于放大器的设计、调试和维修。

（2）同阻容耦合一样，变压器耦合的低频特性差，不适合放大直流及缓慢变化的信号，只能传递具有一定频率的交流信号。

（3）通过改变匝数比，可方便地实现电压、电流和阻抗的变换，以获得较大的输出功率。

（4）输出温度漂移比较小。

（5）变压器耦合电路的体积和质量较大，不便于做成集成电路。

2. 直接耦合放大器

直接耦合指级间通过导线（或电阻）直接连接的耦合方式，如图 2-42（b）所示。直接耦合放大器具有如下特点。

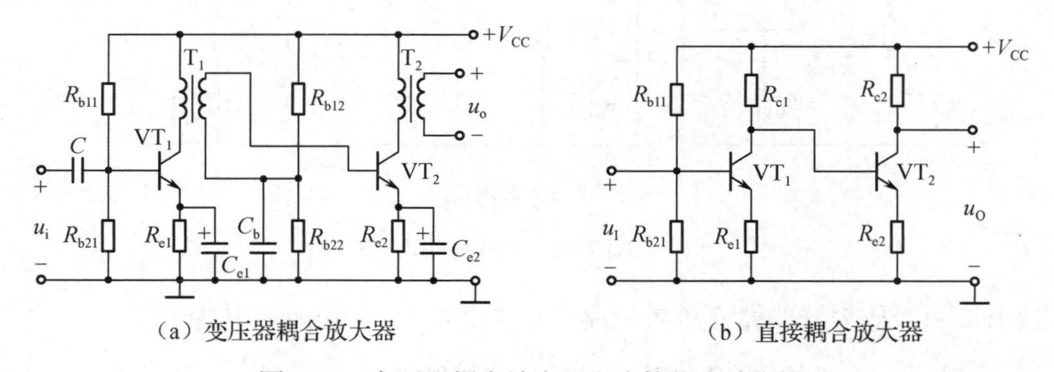

（a）变压器耦合放大器　　（b）直接耦合放大器

图 2-42　变压器耦合放大器和直接耦合放大器

优点：低频特性极佳，能放大变化很缓慢的信号和直流信号；由于没有耦合电容，故非常适宜于大规模集成。

缺点：存在着各级静态工作点相互牵制和零点漂移这两个问题。（第 4 章将讨论零点漂移问题。）

知识小结

（1）多级放大器由输入级、中间级、推动级和输出级几部分组成。

（2）多级放大器的级间耦合方式有阻容耦合、直接耦合、变压器耦合和光电耦合器耦合。

（3）多级放大器的输入电阻就是第一级的输入电阻，多级放大器的输出电阻就是最后一级的输出电阻，多级放大器的电压放大倍数为各级电压放大倍数的乘积。

（4）多级放大器的通频带比每个单级放大器的通频带都要窄，且级数越多，通频带越窄。

2.8　场效应管放大器

场效应管利用栅源电压对漏极电流的控制作用可以构成放大器。根据场效应管在放大器中的连接方式，场效应管放大器有共源极、共漏极和共栅极 3 种连接方式（组态）。以 N 沟道增强型 MOS 管构成的 3 种电路组态如图 2-43 所示。

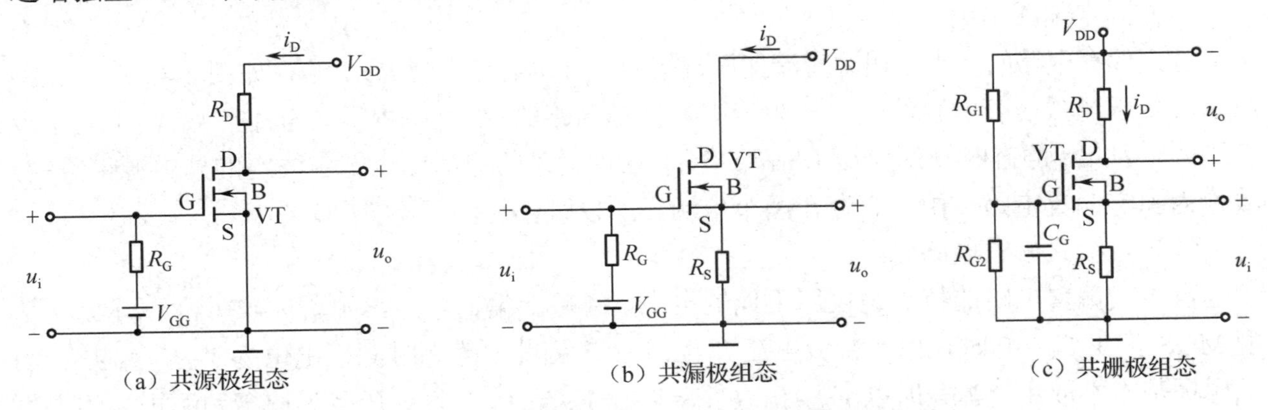

图 2-43　以 N 沟道耗尽型 MOS 管构成的 3 种电路组态

为方便理解，归纳场效应管放大器与三极管放大器的对应关系如下。

共源极组态对应三极管放大器的共发射极组态，栅极是输入端、漏极是输出端、源极是输入与输出的公共端；共漏极组态对应三极管放大器的共集电极组态，栅极是输入端、源极是输出端、漏极是输入与输出的公共端；共栅极组态对应三极管放大器的共基极组态，源极是输入端、漏极是输出端、栅极是输入与输出的公共端。

2.8.1　共源极放大器

场效应管接成共源极放大电路形式，具有足够大的输入阻抗和一定的放大能力，其基本电路如图 2-44 所示。现将各元器件的作用说明如下。

MOS 管 VT 是用作放大的器件。漏极电阻 R_D、漏极电源 V_{DD}、栅极电阻 R_G、耦合电容 C_1/C_2、源极旁路电容 C_S 分别与半导体三极管共发射极电路中的 R_c、V_{CC}、R_e、C_1/C_2、C_e 的

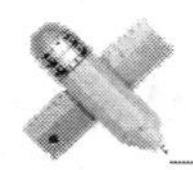

作用相同。栅极电阻 R_G 的作用是接通栅极和源极间的直流电压（栅源偏压），同时给电容 C_1 提供放电通路，否则栅极将积累电荷而影响放大器的正常工作，甚至击穿 MOS 管。

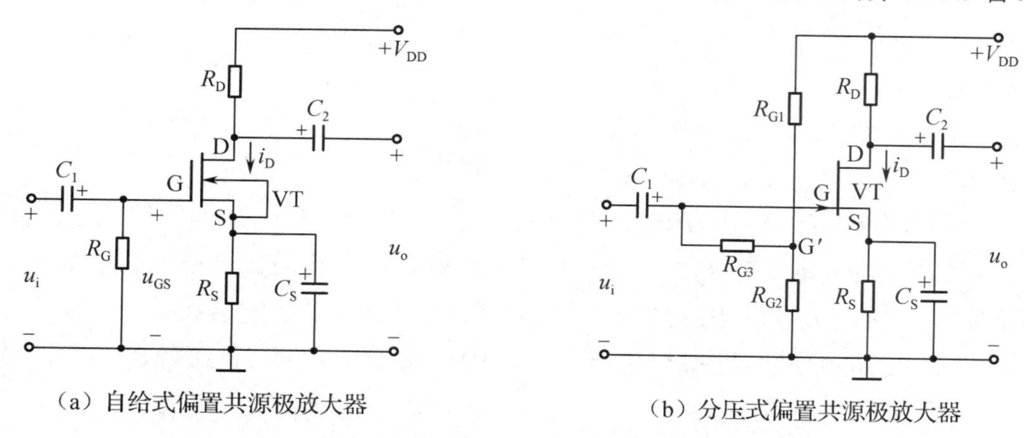

图 2-44　场效应管共源极放大器的电路形式

1．直流偏置电路

由场效应管组成的放大器与普通半导体三极管一样，也要建立合适的静态工作点。所不同的是，场效应管是电压控制器件，因此，它需要有合适的栅源偏压。这个栅源偏压也是由偏置电路来提供的。常用的偏置电路有固定偏置电路、自给式偏置电路和分压式偏置电路。

（1）固定偏置电路。

固定偏置电路的特点是栅源直流偏压直接由电源 V_{GG} 经电阻 R_G 供给，如图 2-43（a）、（b）所示。由于场效应管的直流输入电阻很大，栅源回路的 R_G 上基本没有电流，故 R_G 上几乎没有压降，因此，静态时栅源电压 $U_{GSQ}=-V_{GG}$。这种电路的栅源偏压是由固定的外电源供给的，故称为固定偏置电路。由于它存在两个电源，所以既不经济又不方便。

（2）自给式偏置电路。

自给式偏置电路的特点是仅用下偏置电阻，省略上偏置电阻，如图 2-44（a）所示。耗尽型 MOS 管在 $U_{GS}=0$ 时，也有漏极电流 I_D 流过 R_S，因此，静态时源极电位为 $V_{SQ}=-I_{DQ}R_S$。由于栅极基本不取用电流，所以 $V_{GQ}\approx 0$，$U_{GSQ}=V_{GQ}-V_{SQ}=-I_{DQ}R_S$，该压降为栅极和源极之间提供负偏压，使管子工作在放大区。可见，这种栅源偏压是依靠场效应管自身的静态电流 I_{DQ} 流过 R_s 产生的，故称为自给式偏置电路。

必须强调的是：①与三极管放大器中的发射极电阻 R_e 一样，源极自偏压电阻 R_s 也具有自动稳定静态工作点的作用；②这种偏置电路只适用于耗尽型场效应管，不适用于增强型场效应管。因为这种偏置电路只能提供使 $U_{GSQ}<0$（对 N 沟道管）的偏压，而增强型场效应管必须在 $U_{GSQ}>U_{GS(th)}>0$ 时才有工作电流，故不能形成自偏压。

（3）分压式偏置电路。

分压式偏置电路是在自给式偏置电路的基础上加分压电阻构成的，如图 2-44（b）所示。其中，R_{G1}、R_{G2} 为分压电阻，R_{G3} 通常采用大阻值电阻，以增大电路的输入电阻。由于静态时 $I_{GQ}=0$，所以 $I_{GQ}R_{G3}=0$，此时栅极的电位为

$$V_{GQ}=V_{DD}\frac{R_{G2}}{R_{G1}+R_{G2}}$$

源极电位 $V_{SQ}=I_{DQ}R_S$，栅源偏压为

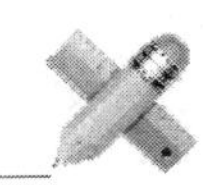

$$U_{GSQ}=V_{GQ}-V_{SQ}=V_{DD}\frac{R_{G2}}{R_{G1}+R_{G2}}-I_{DQ}R_S$$

由上式可见，只要适当选取 R_{G1}、R_{G2} 和 R_S 的值，就可获得正、负或零偏压，因此，这种偏置电路适用于各种类型的场效应管。

2．微变等效电路分析法

场效应管是非线性器件，不能直接采用线性电路的分析方法来分析计算。但在输入信号电压幅值比较小的条件下，可以把场效应管在静态工作点附近小范围内的特性曲线近似地用直线代替，从而将由场效应管组成的放大电路当成线性电路来处理，这就是微变等效电路分析法。

共源极结型场效应管和 NMOS 管及其微变等效电路模型分别如图 2-45、图 2-46 所示。

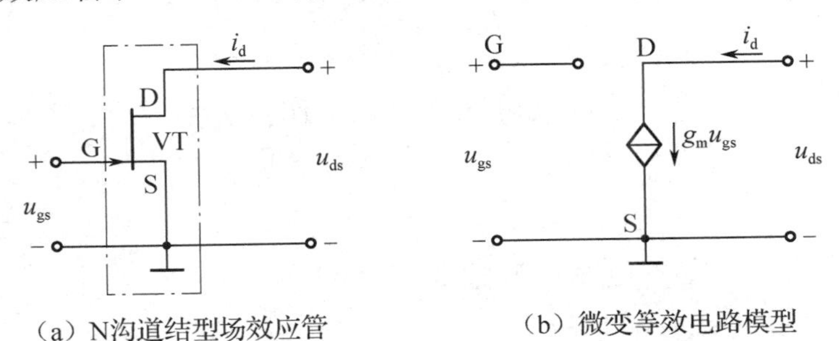

（a）N沟道结型场效应管　　（b）微变等效电路模型

图 2-45　共源极结型场效应管及其微变等效电路模型

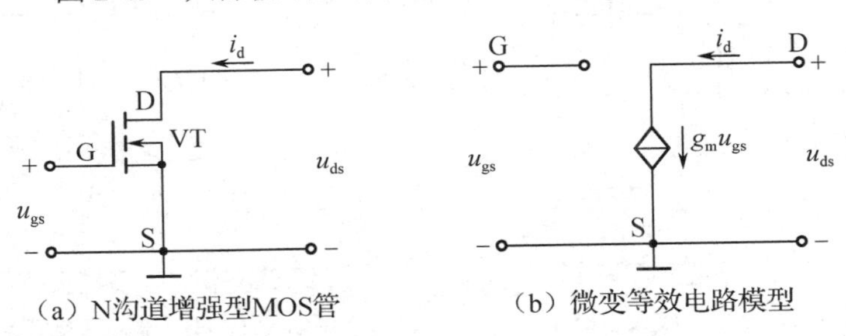

（a）N沟道增强型MOS管　　（b）微变等效电路模型

图 2-46　共源极 NMOS 管微变等效电路模型

由于场效应管的漏极电流 i_d 受栅源电压 u_{gs} 的控制，所以 i_d 与 u_{gs} 之间的关系是用“跨导”参数来表示的，其定义式为

$$g_m=\frac{\Delta i_d}{\Delta u_{gs}}$$

可得

$$i_d=g_m u_{gs}$$

跨导的单位为西门子，符号为 S，一般仅为几 mS。

微变等效电路模型中的电流源 $g_m u_{gs}$ 是受 u_{gs} 控制的，当 $u_{gs}=0$ 时，电流源 $g_m u_{gs}$ 就不存在了，因此称其为受控电流源，代表场效应管的栅源电压 u_{gs} 对漏极电流 i_d 的控制作用。电流源的流向由 u_{gs} 的正向决定。另外，微变等效电路模型中所研究的电压、电流都是变化量，因此，不能用该模型来求静态工作点，但其参数大小与静态工作点的位置有关。

3．共源极放大器电路分析

图 2-47（a）是采用分压式偏置的 N 沟道耗尽型 MOS 管放大电路。

（1）静态分析。

由于场效应管的栅极电流为零，所以 R_G 中无电流通过，两端压降为零。因此，按图 2-47（a）可求得栅极电位和栅源电压分别为

$$V_{GQ}=V_{DD}\frac{R_{G2}}{R_{G1}+R_{G2}}$$

$$U_{GSQ}=V_{GQ}-V_{SQ}=V_{DD}\frac{R_{G2}}{R_{G1}+R_{G2}}-I_{DQ}R_S$$

只要参数选取得当，就可使 U_{GSQ} 为负值。在 $U_{GS(off)}\leqslant U_{GSQ}\leqslant 0$ 的范围内，可用下式计算 I_{DQ}：

$$I_{DQ}=I_{DSS}\left(1-\frac{U_{GSQ}}{U_{GS(off)}}\right)^2$$

联立上面 3 个式子解方程，就可求得直流静态工作点 I_{DQ}、U_{GSQ}，而

$$U_{DSQ}=V_{DD}-I_{DQ}(R_D+R_S)$$

（2）动态分析。

画出该放大电路的微变等效电路，如图 2-47（b）所示。

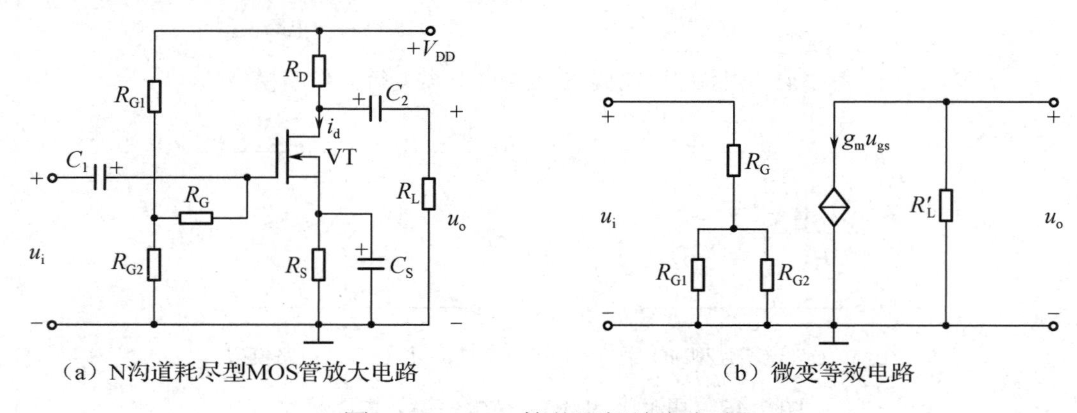

（a）N沟道耗尽型MOS管放大电路　　（b）微变等效电路

图 2-47　MOS 管共源极放大电路

① 电压放大倍数 A_u（设输入为正弦量）：

$$A_u=\frac{u_o}{u_i}=-\frac{i_d R'_L}{u_{gs}}=-\frac{g_m u_{gs} R'_L}{u_{gs}}=-g_m R'_L$$

式中，$R'_L=R_D//R_L$；负号表示输出电压与输入电压反相。

② 输入电阻 R_i：

$$R_i=R_G+R_{G1}//R_{G2}$$

可见，R_G 的接入不影响静态工作点和电压放大倍数，却增大了放大电路的输入电阻（如果没有 R_G，则 $R_i=R_{G1}//R_{G2}$）。

③ 输出电阻 R_o：

$$R_o\approx R_D$$

【例 12】 已知如图 2-47(a)所示的放大电路的场效应管的参数为 I_{DSS}=1mA，$U_{GS(off)}$=−5V，g_m=0.312mS；电路参数为 R_{G1}=150kΩ，R_{G2}=50kΩ，R_G=1MΩ，R_S=10kΩ，R_D=10kΩ，R_L=10kΩ，V_{DD}=20V。试计算电路的静态工作点、电压放大倍数、输入和输出电阻。

【解答】（1）静态工作点：

$$U_{\mathrm{GSQ}}=V_{\mathrm{GQ}}-V_{\mathrm{SQ}}=V_{\mathrm{DD}}\frac{R_{\mathrm{G2}}}{R_{\mathrm{G1}}+R_{\mathrm{G2}}}-I_{\mathrm{DQ}}R_{\mathrm{S}}=20\times\frac{50}{150+50}-10I_{\mathrm{DQ}}=5-10I_{\mathrm{DQ}} \quad ①$$

$$I_{\mathrm{DQ}}=I_{\mathrm{DSS}}(1-\frac{U_{\mathrm{GSQ}}}{U_{\mathrm{GS(off)}}})^2=1\times(1+\frac{U_{\mathrm{GSQ}}}{5})^2 \quad ②$$

联立求解方程①和②：

$$\begin{cases}5-10I_{\mathrm{DQ}}\\ \left(1+\dfrac{U_{\mathrm{GSQ}}}{5}\right)^2\end{cases}$$

解得两组解为：（a）U_{GSQ}=−11.4V，I_{DQ}=1.64mA；（b）U_{GSQ}=−1.1V，I_{DQ}=0.61mA。

第（a）组解因为 $U_{\mathrm{GSQ}}<U_{\mathrm{GS(off)}}$，所以管子已截止，应舍去。故静态工作点为

$$\begin{cases}U_{\mathrm{GSQ}}=-1.1\mathrm{V}\\ I_{\mathrm{DQ}}=0.61\mathrm{mA}\\ U_{\mathrm{DSQ}}=V_{\mathrm{DD}}-I_{\mathrm{DQ}}(R_{\mathrm{D}}+R_{\mathrm{S}})=20\mathrm{V}-0.61(10+10)\mathrm{V}=7.8\mathrm{V}\end{cases}$$

（2）动态性能计算。画出该放大电路的微变等效电路，如图 2-47（b）所示，可得

$$A_u=-g_{\mathrm{m}}R_{\mathrm{L}}'=-g_{\mathrm{m}}(R_{\mathrm{D}}//R_{\mathrm{L}})=-0.312\times\frac{10\times10}{10+10}=-1.56 \quad \text{（输出电压与输入电压反相）}$$

$$R_{\mathrm{i}}=R_{\mathrm{G}}+R_{\mathrm{G1}}//R_{\mathrm{G2}}=\left(1000+\frac{150\times50}{150+50}\right)\mathrm{M\Omega}\approx1.04\mathrm{M\Omega}$$

$$R_{\mathrm{o}}\approx R_{\mathrm{D}}=10\mathrm{k\Omega}$$

2.8.2　共漏极放大器

图 2-48（a）所示为场效应管的共漏极放大器，也叫源极输出器或源极跟随器，现讨论其动态性能，图 2-48（b）是其微变等效电路。

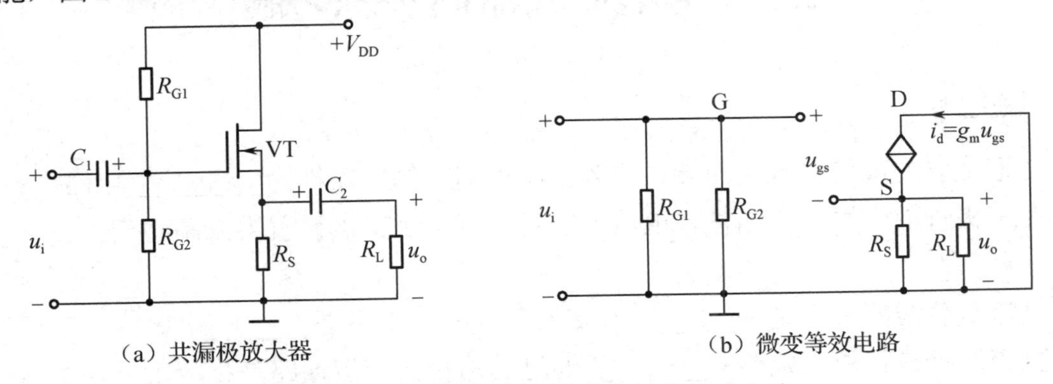

（a）共漏极放大器　（b）微变等效电路

图 2-48　共漏极放大电路及其微变等效电路

（1）电压放大倍数 A_u（设输入为正弦量）。

输出电压为

$$u_{\mathrm{o}}=i_{\mathrm{d}}R_{\mathrm{L}}'=g_{\mathrm{m}}u_{\mathrm{gs}}R_{\mathrm{L}}'$$

式中，$R_{\mathrm{L}}'=R_{\mathrm{S}}//R_{\mathrm{L}}$。

输入电压为

$$u_i = u_{gs} + u_o = u_{gs} + g_m u_{gs} R'_L。$$

因此，电压放大倍数 A_u 为

$$A_u = \frac{u_o}{u_i} = \frac{g_m u_{gs} R'_L}{u_{gs} + g_m u_{gs} R'_L} = \frac{g_m R'_L}{1 + g_m R'_L}$$

（2）输入电阻 R_i：

$$R_i = R_{G1} // R_{G2}$$

（3）输出电阻 R_o。

用加压求流法或开路电压短路电流法可求出共漏极放大器的输出电阻：

$$R_o = \frac{R_S}{1 + g_m R_S} = R_S // \frac{1}{g_m}$$

由分析结果可见，共漏极放大器的电压放大倍数小于 1，但接近于 1；输出电压与输入电压同相；具有输入电阻大、输出电阻小等特点。由于它与三极管共集电极放大电路的特点相同，所以可用作多级放大电路的输入级、输出级和中间阻抗变换级。

知识小结

（1）共源极放大器与共发射极放大器均有电压放大作用，而且输出电压与输入电压相位相反。

（2）共漏极放大器与共集电极放大器均没有电压放大作用，且输出电压与输入电压同相。

（3）场效应管放大器最突出的优点是共源极、共漏极和共栅极放大器的输入电阻大于相应的共发射极、共集电极和共基极放大器的输入电阻。

（4）场效应管的低频跨导一般比较小，因此其放大能力比三极管弱，故共源极放大器的电压增益往往小于共发射极放大器的电压增益。

2.9 基本放大器同步练习题

一、填空题

1．能把微弱的电信号放大而转换成较强的电信号的电路称为_________电路。

2．在三极管放大器中，当输入电流一定时，静态工作点设置得太高将产生___________失真。

3．直流负载线的斜率是_________，交流负载线的斜率是_________。

4．直流通路是指放大电路中________通过的路径，交流通路是指放大电路中_________通过的路径；___________通路常用以确定静态工作点，___________通路提供了信号传输的途径。

5．放大电路有两种工作状态，当 u_i=0 时，电路的状态称为___________态；当有交流信号 u_i 输入时，放大电路的工作状态称为___________态。在___________态情况下，三极管各极的电压、电流均包含___________分量和___________分量。

6．在共发射极放大电路中，____________的作用是将电流放大转换成电压放大，发射极

电阻的作用是________，两个电解电容的作用是________，其核心元器件三极管的作用是________。

7．放大器正常工作的前提条件之一是________的设置要合适。

8．静态分析就是利用三极管放大电路的直流通路计算放大电路的________工作点，即求________时的________、________和________等直流参数值。

9．对于基本共发射极放大电路，当温度升高时，Q 点将向________移。

10．在对三极管放大电路进行直流分析时，工程上常采用________法或________法。

11．常采用的稳定静态工作点的放大电路有________和________。

12．已知某基本放大器原来不存在削波失真，但在增大 R_c（集电极负载电阻）以后失真出现，这个失真必定是________。

13．根据三极管的放大电路的输入回路与输出回路公共端的不同，可将三极管放大电路分为________、________、________3 种。

14．由于共集电极放大器的输入阻抗________、输出阻抗________，所以可以用在两级共发射极电路之间，起阻抗变换作用。

15．在单级三极管放大电路中，输出电压与输入电压反相的为共________极放大电路，输出电压与输入电压同相的有共________极放大电路、共________极放大电路。

16．放大器的输入电阻越________，越能从前级信号源获得较大的电信号；输出电阻越________，放大器的带负载能力越强。

17．调谐放大器有放大和________作用。

18．在基本放大电路的 3 种组态中，________组态的带负载能力强，________组态兼有电压放大作用和电流放大作用。

19．只有当负载电阻 R_L 和信号源的内阻 R_s________时，负载获得的功率才最大，这种现象称为________。

20．多级放大电路的电压放大倍数为各级电压放大倍数的________。

21．在三极管多级放大电路中，已知 $A_{u_1}=50$，$A_{u_2}=-20$，$A_{u_3}=1$，则可知其接法分别为：A_{u_1} 是共________放大器，A_{u_2} 是共________放大器，A_{u_3} 是共________放大器。

22．在多级放大电路中，后级的输入电阻是前级的________，而前级的输出电阻可视为后级的________。多级放大电路的总通频带比其中每级的通频带________。

23．结型场效应管的栅极和源极之间必须加________偏置电压，才能正常进行放大。

二、判断题

题号	1	2	3	4	5	6	7	8	9	10	11	12	13
答案													

1．现测得两个共发射极放大电路空载时的电压放大倍数均为−100，将它们连成两级放大电路，其电压放大倍数应为 10000。

2．在基本共发射极放大电路中，当 V_{CC} 升高时，若电路其他参数值不变，则电压放大倍数应增大。

3．共集电极放大电路的电压放大倍数总小于 1，故不能用来实现功率放大。

4．共集电极放大器对电流、电压及功率均有放大作用。

5．多级放大器的通频带比组成它的各级放大器的通频带窄。

6．微变等效电路中不但有交流量，而且存在直流量。

7．调谐放大器和一般放大器的主要区别在于两者的电压放大倍数不同。

8．由于放大的对象是变化量，所以当输入信号为直流信号时，任何放大电路的输出都毫无变化。

9．输入电阻反映了放大电路的带负载能力。

10．某放大器不带负载时的输出电压为1.5V，带上R_L=5kΩ的负载后，测得输出电压下降为1V，则放大器的输出电阻R_o=2.5kΩ。

11．设置静态工作点的目的是让交流信号叠加在直流分量上并全部通过放大器。

12．因微弱的信号被放大后，功率增大了，所以放大电路可以放大能量。

13．利用微变等效电路可以分析并估算小信号输入时的静态工作点。

三、单项选择题

1．在基本共发射极放大电路中，当负载电阻R_L减小时，输出电阻R_o将（　　）。

A．增大　　B．减少　　C．不变　　D．不能确定

2．分压式偏置放大器采用直流电流负反馈的主要目的是（　　）。

A．克服失真　　B．稳定静态工作点

C．增大放大倍数　　D．提高输出电压

3．要消除一个NPN管共发射极放大器产生的饱和失真，其调节方法为（　　）。

A．增大基极上偏置电阻　　B．增大R_c

C．减小基极上偏置电阻　　D．增大基极下偏置电阻

4．基本放大电路输入为正弦波，输出波形如图2-49所示，该电路出现的失真是（　　）。

A．线性失真　　B．截止失真　　C．饱和失真　　D．非线性失真

5．放大电路如图2-50所示，三极管的静态工作点将会在（　　）。

A．截止区　　B．放大区　　C．饱和区

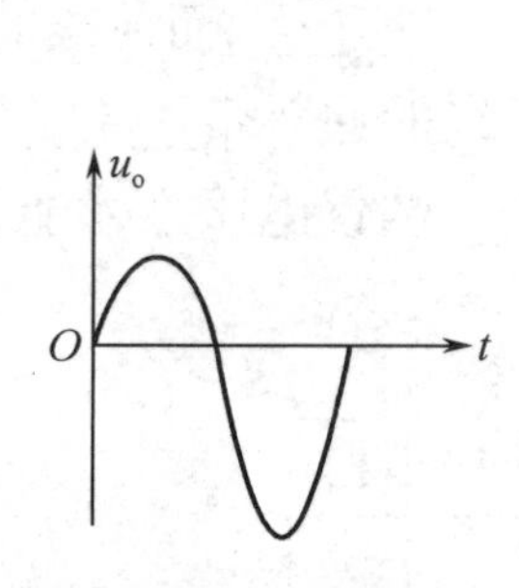

图2-49　单项选择题4图

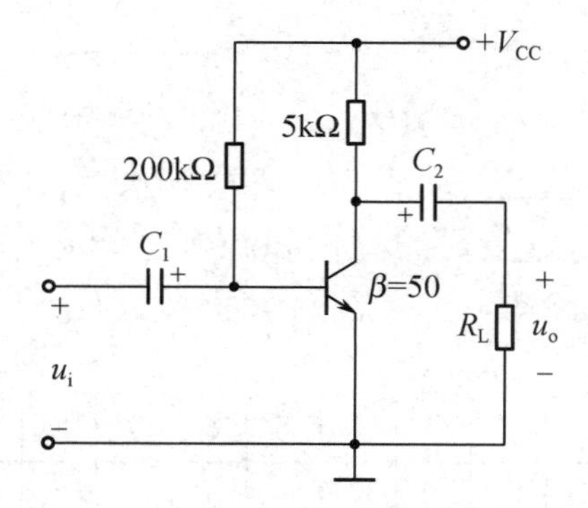

图2-50　单项选择题5图

6．在采用分压式偏置的共发射极放大电路中，若V_B的电位过高，则电路易出现（　　）。

A．截止失真　　B．饱和失真　　C．三极管被烧损　　D．不能确定

7．在单管固定偏置共发射极放大电路中，若测得三极管的静态管压降U_{CEQ}近似等于电源电压V_{CC}（无电流），则该管的工作状态为（　　）。

A．饱和　　B．截止　　C．放大　　D．不能确定

8．在分压式偏置电路中，若更换三极管，使 β 由 50 变为 100，则电路的电压放大倍数（　　）。

A．约为原来的一半　　B．基本不变

C．约为原来的 2 倍　　D．约为原来的 4 倍

9．在由 NPN 管构成的基本共发射极放大电路中，当输入中频小信号时，输出电压出现了底部削平的失真，这种失真是（　　）。

A．截止失真　　B．饱和失真　　C．交越失真　　D．频率失真

10．在基本放大电路的 3 种组态中，输出电阻最小的是（　　）。

A．共发射极放大电路　　B．共基极放大电路

C．共集电极放大电路　　D．不能确定

11．下列不属于共集电极放大器的特点的是（　　）。

A．A_u 近似为 1，但恒小于 1　　B．R_i 大

C．R_o 大　　D．只放大电流

12．下列各种基本放大器中可作为电流跟随器的是（　　）。

A．共发射极接法　　B．共基极接法

C．共集电极接法　　D．任何接法

13．在多级放大电路中，若输入为正弦波形，用示波器观察 u_o 和 u_i 的波形，则当放大电路为共发射极-共基极电路时，u_o 和 u_i 的相位（　　）。

A．同相　　B．反相　　C．相差 90°　　D．不确定

14．在基本放大电路的 3 种组态中，输入电阻最大的放大电路是（　　）。

A．共发射极放大电路　　B．共基极放大电路

C．共集电极放大电路　　D．不能确定

15．为了使工作于饱和状态的三极管回到放大状态，可采用的方法是（　　）。

A．减小 R_B　　B．减小 i_B

C．提高 V_{CC} 的绝对值　　D．以上方法都可以

16．某放大器在 1kΩ 负载电阻上测得输出电压 U_o=1V，在 4.7kΩ 负载电阻上测得输出电压 U_o=1.65V，则该放大器的输出电阻等于（　　）。

A．1kΩ　　B．2kΩ　　C．4.7kΩ　　D．5.7kΩ

17．三极管放大电路增益在高频段减小的主要原因是受到（　　）。

A．耦合电容的影响　　B．滤波电感的影响

C．三极管的结电容的影响　　D．滤波电容的影响

18．在基本放大电路中，经过三极管的信号有（　　）。

A．直流成分　　B．交流成分　　C．交流成分和直流成分均有

19．三极管的主要特性是具有（　　）。

A．单向导电性　　B．滤波作用　　C．稳压作用　　D．电流放大作用

20．可以实现电路间最佳阻抗变换而使负载获得最大输出功率的耦合方式是（　　）。

A．变压器耦合　　B．直接耦合　　C．阻容耦合　　D．以上 3 种均可

21．放大器的通频带是指（　　）。

A．频响曲线上的所有频率　　B．上限频率与下限频率之间的频率范围

C．下限频率以上的所有频率　　　D．上限频率以下的所有频率

22．放大器的输出电阻 R_o 越小，其（　　）。

A．带负载能力越强　　　B．带负载能力越弱

C．放大倍数越小　D．通频带越宽

23．将多个放大电路进行阻容耦合之后，除最后一级外的各级电压放大倍数将（　　）。

A．不变　　B．变大　　C．变小　　D．不确定

24．电压放大电路首先需要考虑的技术指标是（　　）。

A．放大电路的电压增益　　　B．不失真问题

C．管子的工作效率　　　D．电路的稳定性

25．现有基本放大电路如下，选择正确答案填入括号内，只需填 A、B、C。

A．共发射极电路　B．共集电极电路　C．共基极电路

① 输入电阻最小的电路是（　　）、最大的是（　　）。

② 输出电阻最小的电路是（　　）。

③ 没有电压放大作用的电路是（　　），没有电流放大作用的电路是（　　）。

④ 高频特性最好的电路是（　　）。

四、简答题

1．共发射极放大器中集电极电阻 R_c 的作用是什么？

2．共集电极放大器有什么特点？共集电极放大器主要应用在哪些场合？有何作用？

3．有一收音机，其各级功率增益为：天线输入级-3dB、变频级 20dB、第一中放级 30dB、第二中放级 35dB、检波级-10dB、末前级 40dB、功率放大级 20dB。此时，收音机的总功率增益是多少？

4．分析如图 2-51 所示的电路，判断三极管有无放大作用，并简述理由。

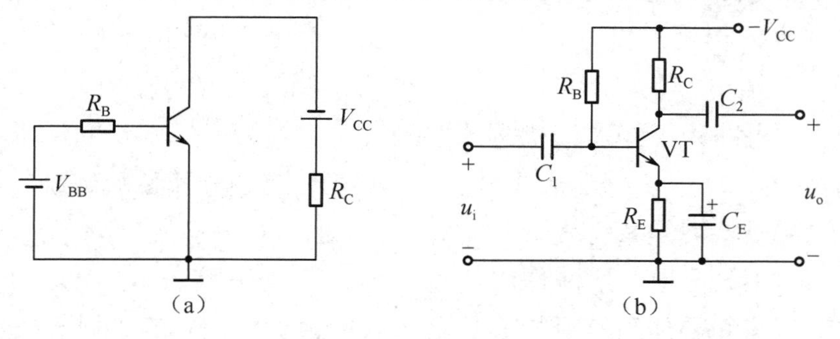

图 2-51　简答题 4 图

5．测得由 NPN 管组成的基本共发射极放大电路的输出电压 u_o 的波形如图 2-52 所示，试分析两者分别属于什么失真？怎样调整 R_b 以消除失真？

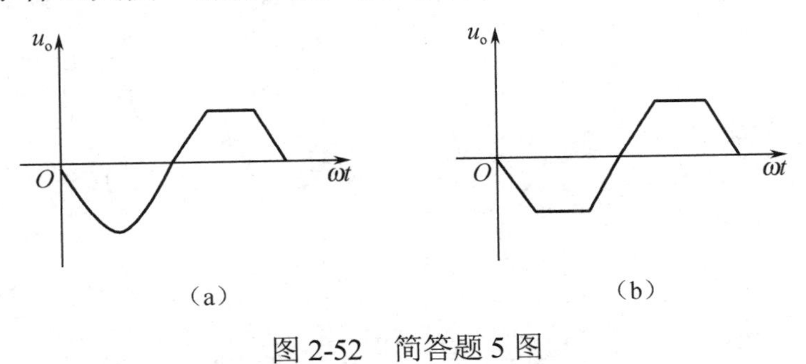

图 2-52　简答题 5 图

6．组合电路如图 2-53 所示，说明其中各三极管（VT_1、VT_2、VT_3）分别构成何种组态的电路。

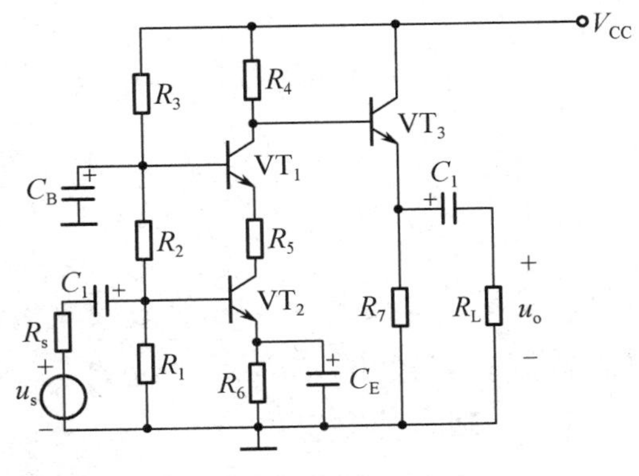

图 2-53　简答题 6 图

五、计算题

1．分析如图 2-54 所示的电路在输入电压 u_I 为下列各值时硅三极管的工作状态（放大、截止或饱和）：①u_I=0；②u_I=3V；③u_I=5V。

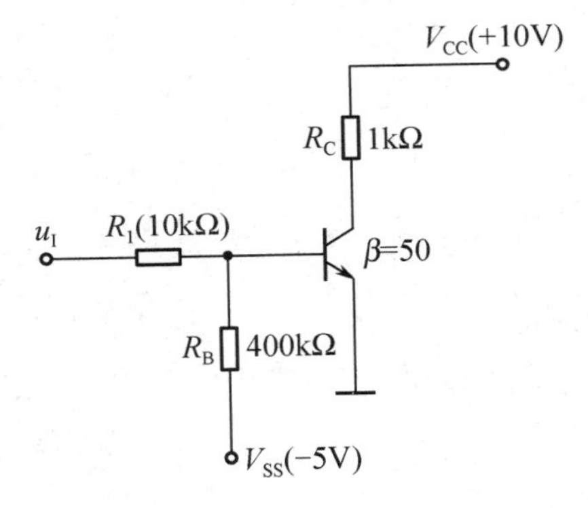

图 2-54　计算题 1 图

2．如图 2-55 所示，电容 C_1、C_2、C_3 对交流信号可视为短路，已知+V_{CC}=12V，R_1=300kΩ，R_2=2kΩ，R_3=1kΩ，R_4=100Ω，R_L=6kΩ，β=60，r_{be}=1kΩ，U_{BEQ}=0.7V。试求：

（1）静态工作点参数（I_{BQ}、I_{CQ}、U_{CEQ}）。

（2）电压放大倍数 A_u、输入电阻 R_i 和输出电阻 R_o。

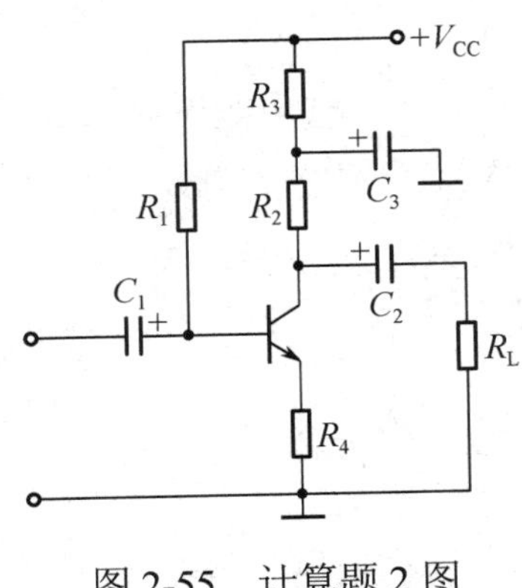

图 2-55　计算题 2 图

3．在如图 2-56 所示的电路中，已知三极管的 β=100，$r_{bb'}$=300Ω，U_{BEQ}=0.7V，R_C=3.2kΩ，R_B=510kΩ，R_s=2kΩ，R_L=6.8kΩ，V_{CC}=15V。

（1）估算静态工作点。

（2）画出微变等效电路。

（3）计算 A_u、A_{u_s}、R_i 和 R_o。

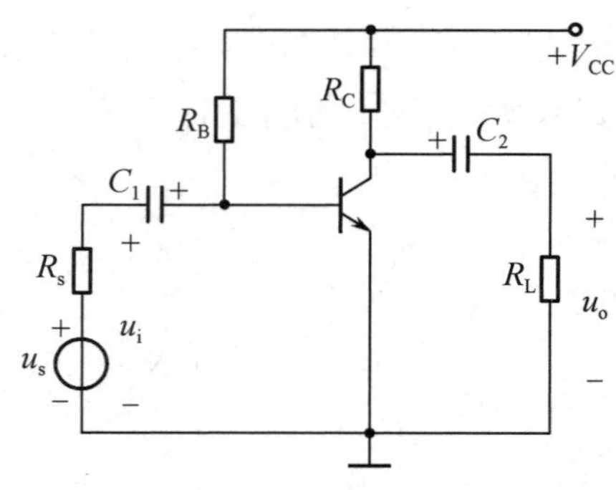

图 2-56　计算题 3 图

4．放大电路如图 2-57 所示，硅管 β=50，其他参数如图中所示。试分析：

（1）要使静态工作点参数 I_{CQ}=2mA，U_{CEQ}=6V，R_b 和 R_c 应选多大？

（2）若 C_2 击穿短路，则静态工作点有何变化？

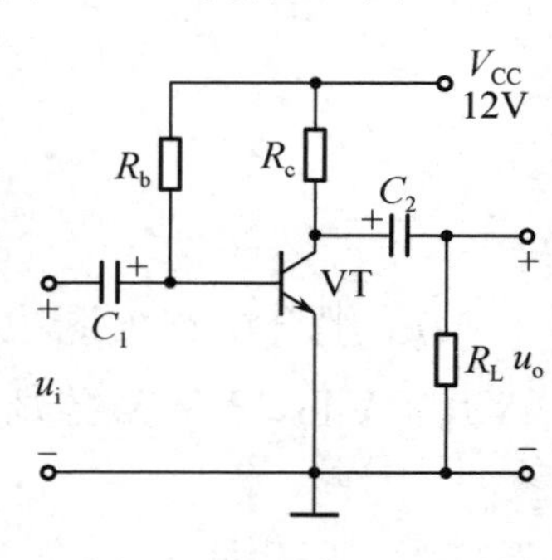

图 2-57　计算题 4 图

5．图 2-58 所示为共发射极放大电路，β=40，$r_{bb'}$=300Ω。信号源内阻可忽略，C_1、C_2 对交流信号可视为短路。

（1）确定静态工作点。

（2）画出低频 h 参数等效电路。

（3）计算 A_u、R_i、R_o。

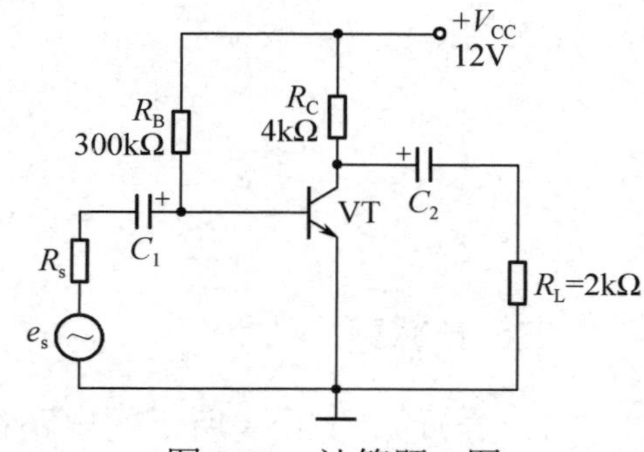

图 2-58　计算题 5 图

6．电路如图 2-59 所示，其中，V_{CC}=12V，R_B=300kΩ，R_C=3kΩ，R_L=3kΩ，管子为硅管，β=50，完成以下任务：①画出该电路的直流通路和交流通路；②求 A_u；③求 R_i、R_o。

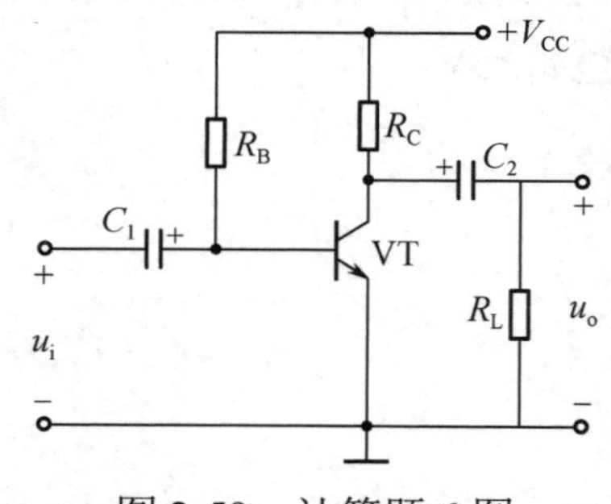

图 2-59　计算题 6 图

7．电路如图 2-60 所示，已知硅管 β=60，$r_{bb'}$=300Ω。求：①电路的静态工作点；②电压放大倍数、输入和输出电阻。

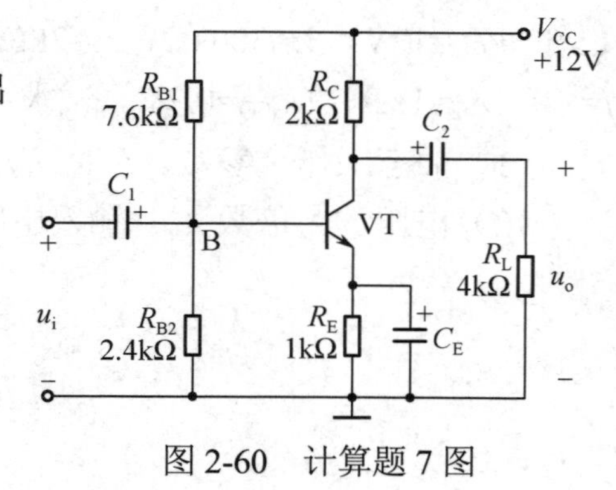

图 2-60　计算题 7 图

8．在如图 2-61（a）所示的放大电路中，已知三极管的 β=100，U_{BE}=0.7V，r_{be}=1kΩ。完成以下任务：①估算放大器的静态工作点参数 I_{BQ}、I_{CQ}、U_{CEQ}；②画出放大器的交流通路；③求接上负载后的电压放大倍数、输入和输出电阻；④当 C_E 开路时，电压放大倍数如何变化？⑤在调试电路时，如果出现如图 2-61（b）所示的输出波形，试判断是什么失真？静态工作点是过高还是过低？如何调节才能消除失真？

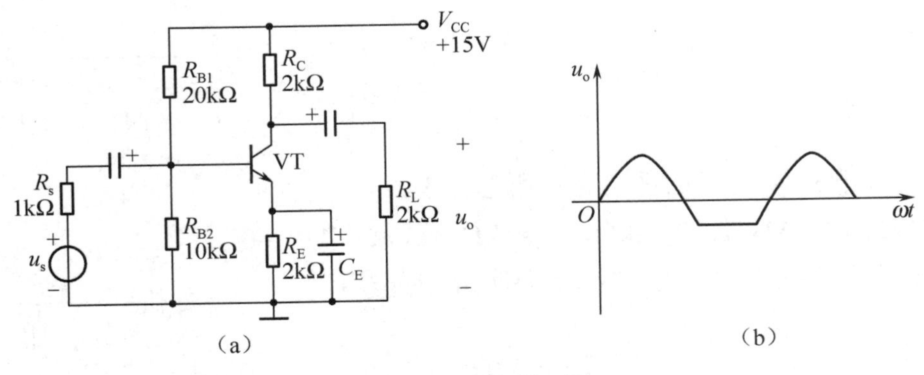

图 2-61 计算题 8 图

9．放大电路如图 2-62 所示，三极管的 U_{BEQ}=0.7V，β=100，R_{b1}=15kΩ，R_{b2}=5kΩ，R_c=3.3kΩ，R_{e1}=200Ω，R_{e2}=1.2kΩ。试求：①画出微变等效电路；②估算 A_u、R_i 和 R_o。

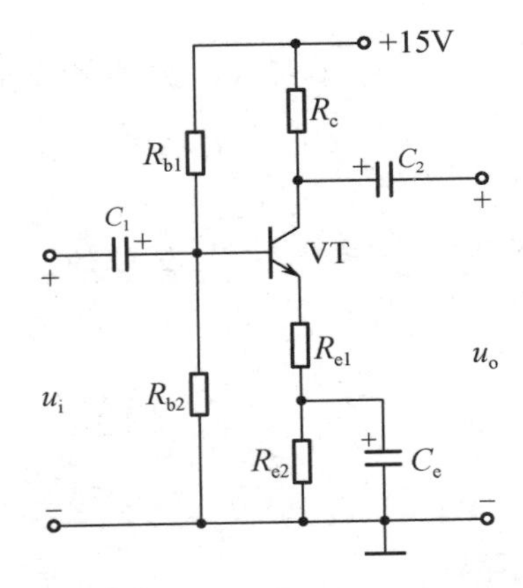

图 2-62 计算题 9 图

10．放大电路如图 2-63 所示，已知 V_{CC}=12V，R_{b1}=60kΩ，R_{b2}=20kΩ，R_c=3kΩ，R_s=200Ω，R_{e1}=200Ω，R_{e2}=2.2kΩ，R_L=3kΩ，β=50，U_{BE}=0.6V，电容 C_1、C_2、C_e 都足够大，试求：①静态工作点；②画出其小信号等效电路，并求电压放大倍数 A_u；③输入电阻 R_i、输出电阻 R_o；④当 R_{b1}、R_{b2} 分别开路时，三极管工作在什么状态？

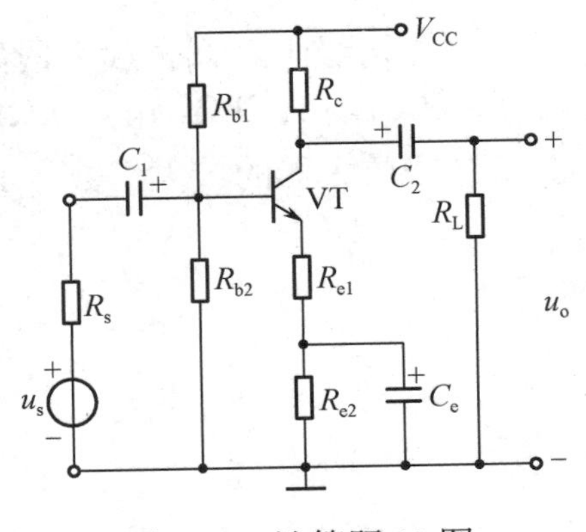

图 2-63 计算题 10 图

11．图 2-64 所示为共集电极放大器电路。已知 V_{CC}=15V，R_B=150kΩ，R_E=4kΩ，R_L=2kΩ，R_s=200Ω，β=60，硅管。试求：①静态工作点；②画出微变等效电路，并计算电路的电压放大倍数、输入和输出电阻。

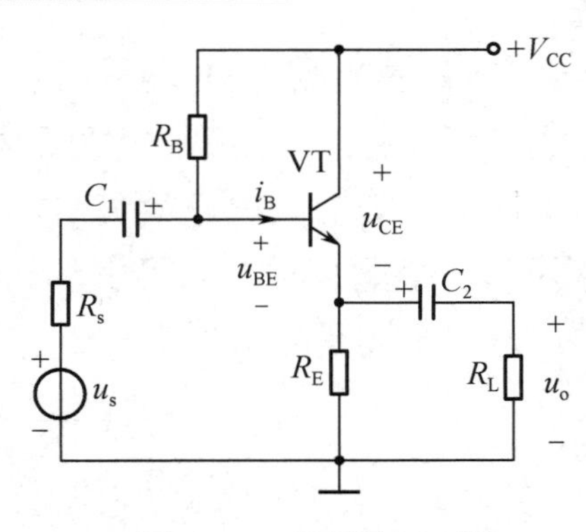

图 2-64　计算题 11 图

12．某共集电极放大器如图 2-65 所示，其中三极管的 β=100，R_1=51kΩ，R_2=51kΩ，R_e=2kΩ，r_{be}=1kΩ。试求：①R_3=0 和 R_3=100kΩ 时的静态工作点与 R_i；②说明 R_3 的作用。

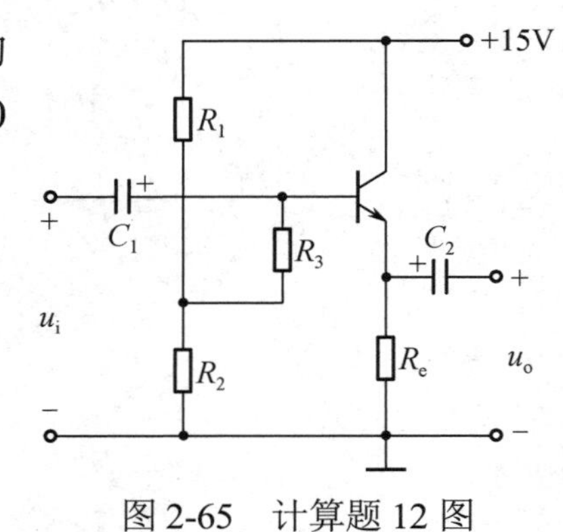

图 2-65　计算题 12 图

13．图 2-66 所示为集电极-基极偏置稳定静态工作点电路。

（1）试说明其稳定静态工作点的过程。

（2）设 V_{CC}=12V，R_B=150kΩ，R_C=6kΩ，β=50，硅管。试求其静态工作点参数。

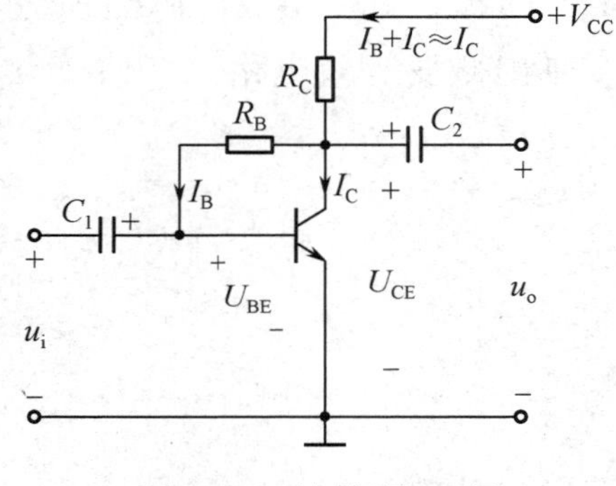

图 2-66　计算题 13 图

14．两级阻容耦合放大器如图 2-67 所示，若输入正弦波信号 u_i 的有效值为 0.5mV，$\beta_1=\beta_2$=60，r_{be1}=1.2kΩ，r_{be2}=1kΩ。试求：①第一级放大器的电压放大倍数 A_{u_1} 和输出电压值 u_{o1}；②第二级放大器的放大倍数 A_{u_2} 和输出电压值 u_{o2}；③总的电压放大倍数 A_u。

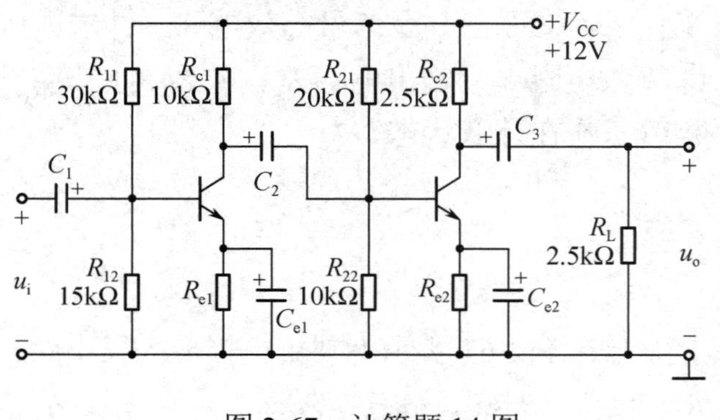

图 2-67　计算题 14 图

15．设如图 2-68 所示的电路中的 R_1=90kΩ，R_2=180kΩ，三极管 VT₁ 的 r_{be1}=6kΩ，VT₂ 的 r_{be2}=1.5kΩ，β均为 100。试求：

（1）R_i 和 R_o。

（2）R_s=0 和 R_s=20kΩ时的 A_u。

（3）若输出电压 u_o 的波形出现底部失真，试问：①如果是由于 R_1 的阻值不恰当引起的，那么应如何调整 R_1（增大还是减小）？②如果要使第一级的输出电压不失真，那么应如何调整 R_2？

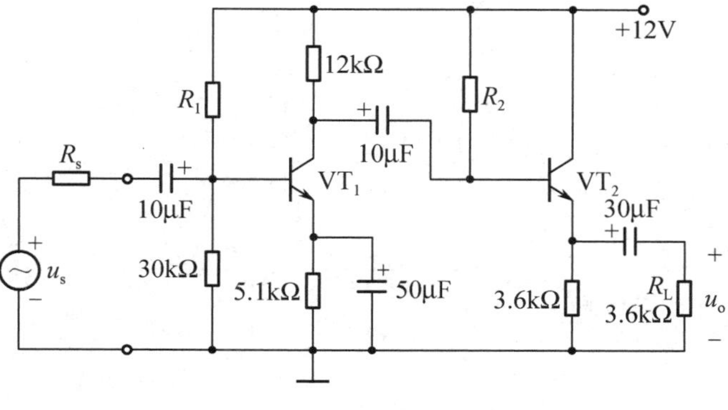

图 2-68 计算题 15 图

16．MOS 管的输出特性曲线如图 2-69（a）所示，MOS 管组成的电路如图 2-69（b）所示。试分析当 u_I 为 4V、8V、12V 时，这个管子分别处于什么状态？

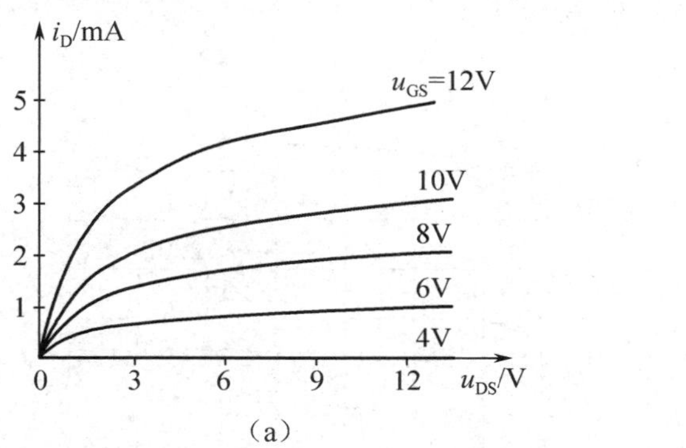

（a）

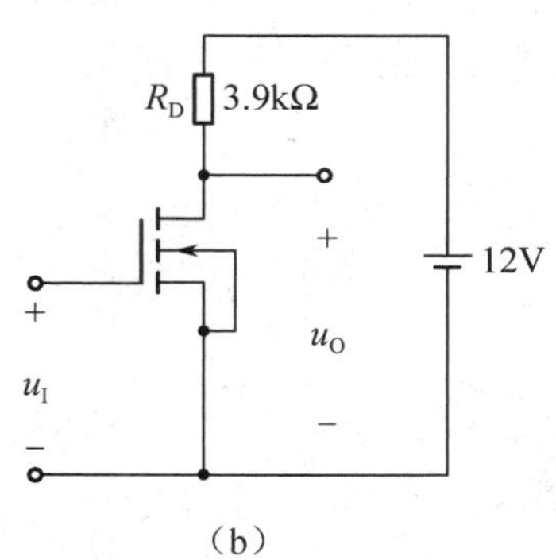

（b）

图 2-69 计算题 16 图

17．在如图 2-70 所示的电路中，已知 V_{DD}=18V，R_{G1}=250kΩ，R_{G2}=50kΩ，R_G=1MΩ，R_D=5kΩ，R_S=5kΩ，R_L=5kΩ，g_m=5mS。试求：①画出微变等效电路；②电路的电压放大倍数、输入和输出电阻。

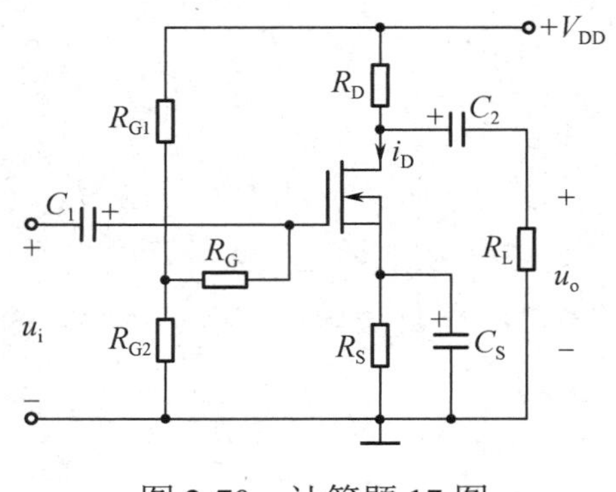

图 2-70 计算题 17 图

六、综合题

1．已知 NPN 型三极管的输入、输出特性曲线分别如图 2-71（a）、（b）所示。试问：

（1）当 u_{BE}=0.7V，u_{CE}=6V 时，i_C 的数值。

（2）当 i_B=50μA，u_{CE}=5V 时，i_C 的数值。

（3）当 u_{CE}=6V，u_{BE} 从 0.7V 变到 0.75V 时，求 i_B 和 i_C 的变化量，此期间 β 是多少？

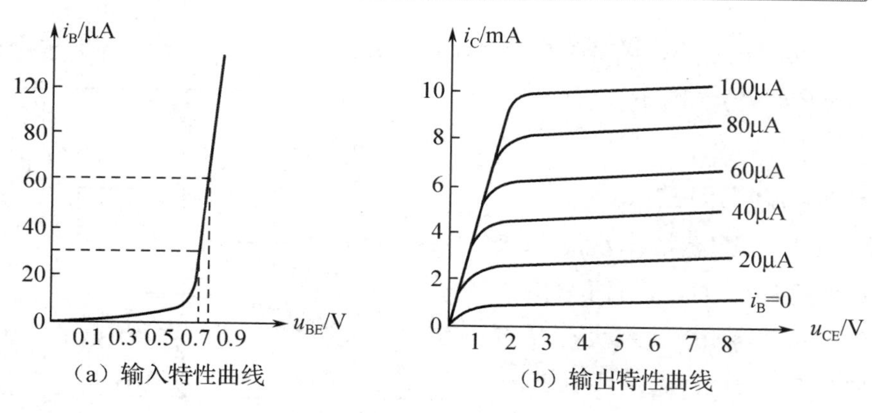

图 2-71　综合题 1 图

2．单管放大电路与三极管输出特性曲线分别如图 2-72（a）、（b）所示：①画出直流通路和直流负载线，确定静态工作点；②当电阻 R_c 由 4kΩ 增大到 6kΩ 时，静态工作点将移到何处？③当电阻 R_b 由 200kΩ 变到 100kΩ 时，静态工作点将移到何处？④当电源电压 V_{CC} 由+12V 变到+6V 时，静态工作点将移到何处？

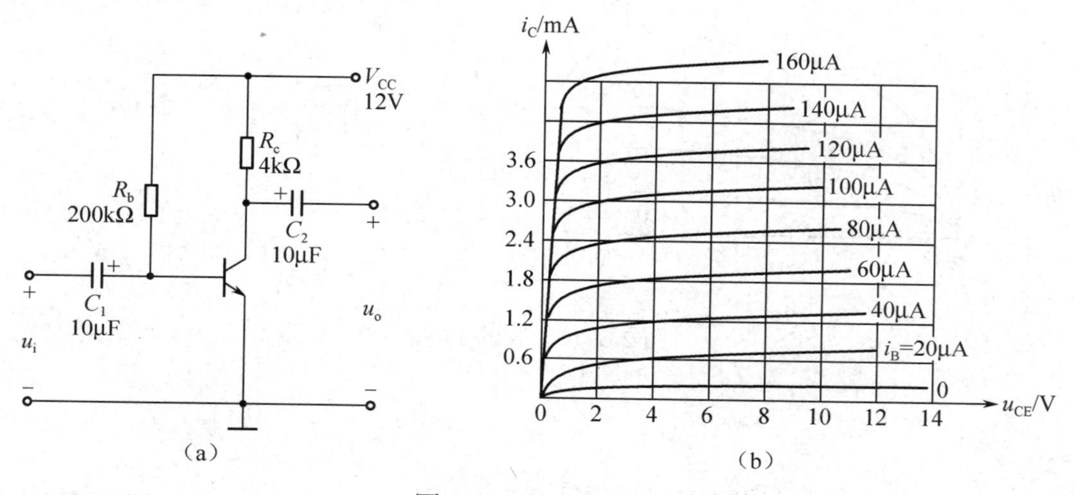

图 2-72　综合题 2 图

3．在如图 2-73 所示的电路中，设静态时的 I_{CQ}=2mA，三极管饱和管压降 U_{CES}=0.6V。试问：当负载电阻 R_L=∞和 R_L=3kΩ 时电路的最大不失真输出电压的有效值各为多少？

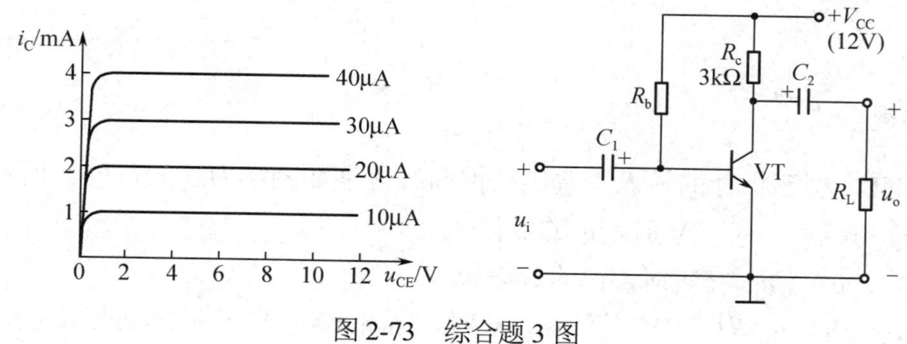

图 2-73　综合题 3 图

4．设在如图 2-74 所示的电路中有 U_{BEQ}=0.7V。

（1）试求其静态工作点。

（2）如果将电路改为单电源 V_{CC}=12V 供电的固定偏置电路，同时保持静态工作点不变，试设计电路。

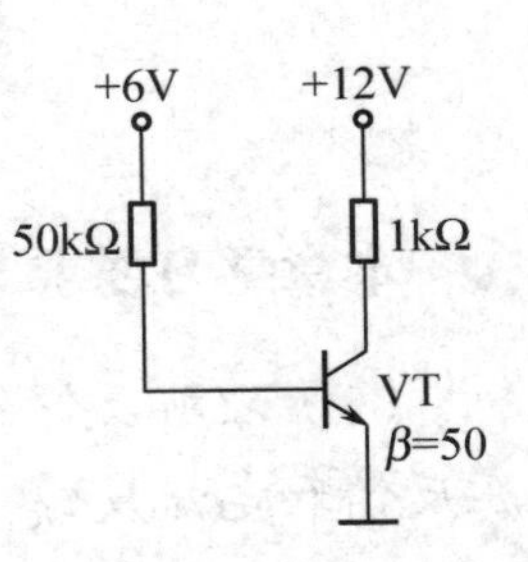

图 2-74　综合题 4 图

参考答案

第 3 章 负反馈放大器

本章学习要求

（1）理解反馈的相关概念（如直流反馈、交流反馈和交直流反馈，正反馈和负反馈，电压反馈和电流反馈，串联反馈和并联反馈，本级反馈和级间反馈）、负反馈放大器方框图、闭环放大倍数的表达式等。熟练掌握反馈类型的判别方法。

（2）理解负反馈放大器的 4 种组态对放大器诸多动态性能的影响。

（3）会估算深度负反馈条件下的放大器闭环放大倍数。

（4）了解反馈放大器的稳定性以及提高负反馈放大器稳定性的方法。

反馈被广泛应用于电子电路中。按照极性的不同，反馈分为正反馈和负反馈两种类型，它们在电子电路中所起的作用各不相同。在所有实用的放大器中都毫无例外地引入了适当的负反馈，用于改善或改变放大器的一些性能，如提高放大倍数的稳定性、减小非线性失真、改变输入/输出电阻、展宽通频带、抑制干扰和噪声等，但这些性能的改善均是以牺牲放大倍数为代价的。在某些情况下，放大电路中的负反馈可能转变为正反馈。正反馈会造成电路工作的不稳定，但在波形发生器中要引入正反馈，以满足自激振荡的条件。

本章先介绍反馈的概念与基本类型，然后介绍负反馈的判别方法，并分析负反馈对放大器性能的影响和闭环增益的估算。

3.1 反馈的概念与基本类型

3.1.1 反馈的概念

所谓反馈，就是指将放大器的输出信号（电压或电流）的一部分或全部通过某种电路（反馈电路）送回输入回路，从而影响输入信号的过程。

反馈到输入回路的信号称为反馈信号。反馈信号与输入信号的相位相同时叫正反馈，反馈信号与输入信号的相位相反时叫负反馈。

反馈放大器由基本放大器（A）与反馈网络（F）组成，反馈网络承担了信号反馈（回送）的任务。图 3-1 是反馈放大器的组成框图，展示出了基本放大器、反馈网络、信号源及负载之间的关系，以及信号的传输方向。在图 3-1 中，x_I 是来自信号源的输入信号；x_O 是放大器的输出信号，它既作用于负载，又在取样处通过反馈网络把反馈信号 x_F 回送到放大器的输入端。在叠加处，x_I 与 x_F 叠加。负反馈时，x_I 与 x_F 的相位相反，叠加的结果是净输入信号 x_I'（$x_I'=x_I-x_F$）的幅度将小于输入信号 x_I 的幅度；正反馈时，x_I 与 x_F 的相位相同，叠加的结果是净输入信号 x_I'（$x_I'=x_I+x_F$）的幅度将大于输入信号 x_I 的幅度。上述各种信号可能是电压，也可能是电流，但二者只居其一，需要视电路的具体结构而定。

在图 3-1 中，各信号的传输方向用箭头表示。当未加反馈网络时，信号只有从输入到输出的一个正向传输方向，这种情况称为开环。加上反馈网络后，除上述所说的正向传输外，还存在着反馈（反向传输）。反馈信号的方向从输出端回送到输入端。此时，放大器与反馈网络构成闭合环路，这种情况称为闭环。

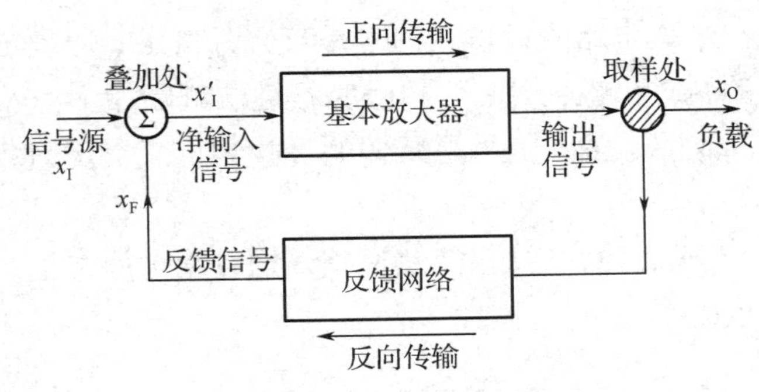

图 3-1　反馈放大器的组成框图

综上所述，反馈放大器与基本放大器存在的区别有：输入信号是信号源和反馈信号叠加后的净输入信号；输出信号在输送到负载的同时要取出部分或全部回送到原放大器的输入端；引入反馈后，使信号既有正向传输又有反向传输，电路形成闭合环路。

3.1.2　反馈的基本类型

根据反馈信号的属性，反馈可分为直流反馈、交流反馈和交直流反馈；根据反馈的极性，可分为正反馈和负反馈；根据取样处反馈网络与负载的联结关系，可分为电压反馈和电流反馈；根据叠加处反馈网络与基本放大器的联结关系，可分为串联反馈和并联反馈；根据反馈网络是否跨级，可分为本级反馈和级间反馈。

1. 直流反馈、交流反馈和交直流反馈

可依据交流通路、直流通路判断反馈的类型。直流反馈是指存在于直流通路中的反馈，因为反馈信号是直流分量，所以它影响放大器的直流性能（静态工作点）。交流反馈是指存在于交流通路中的反馈，因为反馈信号是交流分量，所以它影响放大器的交流性能。而交直流反馈是同时存在于直流通路和交流通路中的反馈，因此对放大器的交流性能、直流性能均产生影响。

2. 正反馈和负反馈

通常采用瞬时极性法来判断反馈极性是正反馈还是负反馈。所谓瞬时极性法，就是指先在放大器输入端设定输入信号对地的瞬时极性为“+”或“−”，再依次按相关点的相位变化情况推出各点信号对地的交流瞬时极性，最后根据反馈到输入端的反馈信号对地的瞬时极性进行判断：使净输入信号减弱的是负反馈，使净输入信号增强的是正反馈。

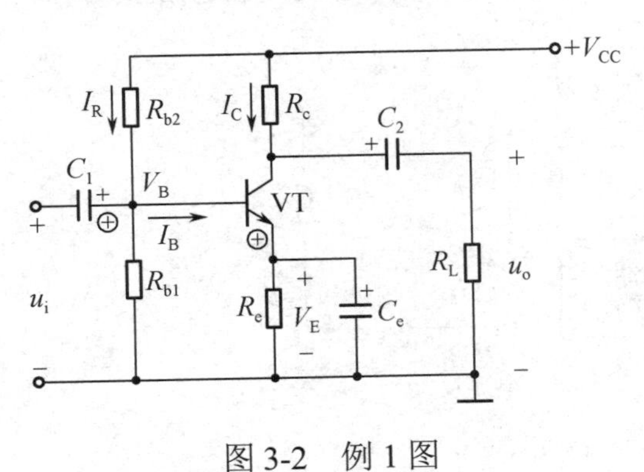

图 3-2　例 1 图

【例 1】 判断如图 3-2 所示的电路中有无反馈，如果有，请说明反馈的属性和极性。

【解答】 电路的组态为共发射极。基极到地之间是输入回路，集电极到地之间是输出回路。在交流通路中，C_e 将发射极直接短接到地，消除了交流反馈的条件。在直流通路中，U_{Re} 既是输入回路的一部分，又正比于输出回路中流过集电极负载电阻 R_c 的电流 I_C，因此，反馈元器件是 R_e，属于直流反馈。

本电路的净输入信号是直流分量 U_{BE}，且 $U_{BE}=V_B-U_{Re}$。设 V_B 在某一时刻上升，即基极的瞬时极性为“+”，用瞬时极性法判断如下：$V_B\uparrow\to I_B\uparrow\to I_C\uparrow\to I_E\uparrow\to U_{Re}\uparrow\uparrow\to U_{BE}\downarrow$，即 U_{BE} 的净输入信号是减弱的，故为直流负反馈。它影响放大器的直流性能，即能自动稳定静态工作点。

【点拨】 凡直流负反馈，均有稳定静态工作点的功能，而直流正反馈则会加剧静态工作点的不稳定。

【例 2】 图 3-3 所示的电路中一共存在几处反馈？分别说明反馈的属性和极性。

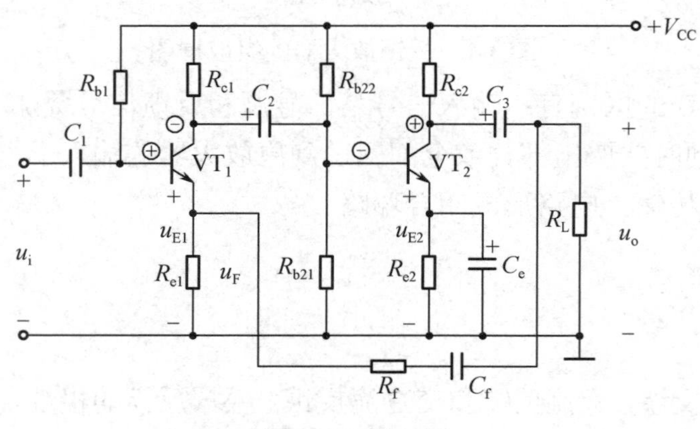

图 3-3 例 2 图

【解答】 共存在 3 处反馈：两处本级反馈的反馈元器件分别是 R_{e1} 和 R_{e2}、C_e；一处级间反馈的反馈元器件是 R_{e1}、C_f、R_f。

通过交流通路、直流通路和瞬时极性法可判定 R_{e1} 是交直流负反馈，R_{e2} 是直流负反馈。级间反馈的基本判定思路是将多级放大器视为一体。由于 C_3 的隔直作用，从输出端回送的反馈信号只能是交流。净输入交流电压信号 $u_{be}=u_i-u_{Re1}$，u_{Re1} 即 u_F，是 R_{e1}、C_f、R_f 对 u_o 分压的结果。

用瞬时极性法判断如下：设放大器输入端信号的极性为上正下负，即 VT_1 的基极对地的极性为“+”、集电极倒相后对地的极性为“−”，即 VT_2 的集电极输出为“+”，通过 R_f 反馈至 R_{e1} 的电压对地极性为“+”，且增大的幅度大于基极，因此净输入交流电压信号 $u_{be}=u_i-u_F$ 减弱，故判断该反馈为负反馈。

3．电压反馈与电流反馈

基本放大器的输出信号可视为由输出电压信号和输出电流信号叠加而成。若对输出电压取样，则反馈网络和负载必是并联的；若对输出电流取样，则反馈网络和负载必是串联的。由于反馈网络和负载之间不可能联结成混联形式，所以反馈网络是不可能对输出电压和输出电流同时取样的。

图 3-4 给出了基本放大器输出端、反馈网络输入端和负载在取样处的联结关系。根据电路的等效原理，反馈网络与负载均可等效为基本放大器的负载。从基本放大器的输出端看过去，反馈网络与负载只能是并联或串联这两种联结关系之一，两种联结必居其一也只居其一。因此，取样处的反馈网络与负载二者的联结关系是判定电压反馈或电流反馈的根据。

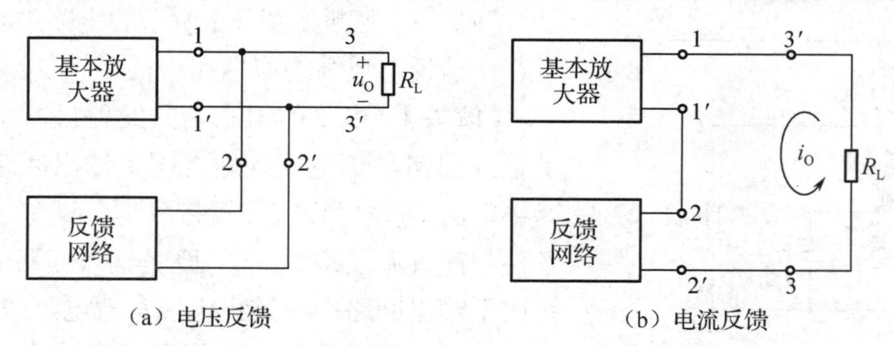

图 3-4 电压反馈与电流反馈示意图

如图 3-4（a）所示，如果反馈网络与基本放大器二者的联结关系为并联，那么反馈信号只能是输出电压的一部分或全部，反馈类型为电压反馈。

如图 3-4（b）所示，如果反馈网络与基本放大器二者的联结关系为串联，那么反馈信号只能是输出电流的一部分或全部，反馈类型为电流反馈。

4．串联反馈与并联反馈

同理，信号源提供的输入信号也可视为由输入电压信号和输入电流信号叠加而成。若要影响净输入电压，则反馈网络和基本放大器必是串联的；若要影响净输入电流，则反馈网络和基本放大器必是并联的。由于反馈网络和基本放大器之间不可能联结成混联的形式，因此也无法同时影响净输入电压和净输入电流。

图 3-5 给出了信号源输出端、基本放大器输入端和反馈网络输出端在叠加处的联结关系。根据电路的等效原理，基本放大器与反馈网络均可等效为信号源的负载。从信号源的输出端看过去，基本放大器与反馈网络也只能是串联或并联这两种联结关系之一，两种联结必居其一也只居其一。因此，叠加处基本放大器与反馈网络二者的联结关系是判定串联反馈或并联反馈的根据。

如图 3-5（a）所示，如果反馈网络与负载二者的联结关系为串联，那么因为串联可分压，所以反馈信号一定是电压信号，反馈网络对信号源输出的信号电压构成分压关系，叠加的结果是影响净输入电压的高低，反馈类型为串联反馈。

如图 3-5（b）所示，如果反馈网络与负载二者的联结关系为并联，那么因为并联可分流，所以反馈信号一定是电流信号，反馈网络对信号源输出的信号电流构成分流关系，叠加的结果是影响净输入电流的大小，反馈类型为并联反馈。

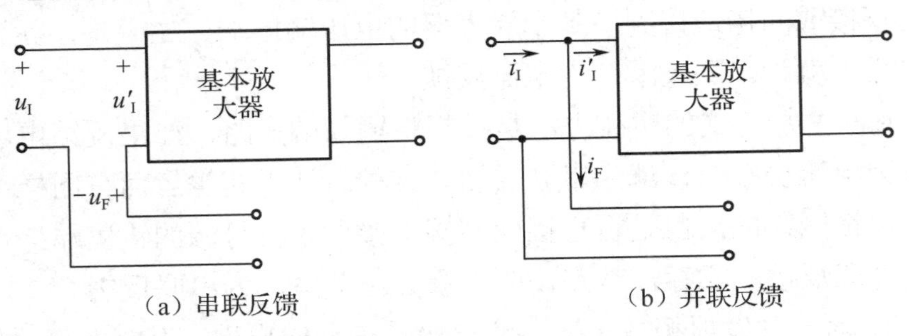

（a）串联反馈　　（b）并联反馈

图 3-5　串联反馈与并联反馈示意图

5．负反馈放大器的 4 种组态

由于在反馈网络的入口处有电压和电流两种取样方式，在反馈网络的出口处有串联和并联两种叠加方式，因此，负反馈放大器有 4 种基本组态（或类型），即电压串联负反馈、电压并联负反馈、电流串联负反馈、电流并联负反馈（正反馈也有 4 种基本组态，此处从略）。

4 种负反馈放大器的方框图如图 3-6 所示。

6．判断放大器中反馈类型的步骤和方法

首先分析电路中是否存在反馈，如果有反馈，就按如下步骤和方法进行判断。

（1）判断是直流反馈、交流反馈还是交直流反馈（通过交流通路、直流通路进行判断）。

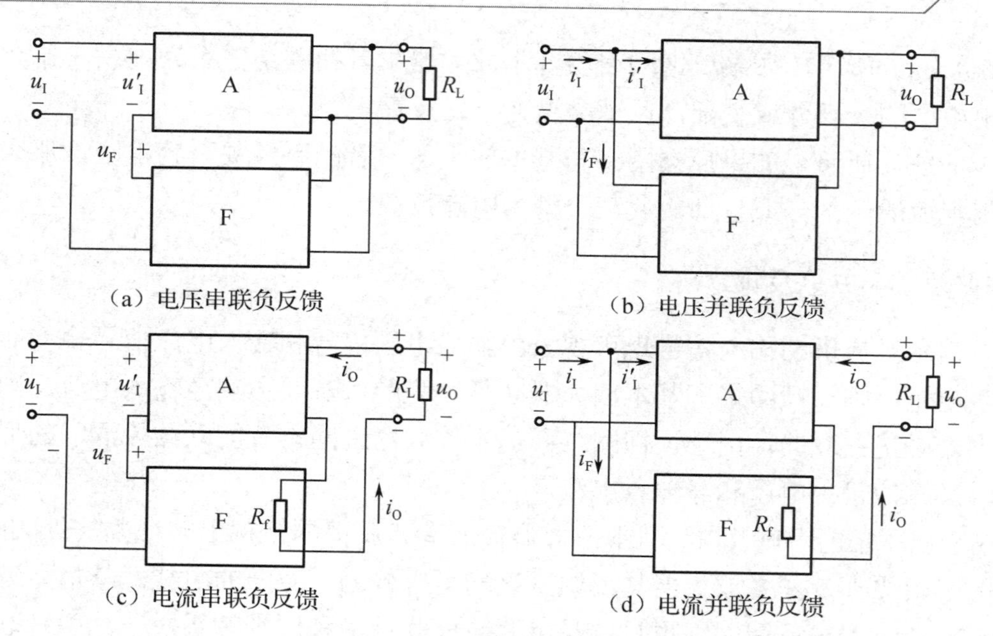

图 3-6　4 种负反馈放大器的方框图

（2）判断是正反馈还是负反馈（利用瞬时极性法进行判断）。

（3）判断是电压反馈还是电流反馈（通过取样处反馈网络与负载二者的联结关系来判断）。

（4）判断是串联反馈还是并联反馈（通过叠加处基本放大器与反馈网络二者的联结关系来判断）。

【点拨 1】 判断取样方式的传统方法是设想将输出端短路，如果反馈信号消失，则为电压反馈；如果反馈信号依然存在，则为电流反馈。传统方法于初学者而言难以掌握。由于反馈网络与负载只有并联或串联这两种联结关系，所以可采用排除法进行准确判断。观察反馈网络的入口是否直接或间接地接到了基本放大器的电压输出端，如果是，就为并联关系，为电压反馈；如果否，就为串联关系，为电流反馈。

【点拨 2】 判断叠加方式的传统方法是设想将输入端短路，如果反馈电压为零，就为并联反馈；如果反馈电压仍存在，就为串联反馈。这种方法于初学者而言同样难以掌握。

同理，观察反馈网络的出口是否直接或间接地接到了信号源的输出端：存在节点，即并联分流关系，为并联反馈；不存在节点，即串联分压关系，为串联反馈。

【点拨 3】 ① 对于共发射极放大器，集电极是信号输出端，基极是信号输入端。因此，如果反馈网络的入口接集电极，就为电压反馈；如果接发射极，就为电流反馈。如果反馈网络的出口接基极，就为并联反馈；如果接发射极，就为串联反馈。

② 对于共集电极放大器，发射极是信号输出端，基极是信号输入端。因此，如果反馈网络的入口接发射极，就为电压反馈；如果接集电极，就为电流反馈；如果反馈网络的出口接基极，就为并联反馈；如果接发射极，就为串联反馈。

【例 3】 判断如图 3-3 所示的放大电路中 3 处反馈的类型。

【解答】（1）本级反馈 R_{e1}：看取样方式，R_{e1} 未接到电压输出端（VT_1 的集电极），故为电流取样；看叠加方式，R_{e1} 未与 VT_1 的基极构成分流节点，故为串联反馈。因此 R_{e1} 的反馈类型是电流串联交直流负反馈。同理，本级反馈 R_{e2}、C_e 的反馈类型是电流串联直流负反馈。

（2）级间反馈 R_{e1}、R_f：看取样方式，R_f 接到了电压输出端（VT_2 的集电极），故为电压取样；看叠加方式，R_{e1}、R_f 未与 VT_1 的基极构成分流节点，故为串联反馈。因此 R_{e1}、R_f 的

反馈类型是电压串联交流负反馈。

【例 4】 试判断如图 3-7 所示的电路的反馈类型。

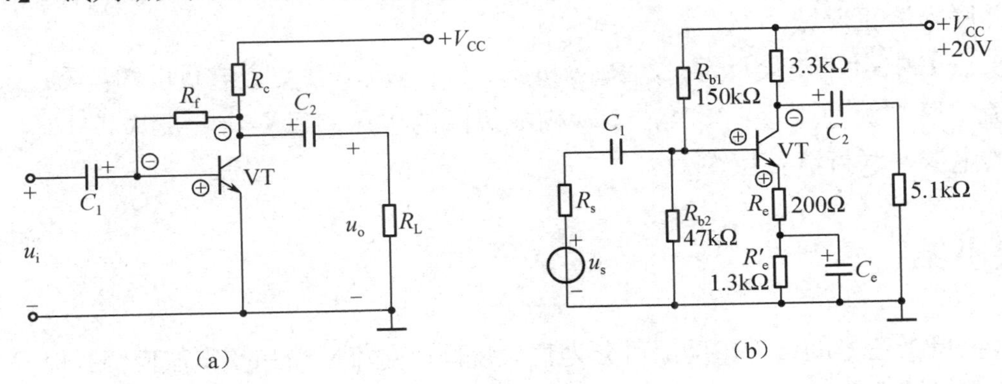

图 3-7　例 4 图

【解答】 图 3-7（a）中的反馈元器件为 R_f。R_f 存在于交流通路、直流通路中，故为交直流反馈；利用瞬时极性法可判断为负反馈；R_f 接到了电压输出端（VT 的集电极），故为电压取样；R_f 与 VT 的基极构成分流节点，故为并联反馈。因此 R_f 构成电压并联交直流负反馈。

图 3-7（b）中存在 2 处反馈，反馈元器件分别为 R_e 和 R'_e、C_e。其中，R_e 构成电流串联交直流负反馈，R'_e、C_e 构成电流串联直流负反馈。

【例 5】 试说明如图 3-8 所示的电路的反馈元器件，并判断反馈类型。

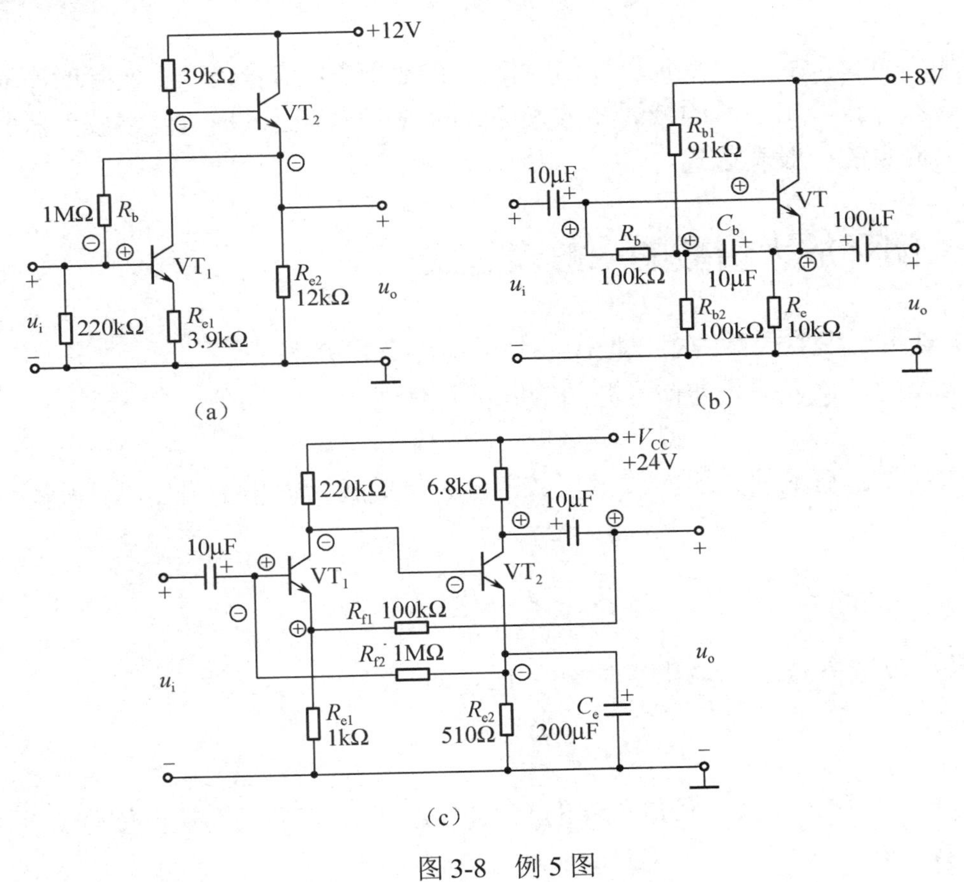

图 3-8　例 5 图

【解答】 利用瞬时极性法将各电路的某一瞬间的极性标注出来，如图 3-8 所示。

图 3-8（a）中存在 3 处反馈：①R_{e1} 构成本级的电流串联交直流负反馈；②R_{e2} 构成本级

的电压串联交直流负反馈；③R_b构成级间的电压并联交直流负反馈。

图 3-8（b）中存在 2 处反馈：①R_e构成本级的电压串联交直流负反馈；②C_b、R_b构成本级的电压并联交流正反馈。

图 3-8（c）中存在 4 处反馈：①R_{e1}构成本级的电流串联交直流负反馈；②C_e、R_{e2}构成本级的电流串联直流负反馈；③R_{f1}、R_{e1}构成级间的电压串联交流负反馈；④R_{f2}、C_e、R_{e2}构成级间的电流并联直流负反馈。

知识小结

（1）根据反馈信号的属性，反馈可分为直流反馈、交流反馈和交直流反馈；根据反馈的极性，可分为正反馈和负反馈；根据取样方式的不同，可分为电压反馈和电流反馈；根据叠加的不同，可分为串联反馈和并联反馈；根据反馈网络是否跨级，可分为本级反馈和级间反馈。

（2）负反馈放大器的 4 种组态分别是电压串联负反馈、电压并联负反馈、电流串联负反馈、电流并联负反馈。

3.2 负反馈放大器放大倍数的一般表达式

放大器加入负反馈后，由于负反馈信号抵消了部分输入信号，以致实际的净输入信号减弱，其结果必然导致输出信号的减弱和放大倍数的减小。下面依据负反馈放大器的组成框图推导闭环放大倍数的一般表达式。

3.2.1 闭环放大倍数的一般表达式

设图 3-1 是负反馈放大器的组成框图，则可写出下列关系式。

基本放大器的净输入信号和信号源的输入信号分别为

$$x_I'=x_I-x_F \qquad x_I=x_I'+x_F$$

开环放大倍数：基本放大器的放大倍数。它的定义式为输出信号 x_O 与净输入信号 x_I' 之比，即

$$A=\frac{x_O}{x_I'}$$

反馈系数：反馈信号 x_F 与输出信号 x_O 之比，即

$$F=\frac{x_F}{x_O}$$

闭环放大倍数：引入负反馈后放大器的放大倍数。它的定义式为输出信号 x_O 与信号源输入信号 x_I 之比，即

$$A_f=\frac{x_O}{x_I}$$

综合上述表达式，可得负反馈放大器放大倍数的一般表达式为

$$A_f=\frac{x_O}{x_I}=\frac{x_O}{x_I'+x_F}=\frac{x_O}{\frac{x_O}{A}+Fx_O}=\frac{A}{1+AF}$$

由此可得负反馈放大器的电压放大倍数的表达式为

$$A_{u_f}=\frac{A_u}{1+A_uF}$$

电流放大倍数的表达式为

$$A_{i_f}=\frac{A_i}{1+A_iF}$$

由上式可见，引入负反馈后，放大器的闭环放大倍数减小了，减小的程度取决于(1+AF)。我们把(1+AF)称为反馈深度，它是衡量反馈程度的重要指标，因为负反馈放大器的所有性能改变的程度都取决于(1+AF)的大小。一般情况下，A 和 F 的数值及相移角度都与信号频率的高低相关，在考虑频率的影响时，A、A_f和 F 必须用向量 $\dot{A}$ 、$\dot{A}_f$ 和 $\dot{F}$ 表示。下面分几种情况对 $\dot{A}_f$ 的表达式予以说明。

（1）当$|1+\dot{A}\dot{F}|>1$ 时，$|\dot{A}_f|<|\dot{A}|$，属于负反馈的情形。在负反馈放大器中，当反馈深度(1+AF)≫1 时（通常，反馈深度≥10 即可认定符合深度负反馈条件），称为深度负反馈。此时，闭环放大倍数可近似为

$$A_f\approx\frac{1}{F}$$

说明深度负反馈时，A_f只取决于反馈系数 F，而与开环放大倍数 A 几乎无关。也就是说，A_f的大小与决定 A 的大小的各个参数无关，只要 F 为定值，放大倍数就很稳定（反馈网络通常由电阻构成，因为电阻性能稳定且阻值与频率无关，所以 F 通常为定值）。在实际应用中，为了提高放大倍数的稳定性，总是把基本放大器的放大倍数做得很大，并在此基础上引入深度负反馈，即可得到一个兼顾放大能力和稳定性的放大器。

（2）当$|1+\dot{A}\dot{F}|<1$ 时，$|\dot{A}_f|>|\dot{A}|$，属于正反馈的情形。正反馈会对放大器的诸多性能产生不利的影响，因此，放大器中一般不引入正反馈。但在特殊情况下，如在调音台电路中，对某一频段引入微量的正反馈，可改善该频段的频率响应。

（3）当$|1+\dot{A}\dot{F}|=0$ 时，$|\dot{A}_f|\to\infty$，属于自激振荡的情形。此时，电路没有输入信号，却有输出信号。负反馈放大器的自激振荡会使放大器不能正常工作，必须予以消除。

【例 6】 已知某电压串联负反馈放大器在中频区的开环电压放大倍数 $A_u=10^3$，信号源输入信号 u_i=10mV，反馈系数 F_u=0.1，求该放大器的闭环电压放大倍数 A_{u_f} 、反馈电压 u_f和净输入电压u_i' 。

【解答】 方法一：该放大器的闭环电压放大倍数为

$$A_{u_f}=\frac{A_u}{1+A_uF_u}=\frac{10^3}{1+10^3\times0.1}\approx9.9$$

反馈电压为

$$u_f=F_uu_o=F_uA_{u_f}u_i=0.1\times9.9\times10\text{mV}=9.9\text{mV}$$

净输入电压为

$$u_i'=u_i-u_f=(10-9.9)\text{mV}=0.1\text{mV}$$

方法二：求 A_{u_f} 的方法同方法一，净输入电压为

$$u_i' = \frac{u_o}{A_u} = \frac{A_{u_f} u_i}{A_u} = \frac{(9.9 \times 10)\text{mV}}{10^3} \approx 0.1\text{mV}$$

反馈电压为

$$u_f = u_i - u_i' = (10 - 0.1)\text{mV} = 9.9\text{mV}$$

由此例可知，在深度负反馈条件下，反馈信号与输入信号相差无几，而净输入信号则远远弱于输入信号。

3.2.2 深度负反馈条件下的近似计算

通过前面的分析和具体实例计算结果可知，当$(1+AF) \gg 1$时，$A_f \approx \frac{1}{F} = \frac{x_O}{x_I}$，满足关系式$x_I \approx x_F$和$x_I' = x_I - x_F \approx 0$，即反馈信号近似等于输入信号，净输入信号约等于零。

对于串联负反馈，有$u_I \approx u_F$，$u_I' \approx 0$，因而在基本放大器输入电阻上产生的输入电流也必然趋于零，即$i_I' \approx 0$。对于并联负反馈，有$i_I \approx i_F$，$i_I' \approx 0$，因而在基本放大器输入电阻上产生的输入电压同样趋于零，即$u_I' \approx 0$。总之，无论是串联负反馈还是并联负反馈，在深度负反馈条件下，均有$u_I' \approx 0$（放大器接收净输入信号的两个端子的交流电位差约等于零，称为“虚短”）和$i_I' \approx 0$（放大器的净输入交流电流约等于零，称为“虚断”）同时存在。利用“虚短”和“虚断”的概念可以方便、快捷地估算出负反馈放大器闭环放大倍数或闭环电压增益。下面举例说明。

【例 7】 估算如图 3-9（a）、（b）所示的负反馈放大器的闭环电压放大倍数。

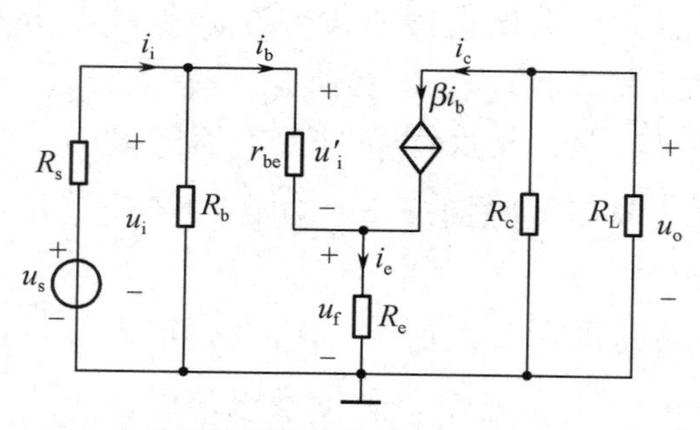

（a）共发射极结构的电流串联负反馈放大器微变等效电路

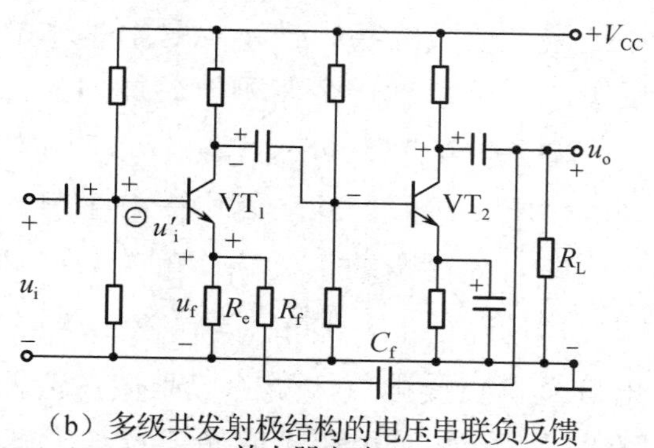

（b）多级共发射极结构的电压串联负反馈放大器电路

图 3-9 例 7 图

【解答】 图 3-9（a）所示为共发射极结构的电流串联负反馈放大器微变等效电路。根据“虚短”可知，$u_i' \approx 0$；根据“虚断”可知，$i_b \approx 0$，可得以下公式。

输入电压u_i为

$$u_i \approx u_f = i_e R_e$$

输出电压u_o为

$$u_o = -i_c R_L'$$

因为$\beta \gg 1$，$i_e \approx i_c$，所以闭环电压放大倍数A_{u_f}为

$$A_{u_f}=\frac{u_o}{u_i}=\frac{-i_c R'_L}{i_e R_e}\approx -\frac{R'_L}{R_e}$$

图 3-9（b）所示为多级共发射极结构的电压串联负反馈放大器电路。根据“虚短”可知，$u'_i\approx 0$；根据“虚断”可知，第一级放大器净输入交流电流 $i_{b1}\approx 0$，可得以下公式。

输入电压 u_i 为

$$u_i\approx u_f=i_e R_e$$

输出电压 u_o 为

$$u_o=i_e R_e+i_e R_f$$

综上可得闭环电压放大倍数 A_{u_f} 为

$$A_{u_f}=\frac{u_o}{u_i}=\frac{i_e R_e+i_e R_f}{i_e R_e}=1+\frac{R_f}{R_e}$$

知识小结

（1）负反馈放大器放大倍数的一般表达式为 $A_f=\dfrac{A}{1+AF}$。

（2）$(1+AF)$称为反馈深度，是衡量反馈程度的重要指标，负反馈放大器所有性能改变的程度都取决于$(1+AF)$的大小。

（3）利用“虚短”和“虚断”的概念可大致估算出负反馈放大器闭环放大倍数或闭环电压增益。

3.3　负反馈对放大器性能的影响

在放大器中引入负反馈虽然会导致放大倍数减小，但以此为代价能换取放大器诸多方面性能的改善。因此，在放大电路中几乎都会引入负反馈，以改善放大器的性能，现分述如下。

3.3.1　提高放大倍数的稳定性

放大器的开环放大倍数通常都是不稳定的，这是因为受到了元器件参数的变化、环境温度的变化、电源电压的波动及负载的变化等因素的影响，引入适量的负反馈后，可提高放大倍数的稳定性。

一般情况下，放大倍数的稳定性常用有、无反馈时放大倍数的相对变化量之比来衡量。用 $\mathrm{d}A/A$ 和 $\mathrm{d}A_{u_f}/A_{u_f}$ 分别表示开环和闭环放大倍数的相对变化量。$A_{u_f}=\dfrac{A}{1+AF}$ 对 A 求导数的最终结果为 $\dfrac{\mathrm{d}A_{u_f}}{A_{u_f}}=\dfrac{1}{1+AF}\cdot\dfrac{\mathrm{d}A}{A}$，说明引入负反馈后，闭环放大倍数相对变化量为开环放大倍数相对变化量的 $1/(1+AF)$，即闭环放大倍数的稳定性是开环放大倍数稳定性的$(1+AF)$倍。负反馈越深，(1+*AF*)越大，闭环放大倍数的稳定性越好。

需要指出的两点如下。

（1）负反馈并不能使输出量保持不变，只能使输出量趋于不变。如果由于反馈系数发生变化而引起闭环放大倍数变化，那么负反馈是无能为力的。故反馈网络一般都是由性能稳定的无源线性元器件（如电阻、电容）构成的。

（2）不同类型的负反馈能稳定放大倍数的类型也不同。例如，电压串联负反馈只能稳定闭环电压放大倍数，而电流并联负反馈则只能稳定闭环电流放大倍数。

下面通过一个具体实例予以说明。某放大器在开环状态时，由于种种原因，它的电压放大倍数由原来的 A_u=400 减小到 A_u'=300，比原来减小了 25%。现加 F_u=0.0475 的电压串联负反馈，有如下结果。

当 A_u=400 时，闭环电压放大倍数为

$$A_{u_f}=\frac{A_u}{1+A_uF_u}=\frac{400}{1+400\times0.0475}=20$$

当开环电压放大倍数减小到 A_u'=300 时，闭环电压放大倍数为

$$A_{u_f}'=\frac{A_u'}{1+A_u'F_u}=\frac{300}{1+300\times0.0475}\approx19.67$$

综上可得闭环电压放大倍数减小的百分比为

$$\frac{\mathrm{d}A_{u_f}}{A_{u_f}}\times100\%=\frac{20-19.67}{20}\times100\%=1.65\%$$

25%≫1.65%，可见，闭环电压放大倍数的稳定性得到了提高，且提高了(1+*AF*)倍。由于反馈环节一般都必须由线性元器件构成，性能稳定，因此闭环放大倍数稳定。

3.3.2　减小非线性失真

给放大器加上合适的直流偏置，其作用就是减小信号波形的失真。由于三极管特性曲线的线性段也并不是完全线性的，所以即使选择了合适的静态工作点，信号波形也总会存在一定的失真，而且，信号动态范围越大，波形失真也越大。引入适当的负反馈后，可大大减小信号波形的非线性失真。负反馈减小非线性失真的原理如图 3-10 所示。

在开环状态下，假定输入的 u_i 是标准的正弦波，由于放大器的非线性，输出 u_o 的失真波形为正半周大、负半周小，如图 3-10（a）所示。当放大器引入负反馈（此处以电压并联负反馈为例）后，由于取样后的反馈电压正比于输出电压，所以反馈电压 u_f 的波形为正半周大、负半周小。在Σ处与输入的 u_i 叠加后得到的净输入信号 u_i'（$u_\mathrm{i}'=u_\mathrm{i}-u_\mathrm{f}$）的波形就变成了正半周小、负半周大。这种失真恰好与原 u_o 的失真相反（预失真补偿），从而使放大器的输出信号波形的失真得以改善，如图 3-10（b）所示。

需要指出的是，负反馈只能减小放大器自身产生的非线性失真（减小为原来的 $\frac{1}{1+AF}$ 倍），而不能完全消除。如果输入的 u_i 本身就存在失真，那么在这种情况下，负反馈也是无能为力的。另外，利用负反馈来减小放大器的非线性失真仍然是以减小放大倍数为代价的。

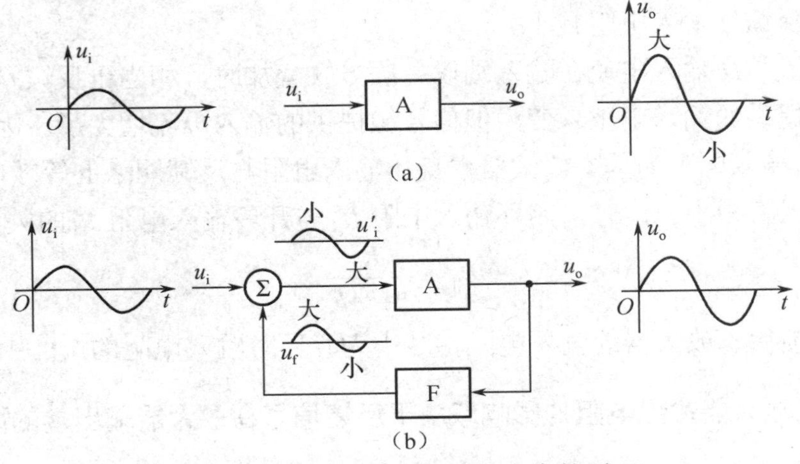

图3-10 负反馈减小非线性失真的原理

3.3.3 展宽频带

在第2章放大器频率特性的学习中提到，由于电抗元器件（电感、电容）的影响，放大器频率特性的中频部分的放大倍数较大，曲线平坦；在高频部分和低频部分，放大倍数都要减小，曲线下垂。

放大器引入负反馈后，通频带的展宽如图3-11所示。由于中频部分的放大倍数大，负反馈作用大；高频、低频部分的放大倍数小，负反馈作用小。所以，在中频部分，放大器的放大倍数减小得多；在高频、低频部分，放大倍数减小得少，其结果是放大器的幅频特性变得平坦，上限截止频率由f_H扩展至f_{Hf}处，下限截止频率由f_L扩展至f_{Lf}处。

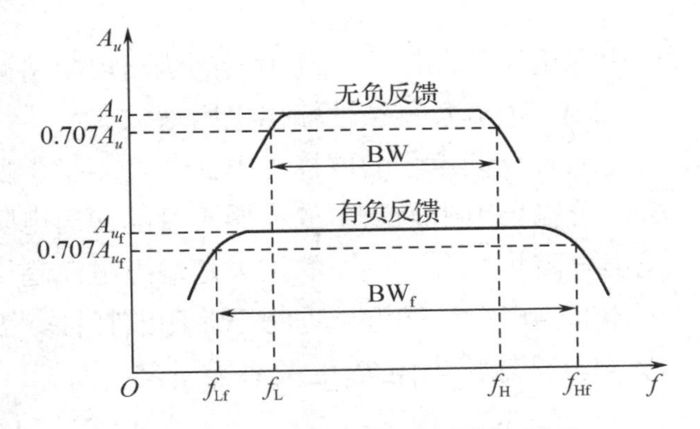

图3-11 负反馈展宽通频带的原理

理论计算表明，放大器的开环增益与通频带的乘积等于闭环增益与通频带的乘积。也就是说，引入负反馈后，放大器的通频带能展宽为开环时的(1+*AF*)倍。

3.3.4 改变输入和输出电阻

1. 负反馈对放大器输入电阻的影响取决于反馈信号在放大器输入端的叠加方式

（1）串联负反馈使输入电阻增大。

当负反馈电压与净输入电压在输入端以串联方式叠加时，相当于反馈网络和输入回路串联，虽然信号源提供的输入电压未变，但信号源提供的输入电流减小了。因此，从信号源两端向右看过去，总输入电阻为基本放大器本身的输入电阻与反馈网络的等效电阻两部分串联相加，放大器的输入电阻将增大。此时，闭环输入电阻R_{if}与开环输入电阻R_i的关系为

$$R_{if}=(1+AF)R_i$$

即引入串联负反馈后，放大器的输入电阻将增大为开环时输入电阻的(1+*AF*)倍。

（2）并联负反馈使输入电阻减小。

当负反馈电流与净输入电流在输入端以并联方式叠加时，相当于反馈网络和输入回路并联，虽然信号源提供的输入电压未变，但信号源提供的输入电流增大了。因此，从信号源两端向右看过去，总输入电阻为基本放大器本身的输入电阻与反馈网络的等效电阻两部分并联，放大器的输入电阻将减小。此时，闭环输入电阻 R_{if} 与开环输入电阻 R_i 的关系为

$$R_{if}=\frac{R_i}{1+AF}$$

即引入并联负反馈后，放大器的输入电阻将减小为开环时输入电阻的 $1/(1+AF)$。

2．负反馈对放大器输出电阻的影响取决于反馈信号在放大器输出端的取样方式

（1）电压负反馈使输出电阻减小。

当负反馈信号的取样为电压时，相当于反馈网络和输出回路并联，从负载两端向左看过去，总输出电阻为基本放大器本身的输出电阻与反馈网络的等效电阻两部分并联，放大器的输出电阻将减小。反馈的结果是输出电压趋于稳定，放大器的输出特性接近于理想电压源的特性，因此其带负载能力得以增强。此时，闭环输出电阻 R_{of} 与开环输出电阻 R_o 的关系为

$$R_{of}=\frac{R_o}{1+AF}$$

即引入电压负反馈后，放大器的输出电阻将减小为开环时输出电阻的 $1/(1+AF)$。

（2）电流负反馈使输出电阻增大。

当负反馈信号的取样为电流时，相当于反馈网络和输出回路串联，从负载两端向左看过去，总输出电阻为基本放大器本身的输出电阻与反馈网络的等效电阻两部分串联，放大器的输出电阻将增大。反馈的结果是输出电流趋于稳定，输出电流受负载变动的影响而减小，放大器的输出特性接近于理想电流源的特性，因此减弱了其带负载能力。此时，闭环输出电阻 R_{of} 与开环输出电阻 R_o 的关系为

$$R_{of}=(1+AF)R_o$$

即引入电流负反馈后，放大器的输出电阻将增大为开环时输出电阻的 $(1+AF)$ 倍。

3.3.5 降低放大器的内部噪声

由于元器件的非线性及电源电压波动等因素，放大器会产生内部噪声。放大器内部噪声的存在对信号的放大与传输都是有害的。但噪声对有用信号的影响程度并不取决于它的绝对大小，而取决于它与有用信号的相对大小，即“信噪比”。放大器的信噪比越大，噪声对有用信号的影响越小。

内部噪声电压基本上是固定的，引入负反馈后，虽然有用信号和内部噪声的幅度会同步减小，但可以增强有用信号（人为地加大输入有用信号的幅度），从而增大信噪比。

需要说明的是，负反馈只能降低放大器反馈环内的噪声，对于反馈环外和信号自带的干扰噪声，负反馈是无能为力的。

知识小结

（1）引入负反馈对放大器性能的影响：①放大倍数减小了，但提高了放大倍数的稳定性；②扩展了通频带；③减小了非线性失真；④改变了输入和输出电阻；⑤降低了放大器的内部噪声。所有性能的改善或改变都与反馈深度(1+*AF*)有关，且都是以牺牲放大倍数为代价的。

（2）负反馈类型和组态选择的总体依据。

① 要稳定直流量（静态工作点），应引入直流负反馈。

② 要改善交流性能，应引入交流负反馈。

③ 要稳定输出电压，应引入电压负反馈，可减小放大电路的输出电阻；要稳定输出电流，应引入电流负反馈，使输出电阻增大。

④ 要增大输入电阻，应引入串联负反馈；要减小输入电阻，应引入并联负反馈。

⑤ 若信号源的内阻小，则分压叠加负反馈方式效果好，适宜采用串联负反馈；若信号源的内阻大，则分流叠加负反馈方式效果好，适宜采用并联负反馈。

3.4　负反馈放大器同步练习题

一、填空题

1．反馈放大电路的含义是________________________。

2．将放大器______________的全部或部分通过某种方式回送到输入端，这部分信号叫作__________信号。使放大器净输入信号减弱、放大倍数减小的反馈称为__________反馈，使放大器净输入信号增强、放大倍数增大的反馈称为__________反馈。放大电路中常用的负反馈类型有__________负反馈、__________负反馈、__________负反馈和__________负反馈。

3．电压负反馈能稳定输出__________，电流负反馈能稳定输出__________。

4．引入微量的__________反馈可提高电路的增益，引入__________反馈可提高电路增益的稳定性。

5．在负反馈放大电路中，若反馈信号取样于输出电压，则引入的是__________反馈；若反馈信号取样于输出电流，则引入的是__________反馈；若反馈信号与输入信号以电压方式进行比较，则引入的是__________反馈，若反馈信号与输入信号以电流方式进行比较，则引入的是__________反馈。

6．直流负反馈的作用是________________，交流负反馈的作用是__________________。

7．负反馈可提高放大器________________，减小_______________，降低_______________，___________，改变__________等。

8．___________称为负反馈深度，其中 *F*=__________，称为_________。

9．在交流负反馈的 4 种组态中，若要求输入电阻大，输出电阻大，则在放大电路中应引入_____________负反馈组态。

10．引入交流负反馈后，放大器的通频带与开环状态相比展宽为原来的__________倍。

11．某放大电路的开环增益为 100，引入反馈系数为 0.1 的反馈网络后，其闭环增益为＿＿＿＿＿＿。

二、判断题

题号	1	2	3	4	5	6	7	8	9	10
答案										

1．反馈量仅仅取决于输出量。

2．在深度负反馈放大电路中，只有尽可能地增大开环放大倍数，才能有效地增大闭环放大倍数。

3．若放大电路的放大倍数为负，则引入的反馈一定是负反馈。

4．若放大电路引入负反馈，则负载电阻在变化时，输出电压基本不变。

5．在深度负反馈放大电路中，由于开环增益很大，因此在高频段由附加相移变成正反馈时容易产生高频自激。

6．在三极管放大电路中，加入 R_e 一定可以稳定输出电流。

7．对于负反馈放大电路，由于负反馈的作用使输出量变小，所以输入量变小，又使输出量更小……最终使输出为零，无法放大。

8．电压负反馈放大电路能使输出电压稳定，但输出电压量还是有变化的。

9．引入直流负反馈可以稳定静态工作点。

10．深度负反馈放大器的放大倍数几乎与放大电路内部元器件的参数变动无关。

三、单项选择题

1．通过某种方式，将放大器的（　　）量的一部分或全部回送到（　　）端的过程叫作反馈。被回送的信号叫（　　），回送到输入回路的信号叫（　　）。

A．输入　　B．输出　　C．反馈信号　　D．取样信号

2．选择合适的答案填入下列括号内。

（1）对于放大电路，开环是指（　　）。

A．无信号源　　B．无反馈通路　　C．无电源　　D．无负载

（2）对于放大电路，闭环是指（　　）。

A．考虑信号源内阻　　B．存在反馈通路

C．接入电源　　D．接入负载

（3）在输入量不变的情况下，若引入反馈后（　　），则说明引入的反馈是负反馈。

A．输入电阻增大　　B．输出量增大

C．净输入量增大　　D．净输入量减小

（4）直流负反馈是指（　　）。

A．直接耦合放大电路中引入的负反馈

B．只有在放大直流信号时才有的负反馈

C．直流通路中的负反馈

（5）交流负反馈是指（　　）。

A．阻容耦合放大电路中引入的负反馈

B．只有在放大交流信号时才有的负反馈

C．交流通路中的负反馈

（6）为了稳定静态工作点，应引入（　　）负反馈；为了稳定放大倍数，应引入（　　）负反馈；为了改变输入电阻和输出电阻，应引入（　　）负反馈；为了抑制零漂，应引入（　　）负反馈；为了展宽通频带，应引入（　　）负反馈。

A．直流　　B．交流

3．选择合适的答案填入下列括号内。

A．电压串联　B．电压并联　C．电流串联　D．电流并联

（1）某放大电路要求 R_i 大，输出电流稳定，应引入（　　）负反馈。

（2）某传感器输入的是电压信号（几乎不能提供电流），经放大后希望输出电压与输入电压成正比，放大电路应引入（　　）负反馈。

（3）要得到一个由电流控制的电流源，应选（　　）负反馈放大电路。

（4）要得到一个由电流控制的电压源，应选（　　）负反馈放大电路。

（5）需要一个阻抗变换电路，要求 R_i 大、R_o 小，应选（　　）负反馈放大电路。

（6）需要一个阻抗变换电路，要求 R_i 小、R_o 大，应选（　　）负反馈放大电路。

4．串联负反馈使电路的输入电阻（　　）。

A．增大　B．减小　C．不变　D．不确定

5．在负反馈放大电路中，反馈信号（　　）。

A．仅取自输出信号　B．取自输入信号或输出信号

C．仅取自输入信号　D．取自输入信号和输出信号

6．如图 3-12 所示，电路中的 R_f 为（　　）。

A．电压串联负反馈　B．电压并联负反馈

C．电流串联负反馈　D．电流并联负反馈

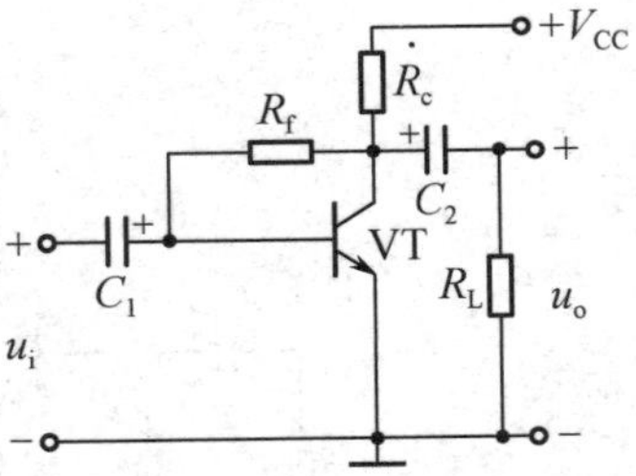

图 3-12　单项选择题 6 图

7．在放大电路中，如果希望输出电压受负载影响较小，同时对信号源的影响小，则需要引入的负反馈的类型是（　　）。

A．电压串联负反馈　B．电压并联负反馈

C．电流串联负反馈　D．电流并联负反馈

8．能增大放大器的放大倍数的是（　　）反馈，能稳定放大器的放大倍数的是（　　）反馈。

A．电压　B．电流　C．正　D．负

9．根据取样方式，反馈可分为（　　）。

A．直流反馈和交流反馈　B．电压反馈和电流反馈

C．正反馈和负反馈　D．串联反馈和并联反馈

10．若反馈信号正比于输出电压，则该反馈为（　　）反馈。

A．串联　B．电流

C．电压　D．并联

11．要同时增大放大器的输入和输出电阻，应引入的反馈组态是（　　）。

A．电压串联负反馈　　B．电压并联负反馈

C．电流串联负反馈　　D．电流并联负反馈

四、简答题

1．负反馈对放大电路的性能有何影响？

2．在如图3-13所示的电路中，试说明：①反馈网络由哪些元器件组成？②哪些构成本级反馈？哪些构成级间反馈？③是直流反馈、交流反馈还是交直流反馈？④是正反馈还是负反馈？⑤是电压反馈还是电流反馈？⑥是串联反馈还是并联反馈？⑦反馈组态的全称。

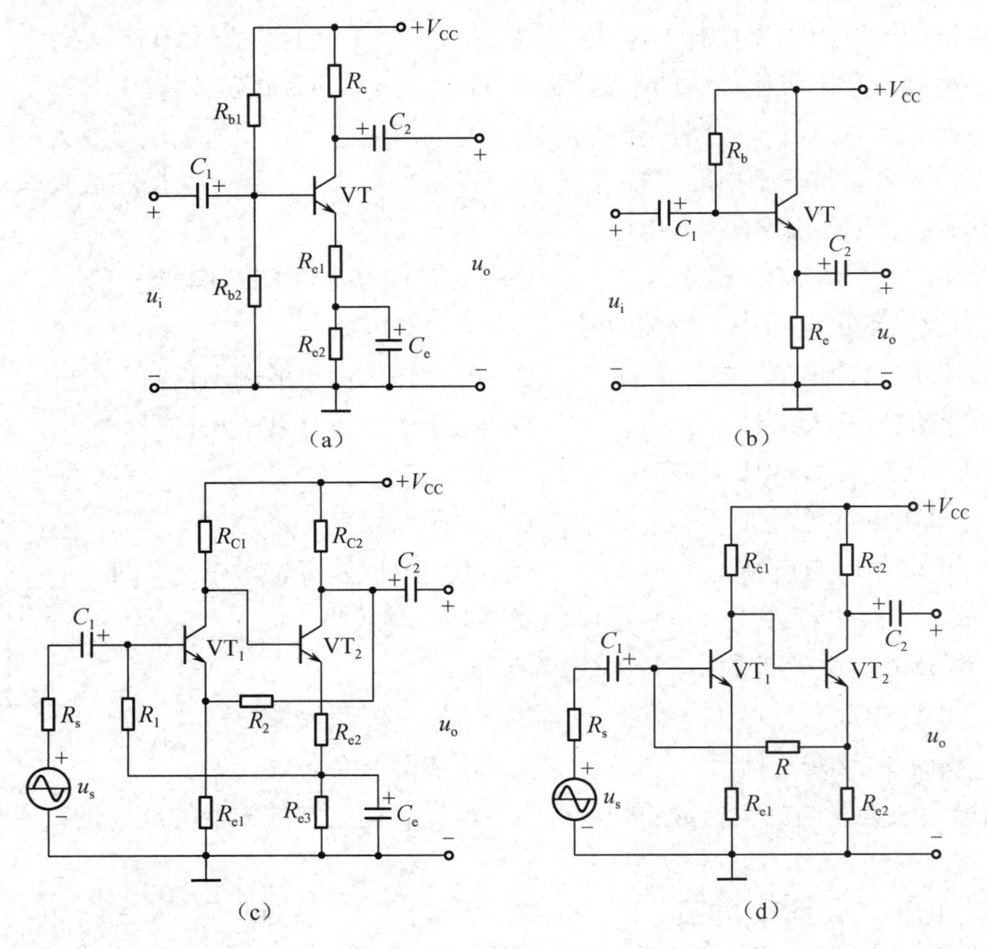

图3-13　简答题2图

3. 分析如图 3-14 所示的电路中存在哪些直流负反馈和交流负反馈？对于交流负反馈，指出其反馈组态。

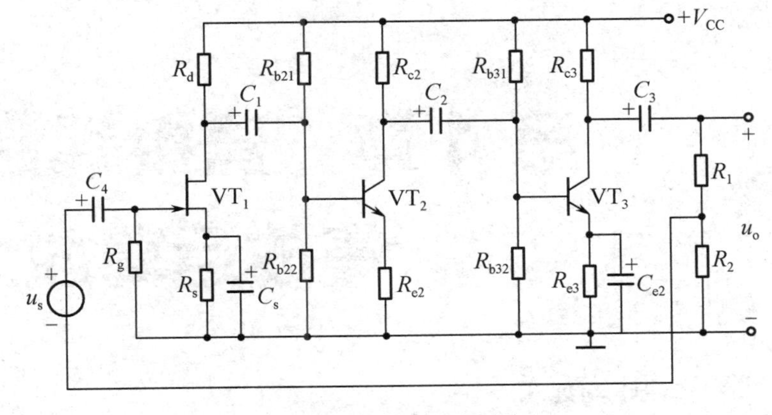

图 3-14　简答题 3 图

4. 在如图 3-15 所示电路中：①找出反馈元器件；②判断各反馈类型；③说明各反馈对电路的影响。

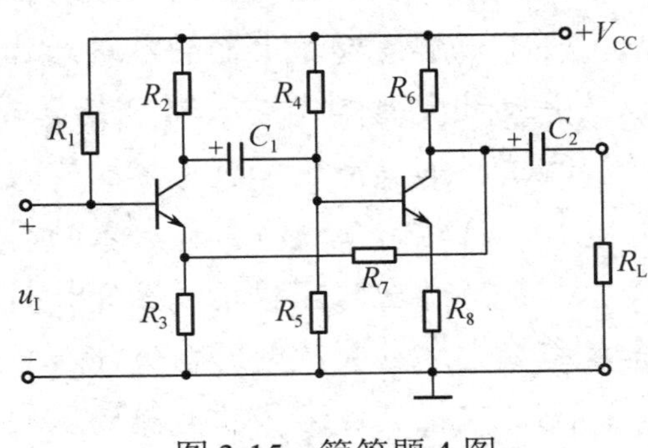

图 3-15　简答题 4 图

五、计算题

1. 某负反馈放大电路的开环放大倍数为 50，反馈系数为 0.02，问闭环放大倍数为多少？

2. 已知一个负反馈放大电路的 $A_u=10^5$，$F=2\times10^{-3}$。试求：① A_{u_f}；②若 A_u 的相对变化率为 20%，则 A_{u_f} 的相对变化率为多少？

六、综合题

在如图 3-16 所示的电路中，J、K、M、N 中的哪两端连接起来可以增大这个电路的输入电阻，并判断级间反馈类型。

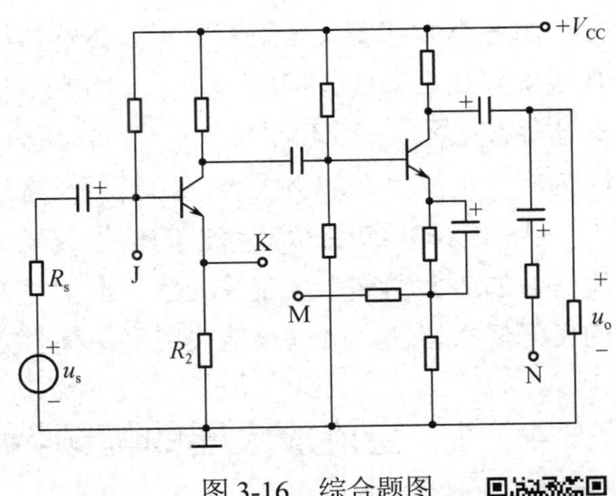

图 3-16　综合题图

参考答案

第 4 章　直接耦合放大器和集成运算放大器

本章学习要求

（1）理解直流放大器的幅频特性、特殊问题及其解决方法。

（2）理解差动放大器的电路结构特点、抑制零漂的原理、差模信号与共模信号的概念，以及差动放大器交/直流参数的估算和 4 种输入-输出组合方式选择的依据。

（3）了解集成运算放大器的输入级、中间级、输出级和偏置电路 4 个组成部分的特点与功能，以及常用集成运算放大器的引脚功能和外部连线。

（4）熟练理解理想集成运算放大器的主要参数，以及“虚短”“虚断”“虚地”的基本概念，掌握集成运算放大器在线性和非线性应用时的分析方法。

（5）掌握集成运算放大器的反相、同相、差动 3 种基本输入方式及其电路特点。

（6）掌握集成运算放大器的线性应用（比例、加减等基本运算），熟悉电路的结构、工作原理、特点和功能，能分析由基本运算电路组合而成的其他运算电路。

（7）掌握电压比较器的电路结构、工作原理和分析方法。

（8）熟悉一阶滤波器的电路结构、工作原理和分析方法，了解波形发生电路的结构和工作原理，了解集成运算放大器在实际应用中的一些注意事项和保护等方面的知识。

4.1　直流放大器的特殊问题

由各类传感器（如温度、压力传感器等）转化而来的非周期性电量不但微弱（通常仅有几毫伏到几十毫伏），而且变化极其缓慢，因此，必须经过多级放大才能驱动执行机构或控制元器件。显然，采用阻容耦合或变压器耦合的方式都无法对频率趋于零的这类信号进行放大，因为耦合电容呈现的极大容抗相当于开路，耦合变压器的绕组呈现的极小感抗相当于短路。

我们把这类变化极其缓慢的信号或某个直流量的变化信号统称为直流信号，用来放大直流信号的放大器称为直流放大器。也就是说，由于直流放大器必须具备下限工作频率趋于零的良好低频特性，所以只能采用直接耦合方式。

4.1.1　直流放大器的幅频特性

将放大器各级之间，以及放大器与信号源或负载直接连起来，或者将经电阻等能通过直流的元器件连接起来，这种方式称为直接耦合方式。现代集成放大器都采用直接耦合方式，

这种耦合方式得到了越来越广泛的应用。

直流放大器和阻容耦合放大器的幅频特性分别如图 4-1（a）、（b）所示。由于导线或电阻不存在电抗特性，因而直流放大器的幅频特性相比于阻容耦合放大器的幅频特性，具有极佳的低频特性和更宽的通频带。可见，直流放大器不仅可以放大直流信号，还可以放大交流信号。直流放大器对信号的放大作用，以及交直流性能指标的定义和计算与交流放大器基本上是一致的。然而，直接耦合方式有其特殊问题，即存在前后级静态工作点互相牵制与零点漂移问题。直流放大器只有妥善解决好这两个问题之后，才具有实用价值。

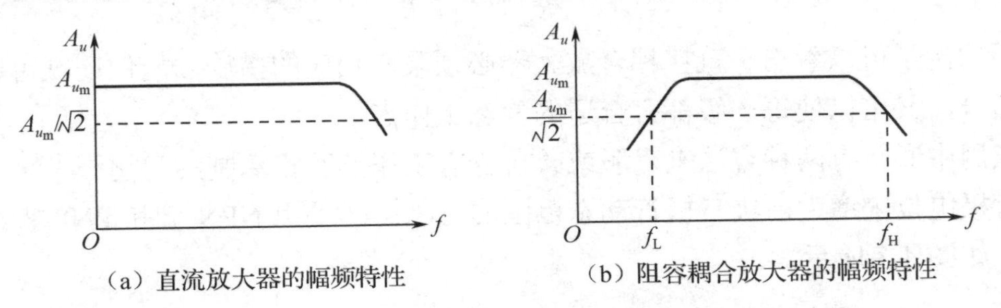

（a）直流放大器的幅频特性　（b）阻容耦合放大器的幅频特性

图 4-1　直流放大器和阻容耦合放大器的幅频特性

4.1.2　直流放大器在应用中需要解决的问题

1．前后级静态工作点互相牵制

图 4-2 所示为直接耦合两级放大器电路。可见，前级的集电极电位等于后级的基极电位，为了保证后级 VT_2 正常工作，U_{BE2} 应保持在 0.7V 左右，这就迫使 U_{CE1} 也在 0.7V 左右，使 VT_1 进入临界饱和状态，VT_1 已不能正常工作。同时，前级的集电极电阻也是后级的基极偏置电阻，电源会通过 R_{c1} 向 VT_2 的基极注入很大的电流，使 VT_2 进入饱和区，VT_2 也不能正常工作。因此这种电路难以在实际中应用。

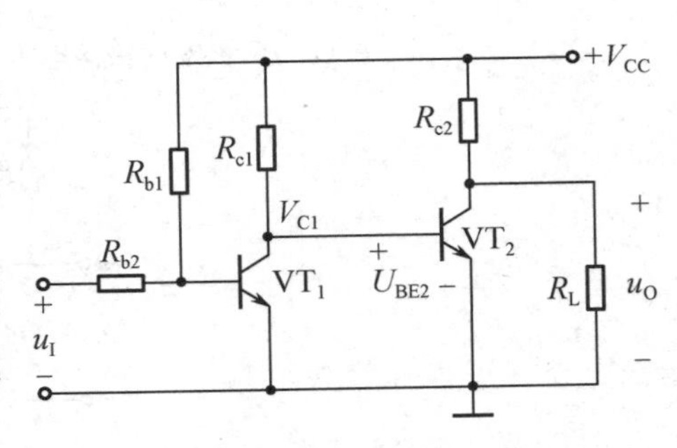

图 4-2　直接耦合两级放大器电路

【例 1】 在如图 4-2 所示的电路中，已知 V_{CC}=12V，R_{b1}=150kΩ，R_{b2}=20kΩ，R_{c1}=3kΩ，R_{c2}=2kΩ，R_L=4kΩ，三极管的 $\beta_1=\beta_2$=50，均为硅管。试求：

（1）断开 VT_2 的基极，求前级单独工作时的静态工作点参数。

（2）两级直接耦合后，估算 V_{C1Q}、V_{C2Q}、I_{C2Q}、I_{B2Q} 的数值。

【解析】 静态时，u_I=0，输入端相当于短路。

【解答】（1）断开 VT_2 的基极，前级的静态工作点参数为

$$I_{B1Q}=\frac{V_{CC}-U_{BE1Q}}{R_{b1}}-\frac{U_{BE1Q}}{R_{b2}}=\frac{11.3\text{V}}{150\text{k}\Omega}-\frac{0.7\text{V}}{20\text{k}\Omega}\approx 40.3\mu\text{A}$$

$$I_{C1Q}=\beta_1 I_{B1Q}=50\times 40.3\mu\text{A}\approx 2\text{mA}$$

$$U_{CE1Q}=V_{CC}-I_{C1Q}R_{c1}=12\text{V}-2\text{mA}\times 3\text{k}\Omega=6\text{V}$$

（2）两级直接耦合后，$V_{C1Q}=U_{BE2Q}$=0.7V，I_{C1Q} 不变，仍为 2mA，此时 I_{B2Q} 为

$$I_{B2Q}=\frac{V_{CC}-V_{C1Q}}{R_{c1}}-I_{C1Q}=\frac{11.3V}{3k\Omega}-2mA\approx1.77mA$$

VT_2的基极饱和电流为

$$I_{B2S}=\frac{V_{CC}}{\beta R_{c2}}=\frac{12V}{50\times2k\Omega}=0.12mA$$

因为$I_{B2Q}\gg I_{B2S}$，所以VT_2工作在饱和导通状态，此时V_{C2Q}、I_{C2Q}分别为

$$V_{C2Q}=U_{CES}=0.3V \qquad I_{C2Q}=\frac{V_{CC}-U_{CES}}{R_{c2}}-\frac{U_{CES}}{R_L}=\frac{11.7V}{2k\Omega}-\frac{0.3V}{4k\Omega}=5.775mA$$

从上面的例子可以看出，直接耦合放大器必须采取相应的措施才能保证既可以有效地放大和传输信号，又可以使每一级都有合适的静态工作点。

实际应用中通常有两种方法来克服或改善静态工作点互相牵制的问题：①采用抬高后级三极管发射极电位来增大前级三极管动态范围的方法；②采用NPN管和PNP管组成互补耦合的方法，如图4-3所示。

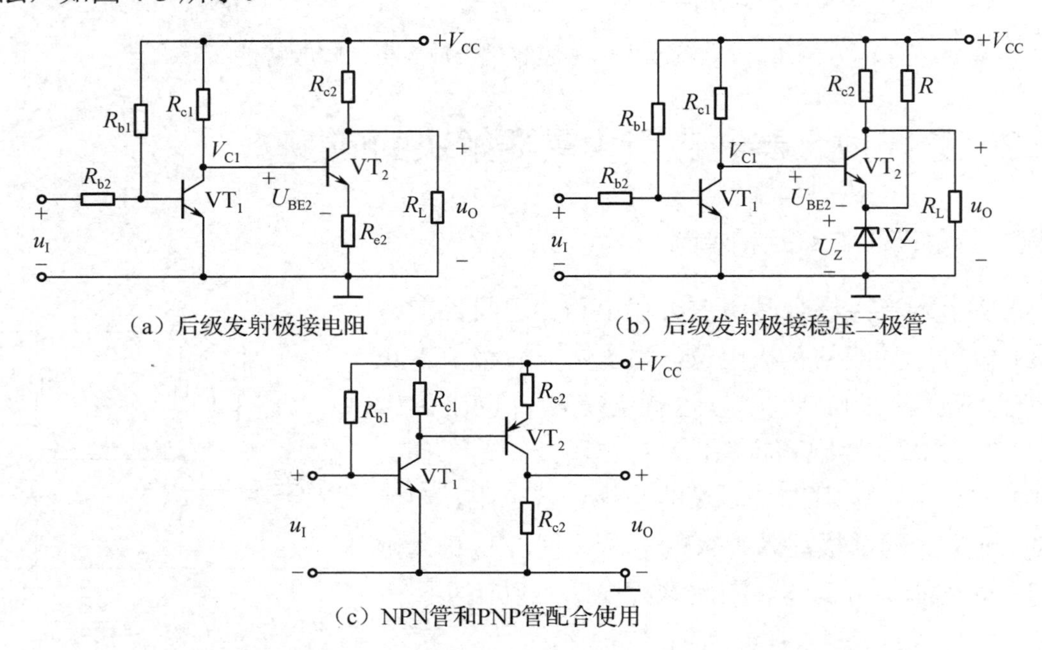

图4-3　克服或改善静态工作点互相牵制问题的方法（措施）

在图4-3（a）中，在VT_2的发射极上加了电阻，利用R_{e2}的压降提高VT_2的发射极电位。因为$U_{CE1}=U_{BE2}+V_{E2}$，所以前级的U_{CE1}的动态范围得以增大，后级的U_{BE2}也有了合适的值。此时，信号就可以放大并耦合到后级，不过，由于引入了电流负反馈，使放大器增益下降，且级数越多，要求后级的R_e越大，造成后级的U_{CE}的动态范围越来越小，因此要进一步改进电路。

图4-3（b）用VZ代替电阻R_{e2}，利用其（也可以用多个二极管正向串联）端电压U_Z来提高VT_2的发射极电位。对信号而言，稳压二极管的动态电阻都比较小，信号电流在动态电阻上产生的压降也低，因此电流负反馈作用很小，不会引起放大倍数的明显减小。

图4-3（c）采用NPN管和PNP管组成互补耦合电路，也能改善前后级静态工作点互相牵制的问题。它利用NPN管的集电极电位高于基极电位，而PNP管的集电极电位低于基极电位的特点，两者配合使用，使两级均能获得合适的静态工作点。

2. 零点漂移

理想放大器应满足零输入和零输出特性（当 u_I=0 时，u_O=0），即不存在零点漂移问题。交流放大器由于不能传递直流信号，零点漂移现象仅限在本级内，不会被逐级放大，所以对输出的影响可忽略不计。但直流放大器的零点漂移会对输出造成很大的影响，从对输出造成的影响这个角度看，可以说零点漂移问题是直接耦合放大器特有的问题，而且必须予以解决。

（1）零点漂移的概念。

如图 4-4 所示，在多路直接耦合放大器的输出端接上记录仪，以观测输出的变化情况。通常情况下，即使将输入端短接（u_I=0），仍可看到无规则的且在零基线附近缓慢变化的输出信号，这种现象称为零点漂移（简称零漂）。

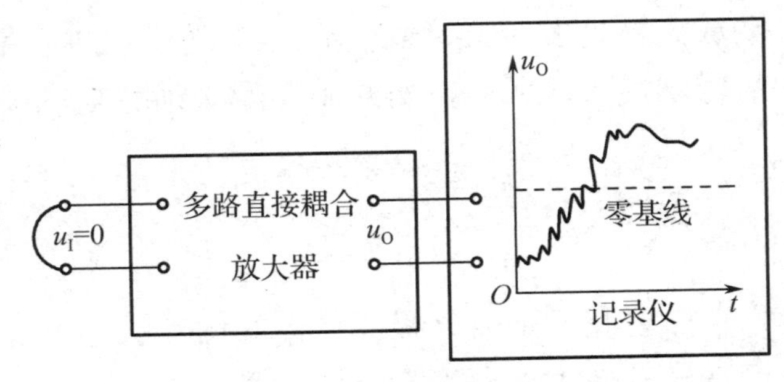

图 4-4 零点漂移现象

（2）引起零漂的原因和零漂的危害。

引起零漂的原因很多，如电源电压的波动、元器件参数的变化，但最主要的原因是环境温度的变化。三极管参数受温度变化的影响而使静态工作点波动，而在多级直接耦合放大器中，前级静态工作点的微小波动都能像信号一样被后面逐级放大并在输出端产生相当大的漂移电压，并且第一级的影响最大。因此，整个放大电路的零漂指标主要由第一级电路的零漂决定。当零漂现象严重时，能够淹没真正的输出信号，使电路无法正常工作。

为了增强放大器放大微弱信号的能力，在增大放大倍数的同时，必须减小输入端的零漂。因为零漂受温度的影响最大，所以零漂也称为温度漂移（简称温漂）。

（3）衡量零漂的性能指标。

零漂的大小是衡量直接耦合放大器性能优劣的一个重要指标。但衡量放大器零漂的大小不能单纯看输出零漂电压的高低，还要看它的放大倍数。因为放大倍数越大，输出零漂电压就越高，所以一般都将输出零漂电压折合到输入端来衡量零漂的大小，即用输出端零漂电压除以放大器的放大倍数（$\left|\dfrac{\Delta u_O}{A_u}\right|$），得到的数值就是等效到输入端的零漂电压，简称输入零漂。直流放大器要想正常放大有用信号，要求有用信号的最小值必须大于输入零漂，否则无法在输出端将有用信号分辨出来。

【例 2】 有两个直流放大器，其电压放大倍数分别为 A_{u_1}=−1000、A_{u_2}=200。当温度变化 10℃时，两个放大器输出端的零漂电压分别为 Δu_{O1}=1V、Δu_{O2}=0.5V，请通过计算来比较两个放大器温度特性的优劣。

【解答】 可通过输入零漂的高低来比较两放大器温度特性的优劣。

第一个直流放大器的输入零漂为 $\left|\dfrac{\Delta u_{O1}}{A_{u_1}}\right|=\left|\dfrac{1\text{V}}{-1000}\right|=1\text{mV}$。

第二个直流放大器的输入零漂为 $\left|\dfrac{\Delta u_{O2}}{A_{u_2}}\right|=\left|\dfrac{0.5\text{V}}{200}\right|=2.5\text{mV}$。

通过计算可知，第一个直流放大器的温度特性优于第二个直流放大器。

（4）抑制零漂的措施。

① 选用稳定性能好的硅三极管作为放大管。

② 采用单级或级间直流负反馈来稳定静态工作点，利用二极管或热敏元器件进行温度补偿。

③ 采用直流稳压电源，以减小由电源电压波动引起的零漂。

④ 采用差动放大器抑制零漂。

减小零漂的措施很多，但最有效且广泛应用的是输入级采用差动放大器。输入级采用差动放大器是多级直接耦合放大器最主要的电路形式。由于输入级产生的零漂对输出零漂电压的影响最大，所以，要减小零漂必须着重解决第一级产生的零漂。

知识小结

（1）我们把变化极其缓慢的信号或某个直流量的变化信号统称为直流信号，用来放大直流信号的放大器称为直流放大器。

（2）直流放大器的特殊问题和改善方法（措施）。

① 采用抬高后级三极管的发射极电位来增大前级三极管的动态范围或采用 NPN 管和 PNP 管组成互补耦合电路来改善前级与后级静态工作点互相牵制的问题。

② 选用稳定性能好的硅三极管作为放大管、采用单级或级间直流负反馈稳定静态工作点，或者利用二极管或热敏元器件进行温度补偿、采用直流稳压电源、采用差动放大器等措施来改善零漂。

4.2 差动放大器

前面提到，减小零漂的最有效且广泛采用的措施是输入级采用差动放大器。由于差动放大器电路性能具有独特的优点，因而广泛应用在集成运放和其他各种模拟集成电路中。

4.2.1 差模信号与共模信号

之前接触的交流放大器的信号源总有一端是接地的，与之对应，放大器也有一个接地的输入端。但在一些非电量（如温度、湿度、压力等）的检测和采样系统中，由各类传感器产生的电信号往往两端都是不接地的。

1．两端均不接地的信号源与放大器

图 4-5 所示为两端均不接地的信号源与放大器示意图。可见，由电阻电桥传感器产生的 u_{ab} 电压是后续放大器的信号源。如果 R_x 是热敏电阻，其阻值会随温度的变化而变化，则放大器的输出 u_o 可反映温度的高低，电路的功能为电阻温度计；如果 R_x 是光敏电阻，其阻值

会随光照强度的变化而变化，则放大器的输出 u_o 可反映光照强度的高低，电路的功能为光照强度测量仪。

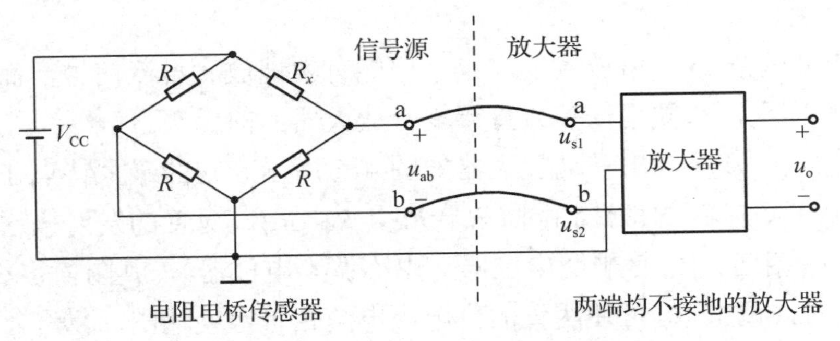

图 4-5　两端均不接地的信号源与放大器示意图

分析可知，输出电压 u_{ab} 为

$$u_{ab}=V_a-V_b=V_{CC}\left(\frac{R}{R_x+R}-\frac{1}{2}\right)$$

上式说明 u_{ab} 与 ΔR_x（$\Delta R_x=R-R_x$）成正比，因此，u_o 反映了非电量（温度、光照强度）的数值。由于电阻电桥传感器产生的电信号极微弱且两端不接地，所以后续放大器应满足如下要求。

（1）放大器的放大倍数足够大，并且两个输入端均不能接地。

（2）放大器的输入与输出应具有线性关系，即输出 u_o 正比于输入 u_{ab}。

（3）a、b 两端对地的电位 V_a、V_b 不会影响输出 u_o。

能满足上述要求的放大器就是差动放大器。

2．差模信号与共模信号的概念

在图 4-5 中，放大器的两个输入端的对地电压分别为 $u_{s1}=V_a$ 和 $u_{s2}=V_b$，此时差模信号定义为两输入信号之差，即

$$u_{sd}=u_{s1}-u_{s2}$$

由于差模信号 u_{sd} 是电阻电桥传感器输出的电信号，所以它是放大器的有用输入信号。

共模信号定义为两输入信号的算术平均值，即

$$u_{sc}=\frac{u_{s1}+u_{s2}}{2}$$

当用差模信号和共模信号来表示两个输入电压时，运算可得

$$u_{s1}=\frac{u_{sd}}{2}+u_{sc}\qquad\qquad u_{s2}=-\frac{u_{sd}}{2}+u_{sc}$$

共模信号 u_{sc} 是表征因电源波动或温度变化导致的电阻电桥传感器和放大器两个信号端子中电压同步增减的部分，代表的是放大器输入端的干扰信号。

以上两式表明，加在放大器输入端的信号中既有有用的差模信号，又有有害的共模信号。在多数情况下，共模信号的幅度往往比差模信号的幅度大得多，且共模信号可能是直流成分或交流成分或交直流兼而有之，成分复杂。

因此，放大器的任务是艰巨的，它既要对微弱的差模信号进行线性放大，又要对强大的共模信号进行抑制。在理想情况下，差动放大器的输出端只包含差模信号。

4.2.2 差动放大器的组成和特点

差动放大器也叫差分或差值放大器。它不但能有效地放大直流信号，而且能有效抑制零漂，因此应用非常广泛，常被用作多级直接耦合放大器的前置级。

典型的双端输入、双端输出差动放大器如图 4-6 所示。它的最大特点在于左右两侧电路对称，即三极管 VT_1、VT_2 的特性相同，$R_{c1}=R_{c2}$，$R_{s1}=R_{s2}$。对管的发射极通过共用发射极电阻 R_e 与负电源$-V_{EE}$ 相连。R_w 是平衡电位器（也称调零电位器），其阻值很小（一般在 100Ω 以内），在零输入时，调节 R_w 可使两管的集电极电流相等，使输出 u_o 为零。

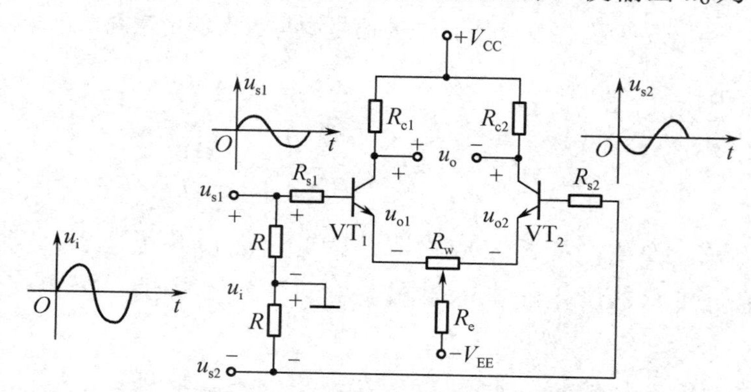

图 4-6　典型的双端输入、双端输出差动放大器

1．对差模信号的放大作用

下面以输入为正弦波为例分析差动放大器的动态工作过程。在图 4-6 中，在两输入端之间串接了相同的均压电阻 R，两均压电阻的中点接地，作用是将输入的 u_i 分解为大小相等、极性相反的信号 u_{s1} 和 u_{s2}，即 $u_{s1}=+\frac{1}{2}u_i$、$u_{s2}=-\frac{1}{2}u_i$。通常把这种大小相等、极性相反的一对信号称为差模信号，把这种输入方式称为差模输入。画出双端输入、双端输出差动放大器的交流通路，如图 4-7 所示，现分析如下。

在差模输入信号的作用下，假设 u_{s1} 处于信号的正半周、u_{s2} 处于信号的负半周，即 VT_1 的电流增大、VT_2 的电流减小。由于电路是对称的，所以两管的电流改变量（信号分量）的值相等、符号相反，即 $\Delta i_{c1}=-\Delta i_{c2}$。因此，流过 R_e 的电流始终保持不变。这说明 R_e 两端电压不含差模信号分量，R_w 的阻值很小，其上的差模信号分量也可忽略不计，故在画交流通路时，可认为两管的发射极是交流接地的（强调：在画交流通路时，某点的直流电位不变即做交流接地处理，某元器件两端的直流电压不变即做交流短路处理）。显然，R_e 对差模信号没有负反馈作用。

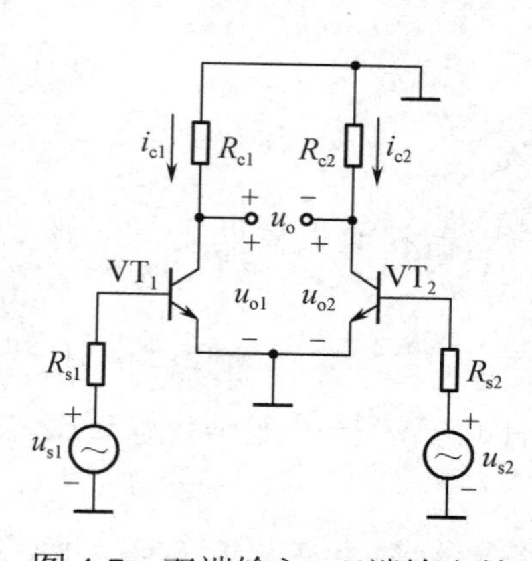

图 4-7　双端输入、双端输出差动放大器交流通路

由图 4-7 可知，VT_1 的输出电压为

$$u_{o1}=-\frac{\beta_1 R_{c1}}{R_{s1}+r_{be1}}\cdot u_{s1}=-\frac{\beta R_c}{R_s+r_{be}}\cdot\frac{1}{2}u_i$$

VT_2 的输出电压为

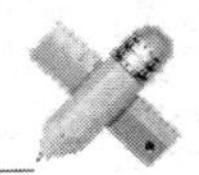

$$u_{o2} = -\frac{\beta_2 R_{c2}}{R_{s2} + r_{be2}} \cdot u_{s2} = \frac{\beta R_c}{R_s + r_{be}} \cdot \frac{1}{2} u_i$$

因此，差动放大器的双端输出电压为

$$u_o = u_{o1} - u_{o2} = -\frac{\beta R_c}{R_s + r_{be}} \cdot u_i$$

双端输出时的差模电压放大倍数为

$$A_{u_d} = \frac{u_o}{u_i} = -\frac{\beta R_c}{R_s + r_{be}}$$

上式表明，差动放大器在双端输出时的差模电压放大倍数与单管共发射极放大器的电压放大倍数相同。

从图 4-7 中还可以看出，差动放大器在双端输入时的差模输入电阻为

$$R_{id} = 2(R_s + r_{be})$$

差动放大器在双端输出时的差模输出电阻为

$$R_{od} = 2R_c$$

2. 对零漂和共模信号的抑制作用

（1）对零漂的抑制作用。

差动放大器的组成具有镜像对称的特点，在理想情况下，两个三极管的参数对称、集电极电阻对称、基极电阻对称，而且两个管子感受完全相同的温度，因而两者的静态工作点必然相同。信号从两个管子的基极输入、集电极输出。

若将图 4-6 中两边输入端短路（$u_{s1}=u_{s2}=0$），则电路工作于静态。此时，$I_{B1}=I_{B2}$，$I_{C1}=I_{C2}$，$V_{C1}=V_{C2}$，输出电压为 $u_o=V_{C1}-V_{C2}=0$。

当温度变化引起两管的集电极电流发生变化时，两管的集电极电压也随之变化，这时两管的静态工作点都发生变化，但由于镜像对称，两管的集电极电压变化的大小、方向相同，所以输出电压 $u_o=\Delta V_{C1}-\Delta V_{C2}$ 仍然等于 0，所以说差动放大电路抑制了零漂。

（2）对共模信号的抑制作用。

如图 4-8 所示，当在差动放大器两管的基极输入一对共模信号时（$u_{s1}=u_{s2}=u_{sc}$），称为共模输入。在共模输入信号的作用下，假设 u_{s1} 处于信号的正半周，u_{s2} 也处于信号的正半周，即 VT_1 的电流增大，VT_2 的电流也增大。由于镜像对称，两管的电流改变量（信号分量）的绝对值相等，符号相同，即 $\Delta i_{c1}=\Delta i_{c2}$。因此流过 R_e 的电流改变量为 $2\Delta i_c$。对每个三极管来说，相当于在发射极与地之间连接了一个阻值为 $2R_e$ 的电阻。这说明 R_e 对共模信号具有强烈的负反馈作用。由前述共发射极放大电路可知，电阻 R_e 可以减小各个单管对共模信号的放大倍数，并且 R_e 越大，抑制共模信号的能力就越强。

在理想情况下，双端输出时，共模信号引起的两管的基极电流的变化方向相同，集电极电流的变化方向相同，集电极电压的变化方向与大小也相同，因此，输出电压 $u_o=V_{C1}-V_{C2}=0$，共模电压放大倍数为 $A_{u_c}=0$。

所以说，差动放大器是以牺牲一半电路为代价来换取对共模信号的抑制的。前面讲到的差动放大电路抑制零漂就是该电路抑制共模信号的一个特例。因为输出的零漂电压折合到输入端就相当于一对共模信号。

在实用电路中，常用三极管组成的恒流源代替电阻 R_e 来增强抑制共模信号的能力。图 4-9 就是利用由三极管 VT_3 及其偏置电路共同组成恒流源电路来代替 R_e 的，这种分压式偏置可维持 $I_S=I_{C3}$ 和 $U_S=U_{CE3}+I_{C3}R_e$ 的数值几乎不变。因此恒流源的静态电阻为零，对差模信号相当于短路线；当恒流源两端电压变化时，I_S 为恒定值，变化电流恒等于零，动态电阻为无穷大，因此对共模信号相当于开路线，每个管的共模电压放大倍数均为零。

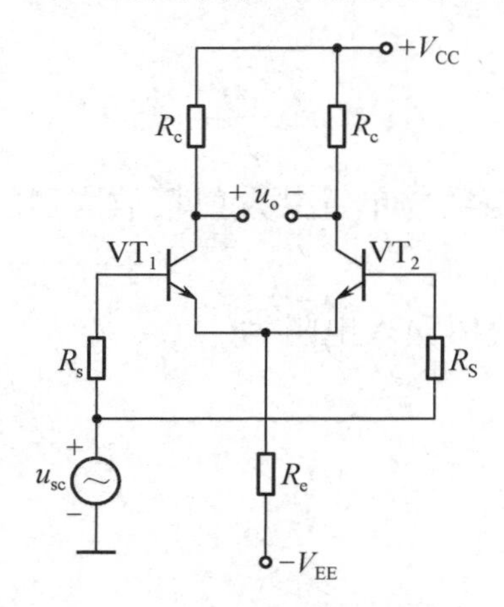

图 4-8　输入共模信号时的差动放大器

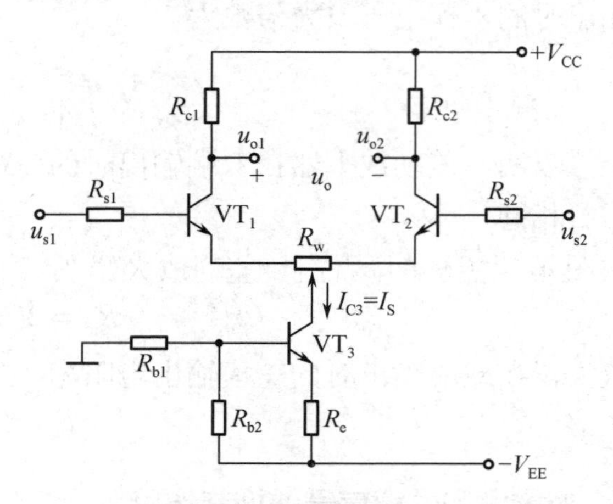

图 4-9　具有恒流源的实际差动放大电路

3. 共模抑制比

以上分析都是在电路完全镜像对称的条件下进行的。在实际情况中，由于制造工艺的原因，两侧三极管和偏置电阻难免会有一定的偏差，因而做不到完全镜像对称。所以，实际的差动放大器在共模信号 u_{sc} 的作用下，其输出端总有相应的共模输出电压 u_{oc}。u_{oc} 与 u_{sc} 的比值定义为差动放大器的共模电压放大倍数。

因此，差动放大器在双端输出时，其共模电压放大倍数的表达式为

$$A_{u_c}=\frac{u_{oc}}{u_{sc}}$$

单端输出时，其共模电压放大倍数的表达式为

$$A_{u_c}=\pm\frac{\beta R_c}{R_s+r_{be}+2(1+\beta)R_e}$$

为了衡量差动放大器抑制共模信号的能力，引入共模抑制比（K_{CMR}）的概念，定义为差模电压放大倍数 A_{u_d} 与共模电压放大倍数 A_{u_c} 之比的绝对值，即

$$K_{CMR}=\left|\frac{A_{u_d}}{A_{u_c}}\right|$$

如果用分贝表示共模抑制比，则

$$K_{CMR}=20\lg\left|\frac{A_{u_d}}{A_{u_c}}\right|(\text{dB})$$

很显然，K_{CMR} 越大，差动放大器抑制共模信号（零漂）的能力越强。因此，K_{CMR} 是衡量差动放大器性能优劣的重要技术指标之一。对于差动放大器，不能单纯地说差模放大倍数大或共模放大倍数小就是一个好的电路，而是差模放大倍数越大、共模放大倍数越小，即 K_{CMR} 越大越好。在理想情况下，双端输出时，共模输出电压 $u_{oc}=0$，因此 $K_{CMR}=\infty$。

4．对差动输入（任意输入）的放大作用

当在差动放大器两管的基极输入信号中既含有差模信号又含有共模信号时，称为差动输入。因为差模信号和共模信号的大小与相对极性都是任意的，所以也称为任意输入。在前面的学习中我们已经知道，差动输入可以分解为一对差模信号和一对共模信号的输入组合。即 $u_{sd}=u_{s1}-u_{s2}$，$u_{sc}=\dfrac{u_{s1}+u_{s2}}{2}$，$u_{s1}=\dfrac{u_{sd}}{2}+u_{sc}$，$u_{s2}=-\dfrac{u_{sd}}{2}+u_{sc}$。例如，对于信号 u_{s1}=9mV，u_{s2}=−3mV，有 u_{sd}=12mV，u_{sc}=3mV。

根据叠加原理，差动输入时，差动放大器的双端输出电压的一般表达式为

$$u_o=u_{o1}-u_{o2}=A_{u_d}u_{sd}+A_{u_c}u_{sc}$$

式中，$A_{u_c}=\dfrac{A_{u_d}}{K_{CMR}}$。$A_{u_c}$ 可能为正值，也可能为负值，视差动放大器元器件参数的不对称情况而定。

总之，差动放大器可以抑制零漂、共模信号，放大差模信号。当差动放大器电路严格对称时，只能放大差模信号，差动放大器名字的由来也源于此。

5．差动放大器的输入-输出组合方式

差动放大器输入端的连接方式取决于信号源。当差动放大器与电阻电桥、热电偶等其他两端均不接地的信号源连接时，应采用双端输入方式；而当信号源有一端接地时，则要求差动放大器有一输入端也必须接地，应采用单端输入方式。

差动放大器输出端的连接方式取决于负载。对于如电压表等两端均可以不接地的悬浮类负载，应采用双端输出方式；而当负载有一端接地时，则要求差动放大器有一输出端也必须接地，应采用单端输出方式。

综上所述，差动放大器有 4 种输入-输出组合方式，如图 4-10 所示，分别为双端输入-双端输出、双端输入-单端输出、单端输入-双端输出、单端输入-单端输出。

在如图 4-10（b）所示的双端输入-单端输出组合方式中，电路的输出 u_o 与输入 u_{s1} 极性（或相位）相反，而与 u_{s2} 极性（或相位）相同。因此 u_{s1} 输入端称为反相输入端，而 u_{s2} 输入端称为同相输入端。双端输入-单端输出组合方式是集成运算放大器的基本输入-输出组合方式。

在如图 4-10（c)、(d）所示的单端输入方式中，差动放大电路的输入信号只加到放大器的一个输入端上，另一个输入端接地。但由于两管的发射极电流之和恒定，所以当输入信号使一个管的发射极电流改变时，另一个管的发射极电流必然随之做相反的变化，情况与双端输入时相同。此时，由于恒流源等效电阻或发射极电阻 R_e 的耦合作用，两个单管放大电路都得到了输入信号的一半，但极性相反，即差模信号。因此，单端输入属于差模输入。

对于单端输出差动电路，输出减小了一半，因此差模放大倍数减小为双端输出时的一半。此外，由于两个单管放大电路的输出零漂不能互相抵消，所以零漂比双端输出时大一些。由于恒流源或发射极电阻 R_e 对零漂有极强烈的抑制作用，零漂仍然比单管放大电路小得多，所以单端输出时仍常采用差动放大电路，而不采用单管放大电路。

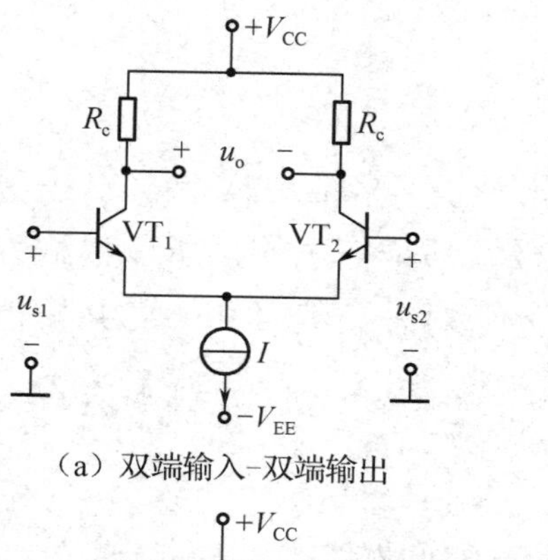

（a）双端输入–双端输出

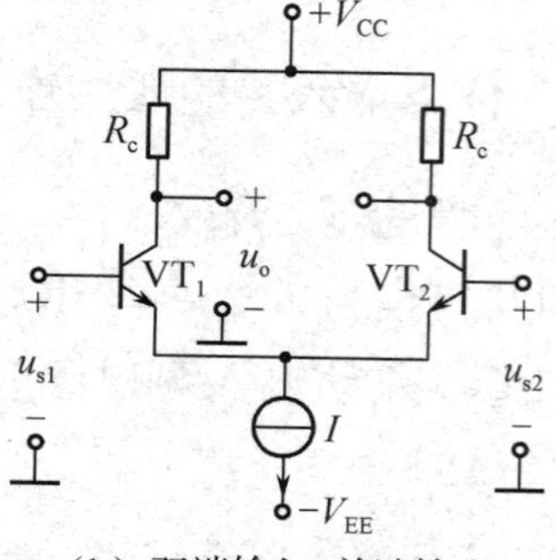

（b）双端输入–单端输出

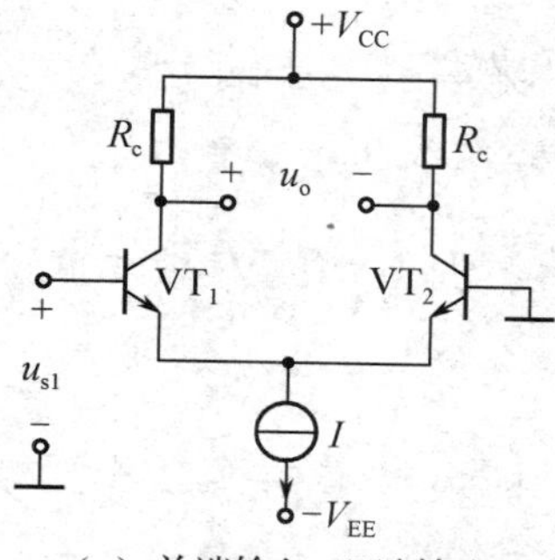

（c）单端输入–双端输出

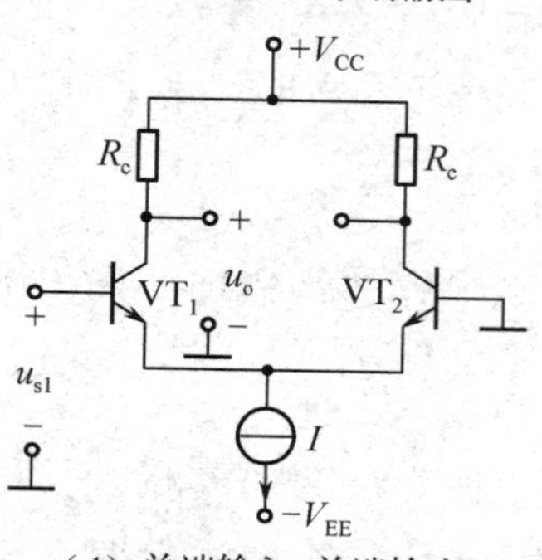

（d）单端输入–单端输出

图 4-10　差动放大器的输入–输出组合方式

【例 3】 在如图 4-11 所示的电路中，已知 $V_{CC}=V_{EE}=10V$，$I_S=2mA$，$R_c=5.1k\Omega$，$R_b=1k\Omega$，$r_{be}=2.6k\Omega$，三极管均为硅管且 $\beta_1=\beta_2=90$，$K_{CMR}=60dB$。试求：

（1）电路的静态工作点参数。

（2）单端从 VT_2 的集电极输出时的差模电压放大倍数 A_{u_2} 的数值。

（3）双端输出时电路的差模电压放大倍数 A_{u_d} 和共模电压放大倍数 A_{u_c}。

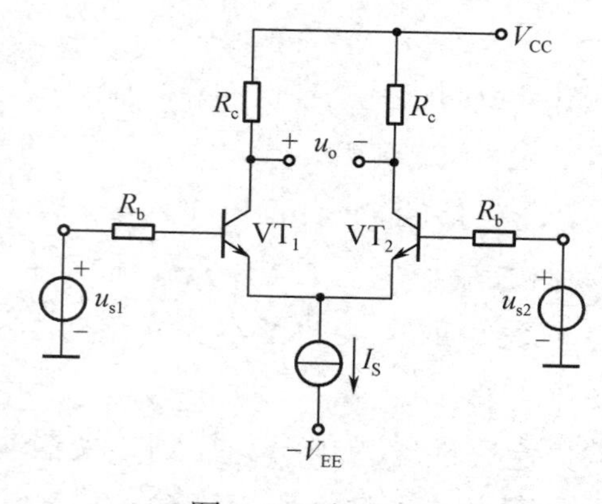

图 4-11　例 3 图

（4）已知输入 $u_{s1}=4.02V$、$u_{s2}=3.98V$，当接入 $R_L=12k\Omega$ 的负载后，求电路的输出电压 u_o。

【解答】 （1）由于采用恒流源偏置，所以三极管的静态集电极电流、基极电流分别为

$$I_{CQ} \approx I_{EQ} = \frac{I_S}{2} = 1mA$$

$$I_{BQ} = \frac{I_{CQ}}{\beta} = \frac{1mA}{90} \approx 11\mu A$$

静态集电极电位为

$$V_{CQ}=V_{CC}-I_{CQ}R_c=10V-1mA\times5.1k\Omega=4.9V$$

静态时，基极电位（$V_{BQ}=-I_{BQ}R_b=11mV$）约为 0V，发射极电位 $V_{EQ}=-U_{BEQ}=-0.7V$。因此有

$$U_{CEQ}=V_{CQ}-V_{EQ}=4.9V-(-0.7V)=5.6V$$

（2）双端输入、单端从 VT_2 的集电极输出时，有

$$A_{u_2} = \frac{1}{2}\frac{\beta R_c}{(R_b + r_{be})} = \frac{1}{2}\times\frac{90\times5.1}{(1+2.6)} \approx 63.8$$

（3）双端输出时，电路的差模电压放大倍数 A_{u_d} 为

$$A_{u_d} = -\frac{\beta R_c}{R_b + r_{be}} = -\frac{90\times5.1}{1+2.6} = -127.5$$

已知 K_{CMR}=60dB，相当于 $K_{\mathrm{CMR}}=10^3$，因此，共模电压放大倍数 A_{u_c} 为

$$\left|A_{u_c}\right|=\frac{|A_{u_d}|}{K_{\mathrm{CMR}}}=\frac{127.5}{10^3}\approx 0.128$$

（4）接入 R_L=12kΩ 的负载后，由于其的中点直流电位是不变的，于交流而言，其中点相当于交流接地。于是，放大器中每个三极管的交流等效负载为

$$R_L'=R_c//\frac{R_L}{2}=\left(5.1//\frac{12}{2}\right)\mathrm{k\Omega}\approx 2.76\mathrm{k\Omega}$$

此时，电路的差模电压放大倍数和共模电压放大倍数分别为

$$A_{u_d}=-\frac{\beta R_L'}{R_b+r_{be}}=-\frac{90\times 2.76}{1+2.6}=-69$$

$$|A_{u_c}|=\frac{|A_{u_d}|}{K_{\mathrm{CMR}}}=\frac{69}{10^3}=0.069$$

放大器的输出电压为

$$u_o=A_{u_d}u_{sd}+A_{u_c}u_{sc}=A_{u_d}(u_{s1}-u_{s2})+A_{u_c}\frac{u_{s1}+u_{s2}}{2}$$

如果 A_{uc} 为正值，则 $u_o=-69\times(4.02-3.98)\mathrm{V}+0.069\times\frac{4.02+3.98}{2}\mathrm{V}=-2.484\mathrm{V}$。

如果 A_{uc} 为负值，$u_o=-69\times(4.02-3.98)\mathrm{V}-0.069\times\frac{4.02+3.98}{2}\mathrm{V}=-3.036\mathrm{V}$。

【例 4】 如图 4-12 所示，已知 $V_{CC}=V_{EE}$=12V，$R_{c1}=R_{c2}$=5kΩ，$R_{s1}=R_{s2}$=1kΩ，R_w=100Ω，R_{b1}=30kΩ，R_{b2}=15kΩ，R_e=3.3kΩ，三极管均为硅管且 $\beta_1=\beta_2$=50，r_{be}=3kΩ，。试求：

（1）电路的静态工作点参数。

（2）差模电压放大倍数、差模输入/输出电阻。

（3）接入 R_L=5kΩ 的负载后，采用单端输出方式的差模电压放大倍数和输出电阻。

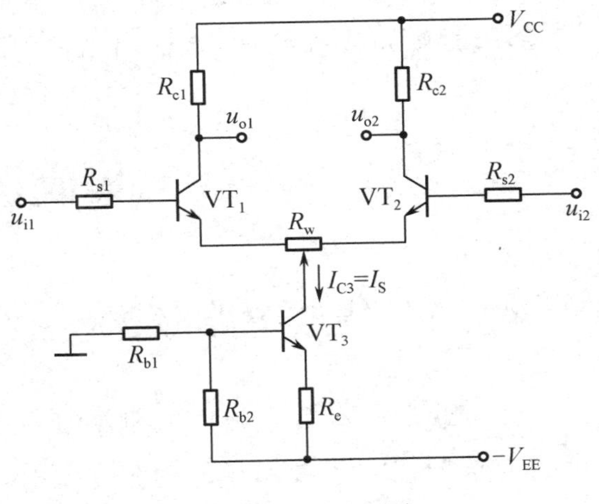

图 4-12 例 4 图

【解答】 （1）在分压式偏置电路中，VT₃ 的发射极电位和放大三极管的静态值分别为

$$V_{EQ3}=\frac{[0-(-V_{EE})]R_{b2}}{R_{b1}+R_{b2}}-U_{BEQ}=\left(\frac{12\times 15}{45}-0.7\right)\mathrm{V}=3.3\mathrm{V}$$

$$I_{C1Q}=I_{C2Q}\approx\frac{I_{E3Q}}{2}\approx\frac{I_S}{2}=\frac{V_{EQ3}}{2R_e}=\frac{3.3\mathrm{V}}{6.6\mathrm{k\Omega}}=0.5\mathrm{mA}$$

$$I_{B1Q}=I_{B2Q}=\frac{I_{CQ}}{\beta}=\frac{0.5\mathrm{mA}}{50}=10\mu\mathrm{A}$$

$$\begin{aligned}U_{CE1Q}&=U_{CE2Q}=V_{CQ}-(-U_{BEQ})=V_{CC}-I_{CQ}R_{c1}+U_{BEQ}\\&=(12-2.5+0.7)\mathrm{V}=10.2\mathrm{V}\end{aligned}$$

（2）差模电压放大倍数、差模输入/输出电阻分别为

$$A_{u_d}=-\frac{\beta R_{c1}}{R_s+r_{be}+\frac{1}{2}(1+\beta)R_w}=-\frac{50\times5}{1+3+\frac{1}{2}(51\times0.05)}\approx-47.4$$

$$R_{id}=2(R_s+r_{be})+(1+\beta)R_w=[2\times(1+3)+51\times0.1]\text{k}\Omega=13.1\text{k}\Omega$$

$$R_{od}=2R_{c1}=10\text{k}\Omega$$

（3）差模电压放大倍数和输出电阻分别为

$$A_{u_d}=\pm\frac{1}{2}\frac{\beta R_L'}{R_s+r_{be}+\frac{1}{2}(1+\beta)R_w}=\pm\frac{1}{2}\times\frac{50\times(5//5)}{1+3+\frac{1}{2}(51\times0.05)}\approx\pm11.85$$

$$R_{od}=R_{c1}=5\text{k}\Omega$$

知识小结

（1）差模信号定义为两输入信号之差，是有用输入信号；共模信号定义为两输入信号的算术平均值，是放大器输入端的干扰信号。

（2）差动放大器可以抑制零漂移、共模信号，放大差模信号。

（3）差动放大器输入端的连接方式取决于信号源，输出端的连接方式取决于负载。

（4）差动放大器有双端输入-双端输出、双端输入-单端输出、单端输入-双端输出、单端输入-单端输出 4 种输入-输出组合方式。

4.3 集成运算放大器基础知识

4.3.1 集成电路概述

在一块单晶硅片上，用光刻法制作好所需的三极管、二极管、电阻和电容元器件，按一定的要求把它们连接起来，构成完整的功能电路，即集成电路。由于集成电路具有体积小、质量轻、安装方便、功耗低、工作可靠等优点，所以广泛应用于各种电子设备中。

1. 集成电路的特点

（1）对称性好。

集成电路中的元器件均来自同一块硅片，故制作同类元器件的性能一致性很高，完全可以满足差动放大电路高对称性的要求，因此广泛用于高对称性电路的制作。

（2）用有源元器件代替无源元器件。

在集成电路中，电阻占用的硅片面积比晶体管大许多，阻值越大，所占用的面积也越大。因此，阻值不能任意选用，一般不超过 20kΩ。阻值小的电阻通常用硅片的体电阻制作；阻值大的电阻或者用三极管（在单极型集成电路中为场效应管）来代替，或者采用外接的方法解决。因此，为减小硅片面积，尽量用有源元器件代替无源元器件。

（3）级间耦合多采用直接耦合方式。

在集成电路中，电容所占的硅片面积比电阻更大，一般要求电容的容量不超过 100pF。容量小的电容用 PN 结的结电容制作，容量大的电容只能采用外接的方法解决。因此，级间耦合多采用直接耦合方式。

2．集成电路的种类及用途

集成电路的种类繁多，用途极广。

按管子和元器件数量即集成度来分，可分为小规模（SSI）、中规模（MSI）、大规模（LSI）和超大规模（VLSI）集成电路。

按所用器件的类型来分，可分为双极型和单极型集成电路。

按其功能来分，可分为数字集成电路和模拟集成电路两大类。数字集成电路主要用于脉冲信号的处理，将在脉冲数字电路的学习中进行详细的介绍。模拟集成电路是对模拟信号进行放大或变换的电路，它又分为集成运算放大器、宽带放大器、功率放大器、直流稳压器及各种专用集成电路等。

集成运算放大器（简称集成运放）在模拟集成电路中应用极为广泛。它不仅可用于信号的放大、各种数学运算、处理、变换、测量、信号产生，还可用于电源电路和开关电路中。在学习集成运放时，要重点掌握其功能、各引脚的用途和参数，至于其内部电路的工作过程，没有深究的必要。

4.3.2　集成运放的构造与符号

1．集成运放的结构框图

集成运放的种类繁多，内部电路不尽相同，但其组成部分基本一致，均由输入级、中间级、输出级和偏置电路 4 部分组成，如图 4-13 所示。集成运放各部分的作用描述如下。

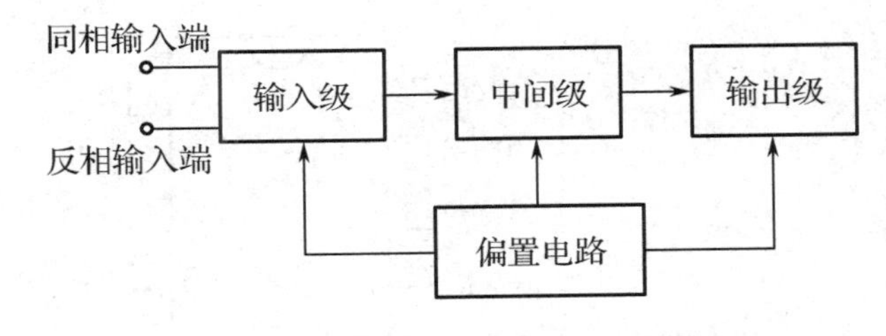

图 4-13　集成运放的结构框图

（1）输入级：通常由具有恒流源的差动放大电路构成，目的是尽量提高共模抑制比、减小放大电路的零漂、增大输入阻抗、产生一定的电压增益。它有两个输入端。其中一端为同相输入端，当输入信号由该端输入时，输出信号与输入信号相位相同；另一端为反相输入端，当输入信号由该端输入时，输出信号与输入信号相位相反。

（2）中间级：通常由共发射极放大电路构成，以获得足够大的电压放大倍数。

（3）输出级：通常由三极管共集电极放大器或互补对称电路组成，这种电路类型可以减小输出电阻，增强电路的带负载能力。

（4）偏置电路：一般由各种恒流源电路构成，作用是为上述各级电路提供稳定、合适的偏置电流，决定各级的静态工作点。

2. 集成运放的外形和符号

集成运放的封装外形主要有圆壳式、双列直插式和扁平式，如图 4-14（a）所示。国产集成运放的封装外形主要采用圆壳式和双列直插式。

国产集成运放的型号是按国家规定的命名方法来统一命名的。国家标准（GB 3430—89）规定，集成运放的型号由字母和阿拉伯数字表示。例如，CF741、CF124 等，其中，C 表示国家标准，F 表示线性放大器，阿拉伯数字表示品种。

集成运放的图形符号如图 4-14（b）所示。其中，“▷”代表信号的传输方向，“∞”代表理想情况下的开环差模增益为无穷大，左侧的“−”和“+”分别表示反相输入端与同相输入端，右侧的“+”表示输出端。集成运放的引脚有多个，在绘制其原理电路图时，通常只画输入端和输出端。

图 4-14　集成运放的封装外形和图形符号

4.3.3　常用集成运放简介

1. 集成运放的引脚及功能

图4-15所示为几种典型的集成运放的引脚图。其中，OP07为低噪声高精度单运放、LM358为通用型双运放、LM324为通用型四运放、CF747为通用型双运放。

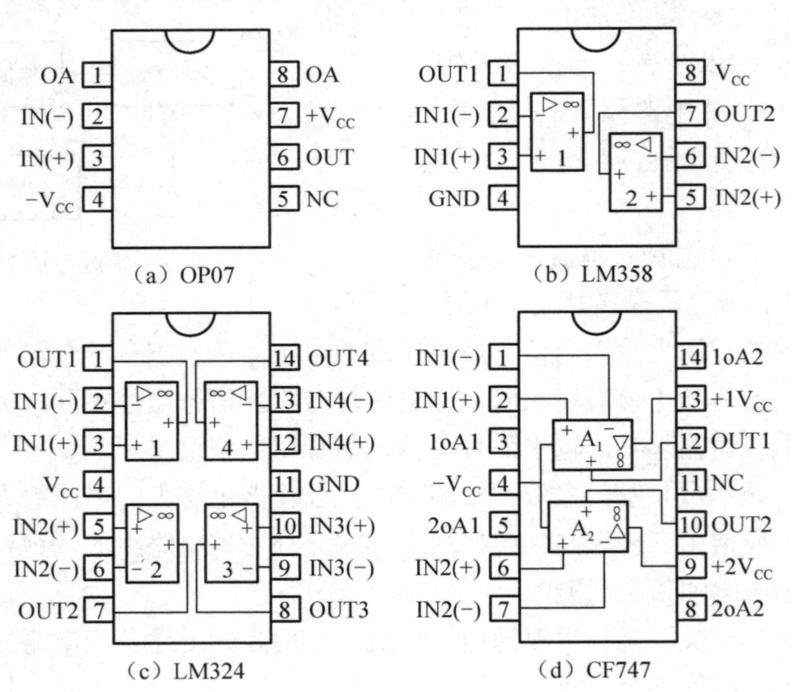

图 4-15　几种典型的集成运放的引脚图

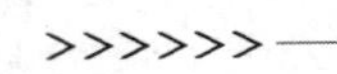

集成运放通常有 8～14 个引脚，表 4-1 所列为 OP07 的引脚符号及功能说明，对于其他集成运放的引脚符号及功能，读者可触类旁通。

表 4-1 OP07 的引脚符号及功能说明

引脚	符号	功能	引脚	符号	功能	引脚	符号	功能	引脚	符号	功能
1	OA	调零端	3	IN(+)	同相输入端	5	NC	空脚	7	$+V_{CC}$	正电源端
2	IN(−)	反相输入端	4	$-V_{CC}$	负电源端	6	OUT	输出端	8	OA	调零端

2. 集成运放的应用接线

（1）国产第一代集成运放 F004 的外接线如图 4-16（a）所示。可见，圆壳式集成运放的引脚顺序是引脚向上，序号自标志起从小到大按顺时针方向排列。引脚功能如下。

7 脚接正电源（+15V），4 脚接负电源（−15V），6 脚为输出端，1、4、8 脚接调零电位器，3 脚为同相输入端，2 脚为反相输入端，5、6 脚之间的 200kΩ电阻及 R_P、C_P 的作用是消除自激（一般通过调试来确定最佳数值）。

（2）国产第二代集成运放 CF741 的外接线如图 4-16（b）所示。可见，双列直插式集成运放的引脚顺序是引脚向下，标志于左，序号自下而上按逆时针方向排列。引脚功能如下。

7 脚接正电源（+9～+18V），4 脚接负电源（−18～−9V），6 脚为输出端，1、4、5 脚外接调零电位器，3 脚为同相输入端，2 脚为反相输入端，8 脚为空脚。

（3）更新型的集成运放 OP07 的外接线如图 4-16（c）所示。不同类型集成运放的引脚排列和引脚功能是不同的，应用时可查阅产品手册来确定。

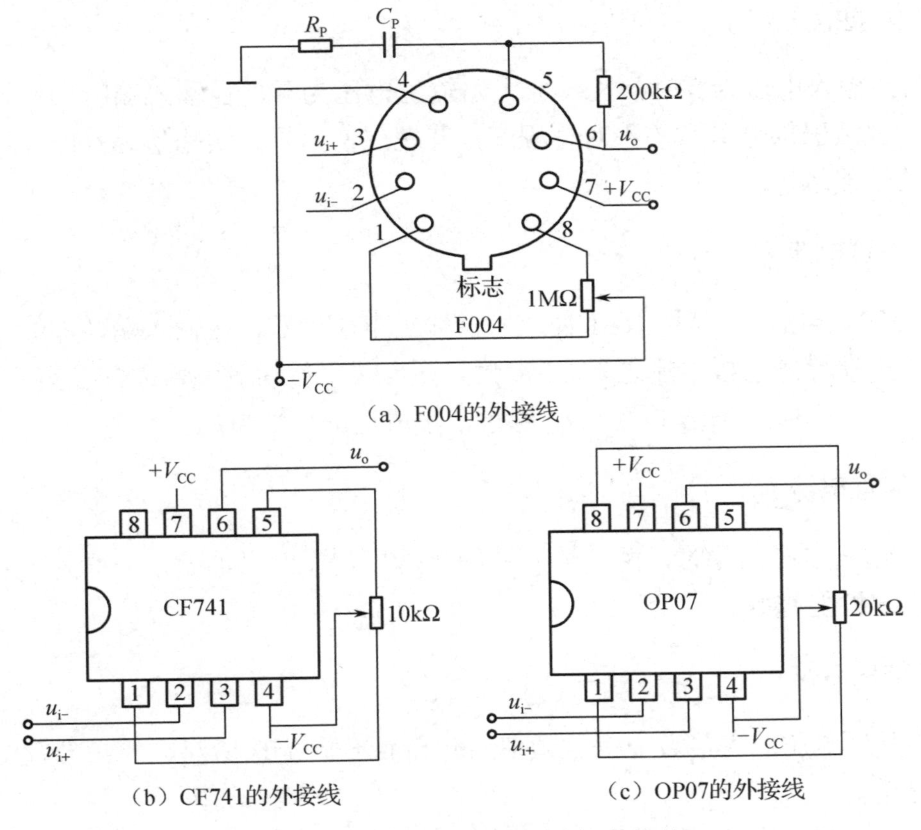

（a）F004的外接线

（b）CF741的外接线

（c）OP07的外接线

图 4-16 几种典型集成运放的外接线

4.3.4 集成运放的主要参数

集成运放的参数很多，大致分为小信号、大信号和直流参数 3 类。现对其主要参数做初步介绍，以后结合具体应用进一步加深理解。

1．开环差模电压放大倍数 A_{u_o}

在未引入反馈时，集成运放的输出电压与输入差模电压之比称为开环差模电压放大倍数，记作 A_{u_o}，通常表示成对数 $20\lg A_{u_o}$（dB）形式。A_{u_o} 越大，集成运放的运算精度越高。它的理想值为无穷大，实际产品的典型值为 10^5～10^7，即 100～140dB。

2．输入电阻 r_i 和输出电阻 r_o

r_i 是指在集成运放开环的情况下，差模输入电压与输入电流之比。它的理想值为无穷大，实际值为几百千欧到几兆欧。r_i 越大，对信号源的影响越小，集成运放的性能越好。

r_o 是指在集成运放开环且不接负载的情况下，输出端对地的交流等效电阻。它的理想值为零，实际值在几十欧左右。r_o 越小，电路的带负载能力越强，集成运放的性能越好。

3．共模抑制比 K_{CMR}

对于 K_{CMR}，前面已经介绍过，它用来综合衡量集成运放的放大能力和抗零漂、抗共模干扰的能力，其理想值为无穷大，实际值可达 80dB 以上。它的值越大越好。

4．输入失调电压 U_{IO}

U_{IO} 是指当输入电压为零时，为使放大器输出电压为零，在输入端所加的补偿电压值。它反映了差动放大器部分参数的不对称程度，其理想值为零，实际值为±(1～10)mV。U_{IO} 越小，集成运放性能越好。

5．输入失调电流 I_{IO}

I_{IO} 是指当输入电压为零时，为了使放大器输出电压为零，在输入端外加的补偿电流。它的值为两个输入端静态基极电流之差。该参数同样反映了差动放大器部分参数的不对称程度，其理想值为零，实际值在 1μA 以下。I_{IO} 越小，集成运放性能越好。

6．输入偏置电流 I_{IB}

I_{IB} 是指当输入电压为零时，两个输入端静态基极电流的平均值，一般为 μA 数量级。I_{IB} 越小，集成运放性能越好。

7．开环带宽 BW

BW 是指开环电压放大倍数随信号频率的升高而下降 3dB 所对应的频带宽度。BW 越宽，集成运放性能越好。

除此之外，还有输出峰-峰电压 U_{OPP}、静态功耗 P_D、零漂、转换速率 S_R 等参数，此处不再一一赘述。

以上参数可根据集成运放的型号，从产品说明书等有关资料中查阅。

4.3.5　集成运放的理想特性

集成运放性能突出，尽管其应用十分广泛，但其工作区域只有两个，或工作在线性区，或工作在非线性区。在实际应用和分析集成运放电路时，可将实际集成运放视为理想集成运放，这样可大大简化对电路的分析过程。

1. 理想集成运放的特性

所谓理想集成运放，即认为它有以下特性。

（1）开环电压放大倍数 $A_{u_o} \to \infty$。

（2）输入电阻 $r_i \to \infty$。

（3）输出电阻 $r_o \to 0$。

（4）共模抑制比 $K_{CMR} \to \infty$。

（5）开环带宽 BW→∞。

（6）零输入、零输出，即当 $u_{I+}=u_{I-}$时，$u_O=0$。

满足上述理想参数的集成运放称为理想集成运放，其等效电路如图 4-17 所示。

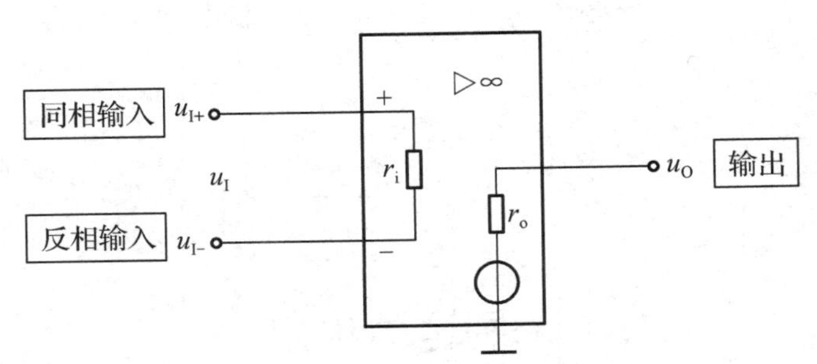

图 4-17　理想集成运放的等效电路

2. 关于理想集成运放的两个重点结论

（1）理想集成运放的两个输入端的电位差趋于零，即“虚短”。

集成运放工作在线性区，其输出电压 u_O 是有限值，而开环电压放大倍数 $A_{u_o} \to \infty$，故有

$$u_I = \frac{u_O}{A_{u_o}} \to 0 \quad \Rightarrow \quad u_{I+} \approx u_{I-}$$

即两个输入端的电位近似相等，相当于短路。但内部并没有短路，也不能人为地在外部将其短接，故称为“虚假短路”，简称“虚短”。

（2）理想集成运放的输入电流趋于零，即“虚断”。

理想集成运放两个输入端满足 $u_{I+} \approx u_{I-}$，而输入电阻 $r_i \to \infty$，因此必然没有电流流入集成运放内部，即

$$i_{I+} = i_{I-} \to 0$$

即两个输入端取用的电流相等且几乎为零，相当于断路。但内部并没有真正断开，故称为“虚假断路”，简称“虚断”。

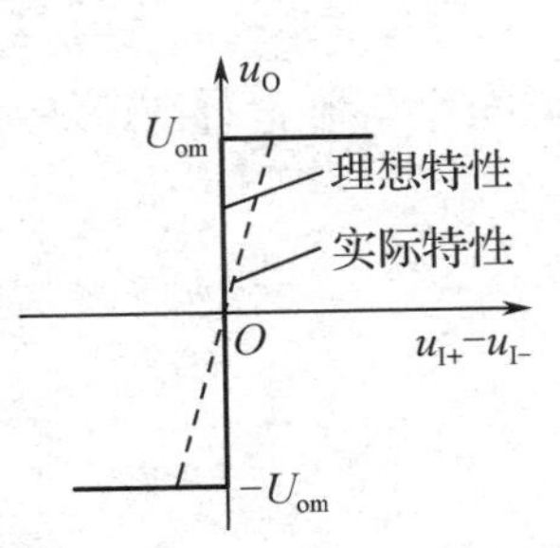

图 4-18　集成运放的电压传输特性

3. 集成运放在线性和非线性应用时的条件与分析方法

集成运放的电压传输特性如图 4-18 所示。应用时的工作条件用实际电压传输特性曲线予以说明。

（1）工作在线性区（虚线部分）的条件是电路引入深度负反馈，线性区的分析依据是“虚短”和“虚断”，即

$$u_{I+} \approx u_{I-}，\ i_I=0$$

（2）工作在非线性区（实线部分）的条件是开环或正反馈状态，分析依据是“虚断”，“虚短”不再适用，即当 $u_I>0$，即 $u_{I+}>u_{I-}$ 时，$u_O=+U_{om}$；当 $u_I<0$，即 $u_{I+}<u_{I-}$ 时，$u_O=-U_{om}$。

知识小结

（1）集成电路具有对称性好、用有源元器件代替无源元器件、级间耦合多采用直接耦合方式的特点，分为数字集成电路和模拟集成电路两大类。

（2）集成运放由输入级、中间级、输出级和偏置电路 4 部分组成。

（3）典型的集成运放有 OP07、LM358、LM324、CF747 等，应熟知它们的引脚符号、功能和应用接线。

（4）根据理想集成运放的理想参数可得出“虚断”和“虚短”两个重要结论。

4.4　集成运放线性应用电路

4.4.1　比例运算电路

1．反相比例运算电路

（1）电路结构。

图 4-19 所示为反相比例运算电路。其中，u_I 由反相输入端输入，经反相放大后输出；R_1 是输入电阻；R_f 是反馈电阻；R_2 是平衡电阻。

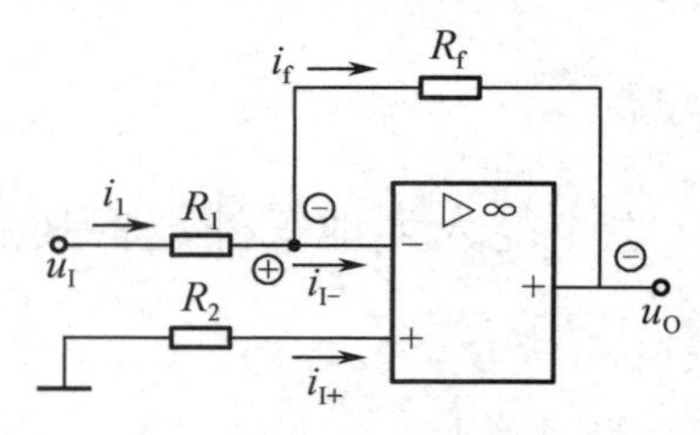

图 4-19　反相比例运算电路

反馈类型判别：通过图 4-19 中的瞬时极性可知，反馈信号与输入信号极性相反，为负反馈；R_f 将输出电压 u_O 回送到反相输入端，因此采样方式为电压采样；反相输入端存在节点，R_f 对输入电流构成分流作用，故叠加方式为并联，因此反馈类型为电压并联负反馈。也正是 R_f 引入的深度负反馈使得集成运放工作于线性区。

平衡电阻 R_2 的作用：集成运放的两个输入端对应输入级差动放大电路中两个放大管的基极。差动放大电路的对称性越高，电路的性能越好，因此要求两基极对地电阻相等，这就是 R_2 存在的原因。R_2 起到了使两输入端的对地电阻平衡的作用，故称为平衡电阻。显然，R_2 在取值上应满足 $R_2=R_1//R_f$。

（2）输出电压与输入电压的关系。

分析工作在线性区集成运放的依据是“虚短”和“虚断”。

由“虚断”可知 $i_{I+}=i_{I-}\approx 0$，得 $i_1=i_f$，$u_{I+}=-R_2 i_{I+}\approx 0$。

由“虚短”可知 $u_{I+}\approx u_{I-}\approx 0$。可见，反相输入端与地等电位，具有接地的特点，却并没有真正接地，也不能人为接地，这一性质称为“虚地”。“虚地”是所有工作于线性区的理想集成运放在反相输入时具有的共同特性。

此时，$i_1=\dfrac{u_I}{R_1}$，$i_f=-\dfrac{u_O}{R_f}$，又因为 $i_1=i_f$，即 $\dfrac{u_I}{R_1}=-\dfrac{u_O}{R_f}$，整理可得 $\dfrac{u_O}{u_I}=-\dfrac{R_f}{R_1}$，即 $u_O=-\dfrac{R_f}{R_1}u_I$，从而得电路的闭环电压放大倍数为 $A_{u_f}=\dfrac{u_O}{u_I}=-\dfrac{R_f}{R_1}$。

从上式可见，反相比例运算电路的闭环电压放大倍数只取反馈电阻 R_f 与输入电阻 R_1 的比值，比例系数为 R_f/R_1，与集成运放本身的参数无关；式中的负号表示输出电压与输入电压的相位相反。由于该电路完成了对信号的反相比例运算，故称为反相比例运算电路。

（3）反相比例运算电路的特例——反相器（也称倒相器）。

由 $u_O=-\dfrac{R_f}{R_1}u_I$ 可知，当 $R_f=R_1$ 时，$u_O=-u_I$，$A_{u_f}=-1$，即输出电压与输入电压的大小相等、相位相反。此时，电路已无电压放大作用，只对输入信号进行了一次反相（也称倒相）。我们把仅具有反相作用的反相比例运算电路称为反相器。反相器的电路符号如图 4-20 所示。

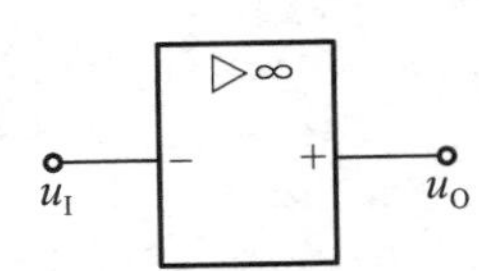

图 4-20　反相器的电路符号

【例 5】 理想集成运放如图 4-19 所示，已知 R_1=25kΩ、R_f=100kΩ，集成运放的饱和输出电压 U_{om}= ±12V，试求：

（1）输入、输出电阻 R_i 和 R_o，以及平衡电阻 R_2 的大小。

（2）输入 u_I 分别为 10mV、−10mV、1V、−1V、5V、−5V 时对应的输出电压 u_O。

【解析】 集成运放的输入电阻即输入端到地（或“虚地”）的交流等效电阻；输出电阻就是从负载端向集成运放看过去（负载开路）的交流等效电阻，由于理想集成运放的输出电阻 r_o→0，可等效为恒压源，故 R_o 恒等于 0。根据图 4-18 中的电压传输特性可知，当增大输入使集成运放的输出达到饱和输出电压后，即使继续增大输入，输出电压也不再升高，而是维持±U_{om} 不变。

【解答】（1）$R_i=R_1$=25kΩ，R_o=0，$R_2=R_1//R_f$=25kΩ//100kΩ=20kΩ。

（2）$u_O=-\dfrac{R_f}{R_1}u_I=-4u_I$，将 u_I 分别为 10mV、−10mV、1V、−1V、5V、−5V 代入，计算结果如表 4-2 所示。

表 4-2　例 5 输入与输出表

输入电压 u_I	输出电压 u_O	集成运放工作区域	输入电压 u_I	输出电压 u_O	集成运放工作区域
10mV	−40mV	线性区	−10mV	40mV	线性区
1V	−4V	线性区	−1V	4V	线性区
5V	−12V	非线性区	−5V	12V	非线性区

【例 6】 电路如图 4-21（a）所示，已知输入电压 u_I=1V，电阻 $R_1=R_2$=10kΩ，电位器 R_P 的阻值为 20kΩ，分别求当 R_P 滑动点滑动到 A 点、B 点、C 点（R_P 的中点）时的输出电压 u_O。

【解答】（1）当 R_P 滑动点滑动到 A 点时，R_2 两端电位均为 0，故 R_2 的接入对输出无任何影响，即 $u_O=-\dfrac{R_P}{R_1}u_I=-2u_I=-2\times1V=-2V$。

（2）当 R_P 滑动点滑动到 B 点时，R_2 接到了 u_O 两端，由于运放输出端可等效为恒压源，故 R_2 的接入对输出无任何影响，即 $u_O=-\dfrac{R_P}{R_1}u_I=-2u_I=-2\times1V=-2V$。

（3）当 R_P 滑动点滑动到 C 点时，画出等效电路，如图 4-21（b）所示。根据"虚断"得

$$i_1 = i_2 = \frac{u_I}{R_1} = \frac{1V}{10k\Omega} = 0.1mA，\ u'_O = -i_2 R_2 = -0.1mA \times 10k\Omega = -1V$$

$$i_3 = \frac{0-u'_O}{R_3} = \frac{1V}{10k\Omega} = 0.1mA，\ u_{BC} = \frac{R_P}{2} i_4 = -(i_2+i_3)\frac{R_P}{2} = -0.2mA \times 10k\Omega = -2V$$

某点的电位即该点到参考点的电压，因此输出电压 $u_O = u_{BC} + u'_O = -(2+1)V = -3V$。

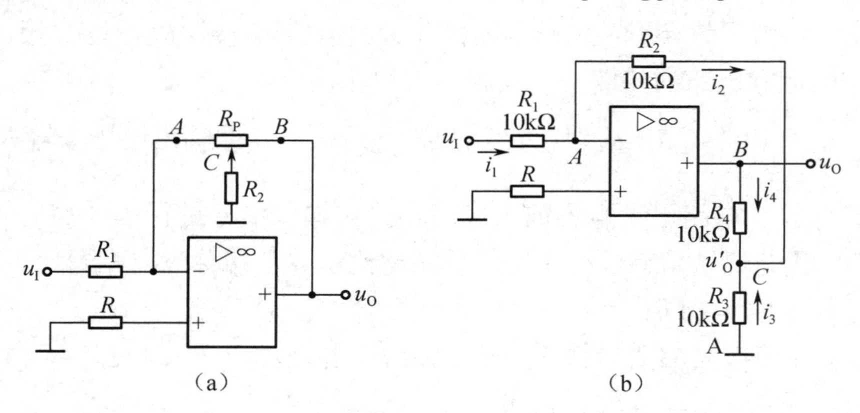

图 4-21　例 6 图

2．同相比例运算电路

（1）电路结构。

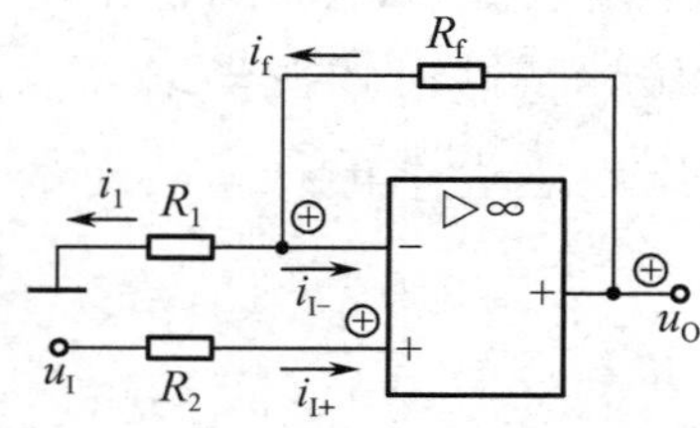

图 4-22　同相比例运算电路

图 4-22 所示为同相比例运算电路。其中，u_I 由同相输入端输入，经同相放大后输出；R_f、R_1 组成反馈网络；R_2 是平衡电阻，在数值上，$R_2 = R_1 // R_f$。

反馈类型判别：通过图 4-22 中的瞬时极性可知，反馈信号与输入信号极性相同，对集成运放的净输入信号（$u_I = u_{I+} - u_{I-}$）起到了削弱的作用，因此为负反馈；反馈网络 R_f、R_1 通过分压将输出电压 u_O 的一部分回送到反相输入端，因此采样方式为电压采样，反馈系数 $F = u_f / u_O = R_1/(R_1 + R_f)$；由于反馈网络对输入信号构成分压，故叠加方式为串联，因此反馈类型为电压串联负反馈。

（2）输出电压与输入电压的关系。

由"虚短"和"虚断"可知 $u_{I-} \approx u_{I+} \approx u_I$，$i_{I+} = i_{I-} \approx 0$，$i_1 \approx i_f$。因此，$u_{I-} = u_O \dfrac{R_1}{R_1 + R_f} \Rightarrow u_I = u_O \dfrac{R_1}{R_1 + R_f}$，整理可得 $u_O = \left(1 + \dfrac{R_f}{R_1}\right) u_I$。

因此，电路的闭环电压放大倍数为 $A_{u_f} = \dfrac{u_O}{u_I} = 1 + \dfrac{R_f}{R_1} \geqslant 1$。运用负反馈法也可以得到相同的结果，因为 $F = u_f / u_O = R_1/(R_1 + R_f)$，所以 $A_{u_f} = \dfrac{1}{F} = 1 + \dfrac{R_f}{R_1}$。

可见，输出电压与输入电压同相，电路的闭环电压放大倍数只取决于 R_f 与 R_1 的比值，比例系数为 $1 + \dfrac{R_f}{R_1}$，与集成运放本身的参数无关。由于该电路完成了对信号的同相比例运算，故称为同相比例运算电路。

（3）同相比例运算电路的特例——电压跟随器。

由$u_O=\left(1+\dfrac{R_f}{R_1}\right)u_I$可知，在 3 种情况（①$R_f=0$，$R_1\neq0$；②$R_1=\infty$，$R_f\neq0$；③$R_f=0$ 且 $R_1=\infty$）下，$u_O=u_I$，$A_{u_f}=1$，即输出电压的大小和相位都随输入电压的变化而同步变化。输出电压跟随输入电压做相同的变化称为电压跟随。具有电压跟随功能的运算电路称为电压跟随器。电压跟随器的电路符号如图 4-23 所示。

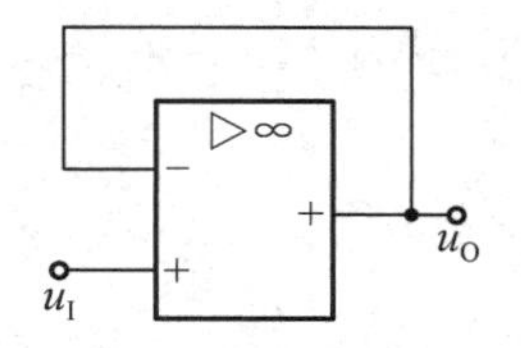

图 4-23　电压跟随器的电路符号

【例 7】 在如图 4-24 所示的电路中，已知 R_1=100kΩ，R_f=200kΩ，u_I=1V，求输出电压 u_O，并说明输入级的作用。

【解答】 输入级（第一级）为电压跟随器，由于是电压串联负反馈，因而具有极大的输入电阻，起到了减轻信号源负担的作用。第二级为反相比例运算电路，其输入为第一级的输出 u_{O1}，且 $u_{O1}=u_I$=1V，因而其输出电压为

$$u_O=-\frac{R_f}{R_1}u_{O1}=-\frac{200\text{k}\Omega}{100\text{k}\Omega}\times1\text{V}=-2\text{V}$$

【例 8】 在如图 4-25 所示的电路中，已知 R_1=100kΩ，R_f=200kΩ，R_2=100kΩ，R_3=200kΩ，u_I=1V，求输出电压 u_O。

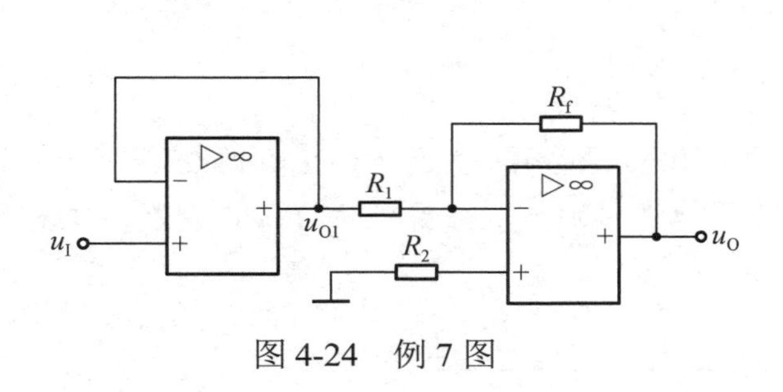

图 4-24　例 7 图

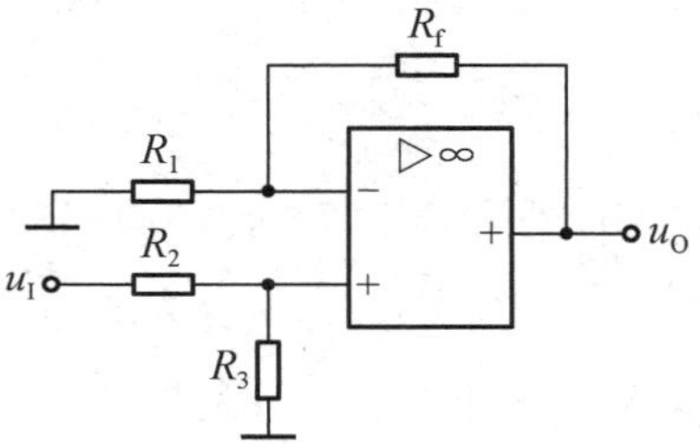

图 4-25　例 8 图

【解答】 根据“虚断”，由图 4-25 可得

$$u_{I-}=\frac{R_1}{R_1+R_f}u_O \qquad u_{I+}=\frac{R_3}{R_2+R_3}u_I$$

又根据“虚短”，有$u_{I-}=u_{I+}$，所以$\dfrac{R_1}{R_1+R_f}u_O=\dfrac{R_3}{R_2+R_3}u_I$，得$u_O=\left(1+\dfrac{R_f}{R_1}\right)\dfrac{R_3}{R_2+R_3}u_I$，代入数据得$u_O=\left(1+\dfrac{R_f}{R_1}\right)\dfrac{R_3}{R_2+R_3}u_I=\left(1+\dfrac{200\text{k}\Omega}{100\text{k}\Omega}\right)\times\dfrac{200\text{k}\Omega}{(100+200)\text{k}\Omega}\times1\text{V}=2\text{V}$。

可见，图 4-25 所示的电路也是一种同相比例运算电路。在同相比例运算电路中，当同相输入端采用电阻分压输入方式时，$u_{I+}\neq u_I$，公式$u_O=\left(1+\dfrac{R_f}{R_1}\right)u_I$不再适用。此时，输出电压的通用公式应为$u_O=\left(1+\dfrac{R_f}{R_1}\right)u_{I+}$。

【例 9】 在如图 4-26（a）所示的电路中，求：①两级集成运放所组成的放大电路的总电压放大倍数$|A_u|$；②要求电压放大倍数$|A_u|$减小，试在级间加画一条反馈支路，并判断反馈类型；③若加画后引入的是深度负反馈，则此时该电路的总电压放大倍数$|A_u|$约等于多少？

【解答】① 第一级构成反相比例运算电路，第二级构成同相比例运算电路，总电压放大倍数为两级电压放大倍数的乘积，即

$$|A_u|=|A_{u_1}|\cdot|A_{u_2}|=\left(-\frac{100R}{R}\right)\times\left(1+\frac{99R}{R}\right)=-10000$$

② 加画的反馈支路如图 4-26（b）中的虚线所示，该支路引入的反馈类型为并联电压负反馈。

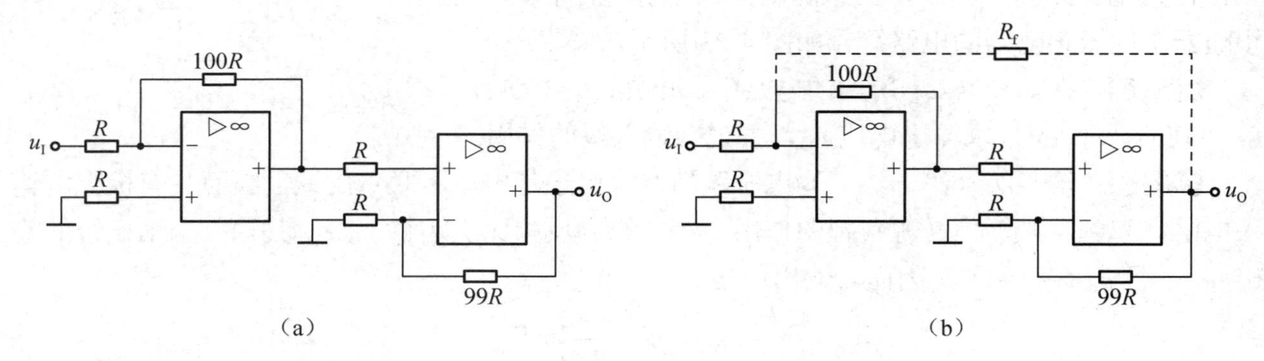

图 4-26　例 9 图

（3）加入反馈后，总电压放大倍数的推导过程非常烦琐，这里介绍一种简易方法：根据电路的等效原理，两级集成运放级联后是反相的，可合并等效为一级反相比例集成运算电路，因此，$|A_u|\approx-\dfrac{R_f}{R}$。

【例 10】在如图 4-27 所示的电路中，已知 R_1=20kΩ，R_2=40kΩ，R_3=R_4=R_5=10kΩ，R_6=20kΩ，R_7=30kΩ。试求：①电路的输入电阻 R_i；②指出图 4-27 中所有的反馈环节，并判断反馈极性（正反馈、负反馈）和类型。

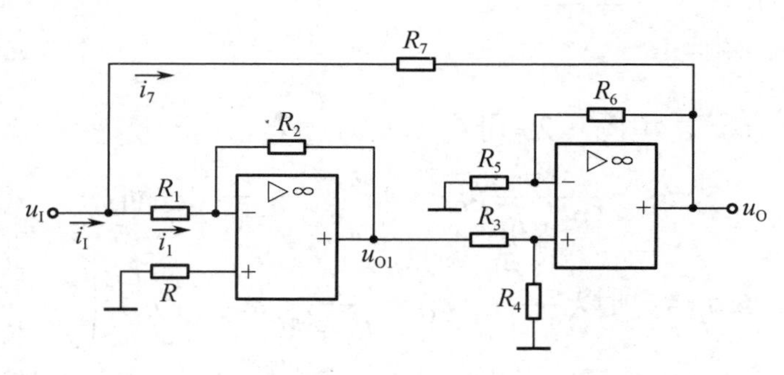

图 4-27　例 10 图

【解答】① 由已知可得 $u_{O1}=-\dfrac{R_2}{R_1}u_I=-\dfrac{40}{20}u_I=-2u_I$，故有

$$u_O=\left(1+\frac{R_6}{R_5}\right)\frac{R_4}{R_4+R_3}u_{O1}=\left(1+\frac{20}{10}\right)\times\frac{10}{10+10}u_{O1}=1.5u_{O1}\Rightarrow u_O=-3u_I$$

此时，总输入电流为 $i_I=i_1+i_7=\dfrac{u_I}{R_1}+\dfrac{u_I-u_O}{R_7}=\left(\dfrac{1}{20\text{k}\Omega}+\dfrac{4}{30\text{k}\Omega}\right)u_I=\dfrac{11}{60\text{k}\Omega}u_I$。因此，电路的输入电阻为 $R_i=\dfrac{u_I}{i_I}=\dfrac{u_I\times60\text{k}\Omega}{11u_I}=\dfrac{60}{11}\text{k}\Omega$。

② R_2 为第一级的反馈电阻，构成电压并联负反馈；R_5、R_6 为第二级的反馈电阻，构成

电压串联负反馈；R_7 为两级间的反馈电阻，构成电压并联负反馈。

4.4.2　加法运算（求和）电路

输出电压与若干输入电压之和成比例的电路称为加法运算电路，也称求和电路。它有反相输入和同相输入两种接法。

1．反相输入加法运算电路

（1）电路结构。

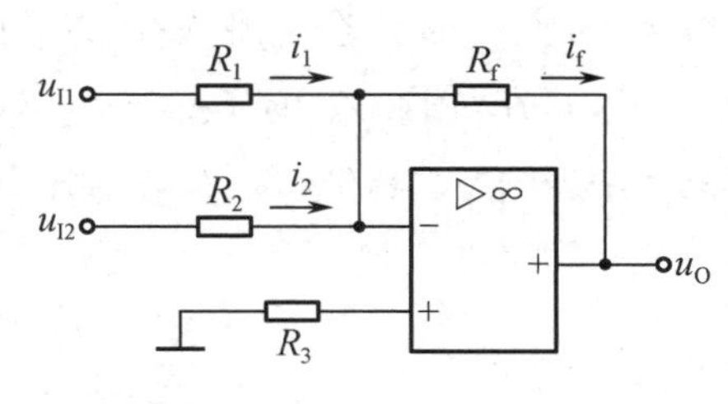

图 4-28　反相输入加法运算电路

图 4-28 所示为反相输入加法运算电路。其中，两路信号 u_{I1}、u_{I2} 由反相输入端输入，经求和反相放大后输出；R_f、R_1、R_2 组成的反馈网络引入了深度电压并联负反馈，以保证集成运放工作于线性区；R_3 是平衡电阻，在数值上，$R_3=R_1//R_2//R_f$。

（2）输出电压与输入电压的关系。

由“虚短”和“虚断”可知 $u_{I-}\approx u_{I+}\approx 0$，$i_1+i_2=i_f$。因此 $i_f=i_1+i_2$，可得 $\dfrac{0-u_O}{R_f}=\dfrac{u_{I1}}{R_1}+\dfrac{u_{I2}}{R_2}$，将等式两边同时乘以 $-R_f$，整理可得 $u_O=-R_f\left(\dfrac{u_{I1}}{R_1}+\dfrac{u_{I2}}{R_2}\right)$。如果 $R_1=R_2=R$，则 $u_O=-\dfrac{R_f}{R}(u_{I1}+u_{I2})$，如果 $R_1=R_2=R_f=R$，则 $u_O=-(u_{I1}+u_{I2})$。

可见，反相输入加法运算电路的主要特点与反相比例运算电路类似，可将多路信号相加或按一定比例相加，并反相。值得指出的是，当调节某一路信号的输入电阻（R_1 或 R_2）时，不影响其他的输入电压与输出电压的比例关系，因而调节方便。

2．同相输入加法运算电路

（1）电路结构。

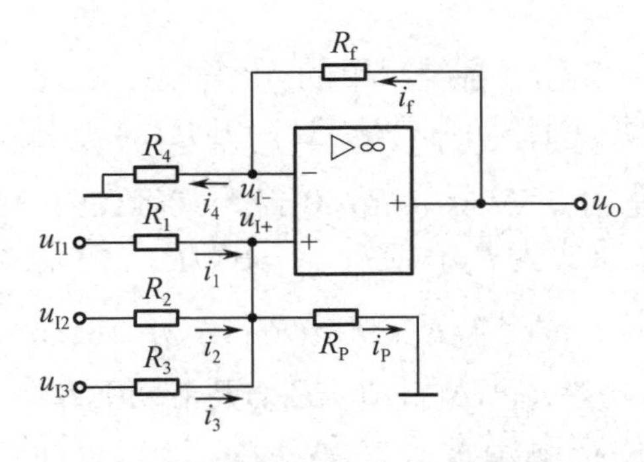

图 4-29　同相输入加法运算电路

图 4-29 所示为同相输入加法运算电路。其中，多路信号（u_{I1}、u_{I2}、u_{I3}）由同相输入端输入，经求和同相放大后输出；R_f、R_4 引入的是深度电压串联负反馈，以保证集成运放工作于线性区。集成运放满足平衡的条件是 $R_1//R_2//R_3//R_P=R_4//R_f$，即要求 $R_+=R_-$。

（2）输出电压的计算。

对于同相输入加法运算电路，在调节某一路信号的输入电阻时，必然影响其他输入电压与输出电压的比例关系，因而调节不便，实际应用不多。这里只简单介绍计算输出电压的方法之一。

由“虚短”和“虚断”可知 $u_{I+}\approx u_{I-}\approx\dfrac{R_4}{R_4+R_f}u_O$，$u_O=\left(1+\dfrac{R_f}{R_4}\right)u_{I+}$。可首先运用弥尔曼定理

求取同相输入端的电位，然后计算输出电压为$u_O=\left(1+\dfrac{R_f}{R_4}\right)u_{I+}=\left(1+\dfrac{R_f}{R_4}\right)\left(\dfrac{G_1u_{I1}+G_2u_{I2}+G_3u_{I3}}{G_1+G_2+G_3+G_P}\right)$。

【例 11】 由理想集成运放构成的测量电路如图 4-30 所示。已知集成运放的输出端接有满量程为 5V、满度电流为 500μA 的直流电压表，试求：

（1）在如图 4-30（a）所示的测量电压的电路中，若想得到 25V、15V、10V、1V、0.5V 几种不同的量程，试求 R_{i1}～R_{i5}。

（2）在如图 4-30（b）所示的测量电流的电路中，若想在测量 5mA、1mA、0.5mA、0.1mA、50μA 的电流时，分别使输出端的 5V 电压表达到满量程，试求 R_{F1}～R_{F5}。

（3）在如图 4-30（c）所示的测量电阻的电路中，已知 R_1=10kΩ。当输出端电压表分别显示 5V、1V、0.5V 时，被测电阻 R_{X1}、R_{X2}、R_{X3} 分别是多少？

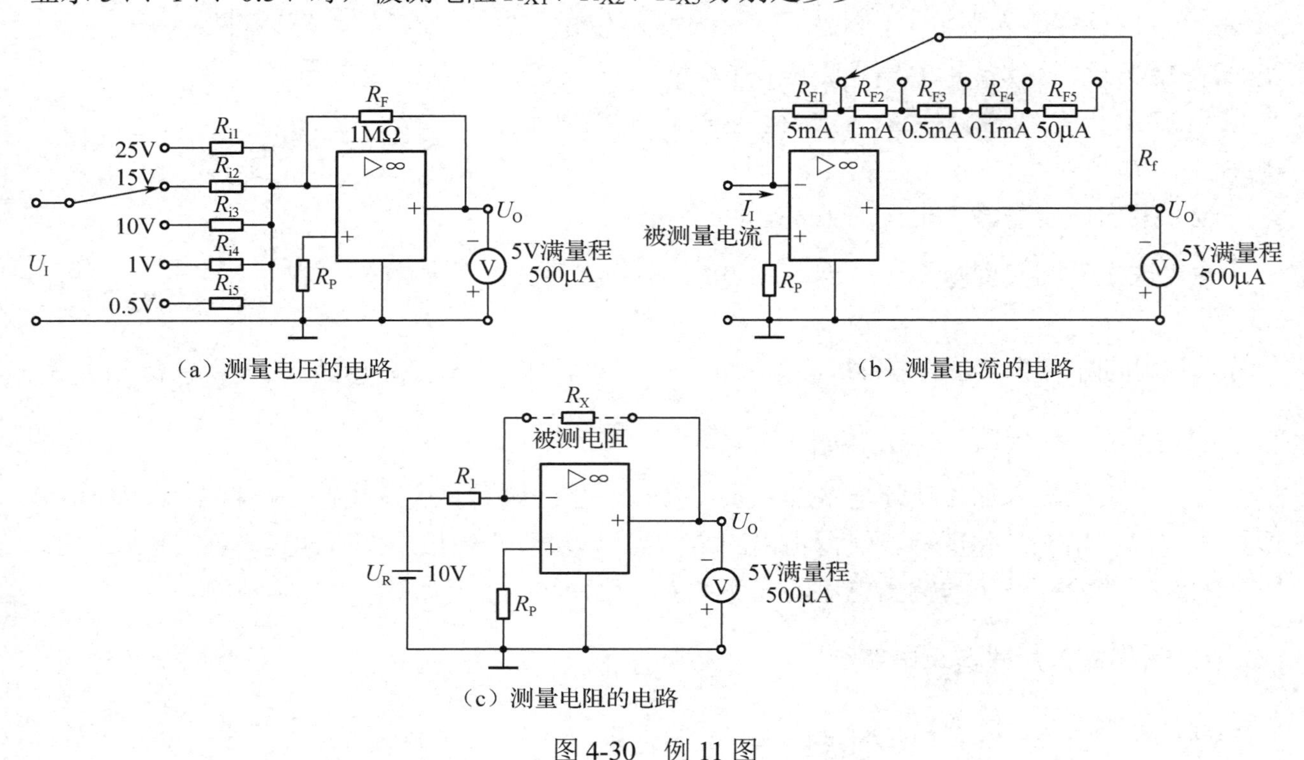

图 4-30 例 11 图

【解答】 在图 4-30（a）中，满量程时 U_O=−5V，各电阻的计算通式为 $R_i=-R_FU_I/U_O=R_FU_I/5V$。使用 25V 挡，$R_{i1}$=5$R_F$=5MΩ；使用 15V 挡，$R_{i2}$=3$R_F$=3MΩ；使用 10V 挡，$R_{i3}$=2$R_F$=2MΩ；使用 1V 挡，$R_{i4}$=0.2$R_F$=200kΩ；使用 0.5V 挡，$R_{i5}$=0.1$R_F$=100kΩ。

在图 4-30（b）中，满量程时 U_O=−5V，总电阻的计算通式为 $R_F=-U_O/I_I=5V/I_I$。使用 5mA 挡，R_{F1}=R_F=1kΩ；使用 1mA 挡，R_{F2}=R_F−R_{F1}=4kΩ；使用 0.5mA 挡，R_{F3}=R_F−(R_{F1}+R_{F2})=5kΩ；使用 0.1mA 挡，R_{F4}=R_F−(R_{F1}+R_{F2}+R_{F3})=40kΩ；使用 50μA 挡，R_{F5}=R_F−(R_{F1}+R_{F2}+R_{F3}+R_{F4})=50kΩ。

在图 4-30（c）中，U_O 为负值，$R_X=-U_OR_1/10$。当输出端电压表显示 5V 时，R_{X1}=5kΩ；当输出端电压表显示 1V 时，R_{X2}=1kΩ；当输出端电压表显示 0.5V 时，R_{X3}=500Ω。

4.4.3 减法运算电路

输出电压与若干输入电压之差成比例的电路称为减法运算电路。可以用加法器构成减法运算电路，或者利用差动式电路实现减法运算。

1. 利用反相信号求和实现减法运算

图 4-31 所示为用加法器构成减法电路。其中，第一级为反相比例放大器，若 $R_{f1}=R_1$，则 $u_{O1}=-u_{I1}$；第二级为反相加法器，可推导出

$$u_O=-\frac{R_{f2}}{R_2}(u_{O1}+u_{I2})=\frac{R_{f2}}{R_2}(u_{I1}-u_{I2})$$

若 $R_2=R_{f2}$，则 $u_O=u_{I1}-u_{I2}$。

反相输入结构的减法运算电路由于存在“虚地”，放大器没有共模信号，故允许 u_{I1}、u_{I2} 的共模电压范围较大，但存在电路的输入阻抗较小的不足。

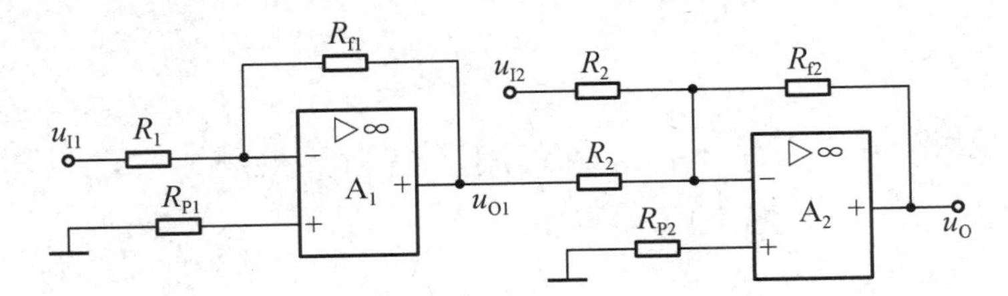

图 4-31　用加法器构成减法运算电路

【例 12】 试用两级集成运放设计一个加减运算电路，实现以下运算关系：

$$u_O=10u_{I1}+20u_{I2}-8u_{I3}$$

【解答】 由题中给出的运算关系可知 u_{I3} 与 u_O 反相，而 u_{I1} 和 u_{I2} 与 u_O 同相，故可用反相加法运算电路将 u_{I1} 和 u_{I2} 相加后与 u_{I3} 反相相加，从而可使 u_{I3} 反相一次，而 u_{I1} 和 u_{I2} 反相两次。根据以上分析，可画出实现加减运算的电路图，如图 4-32 所示。

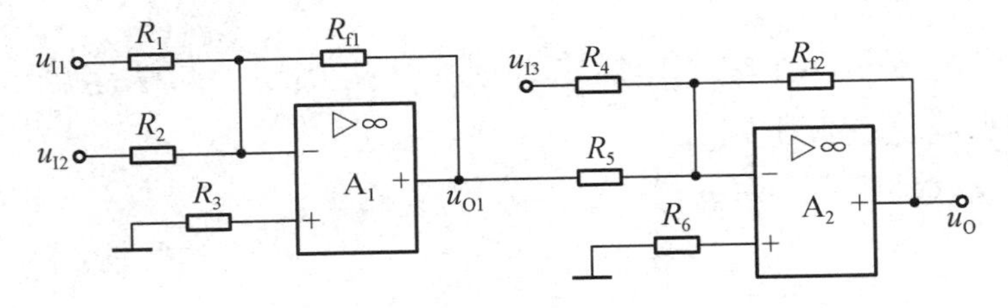

图 4-32　例 12 图

由图 4-32 可得

$$u_{O1}=-\left(\frac{R_{f1}}{R_1}u_{I1}+\frac{R_{f1}}{R_2}u_{I2}\right),\quad u_O=-\left(\frac{R_{f2}}{R_4}u_{I3}+\frac{R_{f2}}{R_5}u_{O1}\right)=\frac{R_{f2}}{R_5}\left(\frac{R_{f1}}{R_1}u_{I1}+\frac{R_{f1}}{R_2}u_{I2}\right)-\frac{R_{f2}}{R_4}u_{I3}$$

根据题中的运算要求，设置各电阻阻值间的比例关系如下：$\frac{R_{f2}}{R_5}=1$，$\frac{R_{f1}}{R_1}=10$，$\frac{R_{f1}}{R_2}=20$，$\frac{R_{f2}}{R_4}=8$。若选取 $R_{f1}=R_{f2}=100\text{k}\Omega$，则可求得其余各电阻的阻值分别为 $R_1=10\text{k}\Omega$，$R_2=5\text{k}\Omega$，$R_4=12.5\text{k}\Omega$，$R_5=100\text{k}\Omega$；平衡电阻 R_3、R_6 的值分别为

$$R_3=R_1//R_2//R_{f1}=(10//5//100)\text{k}\Omega=3.2\text{k}\Omega,\quad R_6=R_4//R_5//R_{f2}=(12.5//100//100)\text{k}\Omega=10\text{k}\Omega$$

2．利用差动式电路实现减法运算

（1）电路结构。

差动输入实现减法运算电路如图4-33所示。从电路结构上来看，它是一个差动输入的集成运放，是既有反相输入信号又有同相输入信号的双端输入的比例运算电路。集成运放工作应满足的平衡条件是$R_2//R_3=R_1//R_f$，即要求$R_+=R_-$。

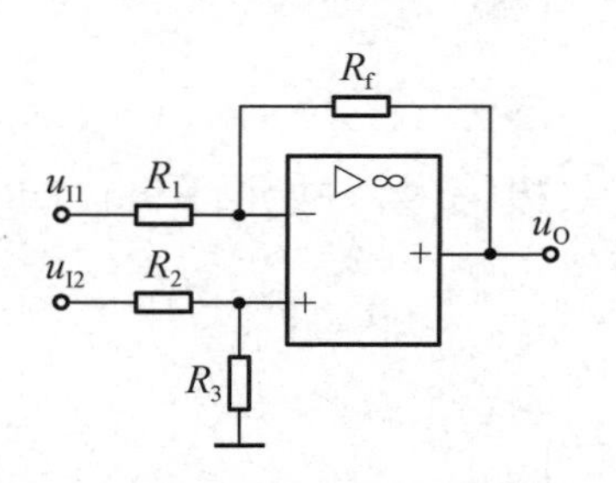

图4-33　差动输入实现减法运算电路

（2）输出电压与输入电压的关系。

运用叠加原理分析如下。

当u_{I1}单独作用（u_{I2}置零处理）时，为反相比例运算电路，其输出电压为

$$u_O' = -\frac{R_f}{R_1}u_{I1}$$

当u_{I2}单独作用（u_{I1}置零处理）时，为同相比例运算电路，其输出电压为

$$u_O'' = \left(1+\frac{R_f}{R_1}\right)\frac{R_3}{R_2+R_3}u_{I2}$$

当u_{I1}和u_{I2}共同作用时，输出电压为

$$u_O = u_O' + u_O'' = -\frac{R_f}{R_1}u_{I1} + \left(1+\frac{R_f}{R_1}\right)\frac{R_3}{R_2+R_3}u_{I2}$$

若$R_3=\infty$（断开），则$u_O = -\frac{R_f}{R_1}u_{I1} + \left(1+\frac{R_f}{R_1}\right)u_{I2}$；若$R_1=R_2$且$R_3=R_f$，则$u_O = \frac{R_f}{R_1}(u_{I2}-u_{I1})$；若$R_1=R_2=R_3=R_f$，则$u_O = u_{I2}-u_{I1}$。

由此可见，输出电压与两个输入电压之差成正比，实现了减法运算。因此该电路又称为差动输入运算电路或差动放大电路。

【例13】 如图4-34所示，求u_O与u_{I1}、u_{I2}的关系。

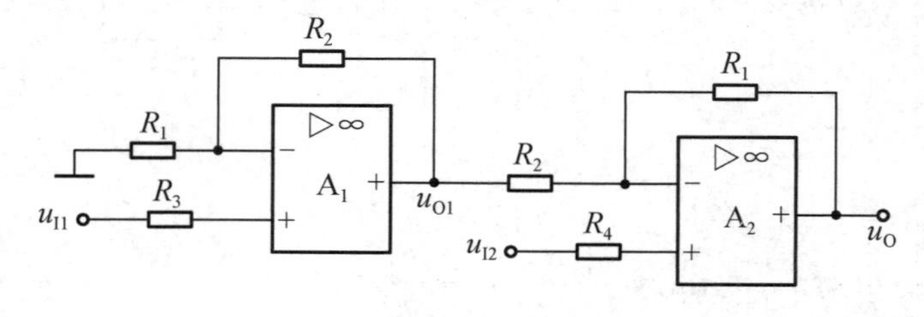

图4-34　例13图

【解答】 该电路由第一级的同相比例运算电路和第二级的减法运算电路级联而成。

第一级的输出为$u_{O1} = \left(1+\frac{R_2}{R_1}\right)u_{I1}$，第二级的输出为$u_O = -\frac{R_1}{R_2}u_{O1} + \left(1+\frac{R_1}{R_2}\right)u_{I2} = -\frac{R_1}{R_2}\left(1+\frac{R_2}{R_1}\right)u_{I1} + \left(1+\frac{R_1}{R_2}\right)u_{I2} = \left(1+\frac{R_1}{R_2}\right)(u_{I2}-u_{I1})$。

【例14】 由理想集成运放构成的线性运算电路如图4-35所示，试求各电路输出的电压值。

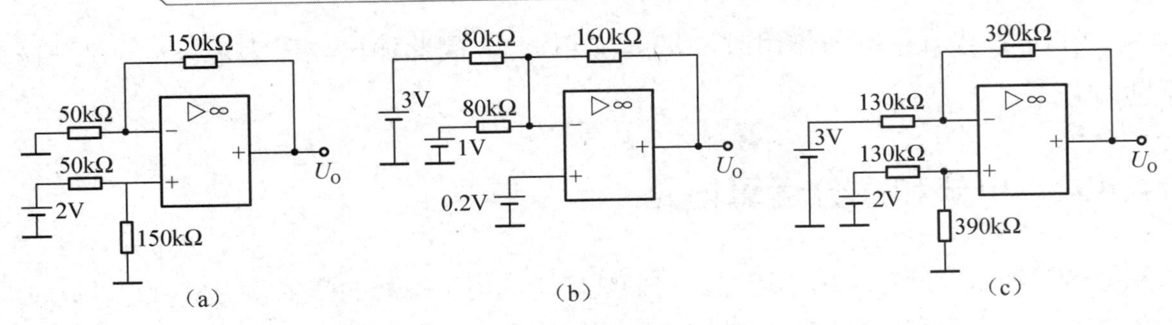

图 4-35　例 14 图

【解答】 在图 4-35（a）中，$U_O=\left(1+\dfrac{R_f}{R_1}\right)U_{I+}=\left(1+\dfrac{150}{50}\right)\times2\times\dfrac{150}{150+50}\text{V}=6\text{V}$。

在图 4-35（b）中，运用叠加原理得$U_O=\left(1+\dfrac{160}{80//80}\right)\times0.2\text{V}+(-2)\times(3+1)\text{V}=-7\text{V}$。

在图 4-35（c）中，运用叠加原理得$U_O=\left(1+\dfrac{390}{130}\right)\times\dfrac{390}{390+130}\times2\text{V}-\dfrac{390}{130}\times3\text{V}=-3\text{V}$。

【例 15】 由理想集成运放构成的线性运算电路如图 4-36 所示，试推导输出与输入的运算关系。

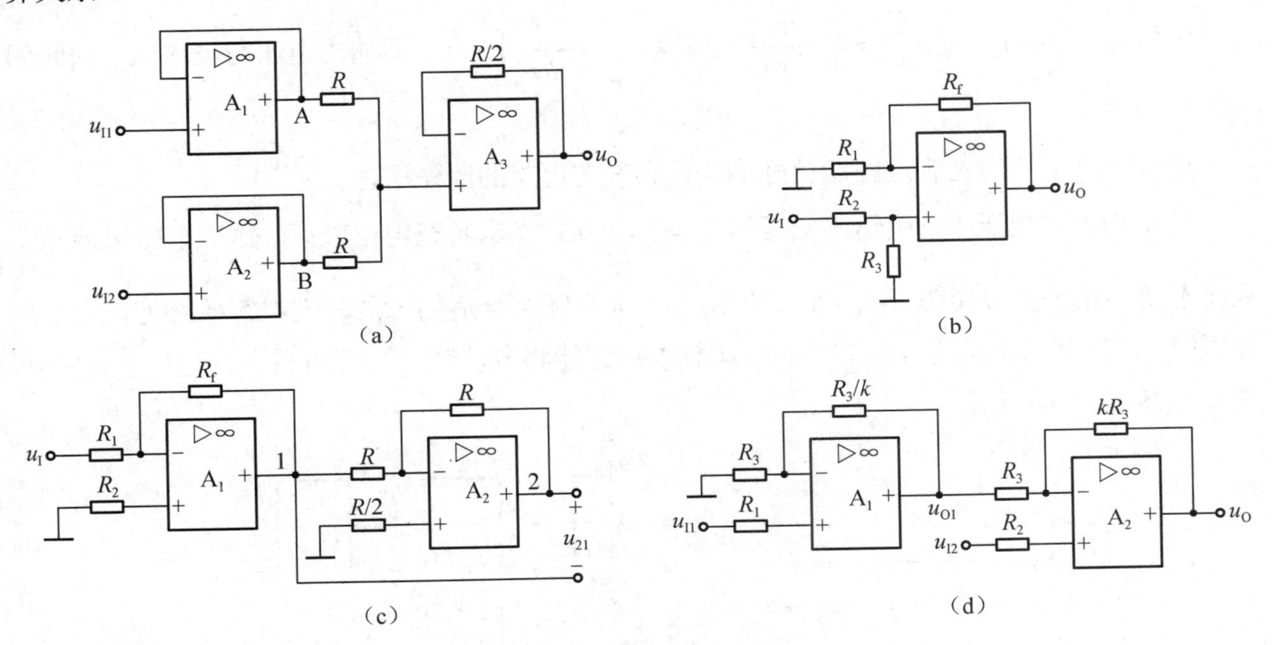

图 4-36　例 15 图

【解答】 在图 4-36（a）中，A_1、A_2、A_3 均为电压跟随器，因此 $u_A=u_{I1}$、$u_B=u_{I2}$、$u_O=u_{I+(A_3)}=\dfrac{1}{2}(u_{I1}+u_{I2})$。

在图 4-36（b）中，$u_O=\left(1+\dfrac{R_f}{R_1}\right)u_{I+}=\left(1+\dfrac{R_f}{R_1}\right)\dfrac{R_3}{R_2+R_3}u_I$。

在图 4-36（c）中，$u_1=-\dfrac{R_f}{R_1}u_I$，$u_2=-u_1=\dfrac{R_f}{R_1}u_I$，$u_{21}=u_2-u_1=\dfrac{2R_f}{R_1}u_I$。

在图 4-36（d）中，A_1 输出$u_{O1}=\left(1+\dfrac{1}{k}\right)u_{I1}$，运用叠加原理可求得，当 u_{I1} 单独作用时，

$u'_{O}=-(k+1)u_{I1}$；当 u_{I2} 单独作用时，$u''_{O}=(k+1)u_{I2}$。因此输出电压为 $u_{O}=u'_{O}+u''_{O}=(k+1)(u_{I2}-u_{I1})$。

4.4.4 积分和微分运算电路

积分运算和微分运算互为逆运算，它们被广泛应用于波形的产生和变换中。以集成运放作为放大器，以电阻和电容作为反馈网络，可以实现这两种运算。

1. 积分运算电路

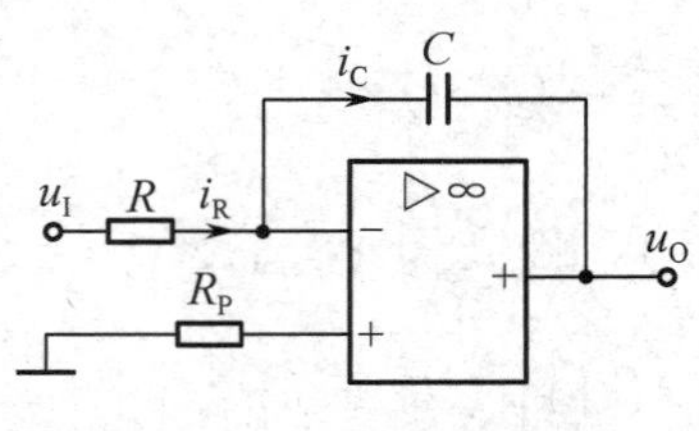

图 4-37 积分运算电路

（1）电路结构。

积分运算电路如图 4-37 所示。它与反相比例集成运算电路在结构上的差异在于用电容 C 取代了反馈电阻 R_f。

（2）输出电压与输入电压的关系。

由于反相输入端“虚地”，且 $i_{I+}=i_{I-}$，所以由图 4-37 可得 $i_R=i_C$。

因为 $i_R=\dfrac{u_I}{R}$，$i_C=C\dfrac{du_C}{dt}=-C\dfrac{du_O}{dt}$，所以 $u_O=-\dfrac{1}{RC}\int u_I dt$，即输出电压与输入电压对时间的积分成正比。

运用一阶电路的过渡过程能更好地分析和理解电路的工作原理。

若 u_I 为恒定电压 U，则输出电压为 $u_O=-\dfrac{U}{RC}t$，当电容充电结束后，输出电压保持 $-U_{om}$ 数值不变，输出波形如图 4-38（a）所示；若 u_I 为脉宽合适的方波，则电容始终处在充放电过程中，维持充放电的电流恒定，积分运算电路便能将方波转换为三角波，实现波形的变换，如图 4-38（b）所示。

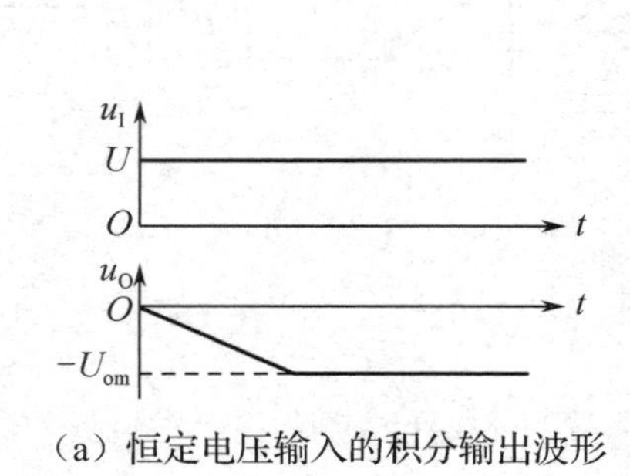

（a）恒定电压输入的积分输出波形

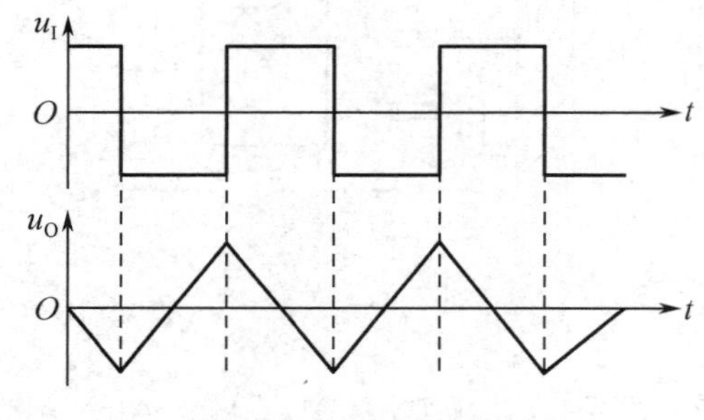

（b）方波电压输入的积分输出波形

图 4-38 积分运算电路的波形变换原理

2. 微分运算电路

（1）电路结构。

微分运算电路结构如图 4-39（a）所示。可见，微分运算电路与积分运算电路在结构上互换了 R、C 的位置，但电路的反馈类型是相同的，均为电压并联负反馈。

（2）输出电压与输入电压的关系。

由于反相输入端“虚地”，且 $i_{I+}=i_{I-}$，所以由图 4-39 可得 $i_R=i_C$。

因为 $i_R=-\dfrac{u_O}{R}$，$i_C=C\dfrac{du_C}{dt}=C\dfrac{du_I}{dt}$，所以 $u_O=-RC\dfrac{du_I}{dt}$，即输出电压与输入电压对时间的微分成正比。若 u_I 为恒定电压 U，则在 u_I 作用于电路的瞬间，微分电路输出一个尖脉冲电压，波形如图 4-39（b）所示。

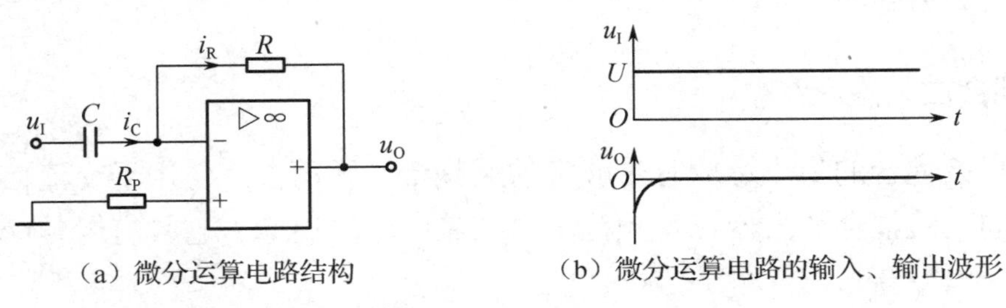

（a）微分运算电路结构　　（b）微分运算电路的输入、输出波形

图 4-39　微分运算电路

4.4.5　集成运放的其他线性应用电路

1．信号转换电路

信号转换电路在自动化技术中的应用十分广泛，应用中，常常需要把输入电压转换为与之成比例的输出电流或把输入电流转换为与之成比例的输出电压。这些信号的转换均可通过集成运放来实现。

（1）电压/电流转换电路。

电压/电流转换电路的作用是把输入电压转换为与之成比例的输出电流，有同相输入式和反相输入式两种电路结构，如图 4-40 所示。

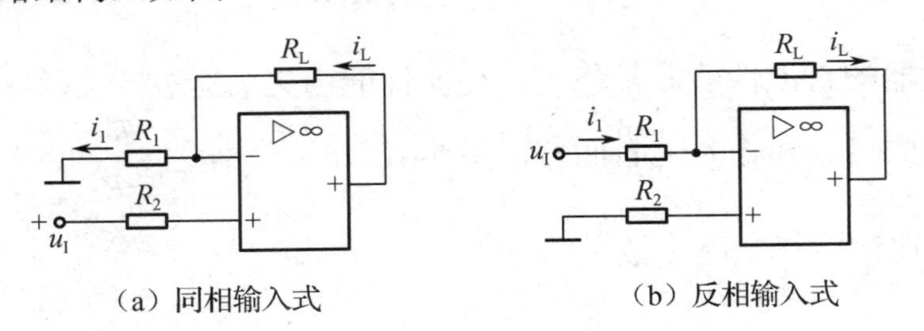

（a）同相输入式　　（b）反相输入式

图 4-40　电压/电流转换电路

在图 4-40（a）中，R_1 为转换电阻，R_2 为平衡电阻，R_L 为负载电阻，输入电压 u_I 由同相输入端输入，流过负载的电流 i_L 即与 u_I 成正比的转换输出电流。

信号转换原理：由于 $u_{I-}=u_{I+}=u_I$，流过负载的电流 $i_L=i_1=u_I/R_1$，所以 i_L 的大小仅由 u_I 和 R_1 的大小决定，与 R_L 的大小和它是否变化无关。同相输入式的不足之处是 $u_{I+}\neq0$，存在较高的共模电压输入，电路性能不如反相输入式好。

在图 4-40（b）中，R_1 为转换电阻，R_2 为平衡电阻，R_L 为负载电阻，输入电压 u_I 由反相输入端输入，负载的电流 i_L 同样与 u_I 成正比，但电流方向与图 4-40（a）相反。

信号转换原理：由于 $u_{I-}=u_{I+}=0$，所以 $i_L=i_1=u_I/R_1$。此时，i_L 的大小同样与 R_L 的大小和它是否变化无关。

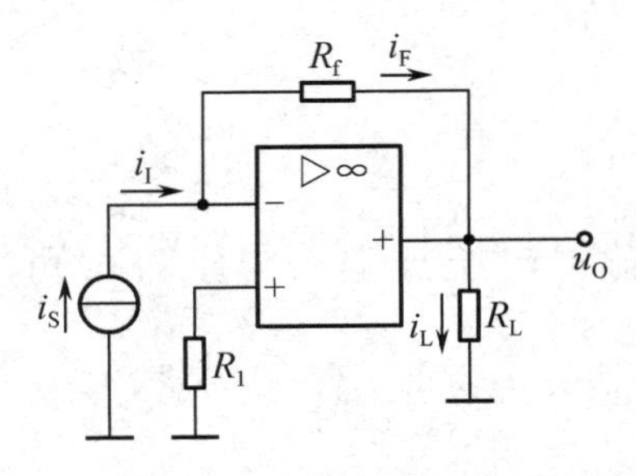

图 4-41　电流/电压转换电路

（2）电流/电压转换电路。

电流/电压转换电路的作用是把输入电流转换为与之成比例的输出电压。电流/电压转换电路如图 4-41 所示，其中，R_f为转换电阻，R_1 为平衡电阻。由于“虚断”，$i_{I-}=i_{I+}=0$，$i_F=i_I=i_S$，有 $u_O=-i_FR_f=-i_SR_f$。所以 u_O 的大小仅由 i_S 和 R_f的大小决定，与 R_L的大小和它是否变化无关。

2. 交流耦合放大器

内部采用直接耦合的集成运放有足够宽的通频带，因而被广泛用于交流信号的放大。由集成运放构成的交流耦合放大器在音频范围内有着广泛的用途。它具有组装简单、调整方便等优点。

交流耦合放大器如图 4-42 所示。其中，图 4-42（a）所示为反相交流耦合放大器，对输入交流信号而言，构成了反相比例放大器；图 4-42（b）所示为同相交流耦合放大器，对输入交流信号而言，构成了同相比例放大器。其中的 C_1、C_2 均为隔直耦交电容，要求对交流信号近似短路，因此其容量的大小往往由交流输入信号的频率来确定。

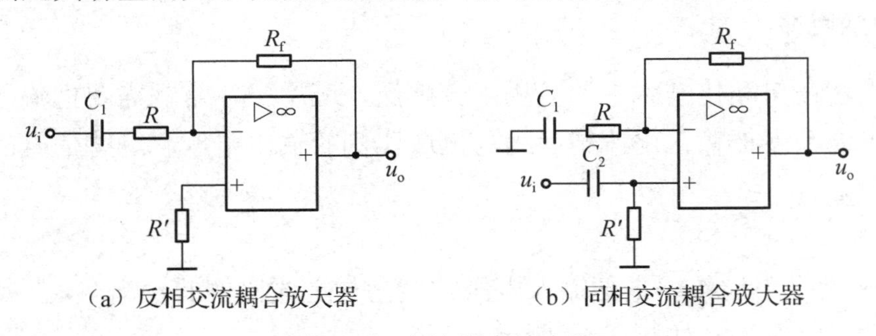

图 4-42　交流耦合放大器

交流耦合放大器的直流性能非常稳定，交流性能由集成运放的交流参数、外接元器件参数共同决定。就放大倍数和输入电阻而言，图 4-42（a）分别为$-\dfrac{R_f}{R}$和 R，图 4-42（b）分别为$1+\dfrac{R_f}{R}$和 R'，与比例运算电路一致。

3. 有源滤波器

（1）滤波器的概念与分类。

滤波器的概念：能使有用的频率信号顺利通过而同时抑制无用频率信号的功能电路。

滤波器的分类：按构成器件的不同，可分为无源滤波器和有源滤波器；按频率特性的不同，可分为低通、高通、带通和带阻 4 类滤波器；按电感、电容选频元器件的个数，可分为一阶、二阶和高阶 3 类滤波器。

图 4-43 所示为 4 类滤波器的频率特性。其中，A_0 表示低频放大倍数，$|A_0|$为低频放大倍数的幅值；把能够顺利通过的信号的频率范围定义为通带（BW），而把受阻或衰减的信号的频率范围定义为阻带，通带和阻带的分界频率（0.707 A_0 所对应的频率）称为截止频率。低通滤波器的上限截止频率 f_H 以下为通带；高通滤波器的下限截止频率 f_L 以上为通带；带通滤

波器的通带范围为两个截止频率之间的部分，即 f_L<BW<f_H；带阻滤波器本质上可理解成由上限截止频率为 f_H 的低通滤波器和下限截止频率为 f_L 的高通滤波器并联构成，因此它有 f_H 以下及 f_L 以上两个通带。

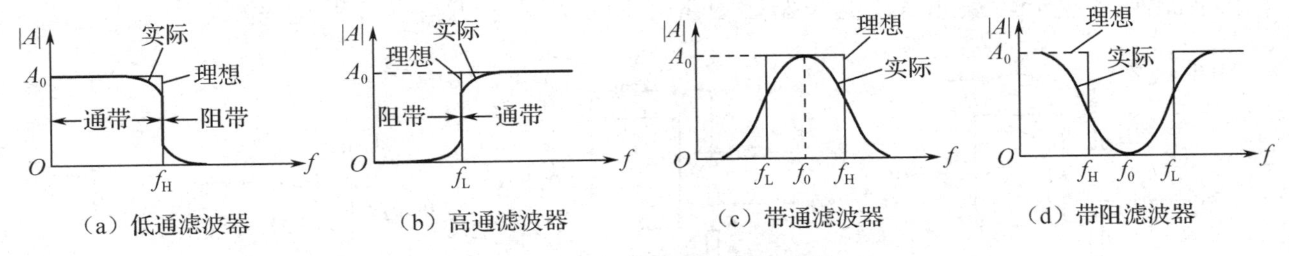

图 4-43　4 类滤波器的频率特性

为便于比较，这里给出无源滤波器的相关内容。无源滤波器是指仅由无源元器件电阻、电容构成的滤波器。无源滤波器的带负载能力较弱，这是因为它与负载间没有隔离，在输出端接上负载时，负载也将成为滤波器的一部分，这必然导致滤波器频率特性的改变。此外，由于无源滤波器仅由无源元器件构成，无放大能力，所以对输入信号总是衰减的。

有源滤波器是指由无源元器件电阻、电容和放大电路构成的滤波器。放大电路广泛采用带有深度负反馈的集成运放，因此对输入信号有放大的能力。由于集成运放具有高输入阻抗、低输出阻抗的特性，因此使滤波器的输出和输入之间有良好的隔离，便于级联，以构成滤波特性好或对频率特性有特殊要求的滤波器。

（2）有源滤波器简介。

由集成运放构成一阶滤波器的类型有多种。信号既可以由同相输入端输入，又可以由反相输入端输入；既可以由输入端实现对滤波特性的控制，又可以通过控制负反馈量的方法来实现对滤波特性的控制。

① 一阶低通滤波器。

同相输入型一阶低通有源滤波器电路如图 4-44（a）、（b）所示，滤波特性如图 4-44（c）所示。

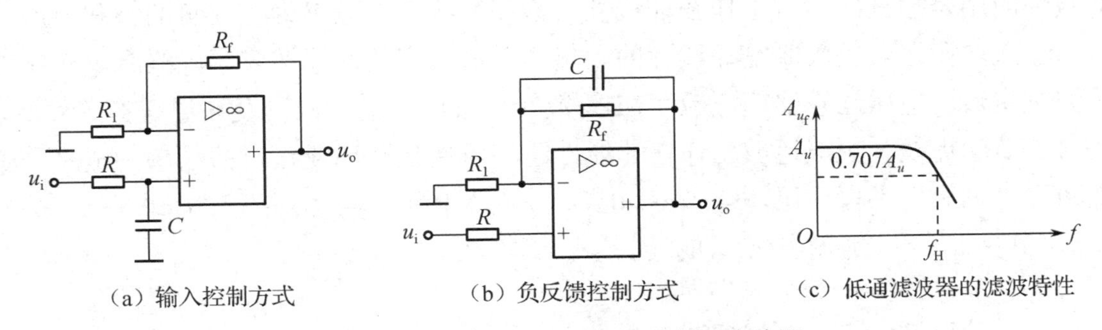

图 4-44　同相输入型一阶低通有源滤波器

图 4-44（a）通过输入端的 R、C 控制滤波特性。由于 $u_o=\left(1+\dfrac{R_f}{R_1}\right)u_{i+}$，同相输入端电压为 $u_{i+}=u_i\dfrac{X_C}{\sqrt{R^2+X_C{}^2}}$，故 A_{u_f} 随着频率的升高而减小，上限截止频率为 $f_H=\dfrac{1}{2\pi RC}$。

图 4-44（b）通过负反馈量控制滤波特性。C 与 R_f 并联或串联，均表现为低通滤波特性。由于负反馈量随着频率的升高而增大，所以使 A_{u_f} 减小，输出幅度减小。其中的上限截止频

率为 $f_H=\dfrac{1}{2\pi R_f C}$。

② 一阶高通滤波器。

同相输入型一阶高通有源滤波器如图 4-45 所示，读者可自行分析其滤波工作原理。

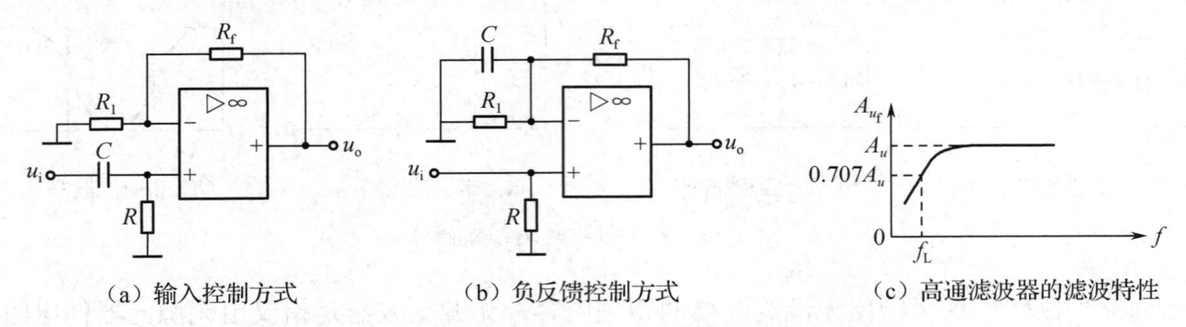

（a）输入控制方式 （b）负反馈控制方式 （c）高通滤波器的滤波特性

图 4-45 同相输入型一阶高通有源滤波器

利用上述原理，可构成反相输入型低通/高通滤波器，也可构成带通/带阻滤波器。由于篇幅所限，此处不再赘述。

知识小结

（1）集成运放电路有比例运算电路、加法运算（求和）电路、减法运算电路、积分运算电路、微分运算电路。

（2）集成运放的其他线性应用电路有信号转换电路、交流耦合放大器和有源滤波器。

4.5 集成运放非线性应用电路

非线性应用是指集成运放工作在非线性（饱和）状态，输出为正或负的饱和电压，即输出电压与输入电压之间的关系是非线性的。集成运放典型的非线性应用电路有电压比较器和非正弦波发生器。电压比较器广泛应用在模/数转换接口、电平检测及波形变换等领域。

在 4.3 节中提及，集成运放工作在非线性区的条件是开环或正反馈状态，电路分析依据是“虚断”，“虚短”不再适用，即当 $u_I>0$（$u_{I+}>u_{I-}$）时，$u_O=+U_{om}$；当 $u_I<0$（$u_{I+}<u_{I-}$）时，$u_O=-U_{om}$，其中 $u_{I+}=u_{I-}$是输出$\pm U_{om}$的转折点。

4.5.1 单限电压比较器

当集成运放工作在开环状态时，只有一个门限电压的比较称为单限电压比较器。它分为非零比较器、过零比较器和限幅比较器 3 类。

1. 非零比较器

如图 4-46（a）、（b）所示，两个进行比较的电压信号（基准电压 U_R 和外输入比较电压

u_I）与集成运放的输入端有两种连接方式，即反相输入型和同相输入型。基准电压 U_R 在数值上可正可负也可为零，即可为任意值。集成运放处在开环状态，由于此时电压放大倍数极大，因而输入端之间只要有微小电压，集成运放便进入非线性工作区域，输出电压 u_O 达到最大值 U_{om}。

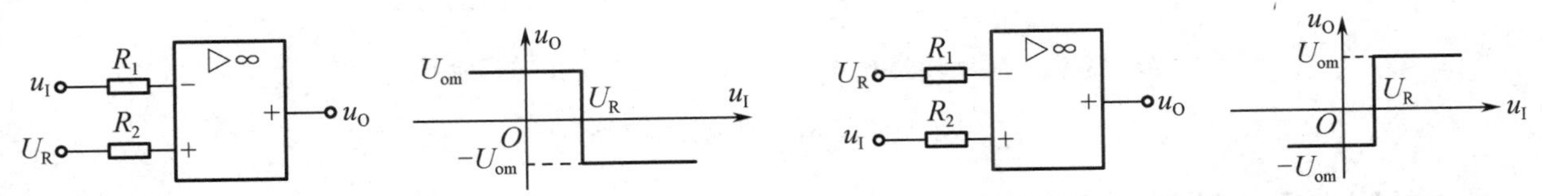

（a）反相输入非零比较器电路和电压传输特性　　（b）同相输入非零比较器电路和电压传输特性

图 4-46　非零比较器

在图 4-46（a）中，当 $u_I<U_R$ 时，$u_O=U_{om}$；当 $u_I>U_R$ 时，$u_O=-U_{om}$。在图 4-46（b）中，当 $u_I<U_R$ 时，$u_O=-U_{om}$；当 $u_I>U_R$ 时，$u_O=U_{om}$。输出电压与输入电压的关系见它们的电压传输特性图。

2．过零比较器

当基准电压 $U_R=0$ 时，输入电压 u_I 与零电位进行比较称为过零比较器。图 4-47（a）、（b）所示分别为反相输入型过零比较器的电路和电压传输特性。过零比较器是非零比较器的特例。图 4-48 给出了反相输入型过零比较器把正弦波变换为矩形波的应用。当输入正弦波 $u_i<0$ 时，$u_o=U_{om}$；当 $u_i>0$ 时，$u_o=-U_{om}$，因此，输出的方波 u_o 与输入 u_i 同频率，但相位相反。如果输入正弦波 u_i 不变，将比较器换成非零比较器，则输出就为矩形波了。

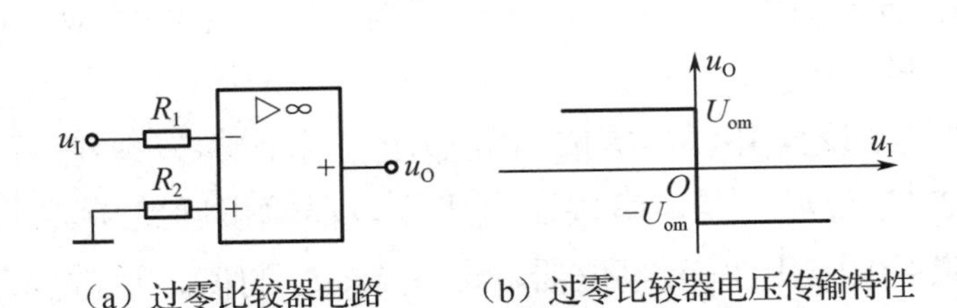

（a）过零比较器电路　　（b）过零比较器电压传输特性

图 4-47　反相输入型过零比较器

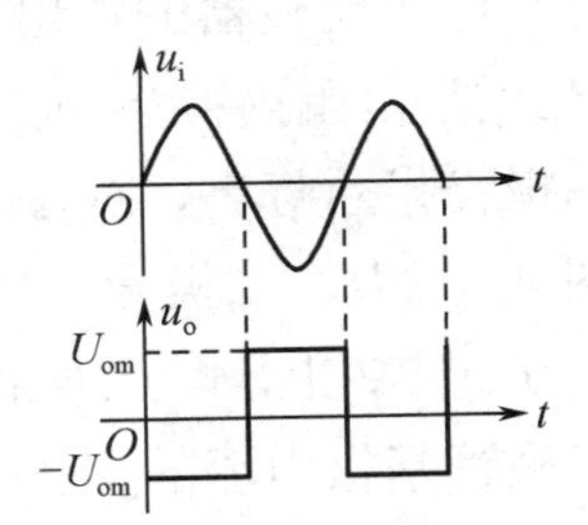

图 4-48　过零比较器波形变换原理

3．限幅比较器

在电压比较器的输出端加接稳压二极管限幅电路，就构成了限幅比较器。

图 4-49 所示为单向限幅比较器。设稳压二极管的稳定电压为 U_Z，忽略正向导通电压，则当 $u_I>U_R$ 时，稳压二极管正向导通，$u_O=0$；当 $u_I<U_R$ 时，稳压二极管反向击穿，$u_O=U_Z$。

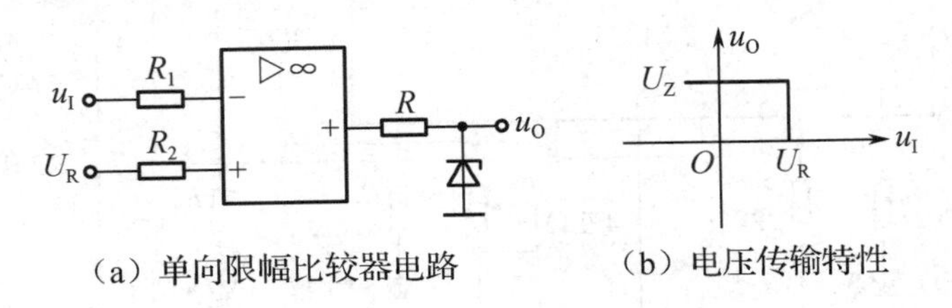

（a）单向限幅比较器电路　　（b）电压传输特性

图 4-49　单向限幅比较器

图 4-50 所示为双向限幅比较器。设稳压二极管的稳定电压为 U_Z，忽略正向导通电压，

则当 $u_I>U_R$ 时，稳压二极管反向击穿，$u_O=-U_Z$；当 $u_I<U_R$ 时，稳压二极管正向击穿，$u_O=+U_Z$。

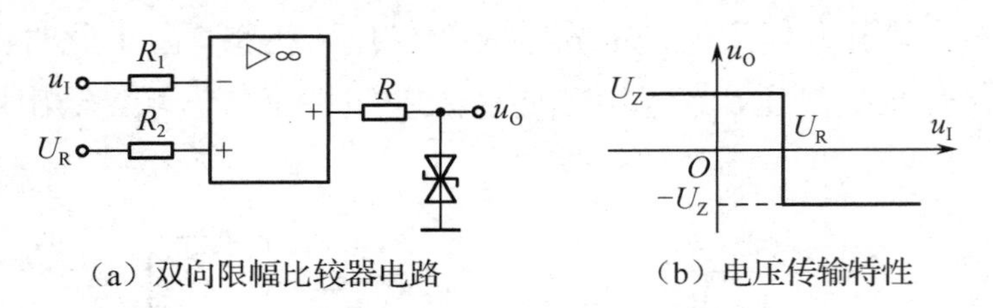

（a）双向限幅比较器电路　（b）电压传输特性

图 4-50　双向限幅比较器

4. 单限电压比较器应用实例

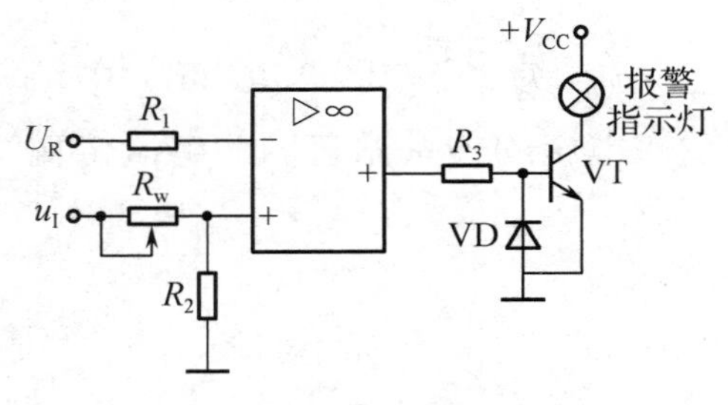

图 4-51　监控报警电路

【例 16】 分析监控报警电路的工作原理。

当需要对某一参数（如封闭容器的压力、温度等）进行实时监控时，可采用如图 4-51 所示的监控报警电路。其中，u_I 为通过传感器取得反映参数变化的监控信号，U_R 为基准电压信号，当 u_I 超过报警门限电压时，报警指示灯亮。

【解答】 报警指示灯的亮灭取决于三极管是否导通，三极管是否导通取决于电压比较器的输出，电压比较器的输出取决于 u_I 是否超过报警门限电压。

在图 4-51 中，$u_{I-}=U_R$，u_{I+} 由 R_w、R_2 的分压决定，即报警门限电压 $u_{I+}=u_I\dfrac{R_2}{R_w+R_2}$。当 $u_{I+}<U_R$ 时，电压比较器的输出为 $-U_{om}$，三极管因发射结反偏而截止，此时报警指示灯熄灭，说明 u_I 在正常范围内；当 $u_{I+}>U_R$ 时，电压比较器的输出为 $+U_{om}$，三极管因发射结正偏而饱和导通，报警指示灯亮，提示 u_I 已超过报警门限电压。

在图 4-51 中，二极管 VD 与三极管的发射结反向并联，集成运放输出 $-U_{om}$ 时将发射结电压钳位在−0.7V 上，防止发射结反向击穿；R_3 是限流电阻，串接在电压比较器输出回路中，起限制三极管基极电流的保护作用；R_w 为报警门限电压调节电位器，即调节 R_w 的值，可改变电压比较器的报警门限电压。

【例 17】 电平指示也是电压比较器的一个典型应用，试分析如图 4-52 所示的由 LM324 组成的电平指示器电路的工作原理。

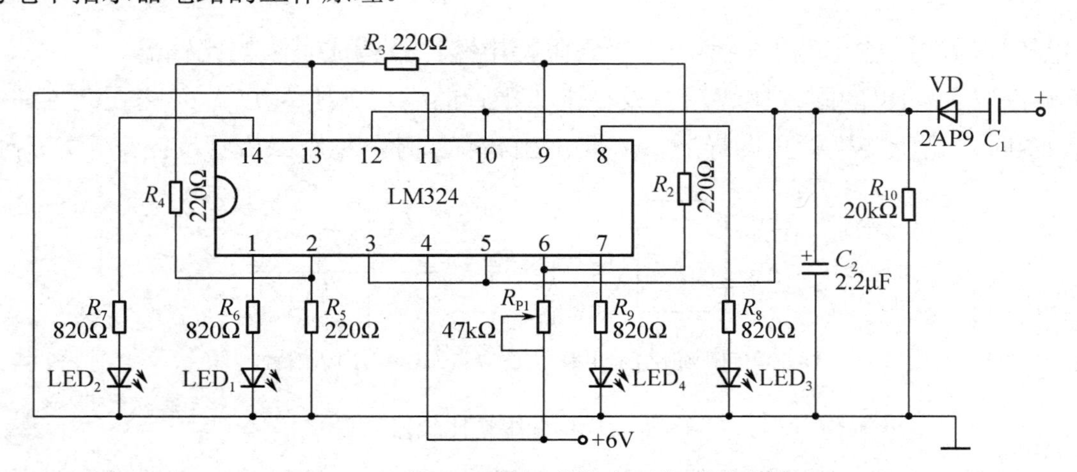

图 4-52　由 LM324 组成的电平指示器电路

【解答】 LM324 是四运放集成电路，其引脚功能可参阅图 4-15（c）。

从图 4-52 中可见，4 组集成运放的同相输入端连接于由 VD、R_{10}、C_2 组成的音频整流电路的输出端，作为比较电压（u_I）；4 组集成运放的反相输入端经电阻分压网络 R_{P1} 与 R_2、R_3、R_4、R_5 分别分压后得到量值不等的基准电压（U_R）；电压比较的结果由 4 组集成运放的输出端分别通过限流电阻 R_9、R_8、R_7、R_6 接发光二极管 LED_4、LED_3、LED_2、LED_1，通过发光二极管的亮灭来显示 4 组电压比较的结果。

在无信号输入时，4 组集成运放的同相输入端皆为零电平，因为反相输入端皆为正电位，所以各集成运放输出低电平，因此 LED_1～LED_4 均不发光。在有信号输入时，经整流后的对地电压（电位）若高于 2 脚电位，则 1 脚的发光二极管 LED_1 发光。若同相输入端的电位不断升高且都高于相应集成运放反相输入端的电位，则 4 个发光二极管 LED_1～LED_4 将相继全部发光。因此，随着音频信号强弱的变化，电路中发光二极管的个数和亮度也随之变化。

R_{P1} 为 4 组电压比较器的门限电压调节电位器，调节其值，可调整音频信号控制发光二极管发光的起控电平。起控电平越低，发光二极管总导通时间越长，闪烁感及总亮度也随之增强。

4.5.2　滞回电压比较器

当集成运放工作在正反馈状态时，有两个门限电压，因而电压传输就呈现出滞回特性，我们把这种电压比较器称为滞回电压比较器（也称施密特触发器），分为反相型和同相型两类。

1．反相型滞回电压比较器

反相型滞回电压比较器的电路和电压传输特性分别如图 4-53（a）、（b）所示，引入的反馈类型为电压串联正反馈，电路的工作原理如下。

设比较器的初始状态为 u_O=+U_{om}，此时，同相输入端的第一个门限电压为

$$U_{T+}=\frac{R_2}{R_2+R_f}u_O=\frac{R_2}{R_2+R_f}U_{om}$$

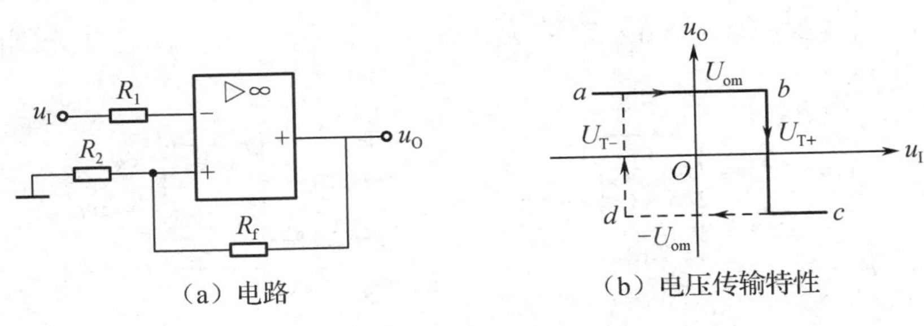

（a）电路　　（b）电压传输特性

图 4-53　反相型滞回电压比较器

当 u_I 由低向高变化直至 u_I>U_{T+}时，比较器的输出电压 u_O 由+U_{om} 跳变至−U_{om}，此时，同相输入端的第二个门限电压为

$$U_{T-}=\frac{R_2}{R_2+R_f}u_O=-\frac{R_2}{R_2+R_f}U_{om}$$

当 u_I 由高向低变化直至 u_I<U_{T-}时，比较器的输出电压 u_O 由−U_{om} 跳变至+U_{om}，此时，同相输入端的电压又变为 U_{T+}。

根据分析结果，可画出如图 4-53（b）所示的具有滞回特点的电压传输特性曲线。可见，

当 $u_I > U_{T+}$ 时，$u_O = -U_{om}$；当 $u_I < U_{T-}$ 时，$u_O = +U_{om}$；当 $U_{T-} < u_I < U_{T+}$ 时，u_O 保持之前的状态不变。由于 u_I 由滞回电压比较器的反相输入端输入，故名反相型滞回电压比较器。

由于 $U_{T+} > U_{T-}$，因此，U_{T+} 称为上门限电压，U_{T-} 称为下门限电压，两者的差值称为回差电压，用 ΔU_T 表示，即

$$\Delta U_T = U_{T+} - U_{T-} = \frac{2R_2}{R_2 + R_f} U_{om}$$

2. 同相型滞回电压比较器

同相型滞回电压比较器的电路和电压传输特性分别如图 4-54（a）、（b）所示，引入的反馈类型为电压并联正反馈，电路的分析方法和过程同反相型滞回电压比较器一致，此处不再赘述。

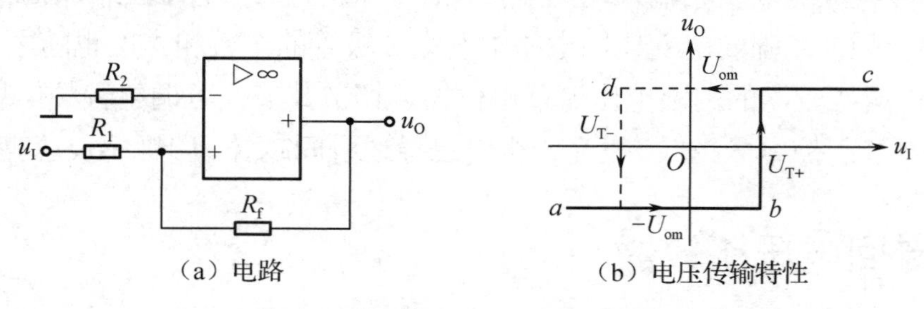

（a）电路　　（b）电压传输特性

图 4-54　同相型滞回电压比较器

相比于单限电压比较器，滞回电压比较器具有以下两个优点。

（1）引入正反馈后能加速输出电压的转变过程，改善跳变时的输出电压波形。

（2）提高了电路的抗干扰能力。由于回差电压的存在，输出电压 u_O 一旦转变为 $+U_{om}$ 或 $-U_{om}$ 后，集成运放同相输入端的电压 u_{I+} 随即自动变化，因此，输入电压 u_I 必须有较大的反向变化才能使输出电压 u_O 转变，故要求 u_I 必须有足够的幅度。

当过零比较器应用于波形变换时，其抗干扰能力是很差的。而滞回电压比较器用于波形变换则具有良好的抗干扰性能，且回差电压越高，抗干扰性能越好。

【例 18】 由理想集成运放构成的电压比较器如图 4-55 所示。已知集成运放的饱和输出电压 $U_{om} = \pm 10\text{V}$，图 4-55（c）、（d）中的 $R_1 = R_f$。基准电压 $U_R = 2\text{V}$，试分别画出各电路的输出电压传输特性曲线。

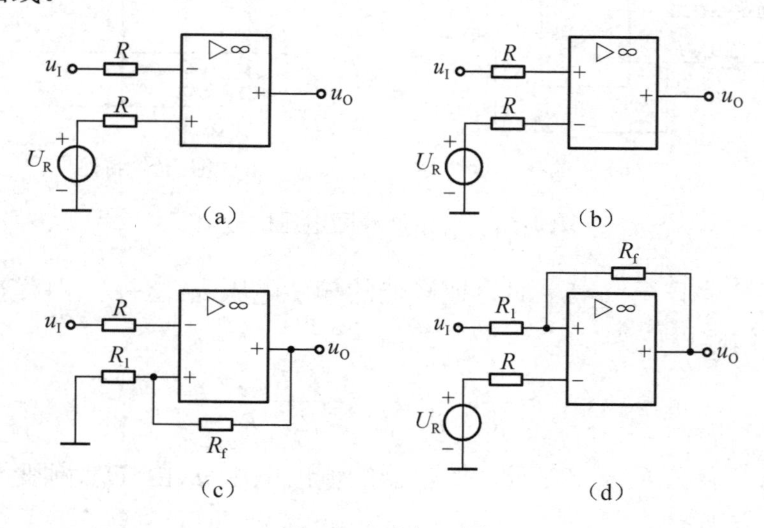

（a）　（b）　（c）　（d）

图 4-55　例 18 图

【解答】 图4-55（a）、（b）所示均为单限电压比较器。其中，图4-55（a）所示为反相型，图4-55（b）所示为同相型，门限电压均为2V。

图4-55（c）所示为反相型滞回电压比较器，当$u_I>U_{T+}$时，$u_O=-U_{om}$；当$u_I<U_{T-}$时，$u_O=+U_{om}$。两个门限电压分别为$U_T=\pm U_{om}\dfrac{R_1}{R_1+R_f}=\dfrac{\pm 10V}{2}=\pm 5V$，即$U_{T+}=5V$，$U_{T-}=-5V$。

图4-55（d）所示为同相型滞回电压比较器，当$u_I>U_{T+}$时，$u_O=+U_{om}$；当$u_I<U_{T-}$时，$u_O=-U_{om}$，但两个门限电压必须重新计算。画出$u_O=\pm U_{om}$时计算门限电压的等效电路，如图4-56所示。

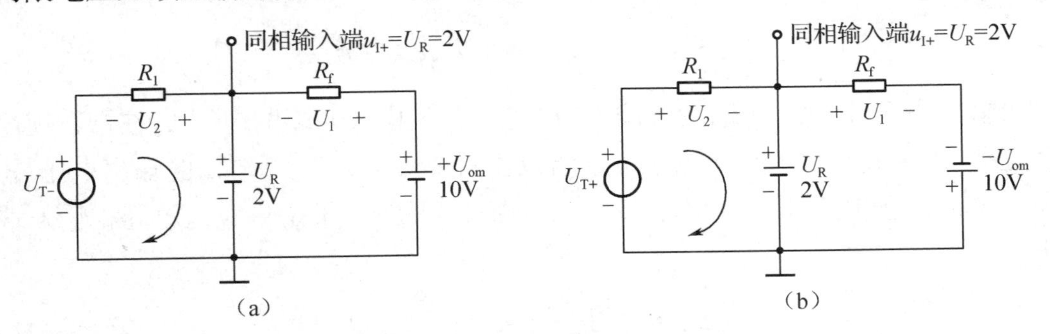

图4-56　例18计算门限电压的等效电路

在图4-56（a）中，$U_2=U_1=8V$，因此$U_{T-}=-U_2+U_R=(-8+2)V=-6V$；在图4-56（b）中，$U_2=U_1=12V$，因此$U_{T+}=U_2+U_R=(12+2)V=14V$。

分别画出各电路的输出电压传输特性曲线，如图4-57所示。

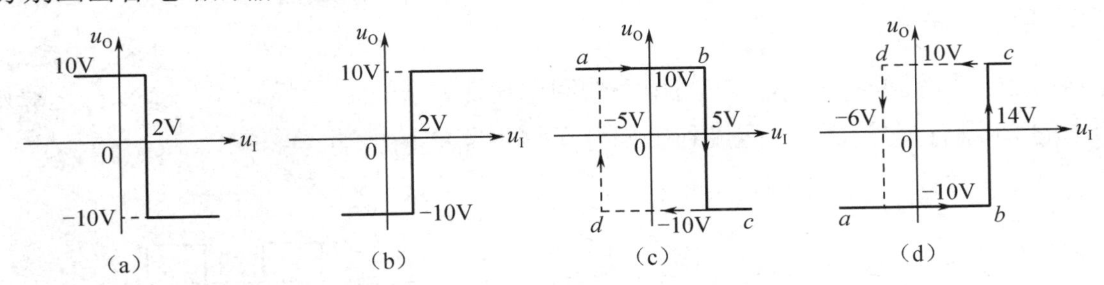

图4-57　各电路的输出电压传输特性曲线

4.5.3　非正弦波发生器

1. 方波发生器

方波发生器是一种能够直接产生方波或矩形波的非正弦波发生器。由于方波或矩形波包含极其丰富的谐波，因此这种电路又称为多谐振荡器。

电路组成：如图4-58所示，它在滞回电压比较器的基础上增加了由R_f、C组成的积分运算电路，把输出电压经R_f、C反馈到比较器的反相输入端，反馈类型为电压串联正反馈。其中，VZ是双向稳压二极管，起限制输出电压幅值的作用；R_3是VZ的限流电阻。

电路工作原理：设t=0时电容上的电压u_c=0，滞回电压比较器的输出电压$u_o=+U_{om}$，则集成运放同相输入端的电压为

$$U_{T+}=\frac{R_1}{R_1+R_2}u_o=\frac{R_1}{R_1+R_2}U_Z$$

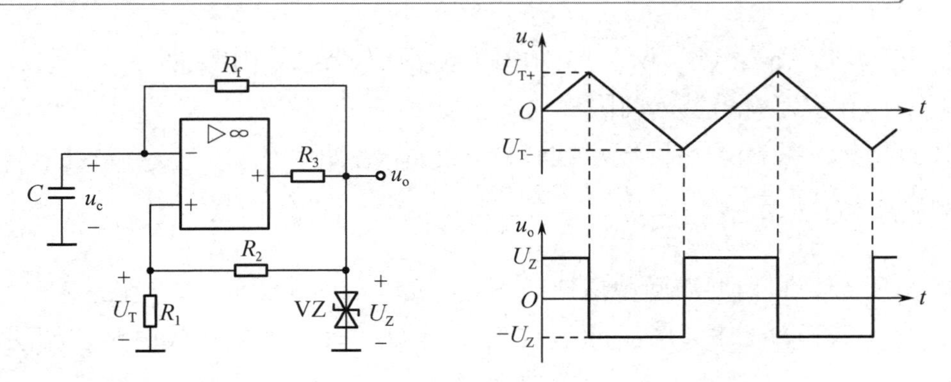

图 4-58 双向限幅的方波发生器

此时，输出电压 u_o 通过电阻 R_f 向电容 C 充电，使电容两端的电压 u_c 按指数规律上升。由于电容 C 接在集成运放的反相输入端，所以，只要 $u_c<U_{T+}$，比较器的输出电压 u_o 就仍维持为$+U_Z$。一旦 u_c 上升至 $u_c>U_{T+}$，u_o 即由$+U_Z$ 跳变至$-U_Z$，于是集成运放同相输入端的电压立即变为

$$U_{T-}=\frac{R_1}{R_1+R_2}u_o=-\frac{R_1}{R_1+R_2}U_Z$$

输出电压 u_o 变为$-U_Z$ 后，电容 C 通过电阻 R_f 放电，使电容两端的电压 u_c 按指数规律下降。u_c 下降到零后，电容 C 反方向充电，直至 $u_c<U_{T-}$，比较器的输出电压 u_o 又立即由$-U_Z$ 跳变至$+U_Z$。如此周而复始，便在输出端得到方波电压，在电容两端得到三角波电压。

2. 三角波发生器

电路组成：如图 4-59 所示，在同相型滞回电压比较器的输出端接了一个积分运算电路，比较器中的 R_1 没有直接接地，而接到了积分运算电路的输出端。

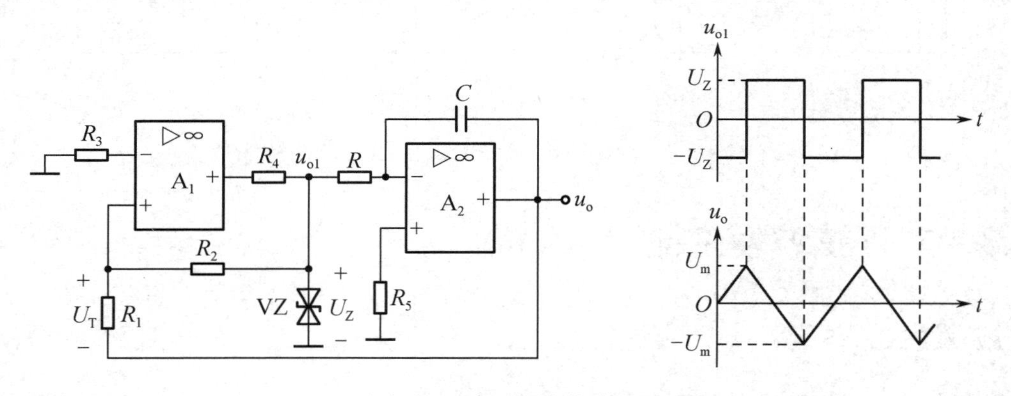

图 4-59 三角波发生器

电路工作原理：由于“虚断”，集成运放 A_1 反相输入端的电位为零，而同相输入端的对地电压 U_T 同时与比较器的输出电压 u_{o1} 和积分运算电路的输出电压 u_o 有关，根据叠加原理，可得

$$U_T=\frac{R_1}{R_1+R_2}u_{o1}+\frac{R_2}{R_1+R_2}u_o$$

设 $t=0$ 时比较器的输出电压 $u_{o1}=-U_Z$，积分运算电路的输出电压 $u_o=0$，根据上式可知 $U_T<0$。此后，u_o 将随时间按线性规律上升，U_T 也随时间按线性规律上升，当上升到 $U_T=0$ 时，u_{o1} 即由$-U_Z$ 跳变至$+U_Z$，同时 U_T 跳变为一个正值。在此之后，u_o 将随时间按线性规律下降，使

U_T也随时间按线性规律下降，当下降到 U_T=0 时，u_{o1}又由+U_Z跳变至−U_Z，同时 U_T跳变为一个负值。重复以上过程，在比较器的输出端得到的电压 u_{o1}为方波，在积分运算电路的输出端得到的电压 u_o为三角波，其中三角波电压 u_o的幅度为$U_m = \frac{R_1}{R_2}U_Z$。

知识小结

（1）集成运放工作在非线性区的条件是开环或正反馈。集成运放非线性应用电路有电压比较器和非正弦波发生器。电压比较器广泛应用在模/数转换接口、电平检测及波形变换等领域。

（2）集成运放工作在开环状态下为单限电压比较器，分为非零比较器、过零比较器和限幅比较器 3 类。

（3）集成运放工作在正反馈状态下为滞回电压比较器，分为反相型和同相型两类。

（4）非正弦波发生器的核心是滞回电压比较器，常见的有方波发生器和三角波发生器。

4.6　集成运放使用常识

4.6.1　集成运放的保护措施

集成运放在使用中常因以下 3 种原因被损坏：输入信号过大，使 PN 结击穿；电源电压极性接反或过高；输出端直接接地或接电源。此时，集成运放将因输出级功耗过高而损坏。因此，为使集成运放安全工作，也需要从这 3 方面进行保护。

1. 输入端限幅保护

利用二极管的限幅作用可以对输入信号的幅度加以限制，可有效防止因输入信号幅度过大造成集成运放的输入级击穿而损坏。图 4-60（a）所示为防止差模电压过高（反相输入时）的保护电路，限制集成运放两个输入端之间的差模输入电压不超过二极管 VD_1、VD_2的正向导通电压。图 4-60（b）所示为防止共模电压过高（同相输入时）的保护电路，限制集成运放的共模输入电压不超过+V_{CC}至−V_{CC}的范围。

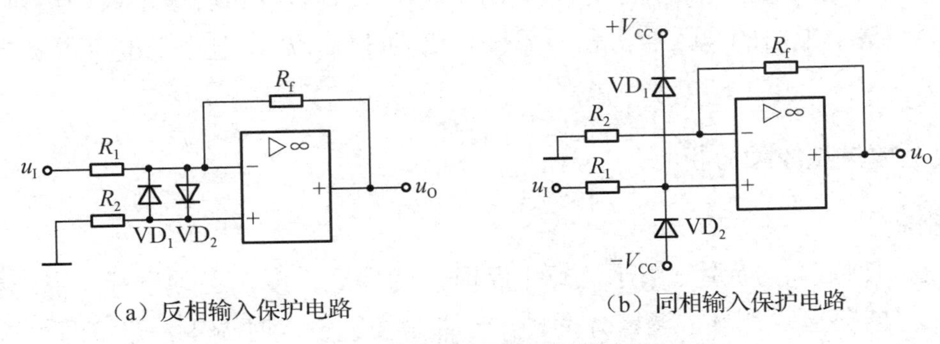

（a）反相输入保护电路　　（b）同相输入保护电路

图 4-60　输入端限幅保护电路

2．输出端限幅保护

图 4-61 所示为输出端限幅保护电路。在实际应用时，稳压二极管的稳压值应略高于集成运放的输出电压的最大值，否则将影响集成运放的正常工作。限流电阻 R 与稳压二极管 VZ_1、VZ_2 构成限幅电路，一方面将负载与集成运放输出端隔离开来，限制集成运放的输出电流；另一方面限制输出电压的幅值。当然，任何保护措施都是有限度的，若将输出端直接接电源，则会损坏稳压二极管。

3．电源极性接反保护

为防止电源极性接反，可利用二极管的单向导电性，在电源端串接二极管来实现保护功能，如图 4-62 所示。可见，若电源极性接反，则二极管 VD_1、VD_2 均不能导通，电源被断开，从而起到保护作用。

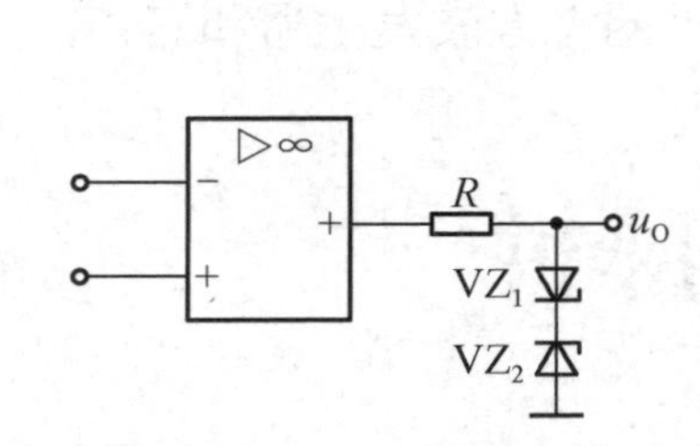

图 4-61　输出端限幅保护电路

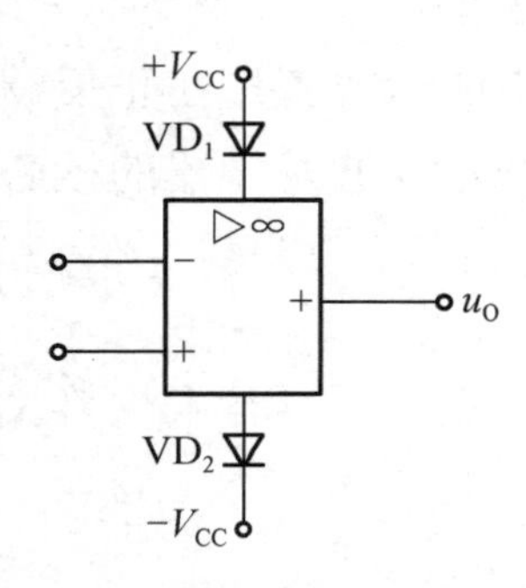

图 4-62　电源极性接反保护电路

4.6.2　集成运放的选择和常见故障

1．选用元器件

我们通常是根据实际要求来选用集成运放的。例如，测量放大器的输入信号微弱，它的第一级应选用大输入电阻、高共模抑制比、大开环电压放大倍数、低失调电压及低温度漂移的集成运放。选好后，根据引脚图和符号图连接外部电路，包括电源、外接偏置电阻、消振电路及调零电路等。

2．扩大输出电流的应用电路

当集成运放的输出电流不足以驱动负载时，可在集成运放的后级接入一级射极跟随器以扩大输出电流，整个电路的电压放大倍数不变，仍为$(1+R_f)/R_1$，但输出电流得到极大的拓展，如图 4-63 所示。

3．集成运放常见故障分析

（1）不能调零。

集成运放在使用时，特别是用于运算电路时，为保证精度，必须进行零点调整，简称调零。调零时应将电路接成闭环。调零分两种，一种是在无输入时调零，即将两个输入端接地，调节调零电位器，使输出电压为零，如图 4-64 所示；另一种是在有输入时调零，即按已知输

入信号电压计算输出电压，将实际值调整到计算值。值得一提的是，目前许多集成运放产品在使用时已无须调零。

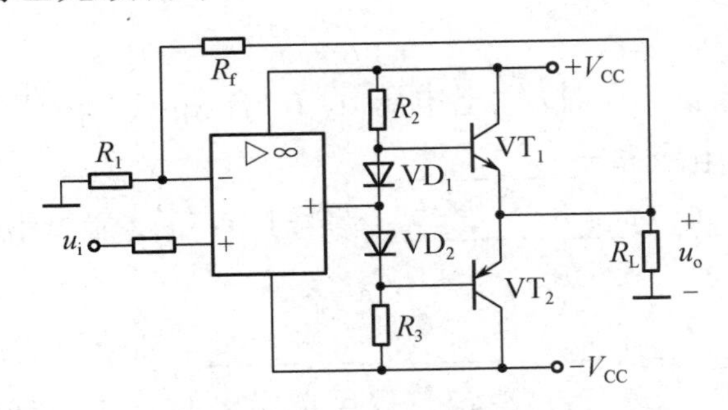

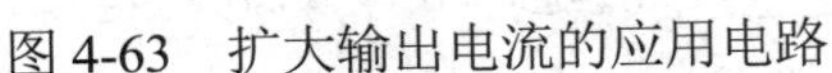
图 4-63　扩大输出电流的应用电路

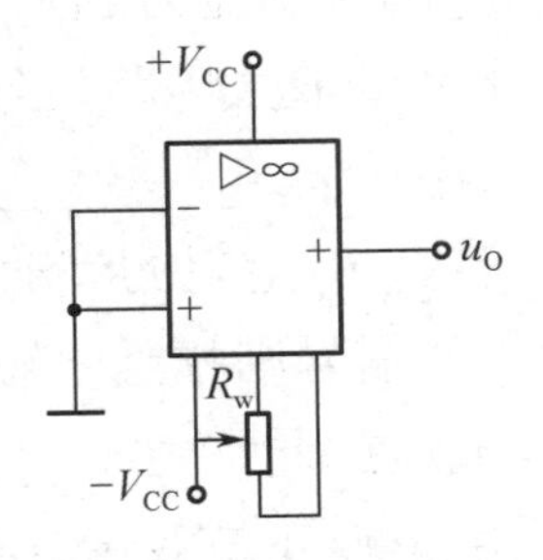

图 4-64　集成运放的无输入调零

引起不能调零这种故障的原因是输出电压处于极限状态，或者接近于正电源，或者接近于负电源。如果这是开环调试，则属正常情况。当接成闭环后，若输出电压仍为某一极限值，调零也不起作用，则可能是由接线错误、电路上有虚焊点或集成运放组件损坏引起的。

（2）阻塞。

阻塞现象是指集成运放工作于闭环状态下，输出电压接近于正电源或负电源电压极限值，不能调零，信号无法输入。引起阻塞的原因是输入信号过大或干扰信号过强，使集成运放内的某些管子进入饱和或截止状态。排除阻塞故障的方法是断开电源后重新接通，或者将两个输入端短接一下。

（3）自激。

自激会造成集成运放工作不稳定，尤其在人体或金属物靠近它时，其不稳定性会加剧。引起自激的原因通常是 RC 补偿元器件参数不恰当，输出端有容性负载或接线太长等。通常的解决方法是外接 RC 消振电路或消振电容，通过破坏产生自激振荡的条件来排除自激故障。可重新调整 RC 补偿元器件参数，加强正、负电源退耦合或在反馈电阻两端并联电容等。值得一提的是，由于目前的大部分集成运放内部已设置了消振电路，所以已不需要外加补偿网络。

知识小结

（1）集成运放的保护类型有输入端限幅保护、输出端限幅保护、电源极性接反保护。

（2）不能调零、阻塞、自激是集成运放的常见故障。

4.7　直接耦合放大器和集成运算放大器同步练习题

一、填空题

1．用来放大____________________的放大器称为直流放大器。

2．三极管由于在长期工作过程中受外界__________及__________不稳定的影响，即使在输入信号为零时，放大电路输出端仍有缓慢的信号输出，这种现象称为__________漂移。克服

__________漂移的最有效的电路是_________放大电路。

3．已知某差动放大电路的 $A_{u_d}=100$、$K_{CMR}=60dB$，电路中的 K_{CMR} 越大，说明电路对___________的抑制能力越强。

4．对于差动放大电路，当两个输入信号 $u_{i1}=u_{i2}$ 时，输出电压 $u_o=0$；若 $u_{i1}=100\mu V$，$u_{i2}=80\mu V$ 则差模输入电压 $u_{id}=$__________，共模输入电压 $u_{ic}=$__________。

5．在带有 R_e 电阻的差动放大电路中，R_e 对_____________信号具有负反馈作用，而对____________信号则相当于短路。

6．集成运放通常由_________、_________、_________和_________4 部分组成。

7．采用单端还是双端方式输入由______________决定，采用单端还是双端方式输出由_________决定。

8．反映集成运放输入级对称性好坏的参数是_____________，它是衡量差动放大电路性能优劣的指标。

9．理想集成运放差模输入电阻为__________，开环差模电压放大倍数为__________，输出电阻为________。

10．理想集成运放工作在线性区时有两个重要特点：一是差模输入电压__________，称为_________；二是输入电流几乎__________，称为__________。

11．反相型线性集成运放适合放大_____________信号，同相型线性集成运放适合放大_________信号。

12．集成运放工作在线性区的必要条件是__________。

13．集成运放工作在非线性区的必要条件是_____________，特点是：______________；________________。

14．分别从“同相”“反相”中选词填空。

在_________比例运算电路中，集成运放的反相输入端为“虚地”点；而在__________比例运算电路中，集成运放的两个输入端的对地电压基本上等于输入电压。__________比例运算电路的输入电阻 R_i 很大；而_________比例运算电路的输入电阻很小，$R_i=R_1$。__________比例运算电路的输入电流基本上等于流过反馈电阻的电流，而___________比例运算电路的输入电流几乎为零。流过_____________求和电路反馈电阻的电流等于各输入电流的代数和。_________比例运算电路的特例是电压跟随器，具有输入电阻大和输出电阻小的特点，常用作缓冲器。

15．如图 4-65 所示，输入电压 $u_I=2V$，输出电压 u_O 等于_________。

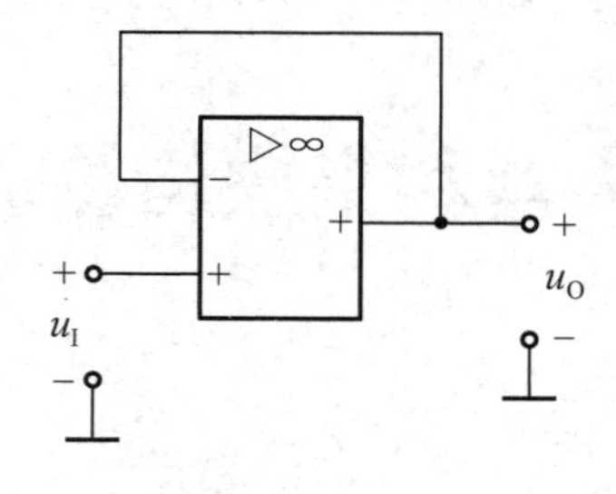

图 4-65　填空题 15 图

16．如果理想集成运放的同相输入端与反相输入端的电位不相等，则说明它工作在_________区。

二、判断题

题号	1	2	3	4	5	6	7	8	9	10	11	12	13	14	15	16
答案																

1．有源负载可以增大放大电路的输出电流。

2．直接耦合放大电路的零漂很小，因此应用很广泛。

3．差动放大电路单端输出时主要靠电路的对称性来抑制零漂。

4．共模信号和差模信号都是电路传输与放大的有用信号。

5．差动放大电路只能放大交流信号。

6．对差动放大电路而言，差模信号是有用信号，而共模信号则是要抑制的。

7．双端输入–双端输出差动放大电路中的发射极电阻 R_e 对差模信号具有负反馈作用。

8．直流放大器只能放大缓慢的直流信号。

9．集成运放电路要完成运算功能必须引入深度负反馈。

10．如果两点并未真正连接，但具有相同的电位，则称为“虚短”。

11．与反相比例运算电路相比，同相比例运算电路有较大的共模输入信号。

12．集成运放工作在开环状态下，输入与输出之间存在线性关系。

13．理想集成运放组成的基本运算电路的反相输入端和同相输入端之间的电压为零，这称为“虚短”；集成运放的两个输入端的电流为零，这称为“虚断”。

14．只要是工作在线性区的集成运放，就能用“虚地”概念来分析。

15．如果一个单限电压比较器和一个滞回电压比较器的两个门限电压中的一个相同，那么当它们的输入电压相同时，它们的输出电压波形也相同。

16．负反馈放大电路的闭环增益可以利用“虚短”和“虚断”的概念求出。

三、单项选择题

1．差模输入信号是两个输入信号的（　　）。

A．和　　B．差　　C．比值　　D．算术平均值

2．一个单端输出的差动放大器，要提高其共模抑制比，方法是（　　）。

A．尽量使管子参数对称　　B．尽量使电路参数对称

C．增大共模负反馈电阻 R_e　　D．减小共模负反馈电阻 R_e

3．已知某差动放大电路的差模电压放大倍数为 100、共模电压放大倍数为 2，则共模抑制比 K_{CMR} 为（　　）。

A．100　　B．50　　C．1/50　　D．1/100

4．在差动放大电路中，所谓共模信号，就是指两个输入信号的电压（　　）。

A．大小相等、极性相反　　B．大小相等、极性相同

C．大小不等、极性相同　　D．大小不等、极性相反

5．单端输出差动放大电路的差模电压放大倍数应（　　）。

A．与单管放大电路的电压放大倍数相等

B．是单管放大电路电压放大倍数的一半

C．与双端输出差动放大电路的电压放大倍数相等

D．是单管放大电路电压放大倍数的 2 倍

6．差动放大电路是为了（　　）而设置的，它主要利用电路的对称性（互相抵消）来实现。

A．稳定增益　　B．增大输入电阻

C．克服零漂　　D．扩展频带

7．共模抑制比是差动放大电路的一个主要技术指标，反映放大电路（　　）。

A．放大差模信号、抑制共模信号的能力

B．输入电阻大　　C．输出电阻小

8．集成运放能处理（　　）。

A．直流信号　　B．交流信号

C．交流信号和直流信号　　D．不能确定

9．国产集成运放有 3 种封装外形，目前国内应用最多的是（　　）。

A．扁平式　　B．圆壳式　　C．双列直插式　　D．不能确定

10．集成运放输出级的主要特点是（　　）。

A．输出电阻小，带负载能力强　　B．能抑制零漂

C．电压放大倍数非常大

11．集成电路按功能可分为两种，即（　　）。

A．模拟集成电路和固定组件

B．数字集成电路和电路组件

C．模拟集成电路和数字集成电路

D．固定组件和电路组件

12．集成运放的参数“输入失调电压U_{IO}”是指（　　）。

A．使输入电压为零时的输出电压

B．使输出电压为零时在输入端应加的补偿电压

C．使输出电压出现失真时的输入电压

D．使输出电压饱和时的临界输入电压

13．集成运放组成（　　）输入放大器的输入电流几乎等于零。

A．同相　　B．反相　　C．差动　　D．以上 3 种都不行

14．输出量与若干输入量之和成比例的电路称为（　　）。

A．加法运算电路　　B．减法运算电路

C．积分运算电路　　D．微分运算电路

15．在加法器中，$R_1=R_f=R_2=R_3=10\text{k}\Omega$，输入电压 $u_{I1}=10\text{mV}$，$u_{I2}=30\text{mV}$，$u_{I3}=60\text{mV}$，输出电压为（　　）。

A．60mV　　B．−100mV　　C．10mV　　D．−60mV

16．判断如图 4-66 所示的电路中的负反馈的类型为（　　）负反馈。

A．电压串联　　B．电压并联　　C．电流串联　　D．电流并联

17．判断如图 4-67 所示的电路中的 R_f 引入的级间反馈类型为（　　）负反馈。

A．电压串联　　B．电压并联　　C．电流串联　　D．电流并联

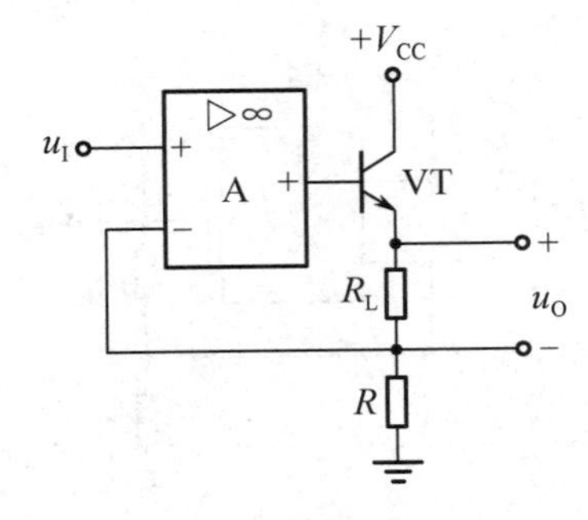

图 4-66　单项选择题 16 图

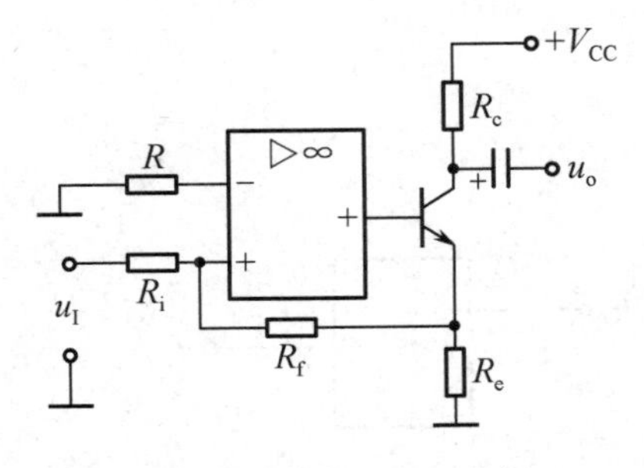

图 4-67　单项选择题 17 图

18．在图 4-68 中，属于交直流负反馈的是（　　）。

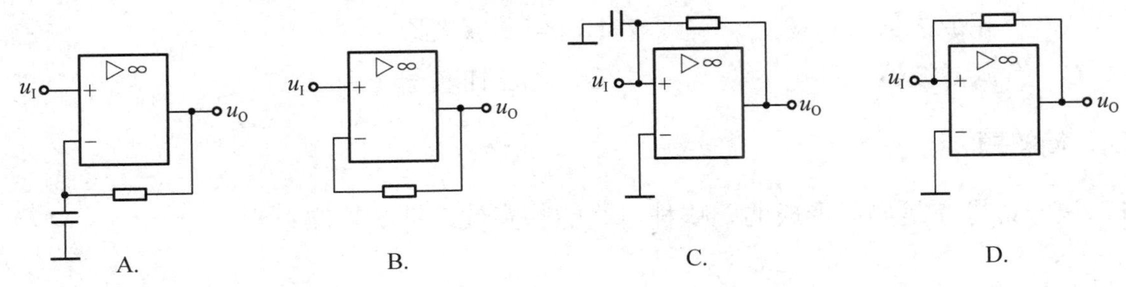

图 4-68　单项选择题 18 图

19．在图 4-69 中，带阻滤波器对应的幅频特性为（　　）。

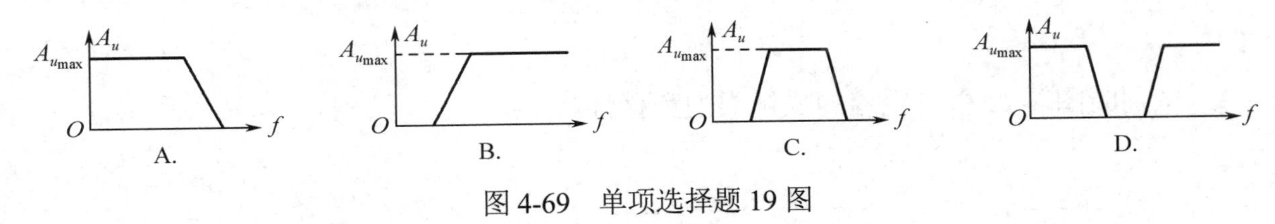

图 4-69　单项选择题 19 图

20．要对正弦信号产生 100 倍的线性放大，应选用（　　）运算电路。

A．比例　　B．加减　　C．积分　　D．微分

21．集成运放存在失调电压和失调电流，因此，在小信号高精度直流放大电路中，必须进行（　　）操作。

A．“虚地”　　B．“虚短”　　C．“虚断”　　D．调零

22．当集成运放接成电压跟随器时，电路反馈形式应为（　　）。

A．电压串联负反馈　　B．电压并联负反馈

C．电流串联负反馈　　D．电流并联负反馈

23．在反相比例运算电路中，下列说法错误的是（　　）。

A．$u_{I+}=0$　　B．$u_{I-}=0$

C．共模输入 $u_{IC}=0$　　D．差模输出 $u_O=0$

24．图 4-70 所示为集成运放，其中输入电压 u_{I+}与输出电压 u_O 的相位关系为（　　）。

A．同相　　B．反相　　C．相位差为 90°　　D．相位差为 45°

25．在图 4-71 中，已知稳压二极管 VZ 的稳定电压为 5V，设正向压降为零，集成运放的饱和电压为±12V，$R_1=R_2=R_3$，则输出电压 u_O 应为（　　）。

A．5V　　B．10V　　C．−5V　　D．无法确定

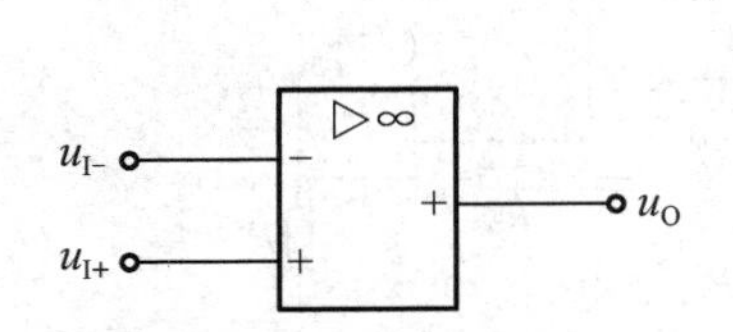

图 4-70　单项选择题 24 图

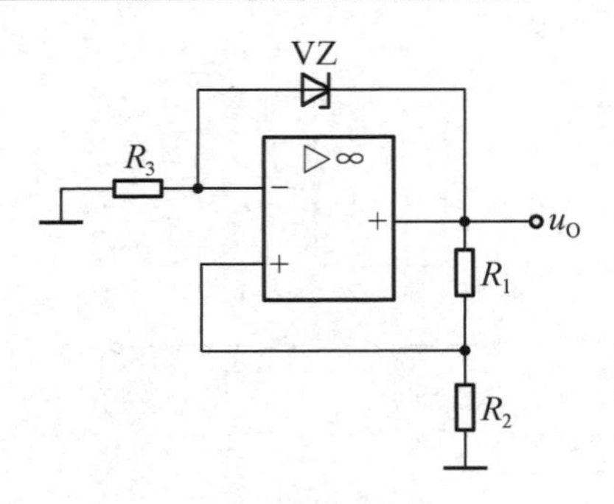

图 4-71　单项选择题 25 图

26．在由集成运放组成的电路中，集成运放工作在非线性状态的电路是（　　）。

A．反相放大器　　　　B．差动放大器

C．有源滤波器　　　　D．电压比较器

四、简答题

1．说一说零漂是如何形成的？哪种电路能够有效地抑制零漂？

2．理想集成运放有哪些特点？什么是“虚断”和“虚短”？

3．试判断图 4-72 中各电路的反馈类型和极性。

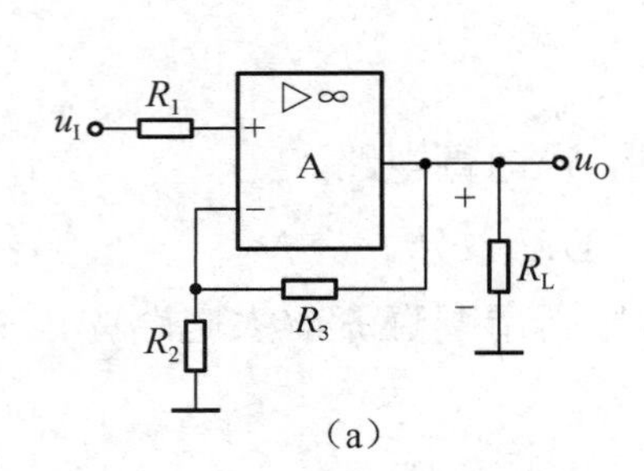

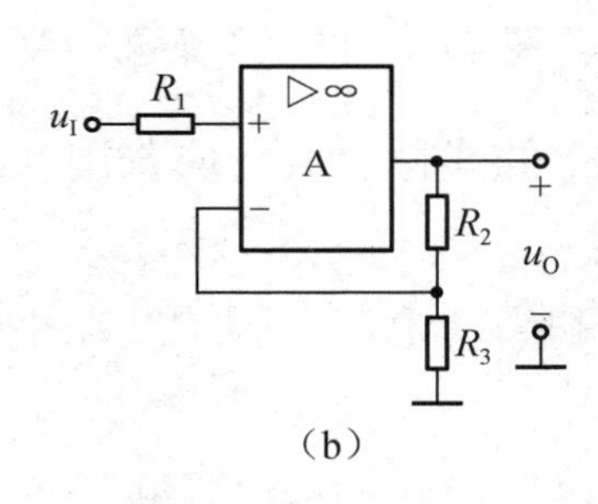

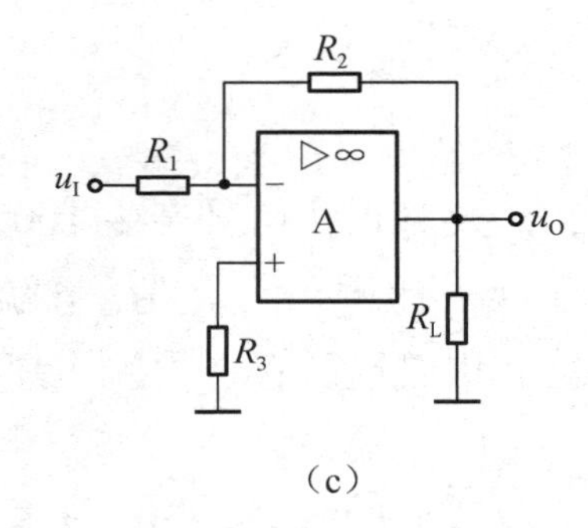

图 4-72　简答题 3 图

4．反馈放大电路如图 4-73 所示，试判断各电路中反馈的极性、组态，并求出深度负反馈下的闭环电压放大倍数。

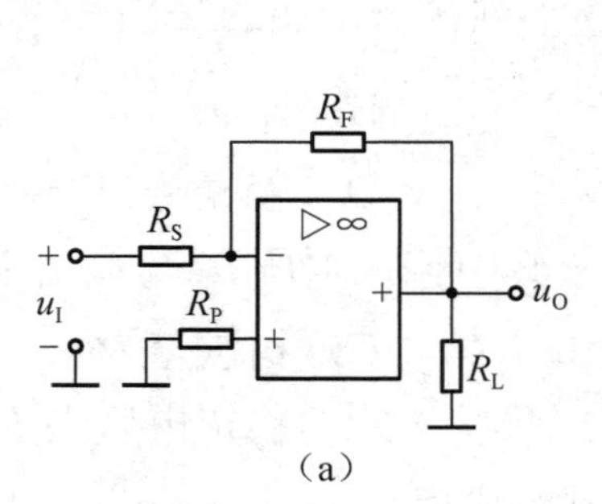

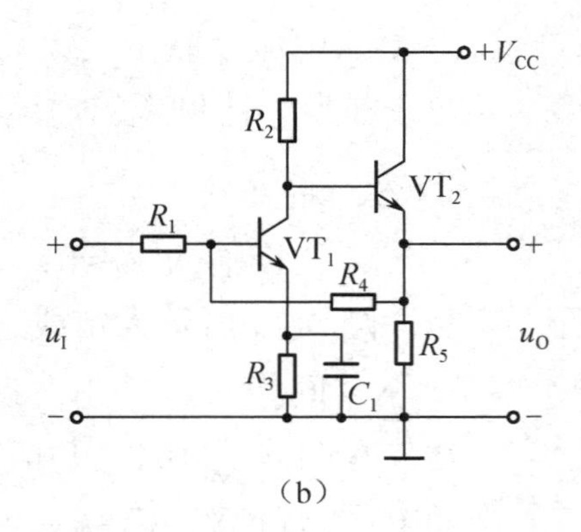

图 4-73　简答题 4 图

5．试分析图 4-74 中 R_{f1} 和 R_{f2} 的反馈极性与组态。

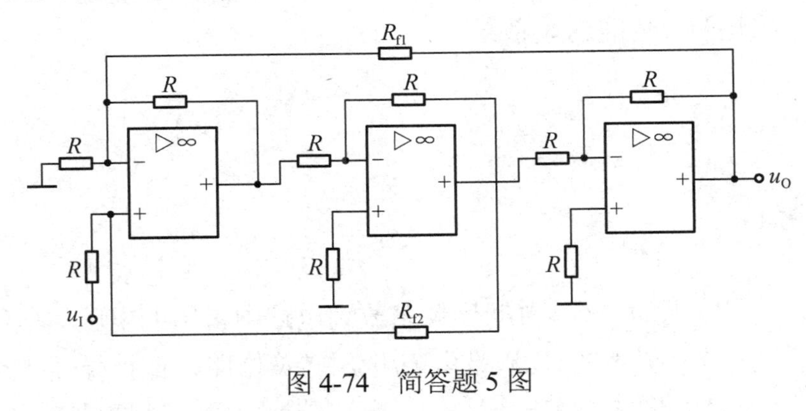

图 4-74　简答题 5 图

五、计算题

1．一个双端输入-双端输出差动放大电路，两边的输入电压分别为 u_{i1}=5.0005V，u_{i2}=4.9995V。试求：①差模输入信号电压 u_{id} 和共模输入信号电压 u_{ic}；②设差模电压增益 A_{u_d} 为 80dB，求当共模抑制比 K_{CMR} 为无穷大和 100dB 时的输出电压 u_o 各为多大？

2．差动放大电路如图 4-75 所示，已知 β=60，$r_{bb'}$=300Ω，U_{BEQ}=0.7V。试求：①I_{CQ1}、U_{CEQ1}；②差模电压放大倍数 A_{u_d}、差模输入电阻 R_{id} 和输出电阻 R_o；③共模电压放大倍数$|A_{u_c}|$和共模抑制比 K_{CMR} 的数值。

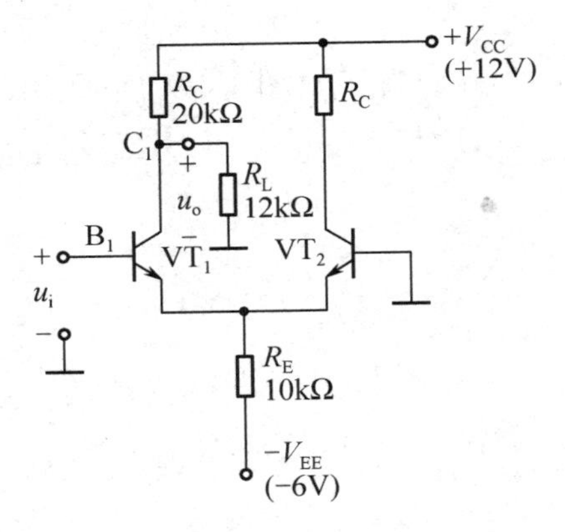

图 4-75　计算题 2 图

3．在如图 4-76 所示的电路中，已知 V_{CC}=15V，V_{EE}=6V，恒流源电路 I=1mA，R_{B1}=R_{B2}=1kΩ，R_{C1}=R_{C2}=10kΩ；两管的特性完全相同，且 β_1=β_2=100，r_{be1}=r_{be2}=5.5kΩ。试估算：①电路静态时 VT_1 和 VT_2 的集电极电位；②电路的差模电压放大倍数 A_{u_d}、共模电压放大倍数$|A_{u_c}|$、输入电阻 R_i 和输出电阻 R_o。

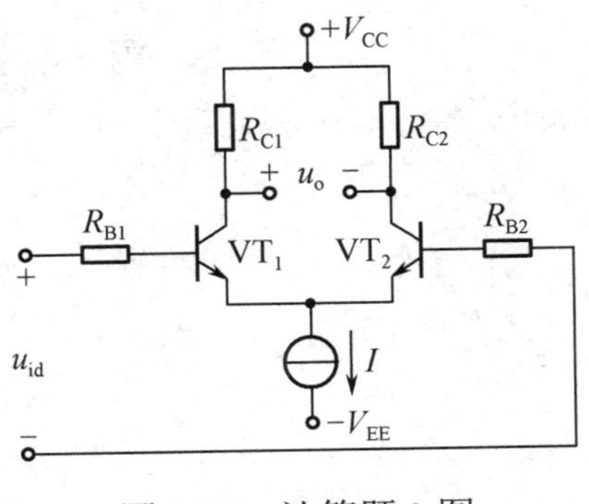

图 4-76　计算题 3 图

4．电路如图 4-77 所示，试求输出电压 u_O 与输入电压 u_I 之间的关系式。

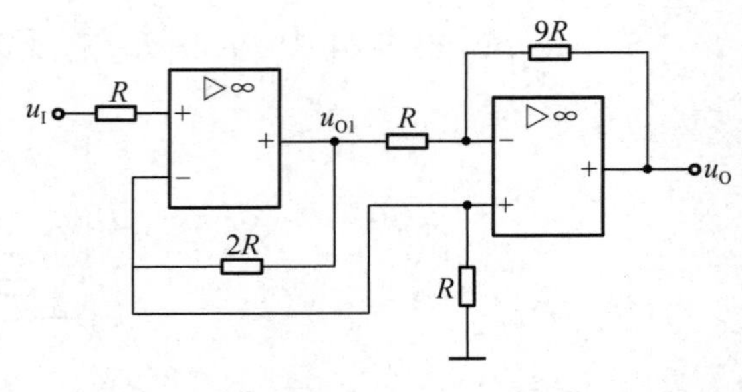

图 4-77　计算题 4 图

5．图 4-78 是自动化仪表放大电路中常用的电压与电流转换电路。

（1）图 4-78（a）是电流/电压转换电路，试推导 u_O 与 i_S 的关系式。

（2）图 4-78（b）是电压/电流转换电路，试推导 I_O 与 U_S 的关系式。

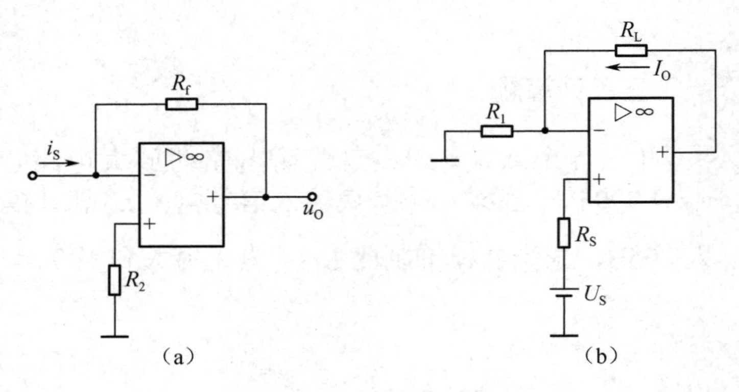

图 4-78　计算题 5 图

6．电路如图 4-79 所示：①判断该电路引入的反馈类型；②在深度负反馈下，计算反馈系数、闭环电压增益。

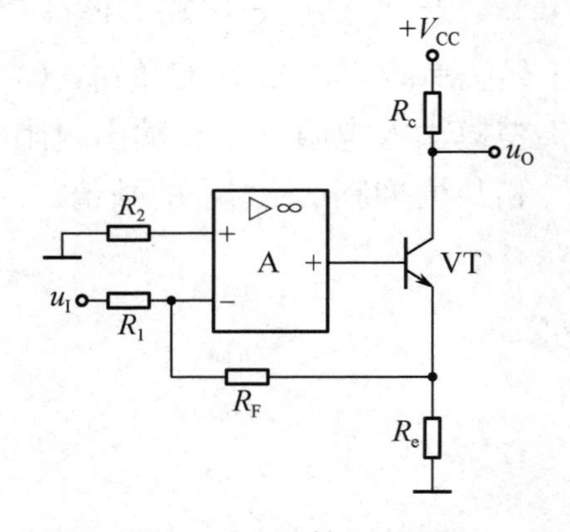

图 4-79　计算题 6 图

7．图 4-80 所示为由理想集成运放构成的电路，其参数如图中所示，试求 u_O 及 i_2、i_5、i_6 的大小。

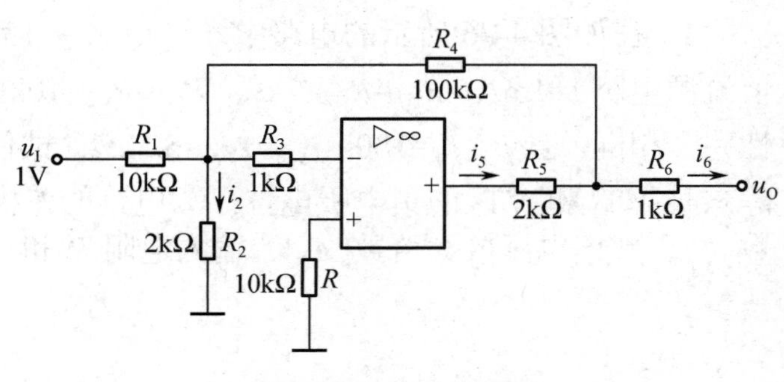

图 4-80　计算题 7 图

8．设如图 4-81 所示的电路中的 A 为理想集成运放，试写出电路的输出电压 U_O 的值。

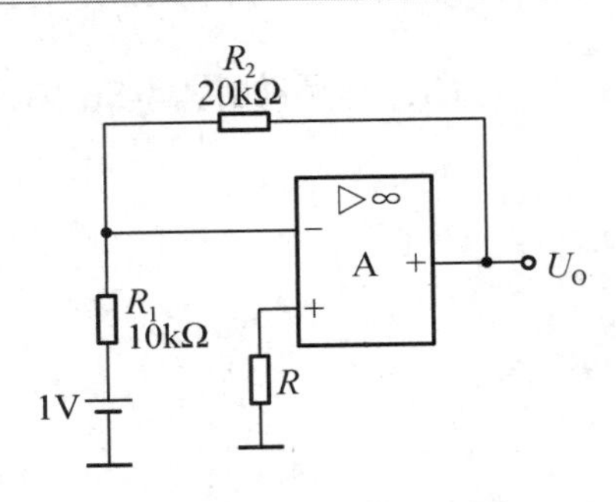

图 4-81　计算题 8 图

9．电路如图 4-82 所示，求输出电压 u_O 的表达式（可用逐级求输出电压的方法）。

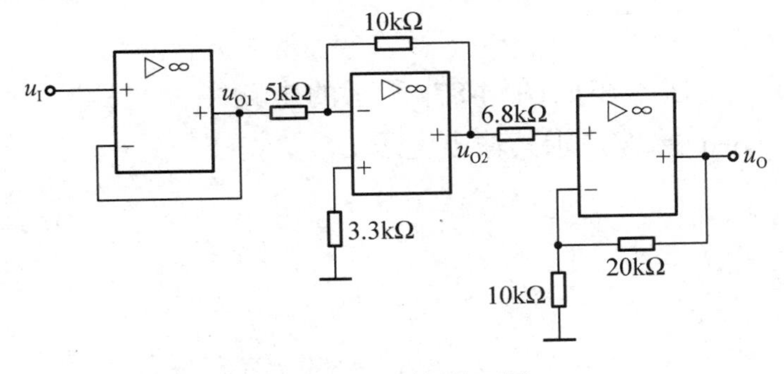

图 4-82　计算题 9 图

10．图 4-83 所示的电路为应用集成运放组成的测量电阻的原理电路：①试写出被测电阻 R_x 与电压表电压 U_O 的关系；②当电压表指示−5V 时，试计算被测电阻 R_x 的阻值。

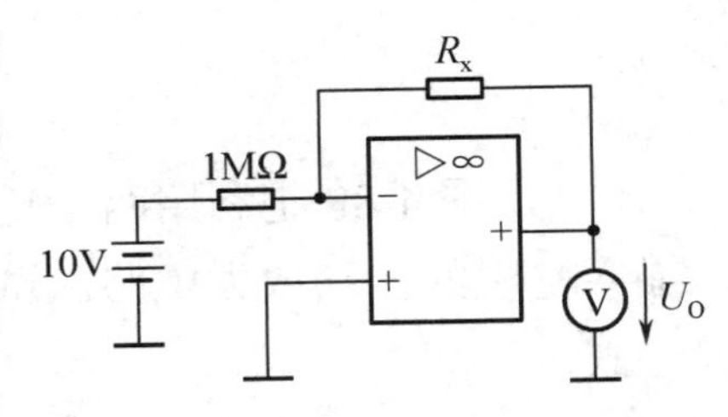

图 4-83　计算题 10 图

11．已知图 4-84 中的 u_{I1}=4V，u_{I2}=5V，求 u_O。

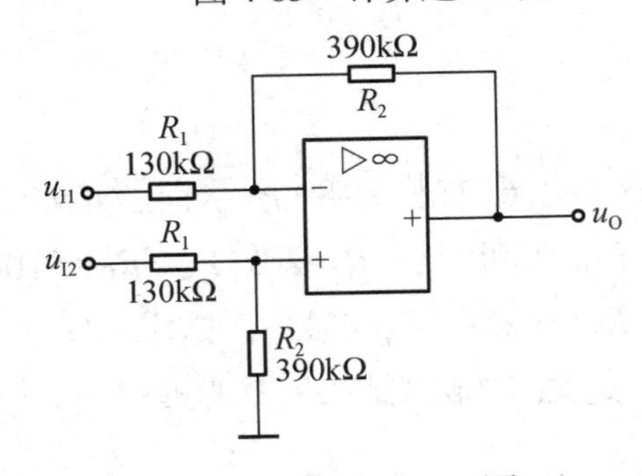

图 4-84　计算题 11 图

12．图 4-85 所示为集成运放电路，已知 u_{I1}=50mV，u_{I2}=30mV，求 u_{O1} 和 u_{O2}。

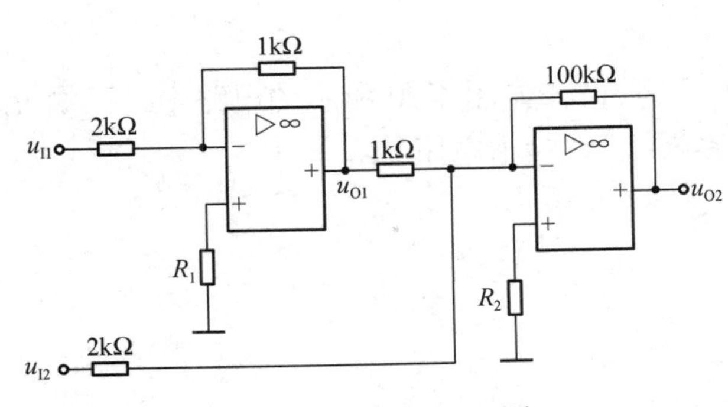

图 4-85　计算题 12 图

13．电路如图 4-86 所示，求输出电压 u_O。

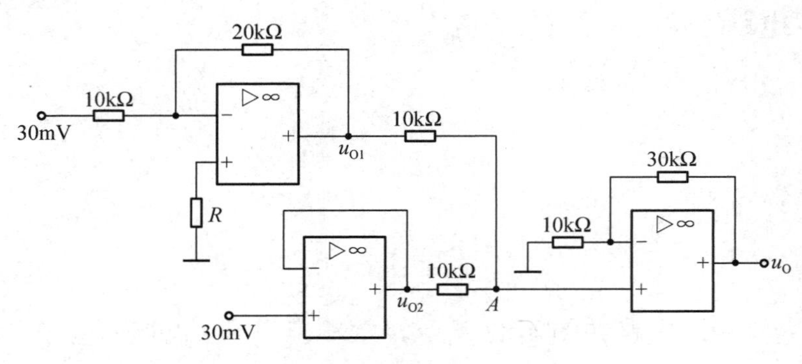

图 4-86　计算题 13 图

14．在如图 4-87 所示的电路中，已知 $U_1=U_2=2V$，求其输出电压 U_O。

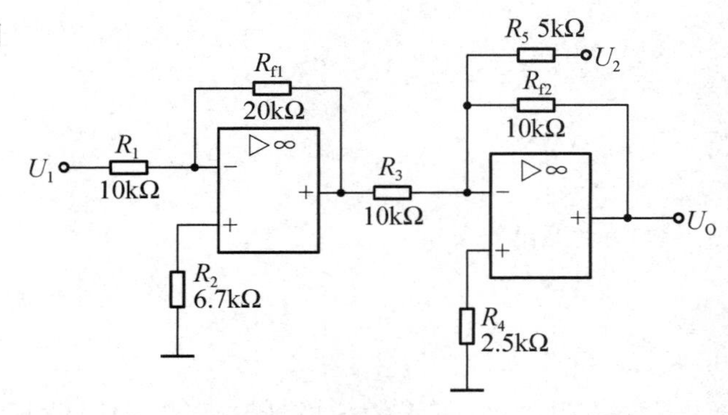

图 4-87　计算题 14 图

15. 图 4-88 是利用两个集成运放组成的有较大输入电阻的差动放大电路。试求 u_O 与 u_{I1}、u_{I2} 的关系式。

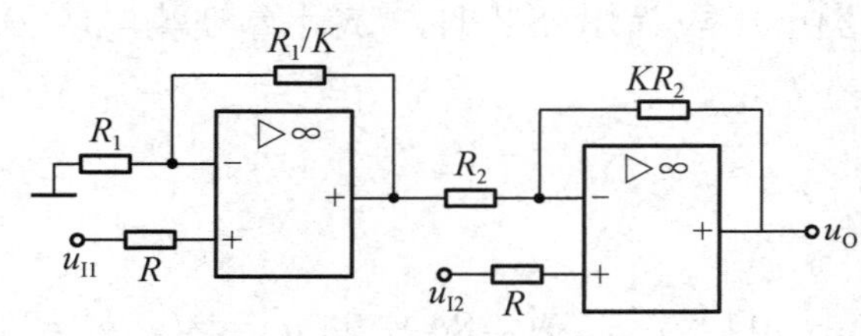

图 4-88　计算题 15 图

16. 如图 4-89 所示，已知 $u_{I1}=25mV$，$u_{I2}=50mV$，$R_{f1}=200kΩ$，$R_1=20kΩ$，$R_{f2}=510kΩ$，$R_2=51kΩ$，$R_3=18kΩ$，$R_4=47kΩ$。试求：①u_{O1}、u_{O2} 的值；②改变 R_4 对输出结果有影响吗？为什么？

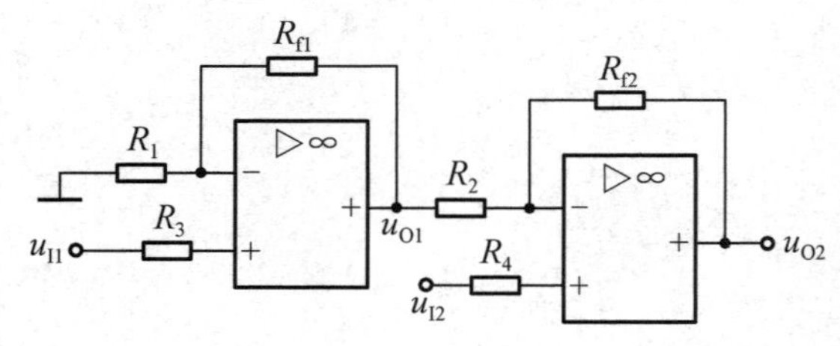

图 4-89　计算题 16 图

17．在如图 4-90 所示的电路中，已知 $R_1=R_2=R_3=R_f=20kΩ$，$E=2V$，求输出电压 U_O。

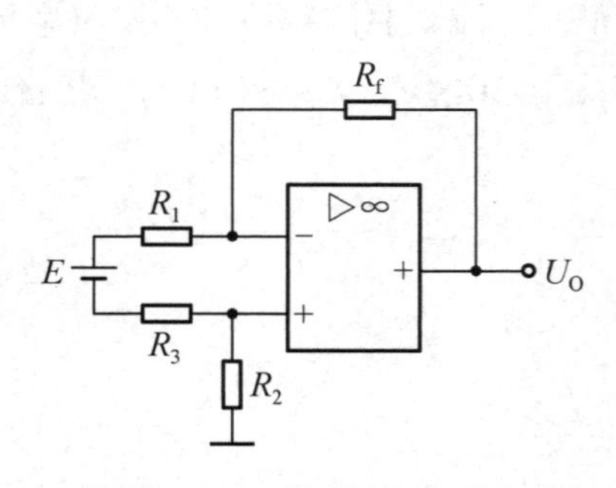

图 4-90　计算题 17 图

18．集成运放应用电路如图 4-91 所示：①判断负反馈的类型；②指出电路稳定的量；③计算电压放大倍数 A_{u_f}。

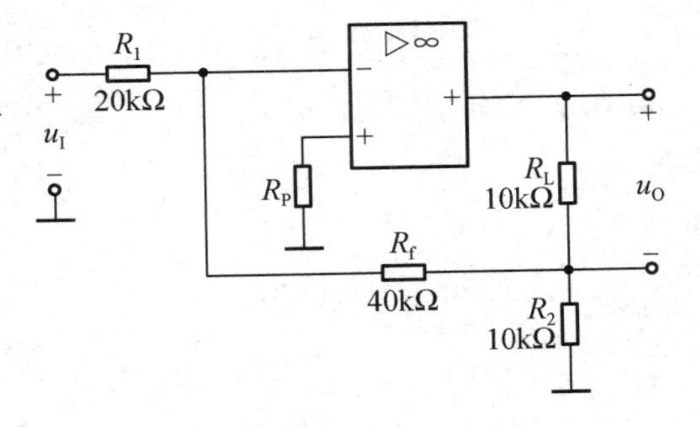

图 4-91 计算题 18 图

19．图 4-92 所示为深度负反馈放大电路：①指出其中引入的两个负反馈的组态和反馈元器件；②求 $\frac{u_O}{u_{O1}}$ 和 $\frac{u_O}{u_I}$；③指出该电路级间负反馈所稳定的对象，以及对输入和输出电阻的影响。

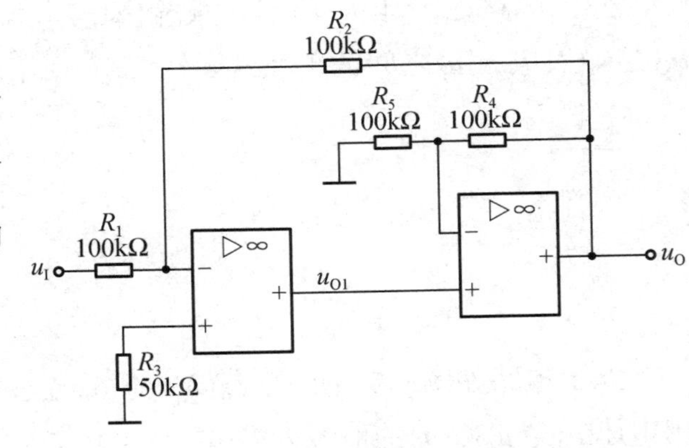

图 4-92 计算题 19 图

20．在如图 4-93 所示的电路中，$R_1=R_2$，$R_3=R_4$，$R_5=R_7$，$R_6=R_8$，求 u_O 与 u_{I1}、u_{I2} 的关系式。

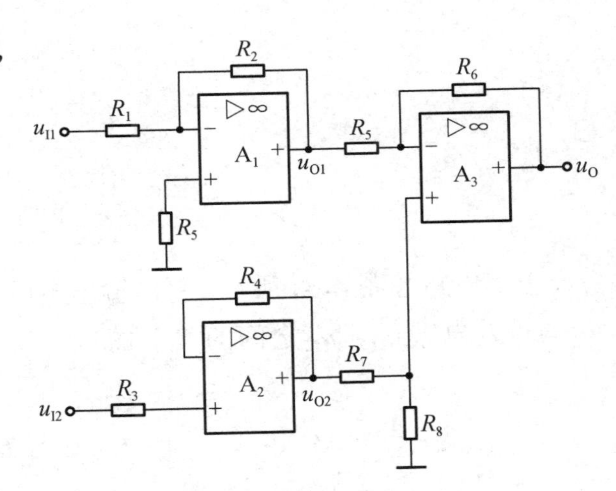

图 4-93 计算题 20 图

21．电路如图 4-94 所示：①指出反馈电路，判断正/负反馈及其类型；②写出输出电压 u_O 与输入电压 u_I 之间的关系式；③求出输入电阻 R_i。

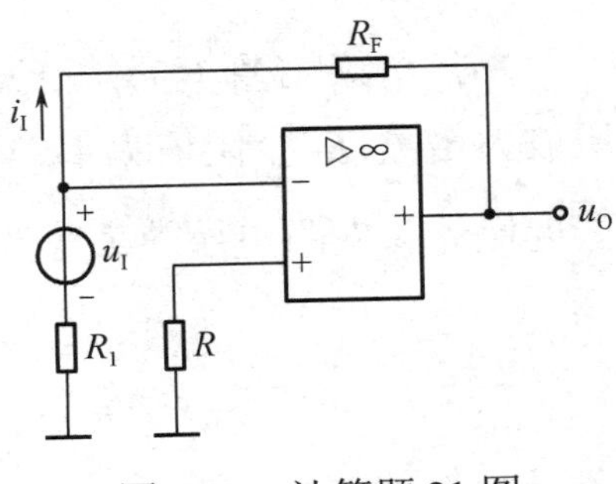

图 4-94 计算题 21 图

22．电路如图 4-95 所示，R_1=20kΩ，R_F=40kΩ，u_I=3V，求输出电压 u_O。

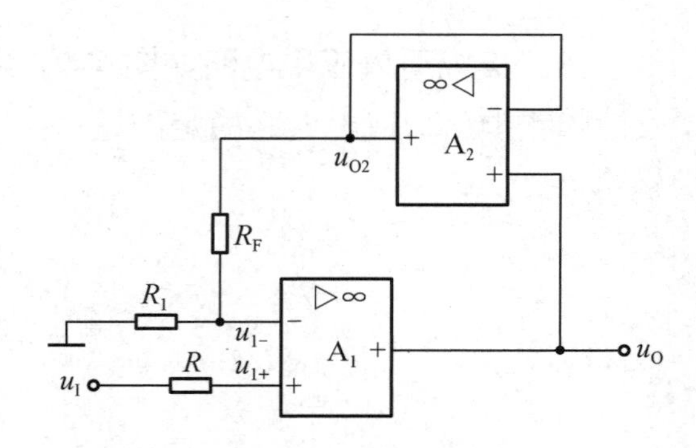

图 4-95　计算题 22 图

23．电路如图 4-96 所示，求输出电压 u_O 与输入电压 u_I 之间的关系式。

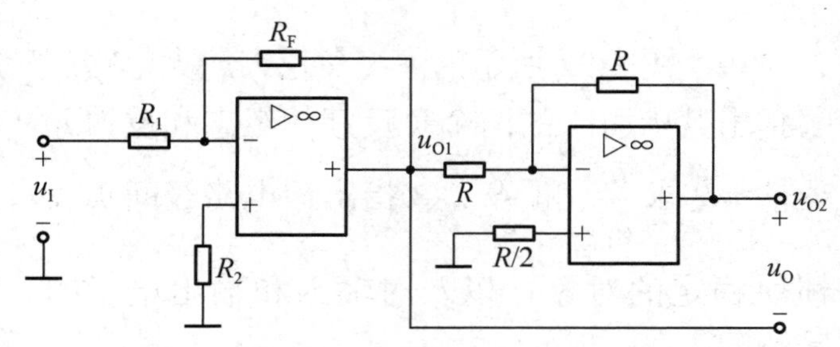

图 4-96　计算题 23 图

24．电路如图 4-97 所示，输入电压 $u_i=2\sin\omega t$V，试求输出电压 u_{o1}、u_{o2}、u_o 的值各为多少？

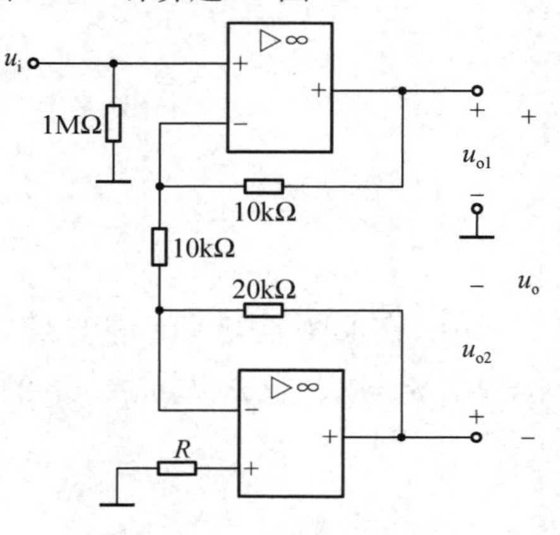

图 4-97　计算题 24 图

25．电路如图 4-98 所示，写出输出电压 u_O 与输入电压 u_{I1}、u_{I2} 之间的关系式。

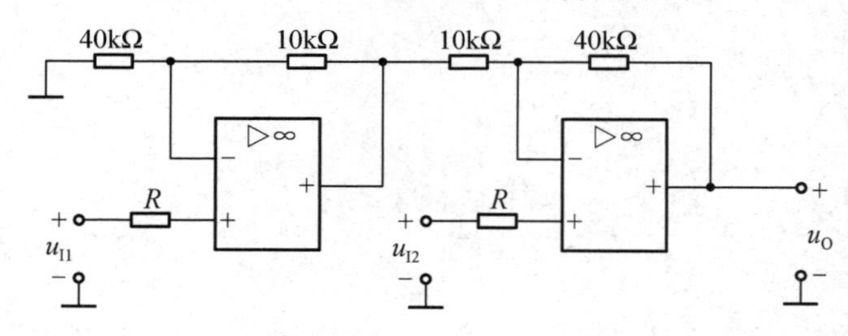

图 4-98　计算题 25 图

26．电路如图 4-99 所示，通过调节电位器 R_P 来改变电压放大倍数，R_P 全阻值为 1kΩ，R_1=10kΩ，R_F=100kΩ，R_L=1kΩ，试近似计算电路电压放大倍数 $\frac{u_O}{u_I}$ 的变化范围。

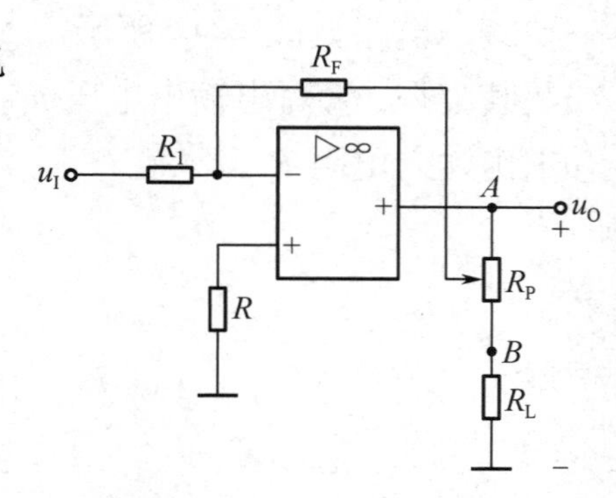

图 4-99　计算题 26 图

六、综合题

1．根据图 4-100 回答：①电路所采用的是何种输入-输出组合方式？②输出电压与输入电压是同相还是反相？③三极管 VT_3 起什么作用？

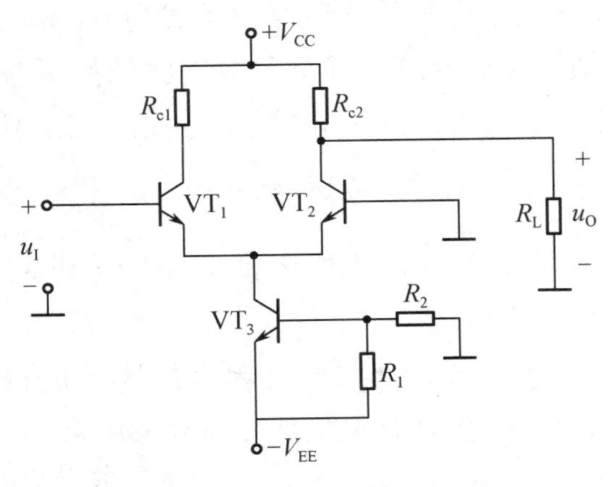

图 4-100　综合题 1 图

2．图 4-101 所示为三极管电流放大系数 β 测试电路，设三极管的 U_{BE}=0.7V，试求：①三极管各极的电位；②若电压表的读数为 250mV，求出三极管的 β 值；③集成运放 A_2 的本级反馈属于哪种反馈组态？

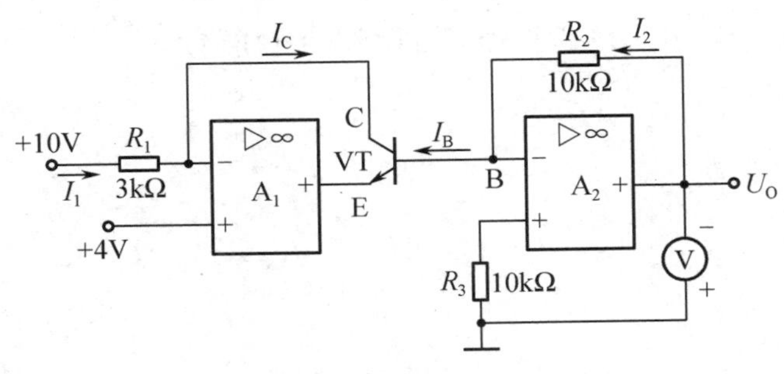

图 4-101　综合题 2 图

3．在如图 4-102 所示的电路中：

（1）指出级间反馈的反馈组态，并在深度负反馈条件下求闭环电压放大倍数的表达式。

（2）要减小输入和输出电阻，请问级间反馈应如何改接？在图 4-102 中画出改动部分，并求改动后在深度负反馈条件下的闭环电压放大倍数的表达式。

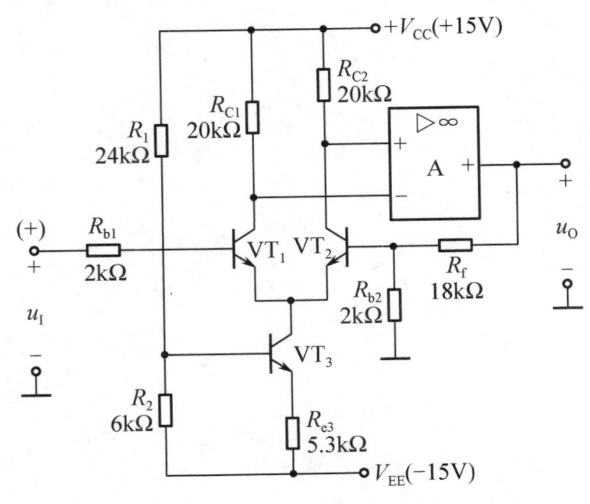

图 4-102　综合题 3 图

4．已知数学运算关系式为 $u_O=u_{I1}+u_{I2}$，设计一个集成运放电路来实现此种运算，要求反馈电阻 $R_F=10k\Omega$，并且静态时保持两输入端电阻平衡，计算出其余各电阻的阻值。

5．设计一个能实现 $u_O=-(u_{I1}+3u_{I2})$运算的电路。

6．试用集成运放设计一个电路，满足 $u_O=-\frac{5}{3}(u_{I1}+u_{I2}+u_{I3})$，选择 $R_f=100k\Omega$。

7．用一个集成运放及若干电阻设计一个能实现 $u_O=0.5u_1+u_2-2u_3$ 的电路，并求出各电阻间的关系。

8．试分别用一个单运放连接成符合要求的应用电路：①电压串联负反馈放大电路，$A_u=10$；②电流并联负反馈放大电路。

9．试回答在下列几种情况下，应分别采用哪种类型的滤波电路？（从低通、高通、带通、带阻 4 种滤波名称中选择一种填写在各小题后的括号中。）

（1）有用信号频率为 10Hz。 （ ）

（2）有用信号频率低于 500Hz。 （ ）

（3）希望抑制 50Hz 交流电源的干扰。 （ ）

（4）希望抑制 2kHz 以下的信号。 （ ）

参考答案

第 5 章　正弦波振荡器

本章学习要求

（1）熟悉正弦波振荡器的作用与组成，理解正弦波振荡器的工作原理。

（2）熟悉正弦波振荡器的类型，能熟练掌握其起振条件、振幅平衡条件和相位平衡条件。

（3）能运用瞬时极性法判断各种 LC、RC 和石英晶体正弦波振荡器能否振荡。

（4）掌握各类 LC、RC 振荡器的振荡频率的估算方法。

（5）理解振荡电路频率稳定度的概念，熟悉石英晶体振荡器的特点和典型应用电路。

（6）熟悉各类振荡器的特点，能根据需要选择最合理的振荡器。

之前讨论的各种类型的放大器的作用都是把输入信号的电压、电流或功率加以放大。从能量守恒的角度看，它们都是在输入信号的控制下把直流电能转换成按信号规律变化的交流电能的。在电子技术中，还广泛应用着另一类电路，它不需要外加信号就能自动地将直流电能转换成具有一定频率、一定波形和一定振幅的交流电能。这类电路称为自激振荡电路，也称波形发生器或振荡器。因此，振荡器本质上是能量转换装置，是产生各种频率信号的交流信号源。

振荡器按输出波形的不同，分为正弦波振荡器和非正弦波振荡器。非正弦波振荡器又称张弛振荡器，产生矩形波、方波、锯齿波、三角波或其他特定的波形。正弦波振荡器在信号传输系统中有着广泛的应用，如调制与解调中的本机振荡、载波振荡等。本章着重讨论正弦波振荡器。

5.1　正弦波振荡器的基本原理和类型

1. LC 回路中的自由振荡

在如图 5-1（a）所示的原理图中，R 为电容 C 和电感 L 的损耗等效电阻。我们先将开关接到“1”处，给电容充好电（电容储存了电能）；然后将开关接到“2”处，让电容和电感相接，则电容充好电后将通过电感放电，在放电过程中，电容储存的电能转换为电感中的磁能，电容放电结束，电能全部转换为磁能；最后，电感中储存的磁能又会通过电容以反向充电的形式转换为电容的电能，如此反复。这种电容通过电感充放电，电路进行电能和磁能的转换过程称为 LC 回路中的自由振荡。

由于电容和电感都存在损耗，所以这种自由振荡的电流的幅值必然是衰减的，直至能量消耗殆尽。这种因损耗而使等效电阻 R 将电能转换成热能的减幅振荡称为阻尼振荡，其波形如图 5-1（b）所示。如果以一定的方式给 LC 回路不间断地补充适当的能量，则振荡电流的幅值不变并永远持续下去，这称为等幅振荡，其波形如图 5-1（c）所示。显然，LC 的值越大，充放电过程越慢，自由振荡的周期越长，频率越低。可以证明，LC 回路的自由振荡的固有频率为

$$f_0 = \frac{1}{2\pi\sqrt{LC}}$$

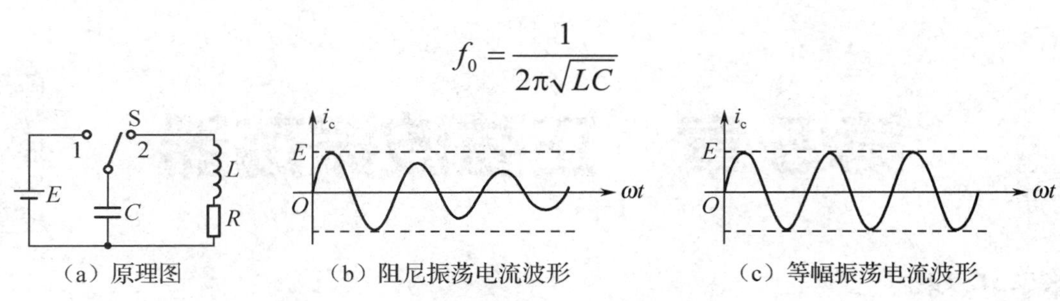

图 5-1　LC 回路中的自由振荡

2. 自激振荡的原理和振荡平衡条件

要维持上述 LC 回路的等幅振荡，就必须给 LC 回路补充适当的能量，方法是通过放大器的输出端将输出信号反馈至其输入端。当反馈信号等于放大器的净输入信号时，可以不需要外加输入信号，即用反馈信号取代外加输入信号来保持等幅的输出信号，这就是放大电路的自激振荡。假设如图 5-2（a）所示的 LC 选频回路的固有频率与输入信号源 u_i 的频率一致，现通过该电路说明自激振荡的基本原理。

“他激”状态：当将开关拨向位置“1”时，选频放大器的输入端与信号源 u_i 接通，在集电极负载 LC 回路中产生信号电压和电流。此时，反馈线圈 L_1 是断开的，反馈信号不起作用，但通过互感，信号经 L_2 耦合后源源不断地加到负载 R_L 上，这种需要外加输入信号才能维持振荡输出的工作状态称为“他激”状态。

“自激”状态：当将开关突然拨向位置“2”时，LC 回路的电流产生的磁场通过 L_1 和 L_2 互感耦合，从 L_1 两端获得反馈电压 u_f 并回送到选频放大器的输入端。如果选定电感的同名端和匝数比 N_1/N_2 恰好使反馈电压 u_f 与输入信号同相位（正反馈）、同幅度，则正反馈信号 u_f 即可取代输入信号源 u_i。这种无须外加输入信号，仅利用自身反馈来维持振荡输出的工作状态称为“自激”状态。我们把依靠正反馈维持振荡的振荡器称为反馈式自激振荡器。

自激振荡器电路由选频放大器和正反馈网络两个基本环节组成，其方框图如图 5-2（b）所示。

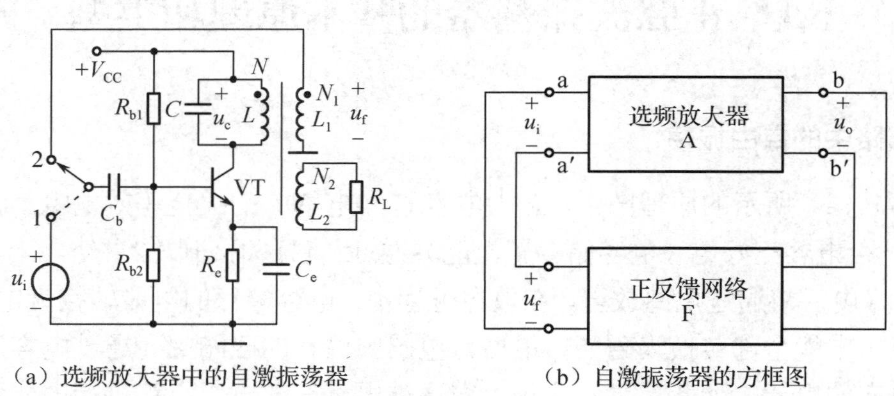

图 5-2　自激振荡的原理和方框图

由图 5-2（b）可知，当振荡器输出时，必须同时满足以下 3 式：

$$u_f = u_i, \quad u_f = F \cdot u_o, \quad u_o = A_u \cdot u_i$$

上列各式即维持等幅振荡的条件，包括以下两方面的内容。

（1）相位平衡条件：

$$\varphi_A + \varphi_F = 2n\pi \ (n \in \mathbf{Z})$$

式中，φ_A 为选频放大器的相移；φ_F 为正反馈网络的相移。由此可见，反馈信号必须与输入信号同相，即反馈极性必须是正反馈。

（2）振幅平衡条件：

$$A_uF=1$$

因为反馈信号的振幅过大或过小会导致增幅或减幅振荡，所以要想维持等幅振荡，反馈信号 u_f 的振幅必须等于输入信号 u_i 的振幅，即 $A_uF=1$。

（3）振荡器的起振与稳幅过程。

从本质上讲，自激振荡器就是一个带选频网络的正反馈放大器。

起振过程：振荡器接通电源或电路参数微小变化的瞬间都相当于输入了一个电扰动信号，该信号包含的频率范围极宽（理论上为 0～∞）。振荡器本质上也是放大器，电扰动信号被放大后，经 LC 并联电路选出频率为 f_0 的信号放大，由输出端输出 u_o，同时通过正反馈电路回送到输入端。

由于频率不是 f_0 的信号不满足正反馈，所以经过放大、选频、反馈几个不断衰减的循环后，非 f_0 的频率信号将彻底消失不见；正反馈仅是对频率为 f_0 的信号而言的，当正反馈系数足够大即满足 $A_uF>1$ 时，频率为 f_0 的信号经过放大、选频、正反馈、再放大几个不断增强的增幅振荡过程后，将振荡由弱到强地建立起来。我们把增幅振荡的过程称为起振过程，如图 5-3 所示。因此，振荡电路的起振条件为

$$A_uF>1$$

稳幅过程：随着振荡的不断增强，放大器将进入非线性区域，当放大器进入非线性区域后，放大器的放大倍数又将自动减小，当减小至 $A_uF=1$ 时，将达到一个动态平衡状态，此时振幅不再增大，电路自动维持等幅振荡，如图 5-3 所示。

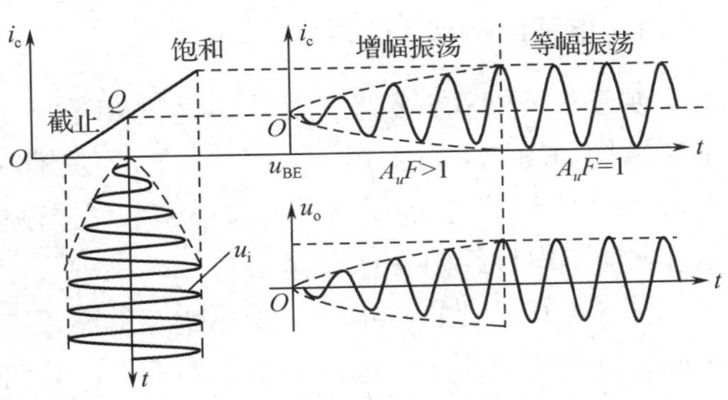

图 5-3　振荡的起振与稳幅过程

需要说明的是，上面所说的稳幅利用的是放大器的非线性来实现振幅的调节的，是一种内稳幅。也有一些正弦波振荡器，放大器工作在线性段，此时是通过外加非线性环节来实现放大倍数的调节的，称为外稳幅。

只有当 $A_uF>1$ 时才能起振，只有当 $A_uF=1$ 时才能维持等幅输出，起振是振幅平衡的先决条件，因此，振幅平衡条件还应包含起振条件。故自激振荡的完整条件如下。

（1）相位平衡条件：$\varphi_A+\varphi_F=2n\pi$（$n\in\mathbf{Z}$）。

（2）振幅平衡条件：$A_uF\geqslant1$。

3. 正弦波振荡器的分类

根据选频网络构成元器件的不同，可把正弦波振荡器分为如下几类：选频网络若由电阻、电容组成，则称为 RC 振荡器；选频网络若由电感、电容组成，则称为 LC 振荡电路；选频网络若由石英晶体组成，则称为石英晶体振荡器。

知识小结

（1）振荡器不需要外加信号就能自动地将直流电能转换成具有一定频率、一定波形和一定振幅的交流电能。振荡器按输出波形的不同，可分为正弦波振荡器和非正弦波振荡器。

（2）自激振荡的条件：相位平衡条件为$\varphi_A + \varphi_F = 2n\pi$（$n \in \mathbf{Z}$），振幅平衡条件为$A_uF \geqslant 1$。

（3）正弦波振荡器分为LC振荡器、RC振荡器和石英晶体振荡器三大类。

5.2　LC振荡器

利用LC并联网络具有的选频特性来实现选频的正弦波振荡器称为LC振荡器。根据信号反馈方式的不同，LC振荡器又可分为变压器反馈式、电感反馈式（也称电感三点式）、电容反馈式（也称电容三点式）3种。

5.2.1　变压器反馈式振荡器

1．电路结构和工作原理

变压器反馈式振荡器的特点是通过变压器互感耦合方式将正反馈信号回送到输入端，其电路结构如图5-4（a）所示。其中，L_2为反馈网络，调整L_1与L_2的相对位置，可改变互感系数M，实现信号u_f反馈量的大小调节，振荡信号既可以通过L_2变压器耦合输出，又可以从VT的集电极经阻容耦合输出。

图5-4（b）是图5-4（a）所示电路的交流通路。该电路与分压式偏置共发射极放大器的不同之处在于它用LC选频网络作为负载，取代了原集电极电阻R_c。由LC并联网络选频特性可知，对频率为$f_0 = \dfrac{1}{2\pi\sqrt{L_1C}}$的信号，LC并联网络呈纯电阻性且阻抗最大：阻抗最大确保了频率为f_0的信号能获得最大的电压放大倍数，以满足振幅平衡条件$A_uF \geqslant 1$；纯电阻性确保了仅有频率为f_0的信号满足正反馈，以满足相位平衡条件$\varphi_A + \varphi_F = 2n\pi$，电路仅能选出频率为$f_0$的信号。因此，电路的振荡频率为

$$f_0 = \frac{1}{2\pi\sqrt{L_1C}}$$

2．变压器反馈式振荡器的类型和特点

根据LC选频网络所接三极管电极的不同，变压器反馈式振荡器分为变压器反馈调集、调基和调射3种基本类型，如图5-5所示。

判定振荡器是否能正常工作，需要判定振荡器能否同时满足振幅平衡条件和相位平衡条件。在如图5-5所示的电路中，基本放大器的组态为共发射极或共基极，因此放大倍数是足够的，只要频率为f_0的信号满足正反馈条件，就可基本判定电路能正常振荡。为分析方便，

在图 5-5 中已标注了交流反馈信号的瞬时极性，可知各电路均满足正反馈条件，振荡频率均为 $f_0 = \dfrac{1}{2\pi\sqrt{LC}}$。

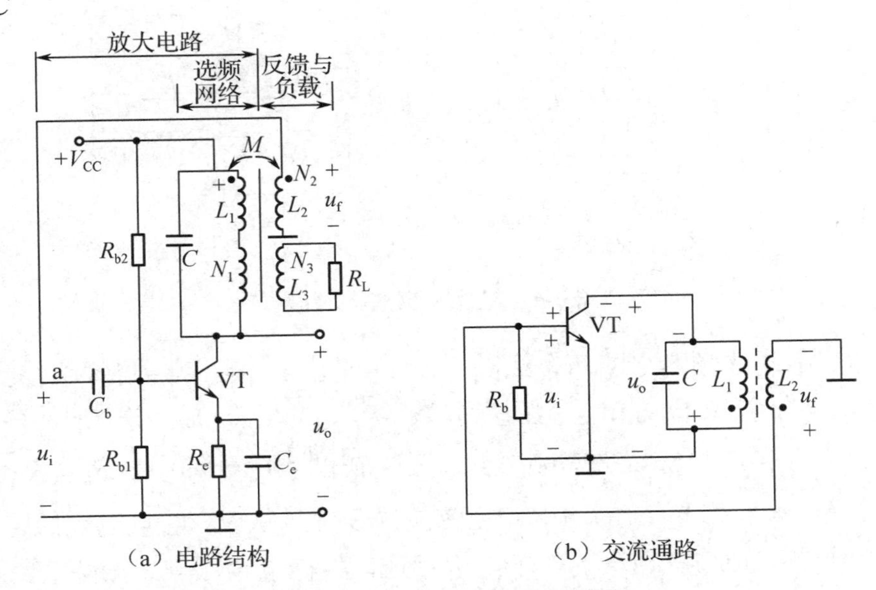

（a）电路结构　　（b）交流通路

图 5-4　变压器反馈式振荡器

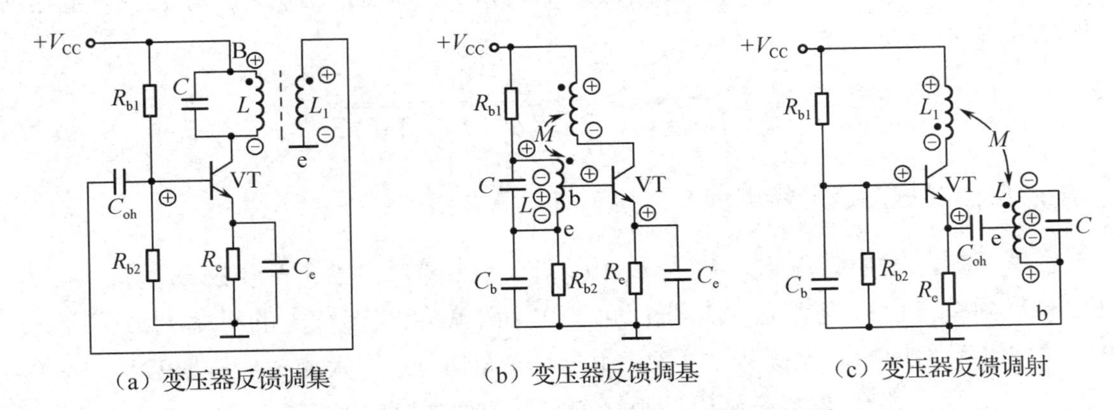

（a）变压器反馈调集　　（b）变压器反馈调基　　（c）变压器反馈调射

图 5-5　变压器反馈式振荡器的 3 种基本类型

变压器反馈式振荡器的特点如下。

（1）易起振，输出电压较高：由于采用变压器耦合，所以易实现阻抗匹配，只要选择不同的匝数比，便可满足不同负载的要求。

（2）频率调节方便：一般在 LC 回路中采用接入可变电容的方法来实现振荡频率的改变，因此适合制作频率可调的振荡器。

（3）输出波形不理想，振荡频率较低：由于反馈电压取自电感两端，对高次谐波的阻抗大，反馈也强，因此在输出波形中含有较多高次谐波成分。同时，受分布参数的影响，振荡频率不能太高，通常在 100MHz 以下。

5.2.2　电感反馈式振荡器

1. 电路结构和工作原理

电感反馈式振荡器的电路结构和交流通路分别如图 5-6（a）、（b）所示。

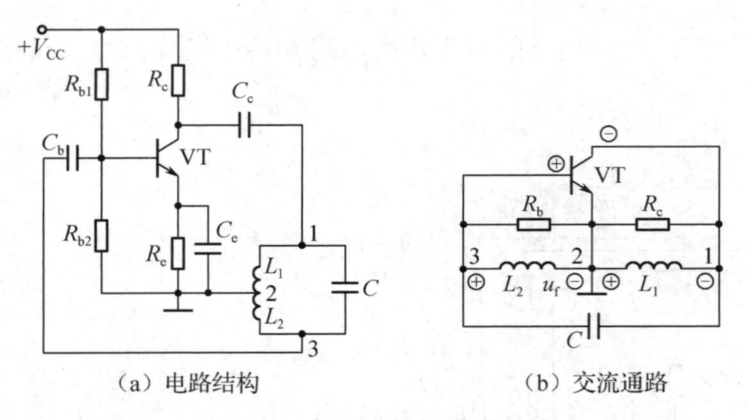

（a）电路结构　　（b）交流通路

图 5-6　电感反馈式振荡器

在图 5-6（a）中，选频网络的两个线圈 L_1、L_2 是由一个线圈通过抽头得到的，故 L_1、L_2 为顺串条件下的全耦合方式，互感系数 $M=\sqrt{L_1L_2}$，LC 选频网络的等效电感 $L=L_1+L_2+2M$，调节 C 可实现振荡频率的改变。在图 5-6（b）中，$R_b=R_{b1}//R_{b2}$，三极管发射结所加正反馈信号 u_f 取自 L_2 的两端，正弦波振荡信号从 VT 的集电极经阻容耦合输出。由于 L_1、L_2 的 3 个点分别与三极管的 3 个电极相连，故称电感三点式振荡器。基本放大器的组态为共发射极，因此电路的放大倍数是足够的，只要电感抽头 L_2 的位置适当，电路便能起振，其振荡频率为

$$f_0=\frac{1}{2\pi\sqrt{LC}}=\frac{1}{2\pi\sqrt{(L_1+L_2+2M)C}}$$

2．电感反馈式振荡器的特点

（1）容易起振，输出幅度大：由于 L_1 和 L_2 之间的耦合很紧，故电路易起振。

（2）调节频率方便：电容 C 如果采用可变电容，就能获得较大的频率调节范围。

（3）输出波形不理想，振荡频率不高：由于 u_f 取自 L_2 的两端（$X_{L2}=2\pi fL_2$，$f\uparrow\rightarrow X_{L2}\uparrow\rightarrow u_f\uparrow$），高次谐波的反馈量变大，输出波形中有较大的寄生高次谐波，导致波形变差，所以这种振荡器的缺点是波形失真较大。另外，频率越高，电路的分布电容、三极管的极间电容的影响越大，不仅影响频率稳定度，还可能因选频性能变差而停振。因此电感反馈式振荡器的振荡频率不能太高，通常在几十兆赫兹以内。

5.2.3　电容反馈式振荡器

1．电路结构和工作原理

电容反馈式振荡器的电路结构和交流通路分别如图 5-7（a）、（b）所示。

在图 5-7 中，选频网络与电感反馈式振荡器的区别在于 LC 回路，它将电感支路与电容支路对调了，且在电容支路中将电容 C_1、C_2 接成串联分压形式，三极管发射结所加正反馈信号 u_f 取自 C_2 的两端。振荡信号仍从 VT 的集电极经阻容耦合输出。由于 C_1、C_2 的 3 个点分别与三极管的 3 个电极相连，故称电容三点式振荡器。基本放大器的组态为共发射极，因此电路的放大倍数是足够的，只要适当选择 C_1、C_2 的数值，改变反馈量，电路便能起振。从电感两端对定时电容等效，C_1、C_2 的连接关系为串联，因此其振荡频率为

$$f_0=\frac{1}{2\pi\sqrt{L\frac{C_1C_2}{C_1+C_2}}}$$

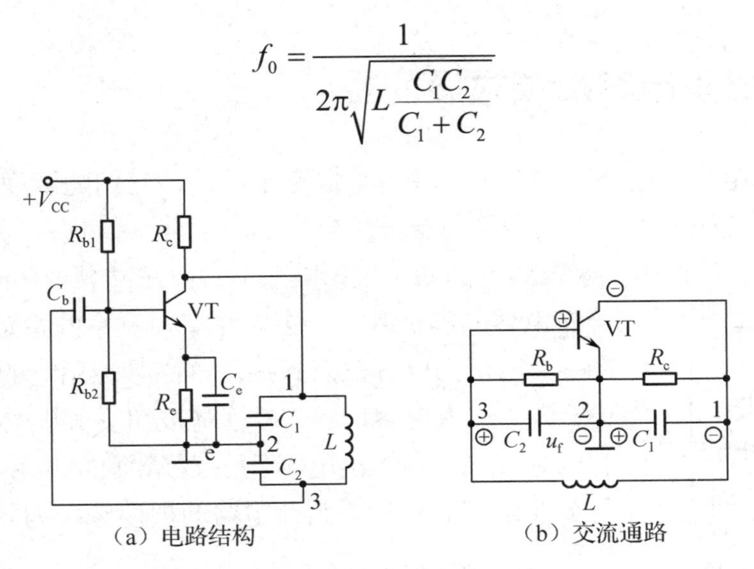

图 5-7　电容反馈式振荡器

2. 电容反馈式振荡器的特点

(1) 容易起振，振荡频率高，输出波形好：u_f取自 C_2 的两端（$X_{C2}=\frac{1}{2\pi fC_2}$，$f\uparrow\rightarrow X_{C2}\downarrow\rightarrow u_f\downarrow$），由于高次谐波的反馈量变小，故输出波形变好。另外，三极管的极间电容与 C_1 并联，当 C_1 远大于极间电容时，极间电容对振荡频率的影响甚微，故振荡频率的稳定性好。通常，该电路的振荡频率可高达 100MHz 以上，因此应用广泛。

(2) 调节频率不方便：C_1、C_2 的大小既与振荡频率有关，又与反馈量有关（反馈量取决于 C_1、C_2 的分压），无论调节哪个电容，均会引起反馈量的变化，极易导致停振，因此存在频率调节范围有限、频率调节困难的缺点。

通过对电感三点式振荡器和电容三点式振荡器的交流通路的观察不难发现，为满足相位平衡条件，电路结构必须遵循一条法则：发射极到集电极之间与发射极到基极之间所接元器件的电抗性质一定相同（同为感性或同为容性，简称射同）；集电极与基极之间两条路径所接元器件的电抗性质一定相反（一条路径为感性，另一条路径为容性，简称集反或基反）。通常称此法则为三点式振荡器的组成法则，可用来检查实际的三点式振荡电路联结是否正确。

集成运放具有很高的增益，容易满足振幅条件，很容易起振。因此，无论采用哪种 LC 正弦波振荡器，其基本放大器均可采用集成运放。由集成运放组成的振荡电路如图 5-8 所示。

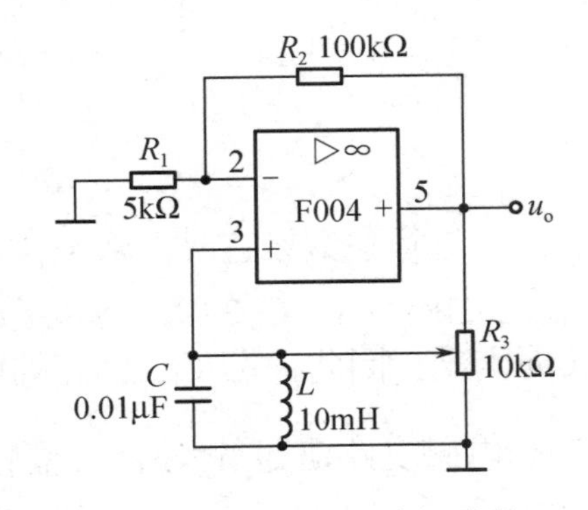

图 5-8　由集成运放组成的振荡电路

工作原理：在图 5-8 中，L 和 C 构成选频网络，与电阻 R_3 组成正反馈支路；R_1 和 R_2 组成负反馈支路。当电源接通后，集成运放输出信号经选频网络选出频率为 $f_0=\frac{1}{2\pi\sqrt{LC}}$ 的信号，从同相输入端输入，形成正反馈。输出端可输出频率较高的正弦波振荡信号，其幅度由电位器 R_3 来调节。

5.2.4 改进型电容反馈式振荡器

振荡管的极间电容与电路的分布电容并不是恒定不变的，它们随温度或元器件参数的变化而变化，是不稳定的电容，但它们又属于振荡电容的一部分。低频振荡时，极间电容、分布电容的容抗极大，对振荡频率及频率的稳定度影响甚微；但在高频振荡时，随着极间电容、分布电容的容抗减小，会对频率及频率的稳定度造成重大影响。图 5-9 所示为电容三点式振荡器高频应用时的等效交流通路。其中，C_i为输入电容，是三极管基极和发射极的极间电容与分布电容的总称；C_o为输出电容，是三极管集电极和发射极的极间电容与分布电容的总称。因此电路的振荡频率为

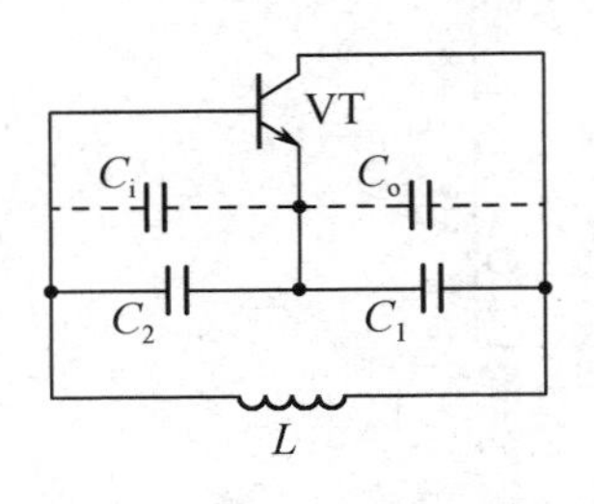

图 5-9 电容三点式振荡器高频应用时的等效交流通路

$$f_0=\frac{1}{2\pi\sqrt{L\frac{(C_1+C_o)(C_2+C_i)}{C_1+C_o+C_2+C_i}}}$$

可见，受 C_i与 C_o的影响，传统电容三点式振荡器在高频应用时的振荡频率受到限制。解决的方法是对电路进行改进，让 C_i与 C_o的影响可忽略不计。改进型电容反馈式振荡器的典型应用电路有克拉泼振荡器和西勒振荡器。

（1）克拉泼振荡器。

克拉泼振荡器的电路及其交流通路分别如图 5-10（a）、（b）所示。它的电路特点是振荡波形好，频率比较稳定，不足之处是频率调节范围窄，并且在调节 C_3时，输出信号幅度会随频率的升高而减小。

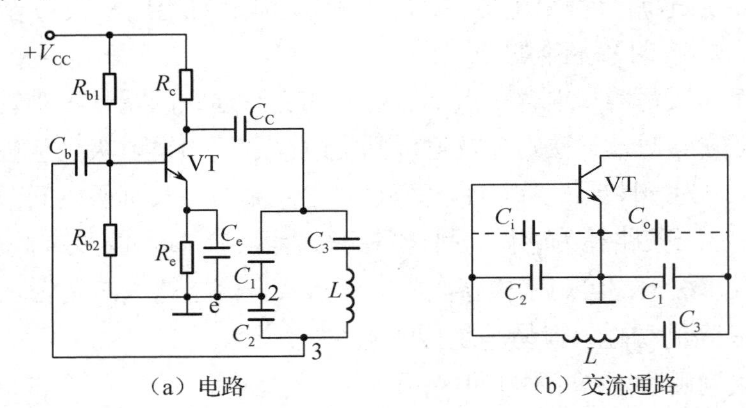

（a）电路 （b）交流通路

图 5-10 克拉泼振荡器

在进行参数设置时，取 $C_1\gg C_o$，$C_2\gg C_i$，以减小 C_i和 C_o对振荡频率的影响，提高其稳定度。由于 C_1、C_2的增大会导致 Q 值下降，加之在调节振荡频率时，必须同时改变 C_1、C_2，实属困难。因此，在 LC 回路的电感支路中串入一个小电容 C_3，并使$C_3\ll C_1$、$C_3\ll C_2$，且 C_3和电感支路满足 $X_L>X_{C3}$（呈感性），振荡定时的等效电容为$C=\frac{1}{\frac{1}{C_1}+\frac{1}{C_2}+\frac{1}{C_3}}\approx C_3$。这样，振荡频率 f_0与 C_1、C_2、C_i、C_o基本无关，只取决于 C_3和 L，因此振荡频率的上限和频率稳定度都得到了提高。此时电路的振荡频率为

$$f_0 \approx \frac{1}{2\pi\sqrt{LC_3}}$$

（2）西勒振荡器。

西勒振荡器弥补了克拉泼振荡器频率调节范围窄的不足，是另一种改进型的电容三点式振荡器。西勒振荡器的电路及其交流通路分别如图 5-11（a）、（b）所示。

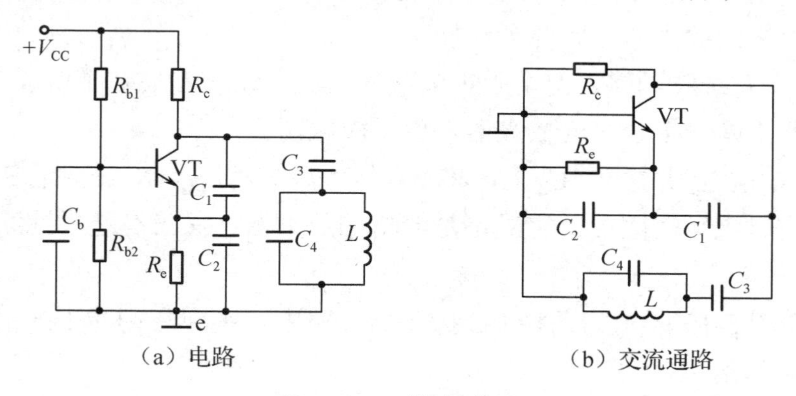

图 5-11　西勒振荡器

在进行参数设置时，取 $C_3 \ll C_1$、$C_3 \ll C_2$，且 C_3、C_4 和电感支路的等效电抗呈感性。此时电路的振荡频率为

$$f_0 \approx \frac{1}{2\pi\sqrt{L(C_3 + C_4)}}$$

在进行频率调节时，通常不调节 C_3，而调节 C_4。这样，在调节频率时，谐振回路反映到三极管集电极和发射极之间的等效电抗变化很小，对放大器的增益影响很小，从而保持振荡输出的幅度十分稳定。

【例 1】 分析如图 5-12 所示的各电路能否构成正弦波振荡器（其中的 C_b、C_e、C_c 均为隔直或旁路电容，对应在振荡频率上，它们的容抗可忽略不计），试说明原因。

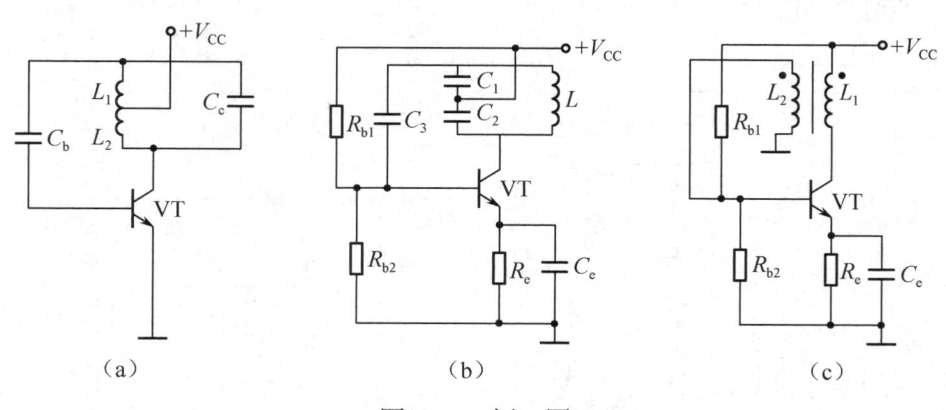

图 5-12　例 1 图

【解析】 正弦波振荡器首先必须是一个合格的放大器（实现能量转换），其次必须有选频网络（确保振荡频率的单一性），再次必须有正反馈网络（确保无须外来输入）。因此，构成正弦波振荡器必须同时具备的 3 要素是：①合格的放大器；②具备选频网络；③具备正反馈网络。

分析正弦波振荡电路能否正常工作的步骤可归纳如下。

（1）检查电路是否具备正弦波振荡器的基本组成部分，即合格的放大器和正反馈网络，并且有选频网络。

（2）检查放大器的偏置电路，看静态工作点是否能确保放大器正常工作。

（3）分析振荡器是否满足振幅平衡条件和相位平衡条件（主要看是否满足相位平衡条件，即用瞬时极性法判别是否存在正反馈）。

【解答】 图 5-12（a）中有选频网络，但没有基极偏置电路，静态时三极管工作于截止状态，故不是一个合格的放大器，因此无法振荡。

图 5-12（b）中有选频网络，但由于集电极的直流通路被 C_1、C_2 阻断，$I_{CQ}=0$，三极管不能进行放大，因此不是一个合格的放大器，也不能振荡。

图 5-12（c）中的 L_2 并接在 R_{b2} 上，将 R_{b2} 与地短接，$V_{BQ}\approx0$，三极管工作于截止状态；同时，电路没有定时电容。因此，它既不是合格的放大器，又没有选频网络，当然不能构成正弦波振荡器。

【例 2】 在如图 5-13 所示的各种 LC 振荡器电路中，判断它们能否振荡，若不能，试修改电路使之满足振荡条件。

【解答】 图 5-13（a）所示的振荡电路的结构形式为变压器反馈调集，但电路存在两处问题，因而不能振荡。两处问题及修改措施如下：①基极直流偏置被 L_2 短路，三极管不能工作于放大状态，故不是合格的放大器，修改措施是在 L_2 支路中串接一个适当容量的隔直耦合电容 C_b；②利用瞬时极性法可知，L_2 引入的是负反馈，不满足相位平衡的正反馈条件，修改措施是将 L_2 的两个接线端子对调。修改后的电路如图 5-14（a）所示。

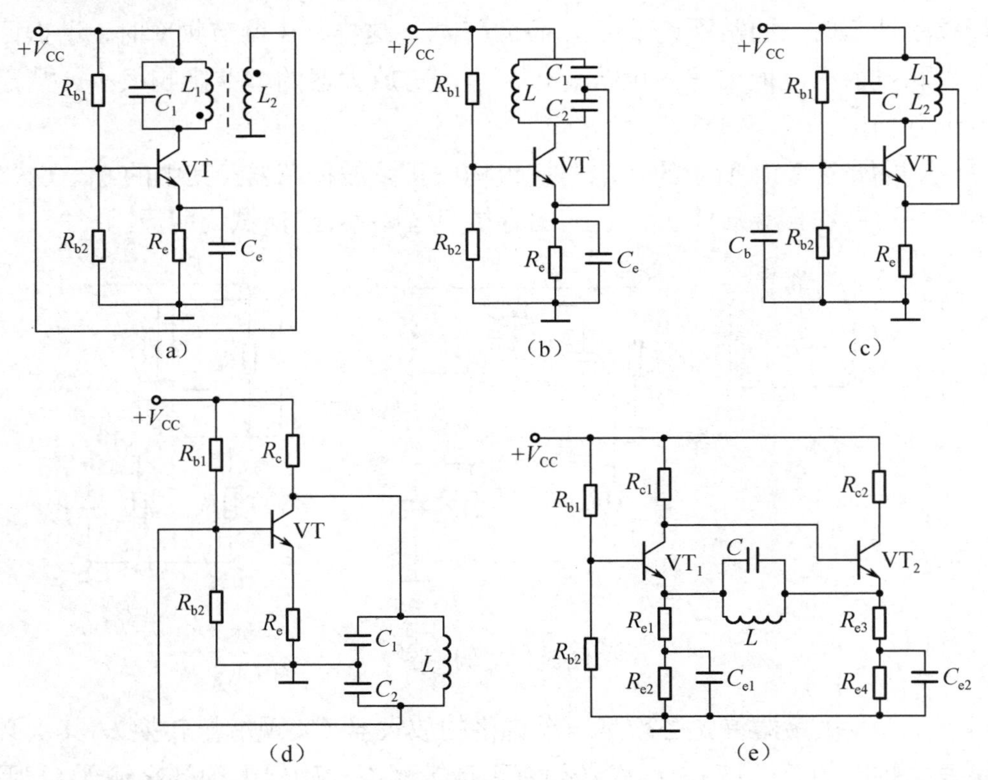

图 5-13　例 2 图

图 5-13（b）所示的振荡电路的结构形式为电容三点式，由于 C_e 将 C_1 两端的正反馈电压信号 u_f 短路了，不满足相位平衡的正反馈条件，因而不能振荡，修改措施是将 C_e 去掉，但

C_e 去掉后还将面临发射结接收的正反馈信号（$u_{be}=u_f\dfrac{r_{be}}{(R_{b1}//R_{b2})+r_{be}}$）可能不足而导致无法起振或起振后又停振的问题，因此还必须在 R_{b1} 或 R_{b2} 的两端并联一个适当容量的交流旁路电容 C_b。修改后的电路如图 5-14（b）所示。

图 5-13（c）所示的振荡电路的结构形式为电感三点式，电感的直流短路作用使三极管的 $V_{CQ}=V_{EQ}$，不满足合格放大器的条件，因而不能振荡，修改措施是在三极管的发射极与电感之间串接一个适当容量的隔直耦合电容 C_e。修改后的电路如图 5-14（c）所示。

图 5-13（d）所示的振荡电路的结构形式为电容三点式，但电路存在两处问题，因而不能振荡。两处问题及修改措施如下：①由于 L 的直流短路作用而使三极管的 $V_{CQ}=V_{BQ}$，不满足合格放大器的条件，修改措施是在三极管的基极与 L 之间串接一个适当容量的隔直耦合电容 C_b；②发射结接收的取自电容 C_2 两端的正反馈信号（$u_{be}=u_f\dfrac{r_{be}}{(1+\beta)R_e+r_{be}}$）可能不足而导致无法起振或起振后又停振，因此还必须在 R_e 的两端并联一个适当容量的交流旁路电容 C_e。修改后的电路如图 5-14（d）所示。

图 5-13（e）所示的振荡电路不能振荡的原因在于 LC 并联选频网络。LC 并联选频网络存在两处问题：①由于 L 的直流短路作用而使三极管 VT_1 和 VT_2 的静态偏置不正常，不满足合格放大器的条件；②LC 并联选频网络对振荡信号 f_0 的交流阻抗最大，对 f_0 的正反馈量趋于零，不满足相位平衡条件。解决上述问题的措施是将 LC 并联选频网络改为 LC 串联选频网络。修改后的电路如图 5-14（e）所示。

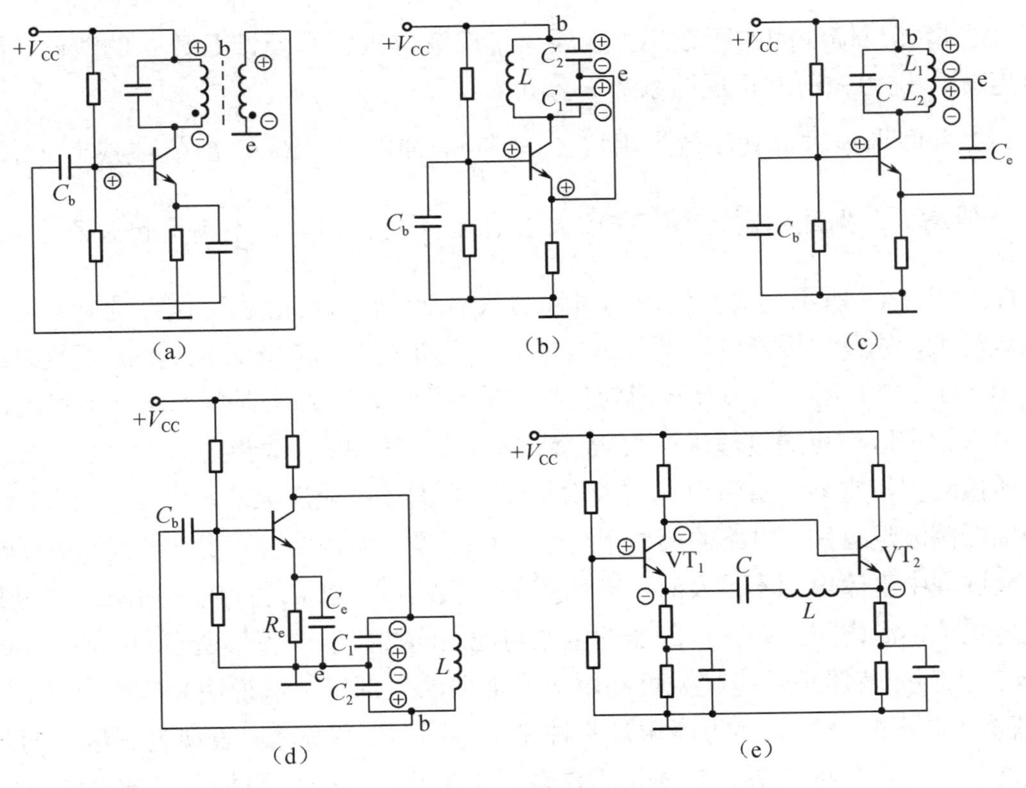

图 5-14　例 2 修改图

【例 3】 在对如图 5-13（a）所示的变压器反馈式振荡器电路进行安装调试的过程中，出现以下现象，试解释原因或说明解决问题的措施。

（1）对调反馈线圈的两个接线端子后就能起振。

（2）调整偏置电阻 R_{b1}、R_{b2} 或 R_e 的阻值后就能起振。

（3）替换为 β 值更大的同类三极管后就能起振。

（4）适当增加反馈线圈的匝数后就能起振。

（5）适当增大 L 值或减小 C 值就能起振。

（6）从示波器上观测到如图 5-15 所示的输出波形。

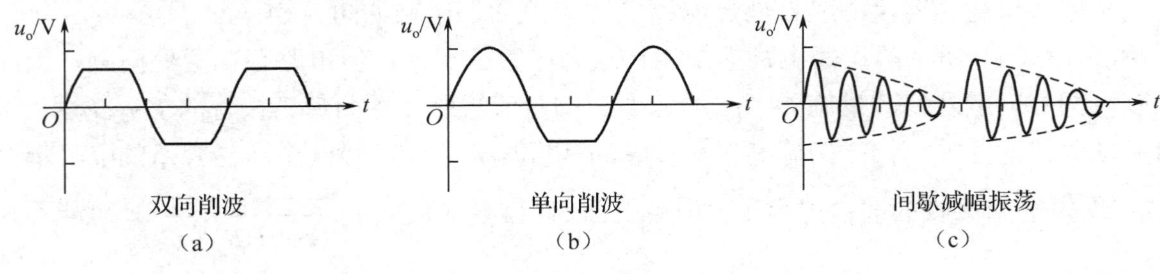

图 5-15　例 3 图

【解答】（1）说明不满足起振的相位平衡条件，之前反馈线圈的同名端极性接反了。

（2）由三极管输出特性曲线簇曲线的疏密分布规律可知，在曲线簇的中央附近，三极管的 β 值最大，因而具有最大的 A_u 值，调整 R_{b1}、R_{b2} 或 R_e 的阻值后就能起振，说明之前的静态工作点位置不当，导致放大倍数 A_u 不足，不满足起振条件 $A_uF>1$。

（3）替换为 β 值更大的同类三极管后就能起振的原因是之前的放大倍数 A_u 不足，不满足起振条件 $A_uF>1$。

（4）适当增加反馈线圈的匝数相当于增大了反馈电压 u_f 和反馈系数 F 的数值，使 A_uF 值增大后才起振，说明之前的正反馈系数 F 偏小。

（5）LC 并联谐振时，其等效为阻抗 $Z_0=\dfrac{L}{CR}$ 的纯电阻，增大 L 值或减小 C 值均导致 $A_u=-\beta\dfrac{Z_0}{r_{be}}$ 值增大，据此判定之前存在放大倍数 A_u 不足的问题，不满足起振条件 $A_uF>1$。

（6）图 5-15（a）所示的失真波形为对称的双向削波，说明静态工作点是恰当的，原因是正反馈系数过大，导致三极管过早进入非线性区，可通过适当减少反馈线圈的匝数来消除或改善失真；图 5-15（b）所示的失真波形为负半周的单向削波，原因是静态工作点过高，导致三极管过早进入饱和区，可通过适当增大 R_{b1} 或减小 R_{b2} 来消除或改善失真；正弦波振荡器本质上是能量转换装置，它能将直流电能转换为符合要求的正弦交流电能。由如图 5-15（c）所示的间歇减幅振荡波形可知，电路的相位平衡条件和振幅平衡条件均满足，导致间歇减幅振荡的原因是转换过程中直流电源不能及时补充所需的转换能量，通常是由电源内阻过大引起的，解决的方法是减小电源内阻，即在振荡器的电源与地之间加接一个容量适当的电源退耦电容。

【例 4】 LC 振荡器是否能起振可利用迫停消振法来判定，试说明其判别原理。

【解答】 LC 振荡器的振荡与停振是两种完全不同的工作状态，表现为三极管的各极电位在两种状态下会有明显的差异。迫停消振法就是在通电状态下测量振荡管发射结电压 U_{be} 的同时，用镊子短接于振荡定时元器件 L 的两端（强迫电路停振），观察两种情况下 U_{be} 是否有变化来判别的：若有变化，则说明之前电路工作在振荡状态，振荡器工作正常；若无变化，则说明振荡器之前就是停振的，可通过进一步的检测找寻停振的原因。

知识小结

（1）利用 LC 并联网络具有的选频特性来实现选频的正弦波振荡器称为 LC 振荡器，分为变压器反馈式、电感反馈式、电容反馈式 3 种，振荡频率均为 $f_0=\frac{1}{2\pi\sqrt{LC}}$。

（2）构成正弦波振荡器必须同时具备的 3 要素是：①合格的放大器；②具备选频网络；③具备正反馈网络。

5.3　RC 振荡器

当用 LC 振荡器产生几千赫兹甚至更低的振荡频率时，L 和 C 值将很大，而大电感、大电容不但体积大，而且成本高，制作困难，因此 LC 振荡器通常用于振荡频率为几百千赫兹到几百兆赫兹的高频振荡。

RC 振荡器用 RC 选频网络来代替 LC 振荡器中的 LC 选频网络，由于电阻的大小与电阻体积无关，电阻体积不受频率限制，所以 RC 振荡器特别适合于振荡频率为几百千赫兹以下的低频振荡。按选频网络结构的不同，RC 振荡器分为 RC 桥式（也称文氏电桥）和 RC 移相式两种。

5.3.1　RC 桥式振荡器

RC 桥式振荡器由 RC 串并联选频网络和同相放大器两部分组成，其结构框图如图 5-16 所示。对图 5-16 进行分析可知，RC 串并联选频网络只有在振荡频率信号 f_0 的移相为零时才满足相位平衡条件，电路才可能振荡；同相放大器既可以是同相比例运算放大器，又可以是两级阻容耦合的共发射极放大器，如图 5-17 所示。

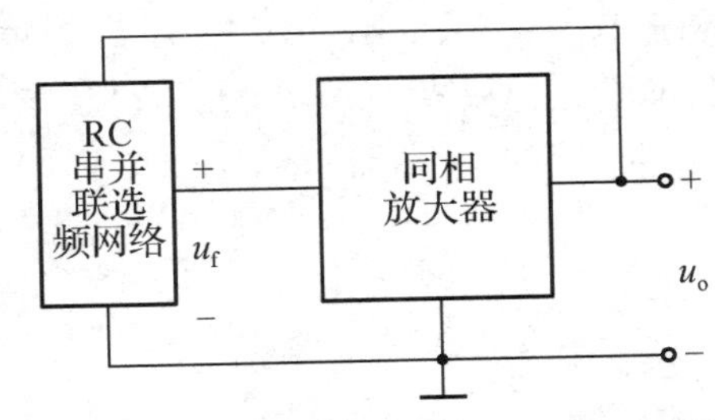

图 5-16　RC 桥式振荡器的结构框图

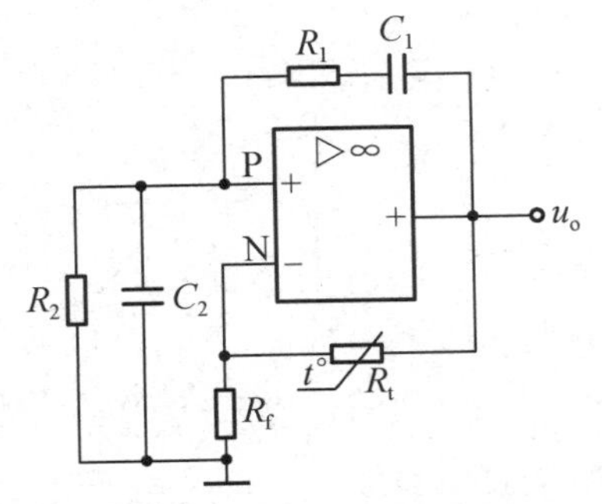

（a）由同相比例运算放大器组成的RC桥式振荡器

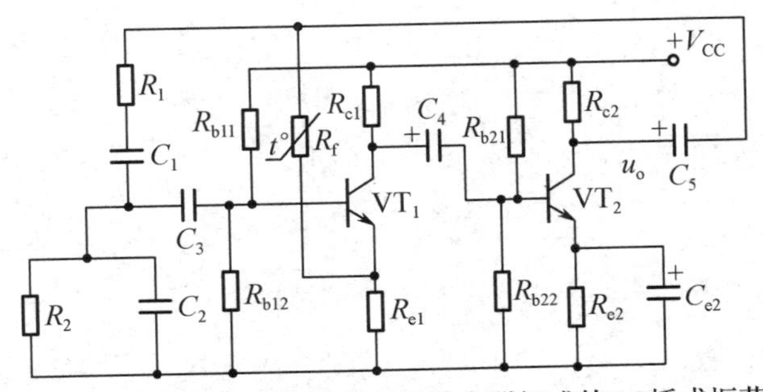

（b）由两级阻容耦合的共发射极放大器组成的RC桥式振荡器

图 5-17　RC 桥式振荡器的两种典型电路结构

1. RC 串并联选频网络的选频特性

为方便分析，先将图 5-17 中的 RC 串并联选频网络单独画出，如图 5-18（a）所示。振荡输出信号 f_0 由 A、C 两端反馈输入，经 RC 串并联网络选频后由 B、C 两端回送到同相放大器的输入端。

（1）幅频特性。

① 假设当输入信号的频率趋于零时，C_1、C_2 的容抗趋于无穷大，即 $Z_1 \approx X_{C1} \approx \infty$、$Z_2 \approx R_2$，其等效电路如图 5-18（b）所示。此时，反馈系数 $F=\dfrac{u_f}{u_o}=\dfrac{Z_2}{Z_1}\approx 0$，随着输入信号频率的逐渐升高，反馈系数 F 会逐渐增大。

② 假设当输入信号的频率趋于无穷大时，C_1、C_2 的容抗趋于零，即 $Z_1 \approx R_1$、$Z_2 \approx X_{C2} \approx 0$，其等效电路如图 5-18（c）所示。此时，反馈系数 $F=\dfrac{u_f}{u_o}=\dfrac{Z_2}{Z_1}\approx 0$，随着输入信号频率的逐渐降低，反馈系数 F 会逐渐增大。

综上可知，振荡频率在 0 与∞之间的某处，反馈系数 F 必有一个峰值。将输入信号移相为零的条件列入其中，经计算得到，当输入信号 $f=f_0$ 时，反馈系数 F 最大且为实数，其值为 1/3。RC 串并联选频网络的幅频特性如图 5-18（d）中的图（1）所示，由幅频特性可知，当它与放大倍数 $A_{u_f}>3$ 的放大器组成正反馈放大器时，便能满足起振条件。

（2）相频特性。

我们把 RC 串并联选频网络的输出电压 u_f 与输入信号电压 u_o 的相位随信号频率的变化关系称为其相频特性。

通过分析可知，当信号频率 f 等于 RC 串并联选频网络的选频频率 f_0 时，输出电压 u_f 的振幅最大，且与输入信号电压 u_o 同相。由此绘出的相频特性如图 5-18（d）中的图（2）所示，不难看出，只有当 $f=f_0$ 时，RC 串并联选频网络的移相才为零，才能满足振荡的相位平衡条件。

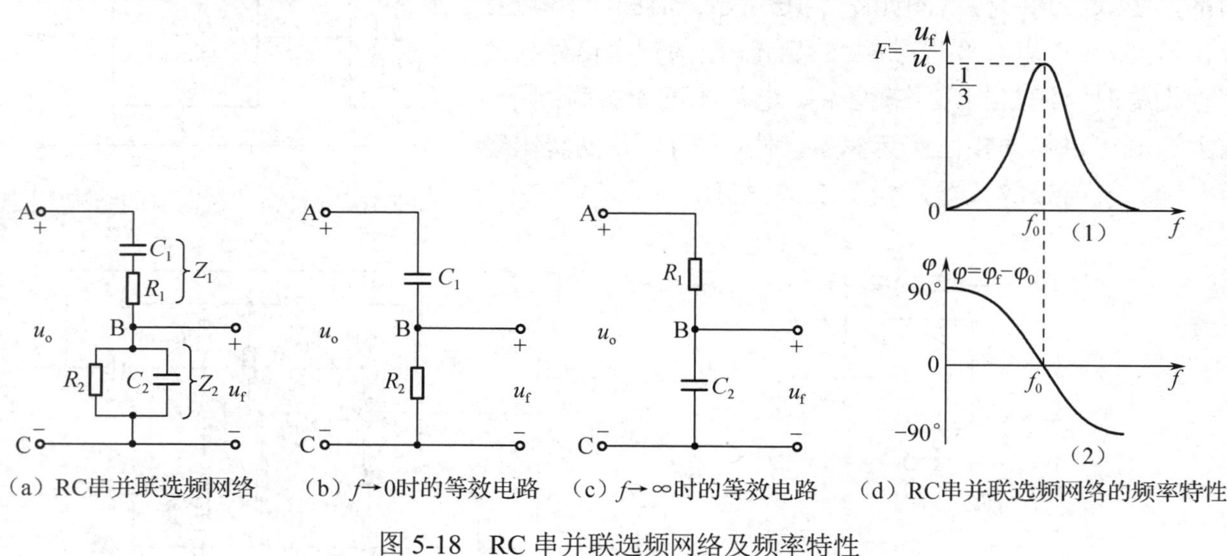

（a）RC串并联选频网络　（b）$f\to 0$时的等效电路　（c）$f\to\infty$时的等效电路　（d）RC串并联选频网络的频率特性

图 5-18　RC 串并联选频网络及频率特性

（3）振荡频率。

在如图 5-17 所示的两种典型电路结构的 RC 桥式振荡器中，当 $R_1=R_2=R$，$C_1=C_2=C$ 时，电路的振荡频率为

$$f_0 = \frac{1}{2\pi RC}$$

（4）振荡器的起振与稳幅过程。

因为RC串并联选频网络的F=1/3，而只有当A_uF=1时才能维持等幅输出，所以图5-17（a）、（b）的振幅平衡条件分别为$A_u = 1 + \frac{R_t}{R_f} = 3$和$A_u = 1 + \frac{R_f}{R_{e1}} \approx 3$。但只有当$A_uF$>1即$A_u$>3时才能起振，因此要求放大器的放大倍数能自动调整，通常在负反馈回路中采用热敏电阻来兼顾起振和振幅平衡条件。图5-17（a）中的R_t和图5-17（b）中的R_f均为负温度系数（当温度升高时，其阻值自动减小）热敏电阻，在接通电源的瞬间，热敏电阻呈高阻态，因而A_u>3，电路能顺利起振，起振后，电阻温度升高，其阻值减小，从而能自动调节放大器的放大倍数，维持A_u=3，从而维持稳定的振荡波形输出。需要补充说明的是，图5-17（a）中的R_t和图5-17（b）中的R_f若为普通电阻，则图5-17（a）中的R_f和图5-17（b）中的R_{e1}必须采用正温度系数热敏电阻来自动调整放大倍数。

2．频率可调的RC桥式振荡器

RC桥式振荡电路具有输出电压稳定、波形失真小、频率调节方便的特点，广泛应用于低频正弦波信号发生器中。

图5-19所示为一种频率可调的RC桥式振荡器实际应用电路。从图5-19中可以看出，用双连开关S切换到不同挡位的电阻，可以实现粗调；旋动双联可变电容C的旋钮，通过改变其容量来实现细调，这种正弦波信号发生器的输出频率可调范围为几赫兹到几千赫兹。

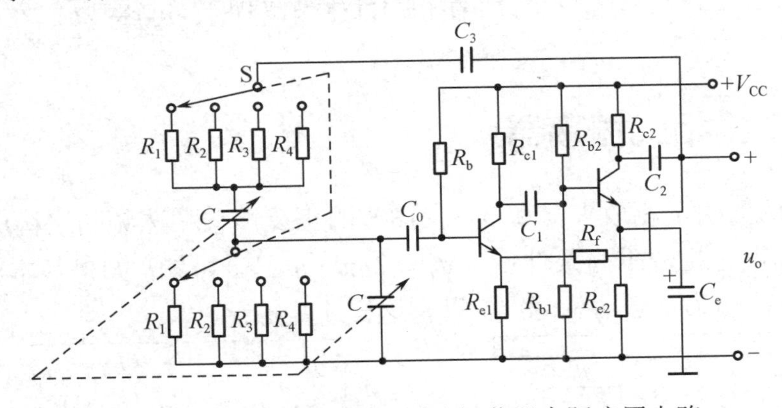

图5-19 频率可调的RC桥式振荡器实际应用电路

【例5】 通过RC串并联选频网络的选频特性分析如图5-20所示的电路是否能起振。

【解答】 从振幅平衡条件看，共发射极组态三极管放大器的闭环放大倍数$A_u \geq 3$是容易实现的；但从相位平衡条件看，反馈输出端与反馈输入端是反相的，RC串并联选频网络无法实现对振荡频率信号f_0的移相为零，无法满足相位平衡条件，故电路不可能起振。

【例6】 RC桥式振荡电路如图5-21所示。已知R_2=12kΩ，具有理想特性的集成运放的最大输出电压为±15V。试求：

（1）振荡输出频率f_0。

（2）确定R_w的调节范围及对应的输出峰值电压U_{om}的变化范围。

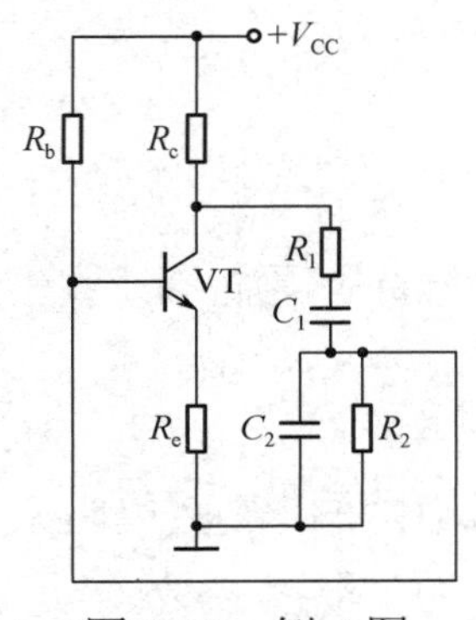

图 5-20　例 5 图

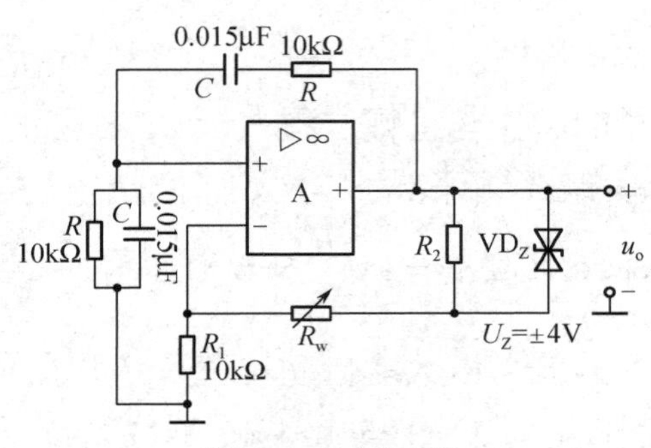

图 5-21　例 6 图

【解答】（1）振荡电路的振荡频率为

$$f_0=\frac{1}{2\pi RC}=\frac{1}{2\times3.14\times10\times10^3\times0.015\times10^{-6}}\approx1061.6\text{（Hz）}$$

（2）R_W的最小值R_{wmin}由振幅平衡条件确定，即$R_{wmin}+R_2$=20kΩ，故R_{wmin}=8kΩ；R_W的最大值受集成运放最大输出电压的限制，因为集成运算的最大输出电压为±15V，所以输出电压的峰值U_{om}=15V。当输出电压达到峰值时，稳压管能稳压进行稳幅，U_Z=4V，又因为RC桥式振荡器的反馈系数$F=\frac{1}{3}$，此时$u_{I+max}=u_{I-max}=\frac{1}{3}U_{om}=5V$，所以$U_{Rwmax}=U_{om}-(u_{I-max}+U_Z)=6V$，$I_{Rwmax}=I_{R1max}=\frac{u_{I-max}}{R_1}=\frac{5V}{10k\Omega}=0.5mA$可得，$R_{wmax}=\frac{U_{Rwmax}}{I_{Rwmax}}=\frac{6V}{0.5mA}$=12kΩ。

因为$U_{R1}=u_{I-}=\frac{1}{3}U_{om}$，$U_{Rw}+U_Z=\frac{2}{3}U_{om}$，$U_{Rw}=\frac{R_w}{R_1}\frac{1}{3}U_{om}$，所以$U_{om}=U_{R1}+U_{Rw}+U_Z$，经整理可得，$U_{om}=\frac{120}{20-R_w}$V，所以，当$R_w$在8～12kΩ内调节时，可解得$U_{om}$在10～15V内变化。

5.3.2　RC 移相式振荡器

RC 移相式振荡器由反相放大器和$\varphi_F=\pm180^\circ$的正反馈移相选频网络构成，其典型应用电路如图 5-22 所示。根据相位平衡条件$\varphi_A+\varphi_F=2n\pi$（$n\in\mathbf{Z}$）可知，如果基本放大器是反相的，则正反馈网络的相移必须是$\varphi_F=\pm180^\circ$，只有这样才能振荡。

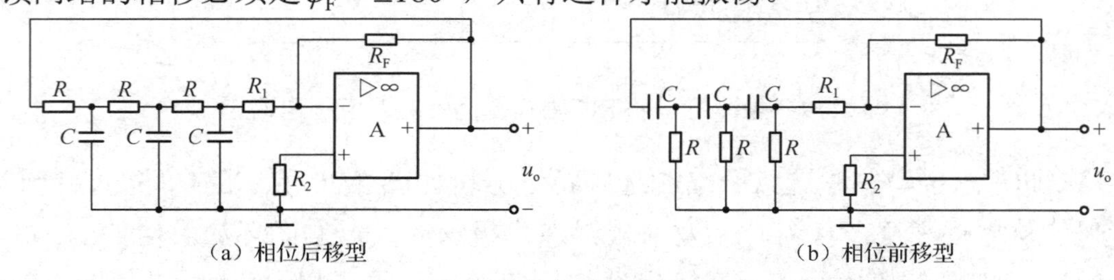

图 5-22　RC 移相式振荡器的典型应用电路

由相关知识可知，在 R 或 C 其中一个趋于零的前提下，1 节 RC 移相电路的最大相移趋于±90°，但此时电路的反馈系数趋于零，故 1 节 RC 移相电路在实际应用中只能提供小于±90°的相移，因此，RC 移相式振荡器至少需要 3 节 RC 移相电路才能保证±180°的相移。

RC 移相式振荡器结构简单，但输出波形差，电路性能欠佳的问题限制了其适用范围。对其振荡频率的推导过程也比较复杂，通过查阅参考文献可得如图 5-22 所示的 RC 移相式振荡器的振荡频率均为$f_0=\frac{1}{2\pi\sqrt{6}RC}$。

知识小结

（1）RC 振荡器适合振荡频率为几百千赫兹以下的低频振荡。按选频网络结构的不同，RC 振荡器分为 RC 桥式和 RC 移相式两种。

（2）RC 桥式振荡器由 RC 串并联选频网络和同相放大器两部分组成，其振荡频率为 $f_0 = \dfrac{1}{2\pi RC}$。

5.4　石英晶体振荡器

振荡频率的稳定度是振荡电路的一个重要的性能指标。之前介绍的 LC、RC 振荡器的振荡频率总会受到环境温度的变化、电源电压的波动、负载的变化、三极管和其他元器件温度系数等因素的影响而发生变化。有些电子电路，如标准频率发生器要求正弦波振荡器的振荡频率稳定度很高，此时，LC、RC 振荡器就难以胜任了。

石英晶体振荡器是用石英晶体作为谐振选频电路的振荡器，其特点是频率的稳定度高，可高达 10^{-6}～10^{-11} 量级，广泛应用于要求频率稳定度高的电子电路中。

5.4.1　石英晶体的特性

天然的石英是六菱形晶体，其化学成分是二氧化硅（SiO_2）。石英晶体具有非常稳定的物理和化学性能。从一块石英晶体上按一定的方位角进行切割，得到的薄片称“晶片”。晶片通常为矩形，也有正方形。在晶片两个对应的表面上用真空喷涂或其他方法涂敷上一层银膜，在两层银膜上分别引出两个电极，并用金属壳或玻璃壳封装起来，就构成了一个石英晶体谐振器。石英晶体谐振器是石英晶体振荡器的核心，其内部结构、电路符号和外形如图 5-23 所示。

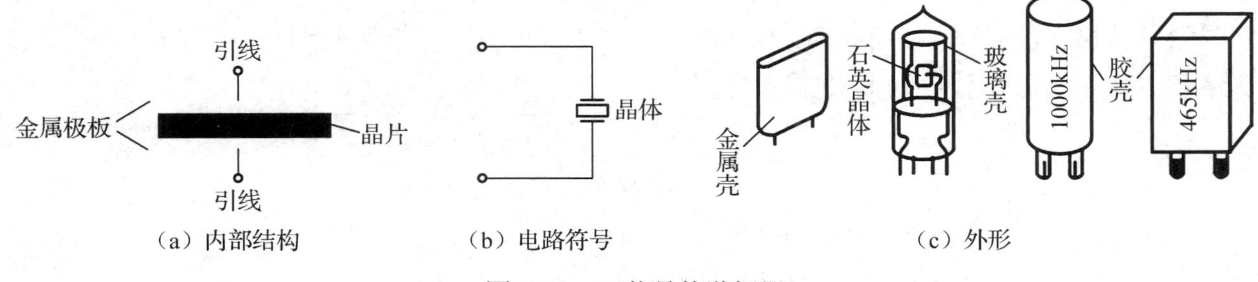

图 5-23　石英晶体谐振器

1. 石英晶体的压电效应与压电谐振现象

所谓压电效应，就是指当给晶片两侧加电压时，晶片将产生机械形变；当给晶片两侧施加外力时，晶片两侧将产生电压的物理现象，如图 5-24（a）所示。

如果在如图 5-24（b）所示的电路中的晶片的两电极间加上高频交变电压，那么晶片将产生相应的机械振动，回路中会出现微弱的电流；当外加高频交变电压的频率等于晶片的固有频率时，将发生串联谐振，此时回路中的电流为最大值。这种现象称为石英晶体的压电谐振现象。压电谐振时的频率称为石英晶体谐振器的振荡频率。

2．石英晶体谐振器的等效电路和频率特性

石英晶体谐振器的等效电路和电抗-频率特性如图 5-25 所示。

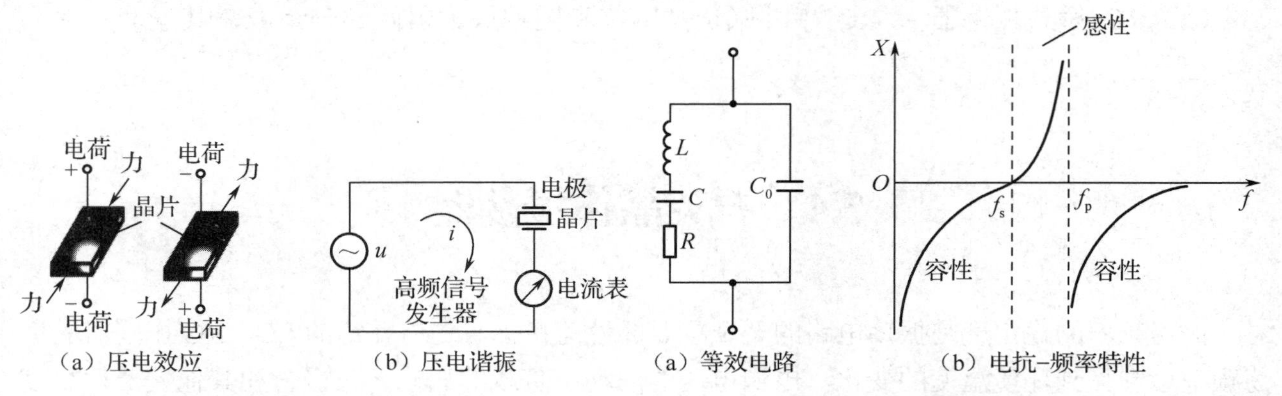

（a）压电效应　（b）压电谐振

图 5-24　压电效应和压电谐振现象

（a）等效电路　（b）电抗-频率特性

图 5-25　石英晶体谐振器的等效电路和电抗-频率特性

对等效电路中的“等效元器件”的说明如下。

当石英晶体不振动时，可用静态电容 C_0 来等效，一般为几皮法到几十皮法；当石英晶体振动时，机械振动的惯性可用电感 L 来等效，一般为 10^{-3}～10^{-2}H；晶片的弹性可用电容 C 来等效，一般为 10^{-2}～10^{-1}pF；晶片振动时的损耗用 R 来等效，约为 100Ω。由 $Q=\frac{1}{R}\sqrt{\frac{L}{C}}$ 可知，品质因数 Q 很高，可达 10^4～10^6。加之晶片的固有频率只与晶片的几何尺寸有关，其精度高且十分稳定。因此，采用石英晶体谐振器组成振荡电路可获得很高的频率稳定度。

从石英晶体谐振器的等效电路中可以看出，它有两个谐振频率。

（1）当外加信号频率等于 RLC 支路的固有谐振频率时，RLC 支路发生串联谐振。此时，电路的阻抗最小，且等效为纯电阻 r，其串联谐振频率为

$$f_s=\frac{1}{2\pi\sqrt{LC}}$$

（2）当外加信号频率高于 f_s 时，$X=X_L-X_C>0$。此时，RLC 支路呈感性，可与 C_0 所在电容支路发生并联谐振，且并联谐振频率为

$$f_p=\frac{1}{2\pi\sqrt{L\frac{C_0\times C}{C_0+C}}}=\frac{1}{2\pi\sqrt{LC}}\sqrt{1+\frac{C}{C_0}}=f_s\sqrt{1+\frac{C}{C_0}}$$

因为 $C_0\gg C$，所以 $\frac{C_0\times C}{C_0+C}\approx C$，因此 f_s 和 f_p 两个频率非常接近。

由图 5-25（b）可知，当外加信号频率在 f_s 和 f_p 之间时，石英晶体谐振器呈感性，可等效为一个大电感；在此区域之外，石英晶体谐振器呈容性，可等效为一个小电容。

5.4.2　石英晶体振荡电路

由石英晶体构成的振荡器实用电路有两种类型：一类为串联型，石英晶体作为一个正反

馈通路元器件，其工作频率为串联谐振频率 f_s，利用其阻抗最小且为纯电阻的特性，可为放大器引入最强的正反馈；另一类为并联型，石英晶体的工作频率在 f_s 和 f_p 之间，起一个高 Q 值电感元器件的作用。

（1）串联型石英晶体振荡器。

基本放大器可以由三极管或集成运放组成，因此串联型石英晶体振荡器的电路结构组成有很多种。图 5-26 和图 5-27 所示为由三极管构成的两种串联型石英晶体振荡器的典型应用电路。工作原理分析如下。

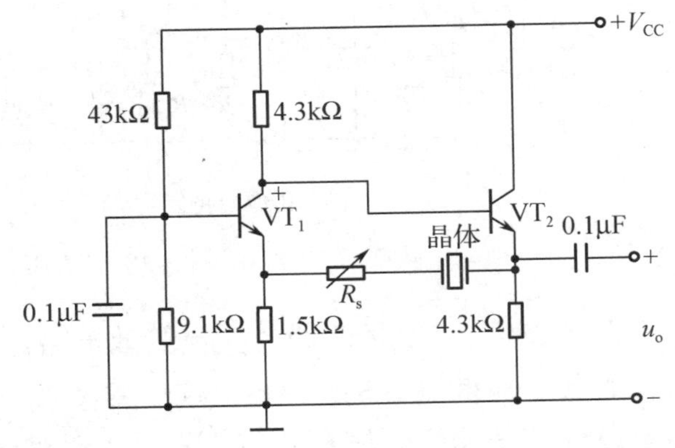

图 5-26　放大器级联构成的串联型石英晶体振荡器

在图 5-26 中，石英晶体串接在由 VT_1、VT_2 组成的两级放大器的正反馈回路中。

① 当振荡器频率等于石英晶体的串联谐振频率 f_s 时，石英晶体呈纯电阻性，因此频率 f_s 回送的正反馈最强，此时，振荡器正常工作所要求的振幅平衡条件和相位平衡条件均能得到满足，故电路输出的正弦波振荡信号频率为 f_s。在图 5-26 中，与石英晶体串接的 R_s 用于调节反馈量的大小。R_s 过大，正反馈不足，可能导致振荡器不能起振或中途停振；R_s 过小，正反馈太强，可能导致三极管容易进入非线性区而使输出波形失真。

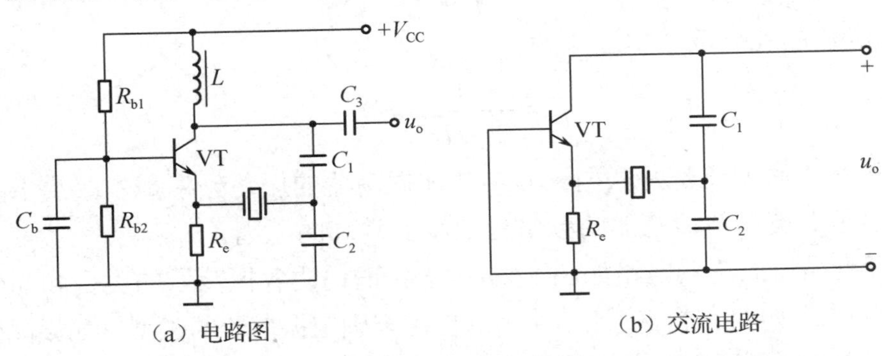

图 5-27　单级放大器构成的串联型石英晶体振荡器

② 当振荡器频率为 f_s 之外的其他频率时，石英晶体呈极高阻态的容性或感性。此时，反馈回送的信号不仅很弱，还不满足正反馈，振幅平衡条件和相位平衡条件均不具备，其结果是信号越来越弱，经历几轮反馈后便消失了。

图 5-27 所示的电路的工作原理与图 5-26 基本一致。需要说明的一点是，L 为扼流圈，振荡频率取决于石英晶体的固有谐振频率 f_s。该电路的正反馈信号取自 C_2 的两端，反馈系数为

$$F=\frac{u_f}{u_o}=\frac{X_{C2}}{X_{C1}+X_{C2}}=\frac{C_1}{C_1+C_2}$$

（2）并联型石英晶体振荡器。

并联型石英晶体振荡器的应用电路同样很多。下面以如图 5-28 所示的 ZXB-1 型石英晶体振荡器为例分析其工作原理。

在图 5-28（a）中，VT_1 为振荡级，与石英晶体共同组成并联型石英晶体振荡器；VT_2 为驱动放大级，利用共发射极组态放大器的高增益来放大振荡信号；VT_3 为输出级，输出振荡信号，采用射极输出器可以增强电路的带负载能力。

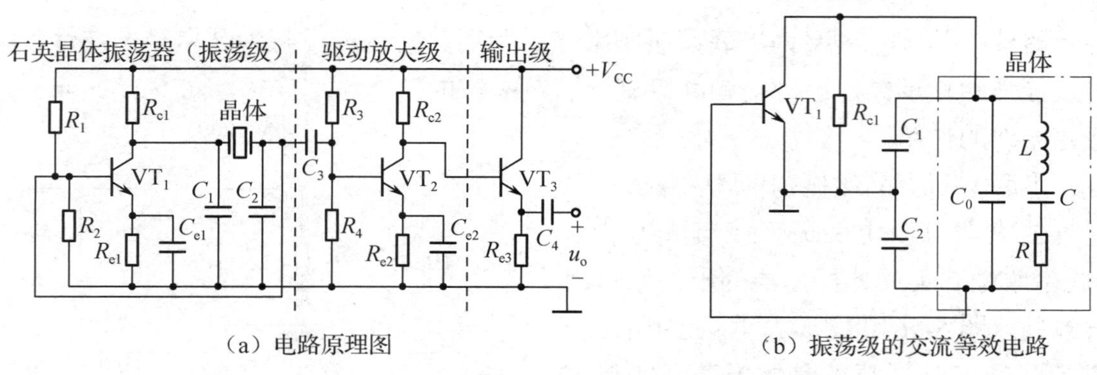

图 5-28　ZXB-1 型石英晶体振荡器

图 5-28（b）是振荡级的交流等效电路，可以看出，振荡回路由 C_1、C_2 和晶体组成。只有在石英晶体谐振器呈感性时，它与 C_1、C_2 才能构成电容三点式振荡器，即振荡频率只能在石英晶体谐振器的 f_s 与 f_p 之间。分析其频率计算式如下。

振荡回路的总定时电容是 C_1 和 C_2 串联后与 C_0 并联，并与 C 串联，回路总定时电容为 $\dfrac{C(C'+C_0)}{C+(C'+C_0)}$，其中 $C'=\dfrac{C_1C_2}{C_1+C_2}$。故振荡回路的振荡频率为

$$f_0 \approx \frac{1}{2\pi\sqrt{\dfrac{LC(C'+C_0)}{C+C'+C_0}}}$$

由于 $C \ll C_0+C'$，因此振荡频率近似为

$$f_0 \approx \frac{1}{2\pi\sqrt{LC}} = f_s$$

可见，无论是串联型还是并联型，石英晶体振荡器的振荡频率基本取决于晶体的固有谐振频率 f_s，这也是石英晶体振荡器的频率稳定度非常高的原因。

【例 7】 石英晶体振荡器电路如图 5-29 所示。请说明各振荡器的类型和晶体的作用。

【解析】 可通过观察晶体在交流通路中的作用来确定振荡器的类型。如果晶体是正反馈回路的一部分，则为串联型石英晶体振荡器，晶体兼有选频和小阻值的纯电阻的作用；如果晶体是振荡定时元器件的一部分，则为并联型石英晶体振荡器，晶体兼有选频和大电感的作用。

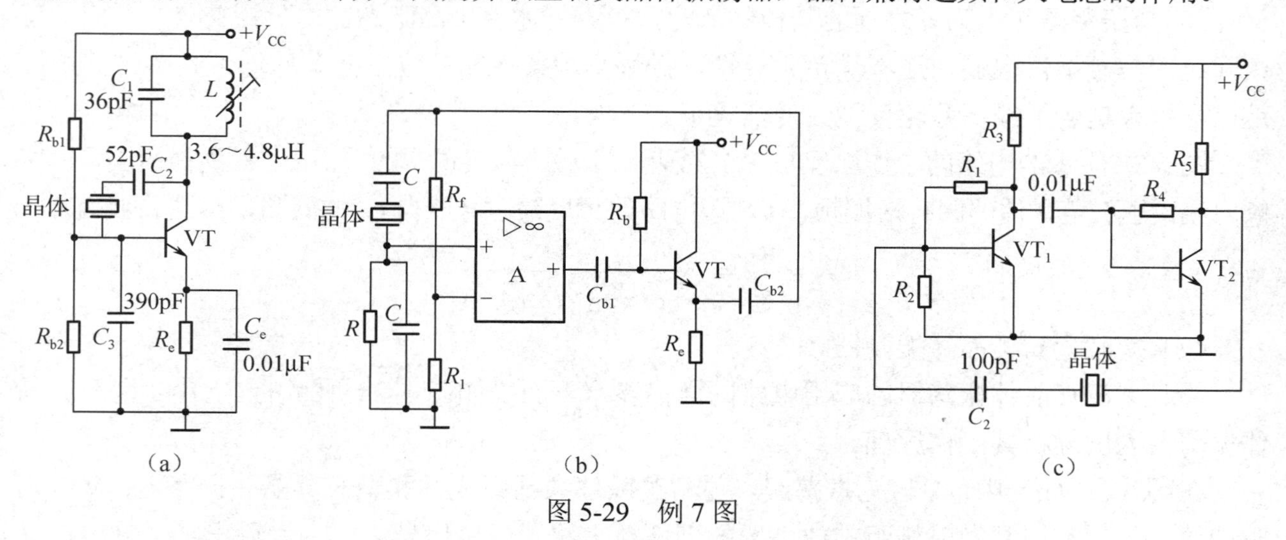

图 5-29　例 7 图

【解答】 在图 5-29（a）中，根据“射同集反”的 LC 三点式振荡器组成原则，当由 L、

C_1 并联组成的回路呈容性，且晶体呈感性时，可构成电容三点式振荡器。因此，图 5-29（a）中的晶体起电感的作用，为并联型石英晶体振荡器。

在图 5-29（b）中，根据 RC 桥式振荡器组成原则，当晶体呈纯电阻性时，相当于电阻 R，电路能振荡。因此，图 5-29（b）中的晶体起电阻的作用，为串联型石英晶体振荡器。

在图 5-29（c）中，只有晶体相当于纯电阻 R 时才能满足相位平衡条件，电路才能振荡。因此，图 5-29（c）中的晶体起电阻的作用，为串联型石英晶体振荡器。

知识小结

（1）用石英晶体作为谐振选频电路的石英晶体振荡器因其频率的稳定度非常高而广泛应用于要求频率稳定度高的电子电路中。

（2）在串联型石英晶体振荡器中，晶体兼有选频和小阻值纯电阻的作用；在并联型石英晶体振荡器中，晶体兼有选频和高 Q 值电感元器件的作用。

（3）无论是串联型还是并联型，石英晶体振荡器的振荡频率基本取决于晶体的固有谐振频率 f_s。

5.5　正弦波振荡器同步练习题

一、填空题

1．自激振荡是指在__________时，电路中产生__________和__________输出波形的现象。

2．振荡器的相位平衡条件是__________，振幅平衡条件是__________，起振条件是__________。

3．__________反馈才能满足振荡电路的相位平衡条件。

4．产生低频正弦波一般可用________振荡电路，产生高频正弦波可用__________振荡电路。若要求频率稳定度很高，则可用__________振荡电路。

5．正弦波振荡器从结构上看，主要由__________、__________、__________ 3 部分组成。

6．LC 三点式振荡器电路组成的相位平衡判别是与发射极相连接的两个电抗元器件的性质必须是__________，而与基极相连接的两个电抗元器件的性质必须是__________。

7．石英晶体振荡器的频率稳定度很高，通常可分为__________和__________两种。

二、判断题

题号	1	2	3	4	5	6	7	8	9	10
答案										

1．正弦波振荡电路中的集成运放均工作在线性区。

2．只要满足正弦波振荡的相位平衡条件，电路就一定振荡。

3．在正弦波振荡电路中，只允许存在正反馈，不允许引入负反馈。

4．对于正弦波振荡电路，只要满足相位平衡条件，就有可能产生正弦波振荡。

5．对于一个反馈电路，只要满足起振条件，就一定能产生自激振荡。

6．放大器必须同时满足相位平衡条件和振幅条件才能产生自激振荡。

7．凡是能满足振荡条件的反馈放大电路一定能产生正弦波振荡。

8．在正弦振荡器中，放大器的主要作用是保证电路满足相位平衡条件。

9．LC 振荡器是靠负反馈来稳定振幅的。

10．在串联型石英晶体振荡电路中，石英晶体相当于一个电感而起作用。

三、单项选择题

1．现有电路如下：A．RC 桥式正弦波振荡电路；B．LC 正弦波振荡电路；C．石英晶体正弦波振荡电路。（选择合适答案填入括号内，只需填入 A、B 或 C。）

（1）制作频率为 50Hz～20kHz 的音频信号发生电路应选用（　　）。

（2）制作频率为 2～200MHz 的接收机的本机振荡器应选用（　　）。

（3）制作频率非常稳定的测试用信号源应选用（　　）。

2．正弦波振荡电路如图 5-30 所示，若该电路能持续稳定的振荡，则同相输入的反馈信号的电压放大倍数应等于（　　）。

A．2　　B．3　　C．1　　D．4

3．振荡电路如图 5-31 所示，选频网络是由（　　）。

A．L_1、C_1 组成的电路　　B．L、C 组成的电路

C．L_2、R_2 组成的电路

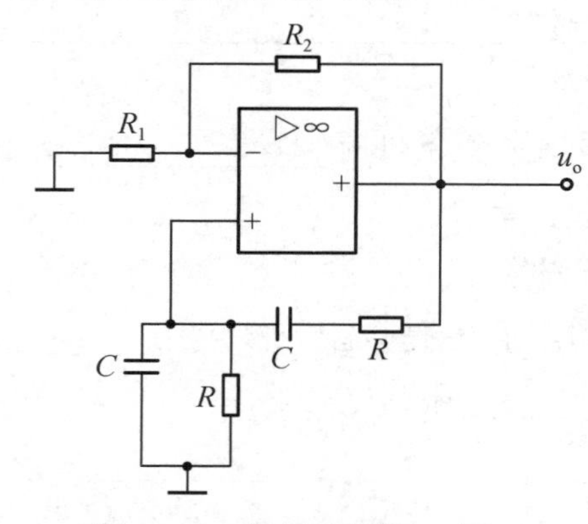

图 5-30　单项选择题 2 图

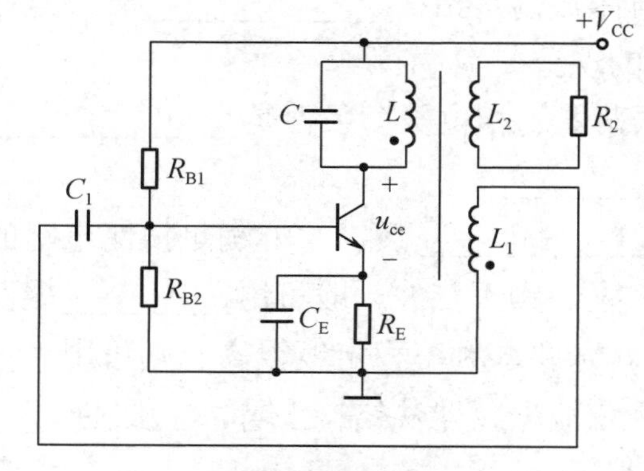

图 5-31　单项选择题 3 图

4．正弦波振荡器的振荡频率 f_0 取决于（　　）。

A．放大电路的放大倍数　　B．选频网络元器件的参数

C．正反馈的强弱　　D．电源电压的高低

5．在自激振荡电路中，下列哪种说法是正确的（　　）。

A．LC 振荡器、RC 振荡器一定产生正弦波

B．石英晶体振荡器不能产生正弦波

C．电感三点式振荡器产生的正弦波失真较大

D．电容三点式振荡器的振荡频率不高

6．振荡器的输出信号最初是由（　　）而来的。

A. 基本放大器　　B. 选频网络

C. 干扰或噪声信号　　D. 信号源提供的输入信号

7. 自激正弦波振荡器是用来产生一定频率和幅度的正弦信号的装置，此装置之所以能输出信号是因为（　　）。

A. 有外加输入信号　　B. 满足自激振荡条件

C. 先施加输入信号激励振荡起来，然后去掉输入信号

8. 为提高振荡频率的稳定度，高频正弦波振荡器一般选用（　　）。

A. LC 正弦波振荡器　　B. 石英晶体振荡器

C. RC 正弦波振荡器　　D. 多谐振荡器

9.（　　）振荡器的频率稳定度高且频率可调节。

A. 变压器反馈式　B. 克拉波　C. RC　D. 石英晶体

10. 由 RC 串并联选频网络构成的正弦波振荡电路的振荡频率为（　　）。

A. $f_0=\dfrac{1}{2\pi\sqrt{6RC}}$　B. $f_0=\dfrac{1}{2\pi RC}$　C. $f_0=\dfrac{1}{2\pi\sqrt{RC}}$　D. $f_0=\dfrac{1}{4\pi\sqrt{RC}}$

四、简答题

1. 如图 5-32 所示，指出它们属于哪种类型的振荡器，并写出各电路的振荡频率。

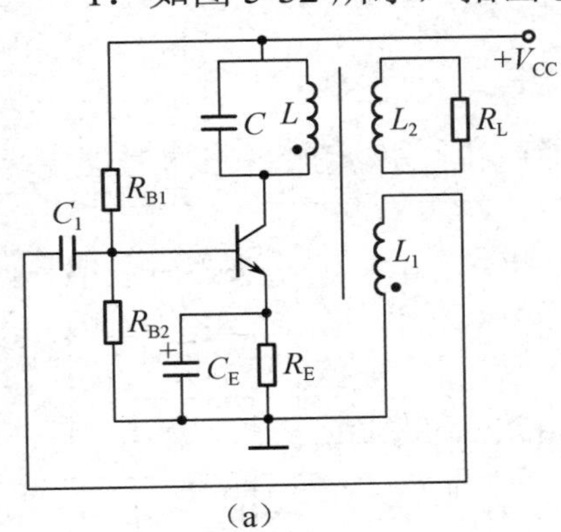

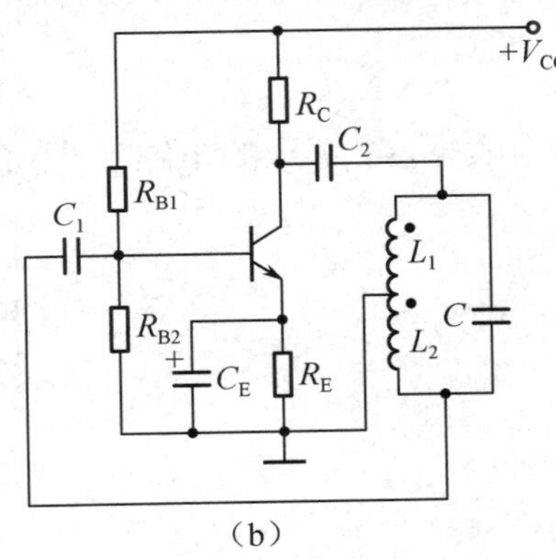

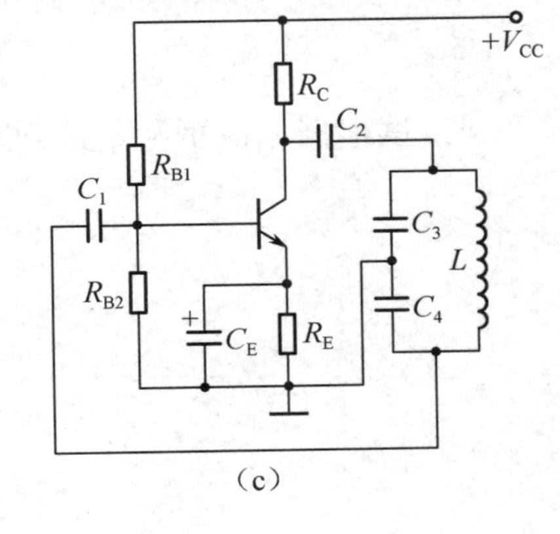

图 5-32　简答题 1 图

2. 判断如图 5-33 所示的电路是否可以产生振荡信号，并说明理由。

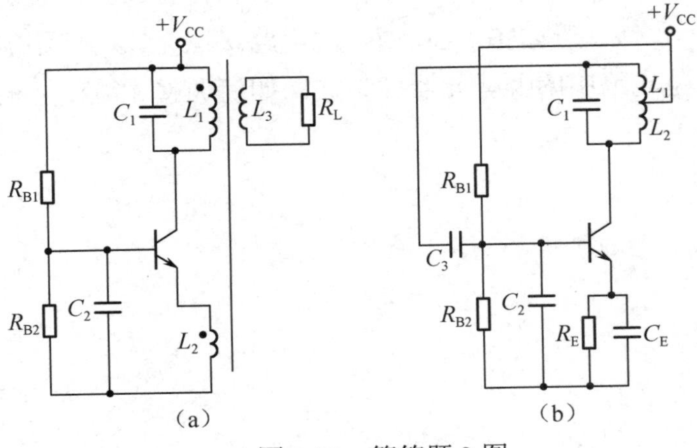

图 5-33　简答题 2 图

3. 利用相位平衡条件的判断准则判断图 5-34 中的振荡器交流等效电路哪些不可能振荡，哪些可能振荡。若不能振荡，则说明原因；若能振荡，则说明属于哪种类型的振荡电路，并说明在什么条件下能振荡。

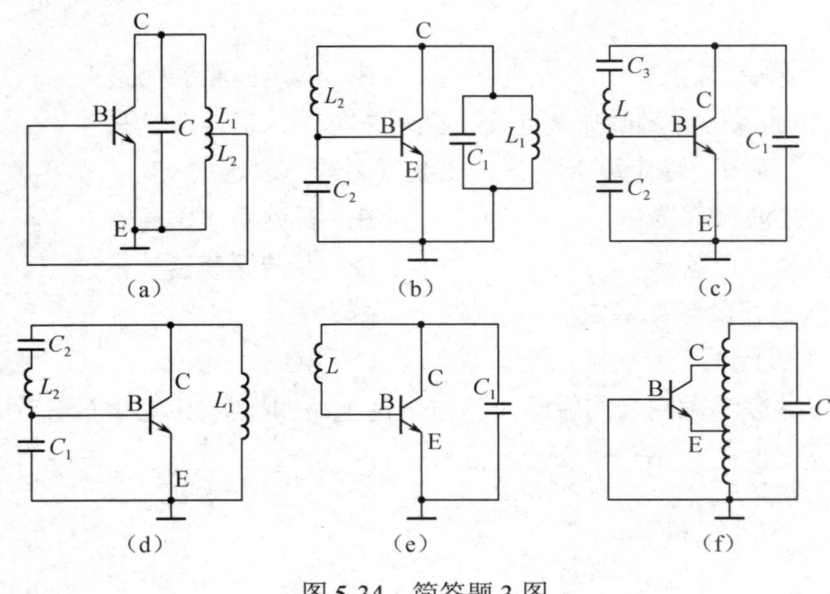

图 5-34　简答题 3 图

4．试根据相位平衡条件判断如图 5-35 所示的电路有无可能产生正弦波振荡并简述理由。

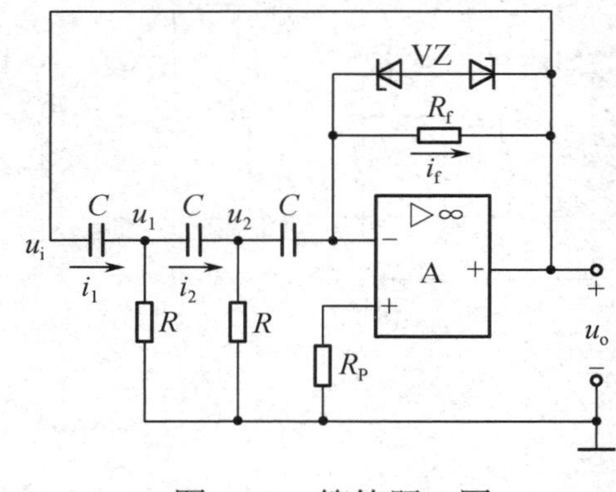

图 5-35　简答题 4 图

5．若如图 5-36 所示的电路接法无误，但不能产生正弦波振荡，试问其原因何在？应调整电路中的哪些元器件参数？如何调整才能使之振荡？

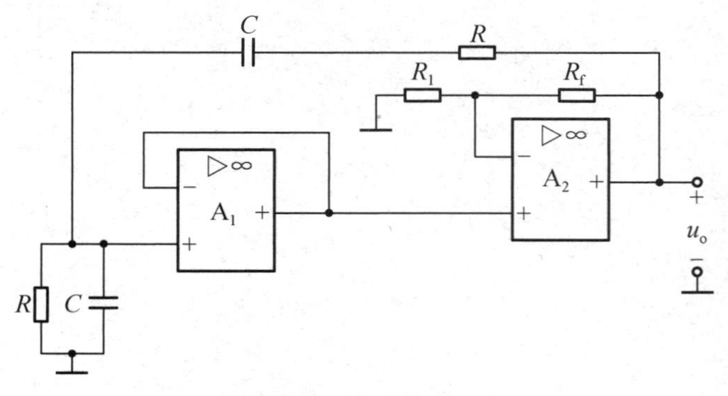

图 5-36　简答题 5 图

五、计算题

1．电路如图 5-37 所示：①画出该电路的交流通路，标出瞬时极性；②判断电路的振荡类型；③若 L=0.1mH，C=0.01μF，计算振荡频率。

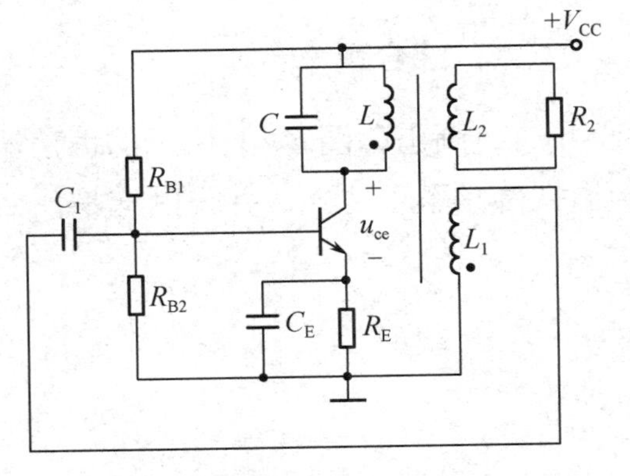

图 5-37　计算题 1 图

2．电路如图 5-38 所示。试求解：①R_w 的下限值；②振荡频率的调节范围。

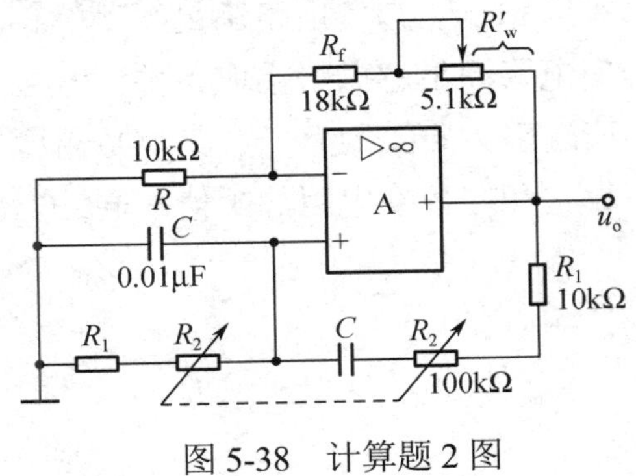

图 5-38　计算题 2 图

3．在如图 5-39 所示的 RC 桥式振荡电路中，已知 R_1=10kΩ，R 和 C 的可调节范围分别为 1～100kΩ 和 0.001～1μF。试求：①振荡频率的可调范围；②R_F 的下限值。

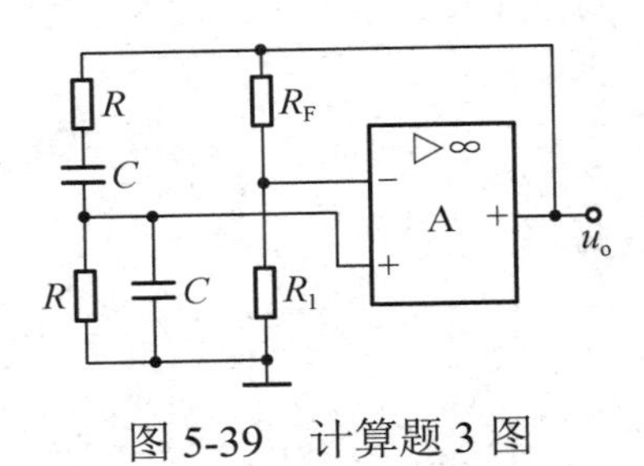

图 5-39　计算题 3 图

4．RC 桥式正弦波振荡电路如图 5-40（a）所示，图 5-40（b）画出了热敏电阻 R_t 的特性，设 A_1、A_2 均为理想集成运放。试回答下列问题：①R_t 的温度系数是正的还是负的？②当 I_t（有效值）多大时，该电路出现稳定的正弦波振荡？此时 R_t 为何值？③输出电压 u_o 的有效值为多少？

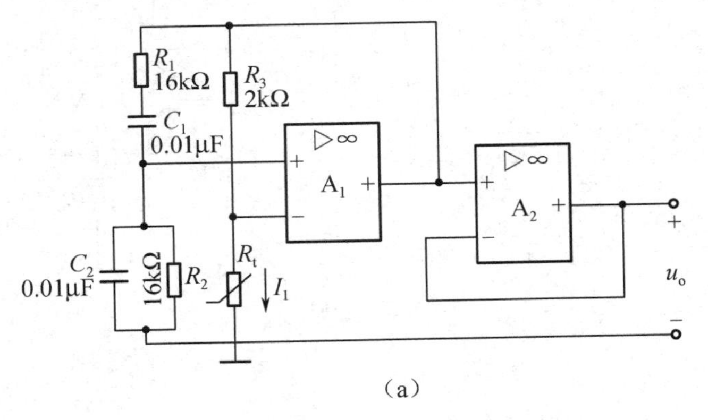

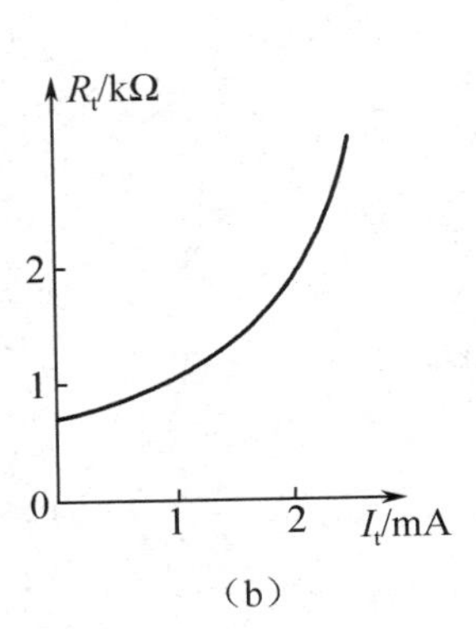

图 5-40　计算题 4 图

六、综合题

1．画出如图 5-41 所示的振荡器的交流等效电路并写出振荡频率表达式，并说明这是什么类型的振荡器？

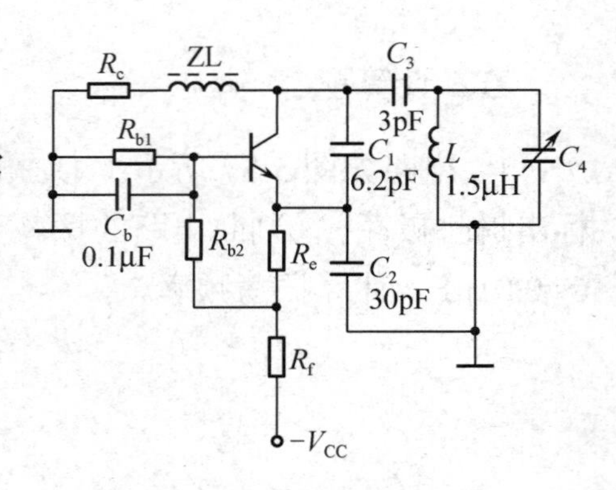

图 5-41　综合题 1 图

2．图 5-42 是一个尚未连接好的 RC 桥式正弦波振荡电路，设 A 为理想集成运放，试回答问题：①为使电路满足振荡的相位平衡条件，各点之间应如何连接（在图中画出）？②为使电路满足起振的幅值条件，R_f 应如何选择？③为使电路产生 100Hz 的正弦波振荡，电容 C 应选多大？④现有一个具有负温度系数的热敏电阻 R_t，为了稳幅，可将它替换哪个电阻（假设它和被替换电阻的阻值相同）？

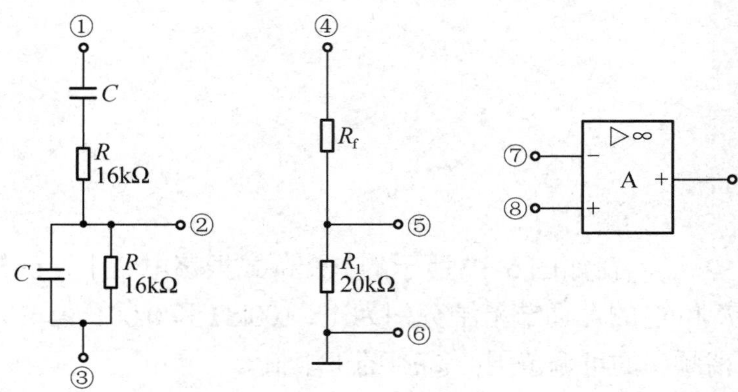

图 5-42　综合题 2 图

3．电路如图 5-43 所示，试回答下列各问题：①如何将其中两部分电路的有关端点加以连接，使之成为正弦波振荡电路？②当电路振荡稳定时，差动放大电路的电压放大倍数 A_{u_d} 是多少？

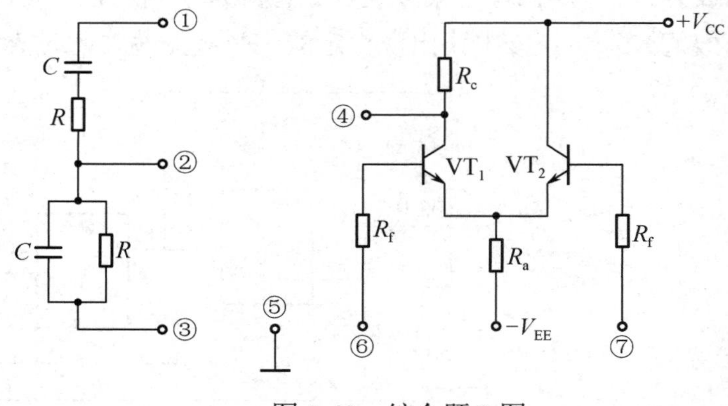

图 5-43　综合题 3 图

参考答案

第6章　低频功率放大器

本章学习要求

（1）了解功率放大电路的任务、特点和要求。

（2）理解单管甲类功率放大器和推挽功率放大器的组成与工作原理。

（3）掌握无输出变压器功率放大（OCL、OTL）电路的组成和工作原理。

（4）熟练掌握无输出电容功率放大器、无输出变压器功率放大器的分析方法，以及 P_{om}、P_E、P_{CM}、η 的估算与功率放大管的选管条件。

（5）掌握典型集成功率放大电路，以及常用集成运放的引脚功能和外部连线。

（6）了解功率放大管的安全使用知识。

6.1　低频功率放大器概述

电子电路一般都由多级放大器组成。多级放大器通常先由输入级、中间级完成小信号的电压放大任务，再由输出级完成以放大电流为主要目的的功率放大任务，以驱动负载工作。这种以放大电流为主要目的的大信号放大电路称为功率放大器。电压放大器工作在小信号状态下，能用微变等效法进行分析；而功率放大器的输入是放大后的大信号，微变等效法不再适用，必须用图解分析法。

6.1.1　对功率放大器的要求

从能量控制的观点来看，功率放大器与电压放大器没有本质的区别，只是完成的任务不同，电压放大器主要用来不失真地放大电压信号，而功率放大器则用来为负载提供足够的功率。因此，对电压放大器的要求是要有足够大的电压放大倍数，对功率放大器的要求与前者不同。针对功率放大器中的三极管（称为功率放大器）工作在极限状态这一特点，对功率放大器有如下要求。

1．输出功率要足够大

为了得到足够大的输出功率，应使功率放大管的集电极电流 i_C、集电极与发射极之间的电压 u_{CE} 尽可能有大的动态范围，因此三极管应尽可能接近极限状态工作。当然，这时的三极管仍然工作在 P_{CM}、$U_{(BR)CEO}$ 和 I_{CM} 这 3 个极限参数以下的安全区，即功率放大管的集电极电流接近 I_{CM}，管压降最高时接近 $U_{(BR)CEO}$，耗散功率接近 P_{CM}。在保证管子安全工作的前提下，尽量增大输出功率。

2. 效率要高

功率放大管在信号作用下向负载提供的输出功率是由直流电源供给的直流功率转换而来的，在转换的同时，功率放大管和电路中的耗能元器件都要消耗功率。因此，只有尽量降低电路的损耗，才能进一步提高功率转换效率。若电路输出功率为 P_o，直流电源提供的总功率为 P_E，则功率放大器的转换效率为

$$\eta = \frac{P_o}{P_E} \times 100\%$$

功率放大器的效率与放大器的种类有关。

3. 非线性失真要小

工作在大信号极限状态下的功率放大管往往超出三极管特性曲线的线性范围，因此非线性失真不可避免。常见的非线性失真如饱和失真、截止失真和双向削波失真，在乙类推挽功率放大器中，还会产生交越失真。不同的功率放大电路对非线性失真的要求是不一样的。因此，只要将非线性失真限制在允许的范围内就可以了。

4. 散热性能要好

功率放大器存在功率放大管的散热问题。通常利用散热装置增大三极管的 P_{CM}，从而增大功率放大管所允许的输出功率值。常见的散热方式是加装金属散热器，加大功率放大管的散热。例如，功率放大管 3AD50 在不加装散热片时，在环境温度 25℃下，该管的 P_{CM} 仅为 1W，在加装尺寸为 120mm×120mm×4mm 的铝板散热片后，其 P_{CM} 可增至 10W。

6.1.2　功率放大器的类型

1. 按功率放大管静态工作点的位置进行分类

根据功率放大管的 Q 点在直流负载线上所处的位置不同，可将功率放大器分为甲类功率放大器、乙类功率放大器和甲乙类功率放大器 3 种。

（1）甲类功率放大器。

甲类功率放大器中功率放大管的 Q 点设在放大区直流负载线的中点附近，Q 点和电流波形如图 6-1（a）所示。由于管子在整个周期内集电极都有电流，所以导通角为 360°。当功率放大管工作于甲类状态时，管子的静态电流 I_{CQ} 较大，而且，无论有没有信号，电源都要始终不断地输出功率。在没有信号时，电源提供的功率全部消耗在管子上；在有信号输入时，随着信号的增大，输出功率也增大，但即使在理想情况下，效率也仅为 50%。因此，甲类功率放大器的优点是非线性失真小，单管即能实现信号的放大；缺点是电路损耗高、效率低。

（2）乙类功率放大器。

要提高效率，就必须将功率放大管的 Q 点下移，以减小静态电流 I_{CQ}。若将 Q 点设在截止区，即如图 6-1（b）所示的 I_{CQ}=0 处，管子只在信号的半个周期内导通，称此类功率放大器为乙类功率放大器。在乙类状态下，当信号等于零时，电源输出的功率也为零；当信号增大时，电源供给的功率也随着增大，从而提高了效率。因此，乙类功率放大器的优点是效率

高，理想情况下的效率可高达 78.5%；缺点是输出波形失真大，且需要两个管子才能完成整个信号周期的放大任务。

（3）甲乙类功率放大器。

若将功率放大管的 Q 点设在接近 $I_{CQ}\approx 0$ 且 $I_{CQ}>0$ 处，即 Q 点在放大区且接近截止区，如图 6-1（c）所示。此时，管子在略大于信号的半个周期的时间内导通，称此类功率放大器为甲乙类功率放大器。由于避开了三极管的死区且 $I_{CQ}\approx 0$，所以，甲乙类功率放大器兼顾了甲类功率放大器的非线性失真小、乙类功率放大器的效率高的优点，其失真情况和效率介于甲类功率放大器和乙类功率放大器之间，但仍需要两个管子才能完成整个信号周期的放大任务。

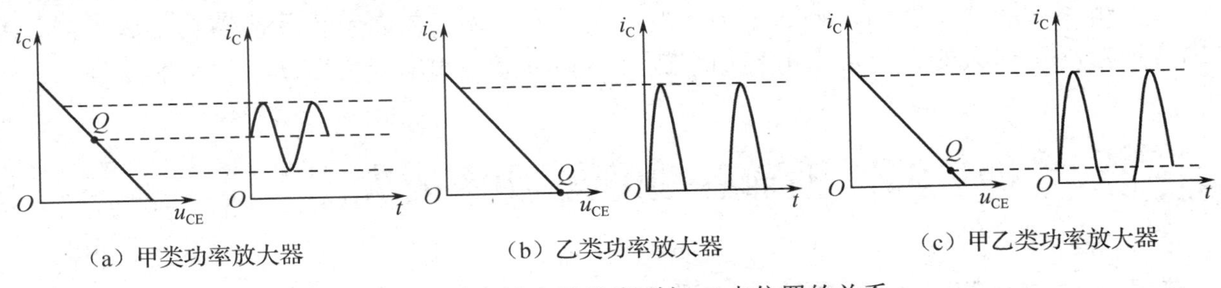

图 6-1 功率放大器的类型与 Q 点位置的关系

2. 根据功率放大器输出端的结构特点进行分类

根据功率放大器输出端的结构特点，可将功率放大器分为有输出变压器功率放大器、无输出变压器（OTL）功率放大器、无输出电容（OCL）功率放大器和桥接无输出变压器（BTL）功率放大器 4 种。

（1）有输出变压器功率放大器。

有输出变压器功率放大器分为单管甲类功率放大器和推挽功率放大器两种，其特点是功率放大管与输入信号源和输出负载采用的都是变压器耦合。单管甲类功率放大器的功率放大管工作于甲类状态；推挽功率放大器由两个配对的同型功率放大管共同完成功率放大任务，工作于乙类或甲乙类状态。

（2）无输出变压器功率放大器。

无输出变压器功率放大器也称单电源互补对称功率放大器。该电路采用两个互补对称的功率放大管交替工作，工作于乙类或甲乙类状态。

（3）无输出电容功率放大器。

无输出电容功率放大器也称双电源互补对称功率放大器。该电路采用直接耦合方式，由两个互补对称的功率放大管交替工作，工作于乙类或甲乙类状态。

（4）桥接无输出变压器功率放大器。

桥接无输出变压器功率放大器的输出级与扬声器间采用电桥式的连接方式，因此也称桥式推挽功率放大器。与无输出电容、无输出变压器功率放大器相比，在相同的工作电压和负载条件下，桥接无输出变压器功率放大器是它们输出功率的 3～4 倍。在单电源的情况下，桥接无输出变压器功率放大器可以不用输出电容，电源的利用率为一般单端推挽电路的 2 倍。桥接无输出变压器功率放大器解决了无输出电容、无输出变压器功率放大器效率虽高，但电源利用率不高的问题，适用于电源电压低而需要获得较大输出功率的场合，在新型的集成功率放大电路中应用比较广泛。

知识小结

（1）以放大电流为主要目的的大信号放大电路称为功率放大器。

（2）性能良好的功率放大器应满足输出功率足够大、效率高、非线性失真小和散热性能好的基本要求。

（3）根据功率放大管的 Q 点在交流负载线上所处的位置不同，功率放大器分为甲类功率放大器、乙类功率放大器和甲乙类功率放大器 3 种。

（4）根据功率放大器输出端的结构特点，功率放大器分为有输出变压器功率放大器、无输出变压器功率放大器、无输出电容功率放大器和桥接无输出变压器功率放大器 4 种。

6.2 有输出变压器功率放大器

6.2.1 单管甲类功率放大器

1. 电路组成

如图 6-2 所示，VT 为功率放大管；R_{b1}、R_{b2} 和 R_e 组成分压式电流负反馈偏置电路；C_b、C_e 均为交流旁路电容；R_L 为负载电阻；T_1 和 T_2 分别为输入、输出变压器，统称为耦合变压器。耦合变压器的作用有二：其一是隔断直流通路、耦合交流信号；其二是阻抗变换，使功率放大管获得最佳负载电阻 R_L'，以便向负载 R_L 提供最大功率。

2. 电路工作原理

当输入信号 u_i=0 时，电路处于静态，$I_C=I_{CQ}$。由于 T_2 的初级线圈通过的是恒定的直流电流，所以次级线圈无感应电动势，R_L 中无感应电流，放大器无信号输出。

当输入信号 $u_i \neq 0$ 时，输入信号经 T_1 的次级线圈加至 VT 的发射结后，引起基极电流 i_b 和集电极电流 i_c 的同步变化，通过 T_2 耦合后的感应电动势在 R_L 中产生较大的电流 i_L，放大器有信号输出。

通常情况下，负载电阻 R_L 是小于三极管集电极所需最佳负载电阻 R_L' 的。为使负载获得最大输出功率，根据变压器的阻抗变换原理，应合理选择 n 方可使管子获得最佳 R_L'，即

$$R_L' = n^2 R_L$$

式中，$n = \dfrac{N_1}{N_2}$ 是输出变压器 T_2 的匝数比。

【例 1】 在如图 6-2 所示的电路中，已知负载 $R_L=8\Omega$，功率放大管集电极输出功率 P=200mW，集电极交流电流的有效值 I_c=35mA。试求：

（1）输出变压器 T_2 的初级等效电阻 R_L'。

（2）要使负载 R_L 获得最大输出功率，输出变压器 T_2 的匝数比 n 为多少？

【解答】（1）因为 $P_o = I_c^2 R_L'$，所以 $R_L' = \dfrac{P_o}{I_c^2} = \dfrac{200\text{mW}}{(35\text{mA})^2} \approx 163.3\Omega$。

（2）因为 $R_L' = n^2 R_L$，所以 $n = \sqrt{\dfrac{R_L'}{R_L}} = \sqrt{\dfrac{163.3}{8}} \approx 4.52$。

3．电路的输出功率、效率和管耗

通常采用图解分析法分析功率放大器的工作情况，如图 6-3 所示。

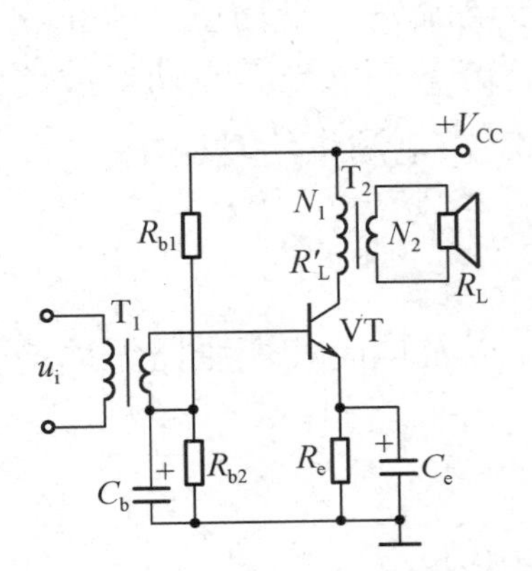

图 6-2　单管甲类变压器耦合功率放大器

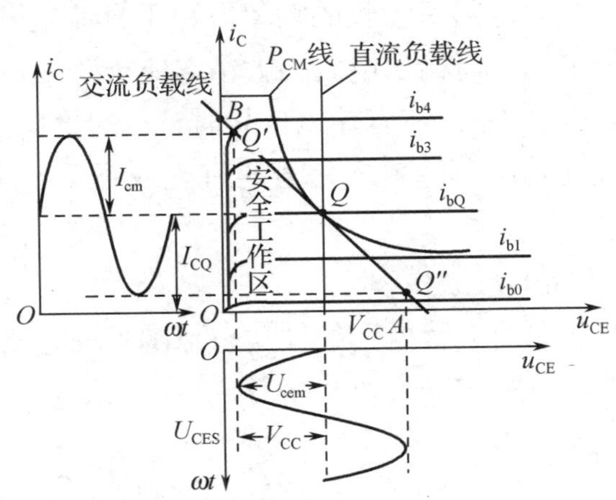

图 6-3　采用图解分析法分析单管甲类变压器耦合功率放大器

（1）输出功率。

① 直流负载线及其画法。

要画直流负载线，需要找到开路电压和短路电流两个特殊点。图 6-2 所示电路的输出变压器 T_2 的初级线圈的直流电阻极小，近似为零；R_e 的值也很小，通常为 0.5～10Ω，R_e 的直流压降可以忽略不计。因此，按直流负载线的画法，当 I_C=0 时，其开路电压值 U_{CE}=V_{CC}；当 U_{CE}=0 时，其短路电流值 I_C 趋于无穷大。所画出的直流负载线如图 6-3 所示，它是通过 V_{CC} 点而垂直于 u_{CE} 轴的直线。直流负载线与静态电流 I_{BQ} 的交点即静态工作点。

② 交流负载线及其画法。

交流负载线的画法与之前所学一致。第 1 步，在纵坐标 i_C 轴上确定 $i_C = \dfrac{V_{CC}}{R_L'}$（$R_L' = n^2 R_L$）辅助点的位置，并与横坐标上的 V_{CC} 点相连，可得辅助线；第 2 步，过静态工作点作辅助线的平行线，即交流负载线 AB。

③ 最大不失真输出功率的估算。

在交流负载线上画 u_{CE}、i_C 的最大动态波形，如图 6-3 所示。可见，正弦信号的最大值分别为 U_{cem} 和 I_{cm}，且 U_{cem} 的幅值几乎是 V_{CC} 的 2 倍。这是因为当输入信号为负半周时，变压器初级线圈上的感应电动势与电源电压相互叠加。所以，功率放大管集电极输出功率为

$$P_o = U_{ce} \cdot I_c = \frac{U_{cem}}{\sqrt{2}} \times \frac{I_{cm}}{\sqrt{2}} = \frac{1}{2} U_{cem} \cdot I_{cm}$$

可见，输出信号越强，U_{cem} 和 I_{cm} 的值越大，输出功率 P_o 也越大。但 P_o 的增加是受限的，超出功率放大管的最大动态范围必然产生饱和失真或截止失真。因此，在忽略 U_{CES} 和 I_{CEO} 时，输出波形不失真的条件为

$$U_{cem} \leqslant V_{CC} \quad I_{cm} \leqslant I_{CQ}$$

电路最大输出功率由功率放大管的最大动态范围确定。在输出信号最大且不失真时，有

$U'_{cem} \approx V_{CC}$，$I'_{cm} \approx I_{CQ}$。于是功率放大管不失真的最大输出功率为

$$P_{om} = \frac{1}{2} V_{CC} \cdot I_{CQ}$$

（2）电路的效率。

① 电源供给功率。

功率放大电路所吸收的功率取决于直流电源电压和输出电流的数值。通常，直流电源的电压是恒定的，而输出电流的大小取决于功率放大管的集电极电流 i_C 的平均值。在无输入信号时，i_C 等于 I_{CQ}；在有输入信号时，i_C 的平均值仍等于 I_{CQ}。可见，单管甲类功率放大器从电源吸收的功率不随输入信号的有无或强弱而变化，只要通电，电源供给功率 P_E 就均为

$$P_E = V_{CC} \cdot I_{CQ}$$

② 电路的最大效率。

假设功率放大管处于最大动态范围且在忽略 U_{CES}、I_{CEO}，以及电阻和变压器无损耗的理想情况下，电路的最大效率 η_m 为

$$\eta_m = \frac{P_{om}}{P_E} \times 100\% = \frac{\frac{1}{2} V_{CC} \cdot I_{CQ}}{V_{CC} \cdot I_{CQ}} \times 100\% = 50\%$$

可见，最大不失真输出功率仅为电源供给功率的一半，因此效率很低。若考虑 U_{CES} 和 I_{CEO}，则功率放大管的效率 η 仅为 40%～45%，如果再考虑变压器的效率 η_T（75%～85%），则单管甲类功率放大器的效率为

$$\eta' = \eta \cdot \eta_T$$

通常，η'仅有 30%～35%。

单管甲类功率放大器虽然输出波形失真小，但在无输入信号时，电源供给功率全部转换成热能，因此效率低，实际应用不多。

（3）管耗。

管耗即三极管集电极耗散功率 P_C。直流电源供给的功率只有少部分转化为输出功率，大部分功率损失在三极管上，使三极管发热。若忽略电阻和变压器的损耗，则管耗 P_C 为

$$P_C = P_E - P_o$$

在没有输入信号时，$P_o = 0$，直流电源供给的功率全部消耗在三极管上，此时管耗最大，最大管耗 P_{CM} 为

$$P_{CM} = P_E = 2P_{om}$$

6.2.2 推挽功率放大器

单管甲类功率放大器因为静态集电极电流大，所以效率低。如果采用静态电流为零的乙类功率放大器或静态电流很小的甲乙类功率放大器，就可以大大提高效率。但为了得到完整对称的输出波形，两种方案都必须选用两个特性相同的功率放大管来分别完成正、负半周的放大任务，并通过负载端合成完整的输出波形，这就是推挽功率放大器的工作思路。

1. 乙类推挽功率放大器

乙类推挽功率放大器的典型电路及其工作波形如图 6-4 所示。由于没有基极偏置，所以

功率放大管静态时电流为零，工作状态为乙类；两个特性相同的功率放大管轮流工作，相互配合来完成整个信号波形的放大任务，故名推挽。

（1）电路结构及工作原理。

电路在结构上具有对称性。VT_1、VT_2为两个特性相同的功率放大管，在信号的正、负半周轮流导通，工作在推挽状态。T_1为带中间抽头的输入变压器，作用是对输入信号进行裂相，产生两个大小相等、极性相反的信号电压，分别激励VT_1和VT_2。T_2为带中间抽头的输出变压器，作用是将VT_1、VT_2的输出信号合成为完整的正弦波。另外，T_1、T_2还有保障电路对称和输入、输出阻抗匹配的作用。

电路的工作原理分析如下。

输入信号u_i经T_1耦合，次级得到两个大小相等、极性相反的信号。在输入信号的正半周，VT_1导通（VT_2截止），集电极电流i_{C1}经T_2耦合，负载上得到电流i_o的正半周；在输入信号的负半周，VT_2导通（VT_1截止），集电极电流i_{C2}经T_2耦合，负载上得到电流i_o的负半周。也就是说，经T_2合成，负载上得到一个放大后的完整波形i_o。

由输出电流i_o的波形可见，正、负半周交接处出现了失真，这是由于在两管交替导通的过程中，基极信号幅值小于三极管的死区电压时管子截止造成的，故称为交越失真。

（2）输出功率和效率。

由于VT_1、VT_2特性相同，工作在推挽状态，所以在进行图解分析时，常将两管的输出特性曲线相互倒置。图解分析乙类推挽功率放大器如图 6-5 所示。其中，VT_1、VT_2均工作在最大动态范围，且U_{CES}、I_{CEO}和T_2的直流电阻忽略不计。

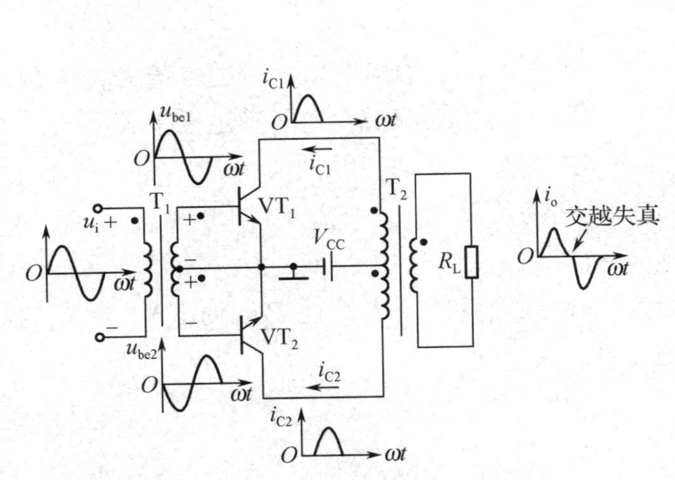

图 6-4　乙类推挽功率放大器的典型电路及其工作波形

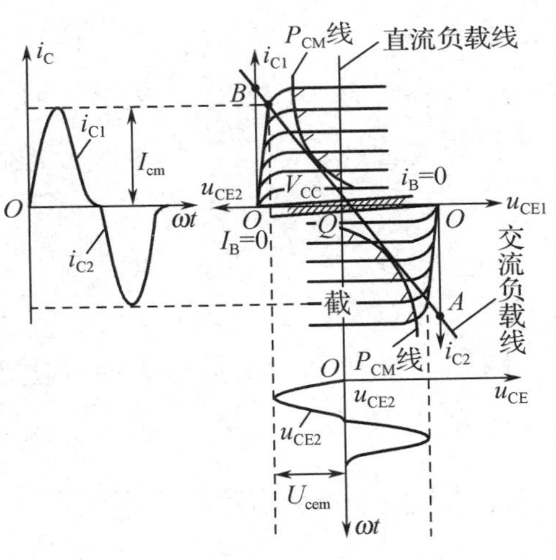

图 6-5　图解分析乙类推挽功率放大器

设变压器是理想的，则负载R_L获得的功率等于VT_1、VT_2集电极交流等效负载电阻R'_L的功率。如果输出变压器的初级匝数为N_1，次级匝数为N_2，$n=N_1/N_2$，则R'_L应为

$$R'_L=\left(\frac{0.5N_1}{N_2}\right)^2\cdot R_L=\frac{1}{4}n^2R_L$$

① 电路的最大输出功率。

由于交流电压幅值$U_{cem}=V_{CC}$，交流电流幅值$I_{cm}=\frac{V_{CC}}{R'_L}$，所以最大输出功率$P_{om}$为

$$P_{om} = \frac{1}{2}U_{cem} \cdot I_{cm} = \frac{1}{2}\left(\frac{V_{CC}}{R'_L}\right)V_{CC} = \frac{V_{CC}^2}{2R'_L}$$

② 即时输出功率。

即时输出功率是指某一时段的输出功率，由该时段输入信号的动态范围来确定。即时输出功率一般经测量求出。

例如，测得电路某一时段的 U_{cem}=5V，I_{cm}=80mA，则即时输出功率 P_o 为

$$P_o = \frac{1}{2}U_{cem} \cdot I_{cm} = \frac{1}{2} \times 5V \times 80mA \times 10^{-3} = 0.2W$$

③ 效率。

乙类推挽功率放大器的电源提供的是全波脉动电流 i_C，根据电工所学相关知识，i_C 的平均值是振幅值的 $\frac{2}{\pi} \approx 0.637$ 倍。因此，电源供给的功率为

$$P_E = \frac{2}{\pi} \cdot V_{CC} \cdot I_{cm}$$

电路的实际效率和最大效率分别为

$$\eta = \frac{P_o}{P_E} \times 100\% = \frac{\frac{1}{2}U_{cem} \cdot I_{cm}}{\frac{2}{\pi}I_{cm} \cdot V_{CC}} \times 100\%, \quad \eta_m = \frac{P_{om}}{P_E} \times 100\% = \frac{\pi}{4} \times 100\% \approx 78.5\%$$

可见，在理想情况下，最大效率 $\eta_m \approx 78.5\%$。若考虑输出变压器的效率 η_T，则乙类推挽功率放大器的总效率 $\eta' = \eta_T \eta_m$，约为 60%，大大高于单管甲类功率放大器的功率。

④ 管耗。

理论分析表明，输出功率最大时管耗并不是最大的，当输出电压信号的幅值 $U_{om} \approx 0.6V_{CC}$ 时具有最大管耗。通常，两管的最大管耗 P_{CM} 与最大输出功率 P_{om} 之间满足以下关系式：

$$P_{CM} \approx 0.4P_{om}$$

单管的最大管耗 P'_{CM} 与最大输出功率 P_{om} 之间满足以下关系式：

$$P'_{CM} \approx 0.2P_{om}$$

例如，某功率放大器最大能输出 5W 的功率，则两管的最大管耗 P_{CM} 为 2W，单管的最大管耗 P'_{CM} 为 1W。

2．甲乙类推挽功率放大器

乙类推挽功率放大器虽然总效率高，但存在交越失真和频率特性不佳的问题。

（1）交越失真及其消除。

前面提到，工作在乙类状态的推挽（含乙类互补对称）功率放大器由于发射结存在“死区”，所以三极管没有直流偏置，管子中的电流只有在 u_{be} 大于死区电压 U_T 后才会有明显变化，当 $|u_{be}| < U_T$ 时，VT_1、VT_2 都截止，此时，负载电阻上的电流为零，出现一段死区，使输出波形在正、负半周交接处出现交越失真，如图 6-6 所示。

为了消除交越失真，静态时，给两个管子提供较低的能消除交越失真所需的正向偏置电压，使两管均处于微导通状态，因而功率放大器工作于接近乙类的甲乙类状态，因此称为甲乙类功率放大器。

（2）甲乙类推挽功率放大器应用电路。

图 6-7 所示为能够消除交越失真的甲乙类推挽功率放大器。其中，R_{b1}、R_{b2}、R_e 组成分压式电流负反馈偏置电路。在适当调整上、下偏置电阻的参数以确保静态时，VT_1、VT_2 处于微导通状态，从而避免了交越失真。R_e 的值通常很小（零点几欧到几欧），一般不再加旁路电容。由于电路处在接近乙类的甲乙类工作状态，因此电路的动态分析和计算可以近似按照分析乙类电路的方法进行，此处不再赘述。

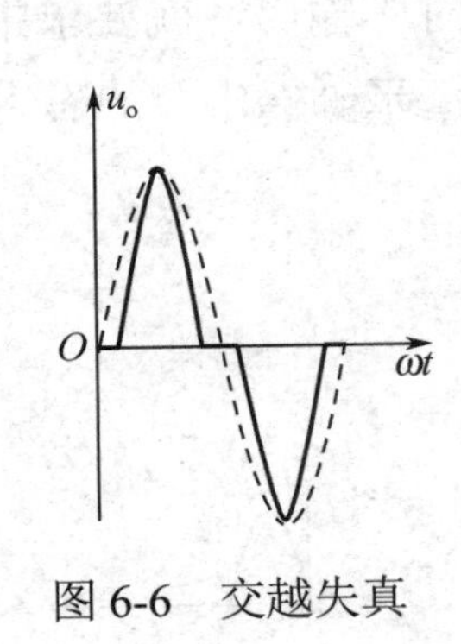

图 6-6　交越失真

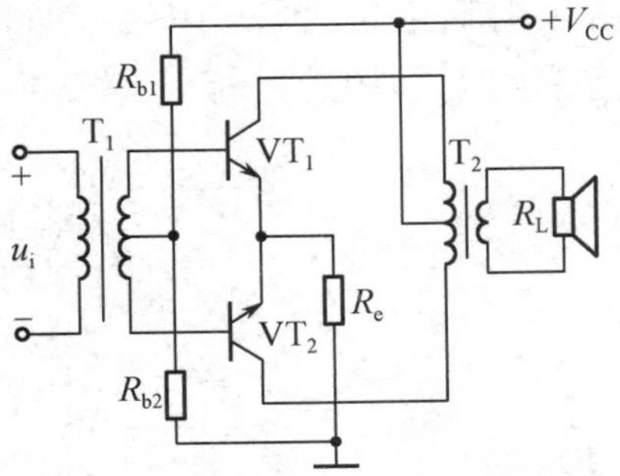

图 6-7　甲乙类推挽功率放大器

知识小结

（1）有输出变压器功率放大器分为单管甲类功率放大器和推挽功率放大器两种。

（2）功率放大器的最大输出功率由功率放大管的最大动态范围确定，即时输出功率由该时段输入信号的动态范围确定。

（3）输出功率最大时的管耗并不是最大的，当输出电压信号的幅值 $U_{om}\approx 0.6V_{CC}$ 时具有最大管耗。

（4）消除交越失真的方法是在静态时让功率放大管处于微导通状态。

6.3　无输出电容功率放大器

互补对称式功率放大器有两种电路形式：采用单电源及大容量电容与负载和前级耦合，而不用变压器耦合的电路的互补对称电路，称为无输出变压器（OTL）互补对称功率放大器；采用双电源而不需要耦合电容的直接耦合互补对称电路，称为无输出电容（OCL）互补对称功率放大器。两者工作原理基本相同。由于耦合电容影响低频特性和难以实现电路的集成化，加之 OCL 电路广泛应用于集成电路的直接耦合式功率输出级，所以 OCL 较 OTL 应用更广泛。

6.3.1　双电源乙类互补对称 OCL 电路

1. 电路基本结构和基本要求

（1）基本结构。

图 6-8 所示为双电源乙类互补对称 OCL 电路的基本形式。由图 6-8 可知，VT_1 为 NPN 管，

VT_2 为 PNP 管，两管的基极连到一起，作为信号的输入端；发射极连到一起，作为信号的输出端并连接公共的负载 R_L；集电极分别接对称的正、负 V_{CC} 电源，对交流信号而言，两管均为共集电极接法，因为输出电阻极小，所以可与低阻负载 R_L 直接匹配。

（2）基本要求。

① 两管具有互补性和对称性（两管交替工作，互为补充，且 β 值和饱和压降等参数一致）。

② 中点静态电位必须为零（V_E=0）。

我们把两管发射极连接处称为中点。如果要做到零输入时零输出，就要求中点静态电位必须为零。通常采用大小相等、极性相反的双电源供电的方法来确保中点静态电位为零。

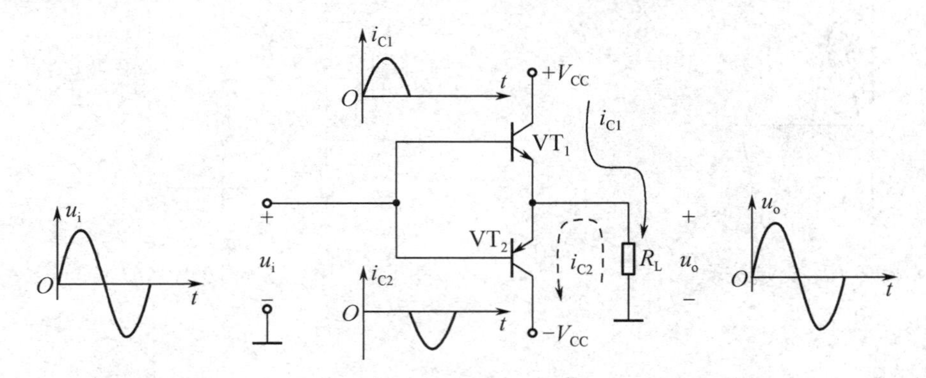

图 6-8　双电源乙类互补对称 OCL 电路的基本形式

2．工作原理

（1）静态（u_i=0）时，V_B=V_E=0，两管均无偏置，VT_1、VT_2 均截止，负载中没有电流。

（2）动态（$u_i \neq 0$）时，在 u_i 的正半周，VT_1 导通而 VT_2 截止，VT_1 以射极输出器的形式将正半周信号输出给 R_L，R_L 中有如图 6-8 中的实线所示的经放大的信号电流 i_{C1} 流过，R_L 两端获得输出电压 u_o 的正半周；在 u_i 的负半周，VT_2 导通而 VT_1 截止，VT_2 以射极输出器的形式将负半周信号输出给 R_L，R_L 中有如图 6-8 中的虚线所示的经放大的信号电流 i_{C2} 流过，R_L 两端获得输出电压 u_o 的负半周。可见，在输入信号 u_i 的整个周期内，VT_1、VT_2 两管轮流交替地工作，互相补充，使负载 R_L 获得完整的信号波形，故称互补对称电路。功率放大电路采用射极输出器的形式，增大（增强）了输入电阻和带负载的能力。

由于电路工作在乙类状态，静态时 VT_1、VT_2 均截止，所以输出波形必然存在交越失真。

（3）输出功率、效率、管耗。

由于最大输出功率由功率放大管的最大动态范围确定，所以在功率放大管的 U_{CES}、I_{CEO} 忽略不计时，最大输出功率 P_{om} 为

$$P_{om}=\frac{1}{2}U_{cem}\cdot I_{cm}=\frac{1}{2}\left(\frac{V_{CC}}{R_L}\right)V_{CC}=\frac{V_{CC}^2}{2R_L}$$

在考虑功率放大管的 U_{CES} 时，功率放大管的最大动态范围变为 $V_{CC}-U_{CES}$，此时最大输出功率 P_{om} 为

$$P_{om}=\frac{(V_{CC}-U_{CES})^2}{2R_L}$$

已知即时输出功率由该时段输入信号的动态范围确定，由于采用射极输出器，所以即时输出功率由输入信号 u_i 的有效值决定，即

$$P_o = \frac{1}{2}U_{cem} \cdot I_{cm} = \frac{U_{om}^2}{2R_L} = \frac{U_i^2}{R_L}$$

双电源乙类互补对称电路的效率、管耗等参数的计算与乙类推挽功率放大器完全一致，此处不再重复。

（4）功率放大管的选择。

根据乙类工作状态及理想条件，功率放大管的极限参数必须同时满足 $P_{CM} \geqslant 0.2P_{om}$、$I_{CM} \geqslant \frac{V_{CC}}{R_L}$、$U_{(BR)CEO} \geqslant 2V_{CC}$。在双电源互补对称电路中，一管导通、一管截止，截止管所承受的最高反向电压接近 $2V_{CC}$。

【例 2】 试设计一个如图 6-8 所示的乙类互补对称电路，要求能给 8Ω的负载提供 20W 的功率，为了避免三极管饱和引起的非线性失真，要求 V_{CC} 至少比 U_{om} 高出 5V，试求：①电源电压 V_{CC}；②每个电源提供的功率；③效率 η；④单管的最大管耗；⑤功率放大管的极限参数。

【解答】 ①由式 $P_o = \frac{U_{om}^2}{2R_L}$ 可知，$U_{om} = \sqrt{2P_oR_L} = \sqrt{2 \times 20 \times 8}\text{V} \approx 17.9\text{V}$，由 $V_{CC}-U_{om}>5\text{V}$ 可得 $V_{CC}>(17.9+5)\text{V}=22.9\text{V}$，可取 $V_{CC}=23\text{V}$。

② 每个电源提供的功率为 $P_{E1} = P_{E2} = \frac{1}{\pi}\frac{U_{om}}{R_L} \cdot V_{CC} = \frac{17.9 \times 23}{3.14 \times 8}\text{W} \approx 16.4\text{W}$。

③ 效率为 $\eta = \frac{P_o}{P_E} = \frac{P_o}{2P_{E1}} = \frac{20}{2 \times 16.4} \approx 61\%$。

④ 在理想情况下，最大输出功率为 $P_{om} = \frac{V_{CC}^2}{2R_L} = \frac{23^2}{16}\text{W} \approx 33.06\text{W}$，因此单管的最大管耗为 $P_{C1M} = P_{C2M} = 0.2P_{om} = 0.2 \times 33.06\text{W} \approx 6.61\text{W}$。

⑤ 极限参数：$I_{CM} \geqslant \frac{V_{CC}}{R_L} = \frac{23}{8}\text{A} = 2.875\text{A}$，$U_{(BR)CEO} \geqslant 2V_{CC} \geqslant 2 \times 23\text{V} \geqslant 46\text{V}$，$P_{CM} \geqslant 0.2P_{om} \geqslant 6.61\text{W}$。

6.3.2　双电源甲乙类互补对称 OCL 电路

1. 实用双电源甲乙类互补对称 OCL 电路

让功率放大管静态时工作在甲乙类状态便可消除上述电路的交越失真，实用双电源甲乙类互补对称 OCL 电路如图 6-9 所示。

其中，VT_1 为功率放大激励级，组态为共发射极；VT_2、VT_3 为功率放大输出级，在两基极之间串入的二极管或电阻（可将两者同时串入）组成偏置电路，给 VT_2、VT_3 的发射结提供所需的正偏压（通常在 1V 左右），使其工作在微导通状态。二极管 VD_1、VD_2 具有温度补偿功能，在温度变化时，能与 VT_2、VT_3 的发射结正偏压同步变化，确保静态时的微导通状态不变。静态时，$I_{C2}=I_{C3}$，在负载电阻 R_L 中无静态压降，因此中点静态电位 $V_E=0$。在输入信号的作用下，因为 VD_1、VD_2 的动态电阻都很小，所以 VT_1 和 VT_2 的两个基极之间的电压基本是恒定的，对交流信号而言，可认为是交流短路。在正半周内，VT_2 继续导通，VT_3 截止；在负半周内，VT_2 截止，VT_3 继续导通。这样，可在负载电阻 R_L 上输出已消除了交越失真的正弦波。

R_P 是 VT_1 的偏置电阻，也是中点静态电位调节电位器。如果中点静态电位不为零，如 $V_E>0$，则说明 VT_1 的基极电位偏低。在监测中点静态电位的同时缓慢下调电位器，直至 $V_E=0$。

因为电路处在接近乙类的甲乙类工作状态，所以，电路的动态分析计算可参照分析乙类电路的方法进行。

【例 3】 如图 6-9 所示，已知负载上的最大不失真功率为 500mW，管子饱和压降 $U_{CES}=0$。

（1）试计算电源 V_{CC} 的电压值。

（2）核算使用下列功率放大管是否满足要求。

VT_2：3BX85A，P_{CM}=300mW，I_{CM}=300mA，$U_{(BR)CEO}$=12V。

VT_3：3AX81A，P_{CM}=300mW，I_{CM}=300mA，$U_{(BR)CEO}$=12V。

【解答】（1）因为 $P_{om}=\dfrac{V_{CC}^2}{2R_L}=500\,\text{mW}$，所以 $V_{CC}=\pm\sqrt{2P_{om}R_L}=\sqrt{2\times0.5\times16}\,\text{V}=\pm4\text{V}$。

（2）由于 $P_{C2}=P_{C3}=0.2P_{om}=100\text{mW}<P_{CM}$，$I_{cm}=V_{CC}/R_L=4/16\text{A}=0.25\text{A}<I_{CM}$，$U_{cem}=8\text{V}<U_{(BR)CEO}$。因此，选择的功率放大管满足要求。

2. 采用复合管的甲乙类互补对称 OCL 电路

互补对称电路需要两个管子配对。一般异型管的配对比同型管更难，尤其在大功率下工作时，异型管的配对更困难，实际中常采用复合管来解决这个问题。图 6-10 所示为复合管组成的甲乙类互补对称 OCL 电路。

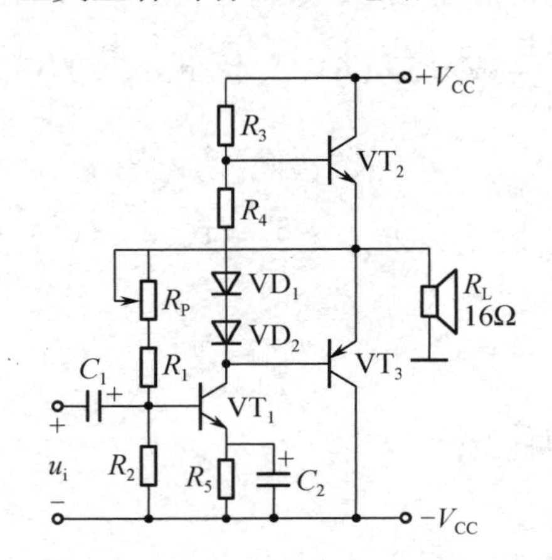

图 6-9 实用双电源甲乙类互补对称 OCL 电路

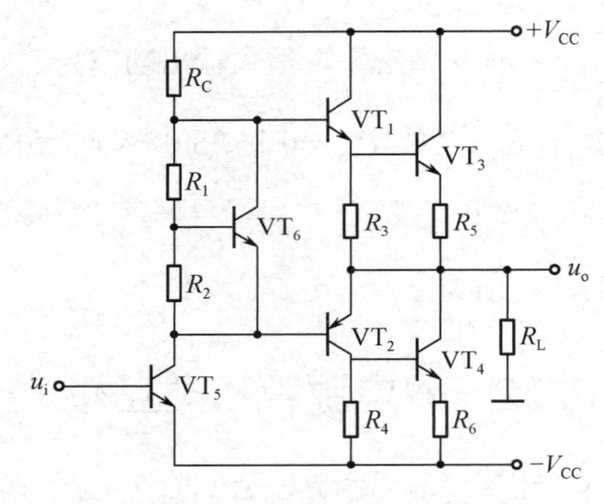

图 6-10 复合管组成的甲乙类互补对称 OCL 电路

在图 6-10 中，R_1、R_2 和 VT_6 构成输出级功率放大管的基极偏置电路，调整 R_1 和 R_2 可以使 VT_3 与 VT_4 有一个合适的静态工作点，以消除交越失真；R_3、R_4 为穿透电流分流电阻，用于减小复合管的穿透电流，提高其热稳定性；R_5 和 R_6 为发射极负反馈电阻，除用来稳定静态工作点和减小非线性失真外，当 R_L 短路时，还可限制复合管电流的增长，起到一定的保护作用。

【例 4】 分析图 6-11 中哪些复合管的接法是正确的？对于正确的复合管图，请指出其等效管子的类型。

【解析】 三极管的复合方法可参见图 1-47，即同型管的复合接法可概括为射接基、集相连，异型管的复合接法可概括为集接基、射集连，P 沟道增强型 MOS 管可等效为 PNP 管（衬底相连为等效的发射极）；3 个及以上的三极管复合的判定方法是任意两管复合后的等效管与第 3 管复合。

【解答】 接法合理的有图 6-11（a），等效为 NPN 管；图 6-11（f），等效为 PNP 管；图 6-11（g），等效为 NPN 管。

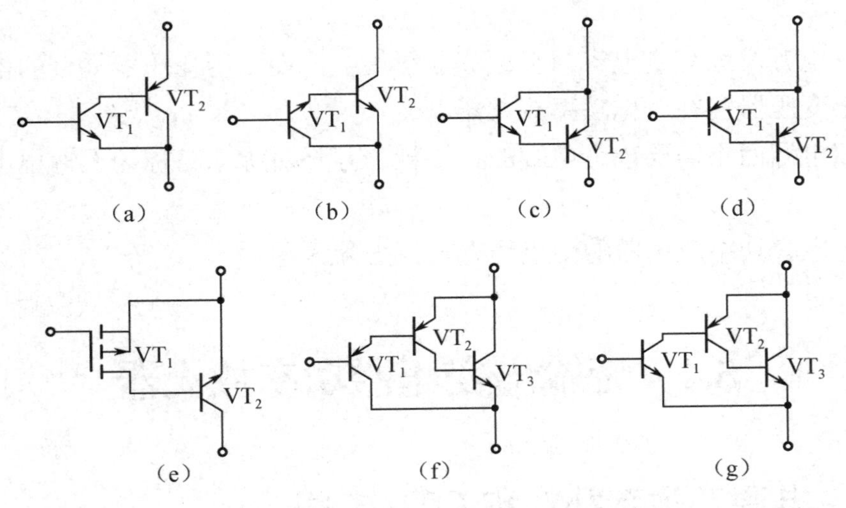

图 6-11　例 4 图

【例 5】 由运放组成的功率扩展电路如图 6-12 所示。已知电路的额定输出功率 P_o=10W，若不考虑 R_9、R_{12} 上的压降，试问：

（1）电路引入了何种类型的级间负反馈？

（2）为获得额定输出功率，输入端应加多大的信号电压？

（3）已知 5G24 运放的最大输出电流为±5mA，此时，输出要达到额定功率，复合管的等效 β 至少多大（可不考虑 R_8、R_{11} 的分流作用）？

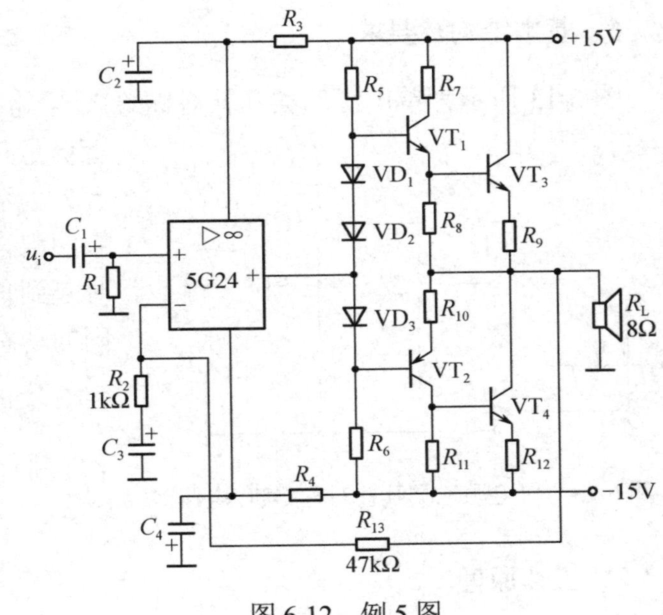

图 6-12　例 5 图

【解答】（1）R_{13} 引入的级间负反馈类型为电压串联负反馈。

（2）电路的总电压放大倍数为 $A_{u_f}=1+\dfrac{R_{13}}{R_2}=1+47=48$，在输出为额定功率时，输出信号的幅值为 $U_{om}=\sqrt{2P_{om}R_L}=\sqrt{2\times10\times8}\text{V}\approx12.65\text{V}$，因此输入信号电压的有效值为 $U_i=\dfrac{U_{om}}{\sqrt{2}A_{u_f}}=\dfrac{12.65}{\sqrt{2}\times48}\text{V}\approx0.186\text{V}$。

（3）在输出为额定功率时，$I_{om}=\dfrac{U_{om}}{R_L}=\dfrac{12.65\text{V}}{8\Omega}\approx1.58\text{A}$，因此复合管的等效 β 至少为 $\beta\geqslant\dfrac{1.58\text{A}}{5\text{mA}}=316$。

知识小结

（1）采用单电源及大容量电容与负载和前级耦合，而不用变压器耦合的电路的互补对称电路称为无输出变压器互补对称功率放大器。

（2）采用双电源而不需要耦合电容的直接耦合互补对称电路称为无输出电容互补对称功率放大器。

（3）无输出电容功率放大器的中点静态电位必须为零。

6.4　无输出变压器功率放大器

6.4.1　单电源乙类互补对称 OTL 电路

1. 基本结构及要求

图 6-13 所示为单电源乙类互补对称 OTL 电路。与 OCL 电路相比，该电路中的功率放大管仍是两个不同类型但特性和参数对称的三极管，且省去了负电源，由单电源供电，输出端通过大容量的耦合电容 C 与负载电阻 R_L 相连。电容 C 在这时起到负电源的作用，由于 VT_1、VT_2 只有具备相同的动态范围才能保证输出波形对称，因而要求电容 C 上的电压基本维持为 $\frac{V_{CC}}{2}$ 不变，以确保 VT_1、VT_2 拥有相同的动态范围，故要求 C 的容量必须足够大。

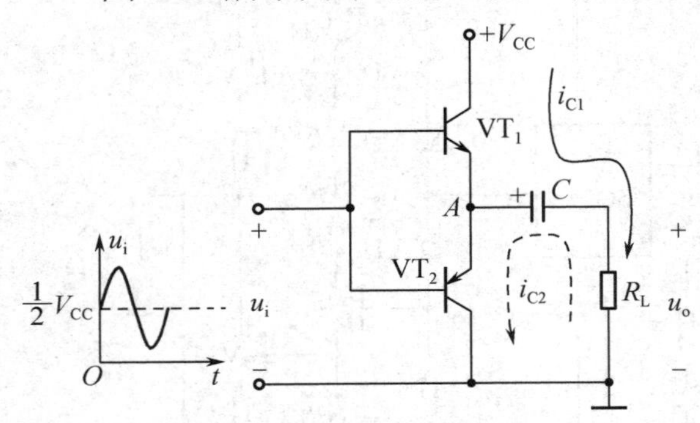

图 6-13　单电源乙类互补对称 OTL 电路

2. 工作原理

OTL 电路的工作原理与 OCL 电路基本相同。

耦合电容 C 两端电压的建立与稳定：通电开始，耦合电容 C 两端的电压 $U_C=0$，VT_1 的穿透电流 I_{CEO1} 为 C 充电，此时 VT_2 的穿透电流 $I_{CEO2}=0$，I_{CEO2} 随着 U_C 的升高而增大，因为两管对称，所以当 $V_A=\frac{V_{CC}}{2}$ 时，穿透电流 $I_{CEO1}=I_{CEO2}$，电容 C 两端的电压保持 $U_C=\frac{V_{CC}}{2}$ 不变。

（1）静态（$u_i=0$）时，因为两管对称，所以两个功率放大管的发射极连接点电位为电源电压的一半，穿透电流 $I_{CEO1}=I_{CEO2}$，故负载中没有电流。

（2）动态（$u_i\neq0$）时，如果不计 C 的容抗及电源内阻，则在 u_i 的正半周，VT_1 导通、VT_2 截止，VT_1 以射极输出器的形式将正半周信号输出给负载，同时对电容 C 充电并在 R_L 两端输出正半周波形；在 u_i 的负半周，VT_1 截止、VT_2 导通，VT_2 以射极输出器的形式将负半周信号输出给负载，电容 C 在这时起到负电源的作用，并在 R_L 两端输出负半周波形。只要 C 的容量足够大，放电时间常数 R_LC 就远大于输入信号最低工作频率所对应的周期，C 两端的电

压就可认为近似不变，始终保持为$\frac{V_{CC}}{2}$。因此，VT_1和VT_2的电源电压都是$\frac{V_{CC}}{2}$。

（3）输出功率、效率、管耗。

由于C的作用，单管电源电压为$\frac{V_{CC}}{2}$，忽略饱和压降和穿透电流，输出管的集电极电压和集电极电流的峰值分别为

$$U_{cem}=\frac{V_{CC}}{2} \qquad I_{cem}=\frac{V_{CC}}{2R_L}$$

最大输出功率为

$$P_{om}=\frac{1}{2}U_{cem}\cdot I_{cem}=\frac{1}{2}\cdot\frac{V_{CC}}{2}\cdot\frac{V_{CC}}{2R_L}=\frac{V_{CC}^2}{8R_L}$$

OTL电路的效率、管耗等参数的计算与OCL电路完全一致，此处不再重复。在选择功率放大管的极限参数时，必须同时满足$P_{CM}\geqslant 0.2P_{om}$，$I_{CM}\geqslant\frac{V_{CC}}{2R_L}$，$U_{(BR)CEO}\geqslant V_{CC}$。

【例6】 在如图6-14所示的两个电路中，已知V_{CC}均为18V，R_L均为8Ω，设三极管饱和压降U_{CES}=2V且图6-14（a）中的电容足够大。试求：①两个电路的最大输出功率P_{om}；②两个电路的直流电源消耗的功率P_E。

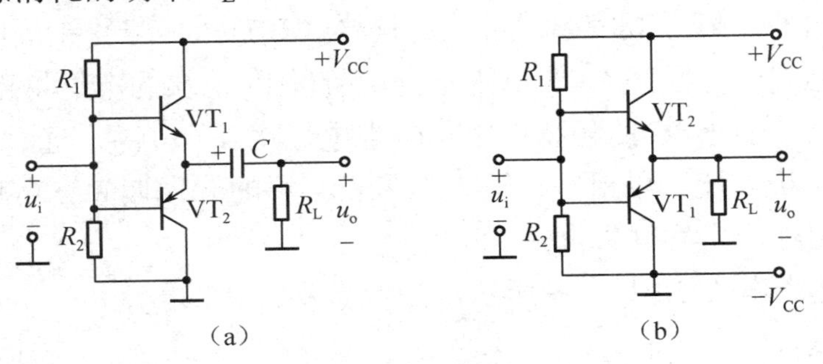

图6-14　例6图

【解答】 ① 图6-14（a）所示电路的最大输出功率$P_{om}=\frac{\left(\frac{V_{CC}}{2}-U_{CES}\right)^2}{2R_L}=\frac{49}{16}\text{W}\approx 3.06\text{W}$，图6-14（b）所示电路的最大输出功率$P_{om}=\frac{(V_{CC}-U_{CES})^2}{2R_L}=\frac{16^2}{16}\text{W}=16\text{W}$。

② 图6-14（a）中电源消耗的功率$P_E=\frac{2}{\pi}\cdot\frac{U_{om}}{R_L}\cdot\frac{V_{CC}}{2}\approx 0.637\times\frac{7}{8}\times 9\text{W}\approx 5.02\text{W}$，图6-14（b）中电源消耗的功率$P_E=\frac{2}{\pi}\cdot\frac{U_{om}}{R_L}\cdot V_{CC}\approx 0.637\times\frac{16}{8}\times 18\text{W}\approx 22.93\text{W}$。

6.4.2　单电源甲乙类互补对称OTL电路

1．实用单电源甲乙类互补对称OTL电路

让功率放大管静态时工作在甲乙类状态便可消除上述电路的交越失真。实用单电源甲乙类互补对称OTL电路如图6-15所示。

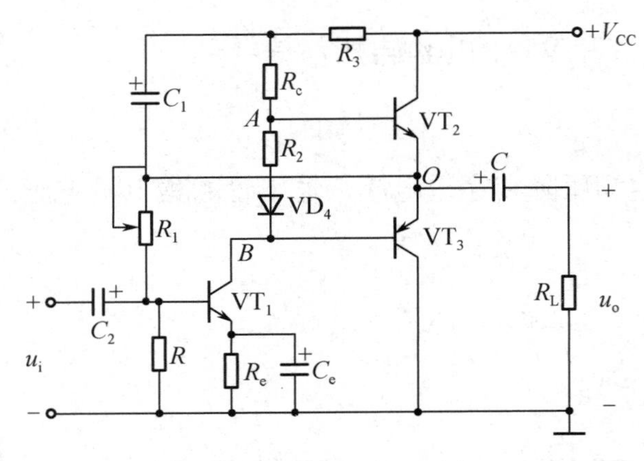

图 6-15 实用单电源甲乙类互补对称 OTL 电路

在图 6-15 中，VT_1 为功率放大激励级，组态为共发射极；VT_2、VT_3 为功率放大输出级，两基极之间的具有温度补偿功能的二极管 VD_4 和电阻 R_2 组成偏置电路，给 VT_2、VT_3 的发射结提供所需的正偏压，消除交越失真。

电位器 R_1 与输出端相连，既是 VT_1 的偏置电阻，又是交直流负反馈电阻，还是中点静态电位的调节电位器。调节 R_1 可使中点 O 的静态电位为 $V_{CC}/2$。

C_1、R_3 是具有升压功能的自举电路，用于保证当正半周有较大的输入信号时，VT_2 不出现失真。自举电路设置的原因及自举升压原理如下。

电路如果没有 C_1、R_3，那么在输入信号正半周的峰顶期间，A、B 两点的瞬时电位（交直流叠加的结果）已接近电源电压 V_{CC}，此时 VT_2 本应注入更大的基极电流 i_{B2}，但随着 A、B 两点瞬时电位的提升，u_{CA} 反而下降，使注入 VT_2 的基极电流不增反减，从而使 VT_2 提前进入饱和区，导致输出信号的正半周产生削顶失真。

接入 C_1、R_3 自举电路后，其中，R_3 为隔离电阻，将电源与 C_1 隔开，使 C_1 上举的电压不被 V_{CC} 吸收，C_1 为自举电容且其容量足够大。这样，在输入信号正半周的峰顶期间，在 VT_2 的发射极电位升高的同时，因为 C_1 的电压不变，所以 R_c 上端的电位将跟随输出中点 O 的电位的升高而同步升高。由于 R_3 的隔离作用，C 点电位将高于 V_{CC}，这时，C_1 将通过 R_3 继续给 VT_2 注入足够的基极电流，以保证在输入信号正半周的峰顶期间 VT_2 仍工作在放大状态，使输出信号的正半周不产生削顶失真。

【例 7】 功率放大电路如图 6-16 所示，为使电路正常工作，试回答下列问题。

（1）静态时电容 C 两端的电压应为多大？如果偏离此值，那么应首先调节 R_{P1} 还是 R_{P2}？

（2）要微调静态工作电流，主要应调节 R_{P1} 还是 R_{P2}？

（3）设管子饱和压降可以略去，求最大不失真输出功率、电源供给功率、各管的管耗和效率。

（4）设 $R_{P1}=R=1.2\text{k}\Omega$，三极管 VT_1、VT_2 参数相同，$U_{BE}=0.7\text{V}$，$\beta=50$，$P_{CM}=200\text{mW}$，当 R_{P2} 开路或任意一个二极管接反时电路是否安全？为什么？

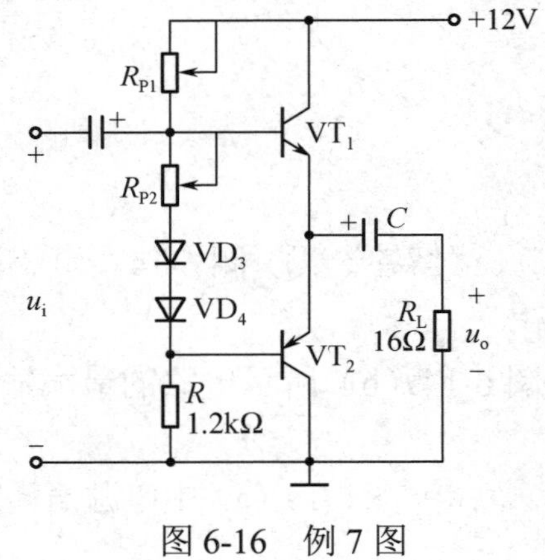

图 6-16 例 7 图

【解答】（1）静态时电容 C 两端的电压应等于电源电压的一半，即 $U_C=6\text{V}$。如果偏离此值，则应首先调节 R_{P1}。

（2）要微调静态工作电流，主要应调节 R_{P2}。

（3）最大不失真输出功率为 $P_{om}=\dfrac{V_{CC}^2}{8R_L}=\dfrac{12^2}{8\times16}\text{W}=1.125\text{W}$，电源供给功率为 $P_E=\dfrac{2}{\pi}\cdot\dfrac{V_{CC}^2}{4R_L}\approx 0.637\times\dfrac{144}{64}\text{W}\approx1.433\text{W}$，各管的管耗为 $P_{C1}=P_{C2}=\dfrac{1}{2}(P_E-P_{om})=\dfrac{1}{2}\times(1.433-1.125)\text{W}=0.15\text{W}$，效率为 $\eta=\dfrac{P_{om}}{P_E}\times100\%=\dfrac{1.125}{1.433}\times100\%\approx78.5\%$。

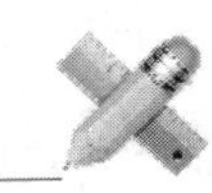

（4）当 R_{P2} 开路或任意一个二极管接反时，V_{CC} 将分别通过 R_{P1}、R 给 VT_1、VT_2 的发射结提供正向偏置，因此可得

$$I_{B1}=I_{B2}=\frac{V_{CC}-2U_{BE}}{R_{P1}+R}=\frac{12-2\times0.7}{1.2+1.2}\text{mA}\approx4.4\text{mA}，\quad I_{C1}=I_{C2}=\beta I_{B1}=50\times4.4\text{mA}=220\text{mA}$$

由于两管特性对称，所以 $U_{CE1}=U_{CE2}$=6V。此时，VT_1、VT_2 所承受的集电极功耗为

$$P_{C1}=P_{C2}=220\times6\text{mW}=1320\text{mW}$$

可见，$P_{C1}=P_{C2}\gg P_{CM}$（220mW），因此 VT_1、VT_2 两管将因功耗过高而损坏，故当 R_{P2} 开路或任意一个二极管接反时，将使功率放大管的电流急剧增大，导致功率放大管烧毁。

2．采用复合管的甲乙类互补对称 OTL 电路

采用复合管的甲乙类互补对称 OTL 电路如图 6-17 所示。其中各元器件的作用如下。

VT_2、VT_4 复合为 NPN 管，VT_3、VT_5 复合为 PNP 管。

R_4、VD 既是 VT_1 的集电极偏置电路，又是输出级功率放大管的基极偏置电路，用以消除交越失真。

C_2、R_6 组成自举升压电路。

C_3、C_6 为消振电容，用于消除电路可能产生的自激。

R_7、R_8 为穿透电流分流电阻，以减小复合管的穿透电流，提高其热稳定性。

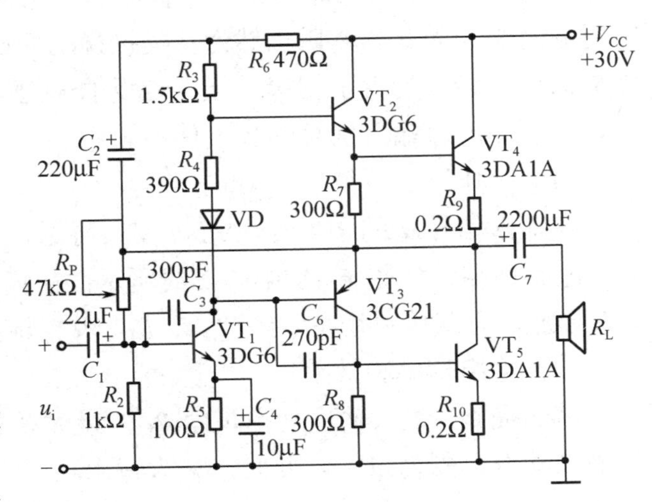

图 6-17　采用复合管的甲乙类互补对称 OTL 电路

R_9、R_{10} 为发射极负反馈电阻，起稳定静态工作点和减小非线性失真的作用。

知识小结

（1）OTL 电路中的耦合电容起到负电源的作用，要求其容量足够大，并且中点静态电位必须为 $\frac{V_{CC}}{2}$。

（2）OTL 在选择功率放大管的极限参数时，必须同时满足 $P_{CM}\geqslant P_{om}$，$I_{CM}\geqslant\frac{V_{CC}}{2R_L}$，$U_{(BR)CEO}\geqslant V_{CC}$。

（3）OTL 输出级功率放大管的基极偏置电路决不允许开路，否则将导致功率放大管烧毁。

6.5　BTL 功率放大器与集成功率放大器

BTL 功率放大器的输出级与扬声器之间采用电桥式连接方式，因此也称桥式推挽功率放大器。相比于 OCL、OTL，BTL 功率放大器最大的特点是输出功率大、电源利用率高。集成功率放大器具有体积小、工作稳定、易于安装和调试的优点，只要了解其外特性和外线路的连接方法，就能组成实用电路，因此应用极其广泛。

6.5.1 BTL 功率放大器

OCL、OTL 功率放大器的电源利用率不高的主要原因是在输入信号的任意半个周期内，电路只有一个三极管和一个电源在工作。为提高电源利用率，尤其在低电源电压供电的情况下，使负载获得较大的输出功率，通常采用 BTL 功率放大器。

以下是由分立元器件构成 BTL 功率放大器的实例。

由分立元器件构成的 BTL 功率放大器电路如图 6-18 所示。可见，电路的结构为两个互补对称电路，因此其本质仍然为乙类推挽功率放大器。通过输入端两个电阻 R 的分相作用，将输入信号转换为大小相等、极性相反的一对差模信号，并分别送至两个互补放大器的输入端，共同完成对输入信号的放大任务。

（1）工作原理。

在输入信号 u_i 的正半周，VT_1、VT_4 导通，VT_2、VT_3 截止，负载电流由 V_{CC} 经 VT_1、R_L、VT_4 流到地端，如图 6-18 中的实线所示；在输入信号 u_i 的负半周，VT_1、VT_4 截止，VT_2、VT_3 导通，负载电流由 V_{CC} 经 VT_2、R_L、VT_3 流到地端，如图 6-18 中的虚线所示。

（2）输出功率和效率。

前面提到，最大输出功率是由 R_L 的最大动态范围来决定的。忽略三极管的饱和压降，R_L 的最大动态范围为$\pm V_{CC}$。此时，最大输出功率为

$$P_{om}=\frac{\left(\frac{V_{CC}}{\sqrt{2}}\right)^2}{R_L}=\frac{V_{CC}^2}{2R_L}$$

同样是单电源供电，在 V_{CC}、R_L 相同的条件下，OTL 功率放大器的最大输出功率为$\frac{V_{CC}^2}{8R_L}$。可见，BTL 功率放大器的电源利用率高，同等情况下其输出功率为 OTL 功率放大器的 4 倍。BTL 功率放大器电路的效率与 OCL 功率放大器电路、OTL 功率放大器电路一致，在理想情况下，最高效率为 78.5%。

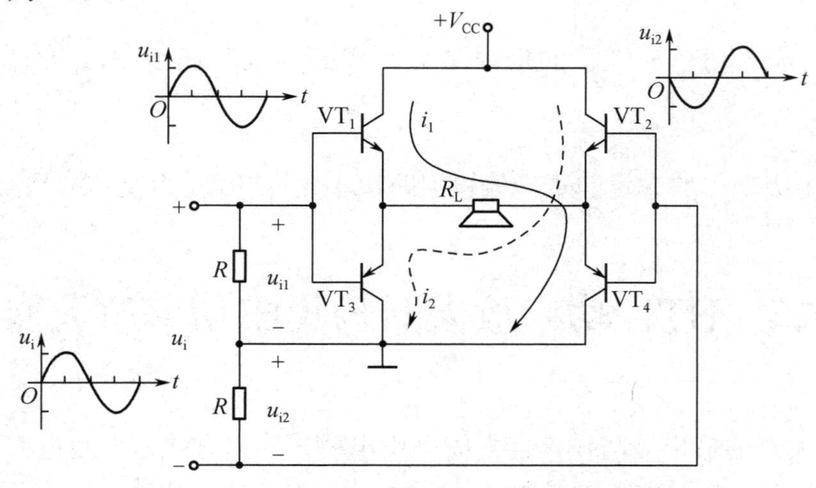

图 6-18　由分立元器件构成的 BTL 功率放大器电路

6.5.2　集成功率放大器

随着集成技术工艺的不断发展，目前功率放大器已大量采用集成电路。集成音频功率放大器有数十种，广泛用于音响设备和各类家用电器中。本节就几种常用的集成功率放大器及其典型应用电路进行介绍。

1. LM386 集成功率放大器及其典型应用电路

（1）LM386 简介。

LM386 是小功率音频集成功率放大器，其内部与通用型集成运放的特性相似，由三级放大电路构成：第一级为差动放大电路，第二级为共发射极放大电路，第三级为准互补输出级功率放大电路。LM386 具有功耗低、增益可调整、电源电压范围大、外接元器件少等优点。LM386 采用单电源供电，是集成 OTL 类型；采用 8 脚双列直插式塑料封装，其外形及引脚排列如图 6-19 所示。

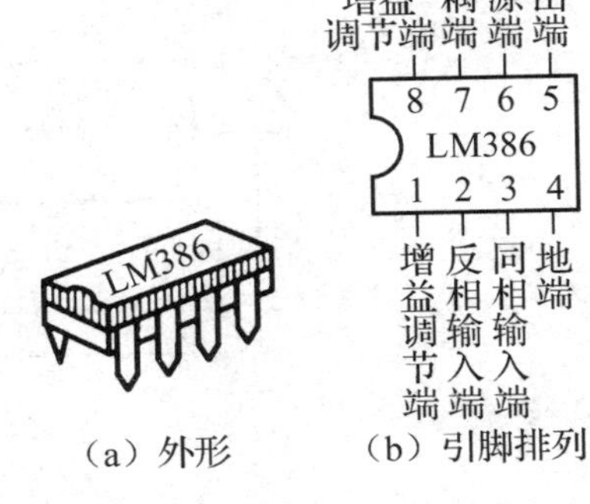

图 6-19　LM386 的外形及引脚排列

内特性说明：2 脚为反相输入端，信号由 2 脚注入时构成反相放大器；3 脚为同相输入端，信号由 3 脚注入时构成同相放大器；两输入端的输入阻抗均为 50kΩ，在路的直流电位均接近 0；4 脚为地端；5 脚为输出端；6 脚为电源端；7 脚为去耦端；1、8 脚为增益调节端。

外特性说明：频响范围宽，可达 300kHz；额定工作电压范围宽，为 4～16V；当电源电压为 6V 时，静态工作电流为 4mA，适合用电池供电。当工作电压为 4V、负载电阻为 4Ω时，输出功率（失真为 10%）为 300mW；当工作电压为 6V、负载电阻为 4/8/16Ω时，输出功率分别为 340mW、325mW、180mW；最大允许功耗为 660mW（25℃），且不需要散热片。

（2）LM386 典型应用电路。

① 用 LM386 组成 OTL 应用电路。

如图 6-20 所示，R_{P1} 为音量电位器，调节 R_{P1} 可实现对输入信号的衰减。LM386 的 4 脚接地，6 脚接电源（可接 4～16V）。2 脚接地，信号从同相输入端 3 脚输入，经三级放大后由 5 脚通过电容 C_3（220μF，耦合兼负半周功率放大管供电）向扬声器 R_L 提供信号功率。7 脚所连的 C_4 为旁路电容。1、8 脚为电压增益调节端：1、8 脚之间开路时为最低增益（26dB）；接 10μF 电容交流短路时为最高增益（46dB）、调节 R_{P2} 改变负反馈系数，可实现增益的调节，从而改变音量的大小。R_1 和 C_5 组成的串联网络用于电路相位补偿，防止电路自激。

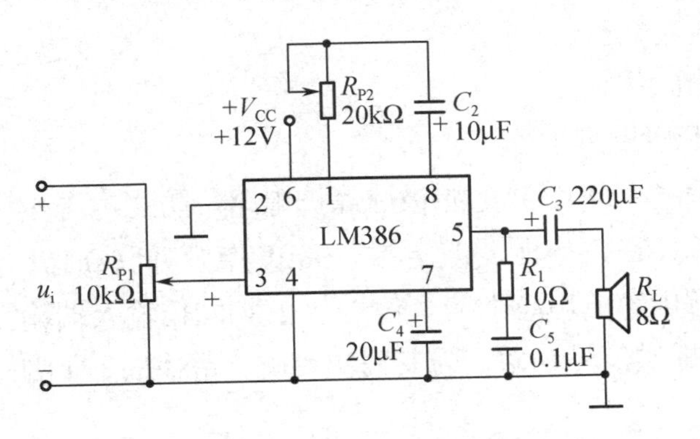

图 6-20　用 LM386 组成 OTL 电路

② 用 LM386 组成 BTL 应用电路。

如图 6-21 所示，两集成功率放大器 LM386 的 4 脚接地，6 脚接电源。为满足差模信号输入方式，两输入端的 3 脚与 2 脚互为短接。两组输入信号从 3 脚和 2 脚（或 2 脚和 3 脚）输入、5 脚输出后，分别接扬声器 R_L 的两端，共同驱动扬声器发声。图 6-21 中的 500kΩ电位器用来调整两集成功率放大器输出直流电位的平衡，在输出端电位相差不大的情况下，该电位器可省去。

BTL 电路的输出功率一般为 OTL、OCL 电路的 4 倍左右，是目前大功率音响电路中较为流行的音频放大器，图 6-21 所示电路的最大输出功率可达 3W 以上。

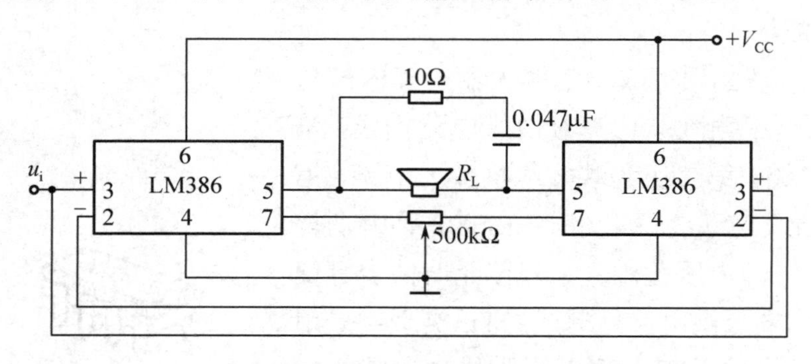

图 6-21　用 LM386 组成 BTL 电路

2. TDA2030 集成功率放大器及其典型应用电路

（1）TDA2030 简介。

TDA2030 是一种超小型 5 引脚单列直插塑封集成功率放大器，由于具有低瞬态失真、较宽频响和完善的内部保护措施（含短路、过热、地线开路、电源极性反接、负载泄放电压反冲保护等），而且不受制于电源形式（其接法分单电源和双电源两种，电源电压为±(6～18)V），所以常用在高保真组合音响中。

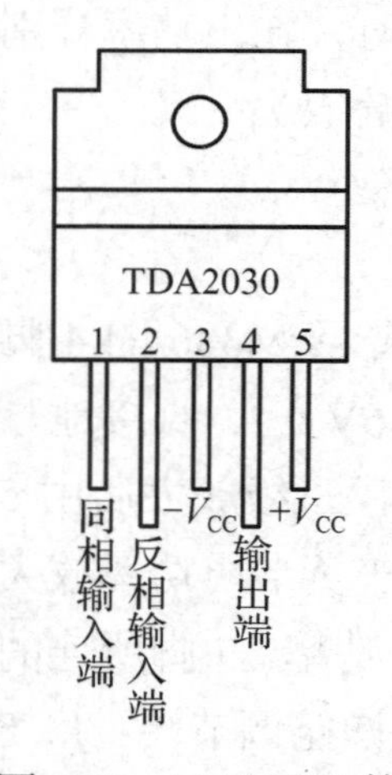

图 6-22　TDA2030 的引脚功能图

内特性说明：TDA2030 的引脚功能图如图 6-22 所示。其中，1 脚为同相输入端，2 脚为反相输入端，4 脚为输出端，3 脚接负电源，5 脚接正电源。电路特点是引脚和外接元器件少，接法简单，价格实惠。

外特性说明：电源电压为 6～18V，静态电流小于 60μA，频响为 10Hz～140kHz，谐波失真小于 0.5%，在 V_{CC}=±14V、R_L=4Ω时，输出功率为 14W。

（2）TDA2030 典型应用电路。

① 用 TDA2030 接成 OTL 应用电路。

如图 6-23（a）所示，VD_1、VD_2 组成电源极性保护电路，防止电源极性接反损坏集成功率放大器；C_3、C_5 为电源滤波电容，100μF 电容并联 0.1μF 电容，目的是消除 100μF 电解电容的电感效应。信号从 1 脚同相输入端输入，4 脚输出端向负载扬声器提供信号功率，使其发出声响，静态时，4 脚电位为 $V_{CC}/2$。

② 用 TDA2030 接成 OCL 应用电路。

如图 6-23（b）所示，除静态时 4 脚电位为 0 外，其他与 OTL 应用电路一致。

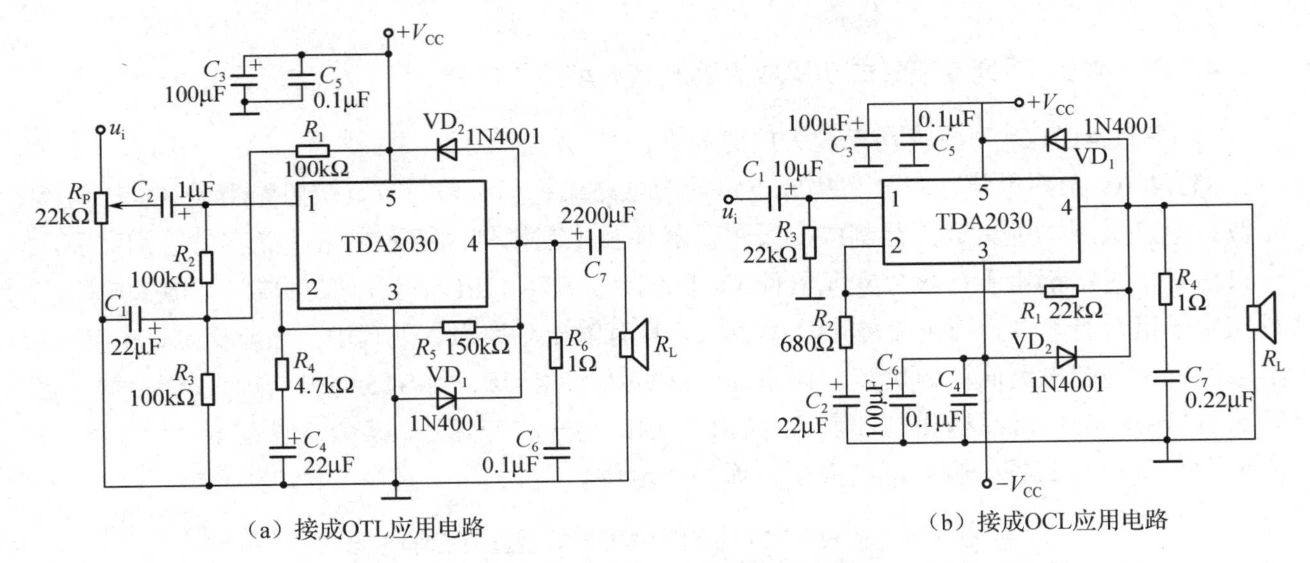

图 6-23 TDA2030 典型应用电路

3. DG4100 集成功率放大器及其典型应用电路

（1）DG4100 集成功率放大电路简介。

DG4100 集成功率放大电路是单片式集成电路，特别适合在低压下工作。它采用带散热片的 14 脚双排直插式塑料封装结构，其引脚排列及功能如图 6-24 所示。

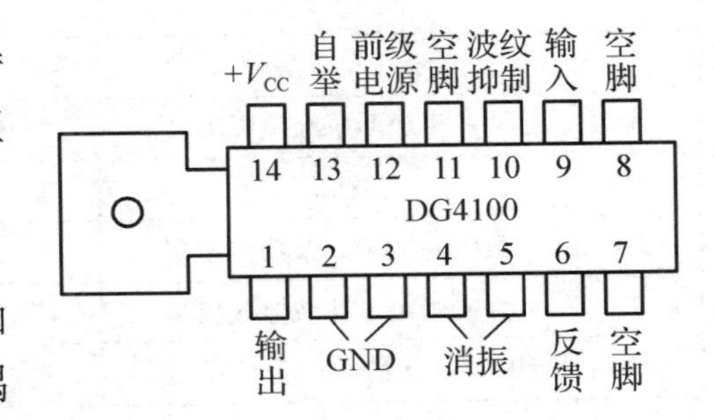

图 6-24 DG4100 集成功率放大电路的引脚排列及功能

（2）DG4100 典型应用电路。

由 DG4100 集成功率放大电路组成的 OTL 电路如图 6-25 所示。其中，C_1、C_5 分别是输入、输出隔直耦合电容；C_3 为消振电容，用来抑制可能产生的高频寄生振荡；C_4 为交流负反馈电容兼有消振作用；C_6 为自举电容，可以增大输出电压的正向输出幅度，避免输出电压的正半周出现削顶失真；C_7 可以改善自举电路性能；C_8 和 C_9 为交流旁路电容；R_1、C_2 与集成电路的内部电阻共同构成交流负反馈网络，用于控制电路的增益。

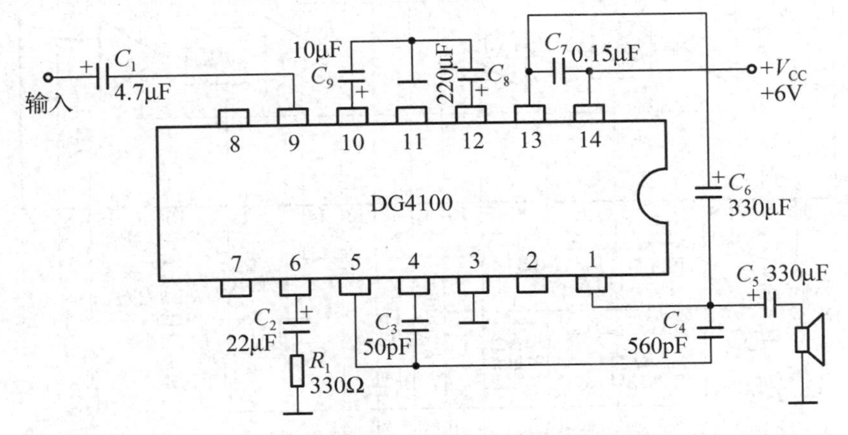

图 6-25 由 DG4100 集成功率放大电路组成的 OTL 电路

该应用电路可作为收音机的整个低频放大和功率放大电路，其输入端可直接与收音机的检波输出端相接。DG4100 集成功率放大电路还可作为收录机、电唱机等的功率放大电路。

4. STK4101 系列厚膜集成功率放大器及其典型应用电路

（1）STK4101 系列厚膜功率放大电路简介。

STK4101 系列厚膜功率放大集成电路的内电路结构与一般分立元器件准互补 OCL 电路相似。电路采用厚膜集成工艺制成，所用元器件及工艺精良，因而电路性能容易得到保证，一致性好，这些都优于一般分立元器件 OCL 电路。STK4101 系列厚膜集成功率放大电路广泛应用于组合音响中，用于立体声功率放大，具有输出功率大、失真小、性能稳定、精度高、耐热性好、外围电路简单等优点。该系列产品有从 STK4101 到 STK4191 等十余个品种，它们的引脚功能与内部结构相同，除工作电压和输出功率的差异外，其余参数基本一致。表 6-1 所示为 STK4151 Ⅱ 各引脚功能与典型直流工作电压。

表 6-1　STK4151 Ⅱ 各引脚功能与典型直流工作电压

引脚	功能	直流电压/V	引脚	功能	直流电压/V
1	R 声道信号输入端	−0.15	10	R 声道信号输出端	0
2	R 声道负反馈端	−0.15	11	L/R 声道公共正电源+V_{CC}端	+30
3	前级接地端	0	12	前级正电源端	+28
4	前级负电源端	−27	13	L 声道信号输出端	0
5	R 声道激励级负载端	−1.3	14	L 声道末级负电源-V_{CC}端	−30
6	空脚	0	15	L 声道激励级负载端	−1.3
7	负电源电子滤波器输出端	−29	16	末级接地端	0
8	负电源电子滤波器输出端	−30	17	L 声道负反馈端	−0.15
9	R 声道末级负电源-V_{CC}端	−30	18	L 声道信号输入端	−0.15

（2）STK4151 Ⅱ 典型应用电路。

用 STK4151 Ⅱ 组成的立体声功率放大电路如图 6-26 所示。可见，它具有完全对称的电路结构，即 L/R 声道均采用相同的 OCL 电路完成信号的功率放大。

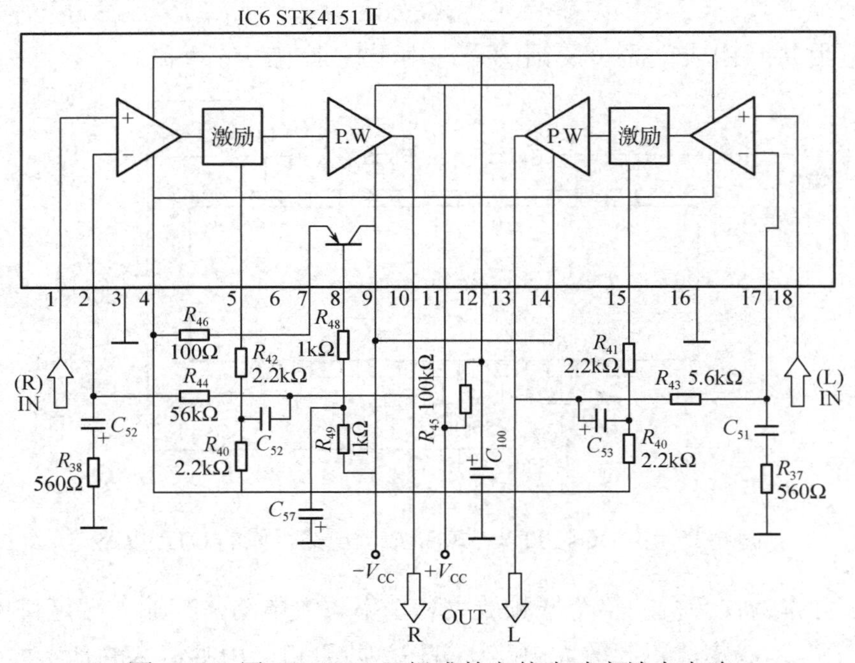

图 6-26　用 STK4151 Ⅱ 组成的立体声功率放大电路

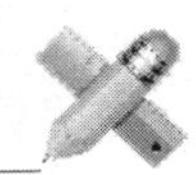

知识小结

（1）BTL 功率放大器的输出级与扬声器之间采用电桥式连接方式，相比于 OCL 功率放大器、OTL 功率放大器，BTL 功率放大器最大的特点是输出功率大、电源利用率高。

（2）集成功率放大器的本质仍为 OCL、OTL 功率放大器，具有体积小、工作稳定、易于安装和调试的优点，广泛应用于音响设备和各类家用电器中。

6.6　低频功率放大器同步练习题

一、填空题

1．功率放大器中的三极管有_________类、_________类、_________类等几种不同的工作状态，从而构成了不同类型的功率放大器。

2．设输入信号为正弦波，工作在甲类状态的功率输出级的最大管耗发生在输入信号 $u_{\rm i}$ 为__________时刻。

3．功率放大器按输出方式进行分类，可分为___________功率放大器、___________功率放大器、___________功率放大器、_____________功率放大器。

4．集成功率放大器具有__________、__________、__________和__________优点。

5．功率放大电路根据输出幅值 $U_{\rm om}$、负载电阻 $R_{\rm L}$ 和电源电压 $V_{\rm CC}$ 计算出输出功率 $P_{\rm o}$ 和电源消耗功率 $P_{\rm E}$ 后，可以方便地根据 $P_{\rm o}$ 和 $P_{\rm E}$ 的值来计算单个功率放大管消耗的功率 $P_{\rm C}$ 为_________，而电路效率 η 为_________。

6．在乙类互补对称功率放大电路中，由于三极管存在死区电压而导致输出信号在过零点附近出现失真，称为_________。

7．乙类互补推挽功率放大电路的能量转换效率最高是_________；若功率放大管的管压降为 $U_{\rm CES}$，则乙类互补推挽功率放大电路在输出电压幅值为_________时，管子的功耗最低；在乙类互补推挽功率放大电路中，每个管子的最大管耗为_________。

8．甲乙类互补对称电路与乙类互补对称电路相比，效率__________但交越失真会_________。

9．设计一个输出功率为 20W 的功率放大电路，若用乙类互补对称功率放大，则每个功率放大管的最大允许功耗 $P_{\rm CM}$ 至少应有_________；双电源乙类互补推挽功率放大电路的最大输出功率为_________。

10．OTL 电路采用_______电源供电，中点静态电位为________；OCL 电路采用______电源供电，中点静态电位为_________。

11．OTL 电路中三极管在最大不失真条件下使用，其输出最大不失真功率 $P_{\rm om}$=_____W；OCL 电路中三极管在最大不失真条件下使用，其输出最大不失真功率 $P_{\rm om}$=___________W。OTL、OCL 电路的最高效率在理想情况下均为 η=_________。

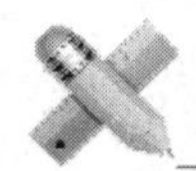

二、判断题

题号	1	2	3	4	5	6	7	8	9	10
答案										

1．互补输出级应采用共集电极或共漏极接法。

2．功率放大电路与电压放大电路、电流放大电路的共同点是使输出功率大于输入功率。

3．功率放大电路与电压放大电路的区别之一是在电源电压相同的情况下，前者比后者的输出功率大。

4．当单、双电源互补对称功率放大电路所用电源电压值相等时，若负载相同，则它们的最大输出功率也相同。

5．只有两个三极管都是PNP管或都是NPN管时才能组成复合管。

6．若复合管前面的小功率三极管是NPN管，则复合管等效为一个NPN管；若前面的三极管是PNP管，则等效为PNP管。

7．功率放大器是大信号放大器，要求在不失真的条件下能够得到足够大的输出功率。

8．为了使变压器耦合的单管功率放大器有足够的输出功率，允许功率放大三极管工作在极限状态。

9．在功率放大电路中，当输出功率最大时，功率放大管的功率损耗也最高。

10．甲乙类互补对称功率放大器可以克服交越失真。

三、单项选择题

1．功率放大电路的最大输出功率是在输入电压为正弦波且输出基本不失真的情况下负载上获得的最大（　　）。

A．交流功率　　B．直流功率　　C．平均功率　　D．视在功率

2．功率放大电路的转换效率是指（　　）。

A．输出功率与三极管所消耗的功率之比

B．最大输出功率与电源提供的平均功率之比

C．三极管所消耗的功率与电源提供的平均功率之比

3．一个输出功率为8W的扩音机，若采用乙类互补对称功率放大电路，则在选择功率放大管时，要求P_{CM}（　　）。

A．至少大于1.6W　　B．至少大于0.8W

C．至少大于0.4W　　D．无法确定

4．功率放大电路与电流放大电路的区别是（　　）。

A．前者比后者的电流放大倍数大　　B．前者比后者的效率高

C．前者比后者的电压放大倍数大　　D．不确定

5．乙类互补对称功率放大电路会产生交越失真的原因是（　　）。

A．三极管输入特性的非线性　　B．三极管电流放大倍数太大

C．三极管电流放大倍数太小　　D．输入电压信号过大

6．在如图6-27所示的电路中，已知VT_1、VT_2的饱和压降U_{CES}=3V，V_{CC}=V_{EE}=15V，R_L=8Ω，选择正确答案填空。

① 电路中 VD_1、VD_2 的作用是克服（　　）。

A．饱和失真　　B．截止失真

C．交越失真　　D．不确定

② 静态时，三极管的发射极电位 V_{EQ}（　　）。

A．高于 0　　B．等于 0

C．低于 0　　D．不确定

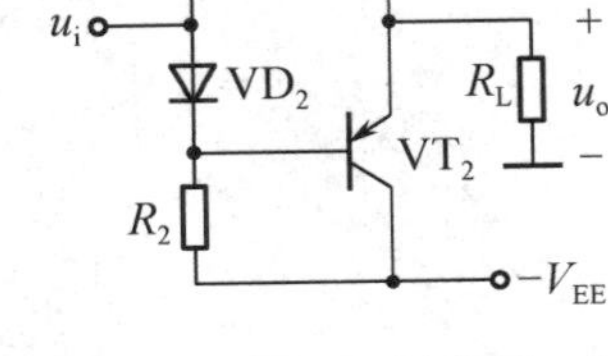

图 6-27　单项选择题 6 图

③ 最大输出功率 P_{om}（　　）。

A．约等于 28W　　B．等于 18W　　C．等于 9W　　D．不确定

④ 当输入为正弦波时，若 R_1 虚焊，即开路，则输出电压（　　）。

A．为正弦波　　B．仅有正半波　　C．仅有负半波　　D．不确定

⑤ 若 VD_1 虚焊，则 VT_1（　　）。

A．可能因功耗过高而烧毁　　B．始终饱和

C．始终截止　　D．不确定

7．甲乙类互补对称输出电路与乙类输出电路相比，其优点是（　　）。

A．输出功率大　　B．效率高　　C．交越失真小　　D．电路简单

8．（　　）功率放大电路在一个周期内只有半个周期 $i_C>0$。

A．甲类　　B．乙类　　C．甲乙类　　D．不确定

9．OCL 功率放大器在功率放大电路中的位置通常是（　　）。

A．前级　　B．中间级　　C．末级　　D．不确定

10．在甲类、乙类、甲乙类放大电路中，导通角分别为（　　）。

A．小于 180°、180°、360°　　B．360°、小于 180°、180°

C．180°、小于 180°、360°

四、简答题

1．为消除交越失真，通常要给功率放大管加上适当的正向偏置电压，使基极存在微小的正向偏流，让功率放大管处于微导通状态。那么，这一正向偏置电压是不是越高越好？为什么？

2．图 6-28 中各复合管的复合方式是否正确？如果正确，那么等效为 NPN 管还是 PNP 管？

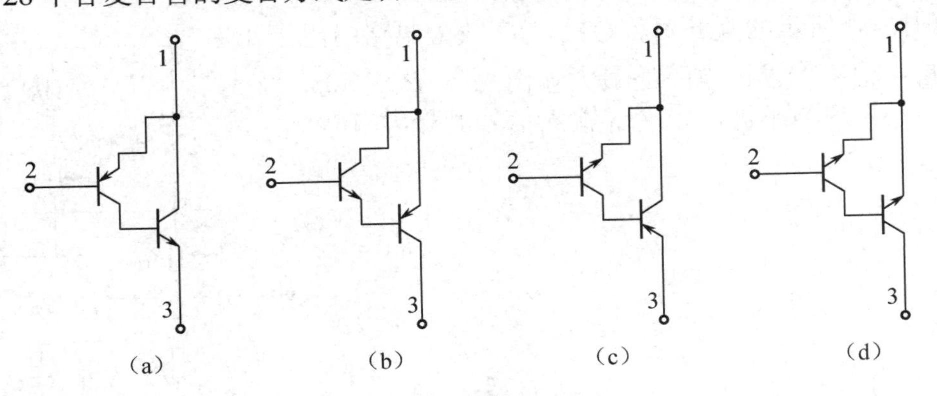

图 6-28　简答题 2 图

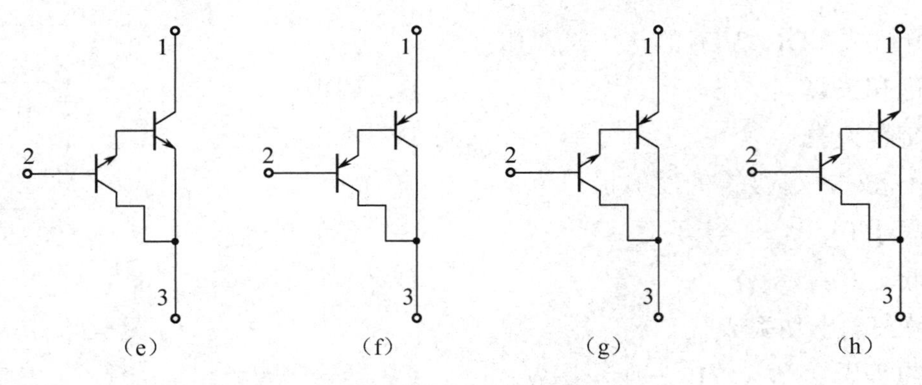

图 6-28 简答题 2 图（续）

五、计算题

1．在如图 6-29 所示的电路中，负载 R_L=8Ω，三极管集电极输出功率 P_o=200mW，集电极电流 I_c=30mA。试求：①输出变压器 T_2 的初级等效电阻 R'_L；②负载 R_L 获得理想的最大功率时 T_2 的变压比 n。

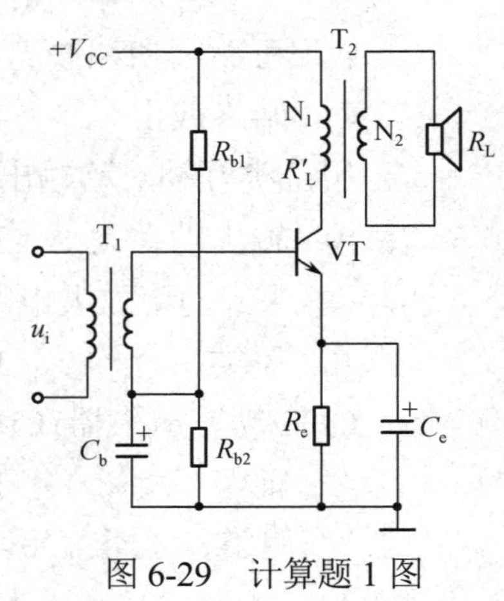

图 6-29 计算题 1 图

2．一单电源互补对称功率放大电路如图 6-30 所示，设 u_i 为正弦波，R_L=8Ω，管子的饱和压降 U_{CES} 可忽略不计。试求：①最大不失真输出功率 P_{om}（不考虑交越失真）为 8W 时的电源电压 V_{CC}；②如果将负载改为 4Ω 的扬声器，则 P_{om} 为多大？

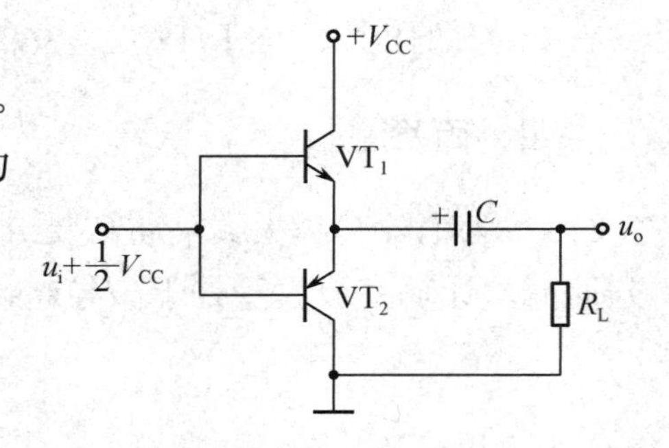

图 6-30 计算题 2 图

3．在如图 6-31 所示的互补对称 OTL 功率放大电路中，V_{CC}=20V，R_L=8Ω：①求该电路的最大输出功率 P_{om}；②若 A_{u_1}=−50，U_{CES} 忽略不计，求允许输入信号的最大有效值 U_{im}。

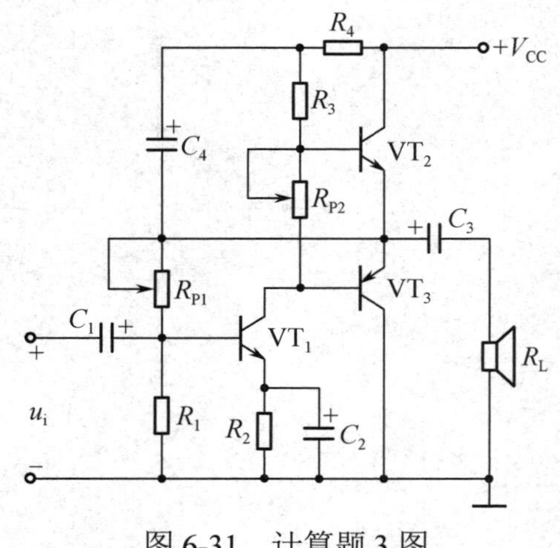

图 6-31 计算题 3 图

4．如图 6-32 所示，回答下列问题：①电路的名称及 VT_1、VT_2 的工作方式属何种类型？②静态时，VT_1 的发射极电位 V_E 和负载电流 I_L 各为多少？③若电容 C 足够大，V_{CC}=18V，三极管饱和压降 U_{CES}≈1V，R_L=8Ω，则最大不失真输出功率 P_{om} 为多少？

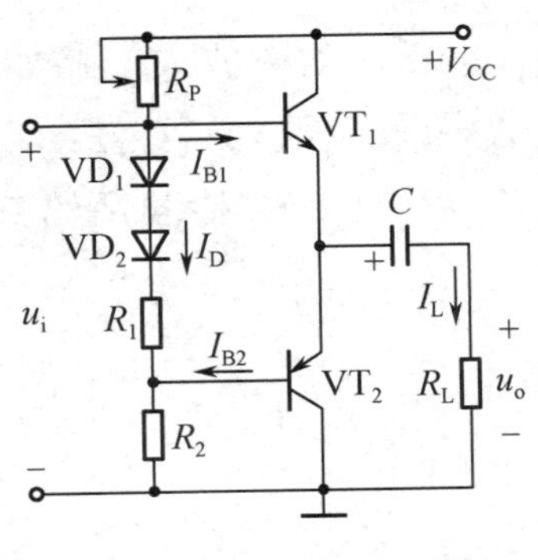

图 6-32　计算题 4 图

5．电路如图 6-33 所示，管子的饱和压降、发射结压降及静态损耗均可忽略。

（1）若正弦输入信号的有效值为 10V，求电路的效率及各管的管耗。

（2）若功率放大管的参数为 P_{CM}=10W，I_{CM}=5A，$U_{(BR)CEO}$=40V，试验证功率放大管的工作是否安全。

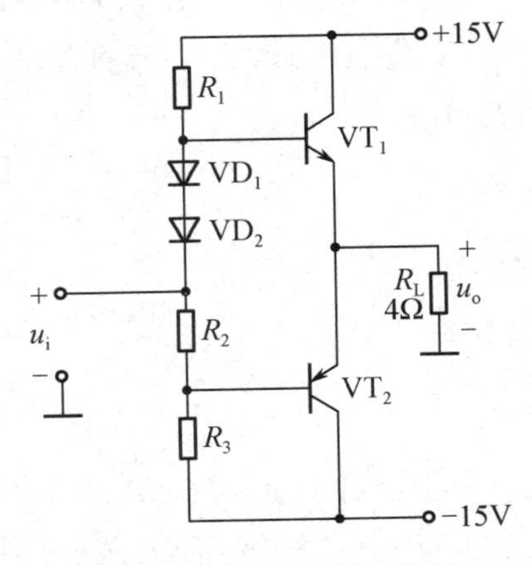

图 6-33　计算题 5 图

6．功率放大电路如图 6-34 所示，管子在输入正弦波信号 u_i 的作用下，在一个周期内，VT_1 和 VT_2 轮流导通约半周，管子的饱和压降 U_{CES} 可忽略不计，电源电压 V_{CC}=V_{EE}=20V，负载 R_L=8Ω：①在输入信号有效值为 10V 时，计算输出功率、总管耗、直流电源供给的功率和效率；②计算最大不失真输出功率，并计算此时的各管管耗、直流电源供给的功率和效率。

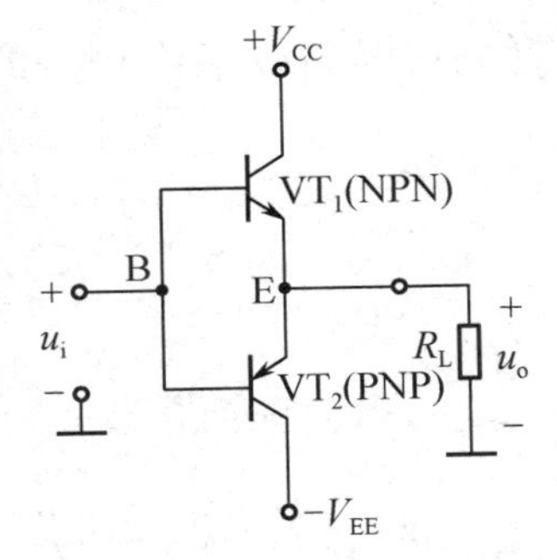

图 6-34　计算题 6 图

7．电路如图 6-35 所示：①合理连线，接入信号源和反馈，使电路的输入电阻增大而输出电阻减小；②要将放大倍数设置为 25，R_F 应取多少？

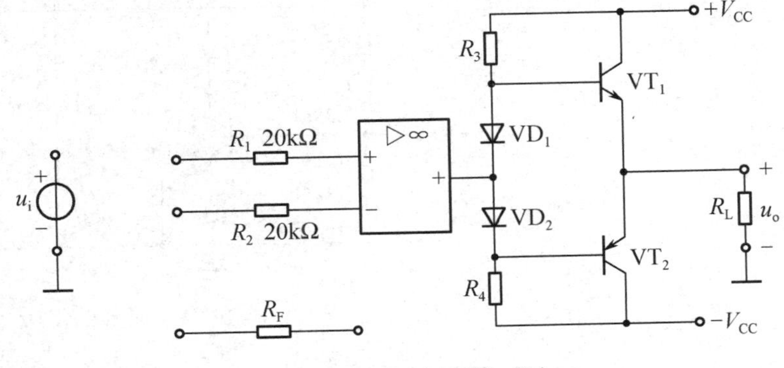

图 6-35　计算题 7 图

8．功率放大电路如图 6-36 所示，设 V_{CC}=12V，R_L=8Ω，三极管的极限参数为 I_{CM}=2A，$U_{(BR)CEO}$=30V，P_{CM}=5W。试求：①最大输出功率 P_{om}；②检验所给三极管是否能安全工作。

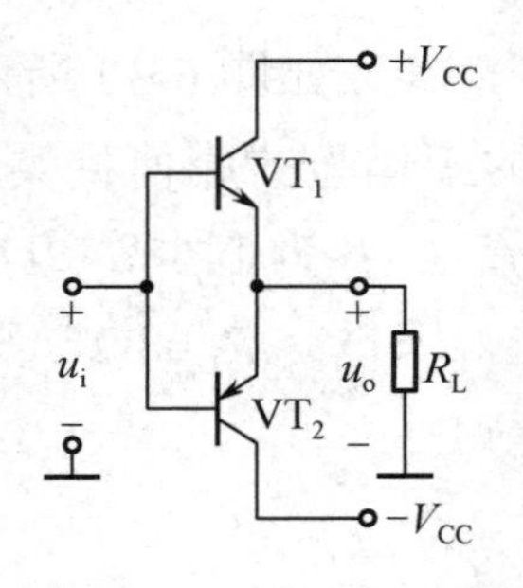

图 6-36　计算题 8 图

9．图 6-37 所示的电路为一功率放大器的互补输出级，求输出到负载 R_L 上的最大不失真功率（设 VT_1 和 VT_2 的饱和压降 U_{CES} 均为 2V）。

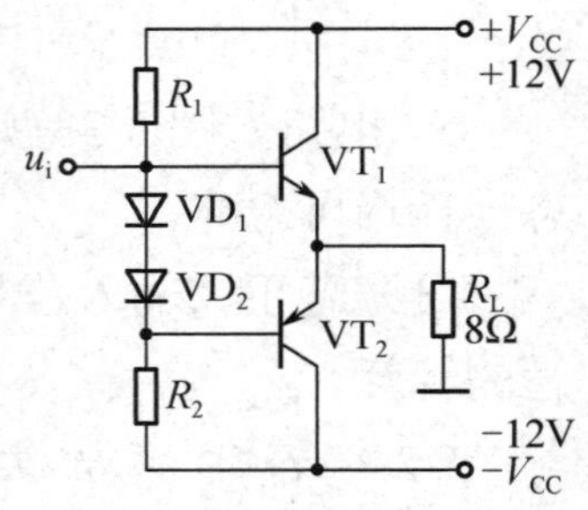

图 6-37　计算题 9 图

10．对于如图 6-38 所示的 OCL 电路，解答下列问题：①VD_1、VD_2 两个二极管可否反接于电路中？②静态时，VT_1、VT_2 两个功率放大管分别工作在哪种状态？③若 VT_1、VT_2 的饱和压降为 $U_{CES1}=U_{CES2}$=2V，R_L=8Ω，求该电路的最大不失真功率 P_{om}。

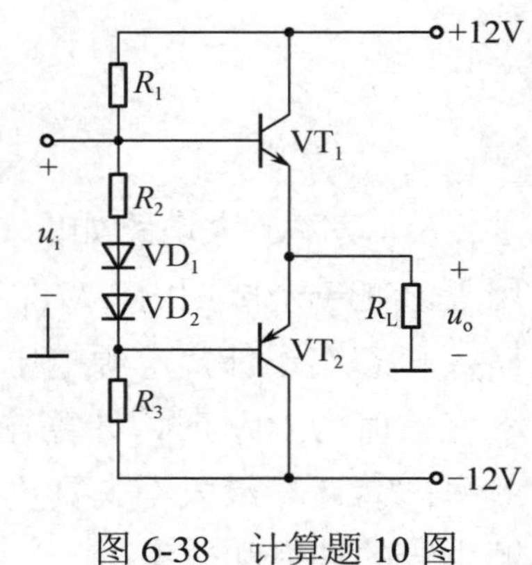

图 6-38　计算题 10 图

六、综合题

1．在如图 6-39 所示的功率放大电路中：

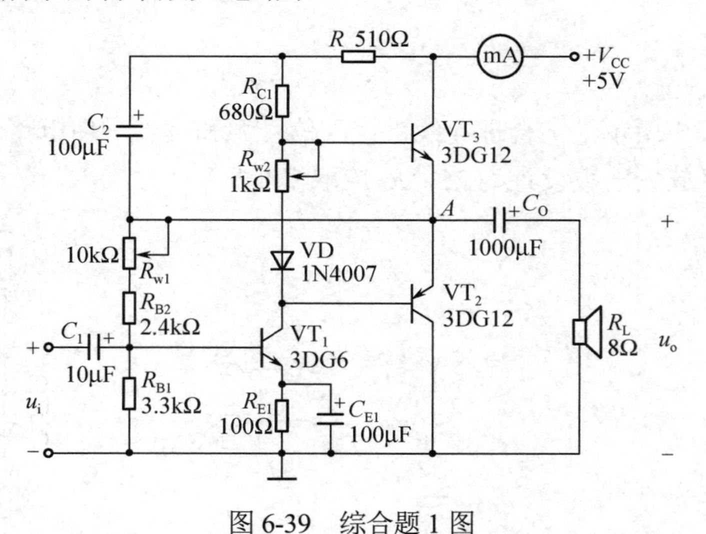

图 6-39　综合题 1 图

（1）VT_1 工作于甲类状态，其集电极电流 I_{C1} 由__________进行调节。

（2）I_{C1} 的一部分流经电位器 R_{w2} 及二极管 VD，给 VT_2、VT_3 提供基极偏压。调节＿＿＿＿＿，可以使 VT_2、VT_3 得到合适的静态电流而工作于＿＿＿＿＿状态，以克服＿＿＿＿＿。

（3）静态时，要求输出端中点 A 的电位为＿＿＿＿＿，可以通过调节＿＿＿＿＿来实现，由于 R_{w1} 的一端接在 A 点，因此在电路中引入＿＿＿＿＿负反馈不仅能够稳定放大器的＿＿＿＿＿，还能够改善＿＿＿＿＿。

（4）＿＿＿＿＿构成自举电路。

2．电路如图 6-40 所示。其中，A_1、A_2 为集成功率放大器简化后的模型电路，与一般集成运放相比，主要差别在于输出功率大，且它们都满足理想集成运放的条件（图中所有电容的容抗对交流信号而言均可忽略不计）。

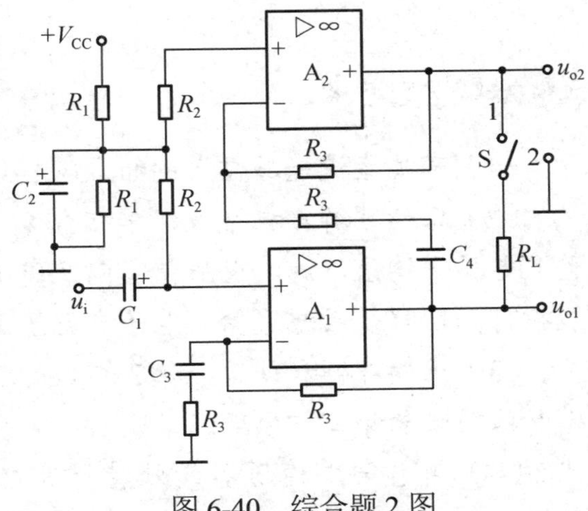

图 6-40　综合题 2 图

（1）计算集成功率放大器 A_1、A_2 的静态输出电压 U_{O1}、U_{O2}。

（2）当开关 S 接在位置 1 时组成何种结构的功率放大电路？此时电压增益 $A_u = \dfrac{u_{o2} - u_{o1}}{u_i}$ 的值等于多少？

（3）当开关 S 直接接在位置 2 时，可能导致什么后果？为什么？

（4）当 R_L 串接适当的电容后通过开关 S 接在位置 2 时，组成何种结构的功率放大电路？计算两种情况下输出到负载上的功率比。

参考答案

第 7 章　直流稳压电源与晶闸管应用电路

教学微课

本章学习要求

（1）掌握直流稳压电源的组成及各组成部分的作用。

（2）正确理解单相半波、单相全波、单相桥式整流电路和滤波电路的工作原理，会估算整流电压平均值、滤波电压值，以及整流二极管截止时所能承受的最高反向电压值等主要性能指标；理解复式滤波器和电子有源滤波器的滤波性能与滤波原理。

（3）正确理解和计算硅稳压二极管稳压电路、串联型稳压电源相关参量；了解开关型稳压电路的概念和工作原理。

（4）熟悉集成稳压器的外特性及功能扩展，能灵活应用三端集成稳压器组成所需的电源。

（5）掌握晶闸管的种类、工作过程与检测原理，熟悉单结晶体管的触发原理和在无触点开关电路、可控整流中的应用原理。

电子设备中的直流电源一般由交流电网供电，经整流、滤波后得到直流电，但这种直流电源的性能很差，输出电压不稳定，不能直接用于某些电子设备中。为了提高直流电源的稳定性，需要引入稳压电路。

直流稳压电源的组成框图如图 7-1 所示，它一般由 4 部分组成，各部分的功能如下。

变压器：利用变压器的电压变换作用将电网工频交流电压变换为符合用电设备所需的交流电压值。

整流电路：利用整流二极管的单向导电性将交流电压变换成脉动直流电压。为了便于分析，本书中的整流二极管正向导通时的直流电阻 R_D 均忽略不计，视为理想二极管。

滤波电路：利用储能元器件的过渡过程尽可能地将脉动直流电压中的脉动部分（交流纹波）滤除，变成比较平滑的直流电压。

稳压电路：采用某些措施使输出直流电压在电源波动或负载变化时仍能保持稳定。

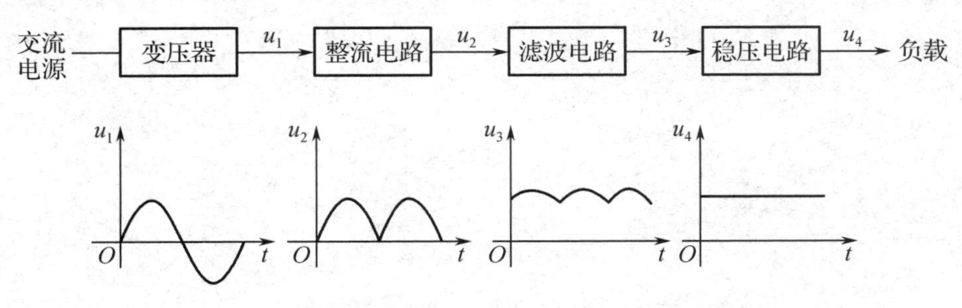

图 7-1　直流稳压电源的组成框图

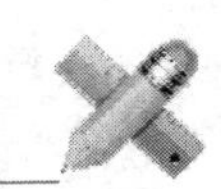

7.1 单相整流电路

所谓整流，就是指运用整流二极管的单向导电性把大小和方向都变化的交流电变成单向的脉动直流电。完成整流功能的电路称为整流电路，有单相半波、单相全波、单相桥式和倍压整流几种电路类型。

7.1.1 单相半波整流电路

单相半波整流电路如图 7-2（a）所示，它由电源变压器 T、整流二极管 VD 和负载电阻 R_L 组成。

电源变压器通常为降压变压器，如果负载电压比较高，那么也可以采用升压变压器。变压器的初级线圈接电网工频交流电压 u_1，次级线圈的感应电压为 $u_2 = U_{2m}\sin\omega t\text{V} = \sqrt{2}U_2\sin\omega t\text{V}$。其中 U_2 为次级线圈交流电压的有效值。

1. 工作原理

（1）当 u_2 为正半周时，整流二极管 VD 两端所加为正向电压，它处于导通状态，其电流 i_O 流过负载 R_L，并在 R_L 上产生正半周电压 u_O，且 u_O=u_2，如图 7-2（b）所示。

（2）当 u_2 为负半周时，整流二极管 VD 两端所加为反向电压，由于它处于截止状态，无电流流过负载 R_L，因而 u_O=0，如图 7-2（c）所示。

当 u_2 进入下一个周期时，整流电路将重复上述过程。各波形之间的对应关系如图 7-2（d）所示。由波形可知，在 u_2 的一个周期内，负载只有单方向的半个波形，这种大小波动、方向不变的电压（或电流）称为脉动直流电。上述过程说明利用整流二极管的单向导电性可把交流电 u_2 变成脉动直流电 u_O（或 i_O）。可见，VD 的导通角为 π，电路仅利用了 u_2 的半个波形，故称为半波整流。半波整流电路的缺点是电源利用率低，且输出纹波成分大。

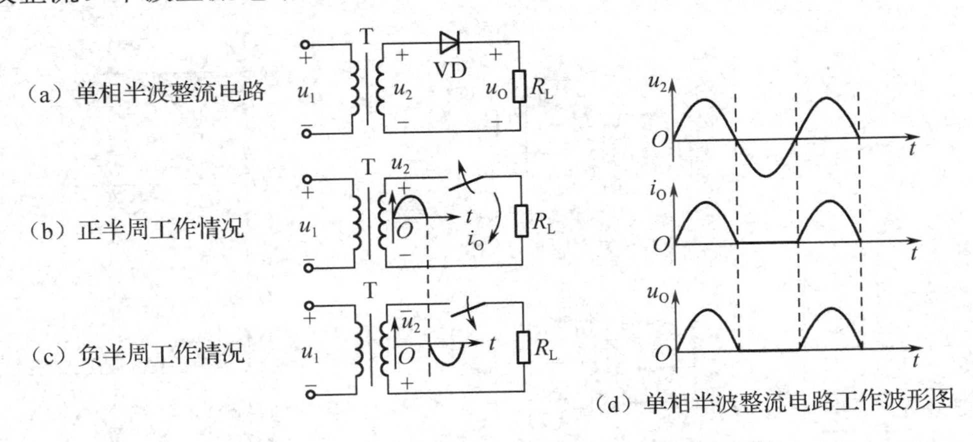

图 7-2 单相半波整流电路及其工作原理示意图

2. 负载与整流二极管上的电压和电流

负载上的直流输出电压 U_O 和直流输出电流 I_O 都是指一个周期内的平均值。根据正弦交流电振幅值与平均值之间的关系可得以下结论。

半波整流负载两端电压的平均值 U_O 为

$$U_O=0.45U_2$$

流过整流二极管的正向电流 I_V 和流过负载的电流的平均值 I_O 相等，即

$$I_V = I_O = \frac{U_O}{R_L} = \frac{0.45U_2}{R_L}$$

当整流二极管截止时，其所承受的反向峰值电压 U_{RM} 等于变压器次级输出电压 u_2 的振幅值，即

$$U_{RM} = \sqrt{2}U_2$$

3. 整流二极管的选择

U_{RM} 和 I_{FM} 是正确选择整流二极管的依据，具体要求如下。

（1）最高反向工作电压：$U_{RM} \geqslant \sqrt{2}U_2$。

（2）最大整流电流：$I_{FM} \geqslant I_O$。

7.1.2 单相全波整流电路

单相全波整流电路如图 7-3（a）所示。其中，VD_1、VD_2 为性能相同的整流二极管；T 为带中心抽头的电源变压器，作用是产生大小相等而相位相反的 u_{2a} 和 u_{2b}。不难看出，VD_1 对 u_{2a} 实现单相半波整流、VD_2 对 u_{2b} 实现单相半波整流。因此，单相全波整流电路实际上是由两个单相半波整流电路组成的。

1. 工作原理

（1）当 u_1 为正半周时：变压器次级 u_{2a} 对地为正半周，VD_1 正偏导通，形成电流 i_{VD1}，经负载 R_L 到地；变压器次级 u_{2b} 对地为负半周，VD_2 反偏截止，电流 i_{VD2}=0。因此，输出电压为 i_{VD1} 经负载 R_L 到地形成，u_O=u_{2a}，如图 7-3（b）所示。

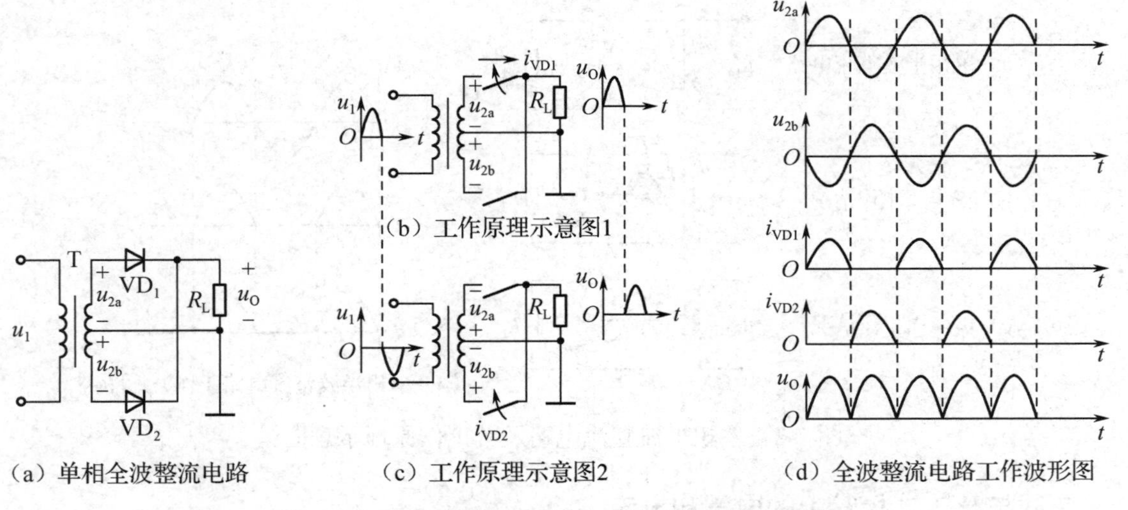

（a）单相全波整流电路　（c）工作原理示意图2　（d）全波整流电路工作波形图

图 7-3　单相全波整流电路及其工作原理示意图

（2）当 u_1 为负半周时：变压器次级 u_{2b} 对地为正半周，VD_2 正偏导通，形成电流 i_{VD2}，经负载 R_L 到地；变压器次级 u_{2a} 此时对地为负半周，VD_1 反偏截止，电流 $i_{VD1}=0$。因此，输出电压为 i_{VD2} 经负载 R_L 到地形成，$u_O=u_{2b}$，如图 7-3（c）所示。

因为变压器次级的中心抽头对称，所以 $u_{2a}=u_{2b}$、$i_{VD1}=i_{VD2}$。当 u_2 进入下一个周期时，整流电路将重复上述过程。各波形之间的对应关系如图 7-3（d）所示。由波形可知，在 u_1 的一个周期内，VD_1、VD_2 轮流导通，虽然导通角仍为 π，但流过整流二极管的电流是 i_{VD1}、i_{VD2} 叠加形成的全波脉动直流电流 i_O，于是 R_L 两端产生全波脉动直流电压 u_O。故电路称为全波整流电路。与半波整流电路相同，全波整流电路的缺点仍是电源利用率低、变压器必须带中心抽头，但输出纹波成分已降为半波整流电路的一半。

2．负载与整流二极管上的电压和电流

负载上的平均直流输出电压 U_O 和直流输出电流 I_O 分别为 $U_O=0.45U_{2a}+0.45U_{2b}$、$I_O=U_O/R_L$，令 $u_{2a}=u_{2b}=u_2$，则全波整流负载两端电压的平均值 U_O 为

$$U_O=0.9U_2$$

负载上的电流 I_O 和流过整流二极管的正向电流 I_V 的平均值分别为

$$I_O=\frac{U_O}{R_L}=\frac{0.9U_2}{R_L}\qquad I_V=I_{V1}=I_{V2}=\frac{1}{2}I_O$$

当整流二极管截止时，其所承受的反向峰值电压 U_{RM} 等于变压器次级输出电压 $u_{2a}+u_{2b}$ 的振幅值，即

$$U_{RM}=2\sqrt{2}U_2$$

3．整流二极管的选择

U_{RM} 和 I_{FM} 的具体要求如下。

（1）最高反向工作电压：$U_{RM}\geqslant 2\sqrt{2}U_2$。

（2）最大整流电流：$I_{FM}\geqslant \frac{1}{2}I_O$。

7.1.3　单相桥式整流电路

单相桥式整流电路及其几种常见画法如图 7-4（a）所示。其中，VD_1～VD_4 为性能相同的整流二极管，T 为双线圈的电源变压器，R_L 为纯电阻负载。

1．工作原理

（1）当 u_1 为正半周时：变压器次级 u_2 为正半周，此时 VD_1、VD_3 因正偏而导通，VD_2、VD_4 因反偏而截止，电流 i_O 经 VD_1、R_L 和 VD_3 形成回路，并在 R_L 上产生压降 u_O，如图 7-4（b）所示。

（2）当 u_1 为负半周时：变压器次级 u_2 为负半周，此时 VD_2、VD_4 因正偏而导通，VD_1、VD_3 因反偏而截止，电流 i_O 经 VD_2、R_L 和 VD_4 形成回路，并在 R_L 上产生压降 u_O，如图 7-4（c）所示。

合成的输出电压 u_O 和输出电流 i_O 的波形如图 7-4（d）所示。由于 u_O 为全波脉动直流电压，所以单相桥式整流也为全波整流。相对于单相半波/全波整流，单相桥式整流具有输出电压高、纹波小、U_{RM} 较低的优点，因而应用最为广泛。

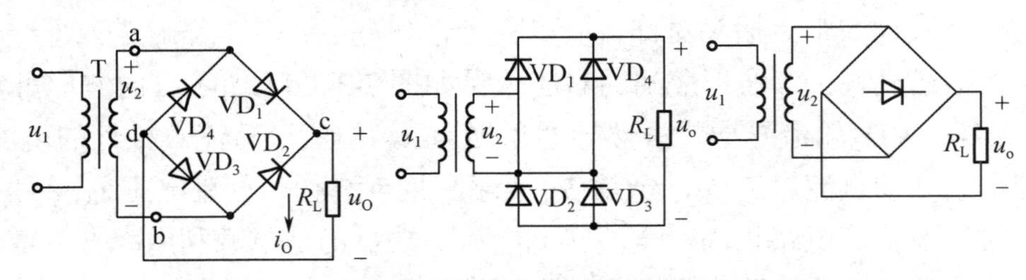

（a）单相桥式整流电路及其几种常见画法

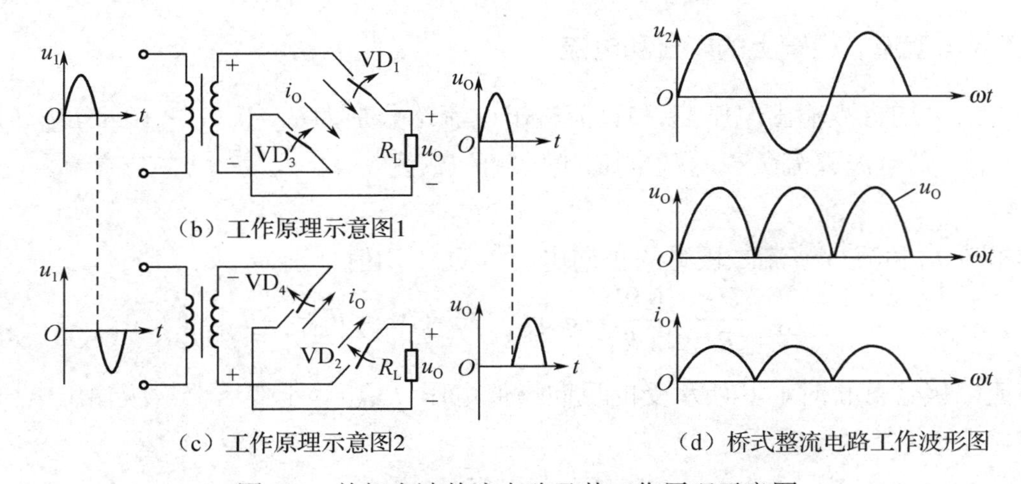

（b）工作原理示意图1

（c）工作原理示意图2

（d）桥式整流电路工作波形图

图 7-4　单相半波整流电路及其工作原理示意图

2. 负载与整流二极管上的电压和电流

桥式整流负载两端电压的平均值 U_O 为

$$U_O=0.9U_2$$

负载上的电流 I_O 和流过每个二极管的正向电流 I_V 的平均值分别为

$$I_O=\frac{U_O}{R_L}=\frac{0.9U_2}{R_L}\qquad I_V=\frac{1}{2}I_O$$

当整流二极管截止时，其所承受的反向峰值电压 U_{RM} 等于变压器次级输出电压 u_2 的振幅值，即

$$U_{RM}=\sqrt{2}U_2$$

3. 整流二极管的选择

U_{RM} 和 I_{FM} 的具体要求如下。

（1）最高反向工作电压：$U_{RM}\geqslant\sqrt{2}U_2$。

（2）最大整流电流：$I_{FM}\geqslant\frac{1}{2}I_O$。

【例 1】 有一直流负载，需要直流电压 U_O=60V，直流电流 I_O=4A。若采用单相桥式整流电路，求电源变压器次级电压 U_2，并选择整流二极管的型号。

【解答】 因为 $U_O = 0.9U_2$，所以 $U_2 = \frac{U_O}{0.9} = \frac{60V}{0.9} \approx 66.7V$；流过整流二极管的平均电流为

$$I_V = \frac{1}{2}I_O = \frac{1}{2} \times 4A = 2A$$

二极管承受的反向峰值电压为

$$U_{RM} = \sqrt{2}U_2 \approx 1.414 \times 66.7V \approx 94V$$

查看晶体管手册，可选用整流电流为 3A、额定反向工作电压为 100V 的整流二极管 2CZ12A（3A/100V），共需要 4 个。

在实际应用时，常将整流二极管做成整流组合件，称为整流堆。整流堆有半桥堆（2CQ 型）和全桥堆（QL 型），如图 7-5 所示。

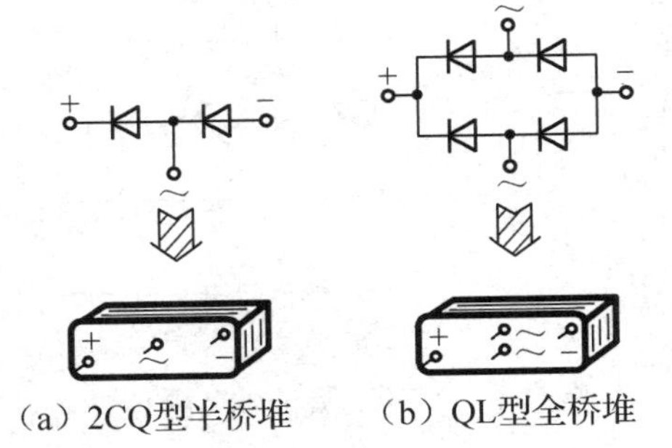

图 7-5　整流堆

1 个全桥堆或联结两个半桥堆就可替代 4 个整流二极管，它与电源变压器相连，便可组成桥式整流电路。应用整流堆构成桥式整流电路具有组成简单、电路性能可靠的优点。整流堆的选用应注意其最高反向工作电压和额定工作电流必须满足整流电路的要求。

依据内部整流管的联结结构，可通过检测内部整流二极管的单向导电性对整流堆的性能及好坏做出判断。

7.1.4　倍压整流电路

在实际应用中，当需要高电压、小电流的直流电源时，多采用倍压整流电路。倍压整流电路可以在不增加变压器次级绕组匝数和整流二极管最高反向工作电压的情况下，通过多次倍压来得到较高的直流电压输出。

1. 2 倍压整流电路

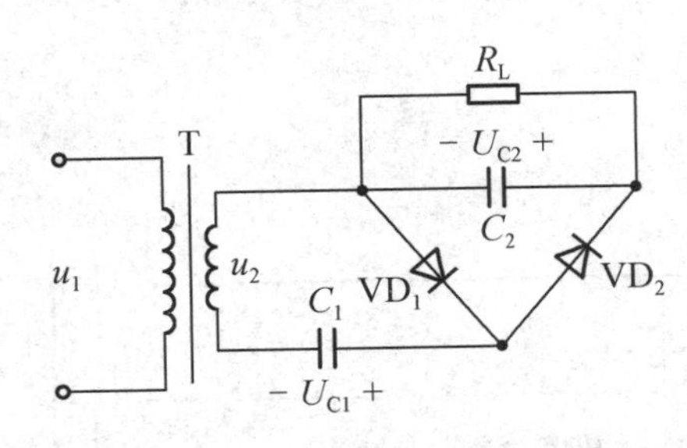

图 7-6　2 倍压整流电路的结构

（1）电路结构。

2 倍压整流电路由电源变压器和两个整流二极管、两个滤波电容组成，其结构如图 7-6 所示。

（2）工作原理。

在 u_2 的正半周，VD_1 正偏导通、VD_2 反偏截止。电流通过 VD_1 给电容 C_1 充上了左“−”右“+”的电压 U_{C1}，由于 VD_1 的正向导通电阻 R_D 很小，所以充电时间常数 $\tau_{充} = R_D C_1$ 很小，电压 U_{C1} 基本接近于 u_2 的振幅值电压，即 $U_{C1} \approx \sqrt{2}U_2$。

在 u_2 的负半周，VD_2 正偏导通、VD_1 反偏截止。此时，u_2 与 U_{C1} 的极性一致，因此它们串联起来通过 VD_2 给电容 C_2 充上了左“−”右“+”的电压 U_{C2}，同理，由于充电时间常数很小，所以电压 U_{C2} 基本接近于 u_2 的振幅值与 U_{C1} 之和，即 $U_{C2} \approx 2\sqrt{2}U_2$。

经过几个周期的充电后，可使 C_2 两端的电压稳定在 $2\sqrt{2}U_2$ 数值上。

在 2 倍压整流电路中，每个整流二极管所承受的最高反向工作电压均为 $2\sqrt{2}U_2$；电容 C_1 两端的电压为 $\sqrt{2}U_2$；电容 C_2 两端的电压为 $2\sqrt{2}U_2$。这样，在负载 R_L 两端可得到 $2\sqrt{2}U_2$ 的

电压，即$U_O = 2\sqrt{2}U_2$。

2．3 倍压整流电路

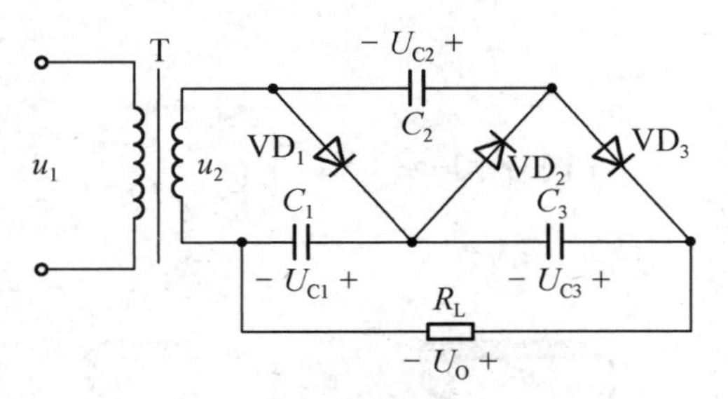

图 7-7　3 倍压整流电路的结构

（1）电路结构。

3 倍压整流电路由电源变压器和 3 个整流二极管、3 个滤波电容组成，其结构如图 7-7 所示。

（2）工作原理。

在 u_2 的第 1 个正半周，VD_1 正偏导通，电流通过 VD_1 给电容 C_1 充上了左“-”右“+”的电压 U_{C1}，且 $U_{C1} \approx \sqrt{2}U_2$。在 u_2 的第 1 个负半周，VD_2 正偏导通，u_2 与 U_{C1} 正向串联起来给电容 C_2 充上了左“-”右“+”的电压 U_{C2}，且$U_{C2} \approx 2\sqrt{2}U_2$。

在 u_2 的第 2 个正半周，VD_1 导通，电流通过 VD_1 给电容 C_1 充电，维持$U_{C1} \approx \sqrt{2}U_2$。与此同时，$U_{C2}$ 使 VD_3 导通，通过 VD_3 给 C_3 充电，使$U_{C3} \approx U_{C2} \approx 2\sqrt{2}U_2$。这样，经过几个周期的充电后，在负载 R_L 两端可得到 3 倍的$\sqrt{2}U_2$的电压，即$U_O = U_{C1} + U_{C3} \approx 3\sqrt{2}U_2$。

根据上述原理，用 n 个整流二极管和 n 个滤波电容即可组成 n 倍压整流电路。在 n 倍压整流电路中，每个整流二极管所承受的最高反向工作电压均为$2\sqrt{2}U_2$。为了保证多倍压整流电路有稳定的输出电压，要求负载电流一定要小，即负载电阻必须要大。

针对各类整流电路，必须强调的两点是：①在选用整流二极管时，一般选取 $I_{FM} \geqslant 1.5I_V$，最高反向工作电压也必须高于实际电压，以确保安全；②并非所有整流都必须有变压器，实践中，也有利用电容降压或直接对市电进行整流的电路。

知识小结

（1）整流电路利用整流二极管的单向导电性把交流电变换成直流电，常见的有半波整流电路、全波整流电路、桥式整流电路和倍压整流电路。

（2）常见各类整流电路性能比较如表 7-1 所示。

表 7-1　常见各类整流电路性能比较

整流形式/性能	输出直流电压平均值 U_O	整流管的最高反向工作电压 U_{RM}	流过整流管的平均电流 I_V	流过负载的平均电流 I_O	特点	适用范围
半波整流	$0.45U_2$	$\sqrt{2}U_2$	$\frac{0.45U_2}{R_L}$	$\frac{0.45U_2}{R_L}$	电路简单，但输出电压的纹波大	稳定性要求不高，小电流场合
全波整流	$0.9U_2$	$2\sqrt{2}U_2$	$\frac{0.45U_2}{R_L}$	$\frac{0.9U_2}{R_L}$	带负载能力较强，但变压器必须带中间抽头	稳定性要求较高，电流较大的场合
桥式整流	$0.9U_2$	$\sqrt{2}U_2$	$\frac{0.45U_2}{R_L}$	$\frac{0.9U_2}{R_L}$	带负载能力强，但需要用 4 个整流二极管	稳定性要求较高，电流较大的场合
倍压整流	$n\sqrt{2}U_2$	$2\sqrt{2}U_2$	$\frac{n\sqrt{2}U_2}{R_L}$	$\frac{n\sqrt{2}U_2}{R_L}$	带负载能力很弱，但可获得较高的输出电压	输出电压很高，电流很小的场合

7.2　滤波电路

通过整流得到的脉动直流电含有大量的交流纹波成分，因此是交流成分与直流成分共同叠加的结果。一般电子电路的电源都要求交流成分很小，为此，我们在整流电路之后加装滤波电路，以保留脉动直流电中的直流成分并将其交流成分滤除。

常用的滤波电路有电容滤波电路、电感滤波电路、复式滤波电路和电子滤波电路。

7.2.1　电容滤波电路

1. 电路结构

电容滤波电路就是在负载两端并联一个容量很大的电解电容 C，其结构如图 7-8（a）～（c）所示。由于电容对直流电相当于开路（$X_C \to \infty$），而对交流电相当于短路（$X_C \to 0$）。因此，当在负载两端并联 C 后，整流后的脉动直流电中的大部分交流成分被电容分流到地，而直流成分则全部通过负载。这样，负载上的交流成分将会大大减小，使输出电压的波形变得平滑。

2. 滤波原理

电容是储能元器件，存在过渡过程。电容滤波电路能够平滑输出电压就是利用电容两端的电压不能突变的特性来滤波的。本书以桥式整流电容滤波电路的工作波形为例，利用过渡过程来分析电容滤波的原理。

在如图 7-8（d）所示的 u_O 波形中，脉动虚线为桥式整流未接滤波电容时的电压波形，实线为加接电容后的输出电压波形 u_C；水平虚线为输出电压的平均直流电压 U_O。滤波过程分析如下。

（1）Oa 段：u_2 处于正半周，此时 VD_1、VD_3 导通，u_2 在为电容充电的同时向负载供电（$i_{VD1}=i_{VD3}=i_C+i_O$）。但由于之前电容没有存储电荷，充电瞬间相当于短路，加之整流二极管的正向电阻小，充电时间常数 $\tau_{充}=R_D C$ 很小，所以瞬间流过 VD_1、VD_3 的冲击电流很大（俗称浪涌电流）；当 u_2 达到振幅值时，电容两端所充电压 u_C 也几乎同步达到振幅值（$u_C=\sqrt{2}u_2$）。

（2）ab 段：u_2 处于正半周的后半段和负半周的前小半段，属于电容向负载供电的阶段。由于整流二极管的反向电阻很大，电容只能通过负载 R_L 放电，且放电时间常数 $\tau_{放} \approx R_L C \gg \tau_{充}$，所以放电很慢，$u_C$ 按指数规律缓慢下降。

（3）b 点及之后的重复充、放电阶段：在 b 点时刻，负半周的 u_2 开始大于 u_C，此时 VD_2、VD_4 导通，电容停止向 R_L 供电，u_2 再次对电容充电和向负载供电，u_C 达到 u_2 的振幅值后再次重复一个放电过程。

由图 7-8（d）所示的 u_O 波形可知，由于电容的充放电作用，u_O 不但变得平滑多了，而且平均值也得以提升，但整流二极管的导通角变小了，故采用电容滤波后，电路对整流二极管的性能指标 I_{FM} 要求更高了。

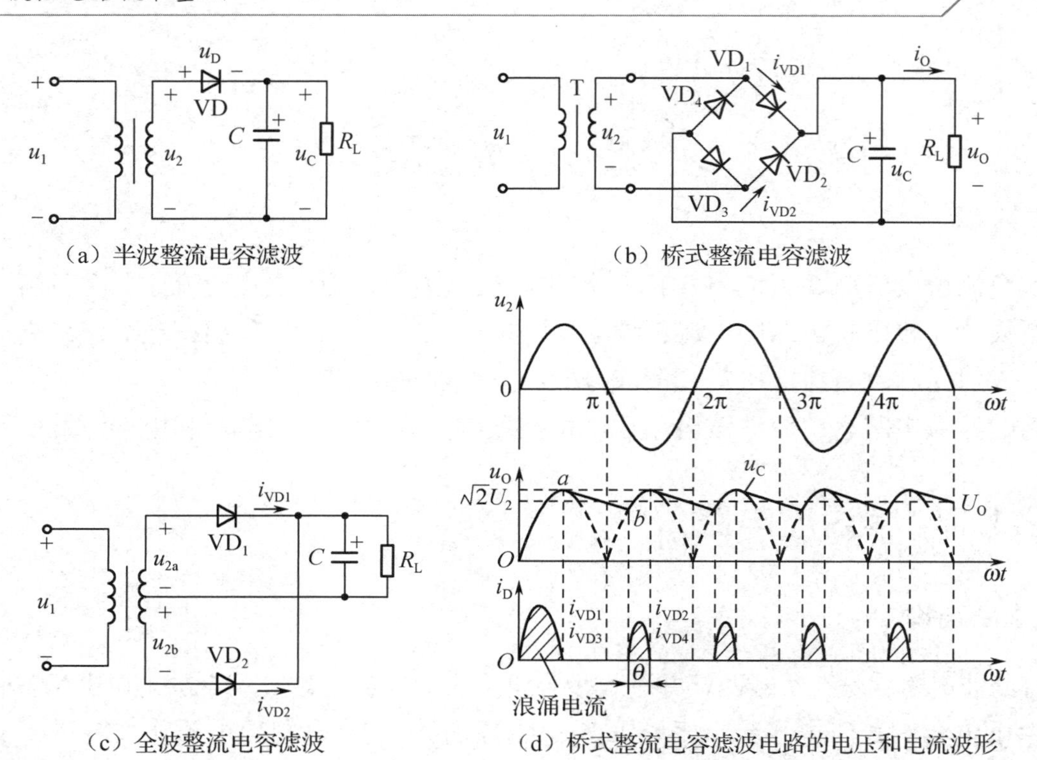

图 7-8　电容滤波电路的结构和滤波原理

半波整流电容滤波和全波整流电容滤波的工作原理与桥式整流电容滤波的工作原理完全相同，故这里不再重述。

3. 电容滤波的主要特性

（1）滤波后的直流电压平均值 U_O。

经电容滤波后的直流电压平均值的高低取决于放电时间常数，即与是否接入负载和接入负载的大小有关。工程上，可按表 7-2 中所列的公式进行估算。

表 7-2　电容滤波的主要特性比较

电容滤波形式	输出直流电压平均值 U_O	整流二极管的最高反向工作电压 U_{RM}	流过整流二极管的平均电流 I_V
半波整流电容滤波	$U_O=U_2$　（R_L适当） $U_O=\sqrt{2}U_2$　（$R_L=\infty$）	$U_{RM}\geqslant 2\sqrt{2}U_2$	$I_V\geqslant I_O=\dfrac{U_O}{R_L}$
全波整流电容滤波	$U_O=1.2U_2$　（R_L适当） $U_O=\sqrt{2}U_2$　（$R_L=\infty$）	$U_{RM}\geqslant 2\sqrt{2}U_2$	$I_V\geqslant\dfrac{1}{2}I_O=\dfrac{U_O}{2R_L}$
桥式整流电容滤波	$U_O=1.2U_2$　（R_L适当） $U_O=\sqrt{2}U_2$　（$R_L=\infty$）	$U_{RM}\geqslant\sqrt{2}U_2$	$I_V\geqslant\dfrac{1}{2}I_O=\dfrac{U_O}{2R_L}$

（2）整流二极管的选用。

依据电容滤波电路的结构分析可得，整流二极管的最高反向工作电压 U_{RM} 如表 7-2 所示。

（3）滤波电容容量的选取。

滤波电容的容量越大，输出的直流电压越平稳，其电压平均值也会有所提高。因此，就滤波效果而言，电容的容量越大越好。但是，由于电容的接入，整流二极管导通的时间也将大大缩短，且容量越大，导通的时间越短；为了补充因放电所失去的电荷，在电容开始充电的瞬间，充电电流很大，且导通的时间越短，对整流二极管的冲击作用越大。综上所述，滤波电容的容量选取应适度，在采用有极性的电解电容时，电容的极性切不可接反。在实践中，滤波电容的容量一般按下式选取：

$$C \geqslant (3\sim5)\frac{T}{R_L}$$

式中，T 为脉动直流电压的周期（半波整流，T=0.02s；全波/桥式整流，T=0.01s）；R_L 的单位为欧姆（Ω）；C 的单位为法拉（F）。

【例 2】 单相全波整流滤波电路如图 7-9（a）所示，试求：

（1）输出直流电压 U_O 约为多少？标出 U_O 的极性及电解电容 C 的极性。

（2）如果整流二极管 VD_2 虚焊，那么 U_O 是否是正常情况下的一半？如果变压器中心抽头虚焊，那么这时还有输出电压吗？

（3）如果把 VD_2 的极性接反，那么它是否能正常工作？会出现什么问题？

（4）如果 VD_2 因过载损坏而造成短路，那么会出现什么问题？

（5）如果输出端短路，那么会出现什么问题？

（6）用具有中心抽头的变压器可否同时得到一个对地为正、一个对地为负的电源呢？

【解答】（1）在 R_LC 比 T 大得多时，$U_O \approx 1.2U_2$，U_O 的极性及电解电容的极性为上“−”下“+”。

（2）如果整流二极管 VD_2 虚焊，就成了对 U_2 进行半波整流的滤波电路，虽然次级电源只有一半在工作，但因为滤波电容很大，所以输出电压不是正常情况下的一半，而是 $U_O \approx U_2$（稍低一点），而流过 VD_1 的电流约为正常值的 2 倍。如果变压器中心抽头虚焊，那么将因为没有通路而没有输出电压。

（3）如果 VD_2 的极性接反，那么 VD_1、VD_2 将变压器的次级在半个周期内短路，形成很大的电流，可能烧坏整流二极管、变压器，或者将供电的熔断器烧坏。如果整流二极管是开路性损坏，则不会烧坏变压器。

（4）如果 VD_2 因过载损坏而造成短路，那么将和（3）的情况接近，可能使 VD_1 也损坏，如果 VD_1 损坏后造成短路，则将可能进一步烧坏变压器。

（5）如果输出端短路，那么与（3）、（4）的情况接近。

（6）利用具有中心抽头的变压器可以得到一个对地为正和一个对地为负的电源，如图 7-9（b）所示。

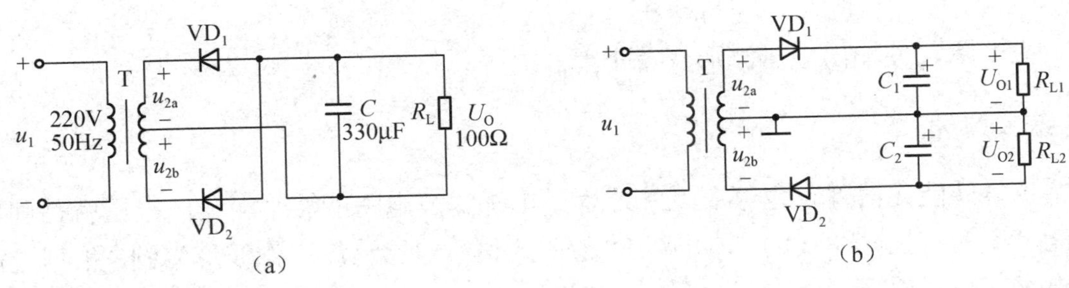

图 7-9　例 2 图

【例 3】 桥式整流电容滤波电路如图 7-10 所示，已知输入为 220V、频率 50Hz 的交流电源，要求输出直流电压 U_O=30V，负载直流电流 I_O=50mA。试求电源变压器次级电压 u_2 的有效值 U_2，并选择整流二极管及滤波电容。

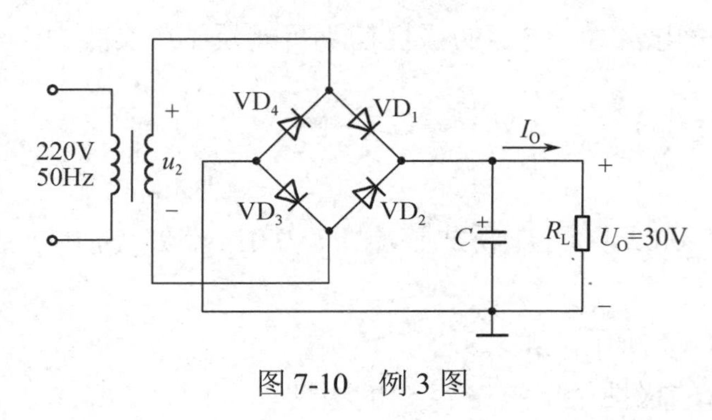

图 7-10 例 3 图

【解答】（1）取 U_O=1.2U_2，则 u_2 的有效值为 $U_2=\dfrac{U_O}{1.2}=\dfrac{30V}{1.2}=25V$。

（2）选择整流二极管。

流经整流二极管的平均电流为

$$I_V=\frac{I_O}{2}=\frac{50mA}{2}=25mA$$

整流二极管承受的最高反向电压为 $U_{RM}=\sqrt{2}U_2\approx35V$。因此，可选用整流二极管 2CP13（最大整流电流为 100mA，最高反向工作电压为 100V）。

（3）选择滤波电容。

因为负载 $R_L=\dfrac{U_O}{I_O}=\dfrac{30V}{50mA}=0.6k\Omega$，所以，根据 $C\geqslant(3\sim5)\dfrac{T}{R_L}$，若取数值 4，则滤波电容为 $C=\dfrac{4T}{R_L}=\dfrac{4\times0.01s}{0.6k\Omega}F\approx66.6\mu F$。

应考虑电网电压有±10%的波动，此时电容能承受的最高电压 $U_{Cm}=\sqrt{2}U_2(1+10\%)\approx38.5V$。因此，选用标称值为 100μF/50V 的电解电容。

7.2.2 电感滤波电路

1．电路结构

电感滤波电路就是在整流输出的后面将一个电感与负载串联，其结构如图 7-11（a）～（c）所示。经整流输出的脉动直流电是直流成分与交流成分共同叠加的结果，即 $u_O=u_2'+u_2''$。由于电感对其中的直流成分相当于短路（X_L=0）；对其中的交流成分，感抗也远远大于负载电阻（$X_L\gg R_L$）。因此，运用叠加原理和串联分压公式不难得出如下结果。

当直流成分单独作用时，因为 X_L=0，所以 $u_O'=u_2'\dfrac{R_L}{\sqrt{R_L^2+X_L^2}}=u_2'$；当交流成分单独作用时，因为 $X_L\gg R_L$，所以 $u_O''=u_2''\dfrac{R_L}{\sqrt{R_L^2+X_L^2}}\approx0$，有 $u_O=u_O'+u_O''\approx u_2'$，即直流成分被保留，交流成分被大大滤除，使输出电压波形变得平滑。

2．滤波原理

电感也是储能元器件，也存在过渡过程。电感滤波电路能够平滑输出电压就是利用电感电流不能突变的特性来滤波的。本书以全波/桥式整流电感滤波工作波形为例，依据过渡过程来分析电感滤波的原理。

在如图 7-11（d）所示的 u_O 波形中，脉动虚线为全波/桥式整流未接滤波电感时的电压波形，实线为串接电感后的输出电压波形。滤波过程分析如下。

当 u_{O1} 升高时，负载电流 i_O 也有增大的趋势，电感线圈中的自感电动势 e_L 与电流 i_O 反向，阻碍电流的增大，并将一部分电能转换为磁能储存起来；当 u_{O1} 降低时，负载电流也有减小

的趋势，线圈中的自感电动势 e_L 与电流 i_O 同向，将磁能转换为电能以阻止电流的减小。因此，流过负载 R_L 的电流的交流成分受到阻碍而变得平滑。

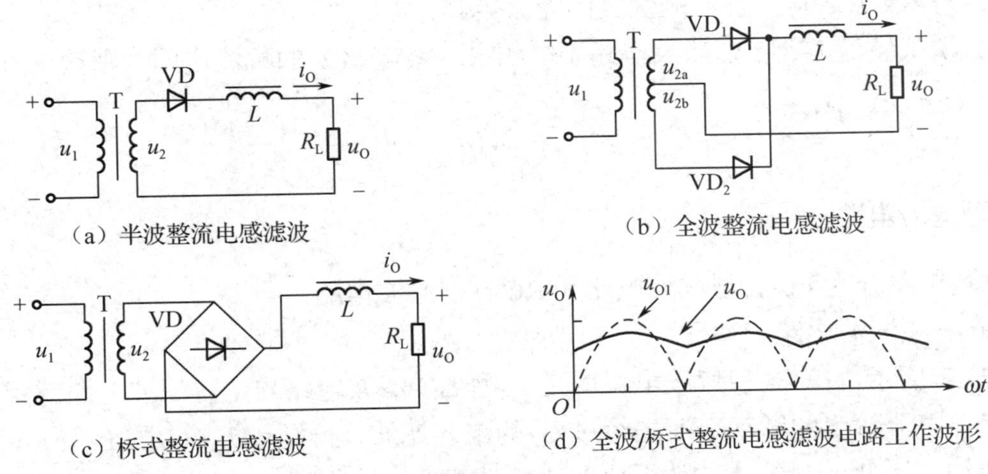

（a）半波整流电感滤波

（b）全波整流电感滤波

（c）桥式整流电感滤波

（d）全波/桥式整流电感滤波电路工作波形

图 7-11　电感滤波电路的结构和滤波原理

3．电感滤波的主要特性

（1）滤波后的直流电压平均值 U_O。

当电感的直流电阻可以忽略时，滤波后的直流电压平均值 U_O 与变压器次级电压有效值 U_2 的关系为

$$U_O \approx 0.9U_2$$

（2）整流二极管的选用。

整流二极管导通的时间为脉动电压的半个周期，与电容滤波相比，整流二极管导通的时间较长，也不存在浪涌电流，对整流二极管选取的要求降低了。

① 整流二极管的最高反向工作电压 U_{RM} 的选取应满足

$$U_{RM} \geqslant \sqrt{2}U_2$$

② 整流二极管的最大整流电流的选取应满足

$$I_{FM} \geqslant \frac{1}{2}I_O = \frac{U_O}{2R_L}$$

滤波电感的电感量越大，阻碍作用越强，输出的直流电压越平稳，滤波效果越好。可见，电感滤波电路适用于负载电流较大的滤波电路。

7.2.3　复式滤波电路

复式滤波电路由电容、电感、电阻组成，包括Γ型 LC 滤波电路和 π 型滤波电路两种类型。

1．Γ型 LC 滤波电路

如图 7-12 所示，Γ型 LC 滤波电路就是在电容前面串联一个电感，其结构特点和滤波原理是：电感与负载串联，绝大多数交流成分被电感分压抑制；电容与负载并联，剩余交流成分中的绝大多数再次被电容分流抑制。

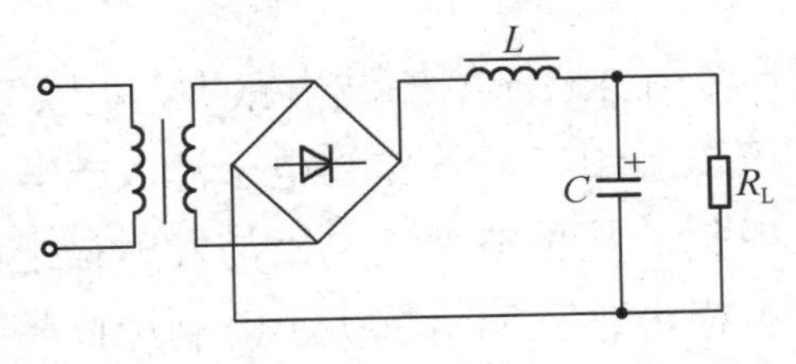

图 7-12　Γ型 LC 滤波电路

由于Γ型LC滤波电路是电容滤波电路与电感滤波电路的组合体，所以它兼有二者的优点，对较大范围内的电流都有较好的滤波效果，也不存在对整流二极管的浪涌电流冲击现象。因此Γ型LC滤波电路是一种性能优良的滤波电路。

在全波/桥式整流Γ型LC滤波电路中，如果忽略电感L的直流电阻，则输出直流电压平均值U_O为

$$U_O \approx 0.9U_2$$

2．π型滤波电路

π型滤波电路分为LC-π型滤波电路和RC-π型滤波电路。

（1）LC-π型滤波电路。

如图7-13所示，LC-π型滤波电路就是Γ型LC滤波电路与电容滤波电路的组合体，其滤波原理是：整流输出的脉动直流先经过C_1的电容滤波，再经过L、C_2的Γ型LC滤波电路的进一步滤波。因此，它的滤波效果比前述各种滤波电路的滤波效果都要好。

LC-π型滤波电路的外特性与电容滤波电路相同。它具有输出电压较高、输出电流较大时输出电压下降、对整流二极管有浪涌电流冲击的特点。它适用于要求输出电压平稳、输出电流较小的场合。

（2）RC-π型滤波电路。

由于LC-π型滤波电路中的电感的体积大、成本高，所以在要求输出电流较小（几十mA以下）的场合，常用功率相当的电阻来替代电感，即RC-π型滤波电路，如图7-14所示。

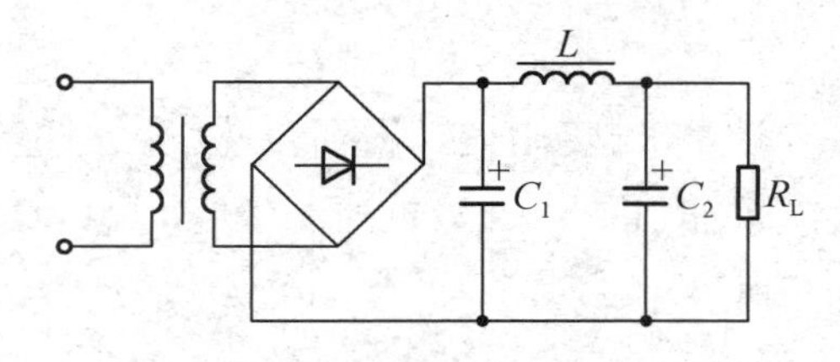

图7-13　LC-π型滤波电路

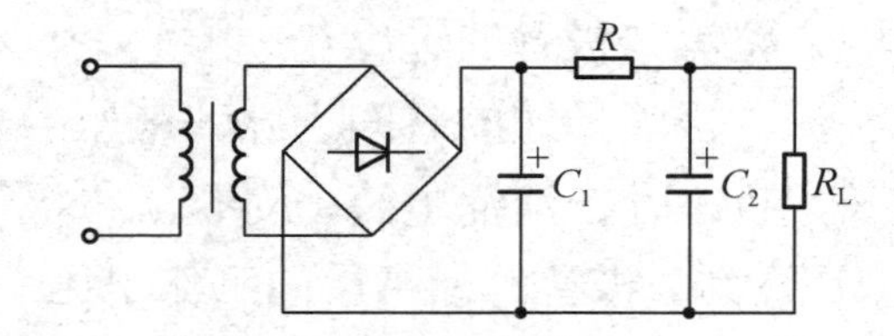

图7-14　RC-π型滤波电路

在RC-π型滤波电路中，整流输出的脉动直流先经过C_1的电容滤波，再由R、C_2分压。在参数设置上满足$R \gg X_{C2}$，因此余下的大部分交流成分都将落在R两端，使输出电压中的交流成分大大减小。

RC-π型滤波电路也具有电容滤波电路的特性，C_1、C_2和R值越大，滤波效果越好。但C_1的增大将会增大浪涌电流；R的增大会提升其上的直流分压，使输出的直流电压低于LC-π型滤波电路。

7.2.4　电子滤波电路

在RC-π型滤波电路中，电阻R上的降压损失与滤波效果是一对矛盾，要解决这个矛盾，可以采用三极管作为电子滤波器。当三极管工作于放大状态时，集电极电流主要由基极电流控制，几乎不受集电极与发射极之间的电压u_{CE}的影响，因此集电极与发射极之间的交流阻抗极大、直流阻抗极小。利用此特性实现滤波的电路称为电子滤波电路，它通常与稳压电路组合在一起，其结构如图7-15所示。

在如图 7-15 所示的电路中，R_P 是可调节的基极电阻，它与 C_1 构成一个 RC 滤波电路。由于 $I_B = \frac{I_E}{(1+\beta)} = \frac{I_O}{(1+\beta)}$，因此流经 R_P 的基极电流很小，即 R_P 值可以取得很大，大的 R_P 值可进一步改善滤波效果。R_P、C_1 使三极管输入端得到一个交流成分受到极大抑制的基极电压，当 R_P 调定后，三极管便能获得一个稳定的基极电流，相应的集电极电流也就十分稳定。尽管在工作过程中输入的脉动直流电使三极管的 u_{CE} 波动，但由于集电极电流基本不变，所以负载 R_L 两端的输出电压基本不变，相当于脉动直流电中的交流成分被降在了三极管内部。输出电压经 C_2 进一步滤波就获得一个直流电压损失很小、交流成分滤除率高、平滑稳定的直流输出电压。

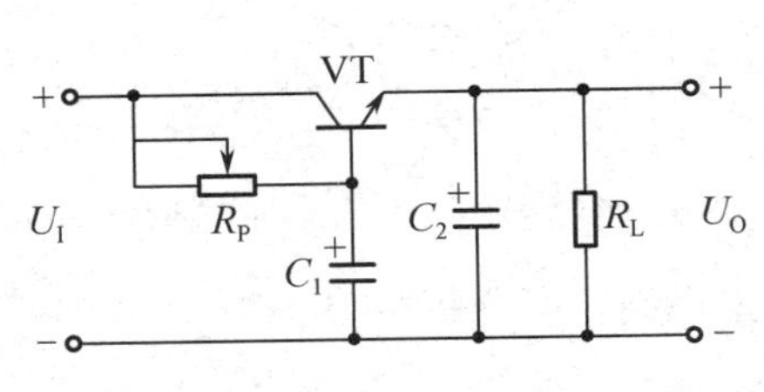

图 7-15　电子滤波电路的结构

电路中的 R_P 通常取几千欧，C_1 通常取几微法到 100μF，经电子滤波后，相当于一个容量为$(1+\beta)C_1$ 的大容量电容并接于 R_L 两端。电子滤波电路具有良好的滤波性能，且体积小、成本低，常用在整流电流不是很大但对滤波要求很高的场合。

知识小结

（1）滤波电路的作用是保留整流电路之后的脉动直流电中的直流成分并将其交流成分滤除。

（2）常用的滤波电路有电容滤波电路、电感滤波电路、复式滤波电路和电子滤波电路。

（3）各类滤波电路性能比较如表 7-3 所示。

表 7-3　各类滤波电路性能比较

滤波形式/性能	输出电压 U_O	适用范围	对整流二极管的冲击（浪涌）电流	带负载能力	滤波效果
电容滤波	$(1\sim\sqrt{2})U_2$	较小电流	大	较强	较差
电感滤波	$0.9U_2$	大电流	小	强	较差
Γ 型 LC 滤波	$0.9U_2$	大电流	小	强	较好
LC-π 型滤波	$(1\sim\sqrt{2})U_2$	较小电流	大	较强	较好
RC-π 型滤波	$(1\sim\sqrt{2})U_2$	小电流	大	弱	好
电子滤波	范围可调	较小电流	无影响	较强	最好

7.3　晶体管稳压电路

将滤波后不稳定的直流电压转换成稳定直流电压的电路称为直流稳压电路。直流稳压电路的分类如下。

（1）按输出电压是否可调：分为固定直流稳压电路和可调直流稳压电路。

（2）按调整器件的工作状态：分为线性稳压电路和开关稳压电路两大类。前者使用起来方便易行，但体积大、转换效率低；后者体积小、转换效率高，但控制电路较复杂。随着自关断电力电子器件和电力集成电路的迅速发展，开关电源已得到越来越广泛的应用。

（3）按调整元器件与负载 R_L 的联结关系：分为并联型稳压电路和串联型稳压电路。前者的结构特点是调整元器件与负载 R_L 并联，故称并联型稳压电路，稳压过程是通过调整元器件的分流作用来实现的，如图 7-16（a）所示；后者的结构特点是调整元器件与负载 R_L 串联，故称串联型稳压电路，稳压过程是通过调整元器件的分压作用来实现的，如图 7-16（b）所示。

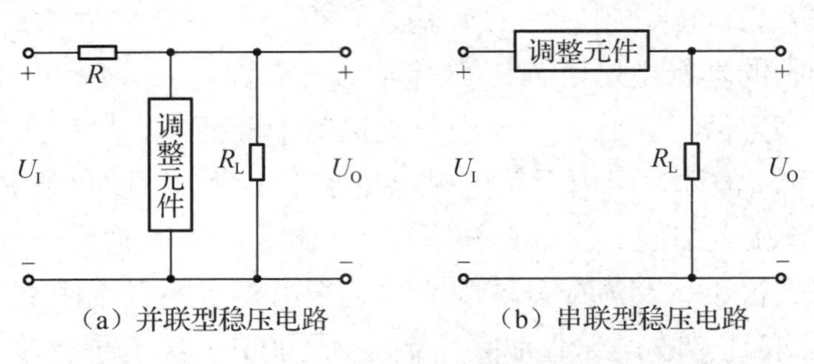

图 7-16　调整元器件与负载的联结示意图

7.3.1　硅稳压二极管稳压电路

由图 1-27（b）可知，稳压二极管的反向击穿特性曲线要比普通二极管陡峭得多，因此，微小的 ΔU_Z 变化却能引起很大的 ΔI_Z 变化。当稳压二极管的工作电流 I_Z 满足 $I_{Zmin}<I_Z<I_{Zmax}$ 时，稳压二极管两端的电压 U_Z 几乎不变。我们正是利用其反向电流在很大范围内变化时两端电压基本不变的原理来实现稳压的。

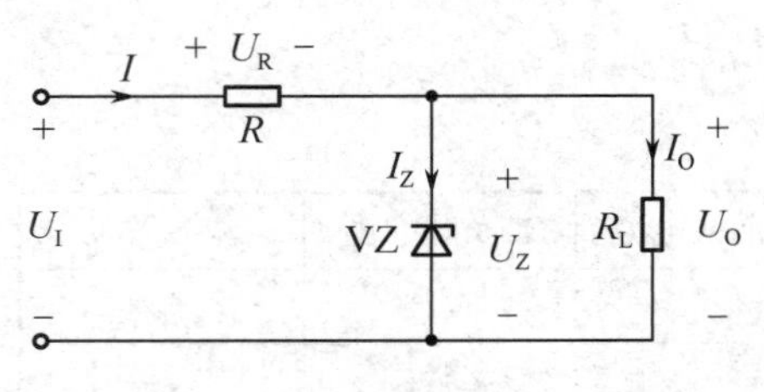

图 7-17　硅稳压二极管构成的稳压电路

由硅稳压二极管构成的稳压电路如图 7-17 所示，属于并联型稳压电路。其中，稳压二极管 VZ 为电流调整元器件，R 为限流电阻，输出电压为

$$U_O = U_I - U_R = U_I - (I_Z + I_O)R$$

可见，当输入电压 U_I 波动或负载电流 I_O 发生变化时，维持输出电压 U_O 不变的方法是自动调整 U_R，而 U_R 的自动调整可通过稳压二极管的工作电流 I_Z 的自动调整来实现。

对电路的稳压原理分析如下。

（1）输入电压 U_I 波动而负载 R_L 不变时。

U_I 的波动必然会引起 U_O 的波动，输出电压 U_O 的稳定过程实质上是一个负反馈的自动调整过程。当 U_I 升高时，其稳压过程可表示如下：

$$U_I\uparrow \longrightarrow U_O\uparrow \longrightarrow I_Z\uparrow\uparrow \longrightarrow U_R\uparrow \longrightarrow U_O\downarrow$$

同理，当 U_I 降低时，仍能保持 U_O 的基本稳定，其过程与上述过程相反。

（2）负载 R_L 变化而输入电压 U_I 不变时。

负载 R_L 变化必然引起 I_O 变化，从而导致输出电压 U_O 变化。例如，当负载加重时，I_O 的增大会引起 U_R 的升高，从而导致 U_O 降低。但由于稳压二极管的特性，I_Z 也将急剧减小，使 I 仍维持原有数值，从而保持 U_R 不变，使 U_O 得到稳定。稳压过程可表示如下：

$$I_O\uparrow \longrightarrow I_R\uparrow \longrightarrow U_R\uparrow \longrightarrow U_O\downarrow \longrightarrow I_Z\downarrow\downarrow \longrightarrow U_R\downarrow \longrightarrow U_O\uparrow$$

同理，当负载减轻时，仍能保持 U_O 的基本稳定，其过程与上述过程相反。

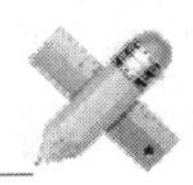

硅稳压二极管稳压电路的优点是结构简单，调试方便；缺点是输出电流较小、输出电压不可调，且稳压性能较差。因此，它只适用于小型电子设备。

【例 4】 现有两个稳压二极管 VZ_1 和 VZ_2，其稳定电压分别为 U_{Z1}=6V、U_{Z2}=8V，正向导通电压均为 0.7V。试问：①若将它们串联相接，则可得到几种稳压值？各为多少？②若将它们并联相接，则可得到几种稳压值？各为多少？③若将它们混联相接，则可得到几种稳压值？各为多少？

【解答】 ①两个稳压二极管串联时可得 14V、6.7V、8.7V 和 1.4V 四种稳压值，如图 7-18（a）～（d）所示；②两个稳压二极管并联时可得 0.7V、6V 两种稳压值，如图 7-18（e）～（h）所示；③若将它们混联相接，则可得 2V、5.3V 和 7.3V 三种稳压值，如图 7-18（i）～（k）所示。

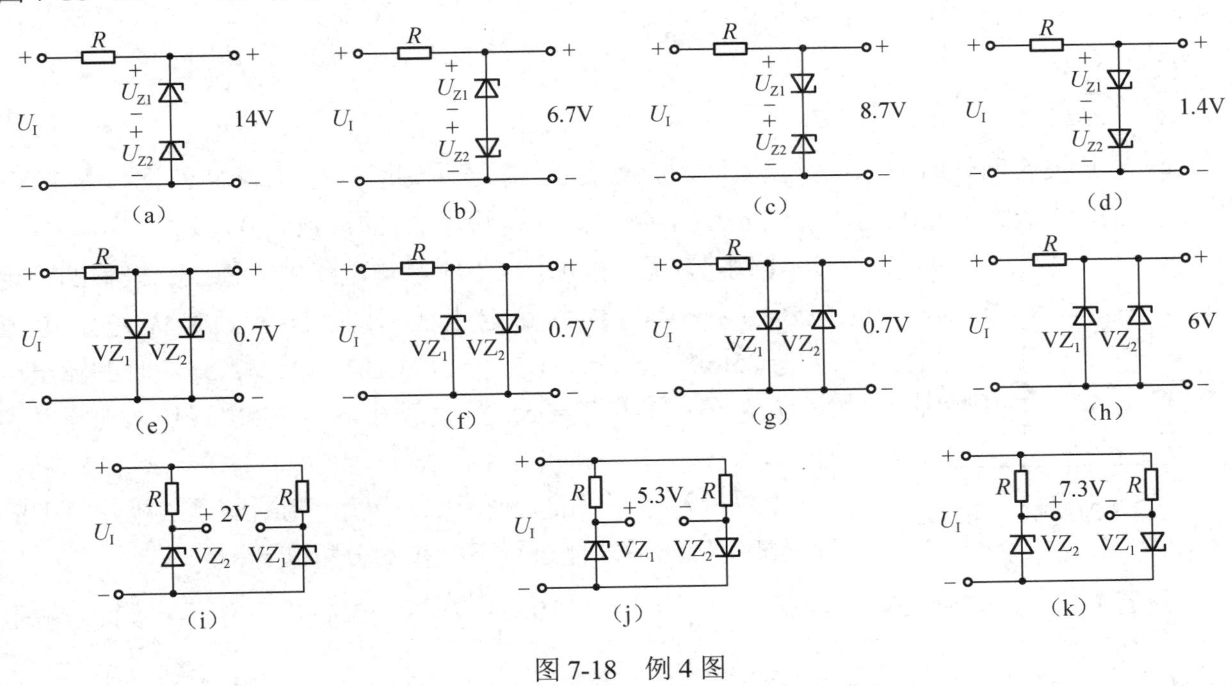

图 7-18　例 4 图

【例 5】 在如图 7-19 所示的电路中，已知稳压二极管的稳定电压 U_Z=6V，稳定电流的最小值 I_{Zmin}=5mA，最大功耗 P_{ZM}=150mW。试求负载电阻 R_L 开路时限流电阻 R 的取值范围。

【解答】 稳压二极管的最大稳定电流为

$$I_{Zmax}=\frac{P_{ZM}}{U_Z}=\frac{150\text{mW}}{6\text{V}}=25\text{mA}$$

因为限流电阻 R 的电流 I_Z 在 I_{Zmax}～I_{Zmin} 之间，所以其取值范围为

$$R=\frac{U_I-U_Z}{I_Z}=\frac{(15-6)\text{V}}{I_{Zmax}\sim I_{Zmin}}=(0.36\sim1.8)\text{k}\Omega$$

【例 6】 图 7-20 所示的电路中稳压二极管的参数为：稳定电压 U_Z=12V，最大稳定电流 I_{Zmax}=20mA，电压表中流过的电流忽略不计。试求：①当开关 S 闭合时，电压表 V 和电流表 A_1、A_2 的读数分别为多少？②当开关 S 断开时，其读数分别为多少？

【解析】 运用戴维南定理，先断开稳压二极管，计算其两端的开路电压数值，只有先判断稳压二极管可能的导通情况，然后才能进行下一步的分析和计算。

【解答】 ① 当开关 S 闭合时，稳压二极管两端的开路电压 U_{OC} 为

$$U_{\rm OC}=U_{\rm I}\frac{R_2}{R_1+R_2}=30\times\frac{2}{1.5+2}\,{\rm V}\approx 17.1{\rm V}$$

由于 $U_{\rm OC}>U_{\rm Z}$，所以稳压二极管反向击穿导通，电压表 V 的读数为 12V。

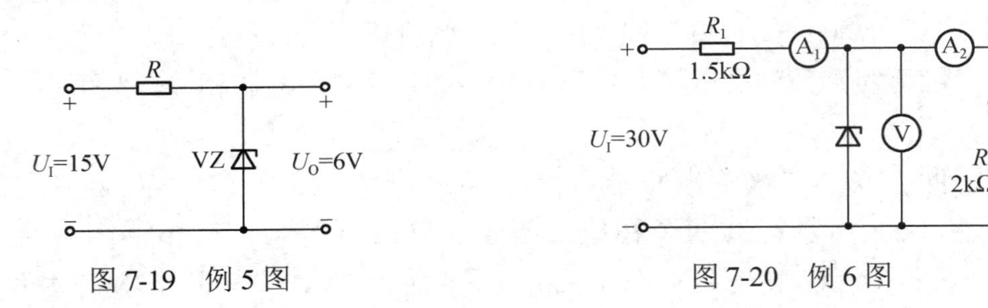

图 7-19　例 5 图

图 7-20　例 6 图

此时，电流表 A_1 的读数为 $I_1=\dfrac{U_{\rm I}-U_{\rm Z}}{R_1}=\dfrac{(30-12){\rm V}}{1.5{\rm k}\Omega}=12{\rm mA}$，电流表 A_2 的读数为 $I_2=\dfrac{U_{\rm Z}}{R_2}=\dfrac{12{\rm V}}{2{\rm k}\Omega}=6{\rm mA}$。

② 当开关 S 断开时，$U_{\rm OC}>U_{\rm Z}$，稳压二极管反向击穿导通。此时，电压表 V 的读数为 12V；电流表 A_1 的读数为 12mA，即 $I_{\rm Z}$=12mA 且 $I_{\rm Z}<I_{\rm Zmax}$；电流表 A_2 的读数为 0。

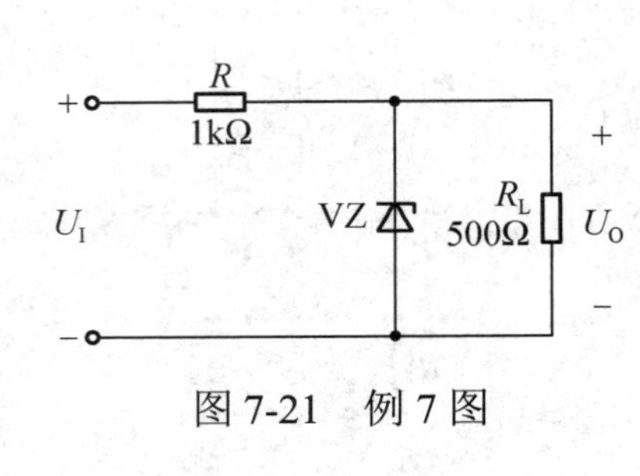

图 7-21　例 7 图

【例 7】 已知如图 7-21 所示的电路中的稳压二极管的稳定电压 $U_{\rm Z}$=6V，最小稳定电流 $I_{\rm Zmin}$=5mA，最大稳定电流 $I_{\rm Zmax}$=25mA。试求：①$U_{\rm I}$ 分别为 10V、15V、35V 时的输出电压 $U_{\rm O}$ 的值；②若 $U_{\rm I}$=35V 且负载开路，则会出现什么现象？为什么？

【解析】 只有先断开稳压二极管，判断稳压二极管可能的导通情况，然后才能进行下一步的分析和计算。

【解答】 ① 当 $U_{\rm I}$=10V 时，$U_{\rm OC}=U_{\rm I}\dfrac{R_{\rm L}}{R+R_{\rm L}}=10\times\dfrac{0.5}{1+0.5}\,{\rm V}\approx 3.33{\rm V}$，稳压二极管未被击穿，故 $U_{\rm O}\approx 3.33{\rm V}$；当 $U_{\rm I}$=15V 时，$U_{\rm OC}=U_{\rm I}\dfrac{R_{\rm L}}{R+R_{\rm L}}=15\times\dfrac{0.5}{1+0.5}\,{\rm V}=5{\rm V}$，稳压二极管未被击穿，故 $U_{\rm O}$=5V；当 $U_{\rm I}$=35V 时，$U_{\rm OC}=U_{\rm I}\dfrac{R_{\rm L}}{R+R_{\rm L}}=35\times\dfrac{0.5}{1+0.5}\,{\rm V}\approx 11.67{\rm V}$，稳压二极管被击穿，此时，$I_Z=\dfrac{U_{\rm I}-U_{\rm Z}}{R_1}-\dfrac{U_{\rm Z}}{R}=(29-12){\rm mA}=17{\rm mA}<I_{\rm Zmax}$，故 $U_{\rm O}=U_{\rm Z}$=6V。

② 若 $U_{\rm I}$=35V 且负载开路，则 $I_Z=\dfrac{U_{\rm I}-U_{\rm Z}}{R}=\dfrac{35-6}{1}{\rm mA}=29{\rm mA}>I_{\rm Zmax}$，此时，稳压二极管将因功耗过高而损坏。

【例 8】 电路如图 7-22（a）、（b）所示，稳压二极管的稳定电压 $U_{\rm Z}$=3V，R 的取值合适，$u_{\rm I}$ 的波形如图 7-22（c）所示。试分别画出 $u_{\rm O1}$ 和 $u_{\rm O2}$ 的波形。

【解答】 $u_{\rm I}=u_{\rm R}+u_{\rm Z}$。当 $u_{\rm I}<3{\rm V}$ 时，稳压二极管截止，$u_{\rm R}=0$；当 $u_{\rm I}>3{\rm V}$ 时，稳压二极管导通，$u_{\rm Z}$=3V。画出的 $u_{\rm O1}$ 和 $u_{\rm O2}$ 的波形如图 7-22（d）所示。

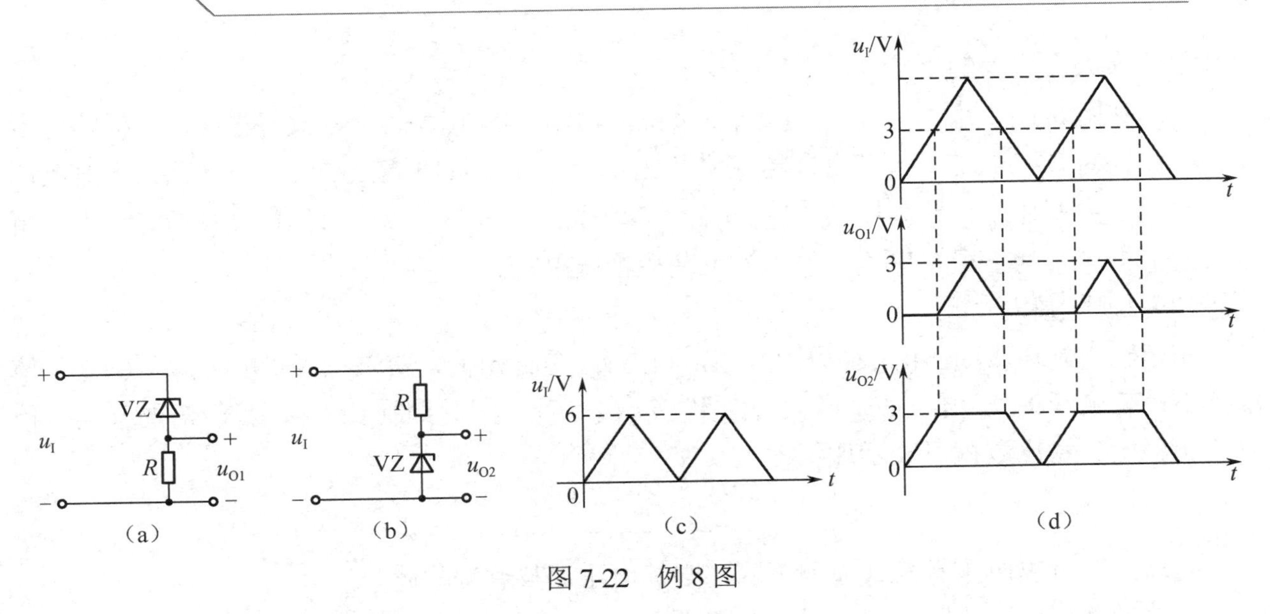

图 7-22　例 8 图

7.3.2　串联型稳压电路

硅稳压二极管稳压电路的带负载能力弱且输出电压不可调，因而使用范围极其有限。目前广泛使用的是稳压性能更为优良的串联型稳压电路或开关型稳压电路。

7.3.2.1　简单串联型稳压电路

1．电路组成

简单串联型稳压电路如图 7-23（a）所示。其中，VT 为调整管，工作在放大区，起电压调整作用；VZ 为硅稳压二极管，稳定 VT 的基极电位 V_B，并提供稳压电路的基准电压 U_Z；R 既是 VZ 的限流电阻，又是 VT 的偏置电阻；R_L 为外接负载。

2．工作原理

将图 7-23（a）改画为如图 7-23（b）所示的射极输出器的形式，由电路结构可得出以下结论。

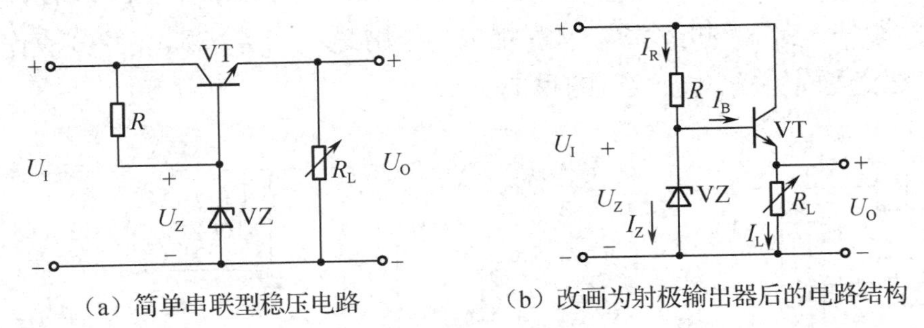

（a）简单串联型稳压电路　　（b）改画为射极输出器后的电路结构

图 7-23　简单串联型稳压应用电路

（1）利用硅稳压二极管稳压电路固定基极电位，将 U_Z 作为基准电压，以获取输出电压 U_O 的变化信息。由于基准电压固定，所以当 U_O 发生变化时，由 $U_{BE}=U_Z-U_O$ 可知，调整管的 U_{BE} 必然发生变化，此变化电压就是调节调整管 U_{CE} 的调控电压。基准电压 U_Z 的稳定是确保输出电压 U_O 稳定的前提，由于稳压二极管接在调整管的基极上，其电流的最大变化量仅是

负载电流最大变化量的 $1/(1+\beta)$，所以 U_Z 十分稳定。

（2）利用 u_{BE} 控制 i_B、i_B 控制 i_C、i_C 控制 u_{CE} 的输入/输出特性来自动调整 U_{CE}，使输出电压 $U_O=U_I-U_{CE}$ 维持稳定。调整管在电路中相当于一个受基极电流控制的可变电阻，当输入电压或负载发生变化时，可利用其 U_{CE} 的变化来实现自动调整，以此来维持 U_O 不变。由于负载与起调整作用的三极管串联，故称为串联型稳压电路。

（3）稳压过程分析。

假定输出电压 U_O 由于某种原因升高，因为 U_Z 是稳定值，所以三极管的 U_{BE} 将降低，使 I_B 减小，三极管集-射电压 U_{CE} 增大，由于 $U_O=U_I-U_{CE}$，因而抑制了输出电压 U_O 的升高，使其趋于稳定。稳压过程可表示如下：

$$U_O\uparrow \longrightarrow U_{BE}\downarrow \longrightarrow I_B\downarrow \longrightarrow I_C\downarrow \longrightarrow U_{CE}\uparrow \longrightarrow U_O\downarrow$$

同理，若输出电压因某种原因下降，则其电压调整过程与此相反。

简单串联型稳压电路的优/缺点：因负载电流由管子 VT 供给，所以与并联型稳压电路相比，它可以供给较大的负载电流；不足之处是该电路对输出电压微小变化量反应迟钝，稳压效果不好，只能用在要求不高的电路中。而解决对输出电压微小变化量反应迟钝问题的措施是对微小的变化量进行放大，以提高电路的灵敏度。

7.3.2.2　具有放大环节的串联型可调稳压电路

1. 电路组成及各元器件作用

串联型可调稳压电路由取样电路、基准电压、比较放大级、调整元器件 4 部分组成。具有放大环节的基本串联型可调稳压电路如图 7-24 所示，其各部分的作用及各元器件的作用简介如下。

（1）取样电路：由 R_1、R_P、R_2 组成分压取样电路，将输出电压按比例取出并加至 VT_2 的基极。

（2）基准电压：由 R_3、VZ 组成，作用是利用硅稳压二极管稳压电路来固定 VT_2 的发射极电位。U_Z 为基准电压值，它与取样电压相比而产生一个差值电压 U_{BE2}。

（3）比较放大级：由 R_C 和放大管 VT_2 组成，作用是将差值电压 U_{BE2} 放大为 U_{CE2}。

（4）调整元器件：由 R_C 和调整管 VT_1 组成，作用是利用 I_{C2} 对 I_{B1} 的分流作用来调整 VT_1 的 U_{CE1} 电压，达到稳定输出电压 U_O 的目的。

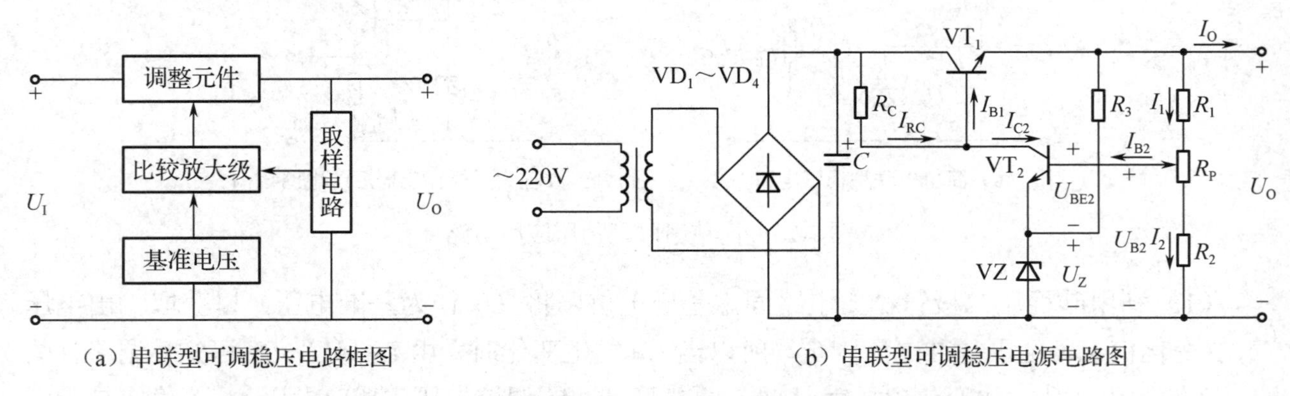

（a）串联型可调稳压电路框图　　（b）串联型可调稳压电源电路图

图 7-24　具有放大环节的基本串联型可调稳压电路

2. 稳压原理

当输出电压因电网电压波动或负载变化而变化时，经分压取样电路取出的电压也随之改变，但由于基准电压是固定的，所以取样电压与基准电压比较之后产生新的差值电压（$U_{BE2}=V_{B2}-U_Z$），经放大管 VT_2 放大（放大管的集电极直接连到了调整管 VT_1 的基极）以控制调整管，改变其管压降 U_{CE1}，从而使输出电压回归稳定值。

例如，当电网电压升高（$U_I\uparrow$）或 R_L 增大时（$I_O\downarrow$）时，都会导致输出电压 U_O 升高，电路的自动稳压过程如下：

$$U_I\uparrow\ (\text{或}I_O\downarrow)\to U_O\uparrow\to V_{B2}\uparrow\to U_{BE2}\uparrow\to I_{B2}\uparrow\to I_{C2}\uparrow\to U_{CE2}\downarrow\to V_{B1}\downarrow$$
$$\to I_{B1}\downarrow\to U_{CE1}\uparrow\to U_O\downarrow$$

这是一个有很强的电压串联负反馈的自动调节过程，实际上是输出电压 U_O 升高的趋势引起了强烈的负反馈，从而牵制了 U_O 的继续升高，达到稳定输出电压的目的。可见，放大管 VT_2 的电流放大倍数越大，负反馈越强，电路对输出电压发生微弱变化的反应速度越快，输出电压的稳定度越高，稳压电路的性能越好。

同理，当电网电压下降（$U_I\downarrow$）或 R_L 减小（$I_O\uparrow$）时，都会导致输出电压 U_O 下降，电路的自动稳压过程与上述情况相反。

3. 输出稳定电压的调节

由图 7-24（b）可知，在忽略 VT_2 的基极电流的情况下，VT_2 的基极电位由分压取样电路的分压决定，即

$$V_{B2}=U_O\frac{R_2+R_{P(\text{下})}}{R_1+R_2+R_P}$$

经整理可得$U_O=\dfrac{R_1+R_2+R_P}{R_2+R_{P(\text{下})}}V_{B2}$，因为 $V_{B2}=U_{BE2}+U_Z$，因此

$$U_O=\frac{R_1+R_2+R_P}{R_2+R_{P(\text{下})}}(U_Z+U_{BE2})$$

式中，$R_{P(\text{下})}$ 为可变电阻抽头下部分的阻值。因为 $U_Z\gg U_{BE2}$，所以当 U_{BE2} 忽略不计时，有

$$U_O\approx\frac{R_1+R_2+R_P}{R_2+R_{P(\text{下})}}U_Z\approx\frac{U_Z}{n}$$

式中，$n=\dfrac{R_2+R_{P(\text{下})}}{R_1+R_2+R_P}$ 称为分压比或取样比。可见，只要改变取样电路的分压比 n，就可以调节输出电压 U_O 的高低。

当将 R_P 调至最上端（$R_{P(\text{下})}=R_P$，n 最大）时，可得输出电压最小值为

$$U_{O\min}=\left(1+\frac{R_1}{R_2+R_P}\right)(U_Z+U_{BE2})\approx\left(1+\frac{R_1}{R_2+R_P}\right)U_Z$$

当将 R_P 调至最下端（$R_{P(\text{下})}=0$，n 最小）时，可得输出电压最大值为

$$U_{O\max}=\left(1+\frac{R_1+R_P}{R_2}\right)(U_Z+U_{BE2})\approx\left(1+\frac{R_1+R_P}{R_2}\right)U_Z$$

因此，输出电压的调节范围为 $U_{O\min}\sim U_{O\max}$。

4．影响串联型可调稳压电源稳压性能的因素

（1）取样电路。

取样电路的分压比 n 越稳定，稳压性能越好。故取样电阻 R_1、R_P、R_2 应采用金属膜电阻，并满足 $I_1 \gg I_{B2}$。

（2）基准电压。

基准电压越稳定，稳压性能越好。故稳压二极管应选用动态电阻小、电压温度系数小的硅稳压二极管。

（3）比较放大级。

比较放大管的电流放大倍数 β 越大，电路对输出电压微弱变化的反应速度越快，稳压性能就越好。故比较放大管应选用有较大 β 值和热稳定性好的硅三极管。

（4）调整元器件。

对于输出功率大的稳压电源，应选用有较大 β 值和热稳定性好的大功率硅三极管作为调整管。但大功率三极管的 β 值通常较小，不仅影响稳压性能，还会限制输出电流。故常通过三极管复合方式来增大 β 值（$\beta \approx \beta_1\beta_2$），如图 7-25（a）所示。复合管的穿透电流也会降低稳压电源的稳压性能，为此，可采用如图 7-25（b）所示的复合方式：通过电阻 R 的分流作用为 VT_2 的穿透电流提供分流路径。

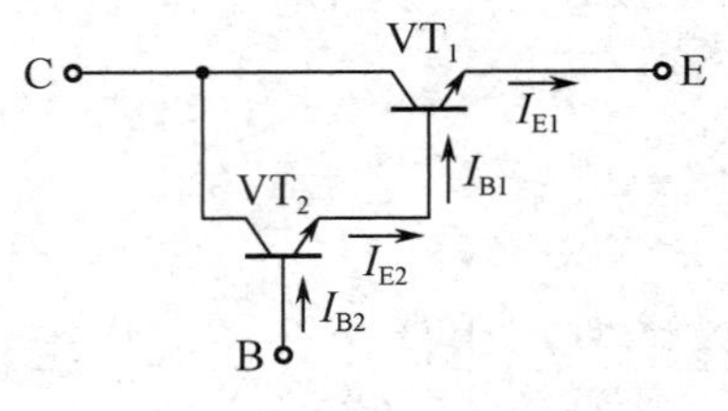

（a）复合管接法

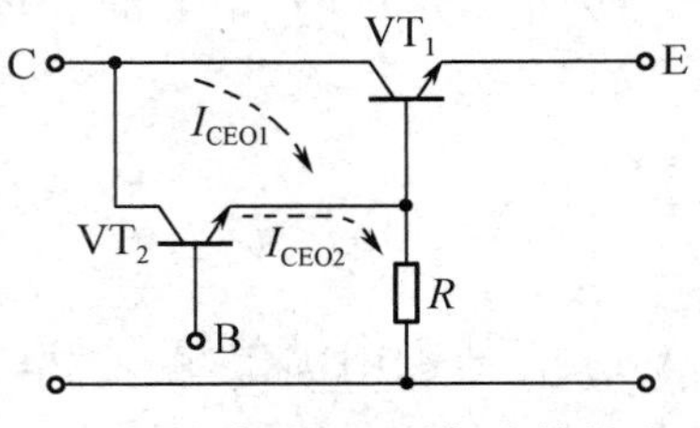

（b）减小穿透电流的复合管接法

图 7-25　用复合管作为调整管

在图 7-25 中，调整管 VT_1 的集电极耗散功率 $P_C = I_{C1}U_{CE1}$，而 $U_{CE1}=U_I-U_O$。当输入电压 U_I 高于输出电压 U_O 过多，VT_1 的 P_C 超出最大允许耗散功率 P_{CM} 时，可采用多个调整管串联分压的方式来提高输入电压，如图 7-26（a）所示。其中的 R_1、R_2、R_3 参数相同，称为均压电阻。均压电阻在使各管的 U_{CE} 电压大致相等的同时，还能在一定程度上增大输出电流。

当负载电流大于大功率调整管 VT_1 所能提供的极限电流 I_{CM} 时，可采用多个调整管并联的方式来增大输出电流，如图 7-26（b）所示。其中，R_1、R_2、R_3 的阻值较小，参数相同。由于其电流串联负反馈的作用可使各管的输出电流大致相等，故称 R_1、R_2、R_3 为均流电阻。

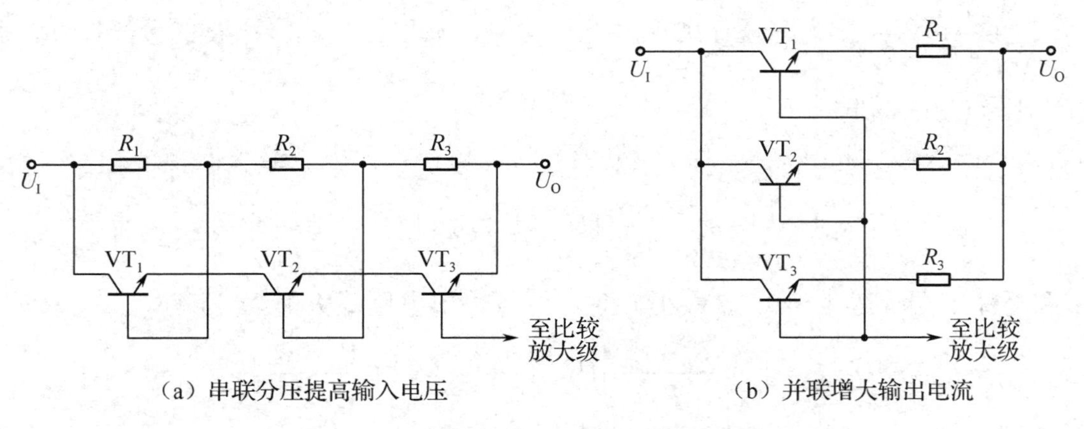

（a）串联分压提高输入电压　　（b）并联增大输出电流

图 7-26　调整管的串联应用和并联应用

7.3.2.3 提高串联型稳压电路性能的措施

图 7-24（b）所示的典型的串联型稳压电路在一般场合已能满足要求，但该电路在电网电压波动或温度变化较大时的输出电压的稳定性能不尽理想，输出电压的调节范围也有限，针对上述情况，可对典型的串联型稳压电路做进一步的改进。

1. 针对电网电压波动大采取的改进措施

（1）电网电压波动对输出电压稳定性的影响。

由图 7-24（b）可知，$I_{RC}=\dfrac{U_I-(U_O+U_{BE1})}{R_C}$ 且 $I_{RC}=I_{C2}+I_{B1}$，即 R_C 身兼 VT_2 集电极电阻和 VT_1 基极偏置电阻。I_{C2} 和 I_{B2} 的大小是由输出电压决定的，在电网电压发生波动的瞬间、U_O 尚未来得及进行负反馈调节的情况下，I_{C2}、I_{B2} 将基本维持不变。因此，在电网电压波动的瞬间，如电网电压升高的瞬间，将引起如下变化：

电网电压升高的瞬间 ⟶ U_I↑ ⟶ I_{RC}↑（I_{C2}不变）⟶ I_{B1}↑↑ ⟶ U_{CE1}↓↓ ⟶ U_O↑↑

直至U_O回归正常值 ⟵ U_O↓ ⟵ 负反馈自行调节

也就是说，在电网电压增量为 ΔU 的瞬间，U_{CE1} 不仅没有同步升高，反而是下降的，因此 U_O 的瞬间增量将超过 ΔU，从而触发电路的负反馈作用，经反馈调节后再次回归正常值。同理，在电网电压降低的瞬间，引起的变化将与上述情况相反。

可见，输入电压的不稳定导致调整管偏流的不稳定，从而引起输出电压瞬间的不稳定性能加剧。

（2）改进措施。

稳定 R_C 的供电电源，就可消除电网电压波动对输出电压稳定性的影响。为此，可用一个稳定的辅助电源为 R_4 供电。改进后的电路如图 7-27 所示。

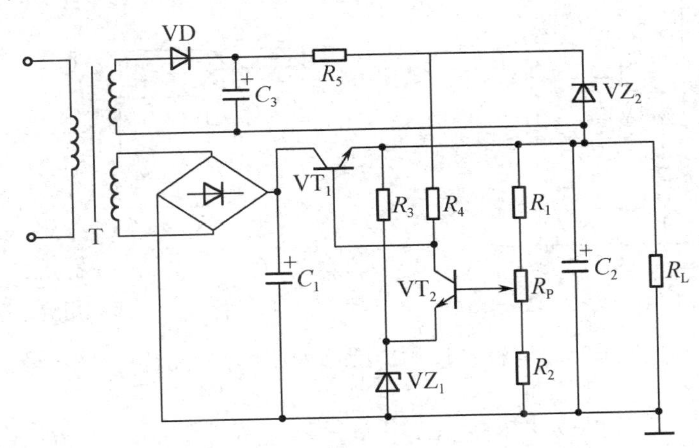

图 7-27 具有辅助电源的串联型稳压电路（改进后的电路）

辅助电源由整流二极管 VD、滤波电容 C_3、稳压二极管 VZ_2 和电阻 R_5 组成。由电路结构可知，为 R_4 供电的电压为 U_O 与 U_{Z2} 之和，与输入电压的波动无关。同理，在电网电压升高的瞬间，将引起如下与典型串联型稳压电路在程度上的变化差异：

电网电压升高的瞬间 ⟶ U_I↑ ⟶ I_{R4}（不变）⟶ I_{B1}（不变）⟶ U_{CE1}（不变）⟶ U_O↑

直至U_O回归正常值 ⟵ U_O↓ ⟵ 负反馈自行调节

也就是说，假设电网电压增量为 ΔU 的瞬间，U_{CE1} 维持不变，那么 U_O 的瞬间增量也是 ΔU，此时触发电路的负反馈，经负反馈调节后再次回归正常值。

可见，改进后的电路能为调整管提供稳定的偏流，减小了输入电压波动对输出电压的影响程度，使输出电压的稳定性能大大提高。

2．针对三极管的热敏性采取的改进措施

（1）三极管的热敏性对输出电压稳定性的影响。

三极管几乎所有的参数都与温度有关。在串联型稳压电路中，比较放大级是一个直流放大器，直流放大器的零漂使比较放大管的集电极电流和发射极电流发生变化，导致输出电压 U_O 随温度的变化而发生漂移。

（2）改进措施。

采用温度系数很小的采样电阻有一定的抑制零漂的作用。通过前面的学习可知，差动放大电路能从根本上抑制零漂。因此，用差动放大电路或集成运放替代单管比较放大电路能有效抑制零漂。据此思路进行改进，改进后的电路如图 7-28 所示。

在图 7-28（a）中，VT_2 和 VT_3 为一对差动放大管，它们共同组成比较放大级。产生基准电压的稳压二极管接在 VT_3 的基极，取样电压接 VT_2 的基极，差动放大器对两管的基极电压之差进行放大，完成稳压功能。R_E 为两管的公共电阻，由于所处的环境相同，所以能抑制温度对差动放大管的影响。将图 7-28（a）中的差动放大电路用集成运放来替代，可得如图 7-28（b）所示的电路，抑制零漂的原理此处不再赘述。针对图 7-28，需要强调两点：①基准电压电路的供电既可取自 U_I 端，又可取自 U_O 端；②能稳定输出电压的只能是负反馈，因此图 7-28 所示的两个电路的负反馈类型均为电压串联负反馈。

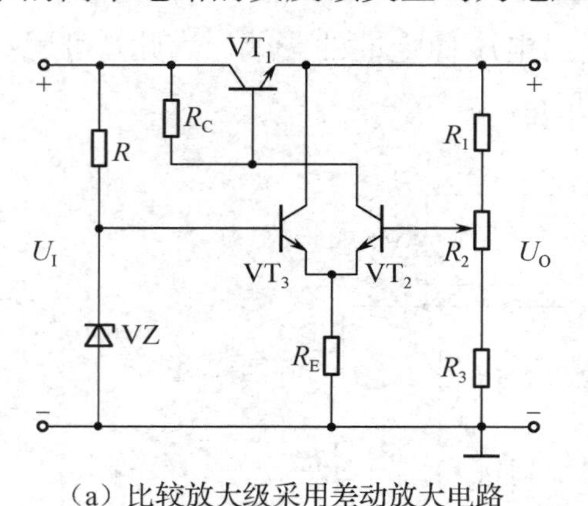

（a）比较放大级采用差动放大电路

（b）比较放大级采用集成运放

图 7-28　提高温度稳定性的串联型稳压电路（改进后的电路）

【例 9】 电路如图 7-28（a）所示，已知 U_Z=4V，R_1=R_3=3kΩ，R_2=10kΩ。试求：

（1）输出电压 U_O 的最大值和最小值分别为多少？

（2）要求输出电压可在 6～12V 之间连续可调，问 R_1、R_2、R_3 之间应满足什么条件？

【解析】 根据“虚短”，V_{B2}=U_Z=4V，因此本电路的输出电压 $U_O=\dfrac{R_1+R_2+R_3}{R_{2(下)}+R_3}U_Z$。

【解答】 （1）输出电压 U_O 的最大值和最小值分别为

$$U_{Omax}=\frac{R_1+R_2+R_3}{R_3}U_Z=\frac{(3+10+3)\text{k}\Omega}{3\text{k}\Omega}\times 4\text{V}\approx 21.3\text{V}$$

$$U_{\text{Omin}}=\frac{R_1+R_2+R_3}{R_2+R_3}U_Z=\frac{(3+10+3)\text{k}\Omega}{(10+3)\text{k}\Omega}\times 4\text{V}\approx 4.9\text{V}$$

（2）要求输出电压可在 6～12V 之间连续可调，即有

$$\left.\begin{aligned}&(R_1+R_2+R_3)/R_3=3\\&(R_1+R_2+R_3)/(R_2+R_3)=1.5\end{aligned}\right\}\ \text{联立解得}R_1=R_2=R_3$$

【例 10】 串联型稳压电路如图 7-29 所示。已知 U_I=24V，稳压二极管的稳压值 U_Z=5.3V，三极管的 U_{BE}=0.7V，VT_1 的饱和压降 U_{CES}=2V。试求：

（1）变压器次级电压的有效值。

（2）若 $R_3=R_4=R_P=300\Omega$，计算 U_O 的可调范围。

（3）若将 R_1 改接在 A、C 两点之间，你认为能提高电路的稳定性吗？若将 R_2 改接在 A、B 两点之间呢？

（4）若将 R_3 的阻值改为 600Ω，则输出电压的最大值等于多少？

（5）电路如果出现下列现象，你认为应是什么电路故障？

① U_I 由正常值 24V 降至 18V，脉动变大，输出电压虽能随 R_P 变化可调，但稳定性变差。

② U_I 由正常值上升至约 28V，U_O=0，调节 R_P 不起作用。

③ U_O≈4.6V，输出电压不可调。

④ U_O≈22V，调节 R_P，输出不变。

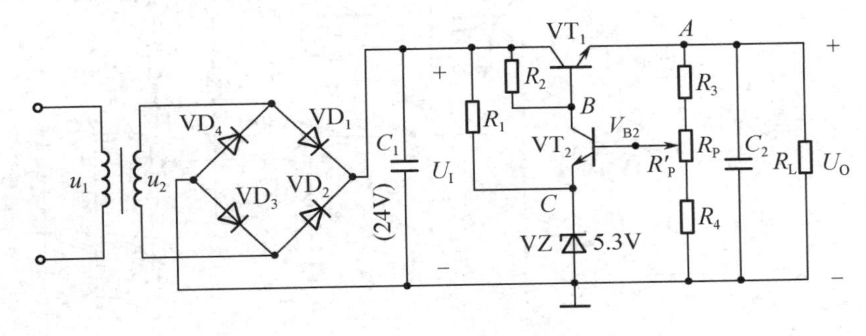

图 7-29　例 10 图

【解答】　（1）变压器次级电压的有效值为

$$U_2=\frac{U_I}{1.2}=\frac{24\text{V}}{1.2}=20\text{V}$$

（2）根据$U_O=\dfrac{R_3+R_P+R_4}{R'_P+R_4}(U_Z+U_{BE2})$，可计算出 U_O 的可调范围 U_{Omin}～U_{Omax}。

当滑动端调至最上端，即 $R'_P=R_P$ 时，可得 U_{Omin} 为

$$U_{\text{Omin}}=\frac{R_3+R_P+R_4}{R_P+R_4}(U_Z+U_{BE2})=\frac{(300+300+300)\Omega}{(300+300)\Omega}\times(5.3+0.7)\text{V}=9\text{V}$$

当滑动端调至最下端，即 $R'_P=0$ 时，可得 U_{Omax} 为

$$U_{\text{Omax}}=\frac{R_3+R_P+R_4}{R_4}(U_Z+U_{BE2})=\frac{(300+300+300)\Omega}{300\Omega}\times(5.3+0.7)\text{V}=18\text{V}$$

（3）R_1 为 VZ 的限流电阻，由于 U_O 比 U_I 更稳定，U_O 比 U_I 能提供更稳定的基准电压，所以将 R_1 改接在 A、C 两点之间可以提高电路的稳定性；若将 R_2 改接在 A、B 两点之间，则 VT_1 将因无基极偏流而截止，稳压电路将不能正常工作，输出 U_O=0。

（4）若将 R_3 的值改为 600Ω，则$U_{\text{Omax}}=\dfrac{1200\Omega}{300\Omega}\times(5.3+0.7)\text{V}=24\text{V}$。此时，$VT_1$ 已经饱和，而 VT_1 只有工作于放大状态才能进行稳压调节，必须考虑 VT_1 的饱和压降。因此 U_{Omax} 的上限值为 U_I-U_{CES}，即 22V。

（5）故障分析。

① U_I 降至 18V：符合桥式整流未经滤波时 $U_O=0.9U_2=18\text{V}$ 的情形，结合脉动变大、输出稳定性变差的情况进行综合分析，可判定为滤波电容 C_1 已开路或失效。

② U_I 上升至约 28V：符合整流滤波后未接负载时 $U_O=\sqrt{2}U_2\approx 28\text{V}$ 的情形，结合 $U_O=0$ 的情况进行分析，可判定为 R_2 开路或 VT_1 的发射结开路。

③ $U_O\approx4.6\text{V}$：符合 VT_2 的集电极与发射极击穿短路后 $U_O=U_Z-U_{BE1}=(5.3-0.7)\text{V}=4.6\text{V}$ 的情形，结合输出电压不可调的情况进行分析，可判定为 VT_2 的集电极与发射极击穿短路。

④ $U_O\approx22\text{V}$：符合 VT_1 饱和后 $U_O\approx U_I-U_{CES}\approx(24-2)\text{V}=22\text{V}$ 的情形，结合调节 R_P 输出不变的情况进行分析，判定为或 VZ 开路，或 VT_2 开路，或 R_P 上端某处开路，这几种情形均可使 VT_1 工作在饱和状态。

【例 11】 稳压电路如图 7-30 所示，已知稳压二极管的稳定电压 $U_Z=-6\text{V}$，三极管的 $U_{BE}=-0.7\text{V}$，输入电压足够高，试计算输出电压的可调范围。

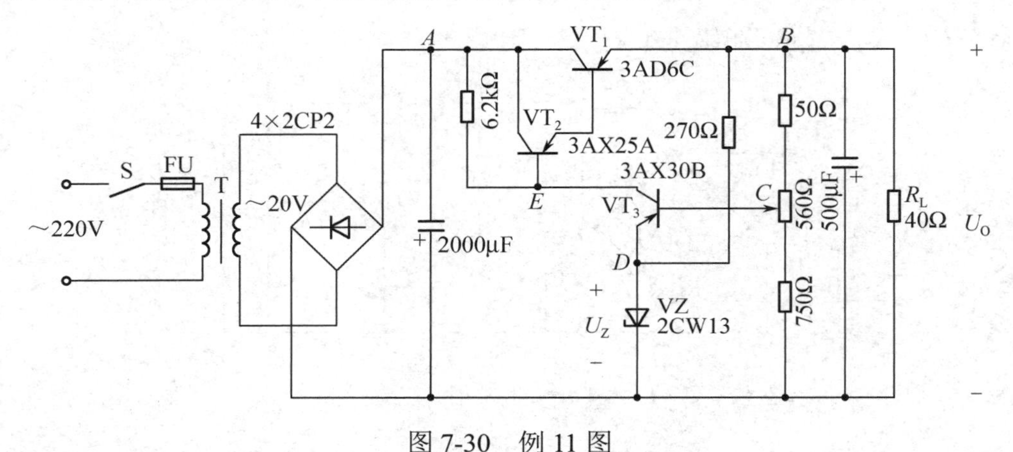

图 7-30　例 11 图

【解答】 C 点的电位为

$$V_C=U_{BE}+U_Z=-0.7-6=-6.7\text{V}$$

当将电位器滑动端调至最上端时，可得$-U_{\text{Omin}}$为

$$-U_{\text{Omin}}=\frac{(50+560+750)\Omega}{(560+750)\Omega}V_C=\frac{1360}{1310}\times(-6.7\text{V})\approx-6.96\text{V}$$

当将电位器滑动端调至最下端时，可得$-U_{\text{Omax}}$为

$$-U_{\text{Omax}}=\frac{(50+560+750)\Omega}{750\Omega}V_C=\frac{1360}{750}\times(-6.7\text{V})\approx-12.15\text{V}$$

7.3.2.4　保护电路

在串联型稳压电路中，当出现因负载过重而使输出电流剧增的现象时，调整管的管耗（$P_C=I_CU_{CE}$）也将大大增加，时间一长就会导致调整管过热烧毁；由于一般熔断器的熔断速度过慢，所以如果负载短路，那么输入电压将全部加在调整管的两端，导致在极短的时间内

也会损坏调整管或整流二极管。可见，设置保护电路是十分必要的。保护电路的类型很多，本书仅介绍常用的两种。

1. 限流式保护电路

电路功能：当输出电流超过额定值时，保护电路开始动作，将输出电流限制在一定的范围内，达到过载保护的目的。

电路组成：二极管限流式保护电路由如图 7-31 所示的虚线框内的二极管 VD 和检测电阻 R 组成。通常 R 的取值很小（<1Ω），其两端压降 I_LR 反映了负载电流的情况，调整 R 的大小，可以调整起控电流；VD 与 VT_1、R 支路并联，对调整管的基极电流构成分流。

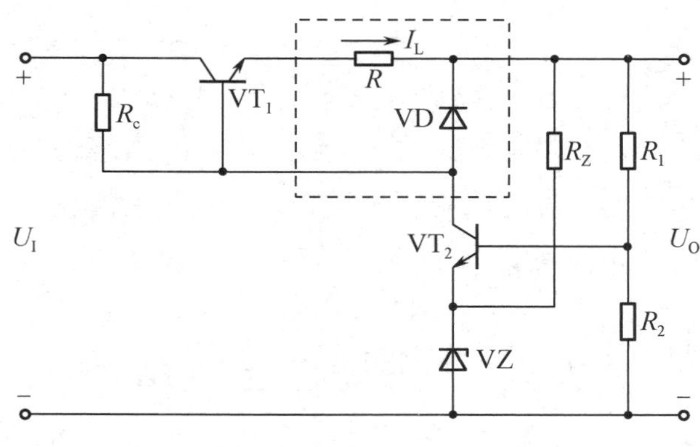

图 7-31　二极管限流式保护电路

当 $I_L<I_{Lmax}$、$U_{BE1}+I_LR<0.7V$ 时，说明流过检测电阻的负载电流为正常值。此时，保护二极管 VD 因其两端的电压低于阈值电压而截止，对调整管的基极电流不构成分流。在这种情况下，属正常工作状态，要求保护电路不动作。

当 $I_L>I_{Lmax}$、$U_{BE1}+I_LR>0.7V$ 时，说明流过检测电阻的负载电流过大。此时，VD 两端的电压高于阈值电压，VD 导通，对调整管的基极电流起分流作用，且负载电流越大，$U_{BE1}+I_LR$ 越大，分流作用越明显。$I_{C1}=\beta I_{B1}$，由于 VD 的分流作用，调整管的集电极电流被限制在安全电流范围之内，从而保护了调整管。一旦负载电流小于起控电流，二极管 VD 又将恢复截止状态，电路恢复正常工作状态。

2. 截流式保护电路

电路功能：当输出过载或短路时，保护电路动作，使调整管截止（或趋于截止），让通过调整管的电流减至最小，起到保护调整管的作用。

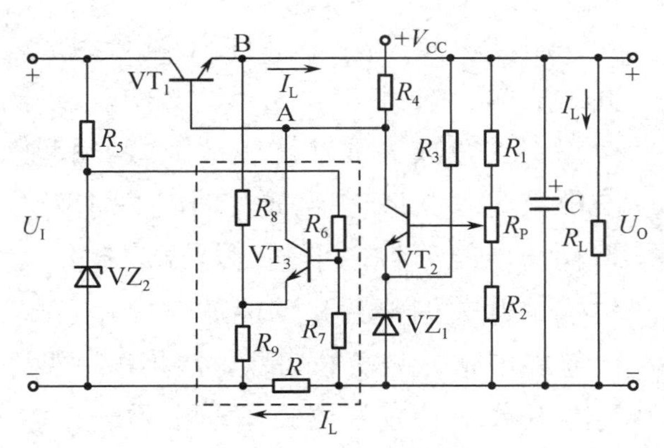

图 7-32　三极管截流式保护电路

电路组成：三极管截流式保护电路如图 7-32 所示，由 R_5、VZ_2、VT_3 及其偏置电路和检测电阻 R 组成。

在图 7-32 中，VT_3 为保护管，R_5、VZ_2 组成简单的稳压电源，为 VT_3 的基极提供基准电压。同理，R 两端的压降 I_LR 也反映了负载电流的情况；VT_3 构成的保护电路与 VT_1 的基极并联，对调整管的基极电流构成分流。

VT_3 的发射极电压由输出电压 U_O 经电阻 R 提供，R 接在 R_7 和 R_9 之间。由图 7-32 可知，VT_3 的基极和发射极之间的电压为

$$U_{BE3}=(U_{R7}+U_R)-U_{R9}=(U_{R7}+I_LR)-U_{R9}$$

当负载电流 I_L 处于正常范围内时，I_LR 较小，$(U_{R7}+I_LR)-U_{R9}$ 低于 VT_3 发射结导通所需的阈值电压，VT_3 截止，保护电路不动作。

当负载因过载或负载短路造成电流增大时，I_LR 也将增大，当$(U_{R7}+I_LR)-U_{R9}$高于 VT_3 发射结导通所需的阈值电压时，VT_3 导通。集电极电流 I_{C3} 对调整管基极电流构成分流，同时，V_{C3} 下降，即调整管 V_{B1} 下降，又使调整管的 U_{CE1} 升高，导致输出电压 U_O 下降。电路的正反馈过程如下：

$$I_{C3}\uparrow \rightarrow I_{B1}\downarrow \rightarrow I_{C1}(I_L)\downarrow \rightarrow U_{CE1}\uparrow \rightarrow U_O\downarrow \rightarrow V_{E3}\downarrow \rightarrow U_{BE3}\uparrow \rightarrow I_{B3}\uparrow \rightarrow I_{C3}\uparrow$$

这一正反馈过程促使 VT_3 迅速饱和（$U_{CES}\approx0.3V$），而 U_O 的下降促使 V_{E3} 迅速下降，导致 $V_{E3}\approx V_A$，加之 I_{C3} 的分流极大，使调整管趋于截止，从而保护了调整管。截流式保护电路在通电状态下是不能自行恢复到正常工作状态的，只有在负载正常或短路故障排除之后通电重启，电路才能恢复到工常工作状态。

7.3.3 开关型稳压电路

串联型稳压电路的调整管工作在线性放大区，属于线性稳压电路。这种线性稳压电路中调整管的功耗很大，电源变压器也存在笨重和损耗大的问题，整个电路的效能很低（损耗约占整机功耗的 1/3）。因此，它的稳压性能虽优良，但不适用于大功率输出的场合。

开关型稳压电路的调整管只工作在饱和与截止两种状态下，即开关状态，属于开关型稳压电路。开关状态能使调整管的管耗减到最小（调整管饱和时的电流虽大，但饱和压降很低；截止时的管压降很高，但电流几乎为零）。因此开关型稳压电路具备体积小、效率高、稳压性能好、稳压范围大、输出功率大的优点，缺点是纹波较大、电路复杂、对元器件要求较高，被广泛应用在彩色电视机、计算机等设备中。

开关型稳压电路的形式很多，根据储能元器件与负载的联结方式，分为串联型和并联型两大类。本书着重阐述串联型开关稳压电路的组成结构与工作原理。

1. 串联型开关稳压电路

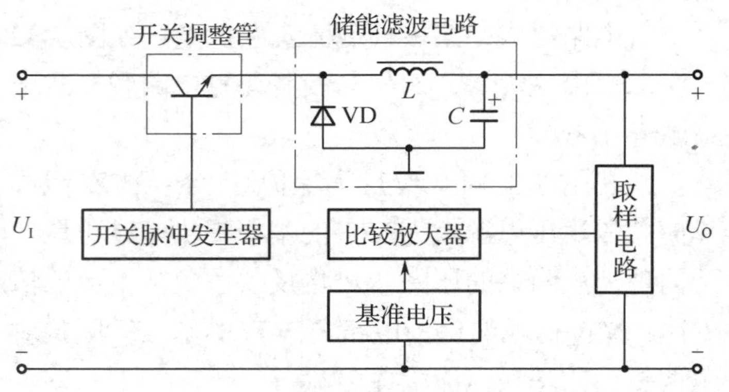

图 7-33　串联型开关稳压电路的组成框图

（1）电路组成。

串联型开关稳压电路由 6 部分组成，其组成框图如图 7-33 所示。其中，取样电路、比较放大器（比较放大级）和基准电压这 3 部分在组成及功能上与串联型稳压电路一致；不同的是开关脉冲发生器、开关调整管和储能滤波电路。由于储能电感 L 与负载串联，故称串联型。

开关脉冲发生器：本质上是一个多谐振荡器，用于产生控制调整管工作于开关状态的开关脉冲。开关脉冲的占空比受比较放大器输出电压的控制。由于取样电路、比较放大器和基准电压构成负反馈系统，所以当输出电压 U_O 升高时，比较放大器的输出电压降低，使开关脉冲的占空比变小；反之，占空比变大。

开关调整管：通常由大功率三极管组成，受开关脉冲的作用工作于开关状态，把整流滤

波后的直流电压变成断续的脉冲电压输出。开关脉冲的占空比控制着开关调整管导通与截止的时间比例。

储能滤波电路：由储能电感 L、储能电容 C 和续流二极管 VD 组成，作用是把开关调整管输出的断续的脉冲电压变成平滑的直流电压。在单位时间内，开关调整管导通的时间越长，输出直流电压越高。

（2）储能滤波电路的工作原理。

在如图 7-34（a）所示的储能滤波电路中，VT 为开关调整管，其基极受开关脉冲的控制，发射极输出断续的脉冲电压。

当开关脉冲为高电平时，开关调整管 VT 饱和，其集电极和发射极之间相当于闭合的开关。此时，VD 因反偏而截止，输入电压 U_I 加在电感 L 和负载电阻 R_L 上。由于电感电流不能突变，所以在自感的阻碍作用下，电感电流是逐渐增大的。开关调整管 VT 的饱和时间越长，流过电感的电流越大，电感储存的磁能越多。电感电流 i_L 除向负载供电外，还为电容 C 充电，其电流流动情况如图 7-34（b）所示。

当开关脉冲为低电平时，开关调整管 VT 截止，其集电极和发射极之间相当于断开的开关。同理，因为电感电流不能突变，所以开关调整管截止的瞬间电感产生了左“−”右“+”的自感电动势，以维持原电流方向不变。自感电动势使二极管 VD 导通，为电感电流提供通路，以维持向负载供电和为电容 C 充电的状态。这是一个将电感中储存的磁能重新转换为电能的过程，其电流流动情况如图 7-34（c）所示。当电感电流减小到较小的数值时，电容 C 开始放电，继续维持负载电流。当电容 C 因放电而使其两端电压明显下降时，开关脉冲又重新转为高电平，开关调整管 VT 再次饱和，重复上述过程。这样，在输出端就能得到一个比较稳定的平滑的直流电压。输入电压 U_I、输出电压 U_O 与开关脉冲占空比 D 三者的关系为

$$U_O = \frac{t_{w1}}{T} U_I = DU_I$$

式中，T 为开关脉冲的周期；t_{w1} 为开关调整管导通的时间。

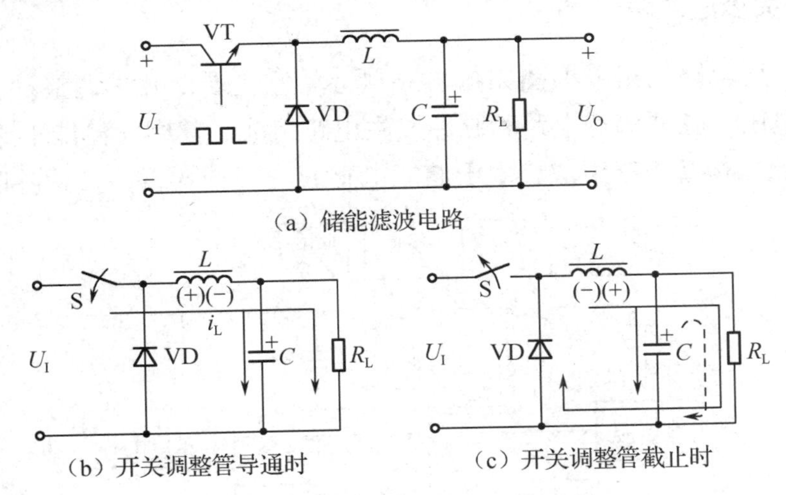

图 7-34　储能滤波电路工作过程

由以上分析可知，开关调整管中的断续的脉冲电流通过储能滤波电路可以输出连续的、波动不大的直流电压。通过控制开关脉冲的占空比来控制开关调整管导通时间的长短，可以调整输出电压的高低。在储能滤波电路中，电感 L 起着储存和释放能量的作用；电容 C 除有

储能作用外，还起着平滑滤波的作用；二极管 VD 为电感释放能量提供通路，因此称其为续流二极管。

（3）串联型开关稳压电路实例。

一种简单的串联型开关稳压电路如图 7-35 所示。

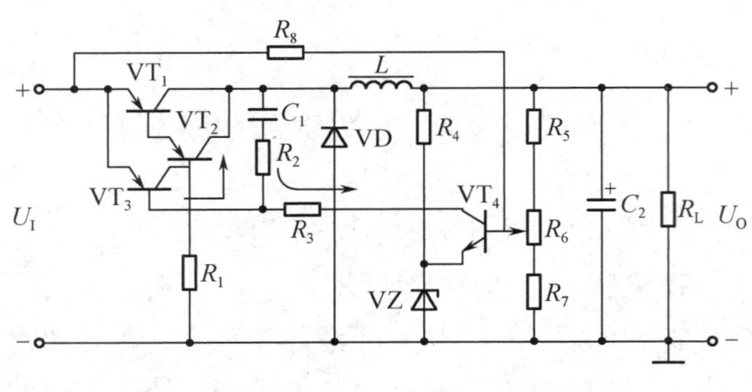

图 7-35　串联型开关稳压电路

电路组成：取样电路（R_5、R_6、R_7）、比较放大管（VT_4）、基准电压（VZ、R_4）、复合开关调整管（VT_1、VT_2）、多谐振荡器（VT_1、VT_2、VT_3、R_2、C_1）。

电路的结构特点：VT_3 的集电极与 VT_2 的基极相连，VT_2 的集电极通过 C_1、R_2 与 VT_3 的基极相连。可见，当 VT_3 饱和导通时，VT_1、VT_2 是截止的；而当 VT_3 截止时，VT_1、VT_2 是饱和导通的。

多谐振荡原理：设开始时 VT_3 饱和导通，则由于 VT_3 的 U_{CE3} 较低而不足以使 VT_1、VT_2 导通，VT_3 的 i_{B3} 就向 C_1 充电，极性为上“−”下“+”。随着 C_1 充电过程的持续，导致 VT_3 的基极电位逐步升高，最终 VT_3 截止。当 VT_3 截止后，U_{CE3} 升高，逐步使 VT_1、VT_2 转入饱和导通状态。这时，C_1 通过 R_3、VT_4 放电，放电时间取决于 VT_4 基极电位的高低（VT_4 的基极电位越高，C_1 放电越快）。C_1 的放电导致 VT_3 基极电位的下降，当下降到某一数值时，VT_3 将再次转为饱和导通状态，而 VT_1、VT_2 又再次转为截止状态。这样，VT_3 和 VT_1、VT_2 就自动反复轮流导通与截止。

稳压过程：当 U_O 由于某种原因偏高时，VT_4 的基极电位升高，i_{C4} 增大，C_1 的放电速度加快，使 VT_3 的截止时间缩短，故 VT_1、VT_2 的饱和时间缩短，使 U_O 降低，从而稳定 U_O，反之亦然。

2. 并联型开关稳压电路

并联型开关稳压电路的组成框图如图 7-36 所示。它主要由开关调整管、储能电路、取样比较电路、基准电压、脉冲调宽电路和脉冲发生电路组成。其中，储能电路由储能电感 L、储能电容 C 和续流二极管 VD 组成。由于储能电感 L 与负载并联，故称并联型。

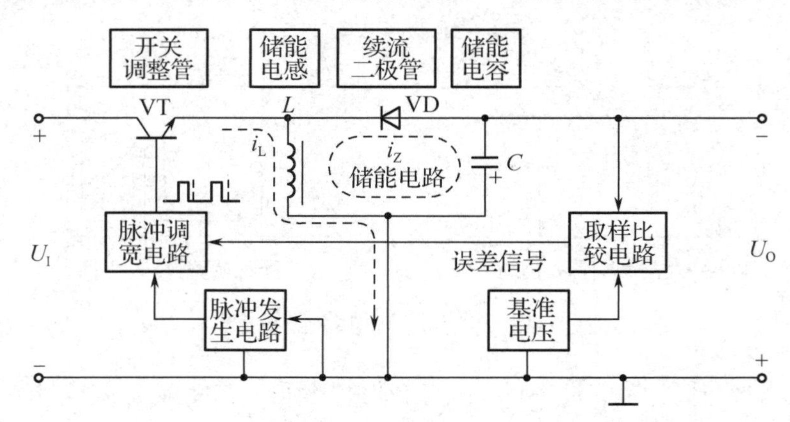

图 7-36　并联型开关稳压电路的组成框图

从图 7-36 中可见，开关调整管的开关时间受基极开关脉冲的控制，这个开关脉冲由脉冲发生电路产生，受脉冲调宽电路的控制，脉冲宽度越宽，开关调整管饱和导通的时间越长。而脉冲宽度又受取样电压与基准电压比较后的误差电压的控制。当输出电压升高时，取样电压升高，比较后的误差电压升高，使脉冲调宽电路的脉冲宽度变窄，开关调整管饱和导通的时间缩短，输入储能电路的能量减少，使输出电压降低；当输出电压降低时，其变化过程与此相反。通过开关调整管 VT 周期性的开关作用，将输入端的能量注入储能电路，由储能电路滤波后送给负载。

并联型开关稳压电路的储能电路对能量的储存与输出规律与串联型开关稳压电路一致。在开关调整管导通期间，储能电感储能，并由储能电容向负载供电；在开关调整管截止期间，储能电感释放能量，对储能电容充电，同时向负载供电。这两个元器件同时具备滤波作用，使输出波形平滑。

在有的并联型开关稳压电路中，储能电感以互感变压器的形式出现，其电路如图 7-37 所示。它的优点是通过变压器的不同抽头，再加上各自的整流滤波电路，可以得到不同数值的多路直流电压输出。这种稳压电路在彩色电视机等设备中得到了广泛应用。

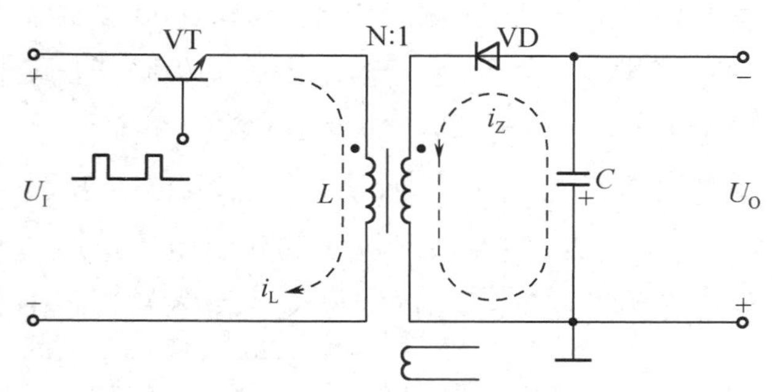

图 7-37　用互感变压器的并联型开关稳压电路

知识小结

（1）稳压电路的作用是保持输出电压的稳定，不受电网电压波动和负载变化的影响。

（2）并联型硅稳压二极管稳压电路结构简单，但输出电流小，稳压特性不理想，一般用于要求不高的小电流稳压电路中。

（3）串联型稳压电路利用三极管作为开关调整管与负载串联，从输出电压中取出一部分电压与基准电压进行比较产生误差电压，误差电压经放大后控制开关调整管的内阻，从而使输出电压稳定。串联型稳压电路一般由取样电路、基准电压、比较放大电路、调整元器件 4 部分组成。

（4）并联型开关稳压电路的效率高，稳压效果好，广泛应用在彩色电视机、计算机等设备中。并联型开关稳压电路是通过控制开关调整管的导通时间来使输出电压稳定的。

7.4　三端集成稳压器

用分立元器件组装的稳压电源固然有输出功率大、适应性较广的优点，但因其体积大、焊点多、可靠性差而使应用范围受到限制。近年来，集成稳压电源已得到广泛应用，其中小功率的稳压电源以三端式串联型稳压器的应用最为普遍。所谓集成稳压器，就是指将稳压电路的主要元器件甚至全部元器件制作在一块硅基片上的集成电路，因而具有体积小、价格低廉、使用方便、工作可靠等特点。

集成稳压器有多端式和三端式两类，输出电压有固定式和可调式、正电压或负电压几种。其中三端式的封装形式有金属壳封装和塑料壳封装两种，它们有 3 个接线端子，分别是输入端、输出端和公共端，因此称为三端式稳压器。

7.4.1 三端固定式集成稳压器

三端固定式集成稳压器具有固定的输出电压，常用的有 CW7800 系列（见图 7-38）和 CW7900 系列。前者为三端固定正压输出，后者为三端固定负压输出，它们的系列序号的最后两位数表示标称输出电压。CW7800 系列输出电压有正 5V、6V、8V、9V、10V、12V、15V、18V、24V 九个等级，输出电流有 0.1A（L）、0.5A（M）、1.5A（无字母）、3A（T）、5A（H）、10A（P）六个等级；CW7900 系列在输出电压等级、电流等级等方面与 CW7800 系列相同，其型号意义如图 7-39 所示。当然，在加装散热片的情况下，它的性能可以有进一步的提升。例如，CW7824 加装散热片后的输出电流可达 1.5～2.2A，最高输入电压为 35V，最小输入-输出电压差为 2～3V，输出电压变化率为 0.1%～0.2%。

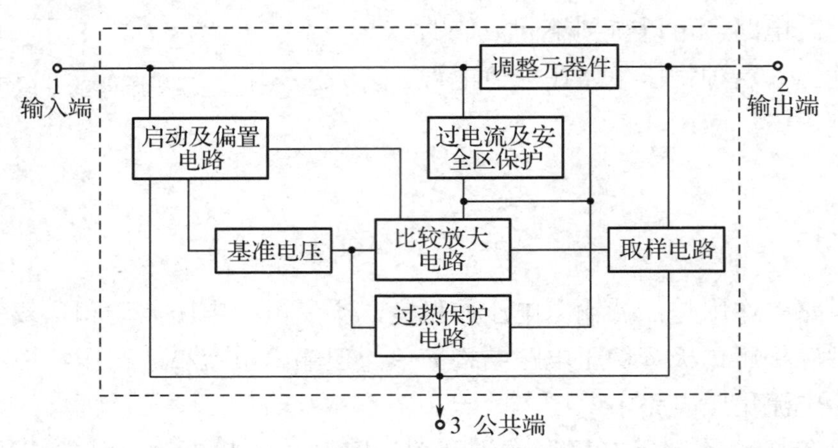

图 7-38 CW7800 系列三端固定式集成稳压器的内部结构方框图

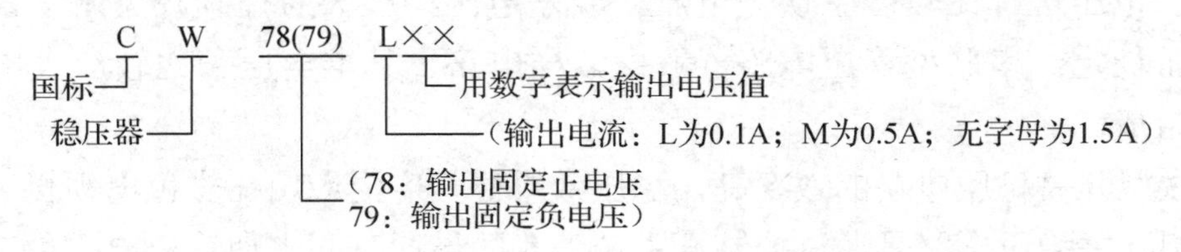

图 7-39 三端固定式集成稳压器型号意义

CW7800 系列和 CW7900 系列三端固定式集成稳压器的外形及引脚排列分别如图 7-40（a）、（b）所示。在使用三端集成稳压器时，应查阅相关资料，了解其主要性能参数。

1. 三端集成稳压器的主要性能参数

（1）最高输入电压 U_{Imax}。

最高输出电压指稳压器正常工作时所允许输入的最高电压。应注意整流滤波后的最高直流电压不能超过此值。

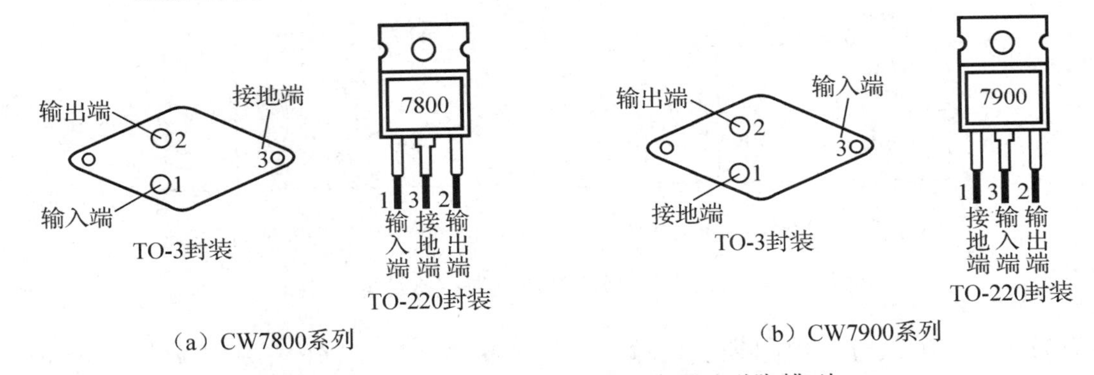

图 7-40　三端固定式稳压器的外形及引脚排列

（2）输出电压 U_O。

输出电压指稳压器正常工作时能输出的额定电压。

（3）最大输出电流 I_{Omax}。

最大输出电流指保证稳压器安全工作时允许输出的最大电流，使用时不允许超过此值。

（4）电压调整率 S_V（$S_V=\dfrac{\Delta U_O/U_O}{\Delta U_I}\times100\%$）。

电压调整率指输入电压每变化 1V，输出电压相对变化值$\Delta U_O/U_O$的百分数。此值越小，稳压性能越好。

（5）输出电阻 R_o（$R_o=\left.\dfrac{\Delta U_O}{\Delta I_O}\right|_{\Delta U_I=0}$）。

输出电阻指在输入电压变化量ΔU_I为零时，输出电压变化量ΔU_O与输出电流变化量ΔI_O的比值。它反映了负载发生变化时稳压器的稳压性能，其值越小越好。

（6）最小输入–输出电压差$(U_I-U_O)_{min}$。

其中，U_I表示输入电压，U_O表示输出电压。此参数表示能保证稳压器正常工作所要求的输入电压与输出电压的最小差值。

（7）输出电压范围。

输出电压范围指稳压器参数符合指标要求时的输出电压范围。对于三端固定式集成稳压器，其电压偏差范围一般为±5%；对三端可调式集成稳压器，应适当选择外接取样电阻分压网络以得到所需的输出电压。

2．三端固定式集成稳压器典型应用电路

（1）基本应用电路。

图 7-41 所示为三端固定式集成稳压器典型接法的应用电路。其中，电容 C_1 主要用来抵消输入端接线较长时的电压效应，防止自激振荡，起抑制高频干扰的作用，一般取 0.1～1μF；C_2 主要用来改善暂态响应，起高频旁路和消振的作用，一般取 1μF 以下。（说明：大容量的滤波电容图中并未画出。）接线时，引脚不能接错，公共端不能悬空。

（2）输入电压的扩展。

CW7800 系列的最高允许输入电压有限定值，超过该值就要损坏稳压器。通常采用二级分压的方式来扩展输入电压。二级分压的方案有多种，如图 7-42 所示。

图 7-42（a）：串入简单串联型稳压电路，利用开关调整管的分压作用实现输入电压的扩展。

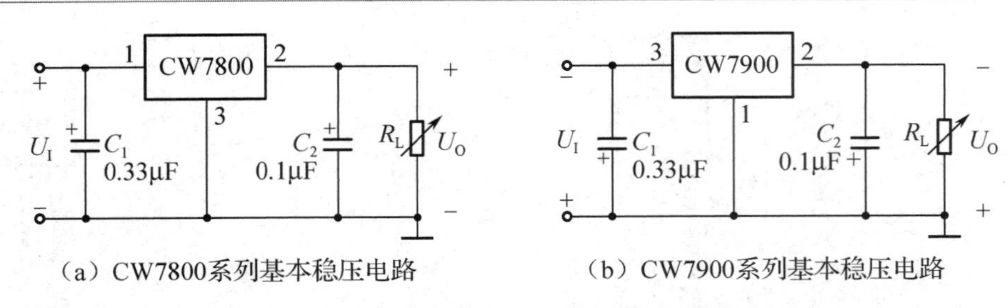

图 7-41　三端固定式集成稳压器典型接法的应用电路

图 7-42（b）：串入分压电阻来实现输入电压的扩展。当负载电流较小时，U_R 也很低，分压作用非常有限，故该方案仅适用于额定负载，且不允许在轻载、空载状态下工作。

图 7-42（c）：串入分压稳压器实现输入电压的扩展。

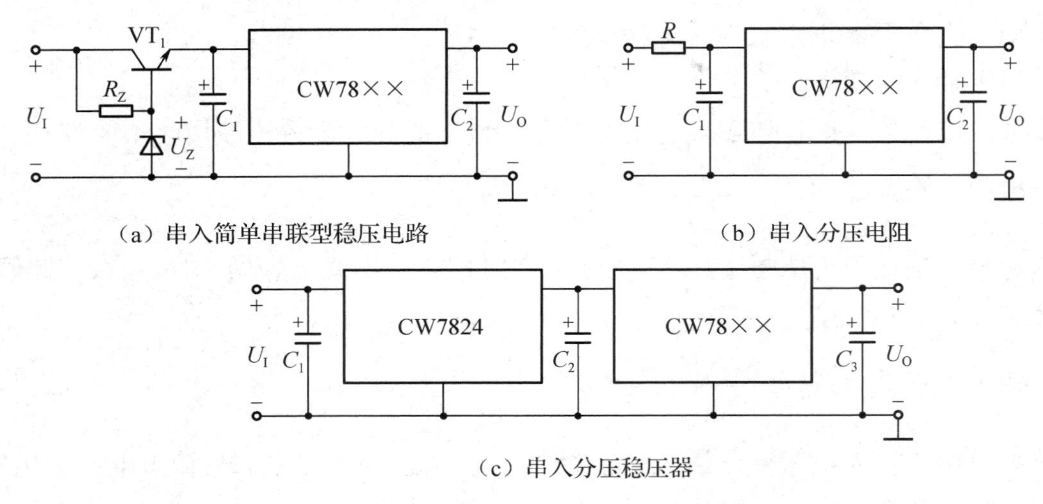

图 7-42　扩展输入电压的应用电路

（3）输出电压的扩展。

如果需要将输出电压提高到所需值，则可采用输出电压扩展电路。图 7-43 所示电路的输出电压为 $U_O=U_{××}+U_Z$，其中 $U_{××}$为三端固定式集成稳压器的输出直流电压值。当然，用适合的固定电阻、电位器或二极管来置换稳压二极管也可以实现输出电压的扩展。

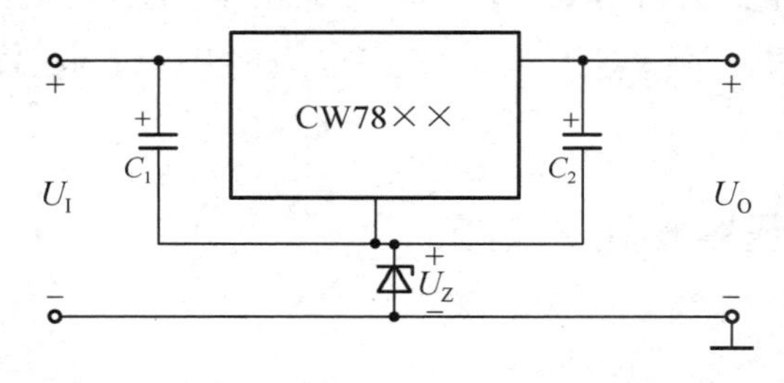

图 7-43　输出电压扩展应用电路

（4）输出电流的扩展。

在需要稳压器输出电流增大的场合，可采用如图 7-44 所示的电路来实现输出电流的扩展。其中，图 7-44（a）中 R 应取 $R \leqslant \dfrac{U_{Imin}-U_O}{I_{Lmax}-I_{CW(额定值)}}$ 为宜，图 7-44（b）中功率管的 β 值应取足够大为宜，图 7-44（c）中的单个稳压器的输出电流应取 $I_{CW(额定值)} \geqslant \dfrac{1}{2}I_{Lmax}$ 为宜。

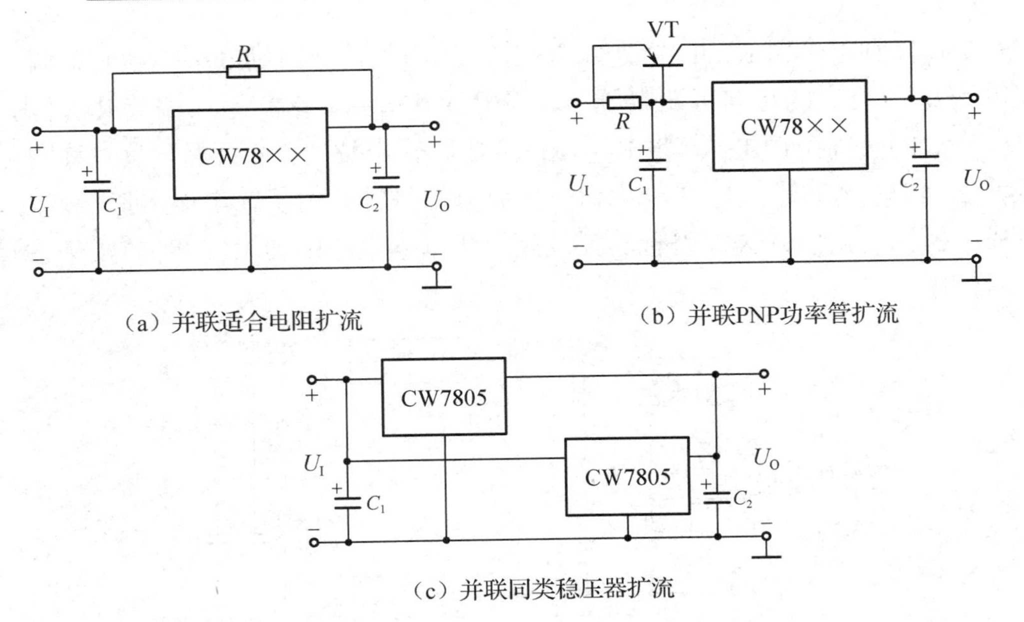

（a）并联适合电阻扩流　（b）并联PNP功率管扩流

（c）并联同类稳压器扩流

图 7-44　并联扩流的稳压应用电路

（5）输出电压可调的稳压电路。

如图 7-45 所示，三端固定式集成稳压器与集成运放电路适当连接，就可组成输出电压可调的稳压电路。其中，F007 为集成运放（也可以选用其他的集成运放），输出电压为 7～30V。

（6）输出固定正负对称电压的稳压电路。

如图 7-46 所示，采用两个不同类型的三端固定式集成稳压器，可组合成能输出正负对称电压的稳压电路。

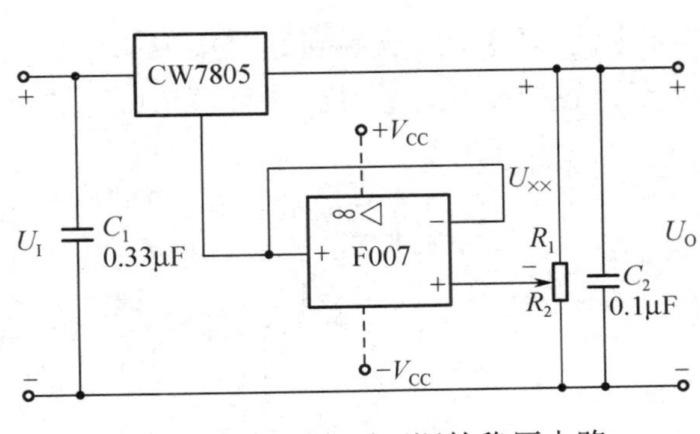

图 7-45　输出电压可调的稳压电路

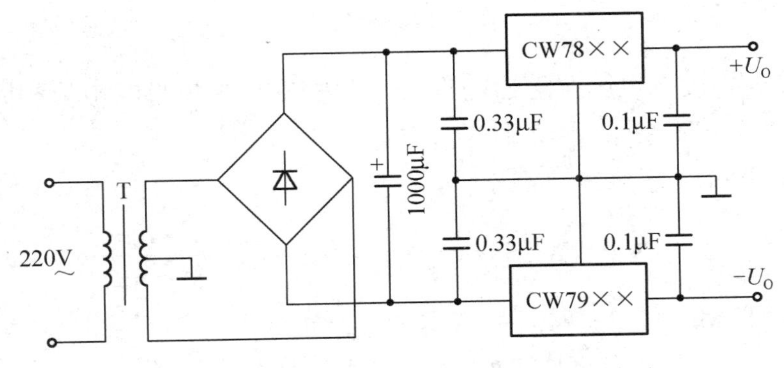

图 7-46　输出固定正负对称电压的稳压电路

（7）输出连续可调正负对称电压的稳压电路。

输出连续可调正负对称电压的稳压电路如图 7-47 所示。该电路由一块 CW7815 和一块 CW7915 三端固定式稳压器对称连接，输出一组正负对称的稳定电压，且各输出端的电压值既可单独调节，又可同步调节。

由于变压器次级中心接地，故变压器次级输出相位相反的交流双 18V 电压，经 VD_1～VD_4 构成的整流桥整流，并经 C_1、C_2 滤波得到一组对称直流电压。该组直流电压的正负极被分别接入 CW7815 的 1 脚和 CW7915 的 3 脚，CW7815 的 3 脚接到电位器 R_{P2} 的滑动触片 d 上，

CW7915 的 1 脚接到电位器 R_{P1} 的滑动触片 c 上。当将触片 c 滑到 o 端接地时，调节 R_{P2}，即可从 a 端得到 0～+15V 的正向可调电压；若将触片 d 滑到 o 端接地，调节 R_{P1}，则在 b 端就可得到-15～0V 的负向可调电压；将 R_{P2}、R_{P1} 换成同轴电位器，将获得正负对称的可调电压，输出电压值在±15V 之间连续可调，达到同步调节的目的。由于输出电压值较低时，过大的压差会造成稳压器内部的开关调整管功耗过高，所以本电路中的 CW7815、CW7915 需要加装散热片后使用。

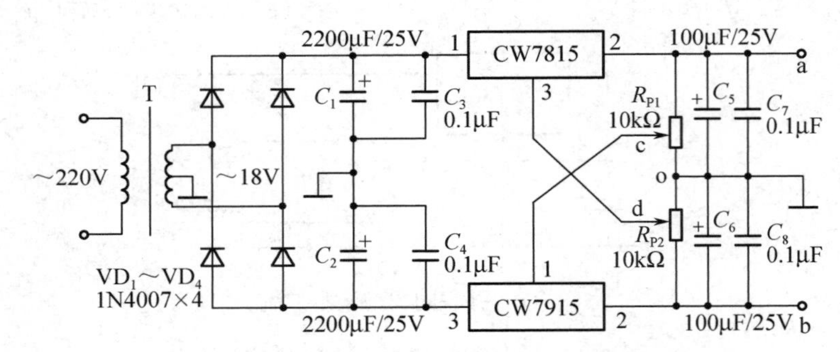

图 7-47　输出连续可调正负对称电压的稳压电路

【例 12】 由三端固定式集成稳压器与集成运放组成输出电压可调的稳压电路如图 7-48 所示，试求输出电压 U_O 的可调范围。

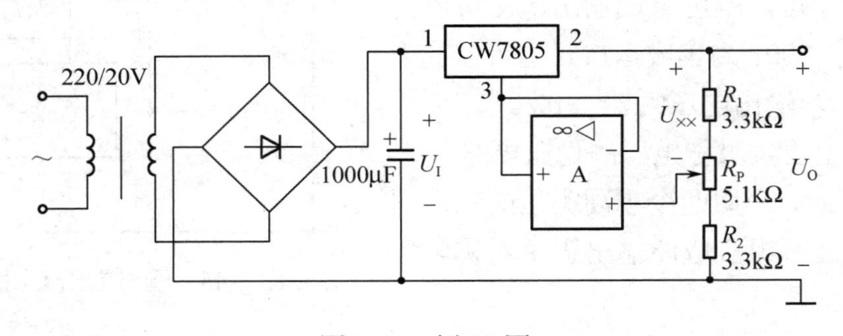

图 7-48　例 12 图

【解析】 集成运放接成电压跟随器的形式，CW7805 的 3 脚的电位和同相输入端的电位相同，而 $u_+=u_-$，故 $U_{××}$为基准电压，且 $U_{××}$=5V。

【解答】 基准电压 $U_{××}$为

$$U_{\times\times}=U_{32}=U_O\frac{R_1+R_{P(上)}}{R_1+R_P+R_2}\Rightarrow U_O=U_{\times\times}\frac{R_1+R_P+R_2}{R_1+R_{P(上)}}$$

当滑动端调至最下端，即 $R_{P(上)}=R_P$时，可得 U_{Omin}为

$$U_{Omin}=U_{\times\times}\frac{R_1+R_P+R_2}{R_1+R_P}=5V\times\frac{(3.3+5.1+3.3)k\Omega}{(3.3+5.1)k\Omega}\approx 6.96V$$

当滑动端调至最上端，即 $R_{P(上)}=0$ 时，可得 U_{Omax}为

$$U_{Omax}=U_{\times\times}\frac{R_1+R_P+R_2}{R_1}=5V\times\frac{(3.3+5.1+3.3)k\Omega}{3.3k\Omega}\approx 17.7V$$

7.4.2　三端可调式集成稳压器

三端可调式集成稳压器被称为第二代三端集成稳压器，不但输出电压可调，而且稳压性

能均优于三端固定式集成稳压器，通常标注为 CW 或 LM，其中，CW117（LM117）/217/317 输出正电压，调压范围为 1.2～37V；CW137（LM137）/237/337 输出负电压，调压范围为−37～−1.2V。三端可调式集成稳压器的 3 个端子分别为输入端、输出端和调整端，其内部电路与固定式 CW7800 系列相似，其外形图和接线图如图 7-49 所示。

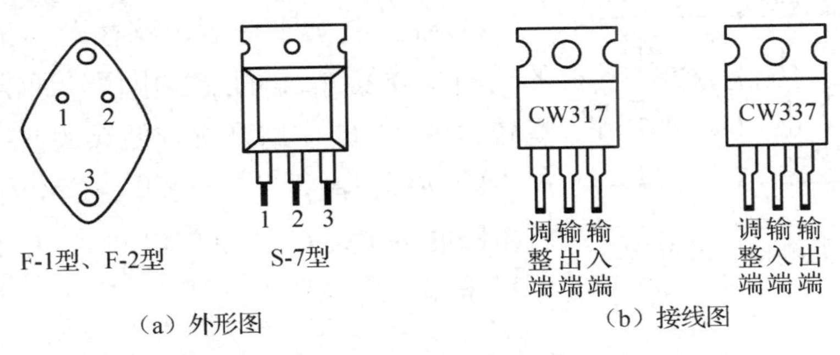

（a）外形图　　（b）接线图

图 7-49　三端可调式集成稳压器的外形图和接线图

CW317 和 CW337 的基本应用电路分别如图 7-50（a）、（b）所示，两个电路的工作条件基本一致。下面以图 7-50（a）为例进行说明：输出端到调整端的基准电压 U_{REF}=1.2V；调整端电流 I_{ADJ} 通常为几十微安；通常要求输出电流不小于 5mA，因此 R 的取值范围为 120Ω≤R≤240Ω；输出端电容 C_2 通常选择 1μF 钽电容或 25μF 电解电容。

在满足 R 的电流 $I_R \gg I_{ADJ}$ 的条件下，图 7-50 输出电压的估算公式为

$$U_O = 1.2\left(1+\frac{R_P}{R}\right) \text{［图 7-50（a）］} \qquad U_O = -1.2\left(1+\frac{R_P}{R}\right) \text{［图 7-50（b）］}$$

（a）　　（b）

图 7-50　CW317 和 CW337 的基本应用电路

需要说明的是，无论何种集成稳压器，要保证其正常工作，输入端与输出端之间要有合适的电压差。例如，CW317 允许的输入−输出电压差的范围是 3～40V。电压差过小，稳压器内部的三极管会出现非线性工作情形；电压差过大，又会造成内部的开关调整管因功耗过高而烧毁。

【例 13】 在如图 7-50（a）所示的电路中，已知 R=240Ω，R_P 为 0～4.7kΩ 可调电位器。试近似求解：①U_O 的可调范围；②U_I 的允许范围。

【解答】 ①当将 R_P 调为零时，U_O 取得最小值，且 $U_{Omin}=U_{REF}$=1.2V；当将 R_P 调为 4.7kΩ 时，U_O 取得最大值，且 U_{Omax} 为

$$U_{Omax} = 1.2\text{V}\left(1+\frac{R_P}{R}\right) = 1.2\text{V}\times\left(1+\frac{4.7\text{k}\Omega}{240\Omega}\right) = 24.7\text{V}$$

即得 U_O 的可调范围为 1.2～24.7V。

②CW317 的输入-输出电压差的范围为 3～40V，即 $U_{Imin}=U_{Omax}+U_{32min}$，$U_{Imax}=U_{Omin}+U_{32max}$。取 $U_O=U_{Omin}=1.2V$，得 U_I 的范围为 4.2～41.2V；取 $U_O=U_{Omax}=24.7V$，得 U_I 的范围为 27.7～64.7V。这两个范围的共同区域即该电路中输入电压 U_I 的允许范围，即 27.7～41.2V。

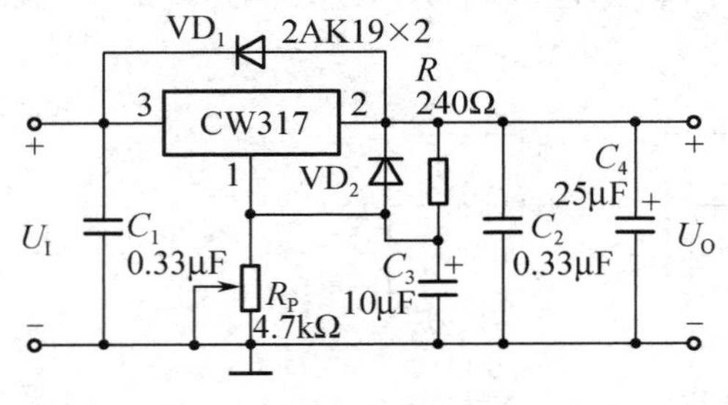

图 7-51　CW317 的典型应用电路

CW317 的典型应用电路如图 7-51 所示。其中，C_3 的作用是降低 R_P 上的纹波电压，通常在 10μF 以下；容量较大的 C_4 的作用是进行低频滤波；C_2 用于消除可能产生的高频自激振荡；保护二极管 VD_1、VD_2 用于输入端短路时为 C_3、C_4 提供放电回路，防止放电电流反向流入稳压器，造成器件损坏。

知识小结

（1）三端集成稳压器具有体积小、安装方便、工作可靠等优点。它有固定输出和可调输出、正压输出和负压输出之分。

（2）CW7800 系列为固定正电压输出，CW7900 系列为固定负压输出。

（3）CW（或 LM）117/217/317 为三端可调式正压输出，CW（或 LM）137/237/337 为三端可调式负压输出。使用时应注意它们的引脚排列差异。

7.5　晶闸管

硅晶体闸流管（简称晶闸管）是一种硅可控整流器件，是一种工作在开关状态下的大功率半导体器件。晶闸管被广泛应用于无触点交直流开关、可控整流、逆变、变频和调压电路，由于其整流特性可控，所以也称可控硅。

常用的晶闸管有单向和双向两大类。另外，还有光晶闸管、快速晶闸管、逆导晶闸管、温控晶闸管等许多特殊的晶闸管。本节主要介绍单向晶闸管和双向晶闸管的结构与工作原理。

7.5.1　单向晶闸管

1．单向晶闸管的结构和符号

单向晶闸管常见的外形有平面型、塑封型和螺栓型等，如图 7-52（a）所示。可见，它共有 3 个电极，分别为阳极 A、阴极 K 和控制极 G。图 7-52（b）所示为单向晶闸管的电路符号，其文字符号一般用 SCR、KG、CT、VT 表示。

单向晶闸管的内部结构及其等效电路如图 7-52（c）所示。它由 4 层半导体材料 P_1、N_1 和 P_2、N_2 重叠构成，中间形成 3 个 PN 结 J_1、J_2 和 J_3。最外层的 P_1 和 N_2 分别引出阳极 A 和阴极 K，中间的 P_2 层引出控制极 G。N_1、P_2 和 N_2 可等效为一个 NPN 型三极管，P_1、N_1 和 P_2 可等效为一个 PNP 型三极管。如果用两个分立的 PNP 型、NPN 型三极管按单向晶闸管内部等效电路的方式进行连接，那么同样具备单向晶闸管的电路特性，这种连接方式称为可控硅接法。

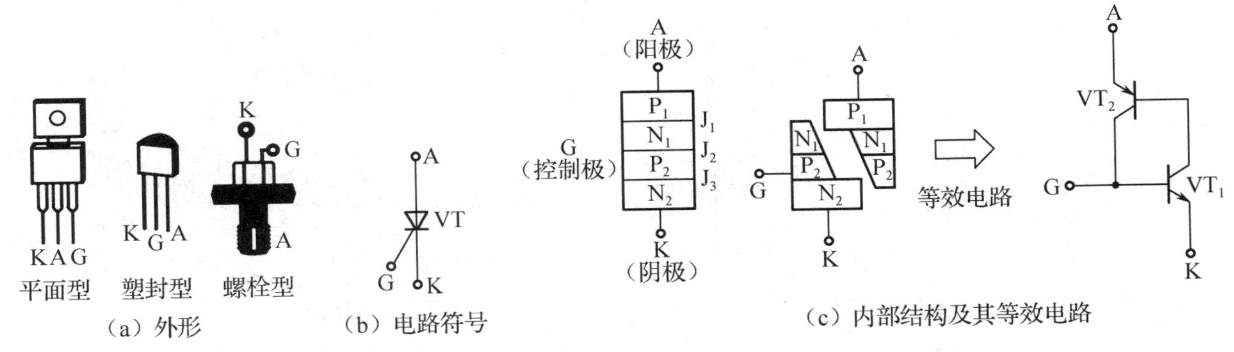

图 7-52　单向晶闸管的外形、电路符号和内部结构及其等效电路

2. 单向晶闸管的工作原理

单向晶闸管具有导通和截止（阻断）两种工作状态。单向晶闸管的工作特性可用如图 7-53 所示的电路予以说明。

反向阻断状态：如图 7-53（a）所示，当晶闸管的阳极与阴极之间加反向电压时，由于 PN 结 J_1 和 J_3 处于反向偏置状态，所以无论控制极是否加触发电压，晶闸管均不会导通，阳极和阴极之间相当于断开的开关。必须说明的是，当反向电压 U_{KA} 足够高（高于反向击穿电压）时，晶闸管将反向击穿，处于反向导通状态。

正向阻断状态：如图 7-53（b）所示，当晶闸管的阳极与阴极之间加正向电压，控制极不加触发电压时，由于 $I_G=0$，所以尽管这时晶闸管的阳极和阴极之间加有正向电压，但由于 VT_1 没有基极电流输入，VT_1 和 VT_2 中也只有很小的漏电流，所以晶闸管处于阻断状态，阳极和阴极之间相当于断开的开关。

触发导通状态：如图 7-53（c）所示，当晶闸管的控制极加正向触发电压 U_G，而阳极通过电阻 R_A 也加上正向电压 U_A 后，两个三极管的发射结均为正向偏置状态，集电结均为反向偏置状态，均由截止状态转向导通状态，且 VT_1、VT_2 因强烈正反馈作用而迅速饱和。此时称晶闸管导通，且导通后管子的压降 U_{AK} 很低，只有 0.6～1.2V，阳极和阴极之间相当于闭合的开关。触发导通的过程说明如下：

S闭合后 → $(I_{B1}=I_G)\uparrow$ → $(I_{B2}=\beta_1 I_G)\uparrow$ → $(I_{B1}=\beta_1\beta_2 I_G)\uparrow\uparrow$ → $(I_{B2}=\beta_1^2\beta_2 I_G)\uparrow\uparrow\uparrow$

晶闸管导通 ← VT_1、VT_2迅速饱和 ←（形成强烈的正反馈）←

晶闸管导通后，电压 U_A 几乎全部加到负载电阻 R_A 上，因此晶闸管导通后的电流大小取决于外电路参数。

必须说明一点：在如图 7-53（b）所示的电路中，尽管无触发电压，但逐渐提高 U_{AK}，VT_1 和 VT_2 的正向漏电流也将增大，当 U_{AK} 达到某一限度时（正向转折电压），正向漏电流增大到能产生正反馈的程度，也会使晶闸管导通。

维持导通状态：如图 7-53（d）所示，晶闸管导通后，把开关 S 断开，使控制电流 $I_G=0$，但由于管子本身的正反馈自保持作用，晶闸管仍然处于导通状态。因此，控制极的作用仅是触发晶闸管导通，晶闸管一旦导通，控制极就失去了控制作用。若要晶闸管回到阻断状态，则必须使阳极电流 I_A 减小到不能维持其正反馈的数值，晶闸管才会自行关断，此时对应的阳极电流称为维持电流，用 I_H 表示。根据这个道理，使晶闸管由导通状态回到阻断状态，也可以将阳极与电源断开或在阳极与阴极之间加一反向电压。

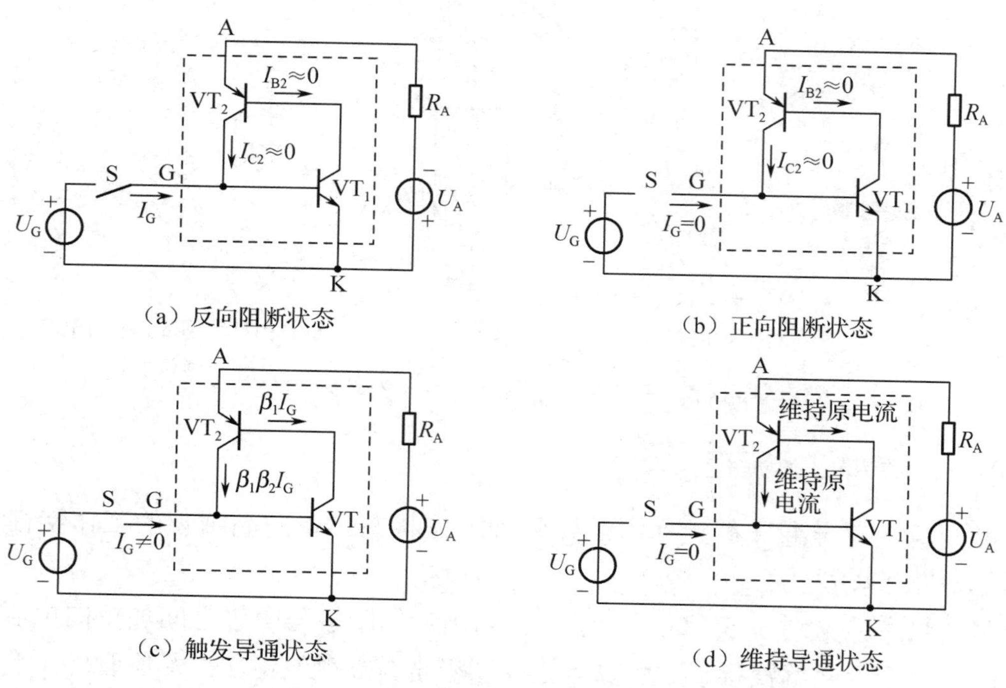

图 7-53　单向晶闸管的工作特性示意图

综上所述，归纳单向晶闸管的工作特点如下。

（1）单向晶闸管为一个可控的单向导通开关（直流开关），其导通必须同时具备以下两个条件。

① 在阳极和阴极之间加适当的正向电压 U_{AK}。

② 在控制极和阴极之间加适当的正向触发电压 U_{GK}。在实际工作中，U_{GK} 常采用正向触发脉冲信号。

（2）单向晶闸管一旦导通，在去掉控制极电压时，单向晶闸管仍然导通。

（3）导通后的单向晶闸管若要关断，则只需具备以下两个条件之一即可。

① 正向电压 U_{AK} 降低到一定程度。

② 阳极电流 I_A 小于维持电流 I_H。

（4）单向晶闸管具有控制强电的作用，即利用弱电信号对控制极的作用就可使单向晶闸管导通以控制强电系统。半导体进入强电领域的标志是单向晶闸管的出现，因此，单向晶闸管也称为电力半导体器件。

3．单向晶闸管的主要参数

（1）额定正向平均电流 I_F。

I_F 指在规定环境温度和散热条件下允许通过阳极和阴极之间的电流平均值。

（2）维持电流 I_H。

I_H 指在规定环境温度、控制极断开的条件下，保持晶闸管处于导通状态所需的最小正向电流，一般为几毫安到几十毫安不等。当阳极电流 I_A 在不断减小的过程中小于维持电流 I_H 时，由于晶闸管内部的正反馈的作用，晶闸管将迅速关断。

（3）控制极触发电压 U_G 和电流 I_G。

U_G 和 I_G 指在规定环境温度及一定正向电压条件下，使晶闸管从关断到导通，控制极所需的电压和电流的最小值。小功率晶闸管的 U_G 约为1V，I_G 为零点几毫安到几毫安；中功率以上的晶闸管的 U_G 约为几V到几十V，I_G 为几十毫安到几百毫安。

（4）正向阻断峰值电压 U_{DRM}。

U_{DRM} 指在控制极开路和晶闸管正向阻断（晶闸管截止）的条件下，可以重复加在晶闸管两端的正向峰值电压。在使用时，正向电压若超过此值，则晶闸管即使不加触发电压也能从正向阻断状态转为导通状态。

（5）反向阻断峰值电压 U_{RRM}。

U_{RRM} 指在控制极断开时，可以重复加在晶闸管上的反向峰值电压。通常正、反向阻断峰值电压是相等的，统称为峰值电压。一般晶闸管的额定电压 U_D 就是指峰值电压。

4．单向晶闸管的型号及简易检测

（1）国产单向晶闸管的型号有两种表示方式，即3CT系列和KP系列。3CT系列单向晶闸管的符号及意义如图7-54所示，KP系列在使用时请查阅相关手册，此处不再说明。

（2）简易检测。

单向晶闸管使用前均需要进行简易的检测，以确定其质量。简易的检测步骤和方法如下。

引脚判别：用万用表 $R\times1k\Omega$ 挡进行测量，找出控制极与阴极，确定各极对应的引脚。因为控制极与阴极之间是一个PN结，所以判断的原理同普通二极管相同。导通的那一次，黑表笔所接为控制极，红表笔所接为阴极，余下为阳极。若找不到控制极与阴极，则说明控制极与阴极已短路或断路。

质量检测：① 检测阳极、阴极的正、反向是否短路。可用万用表的 $R\times10k\Omega$ 挡测试阳极、阴极间的正、反向电阻，它们都应很大（表针基本不动），否则说明元器件内部有短路或性能不好。

② 利用万用表的 $R\times10\Omega$ 挡，按图7-55连接。当合上S时（或人为地将阳极和阴极相碰触，模拟S闭合），表针应指示很小的阻值，为60～200Ω，表明晶闸管能触发导通；断开S（或将阳极和阴极分断），表针不回零，表明晶闸管是正常的。此处需要说明一点：有些大功率晶闸管因维持电流较大，万用表的电流不足以维持它导通，当S断开后，表针会回零，这也是正常现象。建议选择能提供更大电流的 $R\times1\Omega$ 挡重测。

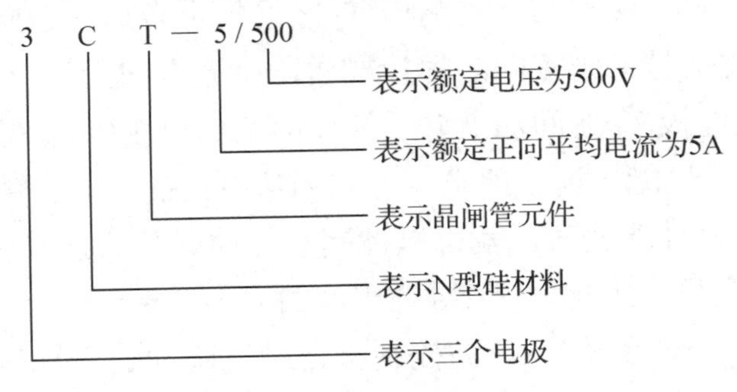

图7-54　3CT系列单向晶闸管的符号及意义

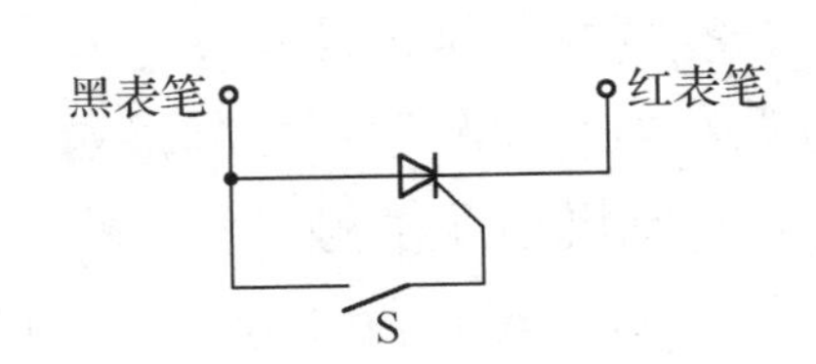

图7-55　用万用表检测单向晶闸管示意图

7.5.2 双向晶闸管

双向晶闸管是一种新型的半导体三端器件，具有正、反向都能控制导通的特性，且有触发电路简单、工作稳定可靠的优点，因此广泛应用于工业、交通、家用电器等领域，可实现交流调压、电机调速、无触点交流开关、路灯自动开启与关闭、温度控制、台灯调光、舞台调光等。

1. 双向晶闸管的结构与符号

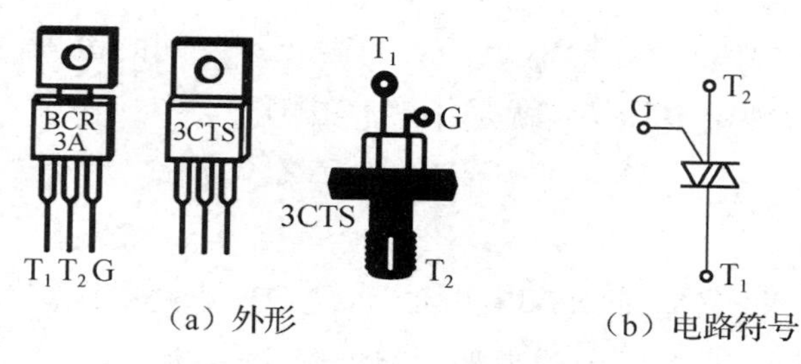

图 7-56 双向晶闸管的外形及电路符号

双向晶闸管的外形及电路符号如图 7-56 所示，它的文字符号常采用 VT、TLC、SCR、CT、KG、KS 等表示。

双向晶闸管的内部结构及其等效电路如图 7-57 所示。从内部结构看，它属于 NPNPN 五层三端半导体器件；从电路功能看，可将双向晶闸管等效成两个普通单向晶闸管反向并联的组合。它的 3 个电极为主电极 T_1 和 T_2，无所谓阳极和阴极之分，其中，T_1 称为第一主电极，T_2 称为第二主电极，G 仍为控制极。

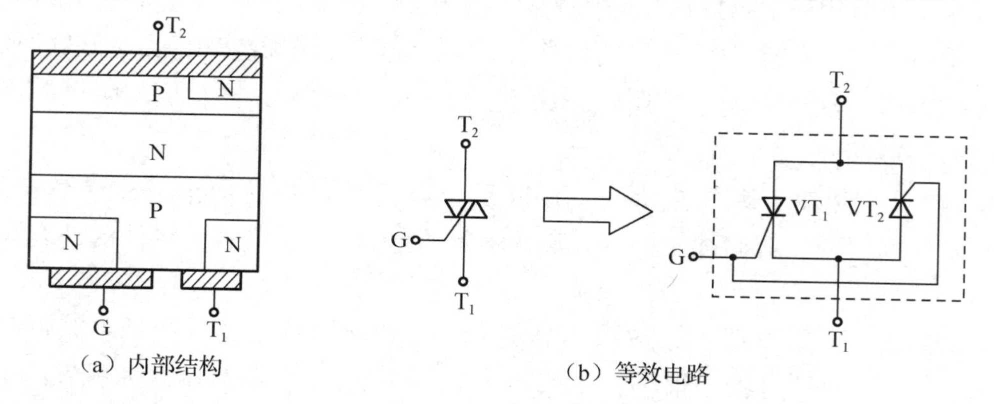

图 7-57 双向晶闸管的内部结构及其等效电路

2. 双向晶闸管的工作特点

由等效电路可知，在双向晶闸管的第二主电极 T_2 和第一主电极 T_1 之间加上合适的正向工作电压（$U_{21}>0$）后，若控制极加正极性触发信号，则双向晶闸管导通，电流方向为从 T_2 流向 T_1；在双向晶闸管第二主电极 T_2 和第一主电极 T_1 之间加上合适的反向工作电压（$U_{21}<0$）后，若控制极加负极性触发信号，则双向晶闸管也能导通，但电流方向为从 T_1 流向 T_2。由此可见，当双向晶闸管控制极 G 上的触发脉冲极性改变时，就可以控制其导通电流的方向；当加在控制极 G 上的触发脉冲的大小或时间改变时，就能改变其导通电流的大小。

可见，双向晶闸管是可控的双向导电开关（交流开关）。当控制极上触发脉冲的极性改变时，其导通方向就随着极性的变化而改变，从而能够控制交流电负载，其导通的条件为当第二主电极 T_2 和控制极 G 相对于第一主电极 T_1 的电压同为正或同为负，否则不导通。

3．双向晶闸管的检测

下面介绍利用万用表 $R\times1\Omega$ 挡判定双向晶闸管电极的方法，同时能检查其触发能力。具体步骤如下。

先判定 T_2：由于 G 与 T_1 相距近，距 T_2 较远。因此，G、T_1 之间的正、反向电阻都很小。在用 $R\times1\Omega$ 挡测量任意两脚之间的电阻时，只有在 G、T_1 之间呈现低阻态，正、反向电阻仅为几十欧，而 T_2、G 和 T_2、T_1 之间的正、反向电阻均为无穷大。这表明，如果测出某脚和其他两脚都不通，就肯定是 T_2。另外，对于采用 TO-220 封装的双向晶闸管，T_2 通常与小散热板连通，据此也可确定 T_2。

再区分 G 和 T_1：

① 找出 T_2 之后，首先假定剩下两脚中的某一脚为 T_1，另一脚为 G。

② 把黑表笔接 T_1、红表笔接 T_2，电阻为无穷大。接着用红表笔把 T_2 与 G 短路，给 G 加上负触发信号，电阻值应在 10Ω左右，证明管子已经导通，导通方向为 $T_1\rightarrow T_2$。再将红表笔与 G 断开（但仍接 T_2），若电阻值保持不变，则证明管子在触发之后能维持导通状态。

③ 把红表笔接 T_1、黑表笔接 T_2，使 T_2 与 G 短路，给 G 加上正触发信号，电阻值仍在 10Ω左右，与 G 断开后若阻值不变，则说明管子经触发后，在 $T_2\rightarrow T_1$ 方向上也能维持导通状态，因此具有双向触发性质。由此证明上述假定正确。否则说明假定与实际不符，需要再次做出假定，重复以上测量。

显然，在识别 G、T_1 的过程中，也检查了双向晶闸管的触发能力。如果无论按哪种假定测量，都不能使双向晶闸管触发导通，则证明管子已损坏。当然，对于 1A 的管子，也可用 $R\times10\Omega$ 挡进行检测，对于 3A 及 3A 以上的管子，应选 $R\times1\Omega$ 挡，否则难以维持导通状态。

知识小结

（1）晶闸管俗称可控硅，具有体积小、质量轻、效率高、寿命长、使用方便等优点，广泛应用于无触点开关电路及可控整流设备中。

（2）单向晶闸管导通必须同时具备两个条件：①在阳极和阴极之间加适当的正向电压 U_{AK}；②在控制极和阴极之间加适当的正向触发电压 U_{GK}。

（3）单向晶闸管若要关断，则只需要具备以下两个条件之一：①正向电压 U_{AK} 降低到一定程度；②阳极电流 I_A 小于维持电流 I_H。

（4）双向晶闸管是无触点双向交流开关，其导通条件为第二主电极 T_2 和控制极 G 相对于第一主电极 T_1 的电压同为正或同为负。

7.6　晶闸管触发电路

单结晶体管构成脉冲发生电路广泛应用于单向晶闸管的触发电路。

为可靠地触发晶闸管，需要给晶闸管控制极输送合适的触发脉冲电压。为晶闸管提供触发脉冲电压的电路称为触发电路。也就是说，触发电路的基本作用是向所控的晶闸管控制极提供准确、可靠的触发脉冲电压，使晶闸管能按预定的时刻准确、可靠地触发导通。对晶闸管触发电路的具体要求如下。

（1）触发时能提供足够的触发脉冲电压和电流。一般要在触发电路接到晶闸管控制极时，输出脉冲的幅度为4～10V。

（2）触发电路的输出脉冲具有陡峭的前沿（<10μs）和足够的脉冲宽度（20～50μs）。前者能保证触发时间准确，后者能保证晶闸管可靠导通。

（3）由触发脉冲产生的控制角α要能平稳移动并有足够宽的移相范围。对于单相可控整流电路，控制角的范围要求接近或大于150°。

（4）触发脉冲必须与主回路的交流电源同步，以保证晶闸管在每个周期的导通角都相等，否则输出电压的波形是非周期性的，造成输出电压平均值不稳定。

（5）可靠性和稳定性要高，触发电路在不触发时的输出电压应低于0.15～0.2V，以使晶闸管不会由于触发电路中的干扰或噪声而误触发。

7.6.1 单向晶闸管触发电路

触发电路的种类很多，而单向晶闸管多采用单结晶体管触发电路，广泛应用于可控整流电路中。

1．单结晶体管的结构和工作原理

（1）单结晶体管的结构。

单结晶体管（简称单结管）又称双基极晶体管，是一种特殊的半导体器件。它的外形和普通三极管相似，同样有3个电极，如图7-58（a）所示，其内部结构如图7-58（b）所示。它在一块低掺杂（高电阻率）的N型硅基片一侧的两端各引出一个欧姆接触的电极，称第一基极B_1和第二基极B_2，故称双基极晶体管。而在硅基片的另一侧较靠近B_2处，用合金或扩散法掺入P型杂质，形成一个PN结，引出电极，称为发射极E（故称单结管）。图7-58（c）是它的电路符号，发射极箭头指向B_1极，表示经PN结的电流只流向B_1。

单结晶体管等效电路如图7-58（d）所示。其中，基极B_1和B_2之间的电阻（包括硅基片本身的电阻和基极与硅基片之间的接触电阻）为r_{bb}，一般为2～15kΩ，具有正温度系数。r_{bb}可分成两部分：B_1至PN结间的电阻为r_{b1}，它随发射极电流而变，I_E增大，r_{b1}减小，即具有负阻效应；B_2至PN结间的电阻为r_{b2}，其数值与I_E无关。因此，两基极间的电阻$r_{bb}=r_{b1}+r_{b2}$。

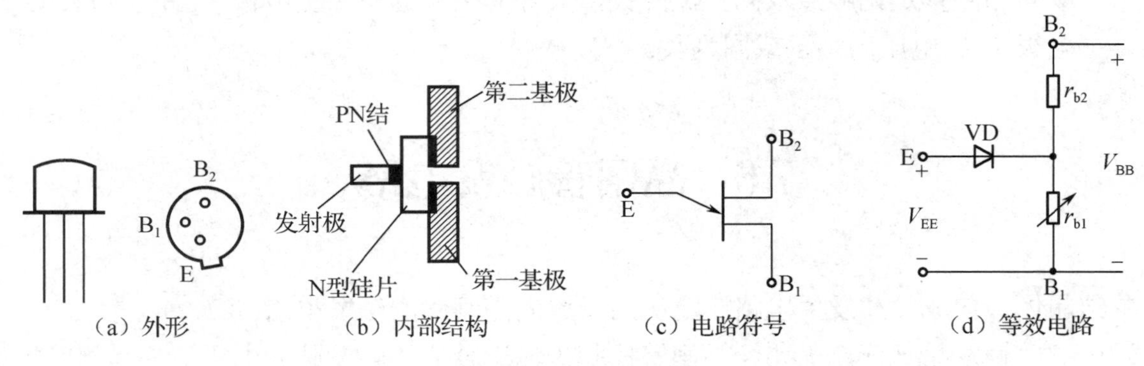

图7-58 单结晶体管

（2）单结晶体管的伏安特性。

单结晶体管的伏安特性是指它的发射极特性，即在基极 B_2、B_1 间外加一恒定的正电源 V_{BB} 时（B_2 接正极，B_1 接负极），发射极电流 I_E 与 E、B_1 之间电压 U_E 的关系曲线，即

$$I_E = f(U_E)|_{V_{BB}=常数}$$

单结晶体管的发射极特性曲线可用如图 7-59（a）所示的测试电路得出。当发射极不加电压时，外加电源 V_{BB} 在 r_{b1} 和 r_{b2} 之间分压，使 A 点和 B_1 之间的电压为

$$U_A = V_{BB}\frac{r_{b1}}{r_{b1}+r_{b2}} = \eta V_{BB}$$

式中，$\eta = \frac{r_{b1}}{r_{b1}+r_{b2}} = \frac{r_{b1}}{r_{bb}}$ 称为分压系数，或者称为分压比，它与管子的结构有关，一般为 0.3～0.8。η 是单结晶体管的主要参数之一。

将可调正向直流电源 V_{EE} 通过一限流电阻接在 E 和 B_1 之间。当 V_{EE} 从零逐渐上升时，得到发射极电流 I_E 随发射极对地电压 U_E 变化的曲线，如图 7-59（b）所示。现具体分析如下。

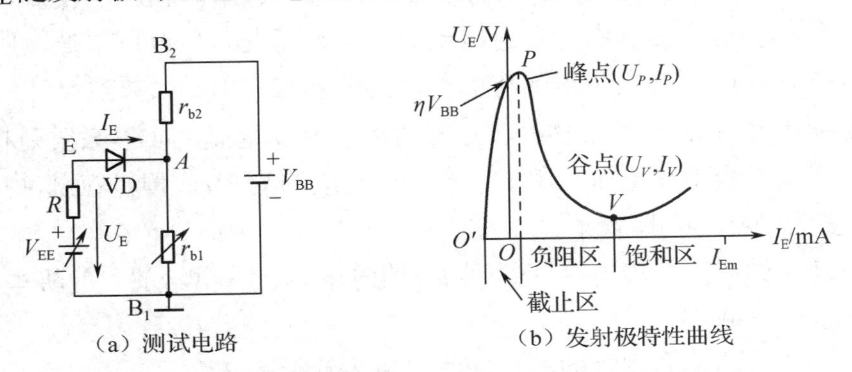

图 7-59　单结晶体管测试电路和发射极特性曲线

① 在 $0 \leqslant U_E < \eta V_{BB}+U_T$ 区间（U_T：二极管死区电压）：单结晶体管处于截止状态，该区域称截止区。

当 U_E=0 时，由于 VD 两端加的是反向电压，所以只有极小的二极管反向电流流过发射极。

当 U_E 正向升高但低于 ηV_{BB} 时，VD 两端仍为反向电压，仍然是反向电流 I_R 流过发射极。开始时反向电流变化不大，但随着 VD 两端反向电压显著降低，反向电流 I_R 逐渐减小。当 $U_E=\eta V_{BB}$ 时，VD 两端电压为零，发射极电流 I_E=0。

当继续升高 U_E 至 $\eta V_{BB}<U_E<\eta V_{BB}+U_T$ 时，发射极电流开始从零正向增大。但由于 VD 两端的电压仍低于它的正向死区电压 U_T，所以正向电流 I_E 很小。

综上所述，在 $0 \leqslant U_E < \eta V_{BB}+U_T$ 区间内，单结晶体管处于截止状态。

② 在 $U_P \geqslant U_E \geqslant U_V$ 区间：单结晶体管处于负阻导通状态，该区域称负阻区。

当发射极对地电压升高到 $U_E=\eta V_{BB}+U_T$ 时，单结晶体管发射极电流增大，r_{b1} 值减小，管子开始导通。为什么会出现这种现象呢？这是因为在发射极 E 与第一基极 B_1 之间产生了如下的正反馈连锁反应过程：首先，由于 VD 两端正向电压升高到正向死区电压值 U_T，使 VD 正向导通，大量的空穴从发射区（P 区）涌入 N 型硅基片下半部分参与导电，所以不但发射极电流 I_E 增大，而且 N 型硅基片下半部分载流子浓度提高，引起 r_{b1} 值减小；接着，因为 r_{b1} 减小，它在 r_{bb} 中所占的比例减小，所以 V_{BB} 分配在 r_{b1} 两端的压降就降低，引起 A 点电位下降，这相当于 VD 两端的正向电压又有所升高，使更多的空穴涌入 B_1 区，使 I_E 进一步增大，

r_{b1}进一步减小。如此循环，在极短时间内就使I_E显著增大、r_{b1}显著减小。上述过程实际上是一个强烈的正反馈过程。

我们把发射极电流I_E刚开始增大时的发射极对地电压值$\eta V_{BB}+U_T$叫作峰点电压，用U_P表示，对应的发射极电流叫作峰点电流，用I_P表示。特性曲线上的这一点叫作峰点，用P表示，它是单结晶体管由截止区进入负阻区的分界点。

导通后，随着发射极电流I_E的增大，发射极电压U_E反而下降，这表示管子的内阻是负的，这种现象叫作负阻效应。

应当指出的是，导通后流过r_{b2}的电流也会增大，这是因为当r_{b1}减小时，V_{BB}分配到r_{b2}上的电压提升了。

③ 在$U_V<U_E<U_{ES}$区间：单结晶体管处于饱和导通状态，该区域称饱和区。

导通后，当发射极电压U_E下降到对应于图 7-59（b）中曲线上的V点（称谷点）时，之后必须升高发射极电压U_E，只有这样才能使发射极电流I_E继续增大。这表明管子又恢复了正阻特性。对应于谷点的发射极电压叫谷点电压，用U_V表示，相应的发射极电流叫谷点电流，用I_V表示。到达谷点之后，由于发射极电流很大，而发射极电压很低，所以单结晶体管进入饱和工作状态。谷点V就是负阻区与饱和区的分界点。但是，单结晶体管受耗散功率的限制，发射极电流不允许无限制地增大，通常规定一个额定值，叫最大发射极电流I_{Em}，相应的发射极电压叫发射极饱和电压，用U_{ES}表示，一般约为 3V。但是在脉冲工作条件下，I_E可以比I_{Em}大得多而仍不会烧坏管子。

应当指出的是，如果发射极电压降低到U_V值时电源V_{EE}供给的发射极电流小于I_V值，那么单结晶体管就迅速截止。

由以上分析可知，单结晶体管的特性曲线可以大致分为 3 个区：截止区、负阻区和饱和区。当$U_E<U_P$时，单结晶体管处于截止状态；当$U_E \geqslant U_P$时，单结晶体管处于导通状态；当$U_V<U_E<U_{ES}$时，单结晶体管处于饱和导通状态。导通后，若$U_E<U_V$，则单结晶体管由导通状态恢复到截止状态，一般U_V为 2～5V。

国产单结晶体管的型号有 BT31、BT32、BT33、BT35 等。其中，B 表示半导体，T 表示特种管，3 表示 3 个电极，最后面的数表示耗散功率分别为 100mW、300mW、500mW。

2．单结晶体管构成脉冲发生电路（张弛振荡器）

利用单结晶体管的负阻特性和 RC 电路的充放电特性可以组成张弛振荡电路，产生频率可变的脉冲，其原理电路如图 7-60（a）所示。其中，R_3是负载电阻，R_2是温度补偿电阻。

工作原理：接通电源后，电源V_{BB}通过R_P、R_1向C充电，电压u_C按指数规律增大。当$u_C<U_P$时，单结晶体管截止；当$u_C \geqslant U_P$时，单结晶体管开始导通，r_{b1}急剧减小，C向R_3放电，由于R_3较小，所以放电很快，放电电流在R_3上形成一个很窄的正尖脉冲电压u_{R3}；当$u_C<U_V$时，单结晶体管迅速截止。此后电源再次经R_P、R_1向C充电，放电，形成振荡。如此反复，结果在电容C上形成锯齿波电压，在电阻R_3上得到一系列的尖脉冲电压u_{R3}，如图 7-60（b）所示。此尖脉冲电压u_{R3}即控制单向晶闸管触发导通的触发脉冲u_G。

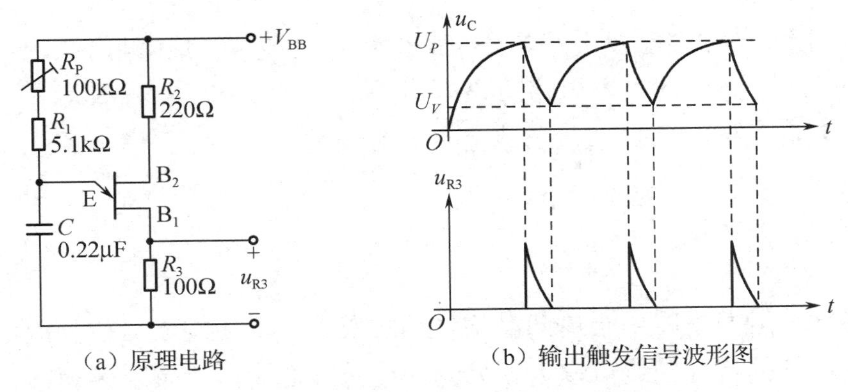

（a）原理电路　　（b）输出触发信号波形图

图 7-60　由单结晶体管构成的脉冲发生电路

7.6.2　双向晶闸管触发电路

双向晶闸管触发电路一般有双向二极管触发电路、RC 触发电路、氖管触发电路等，如图 7-61 所示。

图 7-61（a）所示为双向二极管触发电路。其中，VT_1 为双向二极管（2CTS），VT_2 为双向晶闸管，R_L 为负载。当交流电源处于正半周时，电源通过 R_1、R_P 向电容 C 充电，电容 C 上的电压极性为上正下负。当这个电压升高到等于双向二极管的导通电压时，VT_1 突然导通，使双向晶闸管的控制极 G 和第一主电极 T_1 间得到一个正向触发脉冲，触发双向晶闸管正向导通。在交流电源过零的瞬间，双向晶闸管将自行阻断。当交流电源处于负半周时，电源电压对电容 C 反向充电，C 上的电压极性为下正上负，当电压值达到 VT_1 的转折电压时，双向二极管突然反向导通，使双向晶闸管得到一个反向触发信号，双向晶闸管将反向导通。调节 R_P 的值，即可改变电容的充电时间常数，从而改变脉冲在一个周期内出现时刻的早与迟，进而改变双向晶闸管的导通角。

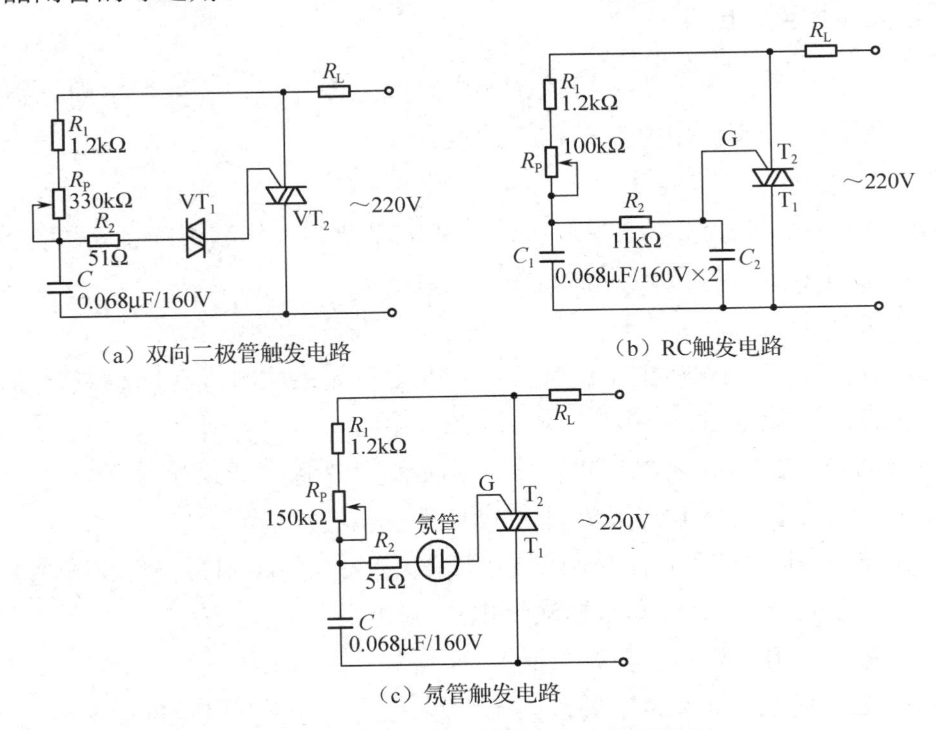

（a）双向二极管触发电路　　（b）RC触发电路

（c）氖管触发电路

图 7-61　双向晶闸管触发电路常见类型

图 7-61（b）所示为 RC 触发电路。该电路的特点是简单、成本低。

图 7-61（c）所示为氖管触发电路。该电路的特点是成本低。氖管可作为指示器，当氖管发光时，表示双向晶闸管已导通，负载上有电流通过。

知识小结

（1）单结晶体管触发电路用于单向晶闸管的触发，广泛应用于可控整流电路中。

（2）单结晶体管的特性曲线可以大致分为 3 个区：截止区、负阻区和饱和区。当 $U_E<U_P$ 时，单结晶体管处于截止状态；当 $U_E \geqslant U_P$ 时，单结晶体管处于导通状态；当 $U_V<U_E<U_{ES}$ 时，单结晶体管处于饱和导通状态。

（3）双向晶闸管触发电路一般有双向二极管触发电路、RC 触发电路、氖管触发电路等。

7.7 晶闸管应用电路

利用单向晶闸管的“触发导通”特性可组成可控整流电路，这种整流电路与一般整流电路的不同之处在于输出的负载电压是“可控的”。用晶闸管组成的可控整流电路和用单结晶体管组成的同步触发电路广泛用于自动稳压稳流电源、蓄电池充电，以及各类电子设备的直流稳压电源中。

7.7.1 晶闸管可控整流电路

1．单相半波可控整流电路

对于不同性质的负载，单相半波可控整流电路的工作特点也不同。下面分别讨论电阻性负载和电感性负载的可控整流电路在结构上的差异。

（1）电阻性负载。

图 7-62 所示为电阻性负载单相半波可控整流电路及其工作波形。设 u_1 为变压器初级电压，u_2 为变压器次级电压，R_L 为电阻性负载。

电路工作原理如下。

① 当 u_2 为正半周时，晶闸管 VT 承受正向电压，如果此时没有加触发电压，则晶闸管处于正向阻断状态，负载电压 $u_O=0$。

② 在 $\omega t=\alpha$ 时刻，控制极触发脉冲 u_g 到来，晶闸管具备了导通条件而导通。由于晶闸管的正向压降很小，u_2 几乎全部加到了负载上，因而 $u_O=u_2$。

③ 在 $\alpha<\omega t<\pi$ 期间，尽管 u_g 在晶闸管导通后即消失，但晶闸管仍保持导通状态。因此，在这期间，负载电压 u_O 基本上与变压器次级电压 u_2 相等。

④ 当 $\omega t=\pi$ 时，$u_2=0$，晶闸管自行关断。

⑤ 当 $\pi<\omega t<2\pi$ 时，u_2 进入负半周，晶闸管承受反向电压，呈反向阻断状态，负载电压 $u_O=0$。

在 u_2 的第二个周期里，电路将重复第一周期的变化。如此不断重复，负载 R_L 上就得到了单向脉动电压。

对负载与晶闸管上的电压和电流的分析如下。

负载上的直流输出电压 U_O 和直流输出电流 I_O 都是指一个周期内的平均值。通过分析和计算可得到以下结果。

① 输出电压的平均值 U_O 为

$$U_O = 0.45U_2 \frac{1+\cos\alpha}{2}$$

② 输出电流的平均值 I_O 为

$$I_O = \frac{U_O}{R_L} = 0.45\frac{U_2}{R_L}\frac{1+\cos\alpha}{2}$$

③ 晶闸管承受的最高正向和反向电压为

$$U_{FM} = U_{RM} = \sqrt{2}U_2$$

从图 7-62（b）中可以看出，在电角度为 0～α 期间，晶闸管正向阻断；在 α～π 期间（θ 期间），晶闸管导通。通常，把 α 称为控制角，把 θ 称为导通角。显然，控制角 α 越大，导通角 θ 就越小，它们的和为定值，即 $\alpha+\theta=\pi$。

改变加入触发脉冲的时刻以改变控制角 α，称为触发脉冲的移相。控制角 α 的变化范围称为移相范围。在单相半波可控整流电路中，晶闸管的移相范围是 0～π。当 $\alpha=0$ 时，导通角 $\theta_{max}=\pi$ 称为全导通。

由此可见，改变加入触发脉冲的时刻，就可以改变晶闸管 VT 的导通角 θ，使负载上得到的电压平均值也随之改变，从而达到可控整流的目的。

单相半波可控整流电路的优点是元器件少、电路简单；缺点是变压器利用率很低，输出电压脉动成分大。因此，它只适用于对波形要求不高的小功率负载。

（2）电感性负载与续流二极管。

图 7-63（a）、（b）所示分别为电感性负载时的单相半波可控整流电路及其工作波形。

工作波形分析：根据电磁感应定律，因为电流不能突变，u_2 经过零值变负之后，在电感线圈的两端将产生自感电动势 e_L，以维持原电流方向不变。所以，u_2 经过零值变负之后，只要 $e_L>u_2$，晶闸管就将继续承受正向电压，电流仍将继续流通。只要电流大于维持电流，晶闸管就不会关断，于是造成负载上出现负电压。只有当电流减小到小于维持电流时，晶闸管才会关断。

可见，在单相可控半波整流电路接电感性负载时，晶闸管的导通角 θ 将增大。负载电感越大，导通角 θ 越大，一个周期中负载上的负电压所占的比重就越大，整流输出电压和电流的平均值就越小。为了使晶闸管在电源电压降到零值时能及时关断，使负载上不出现负电压，必须采取相应的措施。

解决的方法是在电感性负载两端并联一个二极管，如图 7-63（c）所示。当交流电压 u_2 过零值变负后，二极管因承受正向电压而导通，于是负载上由感应电动势 e_L 产生的电流经过这个二极管形成回路，因此这个二极管称为续流二极管。这时，负载两端的电压近似为零，晶闸管因承受反向电压而迅速关断，负载电阻上消耗的能量是电感元器件释放的能量。

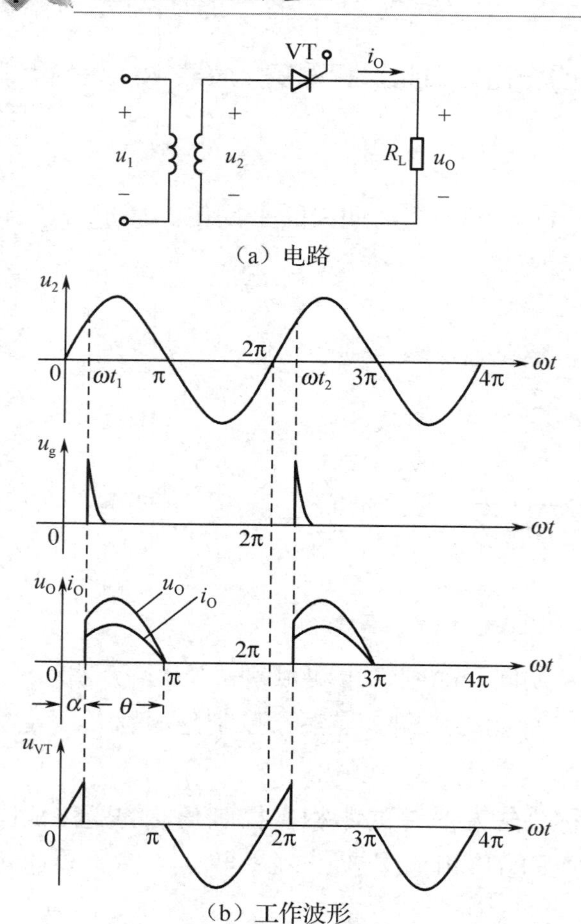

图 7-62　电阻性负载单相半波可控整流电路及其工作波形

（a）电感性负载电路

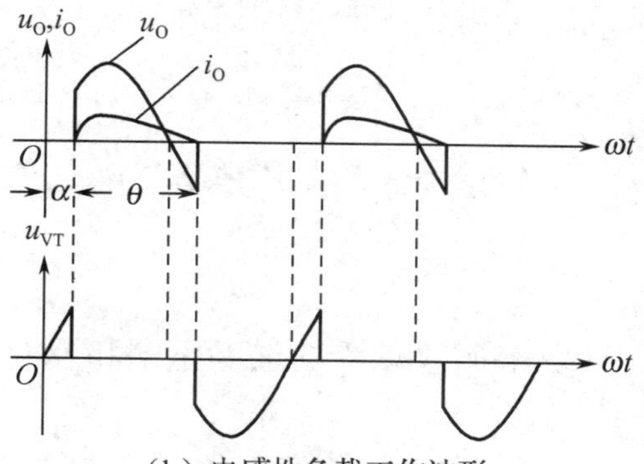

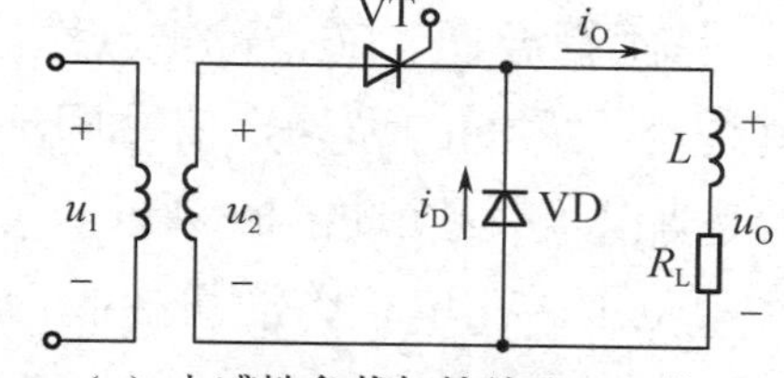

图 7-63　电感性负载单相半波可控整流改进电路

2．单相桥式可控整流电路

单相桥式可控整流电路有半控和全控两种。所谓半控，就是指电路中的整流元器件半数用硅二极管，另外半数用晶闸管，分别控制正、负半周整流；所谓全控，就是指晶闸管与负载串联，正、负半周用同一个晶闸管来集中控制整流。

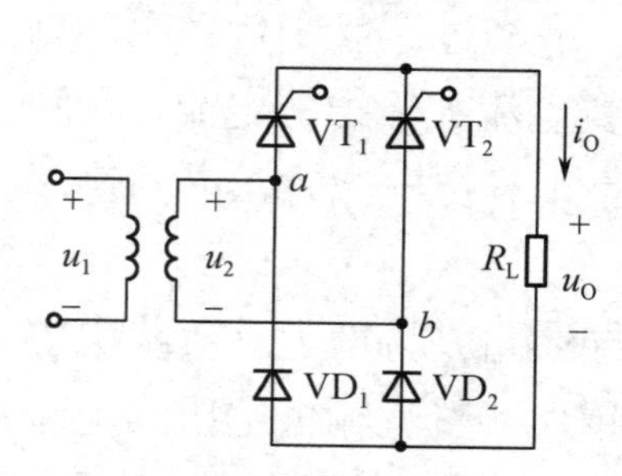

图 7-64　单相桥式半控整流电路

（1）单相桥式半控整流电路。

单相桥式半控整流电路如图 7-64 所示，其工作过程简单分析如下。

在 u_2 的正半周，VT_1 和 VD_2 承受正向电压。这时，如果对晶闸管 VT_1 引入触发信号，则 VT_1 和 VD_2 导通，电流通路为 $a \rightarrow VT_1 \rightarrow R_L \rightarrow VD_2 \rightarrow b$，$VT_2$ 和 VD_1 都因承受反向电压而截止。

在 u_2 的负半周，VT_2 和 VD_1 承受正向电压。这时，如果对晶闸管 VT_2 引入触发信号，则 VT_2 和 VD_1 导通，电流通路为 $b \rightarrow VT_2 \rightarrow R_L \rightarrow VD_1 \rightarrow a$，$VT_1$ 和 VD_2 截止。

（2）单相桥式全控整流电路。

图 7-65 所示为单相桥式全控整流电路及其工作波形。工作过程简单分析如下。

① 桥式整流输出电压对晶闸管 VT 而言是正向电压，只要触发电压 u_g 到来，VT 即可导通。如果忽略它的正向压降，则负载电压 u_O 将与 u_2' 对应部分基本相等。

② 当u_2'经过零值时，晶闸管自行关断，在 u_2 的第二个半周中，电路将重复第一个半周的过程。

由工作波形可知，该电路也是通过调整触发信号出现的时间来改变晶闸管的控制角α和导通角 θ，从而控制输出直流电压的平均值的。

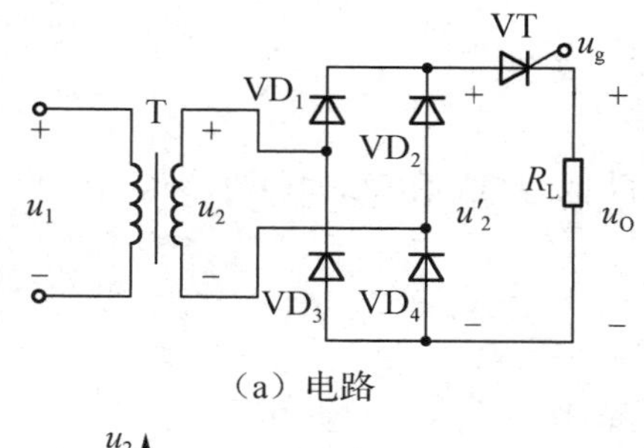

（a）电路

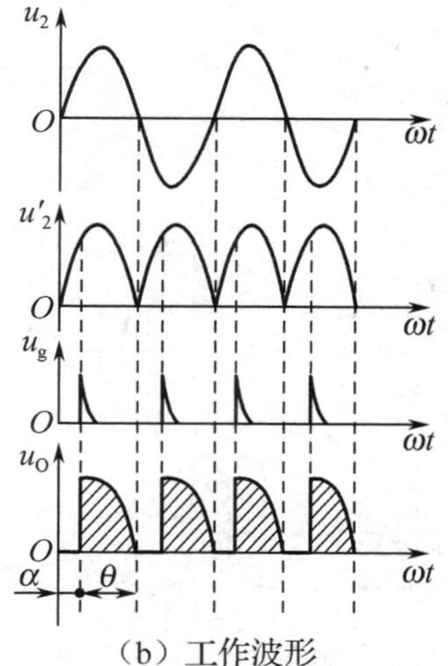

（b）工作波形

图 7-65　单相桥式全控整流电路及其工作波形

（3）负载与晶闸管上的电压和电流。

无论是半控还是全控单相桥式可控整流电路，其负载与晶闸管上的电压和电流均有以下关系。

输出电压的平均值：$U_O = 0.9U_2\dfrac{1+\cos\alpha}{2}$。

输出电流的平均值：$I_O = \dfrac{U_O}{R_L} = 0.9\dfrac{U_2}{R_L}\dfrac{1+\cos\alpha}{2}$。

晶闸管和二极管承受的最高正向和反向电压：$U_{FM} = U_{RM} = U_{DRM} = \sqrt{2}U_2$。

【例 14】 有一纯电阻负载，需要电压为 U_O=(0～180)V、电流为 I_O=(0～6)A 的可调直流电源。现采用单相桥式半控整流电路，设晶闸管的导通角$\theta = 180°$（控制角$\alpha = 0°$）时，U_O=180V，I_O=6A。试求：

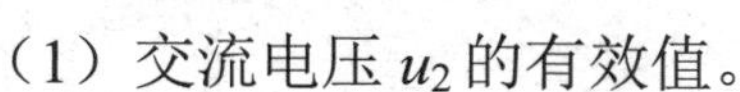

（1）交流电压 u_2 的有效值。

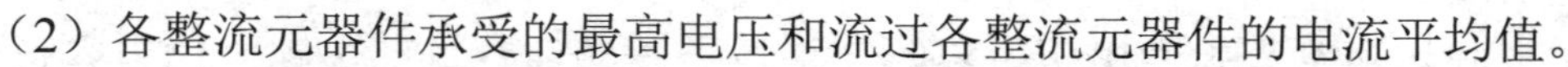

（2）各整流元器件承受的最高电压和流过各整流元器件的电流平均值。

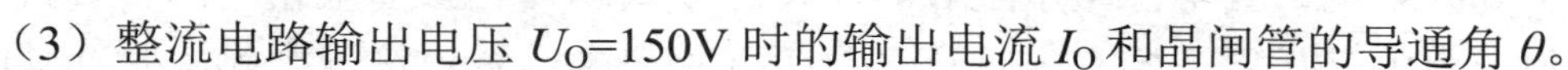

（3）整流电路输出电压 U_O=150V 时的输出电流 I_O 和晶闸管的导通角 θ。

【解答】（1）交流电压 u_2 的有效值为

$$U_2 = \frac{U_O}{0.9} = \frac{180}{0.9}\text{V} = 200\text{V}$$

实际上还要考虑电网电压波动、管压降及导通角常常达不到 180°（一般只有 160°～170°）等因素，交流电压要比上述计算得到的值适当加大 10%左右，即大约为 220V。因此，在本例中可以不用降压变压器，直接接到 220V 的交流电源上。

（2）晶闸管所承受的最高正向电压 U_{FM}、最高反向电压 U_{RM} 和二极管所承受的最高反向电压 U_{DRM} 相等：

$$U_{FM} = U_{RM} = U_{DRM} = \sqrt{2}U_2 \approx 1.41\times 220\text{V} = 310.2\text{V}$$

流过晶闸管和二极管电流的平均值为$I_{VT} = I_V = \dfrac{1}{2}I_O = \dfrac{1}{2}\times 6\text{A} = 3\text{A}$。

为了保证晶闸管在出现瞬时过电压时不致损坏，通常根据下式选取晶闸管所能承受的正向和反向重复峰值电压 U_{FRM} 与 U_{RRM}：

$$U_{FRM} \geqslant (2～3)U_{FM} = (2～3)\times 310\text{V} = (620～930)\text{V}$$
$$U_{RRM} \geqslant (2～3)U_{FM} = (2～3)\times 310\text{V} = (620～930)\text{V}$$

（3）负载电阻为

$$R_L = \frac{U_O}{I_O} = \frac{180}{6}\Omega = 30\Omega$$

因此，输出电压 U_O=150V 时的输出电流 I_O 为

$$I_O = \frac{U_O}{R_L} = \frac{150}{30}\text{A} = 5\text{A}$$

此时，晶闸管的控制角为

$$\alpha = \arccos\left(\frac{2U_O}{0.9U_2} - 1\right) = \arccos\left(\frac{2\times150}{0.9\times220} - 1\right) = 60^\circ$$

晶闸管的导通角为

$$\theta = 180^\circ - \alpha = 180^\circ - 60^\circ = 120^\circ$$

3. 单结晶体管同步触发电路

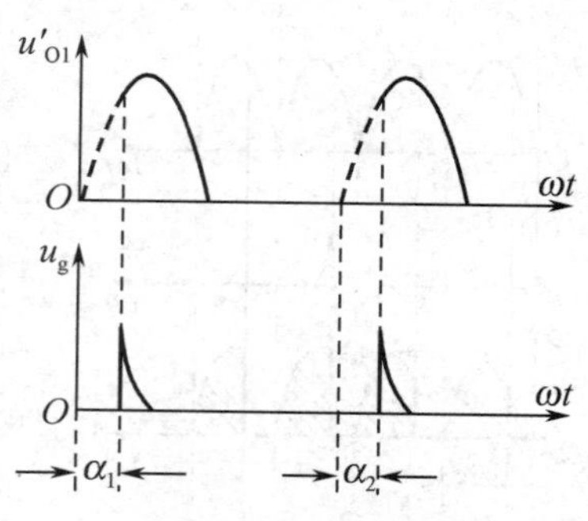

图 7-66 触发脉冲与电源电压同步示意图

（1）采用同步触发的原因。

在可控整流电路中，晶闸管不能直接采用张弛振荡电路作为触发电路。因为整流装置主电路中的晶闸管在每次承受正向电压的半周内，接受第一个触发脉冲的时刻应该相同，否则，如果在主电源电压每个半周内的控制角不同，则输出电压 u_O 的波形面积就会忽大忽小，这样就得不到稳定的直流输出电压。所以要求发生触发脉冲的时间应与主电源电压互相配合，如图 7-66 所示，即满足$\alpha_1=\alpha_2=\cdots$，这就叫作触发脉冲与主电源电压的波形变化的同步。

（2）实现同步触发的电路和工作原理。

那么，怎样实现同步呢？当电源电压过零时，使得单结晶体管振荡电路中的电容把电荷放完，直到下一个半周电容从零开始充电，这样就可使每个半周发出第一个触发脉冲的时间相同。

实现同步的电路如图 7-67（a）所示，又称单结晶体管触发的单相桥式可控整流电路。其中的变压器称为同步变压器，它的初级绕组与主电路由同一个交流电源供电，交流电源电压经变压器降压后，次级绕组得到同频率的交流电压，经桥式整流和电阻 R_3、稳压二极管 VZ 限幅，在稳压二极管两端获得一个梯形波电压 u_Z，并用它作为单结晶体管振荡电路的同步电源。因此，当电源电压 u_1 过零时，u_2 也过零，使单结晶体管触发电路电源电压 $V_{BB}=0$，此时峰点电压 $U_P\approx\eta V_{BB}\approx0$，单结晶体管的 E、$B_1$ 之间导通。如果此时电容 C 上的电压 u_C 不为零值，就会通过单结晶体管的 E→B_1→R_1 放电，使 u_C 迅速下降至零（R_1 很小，在几十Ω到几百Ω之间，因此放电很快），以保证电容 C 在电源每次过零后都从零开始重新充电，这就保证了触发电路和主电路之间的同步关系。只要 R_P+R 与 C 的数值不变，那么每个半周由过零点到产生第一个脉冲的时间间隔就是固定的。

电压 u_g 是电阻 R_1 上取出的供给 VT_1、VT_2 的触发脉冲电压，虽然在每半个周期内会产生多个脉冲，但是只有第一个脉冲起触发晶闸管的作用。这种触发电路每个周期工作两次循环，每次输出的第一个脉冲同时触发两个晶闸管，但只使其中承受正向电压的那个晶闸管触发导通，后面的脉冲不再起作用。电路各点电压波形如图 7-67（b）所示。

工作波形中的控制角是由触发电路中的 R_P+R 与 C 所决定的充电时间对应的电角度。减小 R_P 的数值，充电时间缩短，产生脉冲的数目增多，第一个脉冲发出的时刻往前移，波形上的控制角α减小，导通角 θ 增大，整流电压平均值 U_O 升高。因此，改变 R_P 的大小以达到调

节 U_O 的目的，从而实现可控整流。这种通过改变触发脉冲的相位来实现有规律地调节 U_O 的方法称为移相控制。

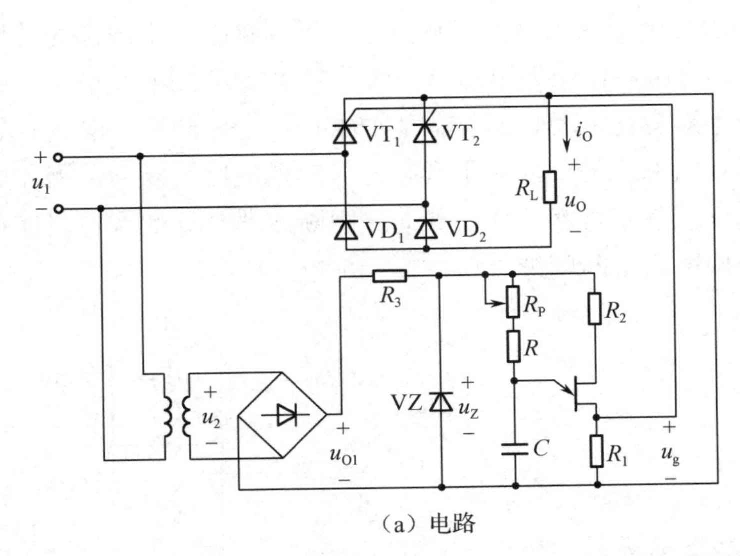

（a）电路

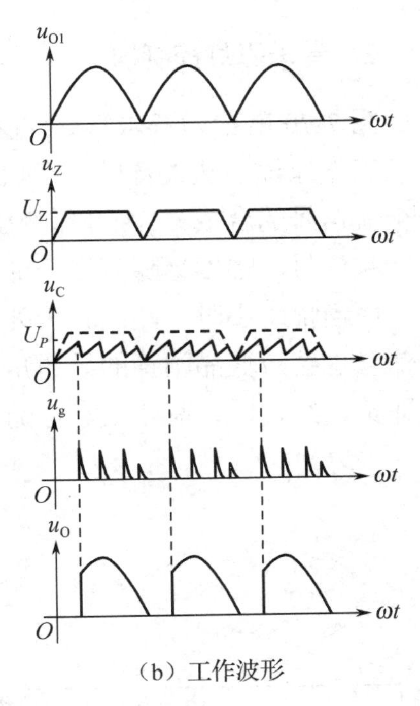

（b）工作波形

图 7-67　单结晶体管同步触发电路

（3）单相桥式全控整流电路应用实例。

图 7-68 是小容量直流电动机调速控制电路。220V 电源接通后，经过 VD_1～VD_4 整流后通过晶闸管 VT 加到直流电动机的电枢上，同时向励磁线圈 ML 提供励磁电流。只要调节 R_P 的值，就能调节晶闸管的导通角，从而调节输出直流电压的高低，实现直流电动机转速的调整。

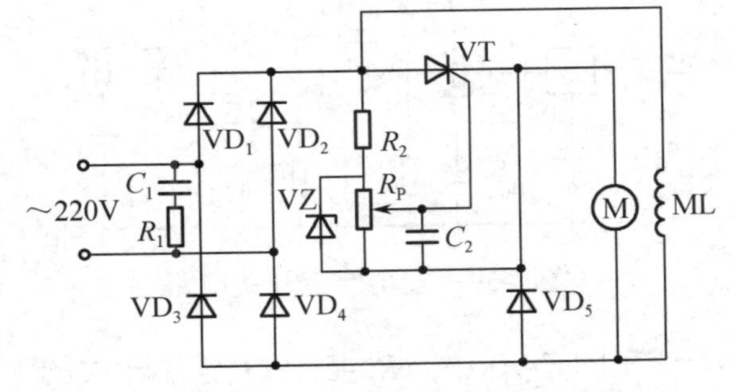

图 7-68　小容量直流电动机调速控制电路

7.7.2　晶闸管的其他应用电路

1. 安全感应开关电路

双向晶闸管能直接应用在交流电源负载上作为无触点开关。安全感应开关是以双向晶闸管 3CTS 为主组合而成的，安装在某些场合用于防盗报警；也可安装在机床、冲床等有危险的场所，当危险临近时予以警示，以预防事故的发生。

安全感应开关电路如图 7-69 所示。安全感应开关电路按功能组成可分为感应控制信号产生电路、双向二极管触发电路及双向晶闸管保护电路 3 部分。在图 7-69 中，N 为氖管，B 是一块感应板，放置在危险区的边缘。该电路的工作原理是：利用人体接近感应板时产生的电容和本机的电容 C_1 对电源进行分压，使与之连接的氖管导通后，又作为基极偏压直接加在射极输出器的放大管 VT 上，射极输出器又使双向二极管 2CTS 导通，触发双向晶闸管 3CTS 导通，插座便与电网相通，插座上所连接的负载（如电铃）得电工作。图 7-69 中的 R_3、C_2 起改善双向晶闸管的感性负载的作用，防止电压过高，从而起到保护3CTS的作用。调整C_1的大小或改变感应板的大小，均可改变人体与感应板的触发距离，即调节感应开关的灵敏度。

2．音乐彩灯控制器

图7-70所示为音乐彩灯控制电路。

工作原理：从收音机等音响设备的扬声器两端引出音频信号（不同频率、不同幅度的正弦交流信号的合成），经升压变压器T升压后，作为单向晶闸管（3CT型）的触发信号。由于音频信号的幅度会随着音乐节奏而不断变化，因此，当幅度大时（交流正半周），晶闸管导通；而当幅度小时，晶闸管仍处于阻断状态。另外，由于音频信号的构成比较复杂，因此某些信号也会改变晶闸管的导通角。这样，晶闸管就工作在导通、阻断或非全导通状态，使负载即黄、红、绿、蓝4组彩灯随音乐旋律而不断闪烁。

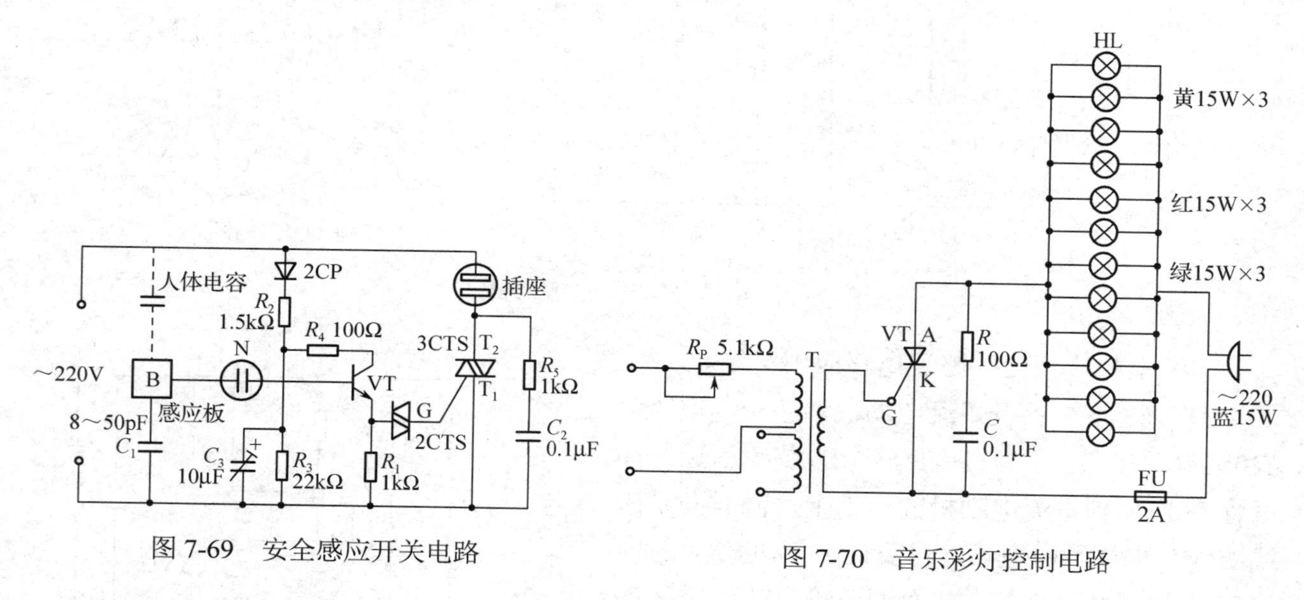

图7-69　安全感应开关电路

图7-70　音乐彩灯控制电路

在图7-70中，R_P=5.1kΩ是带开关的大型电位器，调节R_P，可以使彩灯工作在跳跃、干脆、明快的最佳状态；T为升压变压器，可用半导体收音机的输出变压器代替，使用时，变压器次级接电位器，初级接在晶闸管的G、K之间。VT可选用3A/600V的3CT型国产塑封单向晶闸管，*R*用100Ω/0.5W金属膜电阻，*C*用0.1μF/400V涤纶电容，彩灯可用15W/220V的普通彩色灯泡。

知识小结

（1）单相半波可控整流负载与晶闸管上的电压和电流分别为$U_O = 0.45U_2\dfrac{1+\cos\alpha}{2}$，$I_O = \dfrac{U_O}{R_L} = 0.45\dfrac{U_2}{R_L}\dfrac{1+\cos\alpha}{2}$，$U_{FM} = U_{RM} = \sqrt{2}U_2$。

（2）单相桥式可控整流负载与晶闸管上的电压和电流分别为$U_O = 0.9U_2\dfrac{1+\cos\alpha}{2}$，$I_O = \dfrac{U_O}{R_L} = 0.9\dfrac{U_2}{R_L}\dfrac{1+\cos\alpha}{2}$，$U_{FM} = U_{RM} = U_{DRM} = \sqrt{2}U_2$。

7.8　直流稳压电源与晶闸管应用电路同步练习题

一、填空题

1．小功率直流稳压电源一般由____________、____________、____________及____________4 部分组成。

2．整流是指___________________，单相整流电路分______________、______________和____________电路。

3．对于单相桥式整流电路，若输入交流电压有效值为 10V，则整流后的输出电压平均值等于____________。

4．在桥式整流电容滤波电路中，当滤波电容值增大时，输出直流电压____________；当负载增大时，输出直流电压____________。

5．电容滤波电路中的电容具有交流阻抗_____________，直流阻抗____________的特性；当采用电容滤波时，电容必须与负载____________，适用于负载电流____________的场合；电感滤波器中的电感必须与负载____________联，适用于负载电流____________的场合。

6．在桥式整流电容滤波电路中，已知变压器次级电压有效值 U_2 为 20V，在正常情况下，测得输出电压平均值 $U_{O(AV)}$=____________ V，若一个整流管和滤波电容同时开路，则 $U_{O(AV)}$=____________V。

7．正常工作时，硅稳压二极管要串联一个电阻，目的是对稳压二极管____________。

8．直流电源中的稳压电路的作用是当____________波动或____________发生变化时，维持输出直流电压的稳定。

9．集成稳压器 W7815 的输出端与接地端的输出电压为____________。

10．串联稳压电源采用差动放大器作为比较放大器可以____________比较放大器的零漂，具有很好的____________稳定性。

11．电路如图 7-71 所示，已知硅稳压二极管 VZ_1 的稳定电压为 6V，VZ_2 的稳定电压为 8V，正向压降均为 0.7V，输出电压 U_O 为____________ V。

12．在如图 7-72 所示的电路中，开关调整管为____________，取样电路由____________组成，基准电压电路由____________组成，比较放大电路由____________组成，保护电路由____________组成；输出电压最小值的表达式为___________________，最大值的表达式为________________。

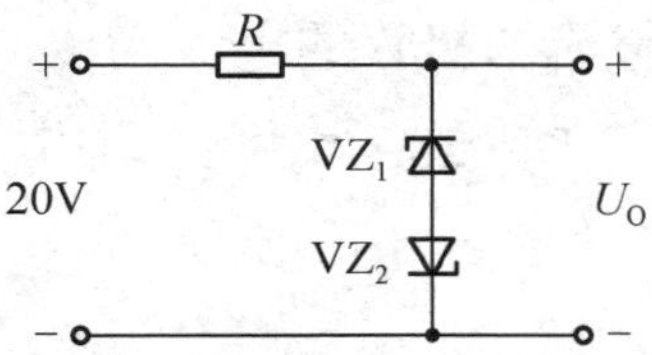

图 7-71　填空题 11 图

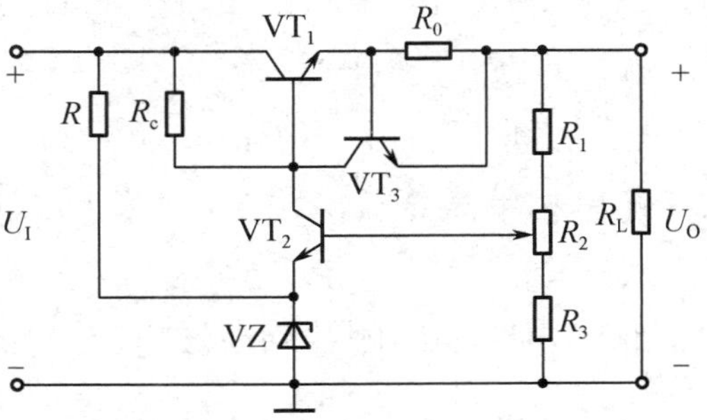

图 7-72　填空题 12 图

13．开关稳压电源的主要优点是____________高，具有很宽的稳压范围；主要缺点是输出电压中含有较大的____________。

14．只有当阳极电流小于____________电流时，晶闸管才会由导通状态转为截止状态。

15．在晶闸管两端并联的 RC 回路是用来防止____________损坏晶闸管的。

二、判断题

题号	1	2	3	4	5	6	7	8	9	10	11	12	13	14
答案														

1．选择整流二极管主要考虑两个参数：最高反向击穿电压和最大整流电流。

2．在桥式整流电路中，交流电的正、负半周作用时，在负载电阻上得到的电压方向相反。

3．只要将桥式整流电路中变压器次级两端的接线对调，输出直流电压的极性就相反。

4．在变压器次级电压和负载电阻相同的情况下，桥式整流电路的输出电流是半波整流电路输出电流的 2 倍，因此，它们的整流管的平均电流比值为 2 : 1。

5．在电路参数相同的情况下，半波整流电路输出电压的平均值是桥式整流电路输出电压平均值的一半。

6．在电路参数相同的情况下，当变压器次级电压的有效值为 U_2 时，半波整流电路中二极管承受的反向峰值电压为 $\sqrt{2}U_2$；而在桥式整流电路中，每半周有两个二极管工作，电路中二极管承受的反向峰值电压为 $\frac{1}{2}\sqrt{2}U_2$。

7．直流稳压电源中的滤波电路是低通滤波电路。

8．电容和电感都可以作为滤波元器件。

9．直流电源是一种能量转换电路，将交流能量转换为直流能量。

10．硅稳压二极管工作在反向击穿状态下能够稳压。

11．直流稳压电源只能在电网电压变化时使输出电压基本不变，而当负载电流变化时不能起稳压作用。

12．稳压二极管可以串联使用，但即使是同型号的稳压二极管也不宜并联使用。

13．只要给控制极加上触发电压，晶闸管就会导通。

14．单结晶体管组成的触发电路也可以用在双向晶闸管电路中。

三、单项选择题

1．直流稳压电源中的电路结构上的先后顺序是（　　）。

A．滤波、稳压、整流　　B．整流、滤波、稳压

C．滤波、整流、稳压　　D．整流、稳压、滤波

2．在单相半波整流电路中，如果负载电流为 10A，则流经整流二极管的电流为（　　）。

A．4.5A　　B．5A　　C．10A　　D．20A

3．整流电路输出侧并联滤波电容之后的特点是（　　）。

A．二极管的导通角增大

B．二极管的导通角减小

C．二极管承受的最高反向电压降低

D．输出电压易受负载变动的影响

4．整流电路如图 7-73 所示，设二极管为理想元器件，已知变压器次级电压 $u_2 = \sqrt{2}U_2 \sin \omega t$V，若二极管 VD_1 因损坏而断开，则输出电压 u_O 的波形应为图（　　）。

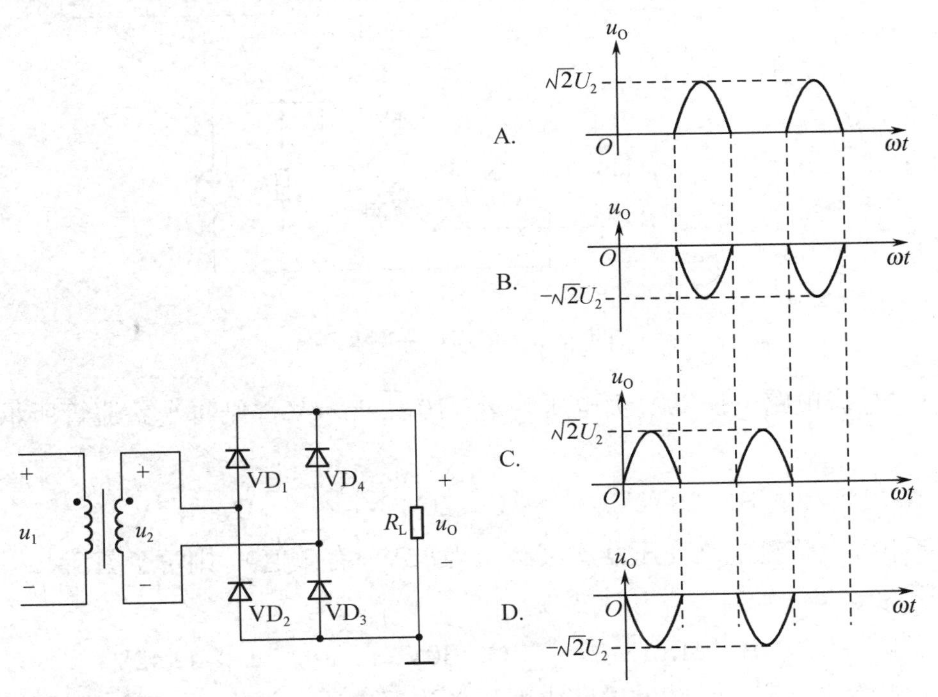

图 7-73　单项选择题 4 图

5．整流电路如图 7-74 所示，流过负载电流的平均值为 I_O，忽略二极管的正向压降，变压器次级电流的有效值为（　　）I_O。

A．1/2　　　　B．0.9

C．1　　　　D．1.11

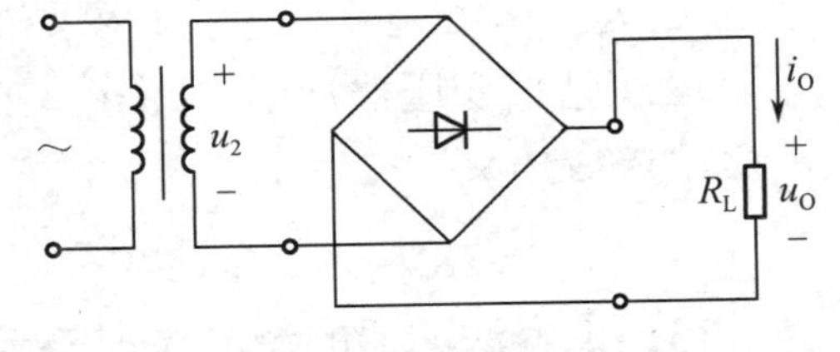

图 7-74　单项选择题 5 图

6. 在单相桥式整流电路中，若有一个整流管接反了，则（　　）。

A．输出电压约为 $2U_2$　　　　B．变为半波整流电路

C．整流管将因电流过大而烧坏　　　　D．无影响，电路正常工作

7．在如图 7-75 所示的电路中，开关接通后，下列说法正确的是（　　）。

A．H_1 灯亮　　　　B．H_2 灯亮

C．H_1、H_2 灯都亮　　　　D．H_1、H_2 灯都不亮

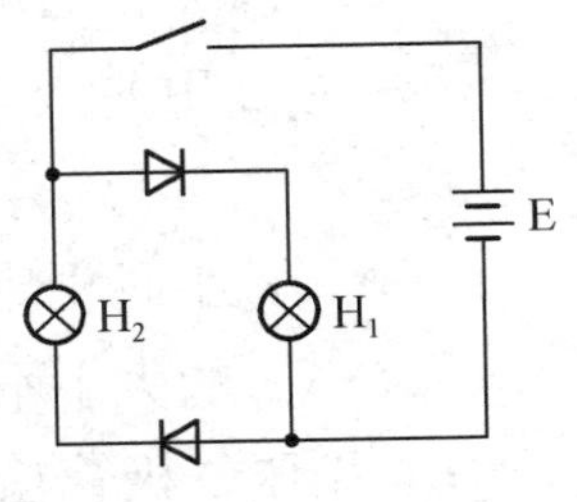

图 7-75　单项选择题 7 图

8．整流电路如图 7-76 所示，直流电压表 V（内阻设为∞）的读数均为 90V，二极管承受的最高反向电压为 282V 的电路不是下列图中的（　　）。

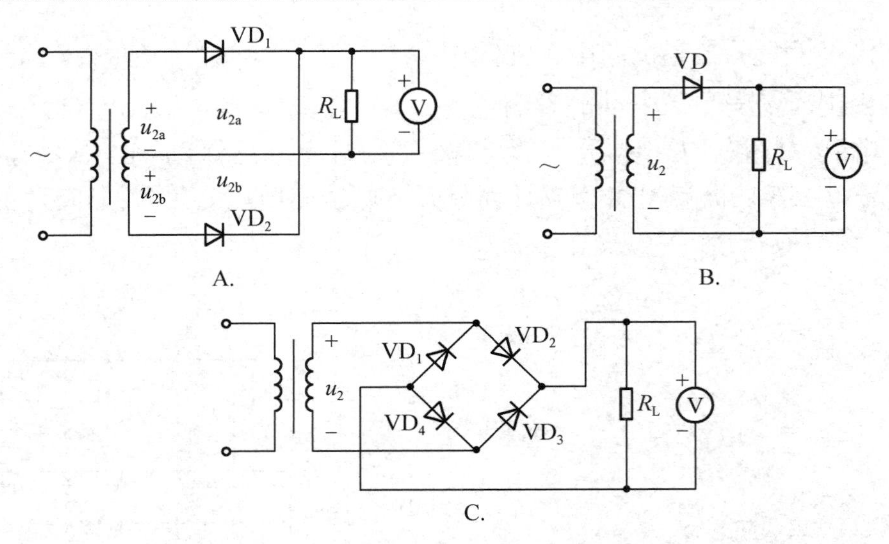

图 7-76　单项选择题 8 图

9．若桥式整流电路变压器次级电压为$u_2=10\sqrt{2}\sin\omega t$V，则每个整流管所承受的最高反向电压为（　　）。

A．$10\sqrt{2}$V　　B．$20\sqrt{2}$V　　C．20V　　D．$\sqrt{2}$V

10．若单相桥式整流电路变压器次级电压为 15V（有效值），则每个整流二极管所承受的最高反向电压为（　　）。

A．15V　　B．21.21V　　C．30V　　D．42.42V

11．若单相桥式整流电容滤波电路中变压器次级电压有效值为 10V，则正常工作时输出电压平均值 $U_{O(AV)}$可能的数值为（　　）。

A．14V　　B．12V　　C．9V　　D．4.5V

12．已知变压器次级电压$u_2=28.28\sin\omega t$ V，桥式整流电容滤波电路接上负载时的输出电压平均值约为（　　）。

A．28.28V　　B．20V　　C．24V　　D．18V

13．电容滤波器的滤波原理是当电路状态改变时，（　　）。

A．通过电容的电流不能跃变　　B．电容的数值不能跃变

C．电容的端电压不能跃变

14．不属于稳压二极管参数的是（　　）。

A．稳定电压　　B．输入电阻

C．最大稳定电流　　D．动态电阻

15．动态电阻 r_Z 是表示稳压二极管的一个重要参数，它的大小对稳压性能的影响是（　　）。

A．r_Z 小时稳压性能差　　B．r_Z 小时稳压性能好

C．r_Z 的大小不影响稳压性能

16．稳压二极管在稳压时，其工作在（　　）；发光二极管在发光时，其工作在（　　）。

A．正向导通区　　B．反向截止区

C．反向击穿区

17．稳压二极管工作于正常稳压状态时，其反向电流应满足（　　）。

A．$I_Z=0$　　B．$I_Z<I_{Zmin}$ 且 $I_Z>I_{Zmax}$

C．$I_{Zmin}>I_Z>I_{Zmax}$　　D．$I_{Zmin}<I_Z<I_{Zmax}$

18．整流滤波电路如图 7-77 所示，负载电阻 R_L 不变，电容 C 越大，在一定范围内，输出电压平均值 U_O 应（　　）。

A．不变　　B．越高　　C．越低　　D．不确定

19．电路如图 7-78 所示，设 VZ_1 的稳定电压为 6V，VZ_2 的稳定电压为 12V，设稳压二极管的正向压降为 0.7V，则输出电压 U_O 等于（　　）。

A．18V　　B．6.7V　　C．30V　　D．12.7V

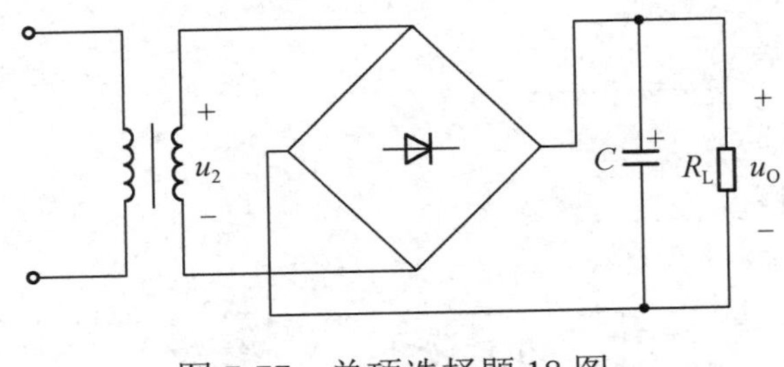

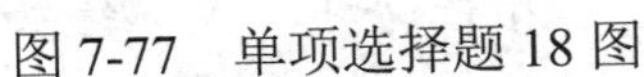
图 7-77　单项选择题 18 图

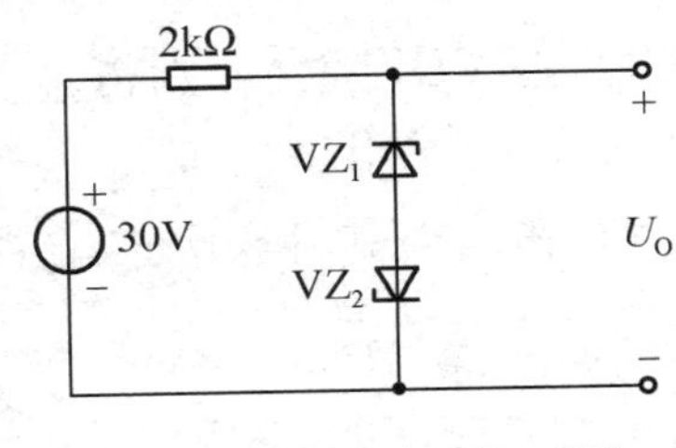

图 7-78　单项选择题 19 图

20．关于串联型直流稳压电路，带放大环节的串联型稳压电路的放大环节放大的是（　　）。

A．基准电压

B．取样电压

C．取样电压与滤波电路输出电压之差

D．基准电压与取样电压之差

21．CW7900 系列稳压器的 1 脚为（　　）。

A．公共端　　B．输出端　　C．输入端　　D．调整端

22．三端集成稳压器 CW7815 的输出电压为（　　）。

A．15V　　B．−15V　　C．5V　　D．−5V

23．三端集成稳压器 CW78M09 的输出电压、电流等级为（　　）。

A．9V/1.5A　　B．−9V/1.5A　　C．9V/0.5A　　D．−9V/0.5A

24．单相半波可控整流电路输出最高直流电压的平均值为整流前交流电压的（　　）倍。

A．1　　B．0.5　　C．0.45　　D．0.9

25．变压器初级接入压敏电阻的目的是防止（　　）对晶闸管的损坏。

A．关断过电压　　B．交流侧产生过电压

C．交流侧浪涌电流　　D．不确定

26．双向晶闸管是用于交流电路中的器件，其外部有（　　）电极。

A．1 个　　B．2 个　　C．3 个　　D．4 个

四、简答题

1．试分析图 7-79 中的桥式整流电路的负载电压 u_O 的波形：当二极管 VD_2 断开时，u_O

的波形如何？如果 VD_2 接反，那么结果如何？如果 VD_2 被短路，那么结果又如何？

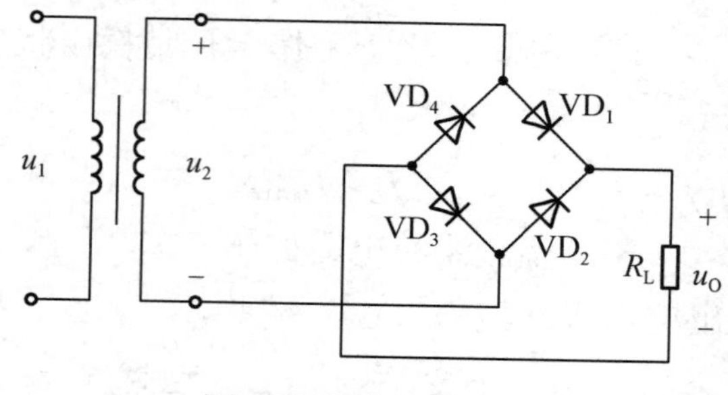

图 7-79　简答题 1 图

2．电路如图 7-80 所示，设 U_2=12V，稳压二极管的稳压值 U_Z=6.8V。

（1）在正常情况下，U_O=________V。

（2）若 VD_1 断路，则桥式整流将变成________整流。

（3）若 VD_1 接反，则将________________________________。

（4）R 的作用是__________和调整输出电压。

（5）若由于某种原因造成 U_O 升高，则 I_R 将__________。

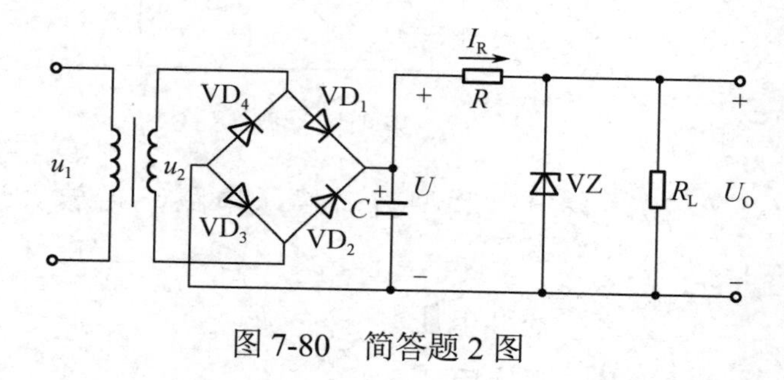

图 7-80　简答题 2 图

3．对晶闸管的触发电路有哪些要求？

五、计算题

1．在如图 7-81 所示的电路中，已知 R_L=50Ω，直流电压表 V 的读数为 120V。试求：①直流电流表 A 的读数；②整流电流的最大值；③交流电压表 V_1 的读数。（二极管的正向压降忽略不计。）

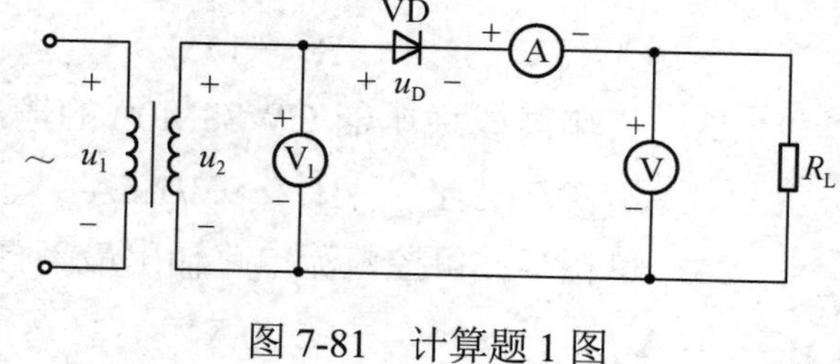

图 7-81　计算题 1 图

2．整流滤波电路如图 7-82 所示，负载电阻 R_L=100Ω，电容 C=470μF，变压器次级电压有效值 U_2=12V，二极管为理想元器件。试求输出电压和输出电流的平均值 U_O、I_O，以及二极管承受的最高反向电压 U_{RM}。

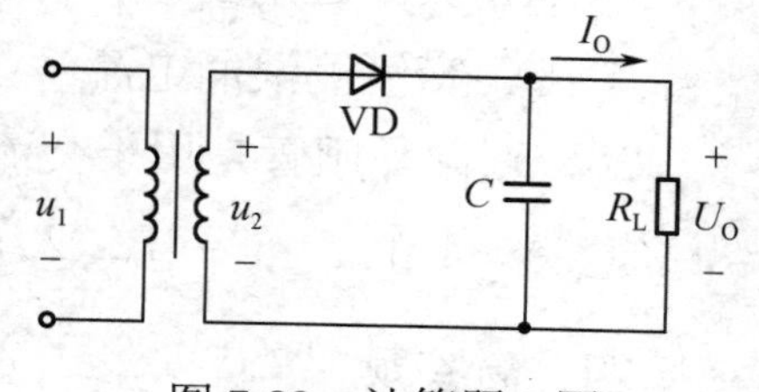

图 7-82　计算题 2 图

3．在如图 7-83 所示的桥式整流电路中，已知 U_O=18V，I_O=1A。求：①电源变压器次级电压 U_2；②整流二极管承受的最高反向电压 U_{RM}；③流过二极管的平均电流 I_V。

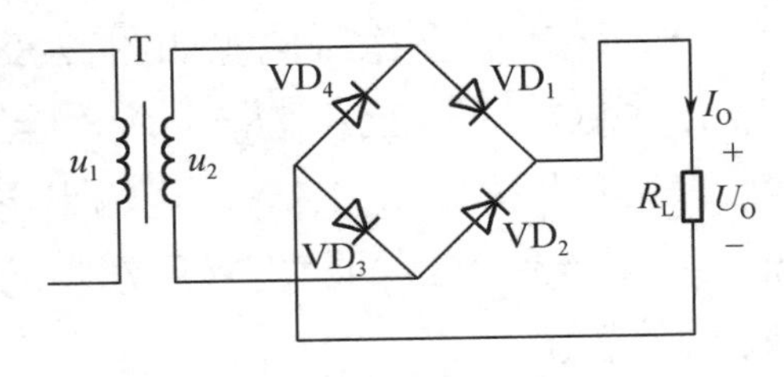

图 7-83　计算题 3 图

4．电路如图 7-84 所示。已知 R_{L1}=10kΩ，R_{L2}=100Ω。试求：①输出平均电压 U_{L1}、U_{L2} 的值，并标出其极性；②流过二极管 VD_1、VD_2 和 VD_3 的平均电流值；③VD_1、VD_2 和 VD_3 所能承受的最高反向电压值。

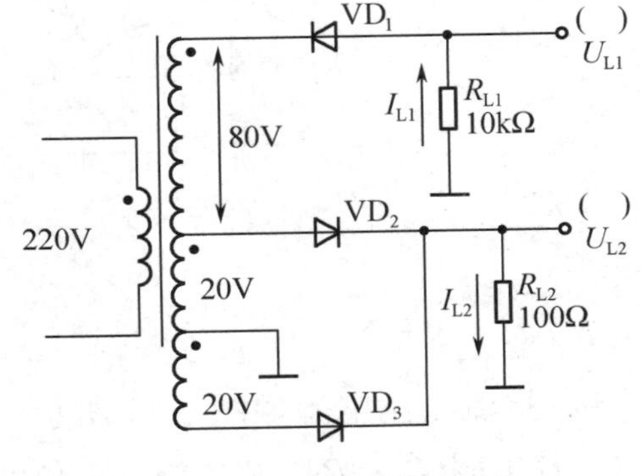

图 7-84　计算题 4 图

5．在图 7-85 所示的电路中，稳压二极管的稳定电压 U_Z=12V，流过电压表的电流忽略不计。试求：①当开关 S 闭合时，电压表 U_V 和电流表 I_{A1}、I_{A2} 的读数；②当开关 S 断开时，电压表 U_V 和电流表 I_{A1}、I_{A2} 的读数。

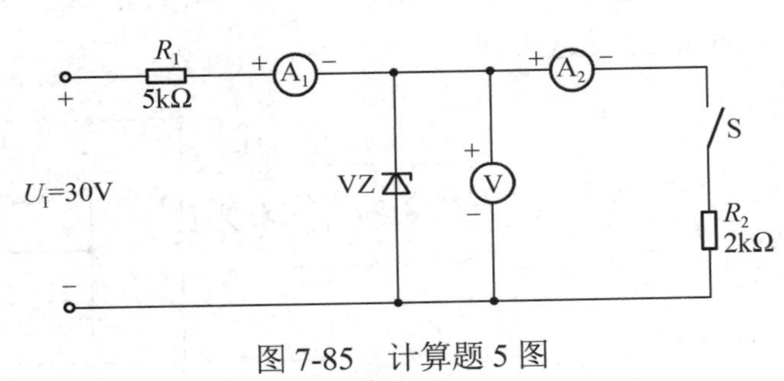

图 7-85　计算题 5 图

6．如图 7-86 所示，稳压二极管的稳定电压 U_Z=6V，稳定电流 I_{Zmax}=30mA、I_{Zmin}=5mA，输入电压 U_I=9V，限流电阻 R=30Ω，求负载 R_L 的可调范围。

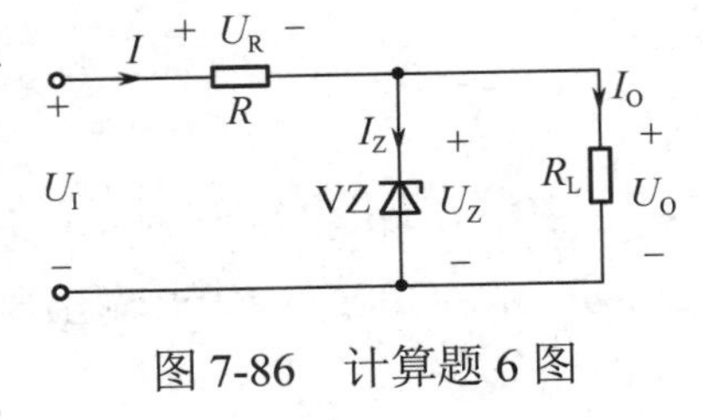

图 7-86　计算题 6 图

7．电路如图 7-87 所示，已知电路的输出电压 U_O 的调节范围为 6～12V，稳压二极管的 U_Z=3.3V，U_{BE2}=0.7V，R_1=100Ω，求 R_2 和 R_P。

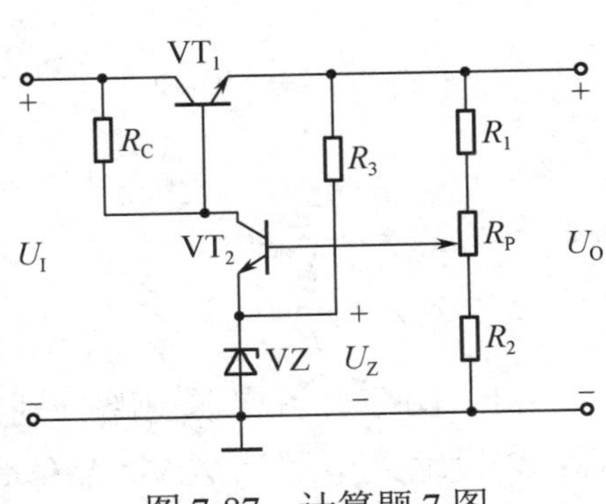

图 7-87　计算题 7 图

8．某串联型稳压电源如图 7-88 所示。已知：C_1、C_2 足够大且 U_{C1}=18V，R_4=670Ω，R_1=R_2=2kΩ，R_P=4kΩ，U_Z=5.3V，硅三极管 VT_1、VT_2 的 U_{BEQ}=0.7V，其中 VT_1 的集电极最大允许耗散功率 P_{CM1}=1.2W。当输出电压 U_O 为 12V 时，试求：①$R_{P(下)}$的值；②流过 R_4 的电流值 I_4；③要使 VT_1 的集电极所消耗的实际功率不超过其最大允许耗散功率，R_L 上允许流过的最大电流值。

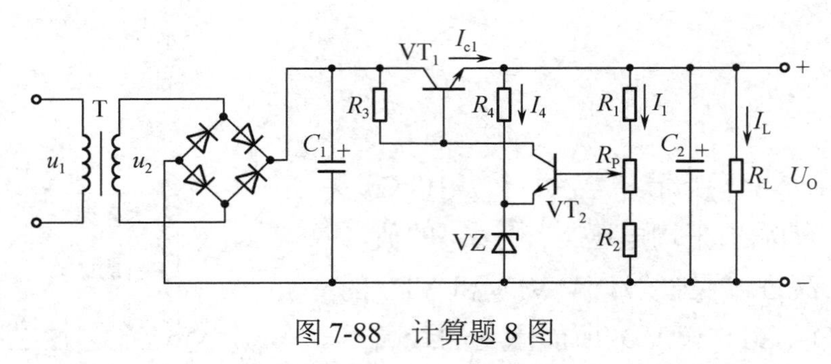

图 7-88　计算题 8 图

9．直流稳压电源如图 7-89 所示。已知变压器次级电压有效值 U_2、稳压二极管的稳定电压 U_Z 及电阻 R_1、R_2、R_3。试问：①说明电路的整流电路、滤波电路、调整管、基准电压电路、比较放大电路、取样电路等部分各由哪些元器件组成；②写出输出电压 U_O 的最大值和最小值的表达式。

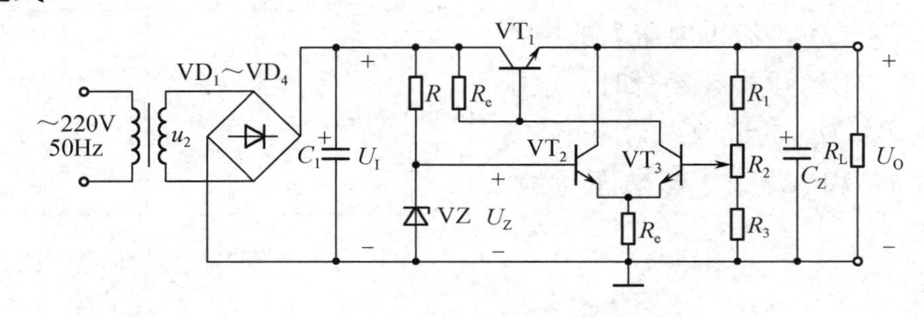

图 7-89　计算题 9 图

10．在如图 7-90 所示的电路中，已知 CW7806 的输出电压为 6V，R_1=R_2=R_3=300Ω，试求输出电压 U_O 的调节范围。

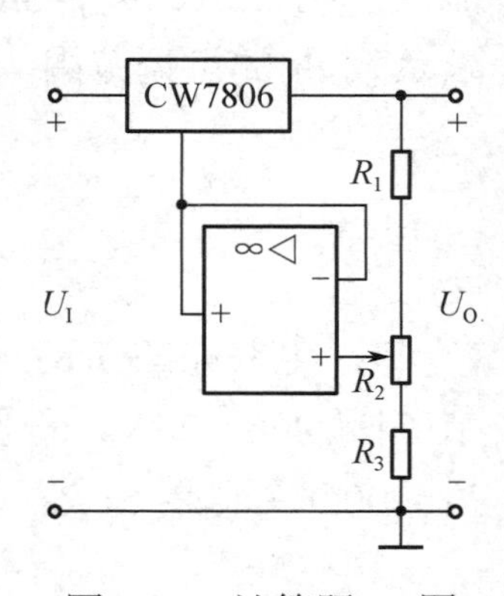

图 7-90　计算题 10 图

11．两个直流电源电路分别如图 7-91（a）、（b）所示：①求解各电路负载电流 I_O 的表达式；②设输入电压为 20V，晶体管饱和压降为 3V，基极与发射极之间的电压数值$|U_{BE}|$=0.7V，

CW7805 的输入端和输出端间的电压最小值为 3V，稳压二极管的稳定电压 U_Z=5V，R_1=50Ω，求两个电路输出电压的最大值、输出电流的最大值和负载电阻的最小值。

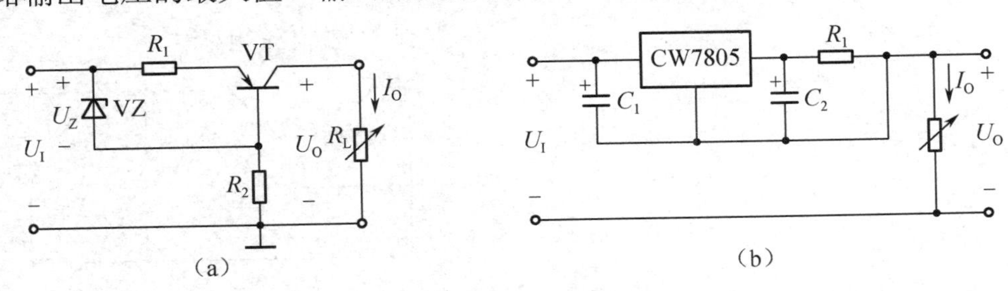

图 7-91 计算题 11 图

12．在如图 7-92 所示的电路中，已知 U_2=20V，R_1=R_3=3kΩ，R_2=5kΩ，C=2200μF。试求：①画出单相桥式整流电路的全图；②整流二极管所能承受的最高反向电压；③输出电压 U_O 的范围。

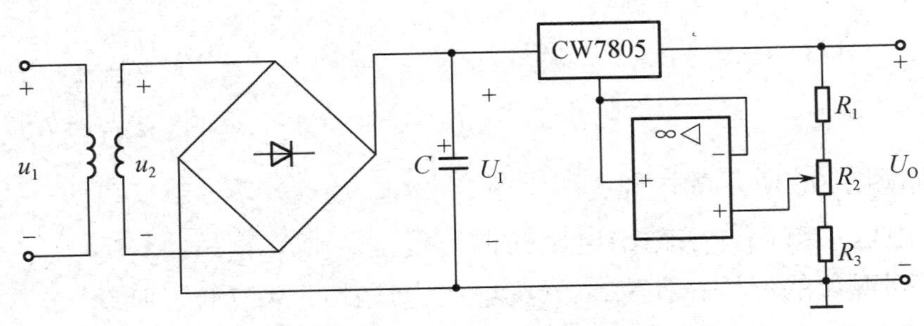

图 7-92 计算题 12 图

六、综合题

1．整流滤波电路如图 7-93 所示，其中，二极管为理想元器件，已知负载电阻 R_L=500Ω，负载两端的直流电压 U_O=60V，交流电源频率 f=50Hz。要求：①在表中选出合适型号的二极管；②计算滤波电容的容量。

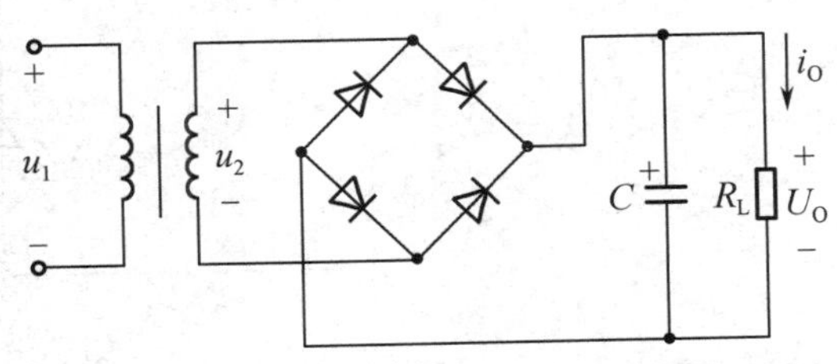

型号	最大整流电流平均值/mA	最高反向峰值电压/V
2CP11	100	50
2CP12	100	100
2CP13	100	150

图 7-93 综合题 1 图

2．指出如图 7-94 所示的电路的错误，并加以改正。

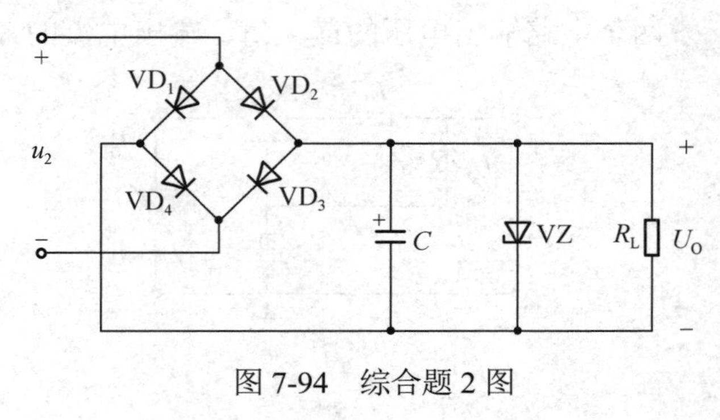

图 7-94　综合题 2 图

3．已知图 7-95 中的输入电压为 u_i=12sinωtV，稳压二极管的稳定电压为 8V，画出稳压二极管 VZ 两端电压的波形（R 阻值大小合适）。

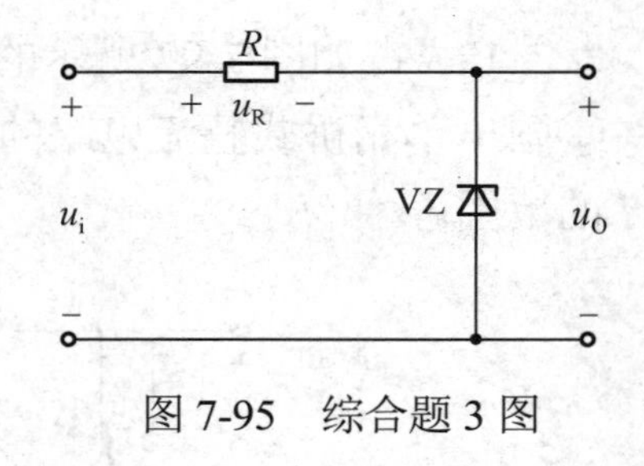

图 7-95　综合题 3 图

4．试分析如图 7-96 所示的电路：

（1）若输入电压足够高，求输出电压的调节范围。

（2）出现下列现象的原因：①VT_1 的集电极电压比正常值低，脉动大，在调节 R_w 时，U_O 可调，但稳压效果差；②VT_1 的集电极电压比正常值高，U_O 接近于零，且不可调；③U_O 偏低，调节 R_w 不起作用；④U_O 偏高，调节 R_w 不起作用。

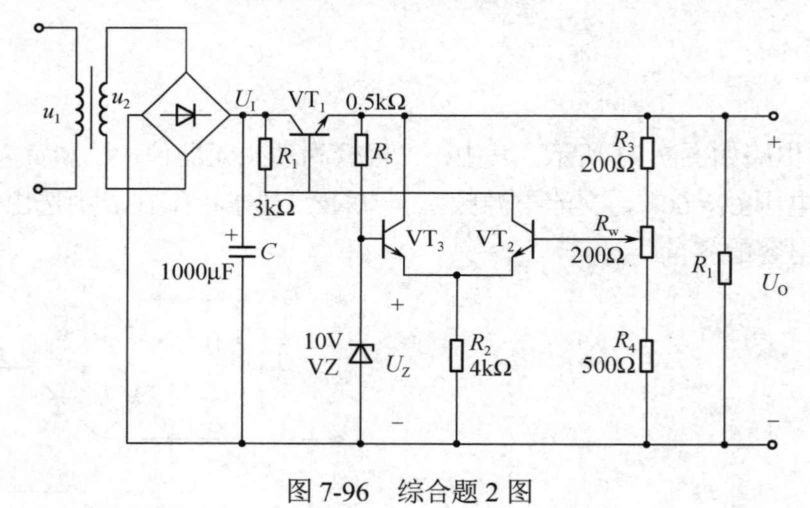

图 7-96　综合题 2 图

参考答案

实训项目教学模块

实训项目1　二极管、三极管、光电耦合器的识别与检测

实训目标

（1）能通过封装对二极管进行识别和正确使用万用表判别二极管的极性及其质量好坏。

（2）能通过封装外形识别三极管的引脚和正确使用万用表判别三极管的引脚、管型、材料及三极管的质量好坏。

（3）能辨别光电二极管、光电三极管和光电耦合器件的结构外形，能正确使用万用表测试光电二极管、光电三极管和光电耦合器件。

素养目标

能贯彻落实7S管理（整理、整顿、清扫、清洁、素养、安全、节约），增强专业意识，培养良好的职业道德和职业习惯。

实训设备与器材（见项目表1-1）

项目表1-1　实训设备与仪器清单表

序　号	品　名	型号规格	数　量	序　号	品　名	型号规格	数　量
1	普通二极管	2AP9	1	8	PNP三极管	TIP42C	1
2	普通二极管	2CZ12	1	9	NPN三极管	9013	1
3	普通二极管	1N4001	1	10	NPN三极管	TIP41C	1
4	稳压二极管	1N4626	1	11	光电三极管	3DU5C	1
5	发光二极管	BT201	1	12	光电耦合器	4N25	1
6	光电二极管	2CU1	1	13	指针式万用表	MF47	1
7	PNP三极管	9012	1	14	数字式万用表	DT9205	1

实训步骤

一、二极管的识别与检测

1. 从外观区分二极管的电极

二极管的正、负极性一般都标注在其外壳上。有时会将二极管的图形直接画在其外壳上。对于二极管引线是轴向引出的，会在其外壳上标出色环（色点），有色环（色点）的一端为二极管的负极端，若二极管是透明玻璃壳，则可直接看出其极性，即二极管内部连触丝的一端为正极。二极管的外观如项目图 1-1 所示。对于标志不清的二极管，可用万用表来判别其极性及质量。

项目图 1-1　二极管的外观

2. 用万用表测量二极管

根据项目表 1-2 的要求，如实测量并填写和分析数据。

用万用表测量各类二极管的极性及判别其质量的方法已在理论教学模块中做了详尽的介绍，此处不再赘述。

项目表 1-2　二极管的正、反向电阻/正向压降及质量判别

二极管型号	MF47 检测		DT9205 检测	材料类型	质量判别
	R×100Ω 挡	R×1kΩ 挡			
2AP9	正向电阻______Ω	正向电阻______Ω	正向压降：____V		
	反向电阻______Ω	反向电阻______Ω			
2CZ12	正向电阻______Ω	正向电阻______Ω	正向压降：____V		
	反向电阻______Ω	反向电阻______Ω			
1N4001	正向电阻______Ω	正向电阻______Ω	正向压降：____V		
	反向电阻______Ω	反向电阻______Ω			
1N4626	正向电阻______Ω	正向电阻______Ω	正向压降：____V		
	反向电阻______Ω	反向电阻______Ω			
BT201	正向电阻______Ω	正向电阻______Ω	正向压降：____V		
	反向电阻______Ω	反向电阻______Ω			

【实训注意事项】

（1）在用指针式万用表测量二极管时，欧姆挡倍率不宜选得过低，也不能选择 R×10kΩ挡。

（2）测量时，两手不要同时碰触两引脚，以免人体电阻的介入影响测量的准确性。

（3）由于二极管的伏安特性是非线性的，所以在用指针式万用表的不同倍率挡位测量同一个二极管的电阻时，会得到不同的电阻值。

3. 项目考核评价

二极管的识别与检测项目考核评价表如项目表 1-3 所示。

项目表 1-3　二极管的识别与检测项目考核评价表

评价指标	评　价　要　点			评价结果				
				优	良	中	合格	不合格
理论水平	二极管知识掌握情况							
技能水平	1. 二极管外观识别							
	2. 万用表使用情况，二极管的正/反向电阻、正向压降测量							
	3. 正确鉴定二极管的质量好坏							
安全操作	万用表是否损坏，是否丢失或损坏二极管							
总评	评别	优	良	中	合格	不合格	总评得分	
		89～100 分	80～88 分	70～79 分	60～69 分	<60 分		

二、三极管的识别与检测

1. 从外观区分三极管的电极

通过识读三极管的型号或查阅相关资料可了解三极管的管型、材料类型、应用场合及有关参数等。同时，根据管子的封装外形，可判别其引脚分布情况。

虽然三极管的封装外形各式各样，但其引脚排列是有一定规律的。项目图 1-2 所示为几种典型的三极管的引脚排列情况。

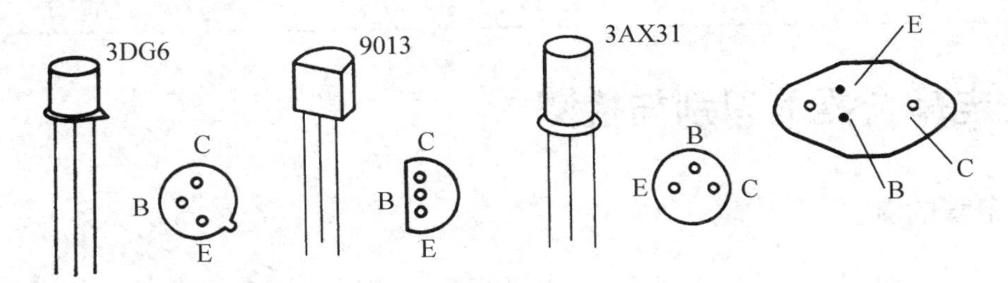

项目图 1-2　几种典型的三极管的引脚排列情况

2. 万用表测量三极管

根据项目表 1-4 的要求，如实测量并填写和分析数据。

同理，用万用表测量三极管的方法已在理论教学模块中做了详尽的介绍，此处不再赘述。

项目表 1-4　三极管的检测及质量判别

三极管型号	MF47 检测（$R\times1k\Omega$ 挡）			DT9205 检测	材料与管型	质量判别
	B、E 间阻值	B、C 间阻值	C、E 间阻值			
9012	正向______Ω	正向______Ω	正向______Ω	发射结正向压降：____V		
	反向______Ω	反向______Ω	反向______Ω	集电结正向压降：____V		

续表

TIP42C	正向_____Ω	正向_____Ω	正向_____Ω	发射结正向压降：____V		
	反向_____Ω	反向_____Ω	反向_____Ω	集电结正向压降：____V		
9013	正向_____Ω	正向_____Ω	正向_____Ω	发射结正向压降：____V		
	反向_____Ω	反向_____Ω	反向_____Ω	集电结正向压降：____V		
TIP41C	正向_____Ω	正向_____Ω	正向_____Ω	发射结正向压降：____V		
	反向_____Ω	反向_____Ω	反向_____Ω	集电结正向压降：____V		
绘制三极管引脚排列示意图						
9012	TIP42C	9013	TIP41C			

3．项目考核评价

三极管的识别与检测项目考核评价表如项目表 1-5 所示。

项目表 1-5　三极管的识别与检测项目考核评价表

评价指标	评价要点		评价结果				
			优	良	中	合格	不合格
理论水平	三极管知识掌握情况						
技能水平	1．三极管外观识别						
	2．万用表使用情况，三极管测量与极性判别情况						
	3．正确鉴定三极管的质量好坏						
安全操作	万用表是否损坏，是否丢失或损坏三极管						
总评	评别	优	良	中	合格	不合格	总评得分
		89～100 分	80～88 分	70～79 分	60～69 分	<60 分	

三、光电耦合器的识别与检测

（一）光电管的测量

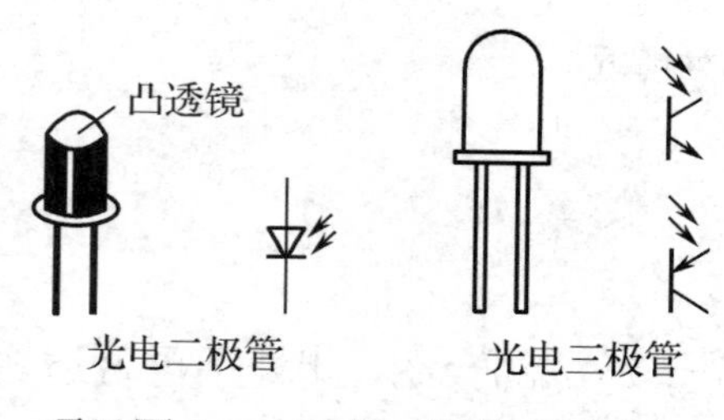

项目图 1-3　光电二极管和光电三极管的外形及电路符号

光电二极管正、负极的检测与普通二极管相似，挡位选择 $R\times1\text{k}\Omega$挡，检测其单向导电性便可判定。光电三极管在具备光电二极管的光电转换特性之外，还能将转换后的电信号进行电流放大。光电二极管和光电三极管的外形及电路符号如项目图 1-3 所示。

1．光电管检测的原理

光电管性能好坏的检测可通过对比法进行判别，即在有光照和无光照（遮光处理）两种情况下检测光电管的阻值差异情况，阻值差异越大，说明管子性能越好。光电管检测原理示意图如项目图 1-4 所示。

（1）光电二极管的检测原理。

第一步：找出光电二极管的正、负极，并测试光电二极管的暗电流。

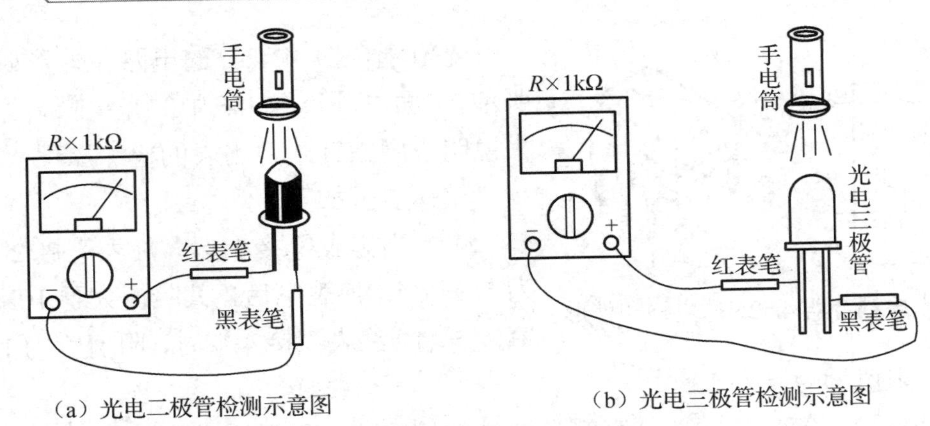

（a）光电二极管检测示意图
（b）光电三极管检测示意图

项目图 1-4　光电管检测原理示意图

① 将万用表打到 $R\times 1\text{k}\Omega$ 挡，将红表笔、黑表笔分别接至光电二极管的两端，测试值为大小不同的两种阻值。

② 当测试到阻值小的那一次时，黑表笔所接的那一端就是光电二极管的正极。

③ 把红表笔接光电二极管的正极、黑表笔接光电二极管的负极（这时反测），用手遮住光电二极管的感光窗，测试光电二极管的暗电流（阻值在 200kΩ 以上）。

第二步：测试光电二极管的光电流。

① 测试保持在反测状态下，用手遮住光电二极管的感光窗，用一光源照射光电二极管的感光窗，把手松开（阻值应变小、光电流加大）。

② 反复几次，观察万用表的测试阻值。受光照射时其阻值会有较大的变化，若变化不大或不变化，则说明被测管已损坏或不是光电二极管。

（2）光电三极管的检测原理。

① 光电三极管与普通 PNP 三极管结构相同，其工作原理与光电二极管相似。光电三极管因具有放大作用，能将经光照射后产生的电信号进行放大，所以其灵敏度更高。

② 光电三极管是在正测的情况下测量的，即黑表笔接集电极、红表笔接发射极。

③ 光电三极管的电极数有 2 个的也有 3 个的。若是 2 个电极，则感光窗就是其基极。

④ 光电三极管的质量判别参照光电二极管的光电流的测法，其变化要比光电二极管大。

2. 用万用表测量光电管

根据项目表 1-6 的要求，如实测量并填写和分析数据，MF47 挡位选择 $R\times 1\text{k}\Omega$ 挡。

项目表 1-6　光电管测量数据

光电二极管 2CU1	无光照射	有光照射	光电三极管 3DU5C	无光照射	有光照射
正向测量			正向测量		
反向测量			反向测量		

（二）光电耦合器的测量

1. 光电耦合器检测的原理

把红外发光管和光敏器件组合在一起即光电耦合器。它实现了输入电信号与输出电信号间既用光传输，又通过光隔离的传输过程，从而提高了电路的抗干扰能力。

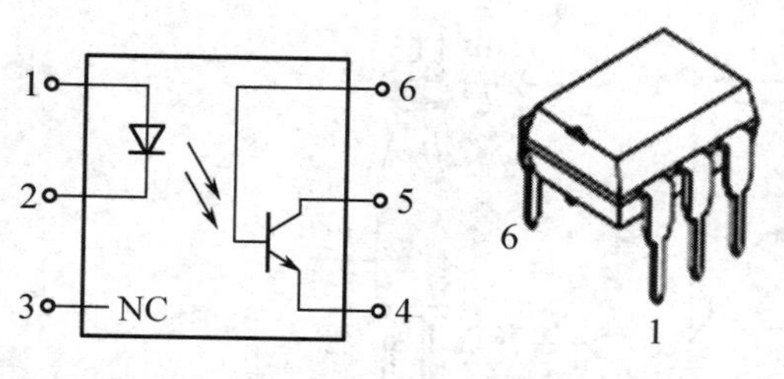

项目图 1-5　光电耦合器 4N25 的电路和外形

光电耦合器 4N25 的电路和外形如项目图 1-5 所示。下面以项目图 1-6 中的光电耦合器 4N25 为例来说明采用指针式万用表的检测原理。

具体步骤如下。

（1）当黑表笔接 1 端、红表笔接 2 端时，阻值为 5～6kΩ，换表笔后，其阻值大于 10MΩ；当黑表笔接 5 端、红表笔接 4 端时，阻值应为 100kΩ 以上，调换表笔后，阻值为∞。

（2）在保持黑表笔接 5 端、红表笔接 4 端的情况下，将另一个万用表 $R\times1\Omega$ 挡的黑表笔接 1 端、红表笔接 2 端，若 5、4 端电极间的阻值明显减小，则表明此光电耦合器正常。

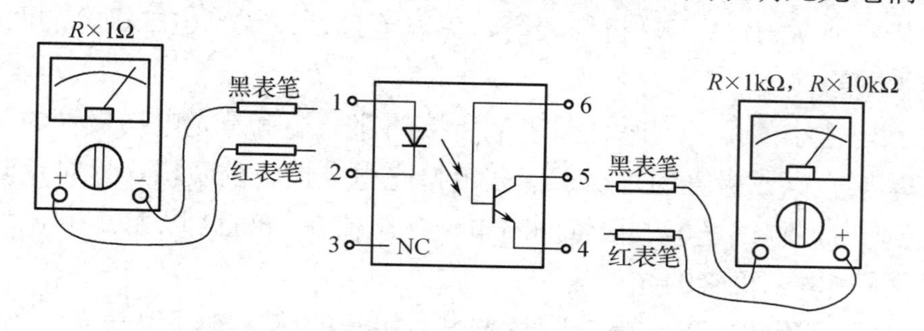

项目图 1-6　光电耦合器 4N25 检测示意图

2．用万用表测量光电耦合器 4N25

根据项目表 1-7 的要求，如实测量并填写和分析数据。

项目表 1-7　光电耦合器测量数据

光电耦合器 4N25	引脚 1、2 间的阻值		引脚 5、4 间的阻值	
	正向	反向	正向	反向
无光照				
有光照				

3．项目考核评价

光电耦合器的识别与检测项目考核评价表如项目表 1-8 所示。

项目表 1-8　光电耦合器的识别与检测项目考核评价表

<table>
<tr><td rowspan="2">评价指标</td><td colspan="2" rowspan="2">评 价 要 点</td><td colspan="5">评 价 结 果</td></tr>
<tr><td>优</td><td>良</td><td>中</td><td>合格</td><td>不合格</td></tr>
<tr><td>理论水平</td><td colspan="2">光电器件知识掌握情况</td><td></td><td></td><td></td><td></td><td></td></tr>
<tr><td rowspan="3">技能水平</td><td colspan="2">1．光电二极管 2CU1 的外观识别与检测</td><td></td><td></td><td></td><td></td><td></td></tr>
<tr><td colspan="2">2．光电三极管 3DU5C 的外观识别与检测</td><td></td><td></td><td></td><td></td><td></td></tr>
<tr><td colspan="2">3．光电耦合器 4N25 的外观识别与检测</td><td></td><td></td><td></td><td></td><td></td></tr>
<tr><td>安全操作</td><td colspan="2">万用表是否损坏，是否丢失或损坏元器件</td><td></td><td></td><td></td><td></td><td></td></tr>
<tr><td rowspan="2">总评</td><td rowspan="2">评别</td><td>优</td><td>良</td><td>中</td><td>合格</td><td>不合格</td><td>总评得分</td></tr>
<tr><td>89～100 分</td><td>80～88 分</td><td>70～79 分</td><td>60～69 分</td><td><60 分</td><td></td></tr>
</table>

实训项目 2　焊接与布线

实训目标

（1）了解电烙铁的使用方法，手工焊接的基本要领和电路布线的基本知识。

（2）掌握用电烙铁焊接电子元器件和 SMT 贴片元器件的技能。

素养目标

能贯彻落实 7S 管理，增强专业意识，培养良好的职业道德和职业习惯。

实训设备与器材

（1）电烙铁、焊锡丝、烙铁架、助焊制、清洗海绵、万用表等。

（2）拆装用废旧印制电路板和万能印制电路板各一块；电阻、电容、二极管等杂散元器件一包，SMT 贴片元器件组件，连接导线若干。

焊接相关知识链接

采用锡铅焊料进行焊接称为锡铅焊，简称锡焊。目前，在产品研制、设备维修，甚至一些小规模、小型电子产品的生产中，仍广泛地应用手工锡焊，它是锡焊工艺的基础。本书中的焊接指的是锡焊。

1．电烙铁的握法

电烙铁的握法分为 3 种，如项目图 2-1 所示。

（a）反握法

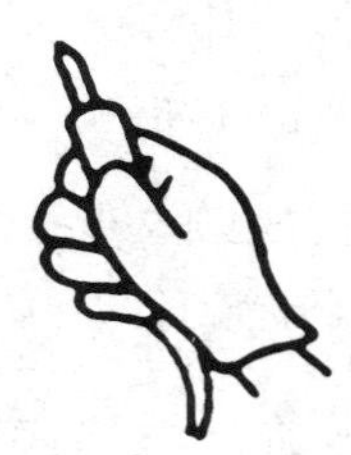

（b）正握法

（c）握笔法

项目图 2-1　电烙铁的握法

（1）反握法：用五指把电烙铁的柄握在掌内。此法适用于大功率电烙铁，用来焊接散热量大的被焊件。

（2）正握法：适用于较大的电烙铁，弯形烙铁头一般也用此法。

（3）握笔法：用握笔的方法握电烙铁，适用于小功率电烙铁，用来焊接散热量小的被焊件，如焊接电视机的印制电路板等。由于握笔法操作灵活方便，所以被广泛采用。

2．电烙铁使用中的处理

在使用电烙铁前，先通电给烙铁头“上锡”。首先用锉刀把烙铁头搓成一定的形状，然后接上电源，当烙铁头的温度升到能熔锡时，将烙铁头在松香上沾涂一下，等松香冒烟后沾涂一层焊锡，如此反复进行 2～3 次，使烙铁头的刃面全部挂上一层锡便可使用了。

电烙铁不宜长时间通电而不使用，这样容易使烙铁芯加速氧化而烧断，缩短其寿命，同时会使烙铁头因长时间加热而氧化，甚至被“烧死”，不再“吃锡”。

3. 手工焊接操作姿势要求

（1）挺胸、端正、直坐，勿弯腰。

（2）鼻尖至烙铁头尖端应保持 20cm 以上的距离，通常以 40cm 为宜。

（注：距烙铁头 20～30cm 处的有害化学气体、烟尘的浓度是卫生标准所允许的。）

4. 焊接操作步骤

在工厂中，常把手工锡焊过程归纳成 8 个字，即“一刮、二镀、三测、四焊”。

“一刮”就是指处理被焊件的表面。焊接前，应先对被焊件表面进行清洁处理，氧化层要刮去，油污要擦去。

“二镀”就是指对被焊部位进行搪锡处理。

“三测”就是指对搪过锡的元器件进行检查，检查其在电烙铁高温下是否损坏。

“四焊”就是指把测试合格的已完成上述 3 个步骤的元器件焊到电路中。焊接完毕要进行清洁和涂保护层，并根据对被焊件的不同要求进行焊接质量的检查。手工锡焊作为一种操作技术，必须要通过实际训练才能掌握，对初学者来说，进行 5 步操作法训练是非常必要的。5 步操作法如项目图 2-2 所示。

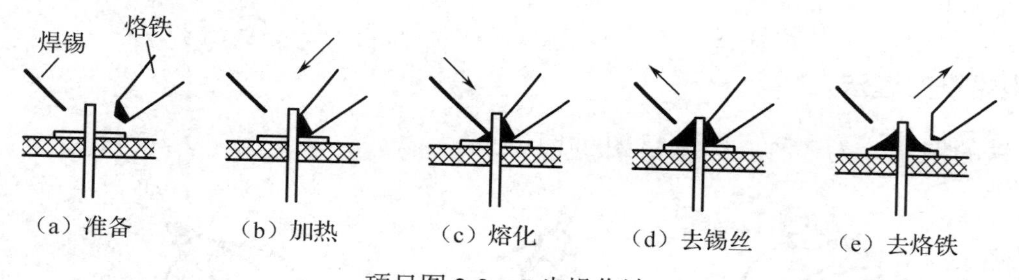

项目图 2-2　5 步操作法

（1）准备。左手拿锡丝，右手握电烙铁，进入备焊状态。要求烙铁头保持干净，无焊渣等氧化物，并在烙铁头上镀一层锡。焊接前，电烙铁要充分预热，烙铁头刃面上要吃锡，即带上一定量的焊锡。

（2）加热。将烙铁头刃面紧贴在焊点处，加热整个被焊件，时间为 1～2s。要注意使烙铁头同时接触两个被焊件。

（3）熔化。电烙铁与水平面大约成 60°角，以便于熔化的锡从烙铁头流到焊点上。当被焊件的焊接面被加热到一定温度时，锡丝从烙铁对面接触被焊件。烙铁头在焊点处停留的时间控制为 2～3s。（注：不要把锡丝送到烙铁头上。）

（4）去锡丝。当锡丝熔化一定量后，立即向左上 45°方向移开锡丝。

（5）去烙铁。焊锡浸润焊盘和被焊件的施焊部位以后，向右上 45°方向移开电烙铁，结束焊接，并用偏口钳剪去多余的引线。

从送锡丝到移开电烙铁的时间也为 1～2s。

5. 对焊点的基本要求

（1）焊点要有足够的机械强度，保证被焊件在受到振动或冲击时不致脱落、松动。不能用过多焊料堆积，这样容易造成虚焊、焊点与焊点的短路。

（2）焊接可靠，具有良好的导电性，必须防止虚焊。虚焊是指焊料与被焊件表面没有形成合金结构，只是简单地依附在被焊件表面上。

总之，焊点表面要光滑、清洁、应有良好的光泽，不应有毛刺、空隙，无污垢，特别是焊剂的有害残留物质，要选择合适的焊料与焊剂。

焊接实训内容与步骤

1. 印制电路板或万能印制电路板上元器件的焊接与布线。

实训步骤如下。

（1）用万用表测量电烙铁性能的好坏。

（2）清洁烙铁头。

（3）用砂布打磨废印制电路板或万能印制电路板，去掉其将表面的氧化层。

（4）元器件引线成型，如项目图 2-3 所示。其中，L_a 为元器件两焊盘跨距，l_a 为轴向引线元器件体长，d_a 为元器件引线直径，R 为引线折弯半径。折弯点到元器件引脚根部的距离不应小于 1.5mm。

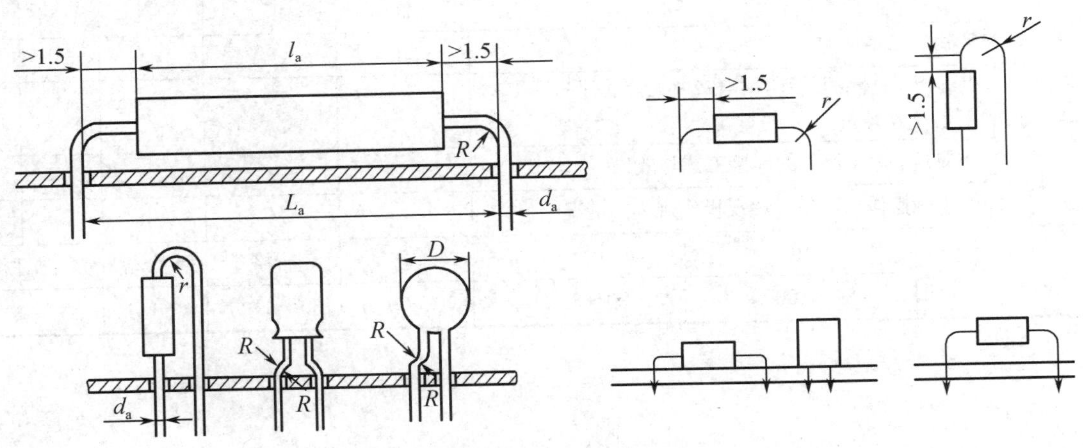

项目图 2-3　元器件引线成型（单位：mm）

（5）电烙铁通电（用手背感温，以熔化锡丝为准）。

（6）加热。用烙铁头给焊盘和引脚同时加热。

技巧：烙铁头必须同时碰到焊盘和引脚，烙铁头与焊盘成(40°±5°)角。

（7）加锡溶化（送锡丝）。

移开锡丝和烙铁头。

技巧：一旦焊锡熔化及焊点焊好，就先移走锡丝，再移开烙铁头，角度约为 70° 以上，时间约为 1s。移开的动作要快，从拿电烙铁到焊接好的一系列动作应控制在 3s 内完成，否则会烫坏组件或印制电路板起铜箔。项目图 2-4 展示了常见的不符合要求的焊点。

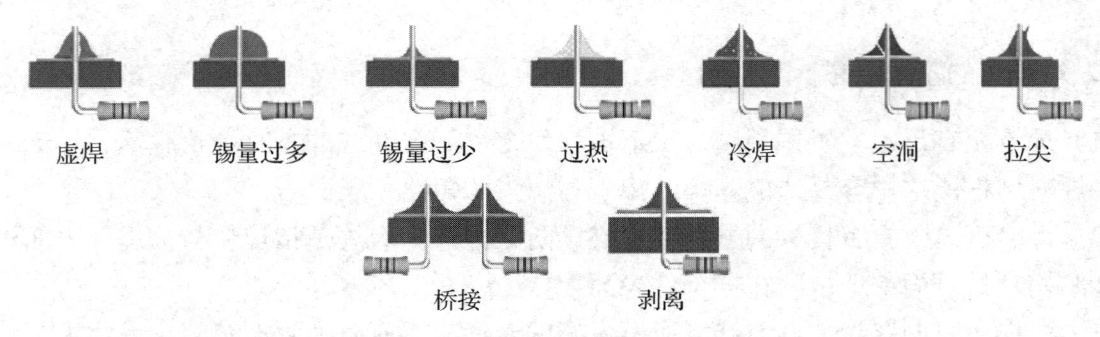

项目图 2-4　常见的不符合要求的焊点

焊接完毕后，进行拆焊作业，反复练习，直至熟练掌握。

2．SMT 贴片元器件的焊接练习

要求能够使用电烙铁把 SMT 贴片元器件拆卸下来，并能焊接上去，且通过反复练习后，能做到使焊点合格。

3．项目考核评价

焊接与布线项目考核评价表如项目表 2-1 所示。

项目表 2-1　焊接与布线项目考核评价表

<table>
<tr><th rowspan="2">评价指标</th><th rowspan="2" colspan="2">评 价 要 点</th><th colspan="5">评 价 结 果</th></tr>
<tr><th>优</th><th>良</th><th>中</th><th>合格</th><th>不合格</th></tr>
<tr><td>理论水平</td><td colspan="2">焊接知识掌握情况</td><td></td><td></td><td></td><td></td><td></td></tr>
<tr><td rowspan="2">技能水平</td><td colspan="2">1. 印制电路板或万能印制电路板上元器件的焊接与布线工艺及效果</td><td></td><td></td><td></td><td></td><td></td></tr>
<tr><td colspan="2">2. SMT 贴片元器件的焊接工艺与效果</td><td></td><td></td><td></td><td></td><td></td></tr>
<tr><td>安全操作</td><td colspan="2">能够正确操作，不出现违反操作规程的情况</td><td></td><td></td><td></td><td></td><td></td></tr>
<tr><td rowspan="2">总评</td><td rowspan="2">评别</td><td>优</td><td>良</td><td>中</td><td>合格</td><td>不合格</td><td colspan="2">总评得分</td></tr>
<tr><td>89～100 分</td><td>80～88 分</td><td>70～79 分</td><td>60～69 分</td><td><60 分</td><td colspan="2"></td></tr>
</table>

实训项目 3　单级放大器的安装与检测

实训仿真视频

实训目标

（1）能熟练掌握焊接装配技能，熟悉常用电子元器件的质量检测方法，能熟练地在万能印制电路板上进行合理的元器件布局布线。

（2）会上网查找、整理相关资料，能相互讨论，分享信息资料。

（3）掌握三极管放大电路静态工作点的测试方法，理解电路参数变化对电路的静态参数、动态参数的影响。

（4）掌握低频信号发生器的使用方法，能用示波器测量放大电路的输入、输出波形。

素养目标

（1）出现疑惑时能及时询问指导教师，出现故障时会运用理论知识分析故障原因及部位，会运用教师讲授的方法仔细检查，会对故障予以检修。

（2）能贯彻落实 7S 管理，增强专业意识，培养良好的职业道德和职业习惯。

实训设备与器材

（1）直流稳压电源、指针式万用表、低频信号发生器（EE1641B）、双踪示波器（CA8020）。

（2）万能印制电路板、连接导线、电烙铁等常用电子装配工具。

实训步骤

1. 装配要求和方法

工艺流程：准备→熟悉工艺要求→绘制装配草图→核对元器件的数量、规格、型号→元器件检测→元器件预加工→装配焊接→总装加工→自检。

（1）准备：将工作台整理有序，配齐必要的物品，各类工具合理摆放。

（2）熟悉工艺要求：认真阅读电原理图（见项目图 3-1）和工艺要求。

（3）绘制装配草图：要求学员自主设计，力求排版合理、布局美观。

（4）核对元器件的数量、规格、型号：按项目表 3-1 核对元器件的数量和规格，应符合工艺要求，如果出现短缺或差错，则应及时补缺或更换。

（5）元器件检测：用万用表的欧

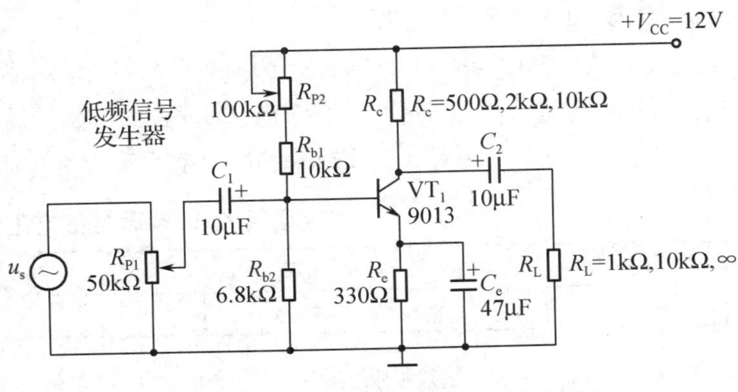

项目图 3-1　分压式偏置单级放大器

姆挡对元器件进行逐一检测，剔除并更换不合格的元器件。

（6）元器件预加工。

（7）装配焊接与总装加工。

对万能印制电路板装配工艺的要求如下。

① 电阻尽量采用水平安装方式，紧贴印制电路板，色码方向一致。

② 所有焊点均采用直角焊，焊接完成后剪去多余引线，留头在焊面以上0.5～1mm，且不能损伤焊接面。

③ 万能印制电路板布线应正确、平直，转角处成直角；焊接可靠，无虚焊、漏焊、短路等现象。

（8）自检：对已完成装配的工件仔细进行如下质量检查。

① 装配的准确性：包括元器件的位置，电解电容与二极管的极性是否错误，元器件引脚有无错连、错焊。

② 焊点质量的可靠性：焊点应无虚焊、漏焊、搭焊及空隙、毛刺等。

③ 装配的安全性：包括电源线、地线有无短接；检查有无影响安全性能指标的缺陷；元器件整形等。

项目表 3-1 元器件清单表

序号	代号	品名	型号规格	数量	序号	代号	品名	型号规格	数量
1	R_{P1}	电位器	50kΩ	1	6	R_L	金属膜电阻	1kΩ、10kΩ	各1
2	R_{P2}	电位器	100kΩ	1	7	C_1、C_2	电解电容	10μF	各1
3	R_{b1}	金属膜电阻	10kΩ	1	8	C_e	电解电容	47μF	1
4	R_{b2}	金属膜电阻	6.8kΩ	1	9	VT_1	三极管	9013	1
5	R_c	金属膜电阻	500Ω、2kΩ、10kΩ	各1	—	—	—	—	—

2．调试与检测

（1）初调静态工作点。

用万用表直流电压10V挡，红表笔接V_{CC}、黑表笔接集电极，即测量电阻R_c（此时R_c取值为2kΩ）两端电压U_{RC}，方法是调整R_{p2}，使U_{RC}=2V即可，此时I_{CQ}=2mA。

（2）调定最佳静态工作点（断开R_L负载电阻）。

① 用低频信号发生器给电路输入频率为1kHz、幅度为10mV的正弦波信号，用示波器观察负载两端的输出电压波形。

② 逐渐加大输入信号的幅度并调节R_{p1}，直到输出电压波形的正峰与负峰恰好同时出现削波的临界状态，此时静态工作点已调好。

③ 去掉输入信号，测量并如实记载项目表3-2中的值。

项目表 3-2 最佳静态工作点数据

V_{CC}	V_{CQ}	V_{BQ}	V_{EQ}	U_{BEQ}	U_{CEQ}	$I_{CQ}=U_{RC}/R_C$
12V						

（3）电压放大倍数测定。

当R_c=2kΩ，R_L=10kΩ时，给放大器输入频率为1kHz、幅度为10mV的正弦信号。

用示波器观察 R_L 两端的电压波形，在不失真的情况下测量输出电压幅度，将结果记录在项目表 3-3 中，并求出电压放大倍数。

项目表 3-3　电压放大倍数测定数据

R_c	R_L	U_i/mV	U_o/V	$A_u=\left\|-\frac{U_{om}}{U_{im}}\right\|$
2kΩ	10kΩ			

（4）观察集电极负载电阻对放大器输出波形的影响

当将 R_c 分别更换为 500Ω 和 10kΩ（R_L=10kΩ）时，观察输出电压波形，将观察到的波形画入项目表 3-4 中。

项目表 3-4　R_c 对放大器输出波形的影响

R_c	R_L	输出波形	失真情况	原因分析
500Ω	10kΩ			
10kΩ				

（5）负载变化对电压放大倍数的影响。

当 R_c=2kΩ 时，将负载电阻更换为 1kΩ、开路状态，给放大器输入频率为 1kHz 的正弦信号。用示波器观察 R_L 两端的电压波形，在不失真的情况下测量输出电压的幅度，将结果记录在项目表 3-5 中，并求出电压放大倍数。

项目表 3-5　电压放大倍数测定数据表

R_c	R_L	U_i/mV	U_o/V	$A_u=\left\|-\frac{U_{om}}{U_{im}}\right\|$
2kΩ	1kΩ			
	开路状态			

3．项目考核评价

单级放大器的安装与检测项目考核评价表如项目表 3-6 所示。

项目表 3-6　单级放大器的安装与检测项目考核评价表

<table>
<tr><td rowspan="2">评价指标</td><td colspan="2" rowspan="2">评 价 要 点</td><td colspan="5">评 价 结 果</td></tr>
<tr><td>优</td><td>良</td><td>中</td><td>合格</td><td>不合格</td></tr>
<tr><td rowspan="2">理论水平
（应知）</td><td colspan="2">1．理论知识掌握情况，能否自主分析电路</td><td></td><td></td><td></td><td></td><td></td></tr>
<tr><td colspan="2">2．装配草图绘制质量</td><td></td><td></td><td></td><td></td><td></td></tr>
<tr><td rowspan="3">技能水平
（应会）</td><td colspan="2">1．元器件的识别与检测</td><td></td><td></td><td></td><td></td><td></td></tr>
<tr><td colspan="2">2．工件工艺情况</td><td></td><td></td><td></td><td></td><td></td></tr>
<tr><td colspan="2">3．工件调试与检测情况</td><td></td><td></td><td></td><td></td><td></td></tr>
<tr><td>安全
操作</td><td colspan="2">①能否按照安全操作规程操作；②有无发生安全事故；③有无损坏仪器仪表</td><td></td><td></td><td></td><td></td><td></td></tr>
<tr><td rowspan="2">总评</td><td rowspan="2">评别</td><td>优</td><td>良</td><td>中</td><td>合格</td><td>不合格</td><td colspan="2">总评得分</td></tr>
<tr><td>89～100 分</td><td>80～88 分</td><td>70～79 分</td><td>60～69 分</td><td><60 分</td><td colspan="2"></td></tr>
</table>

实训项目 4　多级放大器的安装与检测

实训仿真视频

实训目标、素养目标、实训设备与器材

本部分内容可参考实训项目 3

实训步骤

1．装配要求和方法

实训装配要求和方法请参考实训项目 3，电路原理图如项目图 4-1 所示，元器件清单如项目表 4-1 所示。

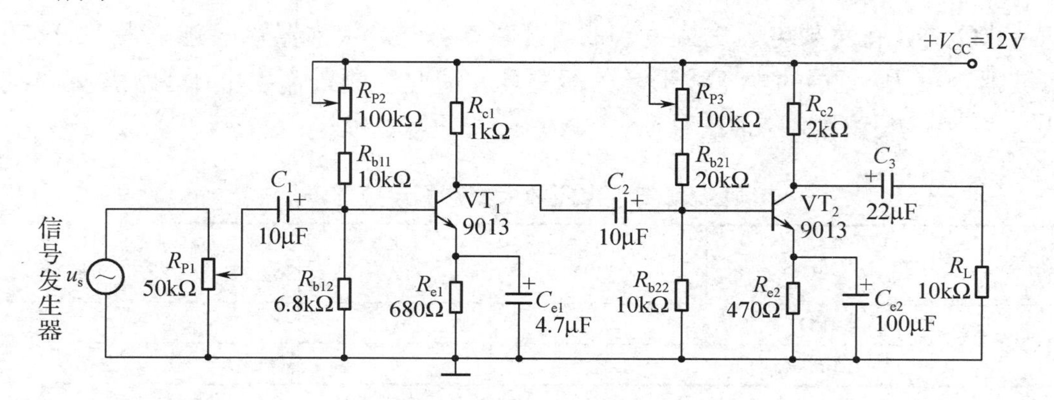

项目图 4-1　多级放大器电路原理图

项目表 4-1　元器件清单

序号	代号	品名	型号规格	数量	序号	代号	品名	型号规格	数量
1	R_{P1}	电位器	50kΩ	1	9	R_{e2}	金属膜电阻	470Ω	1
2	R_{P2}、R_{P3}	电位器	100kΩ	各 1	10	R_L	金属膜电阻	10kΩ	1
3	R_{b11}、R_{b22}	金属膜电阻	10kΩ	各 1	11	C_1、C_2	电解电容	10μF	各 1
4	R_{b12}	金属膜电阻	6.8kΩ	1	12	C_3	电解电容	22μF	1
5	R_{b21}	金属膜电阻	20kΩ	1	13	C_{e1}	电解电容	4.7μF	1
6	R_{c1}	金属膜电阻	1kΩ	1	14	C_{e2}	电解电容	100μF	1
7	R_{c2}	金属膜电阻	2kΩ	1	15	VT_1、VT_2	三极管	9013	各 1
8	R_{e1}	金属膜电阻	680Ω	1	—	—	—	—	—

2．调试与检测

（1）初调静态工作点。

接通电源，调节 R_{P2}，使 I_{CQ1}=1.5mA（使 U_{RC1}≈1.5V 即可）；调节 R_{P3}，使 I_{CQ2}=2mA（使

U_{RC2}≈4V）。

（2）精调静态工作点。

① 低频信号发生器置 1kHz、1mV（用毫伏表测量信号幅度），接至电路输入端；用示波器在电路的输出端观察输出信号。

② 调节 R_{P2}、R_{P3}，使输出信号幅度达到最大值且不失真，适当增大输入信号幅度，配合 R_{P1} 的调节，使输出信号的波形刚要出现正、负削波。此时，静态工作点已调好。

③ 去掉输入信号，测量静态工作点（此时不要再调节 R_{P2}、R_{P3}），记录于项目表 4-2 中。

项目表 4-2　最佳静态工作点数据

三极管	V_{CQ}	V_{BQ}	V_{EQ}	U_{BEQ}	U_{CEQ}	$I_{CQ}=U_{RC}/R_c$
VT_1						
VT_2						

（3）电压放大倍数测定。

给电路输入 1kHz、1mV 正弦信号，用示波器观察输出信号波形，不能出现失真，用毫伏表分别测量第一级与第二级的输入、输出电压，将结果记录在项目表 4-3 和项目表 4-4 中，求出电压放大倍数并绘制输入、输出信号波形图。

项目表 4-3　电压放大倍数测定数据

放大器	U_i/mV	U_o/V	$A_u=\left\|-\frac{U_{om}}{U_{im}}\right\|$
第一级	1		A_{u_1}
第二级			A_{u_2}
通过计算验证 $A_u=A_{u_1}\times A_{u_2}$ 是否成立：			

项目表 4-4　输入、输出信号波形

放大器	u_i	u_o	相位关系
第一级			
第二级			
u_{o2} 与 u_{i1} 的总相位关系：			

3．项目考核评价

多级放大器的安装与检测项目考核评价参考项目表 3-6。

实训项目 5　负反馈放大器的安装与检测

实训仿真视频

实训目标、素养目标、实训设备与器材

本部分内容参考实训项目 3。

实训步骤

1．装配要求和方法

实训装配要求和方法请参考实训项目 3，电路原理图如项目图 5-1 所示，元器件清单如项目表 5-1 所示。

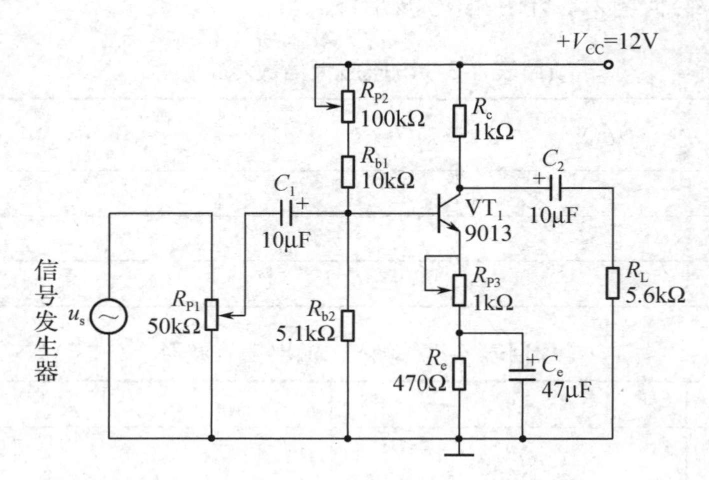

项目图 5-1　负反馈放大器电路原理图

项目表 5-1　元器件清单

序号	代号	品名	型号规格	数量	序号	代号	品名	型号规格	数量
1	R_{P1}	电位器	50kΩ	1	7	R_L	金属膜电阻	5.6kΩ	1
2	R_{P2}	电位器	100kΩ	1	8	R_e	金属膜电阻	470Ω	1
3	R_{P3}	电位器	1kΩ	1	9	C_1、C_2	电解电容	10μF	各 1
4	R_{b1}	金属膜电阻	10kΩ	1	10	C_e	电解电容	47μF	1
5	R_{b2}	电位器	5.1kΩ	1	11	VT_1	三极管	9013	1
6	R_c	金属膜电阻	1kΩ	1	—	—	—	—	—

2．调试与检测

（1）安装与调试。

① 按项目图 5-1 连接电路，R_{P3} 置 0（无负反馈）。

② 接通 12V 电源，调节 R_{P2}，使集电极电流 I_{CQ}=1.5mA，并按项目表 5-2 的要求测试并记录数据。

项目表 5-2　静态工作点数据

三极管	V_{CQ}	V_{BQ}	V_{EQ}	U_{BEQ}	U_{CEQ}	I_{CQ}	VT_1 工作状态
VT_1							

（2）测试电路放大倍数。

① 用低频信号发生器从电路输入端输入 1kHz、10mV 正弦信号，用示波器观察输出信号波形。

② 用毫伏表测量输入电压、输出电压，计算电压放大倍数，并记录于项目表 5-3 中。

项目表 5-3　电压放大倍数测定数据

放大器	U_i/mV	U_o/V	$A_u = \|-\frac{U_{om}}{U_{im}}\|$
VT_1	10		

（3）研究负反馈深度对电压放大倍数的影响。

① 缓慢加大输入信号的幅度，可以看到，随着输入信号电压幅度的增大，输出信号电压幅度也在增大，使输出电压波形出现一定程度的失真。

② 使负反馈电阻 R_{P3} 的阻值逐渐增大，可以看到，随着 R_{P3} 阻值的逐渐增大，输出信号电压波形的失真逐渐消除。

③ 测试此时电路的电压放大倍数和电路的静态工作点，按项目表 5-4 中的要求对测得的数据进行如实记录和测算。

④ R_{P3} 置 0（无负反馈），断开 C_e，重新记录并测算项目表 5-4 中的数据，验证是否基本满足 $A_u = |-\frac{R_c//R_L}{R_e}|$。

项目表 5-4　负反馈深度对电压放大倍数的影响

	V_{CQ}	V_{BQ}	V_{EQ}	U_{BEQ}	U_{CEQ}	I_{CQ}	U_i/mV	U_o/V	$A_u = \left\|-\frac{U_{om}}{U_{im}}\right\|$
接入 C_e									
断开 C_e									

3. 项目考核评价

负反馈放大器的安装与检测项目考核评价参考项目表 3-6。

实训项目 6　运算放大器的安装与检测

实训仿真视频

实训目标

（1）通过集成运放构成的基本运算电路的安装接与检测进一步熟悉集成运放的引脚功能和各基本运算电路的结构，理解各基本运算电路的输出与输入的关系。

（2）正确使用双踪示波器、函数信号发生器、双路直流稳压电源、晶体管毫伏表、直流电压表等仪器设备。

素养目标

（1）出现疑惑时能及时询问指导教师，出现故障时会运用理论知识分析故障原因及部位，会运用教师讲授的方法仔细检查，会对故障予以检修。

（2）能贯彻落实 7S 管理，增强专业意识，培养良好的职业道德和职业习惯。

实训设备与器材

通用面包板一块，双踪示波器一台，函数信号发生器一台，双路直流稳压电源一台，晶体管毫伏表一个，直流电压表一个，9.1kΩ 电阻一个，10kΩ、100kΩ 电阻各两个，镊子一把，导线若干。

实训步骤

1．OP07 集成运放引脚图及功能

本部分参阅理论教学模块相关章节。

2．安装与检测

（1）反相比例运算电路的安装与检测。

按项目图 6-1 连接电路，检查无误后通电，测量并如实记录数据于项目表 6-1 中。

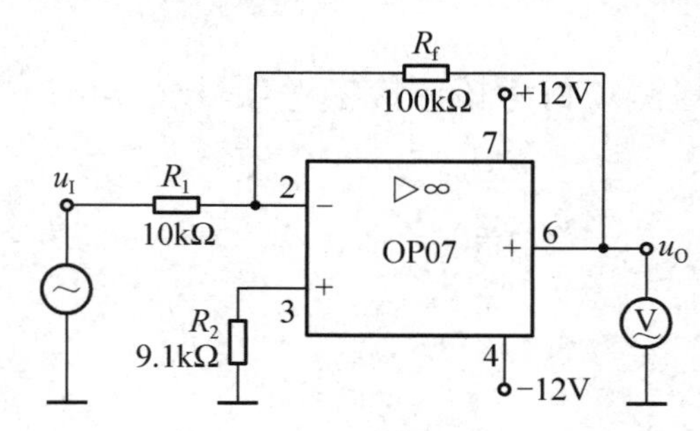

项目图 6-1　反相比例运算测试电路

项目表 6-1　反相比例运算电路测试数据

电路参数	u_I	u_O	A_u	u_O 的理论值或表达式	波形图
R_1 =10kΩ R_2 =9.1kΩ R_f=100kΩ	直流电压-2V				
	直流电压-1V				
	交流电压 （0.5V，100Hz）				

（2）同相比例运算电路的安装与检测。

按项目图 6-2 连接电路，检查无误后通电，测量并如实记录数据于项目表 6-2 中。

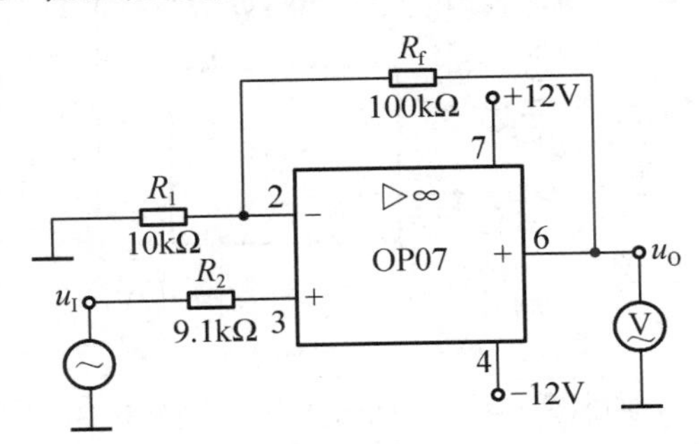

项目图 6-2　同相比例运算测试电路

项目表 6-2　同相比例运算电路测试数据

电路参数	u_I	u_O	A_u	u_O 的理论值或表达式	波形图
R_1 =10kΩ R_2 =9.1kΩ R_f=100kΩ	直流电压 2V				
	直流电压 1V				
	交流电压 （0.5V，100Hz）				

（3）反相加法比例运算电路的安装与检测。

按项目图 6-3 连接电路，检查无误后通电，测量并如实记录数据于项目表 6-3 中。

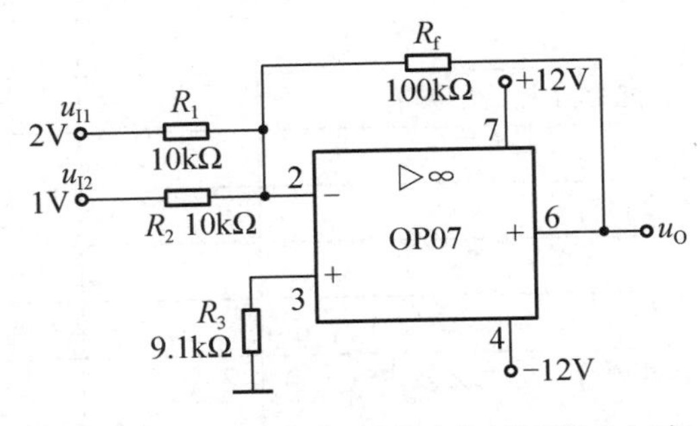

项目图 6-3　反相加法比例运算测试电路

项目表 6-3　反相加法比例运算电路测试数据

u_{I1}	u_{I2}	u_O	u_O的理论值或表达式	波形图
直流电压 2V	直流电压 1V			
直流电压 1V	交流电压 （0.5V，100Hz）			

（4）差动输入运算电路的安装与检测。

按项目图 6-4 连接电路，检查无误后通电，测量并如实记录数据于项目表 6-4 中。

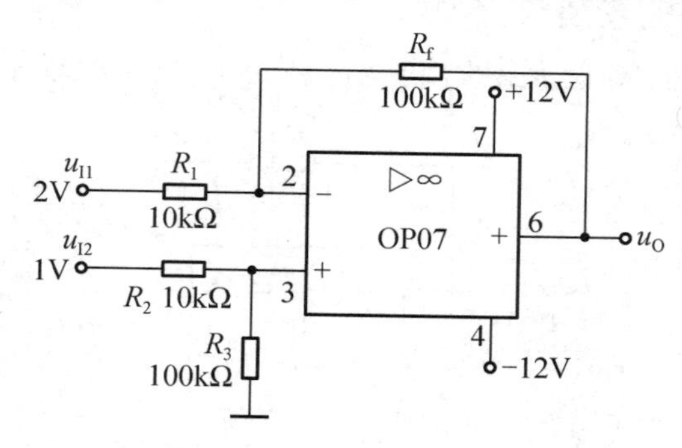

项目图 6-4　差动输入运算测试电路

项目表 6-4　差动输入运算电路测试数据

u_{I1}	u_{I2}	u_O	u_O的理论值或表达式	波形图
直流电压 2V	直流电压 1V			
直流电压 1V	交流电压 （0.5V，100Hz）			

3．项目考核评价

运算放大器的安装与检测项目考核评价参考项目表 6-5。

项目表 6-5　运算放大器的装接与测试项目考核评价表

<table>
<tr><td rowspan="2">评价指标</td><td rowspan="2" colspan="3">评 价 要 点</td><td colspan="5">评 价 结 果</td></tr>
<tr><td>优</td><td>良</td><td>中</td><td>合格</td><td>不合格</td></tr>
<tr><td rowspan="2">理论水平
（应知）</td><td colspan="3">1．理论知识掌握情况，能否自主分析电路</td><td></td><td></td><td></td><td></td><td></td></tr>
<tr><td colspan="3">2．电路装接布局与质量</td><td></td><td></td><td></td><td></td><td></td></tr>
<tr><td rowspan="3">技能水平
（应会）</td><td colspan="3">1．元器件的识别与检测</td><td></td><td></td><td></td><td></td><td></td></tr>
<tr><td colspan="3">2．工件工艺情况</td><td></td><td></td><td></td><td></td><td></td></tr>
<tr><td colspan="3">3．工件调试与检测情况</td><td></td><td></td><td></td><td></td><td></td></tr>
<tr><td>安全
操作</td><td colspan="3">①能否按照安全操作规程操作；②有无发生安全事故；③有无损坏仪器仪表</td><td></td><td></td><td></td><td></td><td></td></tr>
<tr><td rowspan="2">总评</td><td rowspan="2">评别</td><td>优</td><td>良</td><td>中</td><td>合格</td><td>不合格</td><td colspan="2">总评得分</td></tr>
<tr><td>89～100 分</td><td>80～88 分</td><td>70～79 分</td><td>60～69 分</td><td><60 分</td><td colspan="2"></td></tr>
</table>

实训项目 7 RC 桥式振荡器的安装与检测

实训仿真视频

实训目标

（1）能按工艺要求在万能印制电路板上安装与测试 RC 桥式振荡器。

（2）能用双踪示波器观测振荡波形，会用频率计测量振荡频率和排除振荡器的简单故障。

素养目标

（1）出现故障时会运用理论知识分析故障原因及部位，会运用教师讲授的方法仔细检查，会对故障予以检修。

（2）能贯彻落实 7S 管理，增强专业意识，培养良好的职业道德和职业习惯。

实训设备与器材

（1）双路直流稳压电源、双踪示波器、频率计各一台，MF47 型指针式万用表一个。

（2）万能印制电路板、连接导线、电烙铁等常用电子装配工具。

元器件清单如项目表 7-1 所示。

项目表 7-1 元器件清单

序号	代号	品名	型号规格	数量	序号	代号	品名	型号规格	数量
1	R_1	金属膜电阻	5.1kΩ	1	6	C	独石电容	0.1μF/40V	4
2	R_L	金属膜电阻	100kΩ	1	7	C_1	耦合电容	100μF/25V	1
3	R	金属膜电阻	10kΩ	4	8	IC	集成运放	CF747	1
4	R_W	电位器	100kΩ	1	9	—	IC 管座	DIP14	1
5	VD_1、VD_2	二极管	1N4001	2	—	—	—	—	—

实训步骤

1．装配要求和方法（参考实训项目 3）

工艺流程：准备→熟悉工艺要求→绘制装配草图→核对元器件数量、规格、型号→元器件检测→元器件预加工→装配焊接→总装加工→自检。

RC 桥式振荡器电路原理图如项目图 7-1 所示。

2．调试与检测

（1）用示波器监测 u_{o2} 的波形，调节 R_W，在使 u_{o2} 不失真且幅度最大时，用双踪示波器观察 u_{o1}、u_{o2} 的波形，用频率计测量频率，并将数据如实记录在项目表 7-2 中。

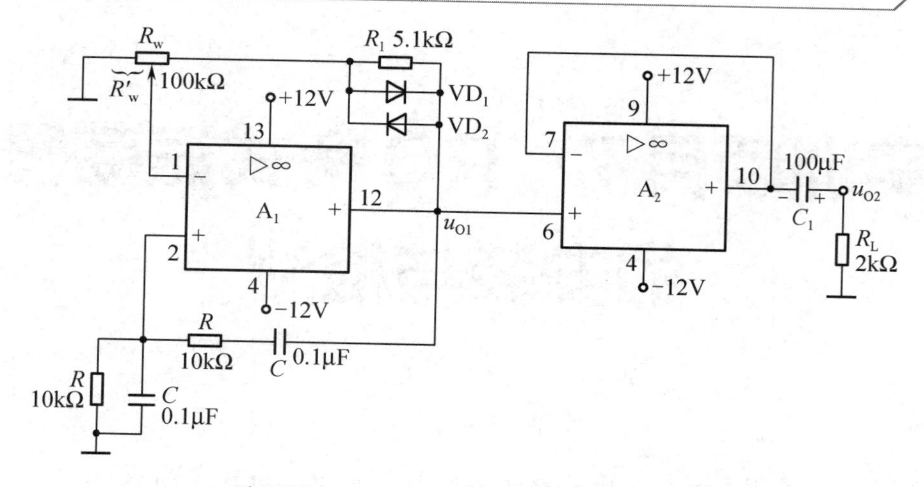

项目图 7-1　RC 桥式振荡器电路原理图

项目表 7-2　RC 桥式振荡器测试数据

被测量	绘制波形图	频率 f_0/kHz	
		理论计算值	实际测量值
u_{o1}			
u_{o2}			

（2）在 RC 串并联选频网络中的电阻两端各并联一个 10kΩ 的电阻，进行频率调节。用频率计测量振荡频率，完成项目表 7-3 的填写。

（3）在 RC 串并联选频网络中的电容两端各并联一个 0.1μF 的电容，进行频率调节。用频率计测量振荡频率，完成项目表 7-3 的填写。

项目表 7-3　RC 桥式振荡器调节参数后的测试数据

参数调整	被测量（有效值）	频率 f_0/kHz	
		理论计算值	实际测量值
R=5kΩ C=0.1μF	U_{o1}= ________V		
	U_{o2}= ________V		
R=10kΩ C=0.2μF	U_{o1}= ________V		
	U_{o2}= ________V		

3．项目考核评价

RC 桥式振荡器的安装与检测项目考核评价参考项目表 3-6。

实训项目 8　OTL 功率放大器的安装与检测

实训仿真视频

实训目标

（1）通过 OTL 功率放大器的制作，进一步掌握 OTL 功率放大器的工作原理。

（2）能熟练地根据电路图在万能印制电路板上进行元器件布局，焊接电路，能按照焊接动作要领进行焊接，并且焊点质量可靠。学会电子电路的检修方法与技巧，以及有关元器件的测试。熟悉电路板的插装、焊接工艺。

素养目标

（1）出现故障时会运用理论知识分析故障原因及部位，会运用教师讲授的方法仔细检查，会对故障予以检修。

（2）能贯彻落实 7S 管理，增强专业意识，培养良好的职业道德和职业习惯。

实训设备与器材

（1）直流稳压电源、毫伏表、低频（音频）信号发生器、双踪示波器各一台，MF47 型万用表一个。

（2）万能印制电路板、连接导线、电烙铁等常用电子装配工具。

元器件清单如项目表 8-1 所示。

项目表 8-1　元器件清单

序号	代号	品名	型号规格	数量	序号	代号	品名	型号规格	数量
1	R_1	金属膜电阻	5.1kΩ	1	9	VT_1、VT_2	三极管	9013	2
2	R_2	金属膜电阻	3.9kΩ	1	10	VT_3	三极管	9012	1
3	R_3、R_5、R_6	金属膜电阻	180Ω	3	11	VT_4、VT_5	三极管	TIP41C	2
4	R_4	金属膜电阻	820Ω	1	12	VD_1、VD_2	二极管	1N4148	2
5	R_7、R_8	功率电阻	0.5Ω/2W	2	13	C_1	电解电容	10μF/25V	1
6	R_9	功率电阻	10Ω/1W	1	14	C_2、C_3	电解电容	100μF/25V	2
7	R_{P1}	电位器	100kΩ	1	15	C_4	电解电容	1000μF/25V	1
8	R_{P2}	电位器	100Ω	1	16	C_5	涤纶电容	0.1μF	1
备注：① 未标出功率的电阻一律为 1/4 W，其中 R_{P2} 采用微调电位器。 ② 在挑选 VT_2 与 VT_3、VT_4 与 VT_5 两对三极管时，应满足 β 值基本一致的要求，确保信号的正、负半周具有同等的放大能力。									

实训步骤

1. 装配要求和方法（参考实训项目 3）

工艺流程：准备→熟悉工艺要求→绘制装配草图→核对元器件数量、规格、型号→元器件检测→元器件预加工→装配焊接→总装加工→自检。

OTL 功率放大器电路原理图如项目图 8-1 所示。

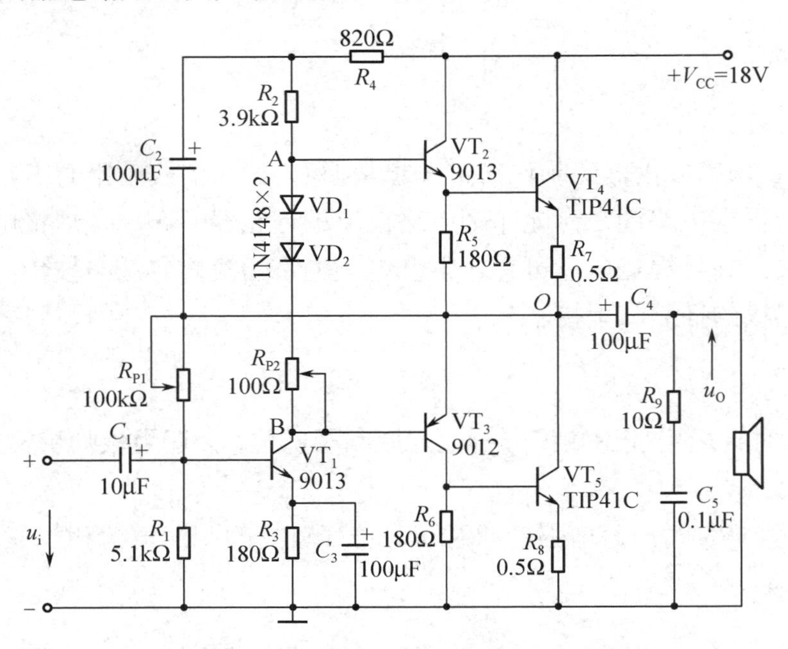

项目图 8-1 OTL 功率放大器电路原理图

2. 调试与检测

采用自检与互检相结合的方法，确保无误后方可通电，进行调试与检测。

（1）静态工作点的调整。

步骤：①电位器 R_{P2} 先置零，R_{P1} 置中间位置；②调节 R_{P1}，使中点电位为电源电压的一半，即 $V_O=\frac{1}{2}V_{CC}=9V$；③调节 R_{P2}，使 $U_{AB}\approx1.2V$，确保功放末级工作在甲乙类状态。

（2）动态参数的测量。

① 测量电压放大倍数 A_u。

双踪示波器的红夹接负载电阻上端，黑夹接地。（在测量全过程中，双踪示波器的任务是监视放大器的输出电压，所有测量都是在不失真输出状态下进行的。）音频信号源输入调节为 10mV（用毫伏表测量，红夹接 C_1 任一端，黑夹接地，量程调至 30mV），输出端测量时将毫伏表量程调到 3V 或 10V，红夹移至输出端，测量 C_4 任一端，读输出电压值，换算电压放大倍数 A_u，完成项目表 8-2 中表 1 的填写。

② 将放大器调整到最大不失真状态。

在上一步的基础上逐渐增大输入信号，观察输出波形，当上部或下部波形出现削顶失真时，调节 R_{P1} 消除它；继续增大输入信号，直至上、下都出现波形削顶失真时，调节 R_{P1} 使削顶的宽度相同；减小输入信号，使削顶刚好消失，此时放大器即处于最大不失真状态。用毫伏表测量输入、输出电压，完成项目表 8-2 中表 2 的填写。

项目表 8-2　OTL 功率放大器动态参数测试数据

表 1　电压放大倍数	A_u	表 2　电压放大倍数	A_u
U_i=__________mv		U_i=__________mv	
U_o=__________mv		U_o__________mv	

③ 观测交越失真。

在上一步的基础上，将电位器 R_{P2} 调节置零或将 A、B 两端短接，观察示波器中的输出波形是否出现交越失真？

④ 干扰信号注入法练习。

断开音频信号输入，此时扬声器应无声。将万用表选择挡位 $R\times1\Omega$ 或 $R\times10\Omega$，红表笔接地，黑表笔作为干扰信号的注入端。分别点触扬声器输入端、C_4 的两端、A 和 B 两端、C_1 的两端。听扬声器是否发出“喀啦”声，以及扬声器发出“喀啦”声的大小是否有变化。学会判断 OTL 功率放大器电路是否正常工作，进而理解和掌握干扰信号注入法检修电路的原理。

3．项目考核评价

RC 桥式振荡器的安装与检测项目考核评价参考项目表 3-6。

实训项目 9　触摸式电子防盗报警器的安装与检测

实训目标

（1）通过触摸式电子防盗报警器电路的制作进一步掌握触摸式电子防盗报警器电路的工作原理和元器件的特性。

（2）能熟练地根据电路图在万能印制电路板上进行元器件布局，焊接电路，能按照焊接动作要领进行焊接，并且焊点质量可靠。学会电子电路的检修方法与技巧、有关元器件的测试。熟悉电子线路板的插装、焊接工艺。

素养目标

（1）出现故障时会运用理论知识分析故障原因及部位，会运用教师讲授的方法仔细检查，会对故障予以检修。

（2）能贯彻落实 7S 管理，增强专业意识，培养良好的职业道德和职业习惯。

实训设备与器材

（1）6V 电池组、双踪示波器、MF47 型万用表。

（2）万能印制电路板、连接导线、电烙铁等常用电子装配工具。

元器件清单如项目表 9-1 所示。

项目表 9-1　元器件清单

序号	代号	品名	型号规格	数量	序号	代号	品名	型号规格	数量
1	R_1	金属膜电阻	2kΩ	1	9	C_2、C_3	电解电容	22μF	2
2	R_2、R_3	金属膜电阻	8.2kΩ	2	10	C_4	涤纶电容	0.033μF	1
3	R_4、R_5	金属膜电阻	30kΩ	2	11	VD_1、VD_3、VD_4	发光二极管	高亮	3
4	R_6	金属膜电阻	50kΩ	1	12	VD_2	二极管	1N4148	1
5	R_7	金属膜电阻	100kΩ	1	13	VT_1、VT_2、VT_4～VT_6、VT_8	三极管	9013	5
6	R_8、R_9	金属膜电阻	1kΩ	2	14	VT_3、VT_7	三极管	9012	2
7	R_{10}	金属膜电阻	500Ω	1	15	R_L	扬声器	8Ω	1
8	C_1	电解电容	470μF	1	16	S_1	单极拨动开关	—	1
备注：触摸传感器需要自制，可用万能印制电路板上相邻的焊盘替代。									

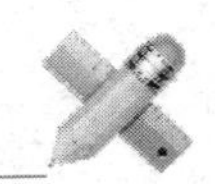

实训步骤

1. 电路功能与工作原理

电路功能简介：将该报警器的触摸传感器置于门或窗上，可用于入户防盗报警；将该报警器的触摸传感器置于箱包或贵重物品（商品）上，也可起到防盗报警的作用。另外，该报警器的触摸传感器可多个并联，只要有人触及任一传感器并维持足够的时间，即可报警，实现多点防盗报警。该电路也可用作触摸电子门铃电路，只需将门铃开关用触摸传感器替换即可。触摸式电子防盗报警器电路如项目图 9-1 所示。

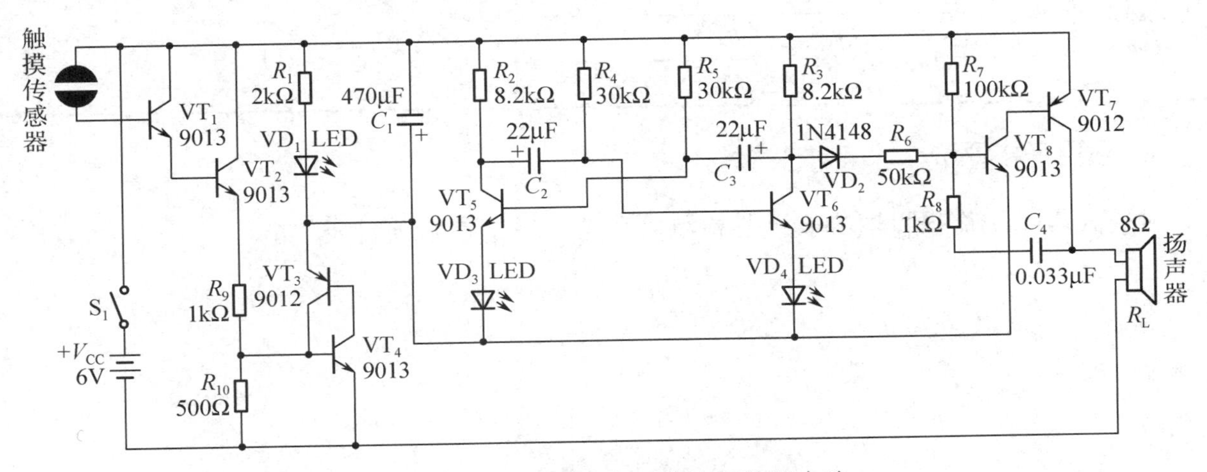

项目图 9-1　触摸式电子防盗报警器电路

工作原理：VT_1、VT_2 组成触摸触发电路，在电路通电后，一旦传感器被触摸，VT_1、VT_2 就导通。

VT_3、VT_4 的连接方式为可控硅接法，VT_2 的发射极电流在 R_{10} 上的压降作为触发信号，可控制 VT_3、VT_4 导通，一旦 VT_3、VT_4 导通，就将 VT_5、VT_6、VT_8 的发射极接通到地。只有在与地接通后，VT_5、VT_6、VT_8 才能进入正常工作状态。

VT_7、VT_8 组成间歇音频振荡电路，VT_6 的集电极在高电平期间时，VT_7、VT_8 组成的音频振荡电路工作，输出信号经扬声器发出警报声，同时 VD_1 亮，以示警报。VT_6 的集电极在低电平期间时，音频振荡电路停振。

VT_5、VT_6 组成多谐振荡电路，产生 2Hz 左右的方波控制信号，控制 VT_7、VT_8 组成的音频振荡电路间歇振荡，产生“哇哇”的警报声。

无触发时，只有 VT_1、VT_2 待机工作，其他电路不工作、不消耗电流，此时整机消耗电流在 1mA 左右，因此一组电池组可用一年左右。

2. 装配要求和方法（参考实训项目 3）

工艺流程：准备→熟悉工艺要求→绘制装配草图→核对元器件数量、规格、型号→元器件检测→元器件预加工→装配焊接→总装加工→自检。

3. 调试与检测

采用自检与互检相结合的方法，确保无误后方可通电，进行调试与检测。

自检无误后，合上 S_1，用手触摸并停留在触摸传感器上。若扬声器发出警报声，同时

VD_1亮，手离开触摸传感器，警报声停止，则说明电路安装成功。反之，必须查找原因，检修电路，直至成功。安装成功后，按项目表 9-2 进行测量，并如实记录。

项目表 9-2　触摸式电子防盗报警器电路测试数据

状态	VT_2	VT_3	VT_4	VT_6的集电极波形	扬声器两端波形
未触摸未报警	V_B=____ V	V_B=____ V	V_B=____ V		
	V_C=____ V	V_C=____ V	V_C=____ V		
	V_E=____ V	V_E=____ V	V_E=____ V		
已触摸报警	V_B=____ V	V_B=____ V	V_B=____ V		
	V_C=____ V	V_C=____ V	V_C=____ V		
	V_E=____ V	V_E=____ V	V_E=____ V		

4．项目考核评价

触摸式电子防盗报警器的安装与检测项目考核评价参考项目表 3-6。

实训项目 10 LED 显示器的安装与检测

实训仿真视频

实训目标

（1）通过 LED 显示器电路的制作了解音频交流信号的构成与特征，懂得交流信号检波原理，掌握三极管电流驱动的原理与应用。

（2）能进行电子电路元器件正确焊接、线材连接、电路检测、功能调整处理。提升电路分析能力和电子知识灵活应用的能力。

素养目标

贯彻落实 7S 管理，增强专业意识，培养良好的职业道德和职业习惯。

实训设备与器材

（1）音频信号发生器、直流电源、双踪示波器、MF47 型万用表。

（2）万能印制电路板、连接导线、电烙铁等常用电子装配工具。

元器件清单如项目表 10-1 所示。

项目表 10-1 元器件清单

序号	代号	品名	型号规格	数量	序号	代号	品名	型号规格	数量
1	R_1～R_5	金属膜电阻	4.7kΩ	5	5	VT_1～VT_5	三极管	9013	5
2	R_P	电位器	10kΩ	1	6	VD_1～VD_6	二极管	1N4148	6
3	C_1	电解电容	10μF/16V	1	7	LED_1～LED_{15}	发光二极管	高亮	15
4	C_2	电解电容	47μF/16V	1	—	—	—	—	—

实训步骤

1. 电路功能与工作原理

电路功能简介：音乐电平 LED 显示电路可以通过对输入的音频信号的分析与处理控制若干 LED 的亮与灭，或者按照音乐的节奏闪烁。

LED 显示器电路如项目图 10-1 所示。

工作原理：音频交流信号经电位器分压调节、C_1 耦合、VD_1 检波和 C_2 滤波，得到一个正比于音频信号幅度的直流电压 U_{C2}，并与后级电路进行电压比较。

① 当 U_{C2}≥0.7V 时，VT_1 导通，集电极电流驱动 LED_1～LED_3 发光。

② 当 U_{C2}≥1.4V 时，VT_1、VT_2 均导通，集电极电流驱动 LED_1～LED_6 发光。

③ 当 U_{C2}≥2.1V 时，VT_1～VT_3 均导通，集电极电流驱动 LED_1～LED_9 发光。

④ 当 U_{C2}≥2.8V 时，VT_1～VT_4 均导通，集电极电流驱动 LED_1～LED_{12} 发光。

⑤ 当 U_{C2}≥3.5V 时，VT_1～VT_5 均导通，集电极电流驱动 LED_1～LED_{15} 发光。

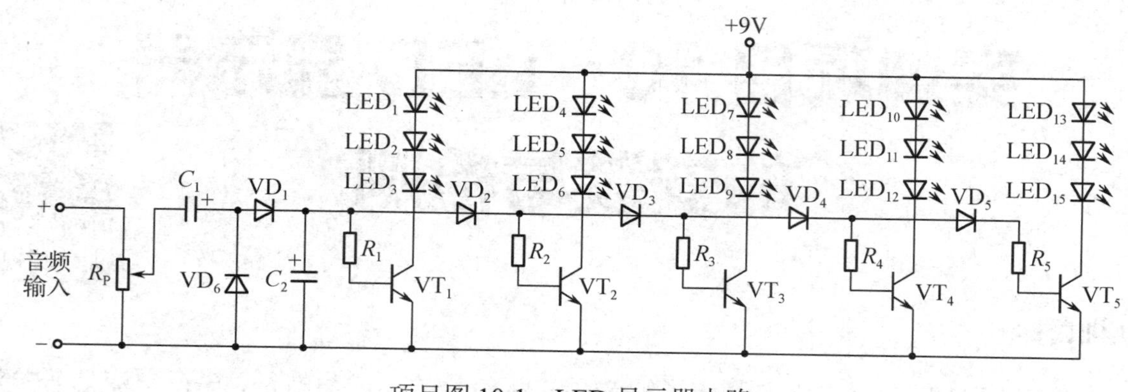

项目图 10-1　LED 显示器电路

2．装配要求和方法（参考实训项目 3）

工艺流程：准备→熟悉工艺要求→绘制装配草图→核对元器件数量、规格、型号→元器件检测→元器件预加工→装配焊接→总装加工→自检。

3．调试与检测

采用自检与互检相结合的方法，确保无误后方可通电，进行调试与检测。

LED 显示器电路现已很成熟，因此安装、焊接完毕后不需要进行太多的调试工作，重点是检验电路的功能是否能正常实现。具体步骤如下。

（1）电路静态工作测试。

利用直流稳压电源向电路提供 9V 工作电压，并将电路交流输入端-音频输入端短路接地，此时，电路中的全部 LED（LED_1～LED_{15}）都应熄灭，即要求电路在静态（无信号送来）时，VT_1～VT_5 均处于截止状态；如果此时发现有某组 LED 发光或闪光，则要重点查找该路电路是否存在焊接错误、元器件参数变值、性能变劣方面的问题。

（2）电路功能测试。

① 短接 C_1 和 VD_1，音频输入两端接 9V 电压，调节 R_P，分别测量各三极管导通时的直流阈值电压 U_{C2}，并记录在项目表 10-2 中。

项目表 10-2　各三极管导通时的直流阈值电压数据

三极管导通	VT_1	VT_2	VT_3	VT_4	VT_5
U_{C2} 阈值电压					

② 去掉 C_1 和 VD_1 的短接线，利用直流稳压电源继续向电路提供 9V 工作电压，同时将音频信号发生器的输出端接入 LED 显示器电路的输入端，调节 R_P 值，观察 LED 显示器的动态性能是否正常。

3．项目考核评价

LED 显示器的安装与检测项目考核评价参考项目表 3-6。

实训项目 11　串联可调稳压电源的安装与检测

实训仿真视频

实训目标

（1）通过串联可调稳压电源的制作进一步理解稳压电源的工作原理并掌握稳压电源的检测步骤与调试方法。

（2）能熟练地根据电路图在万能印制电路板上进行元器件布局，焊接电路，能按照焊接动作要领进行焊接，并且焊点质量可靠。学会电子电路的检修方法与技巧、有关元器件的测试。

素养目标

（1）出现故障时会运用理论知识分析故障原因及部位，会灵活运用方法进行检查，能对故障进行检修。

（2）能贯彻落实 7S 管理，增强专业意识，培养良好的职业道德和职业习惯。

实训设备与器材

（1）电源变压器、双踪示波器、MF47 型万用表。

（2）万能印制电路板、电源线、开关、连接导线、电烙铁、绝缘胶布等常用电子装配工具。

串联可调稳压电源电路原理图如项目图 11-1 所示，元器件清单如项目表 11-1 所示。

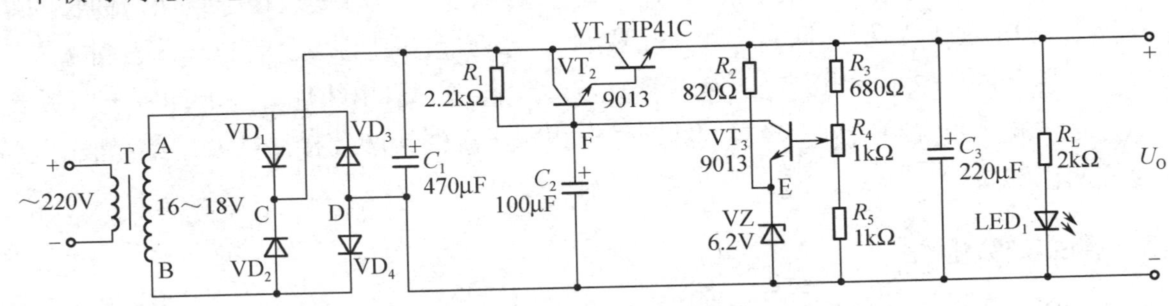

项目图 11-1　串联可调稳压电源电路原理图

项目表 11-1　元器件清单

序号	代号	品名	型号规格	数量	序号	代号	品名	型号规格	数量
1	R_1	金属膜电阻	2.2kΩ	1	5	R_5	金属膜电阻	1kΩ	1
2	R_2	金属膜电阻	820Ω	1	6	R_L	金属膜电阻	2kΩ	1
3	R_3	金属膜电阻	680Ω	1	7	C_1	电解电容	470μF	1
4	R_4	电位器	1kΩ	1	8	C_2	电解电容	100μF	1

续表

序号	代号	品名	型号规格	数量	序号	代号	品名	型号规格	数量
9	C_3	电解电容	220μF	1	13	VZ	稳压二极管	6.2V	1
10	T	单相电源变压器	18V	1	14	VT_2、VT_3	三极管	9013	2
11	—	电源线及开关	1A	1	15	VT_1	三极管	TIP41C	1
12	VD_1～VD_4	整流二极管	1N4001	4	—	—	—	—	—

实训步骤

1．装配要求和方法

工艺流程：准备→熟悉工艺要求→绘制装配草图→核对元器件数量、规格、型号→元器件检测→元器件预加工→装配焊接→总装加工→自检。需要强调的几点如下。

（1）串联可调稳压电源实物接线图如项目图 11-2 所示，可作为绘制装配草图的参考。

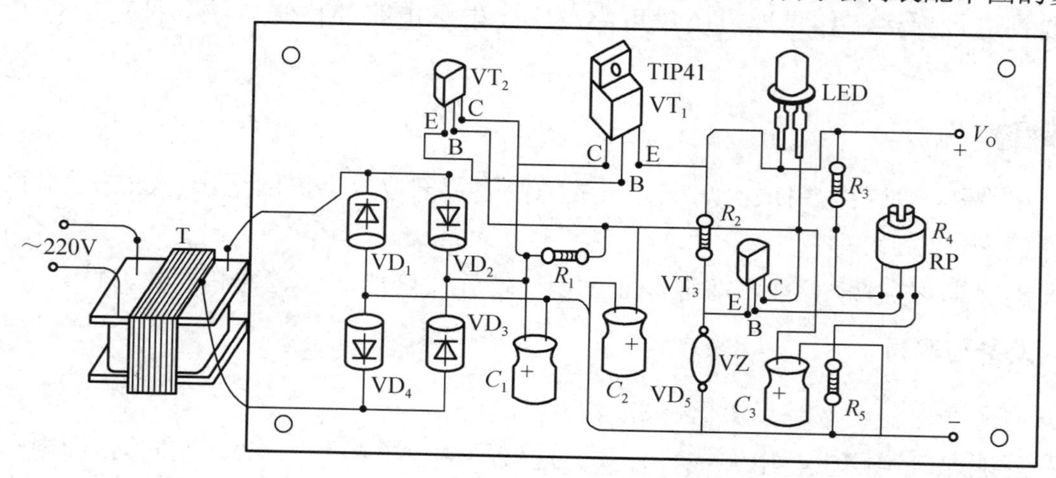

项目图 11-2　串联可调稳压电源实物接线图

（2）电源变压器必须用螺钉紧固在万能印制电路板上，螺母均放在导线面，伸长的螺钉用作支撑（万能印制电路板的四角也可安上螺钉）。靠万能印制电路板上的一只紧固螺母下垫入接线片，用于固定 220V 电源线。变压器次级绕组向内，引出线焊在万能印制电路板上。

（3）变压器初级绕组向外，接电源线。引出线和电源线接头焊接后需要用绝缘胶布包妥，绝不允许露出线头。

3．调试与检测

采用自检与互检相结合的方法，确保无误后方可通电，进行调试与检测。

（1）先断开 R_1、C_1，然后通电。

① 用示波器观测并绘制 u_{AB}、u_{CD} 的波形。

② 用万用表的交流电压挡测量 u_{AB} 的有效值为________V，用万用表的直流电压挡测量 U_{CD} 与 U_O 的平均值分别为________V 和________V。

（2）先连接好 R_1、断开 C_1，然后通电。

① 用示波器观测并绘制 u_{AB}、u_{CD} 的波形。

② 用万用表的交流电压挡测量 u_{AB} 的有效值为________V，用万用表的直流电压挡测量

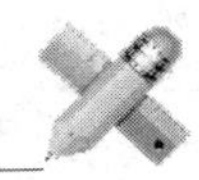

U_{CD}与U_O的平均值分别为_______V 和_______V。

（3）先连接好R_1、C_1，然后通电，调节R_4，使U_O=12V。

① 用示波器观测并绘制u_{AB}、u_{CD}的波形。

② 用万用表的交流电压挡测量 u_{AB} 的有效值为_______V，用万用表的直流电压挡测量U_{CD}的平均值为_______V，E、F 两端的电位分别为V_E=_______V、V_F=_______V。

（4）输出电压的调节范围测试。

调节R_4，测量结果为U_{Omin}=________V，U_{Omax}=________V。

（4）故障模拟与故障分析。

模拟电路元器件出现项目表 11-2 中所罗列的问题，分析电路可能的故障现象，经仪器仪表验证后，如实记录于项目表 11-2 中。

项目表 11-2　串联可调稳压电源故障模拟与分析测试数据表

故障模拟	分析可能的故障现象	实际模拟中的故障现象
VD_1～VD_4任一开路		
C_1开路		
R_1开路		
VT_2 BE 结开路		
VT_1 BE 结开路		
VZ 开路		
VZ 短路		
R_2开路		
R_3开路		
R_5开路		

3. 项目考核评价

串联可调稳压电源的安装与检测项目考核评价参考项目表 3-6。

实训项目 12　家用调光台灯的安装与调试

实训目标

（1）通过家用调光台灯的安装与调试进一步理解家用调光台灯电路的组成、元器件的作用及工作原理，能安装和调试家用调光台灯电路。

（2）能熟练地根据电路图在万能印制电路板上进行元器件布局，焊接电路，能按照焊接动作要领进行焊接，并且焊点质量可靠。学会电子电路的检修方法与技巧、有关元器件的测试。

素养目标

（1）出现故障时会运用理论知识分析故障原因及部位，会灵活运用方法进行检查，能对故障进行检修。

（2）能贯彻落实 7S 管理，增强专业意识，培养良好的职业道德和职业习惯。

实训设备与器材

（1）示波器，MF47 型万用表。

（2）万能印制电路板、电源线、开关、连接导线、电烙铁、绝缘胶布等常用电子装配工具。

家用调光台灯电路原理图如项目图 12-1 所示，元器件清单如项目表 12-1 所示。

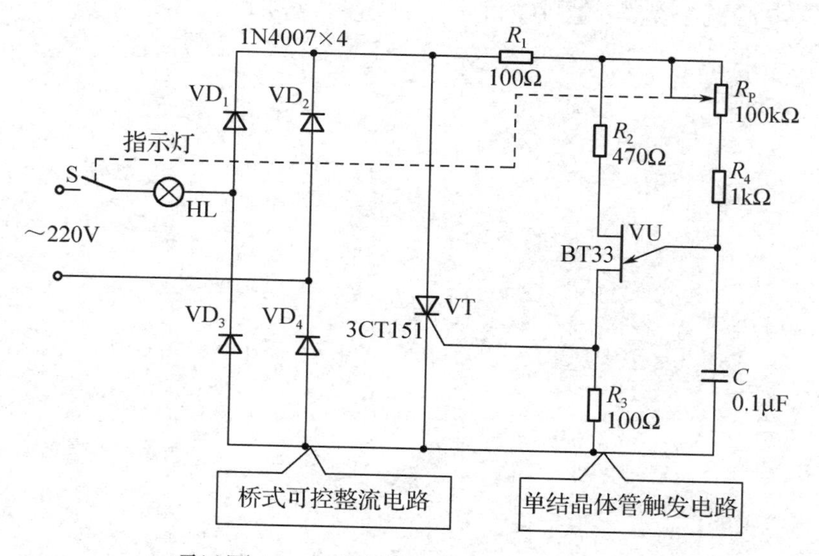

项目图 12-1　家用调光台灯电路原理图

项目表 12-1 元器件清单

序号	代号	品名	型号规格	数量	序号	代号	品名	型号规格	数量
1	R_1、R_3	碳膜电阻	100Ω	2	6	HL	白炽灯	220V/40W	1
2	R_2	碳膜电阻	470Ω	1	7	VD_1～VD_4	整流二极管	1N4007	4
3	R_4	碳膜电阻	1kΩ	1	8	VU	单结晶体管	BT33	1
4	R_P	带开关电位器	100kΩ	1	9	VT	单向晶闸管	3CT151	1
5	C	圆片电容	0.1μF	1	—	—	—	—	—

实训步骤

1. 电路结构及工作过程

（1）家用调光台灯电路框图如项目图 12-2 所示，各组成部分的作用如下。

① 整流电路将交流电变成单方向的脉动直流电。

② 触发电路给晶闸管提供可控的触发脉冲信号。

③ 晶闸管根据触发脉冲信号出现的时刻（触发延迟角α的大小）实现可控导通，改变触发脉冲信号到来的时刻，就可改变灯泡两端交流电压的高低，从而控制灯泡的亮度。

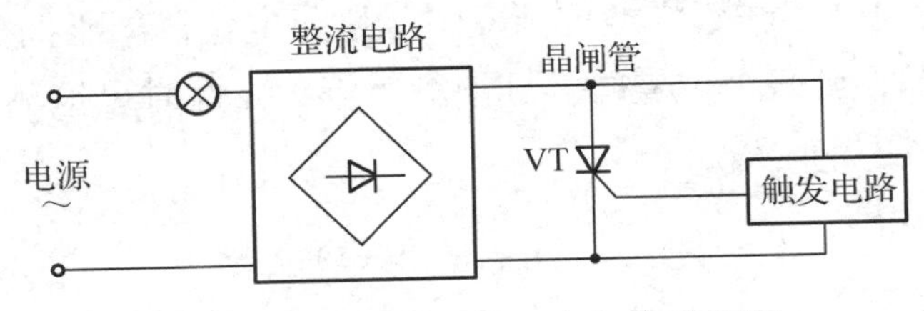

项目图 12-2 家用调光台灯电路框图

（2）工作过程。

接通电源后，交流电经桥式整流后给单向晶闸管阳极提供正向电压，并经过 R_2、R_3 加在单结晶体管的基极上，同时经过电阻 R_1、R_P 和 R_4 给电容 C 充电，当 C 两端的电压高于单结晶体管的导通电压时，单结晶体管导通，给晶闸管提供一个触发脉冲信号；调节电位器 R_P，就可以改变单向晶闸管的触发延迟角α的大小，改变单结晶体管触发电路输出的触发脉冲的周期，即改变输出电压的高低，这样就可以改变灯泡的亮度。

2. 装配要求和方法

工艺流程严格遵照：准备→熟悉工艺要求→绘制装配草图→核对元器件数量、规格、型号→元器件检测→元器件预加工→装配焊接→总装加工→自检。

采用自检与互检相结合的方法，确保无误后方可通电，进行调试与检测。

（1）通电前检查：对照电路原理图检查整流二极管、晶闸管、单结晶体管的连接极性及电路的连线。由于电路直接与市电相连，所以调试时应注意安全，防止触电。

（2）试通电：插上电源插头，人体各部分远离万能印制电路板，闭合开关，调节 R_P，观察电路的工作情况。如果正常，则进行下一环节的检测。

（3）通电检测：调节 R_P，观察灯泡亮度的变化。右旋电位器柄，灯泡应逐渐变亮，右旋到头时灯泡最亮；反之，左旋电位器柄，灯泡应逐渐变暗，左旋到头时灯泡熄灭。

分别测量项目表 12-2 中所列的 3 种情况下的电压和波形，并记录。

项目表 12-2　家用调光台灯电路测试数据表

灯泡状态	灯泡两端电压（交流挡）	VT 两端电压（直流挡）	u_{R3} 波形	u_C 波形	断开交流电源，电位器的电阻值
最亮时					
微亮时					
不亮时					

3．常见故障检修

（1）灯泡不亮，不可调光：由 BT33 组成的单结晶体管张弛振荡器停振，可造成灯泡不亮，不可调光。此时可检测 BT33 是否损坏、C 是否漏电或损坏等。

（2）当顺时针旋转电位器时，灯泡逐渐变暗。这是电位器中心抽头接错位置所致的。

（3）当调节电位器 R_P 至最小位置时，灯泡突然熄灭。此时可检测 R_4 的阻值，若 R_4 的实际阻值太小或短路，则应更换 R_4。

4．项目考核评价

家用调光台灯的安装与调试项目考核评价参考项目表 3-6。

实训项目 13　声光双控节能灯的安装与调试

实训目标

（1）通过对声光双控节能灯的安装与调试进一步掌握电子电路的装配工艺和技巧，进一步熟悉光敏三极管、555 时基电路、双向晶闸管在电路中的具体应用。

（2）能熟练地根据电路图在万能印制电路板上进行元器件布局，焊接电路，能按照焊接动作要领进行焊接，并且焊点质量可靠。学会电子电路的检修方法与技巧、有关元器件的测试。

素养目标

（1）出现故障时会运用理论知识分析故障原因及部位，会灵活运用方法进行检查，能对故障进行检修。

（2）能贯彻落实 7S 管理，增强专业意识，培养良好的职业道德和职业习惯。

实训设备与器材

（1）MF47 型万用表。

（2）万能印制电路板、电源线、开关、连接导线、电烙铁、绝缘胶布等常用电子装配工具。

声光双控节能灯电路原理图如项目图 13-1 所示，元器件清单如项目表 13-1 所示。

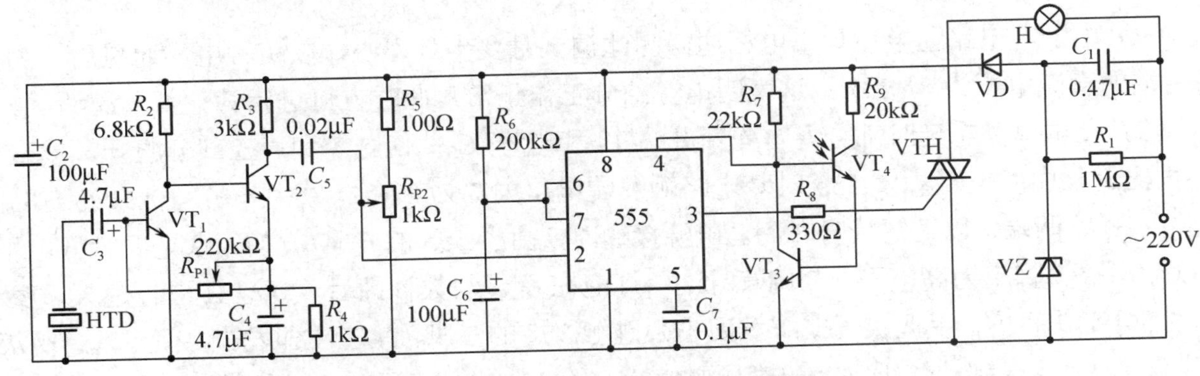

项目图 13-1　声光双控节能灯电路原理图

项目表 13-1　元器件清单

序号	代号	品名	型号规格	数量	序号	代号	品名	型号规格	数量
1	R_1	碳膜电阻	1MΩ	1	4	R_4	碳膜电阻	1kΩ	1
2	R_2	碳膜电阻	6.8kΩ	1	5	R_5	碳膜电阻	100Ω	1
3	R_3	碳膜电阻	3kΩ	1	6	R_6	碳膜电阻	200kΩ	1

续表

序号	代号	品名	型号规格	数量	序号	代号	品名	型号规格	数量
7	R_7	碳膜电阻	22kΩ	1	16	C_7	圆片电容	0.1μF	1
8	R_8	碳膜电阻	330Ω	1	17	VD	二极管	1N4002	2
9	R_9	碳膜电阻	20kΩ	1	18	VT_1～VT_3	三极管	9013	3
10	R_{P1}	电位器	220kΩ	1	19	VT_4	光敏三极管	3DU5	1
11	R_{P2}	电位器	1kΩ	1	20	555	555 时基电路	NE555	1
12	C_1	涤纶电容	0.47μF	1	21	VZ	稳压二极管	2CW56	1
13	C_2、C_6	电解电容	100μF	2	22	VTH	双向晶闸管	BCRIMA	1
14	C_3、C_4	电解电容	4.7μF	2	23	HTD	压电陶瓷片	—	1
15	C_5	圆片电容	0.02μF	1	—	—	—	—	—

实训步骤

1. 电路工作的特点

利用一块时基电路及少数外围元器件可组成声光双控节能灯。白天由于光线照射，该灯始终处于关闭状态，一到晚上，该灯只要收到一个猝发声响（如脚步、击掌声等），就能自动点亮，而后延迟一段时间又能自行熄灭，达到节能的目的。该电路具有结构简单、自耗电少、性能稳定、灵敏度高等特点，非常适用于家庭、楼宇的过道、楼梯间的照明。

2. 装配要求和方法

工艺流程：准备→熟悉工艺要求→绘制装配草图→核对元器件数量、规格、型号→元器件检测→元器件预加工→装配焊接→总装加工→自检。

采用自检与互检相结合的方法，确保无误后方可通电，按以下步骤进行调试与检测。

（1）清理检测所有元器件和零部件，按装配草图正确安装元器件和零部件，焊装完毕并确认无误即可通电调试。

（2）由于本电路通电后与市电相通，因此调试时要十分小心，以防触电。通电后，测得 C_2 两端的直流电压为 8～10V，这表明电源部分工作正常，此时方可进行其他部分的调试。

（3）调试单稳态延时部分：首先断开 VT_4 和电容 C_5，使光控和声控部分脱开，接着将 R_{P2} 大约旋至中间位置，使 555 时基电路触发端电压大约为 $V_{CC}/2$，并用一个 10kΩ 左右的电阻并联在 R_6 两端，以缩短延时时间。电源接通时，由于 555 的 6、7 脚初始通电时为低电平，所以输出端 3 脚应为高电平，晶闸管导通，灯泡 H 亮。约数秒钟后，灯泡 H 自行熄灭，表示延时部分工作正常。手握镊子或螺丝刀小心碰触 555 的 2 脚，H 应立即发光，而后延时熄灭。适当调节 R_{P2}，直到动作正常。一般只要使 555 的 2 脚电压高于 $V_{CC}/3$ 即可正常工作。

（4）调试声控放大部分：首先接上 C_5，将 R_{P1} 调到中间位置，通电后用一器具轻轻敲击陶瓷片，灯泡应发光，后延时自灭；接着击掌，灯泡应亮 1 次、延时自行熄灭，再拉开距离调试，细心调节 R_{P1}、R_{P2} 直到满意，调节上述两电位器，当灵敏度最高时，其控制距离可达 8m，为了保险起见，灵敏度调在 5m 位置最合理。

（5）调节光控部分：接上 VT_4，使受光面受到光照，接通电源，测量 VT_3 的集电极电压应接近于零，这时不管如何击掌或敲击压电陶瓷片，H 均不发光为正常。挡住光线，使光电

管不受光照，击掌，灯泡即亮，延时后自行熄灭，表示光控部分正常，适当选择 R_9，可改变光控灵敏度，这可根据所处环境而定。

（6）调试完毕，将 R_6 上的并联电阻去掉，可根据需要适当调整 R_6，以获得所需延时。最后用环氧树脂封固，防止振动而改变参数。

分别测量项目表 13-2 中所列两种情况下的数据并记录。

项目表 13-2 声光双控节能灯电路测试数据表

555 各脚电压	1	2	3	4	5	6	7	8	
状态	白天			晚上			调 试 记 录		
	有声触发			无声触发					
测量点	E	B	C	E	B	C			
VT_1									
VT_2									
VT_3									
VT_4									
VTH 电压									

3．项目考核评价

声光双控节能灯的安装与调试项目考核评价参考项目表 3-6。

反侵权盗版声明

举报电话：（010）88254396；（010）88258888

传　　真：（010）88254397

E-mail：　dbqq@phei.com.cn

通信地址：北京市海淀区万寿路 173 信箱

　　　　　电子工业出版社总编办公室

邮　　编：100036